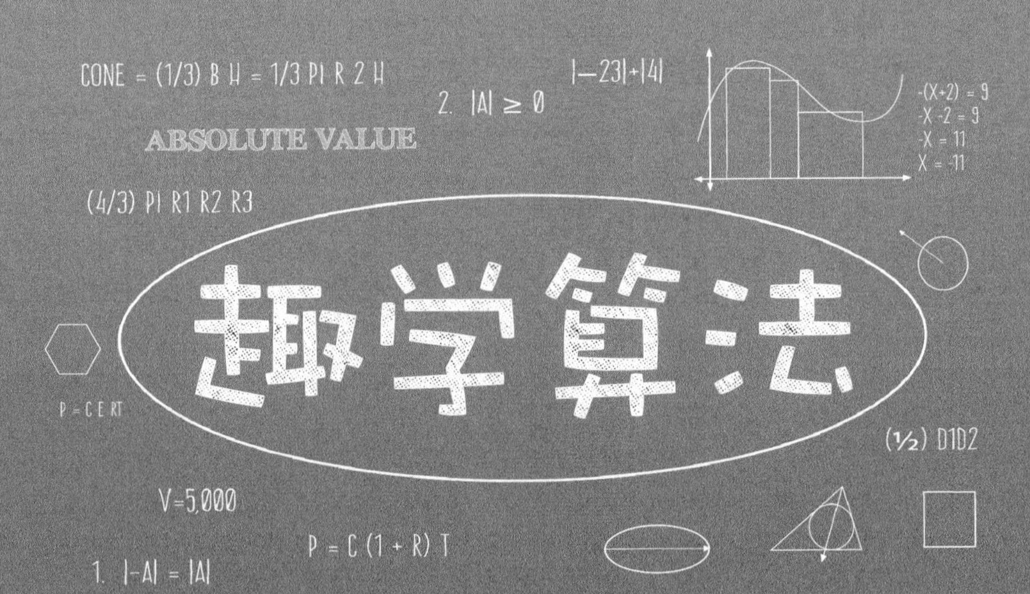

陈小玉 著

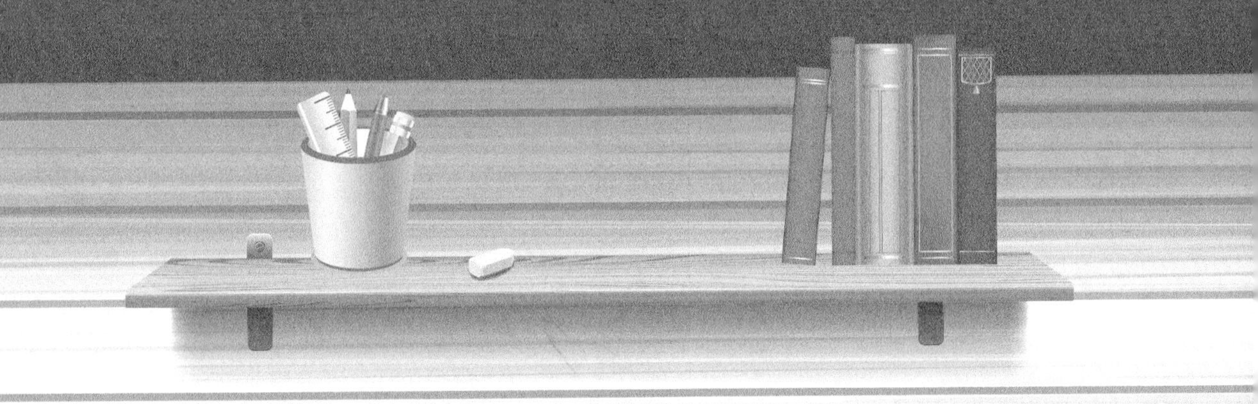

人民邮电出版社

北 京

图书在版编目（CIP）数据

趣学算法 / 陈小玉著. -- 北京 : 人民邮电出版社, 2017.8(2021.5重印)
ISBN 978-7-115-45957-2

Ⅰ. ①趣… Ⅱ. ①陈… Ⅲ. ①算法设计 Ⅳ. ①TP301.6

中国版本图书馆CIP数据核字(2017)第158820号

内容提要

本书内容按照算法策略分为 7 章。第 1 章从算法之美、简单小问题、趣味故事引入算法概念、时间复杂度、空间复杂度的概念和计算方法，以及算法设计的爆炸性增量问题，使读者体验算法的奥妙。第 2～7 章介绍经典算法的设计策略、实战演练、算法分析及优化拓展，分别讲解贪心算法、分治算法、动态规划、回溯法、分支限界法、线性规划和网络流。每一种算法都有 4～10 个实例，共 50 个大型实例，包括经典的构造实例和实际应用实例，按照问题分析、算法设计、完美图解、伪代码详解、实战演练、算法解析及优化拓展的流程，讲解清楚且通俗易懂。附录介绍常见的数据结构及算法改进用到的相关知识，包括 sort 函数、优先队列、邻接表、并查集、四边不等式、排列树、贝尔曼规则、增广路复杂性计算、最大流最小割定理等内容。

本书可作为程序员的学习用书，也适合从未有过编程经验但又对算法有强烈兴趣的初学者使用，同时也可作为高等院校计算机、数学及相关专业的师生用书和培训学校的教材。

◆ 著　　　　陈小玉
责任编辑　张　涛
执行编辑　张　爽
责任印制　焦志炜

◆ 人民邮电出版社出版发行　北京市丰台区成寿寺路 11 号
邮编 100164　电子邮件 315@ptpress.com.cn
网址 http://www.ptpress.com.cn
固安县铭成印刷有限公司印刷

◆ 开本：800×1000 1/16
印张：38
字数：853 千字　　2017 年 8 月第 1 版
印数：17 401－17 800册　　2021 年 5 月河北第 18 次印刷

定价：89.00 元

读者服务热线：(010)81055410　印装质量热线：(010)81055316
反盗版热线：(010)81055315
广告经营许可证：京东市监广登字20170147号

前　言

编写背景

有一天，一个学生给我留言："我看到一些资料介绍机器人具有情感，真是不可思议，我对这个特别感兴趣，但我该怎么做呢？"我告诉他："先看算法。"过了一段时间，这个学生苦恼地说："算法书上那些公式和大段的程序不能执行，太令人抓狂！我好像懂了一点儿，却又什么都不懂！"我向他推荐了一本简单一点儿的书，他仍然表示不太懂。

问题出在哪里？数据结构？C 语言？还是算法表达枯燥、晦涩难懂？

这些问题一点也不意外，你不会想到，有同学拿着 C 语言书问我："这么多英文怎么办？for、if 这样的单词是不是要记住？"我的天！我从来没考虑过 for、if 这些是英文，而且是要记的单词！就像拿起筷子吃饭，端起杯子喝水，我从来没考虑我喝的是 H_2O。经过这件事情，彻底颠覆了我以前的教学理念，终于理解为什么看似简单的问题，那么多人就是看不懂。我们真正需要的是一本算法入门书，一本要简单、简单、再简单的算法入门书。

有学生告诉我："大多数算法书上的代码都不能运行，或者运行时有各种错误，每每如此都迷茫至崩溃……"我说："你要理解算法而不是运行代码。"可这个学生告诉我："你知道吗，我运行代码成功后是多么喜悦和自信！已经远远超越了运行代码的本身。"好吧，相信这本书将会给你满满的喜悦和自信。

本书从算法之美娓娓道来，没有高深的原理，也没有枯燥的公式，通过趣味故事引出算法问题，结合大量的实例及绘图展示，分析算法本质，并给出代码实现的详细过程和运行结果。如果你读这本书，像躺在躺椅上悠闲地读《普罗旺斯的一年》，这就对了！这就是我的初衷。

本书适合那些对算法有强烈兴趣的初学者，以及觉得算法晦涩难懂、无所适从的人，也适合作为计算机相关专业教材。它能帮助你理解经典的算法设计与分析问题，并获得足够多的经验和实践技巧，以便更好地分析和解决问题，为学习更高深的算法奠定基础。

更重要的是——体会算法之美！

学习建议

知识在于积累，学习需要耐力。学习就像挖金矿，或许一开始毫无头绪，但转个角度、换换工具，时间久了总会找到一个缝隙。成功就是你比别人多走了一段路，或许恰恰是那么一小步。

第一个建议：**多角度，对比学习**。

学习算法，可以先阅读一本简单的入门书，然后综合几本书横向多角度看，例如学习动态规划，拿几本算法书，把动态规划这章都找出来，比较学习，多角度对比分析更清晰，或许你会恍然大悟。或许有同学说我哪有那么多钱买那么多书，只要想学习，没有什么可以阻挡你！你可以联系你的老师，每学期上课前，我都会告诉学生，如果你想学习却没钱买书，我可以提供帮助。想一想，你真的没有办法吗？

第二个建议：**大视野，不求甚解**。

经常有学生为了一个公式推导或几行代码抛锚，甚至停滞数日，然后沉浸在无尽的挫败感中，把自己弄得垂头丧气。公式可以不懂，代码可以不会。你不必投入大量精力试图推导书上的每一个公式，也不必探究语法或技术细节。学算法就是学算法本身，首先是算法思想、解题思路，然后是算法实现。算法思想的背后可能有高深的数学模型、复杂的公式推导，你理解了当然更好，不懂也没关系。算法实现可以用任何语言，所以不必纠结是 C、C++、Java、Python……更不必考虑严格的语法规则，除非你要上机调试。建议还是先领会算法，写伪代码，在大脑中调试吧！如果你没有良好的编程经验，一开始就上机或许会更加崩溃。遇到不懂的部分，浏览一下或干脆跳过去，读完了还不明白再翻翻别的书，总有一天，你会发现“蓦然回首，那人却在灯火阑珊处”。

第三个建议：**多交流，见贤思齐**。

与同学、朋友、老师或其他编程爱好者一起学习和讨论问题，是取得进步最有效的办法之一，也是分享知识和快乐的途径。加入论坛、交流群，会了解其他人在做什么、怎么做。遇到问题请教高手，会感受到醍醐灌顶的喜悦。论坛和群也会分享大量的学习资料和视频，还有不定期的培训讲座和读书交流会。记住，你不是一个人在战斗！

第四个建议：**勤实战，越挫越勇**。

实践是检验真理的唯一标准。古人云：“学以致用”“师夷长技以制夷”。请不要急切期盼实际应用的例子，更不要看不起小实例。“不积跬步，无以至千里”，大规模的成功商业案例不是我们目前要解决的问题。看清楚并走好脚下的路，比仰望天空更实际。多做一些实战练习，更好地体会算法的本质，在错误中不断成长，越挫越勇，相信你终究会有建树。

第五个建议：**看电影，洞察未来**。

不管是讲人工智能，还是算法分析，我都会建议同学们去看一看科幻电影，如《人工智能》《记忆裂痕》《绝密飞行》《未来战士》《她》等。奇妙的是，这些科幻的东西正在一步步地被实现，靠的是什么？人工智能。计算机的终极是人工智能，人工智能的核心是算法。未来的战争是科技的战争，先进的科技需要人工智能。我们的国家还有很多技术处于落后状态，未来需要你。

“一心两本”学习法：一颗好奇心，两个记录本。

怀着一颗好奇心去学习，才能不断地解决问题，获得满足感，体会算法的美。很多科学大家的秘诀就是永远保持一颗好奇心；一个记录本用来记录学习中的重点难点和随时突发的奇想；一个记录本做日记或周记，记录一天或一周来学了什么，有什么经验教训，需要注意什么，计划下一天或下一周做什么。不停地总结反思过去，计划未来，这样每天都有事做，心中会有满满的正能量。

记住没有人能一蹴而就，付出总有回报。

本书特色

（1）实例丰富，通俗易懂。从有趣的故事引入算法，从简单到复杂，使读者从实例中体会算法设计思想。实例讲解通俗易懂，让读者获得最大程度的启发，锻炼分析问题和解决问题的能力。

（2）完美图解，简单有趣。结合大量完美绘图，对算法进行分解剖析，使复杂难懂的问题变得简单有趣，给读者带来巨大的阅读乐趣，使读者在阅读中不知不觉地学到算法知识，体会算法的本质。

（3）深入浅出，透析本质。采用伪代码描述算法，既简洁易懂，又能抓住本质，算法思想描述及注释使代码更加通俗易懂。对算法设计初衷和算法复杂性的分析全面细致，既有逐步得出结论的推导过程，又有直观的绘图展示。

（4）实战演练，循序渐进。每一个算法讲解清楚后，进行实战演练，使读者在实战中体会算法，增强自信，从而提高读者独立思考和动手实践的能力。丰富的练习题和思考题用于及时检验读者对所学知识的掌握情况，为读者从小问题出发到逐步解决大型复杂性问题奠定了基础。

（5）算法解析，优化拓展。每一个实例都进行了详细的算法解析，分析算法的时间复杂度和空间复杂度，并对其优化拓展进一步讨论，提出了改进算法，并进行伪码讲解和实战演练，最后分析优化算法的复杂度进行对比。使读者在学习算法的基础上更上一个阶梯，对算法优化有更清晰的认识。

（6）网络资源，技术支持。网络提供本书所有范例程序的源代码、练习题以及答案解析，这些源代码可以自由修改编译，以符合读者的需要。本书提供源代码执行、调试说明书，对读者存在的问题提供技术支持。

建议和反馈

写一本书是一项极其琐碎、繁重的工作，尽管我已经竭力使本书和网络支持接近完美，但仍然可能存在很多漏洞和瑕疵。欢迎读者提供关于本书的反馈意见，有利于我们改进和提高，以帮助更多的读者。如果你对本书有任何评论和建议，或者遇到问题需要帮助，可以加入趣学算法交流 QQ 群（514626235）进行交流，也可以致信作者邮箱 rainchxy@126.com 或本书编辑邮箱 zhangshuang@ptpress.com.cn，我将不胜感激。

致谢

感谢我的家人和朋友在本书编写过程中提供的大力支持！感谢提供宝贵意见的同事们，感谢提供技术支持的同学们！感恩我遇到的众多良师益友！

目　录

Chapter 1

算法之美

如果说数学是皇冠上的一颗明珠，那么算法就是这颗明珠上的光芒，算法让这颗明珠更加熠熠生辉，为科技进步和社会发展照亮了前进的路。数学是美学，算法是艺术。走进算法的人，才能体会它的魅力。

多年来，我有一个梦想，希望每一位提到算法的人，不再立即紧皱眉头，脑海闪现枯燥的公式、冗长的代码；希望每一位阅读和使用算法的人，体会到算法之美，像躺在法国普罗旺斯小镇的长椅上，呷一口红酒，闭上眼睛，体会舌尖上的美味，感受鼻腔中满溢的薰衣草的芳香……

1.1 打开算法之门

瑞士著名的科学家 N.Wirth 教授曾提出：**数据结构+算法=程序**。

数据结构是程序的骨架，算法是程序的灵魂。

在我们的生活中，算法无处不在。我们每天早上起来，刷牙、洗脸、吃早餐，都在算着时间，以免上班或上课迟到；去超市购物，在资金有限的情况下，考虑先买什么、后买什么，算算是否超额；在家中做饭，用什么食材、调料，做法、步骤，还要品尝一下咸淡，看看是否做熟。所以，不要说你不懂算法，其实你每天都在用！

但是对计算机专业算法，很多人都有困惑："I can understand, but I can't use !"，我能看懂，但不会用！就像参观莫高窟的壁画，看到它、感受它，却无法走进。我们正需要一把打开算法之门的钥匙，就如陶渊明《桃花源记》中的"初极狭，才通人。复行数十步，豁然开朗。"

1.2 妙不可言——算法复杂性

我们首先看一道某跨国公司的招聘试题。

写一个算法，求下面序列之和：

$$-1，1，-1，1，\cdots，(-1)^n$$

当你看到这个题目时，你会怎么想？for 语句？while 循环？

先看算法 1-1：

```
//算法 1-1
sum=0;
for(i=1; i<=n; i++)
{
  sum=sum+pow(-1,i);//pow(-1,i)表示-1 的 i 次幂
}
```

这段代码可以实现求和运算，但是为什么不这样算?!

$$\underbrace{-1，1}_{0}，\underbrace{-1，1}_{0}，\cdots，(-1)^n$$

再看算法 1-2：

```
//算法 1-2
if(n%2==0)   //判断 n 是不是偶数，%表示求余数
  sum =0;
else
  sum=-1;
```

有的人看到这个代码后恍然大悟，原来可以这样啊？这不就是数学家高斯使用的算法吗？

$$\underbrace{1，\underbrace{2，3，4，\cdots，99}，100}_{101}$$

一共 50 对数，每对之和均为 101，那么总和为：

（1+100）×50=5050

1787 年，10 岁的高斯用了很短的时间算出了结果，而其他孩子却要算很长时间。

可以看出，算法 1-1 需要运行 n+1 次，如果 n=100 00，就要运行 100 01 次，而算法 1-2 仅仅需要运行 1 次！是不是有很大差别？

高斯的方法我也知道，但遇到类似的题还是……我用的笨办法也是算法吗？

答：是算法。

算法是指对特定问题求解步骤的一种描述。

算法只是对问题求解方法的一种描述，它不依赖于任何一种语言，既可以用自然语言、程序设计语言（C、C++、Java、Python 等）描述，也可以用流程图、框图来表示。一般为了更清楚地说明算法的本质，我们去除了计算机语言的语法规则和细节，采用“伪代码”来

描述算法。“伪代码”介于自然语言和程序设计语言之间，它更符合人们的表达方式，容易理解，但不是严格的程序设计语言，如果要上机调试，需要转换成标准的计算机程序设计语言才能运行。

算法具有以下特性。

（1）**有穷性**：算法是由若干条指令组成的有穷序列，总是在执行若干次后结束，不可能永不停止。

（2）**确定性**：每条语句有确定的含义，无歧义。

（3）**可行性**：算法在当前环境条件下可以通过有限次运算实现。

（4）**输入输出**：有零个或多个输入，一个或多个输出。

算法 1-2 的确算得挺快的，但如何知道我写的算法好不好呢？

“好”算法的标准如下。

（1）正确性：正确性是指算法能够满足具体问题的需求，程序运行正常，无语法错误，能够通过典型的软件测试，达到预期的需求。

（2）易读性：算法遵循标识符命名规则，简洁易懂，注释语句恰当适量，方便自己和他人阅读，便于后期调试和修改。

（3）健壮性：算法对非法数据及操作有较好的反应和处理。例如，在学生信息管理系统中登记学生年龄时，若将 21 岁误输入为 210 岁，系统应该提示出错。

（4）高效性：高效性是指算法运行效率高，即算法运行所消耗的时间短。算法时间复杂度就是算法运行需要的时间。现代计算机一秒钟能计算数亿次，因此不能用秒来具体计算算法消耗的时间，由于相同配置的计算机进行一次基本运算的时间是一定的，我们可以用算法基本运算的执行次数来衡量算法的效率。因此，将算法基本运算的执行次数作为时间复杂度的衡量标准。

（5）低存储性：低存储性是指算法所需要的存储空间低。对于像手机、平板电脑这样的嵌入式设备，算法如果占用空间过大，则无法运行。算法占用的空间大小称为**空间复杂度**。

除了（1）～（3）中的基本标准外，我们对好的算法的评判标准就是**高效率、低存储**。

（1）～（3）中的标准都好办，但时间复杂度怎么算呢？

时间复杂度：算法运行需要的时间，一般将**算法的执行次数**作为时间复杂度的度量标准。

看算法 1-3，并分析算法的时间复杂度。

```
//算法 1-3
sum=0;                        //运行 1 次
```

```
total=0;                      //运行 1 次
for(i=1; i<=n; i++)           //运行 n+1 次
{
  sum=sum+i;                  //运行 n 次
  for(j=1; j<=n; j++)         //运行 n*(n+1)次
    total=total+i*j;          //运行 n*n 次
}
```

把算法的所有语句的运行次数加起来：$1+1+n+1+n+n\times(n+1)+n\times n$，可以用一个函数$T(n)$表达：

$$T(n)=2n^2+3n+3$$

当 n 足够大时，例如 $n=10^5$ 时，$T(n)=2\times10^{10}+3\times10^5+3$，我们可以看到算法运行时间主要取决于第一项，后面的甚至可以忽略不计。

用极限表示为：

$$\lim_{n\to\infty}\frac{T(n)}{f(n)}=C\neq0\text{，C 为不等于 0 的常数}$$

如果用**时间复杂度的渐近上界**表示，如图 1-1 所示。

从图 1-1 中可以看出，当 $n\geqslant n_0$ 时，$T(n)\leqslant Cf(n)$，当 n 足够大时，$T(n)$和 $f(n)$近似相等。因此，我们用 $O(f(n))$来表示时间复杂度渐近上界，通常用这种表示法衡量算法时间复杂度。算法 1-3 的时间复杂度渐近上界为 $O(f(n))=O(n^2)$，用极限表示为：

$$\lim_{n\to\infty}\frac{T(n)}{f(n)}=\lim_{n\to\infty}\frac{2n^2+3n+3}{n^2}=2\neq0$$

还有**渐近下界**符号 $\Omega(T(n)\geqslant Cf(n))$，如图 1-2 所示。

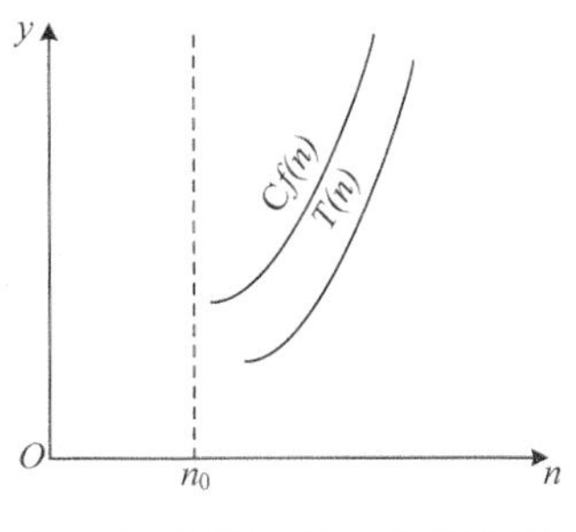

图 1-1 渐近时间复杂度上界

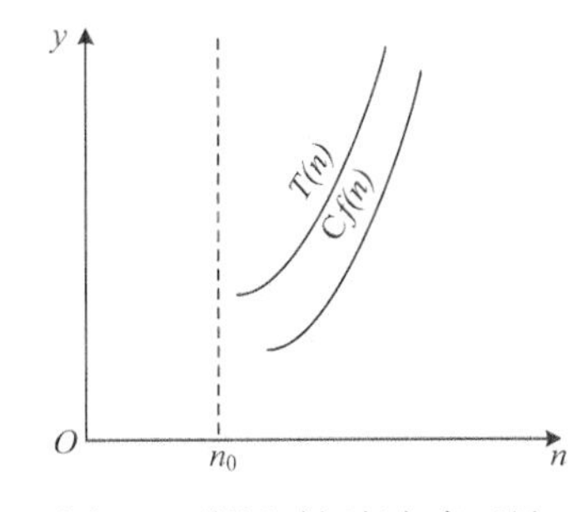

图 1-2 渐近时间复杂度下界

从图 1-2 可以看出，当 $n\geqslant n_0$ 时，$T(n)\geqslant Cf(n)$，当 n 足够大时，$T(n)$和 $f(n)$近似相等，因此，我们用 $\Omega(f(n))$来表示时间复杂度渐近下界。

渐近精确界符号 $\Theta(C_1f(n)\leqslant T(n)\leqslant C_2f(n))$，如图 1-3 所示。

从图 1-3 中可以看出，当 $n \geqslant n_0$ 时，$C_1 f(n) \leqslant T(n) \leqslant C_2 f(n)$，当 n 足够大时，$T(n)$和 $f(n)$ 近似相等。这种两边逼近的方式，更加精确近似，因此，用 $\Theta(f(n))$来表示时间复杂度渐近精确界。

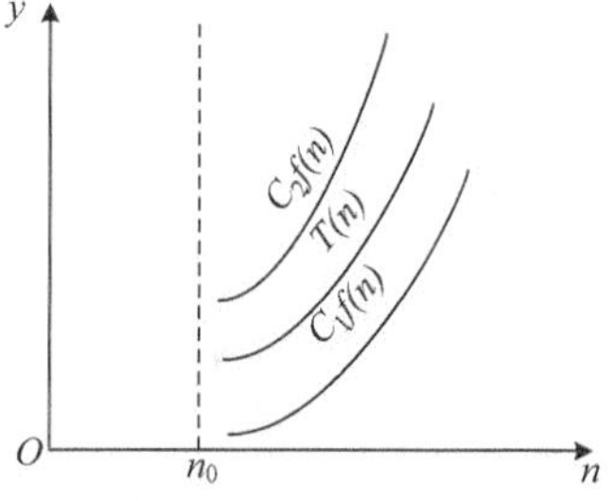

图 1-3 渐进时间复杂度精确界

我们通常使用时间复杂度渐近上界 $O(f(n))$来表示时间复杂度。

看算法 1-4，并分析算法的时间复杂度。

```
//算法 1-4
i=1;                  //运行 1 次
while(i<=n)        //可假设运行 x 次
{
  i=i*2;              //可假设运行 x 次
}
```

观察算法 1-4，无法立即确定 while 及 $i=i*2$ 运行了多少次。这时可假设运行了 x 次，每次运算后 i 值为 2，2^2，2^3，…，2^x，当 $i=n$ 时结束，即 $2^x=n$ 时结束，则 $x=\log_2 n$，那么算法 1-4 的运算次数为 $1+2\log_2 n$，时间复杂度渐近上界为 $O(f(n))=O(\log_2 n)$。

在算法分析中，渐近复杂度是对算法运行次数的粗略估计，大致反映问题规模增长趋势，而不必精确计算算法的运行时间。在计算渐近时间复杂度时，可以只考虑对算法运行时间贡献大的语句，而忽略那些运算次数少的语句，循环语句中处在循环内层的语句往往运行次数最多，即为对运行时间贡献最大的语句。例如在算法 1-3 中，$total=total+i*j$ 是对算法贡献最大的语句，只计算该语句的运行次数即可。

注意：不是每个算法都能直接计算运行次数。

例如算法 1-5，在 $a[n]$数组中顺序查找 x，返回其下标 i，如果没找到，则返回−1。

```
//算法 1-5
findx(int x)       //在 a[n]数组中顺序查找 x
{
for(i=0; i<n; i++)
{
   if (a[i]==x)
     return i;     //返回其下标 i
   }
  return -1;
}
```

我们很难计算算法 1-5 中的程序到底执行了多少次，因为运行次数依赖于 x 在数组中的位置，如果第一个元素就是 x，则执行 1 次（最好情况）；如果最后一个元素是 x，则执行 n 次（最坏情况）；如果分布概率均等，则平均执行次数为（n+1）/2。

有些算法，如排序、查找、插入等算法，可以分为**最好**、**最坏**和**平均**情况分别求算法渐近复杂度，但我们考查一个算法通常考查最坏的情况，而不是考查最好的情况，**最坏情况对衡量算法的好坏具有实际的意义。**

我明白了，那空间复杂度应该就是算法占了多大存储空间了？

空间复杂度：算法占用的空间大小。一般将算法的**辅助空间**作为衡量空间复杂度的标准。

空间复杂度的本意是指算法在运行过程中占用了多少存储空间。算法占用的存储空间包括：

（1）输入/输出数据；

（2）算法本身；

（3）额外需要的辅助空间。

输入/输出数据占用的空间是必需的，算法本身占用的空间可以通过精简算法来缩减，但这个压缩的量是很小的，可以忽略不计。而在运行时使用的辅助变量所占用的空间，即辅助空间是衡量空间复杂度的关键因素。

看算法 1-6，将两个数交换，并分析其空间复杂度。

```
//算法 1-6
swap(int x,int y)  //x 与 y 交换
{
  int temp;
  temp=x;  //temp 为辅助空间 ①
  x=y;   ②
  y=temp; ③
}
```

两数的交换过程如图 1-4 所示。

图 1-4 中的步骤标号与算法 1-6 中的语句标号一一对应，该算法使用了一个辅助空间 *temp*，空间复杂度为 $O(1)$。

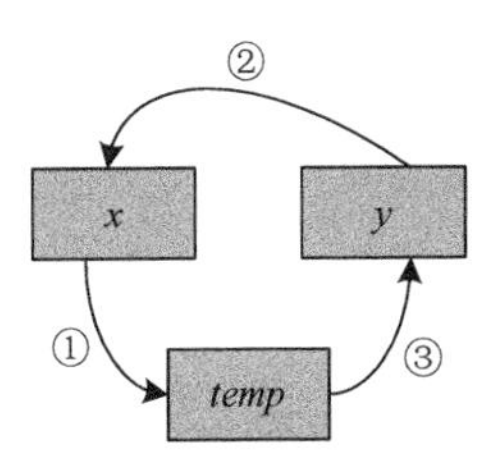

图 1-4 两数交换过程

注意：递归算法中，每一次递推需要一个栈空间来保存调用记录，因此，空间复杂度需要计算递归栈的辅助空间。

看算法 1-7，计算 n 的阶乘，并分析其空间复杂度。

```
//算法 1-7
fac(int n)  //计算 n 的阶乘
{
  if(n<0)   //小于零的数无阶乘值
  {
     printf("n<0,data error!");
     return -1;
  }
  else if(n= =0 || n= =1)
           return 1;
         else
           return n*fac(n-1);
}
```

阶乘是典型的递归调用问题，递归包括递推和回归。递推是将原问题不断分解成子问题，直到达到结束条件，返回最近子问题的解；然后逆向逐一回归，最终到达递推开始的原问题，返回原问题的解。

思考：试求 5 的阶乘，程序将怎样计算呢？

5 的阶乘的递推和回归过程如图 1-5 和图 1-6 所示。

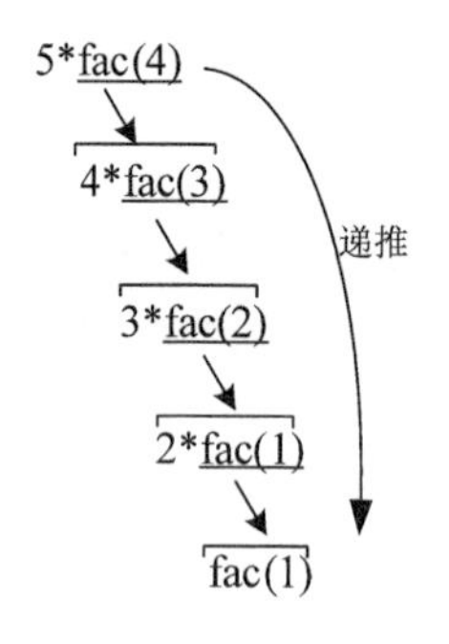

图 1-5　5 的阶乘递推过程

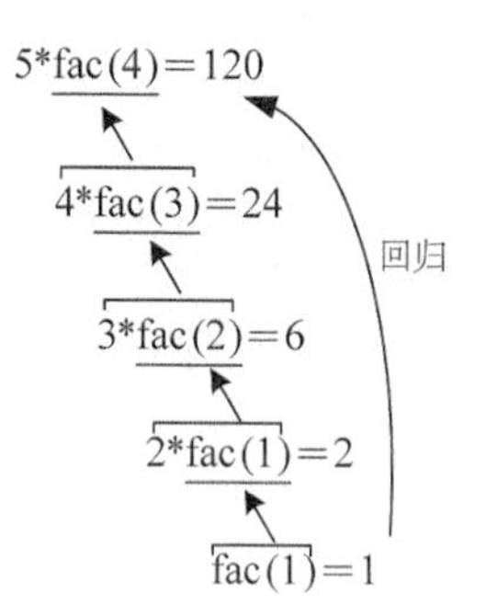

图 1-6　5 的阶乘回归过程

图 1-5 和图 1-6 的递推、回归过程是我们从逻辑思维上推理，用图的方式形象地表达出来的，但计算机内部是怎样处理的呢？计算机使用一种称为“栈”的数据结构，它类似于一个放一摞盘子的容器，每次从顶端放进去一个，拿出来的时候只能从顶端拿一个，不允许从中间插入或抽取，因此称为“后进先出”（last in first out）。

5 的阶乘进栈过程如图 1-7 所示。

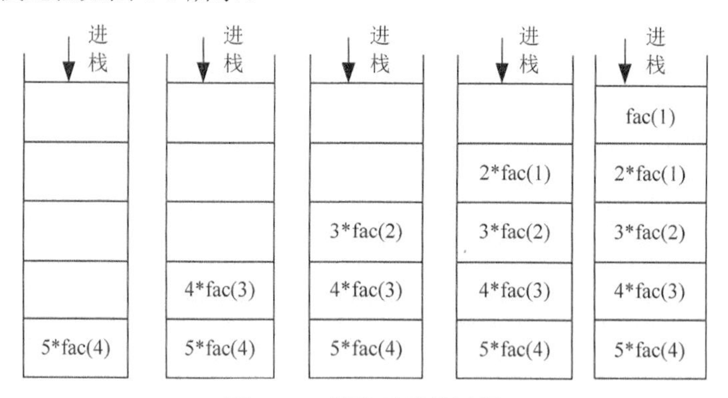

图 1-7　5 的阶乘进栈过程

5 的阶乘出栈过程如图 1-8 所示。

从图 1-7 和图 1-8 的进栈、出栈过程中，我们可以很清晰地看到，首先把子问题一步步地压进栈，直到得到返回值，再一步步地出栈，最终得到递归结果。在运算过程中，使用了 n 个栈空间作为辅助空间，因此阶乘递归算法的空间复杂度为 $O(n)$。在算法 1-7 中，时间复

杂度也为 $O(n)$，因为 n 的阶乘仅比 $n-1$ 的阶乘多了一次乘法运算，fac(n)=n*fac(n−1)。如果用 $T(n)$表示 fac(n)的时间复杂度，可表示为：

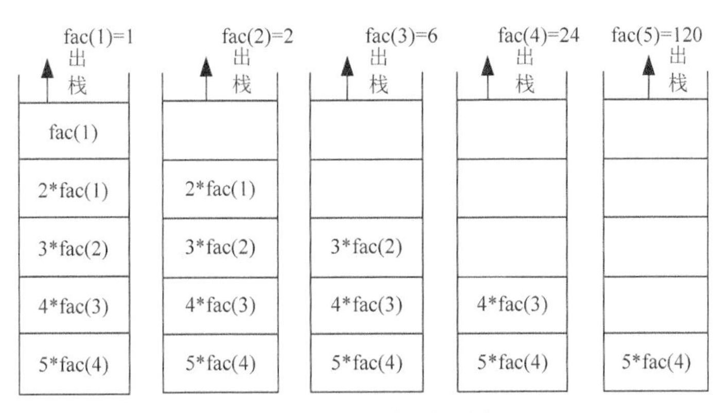

图 1-8　5 的阶乘出栈过程

$$\begin{aligned}T(n) &= T(n-1)+1\\ &= T(n-2)+1+1\\ &\cdots\cdots\\ &= T(1)+\cdots+1+1\\ &= n\end{aligned}$$

1.3 美不胜收——魔鬼序列

趣味故事 1-1：一棋盘的麦子

有一个古老的传说，有一位国王的女儿不幸落水，水中有很多鳄鱼，国王情急之下下令："谁能把公主救上来，就把女儿嫁给他。"很多人纷纷退让，一个勇敢的小伙子挺身而出，冒着生命危险把公主救了上来，国王一看是个穷小子，想要反悔，说："除了女儿，你要什么都可以。"小伙子说："好吧，我只要一棋盘的麦子。您在第 1 个格子里放 1 粒麦子，在第 2 个格子里放 2 粒，在第 3 个格子里放 4 粒，在第 4 个格子里放 8 粒，以此类推，每一格子里的麦子粒数都是前一格的两倍。把这 64 个格子都放好了就行，我就要这么多。"国王听后哈哈大笑，觉得小伙子的要求很容易满足，满口答应。结果发现，把全国的麦子都拿来，也填不完这 64 格……国王无奈，只好把女儿嫁给了这个小伙子。

解析

棋盘上的 64 个格子究竟要放多少粒麦子？

把每一个放的麦子数加起来，总和为 S，则：

$$S=1+2^1+2^2+2^3+\cdots+2^{63} \qquad ①$$

我们把式①等号两边都乘以 2，等式仍然成立：

$$2S=2^1+2^2+2^3+\cdots+2^{63}+2^{64} \qquad ②$$

式 ②减去式①，则：

$$S=2^{64}-1 = 18\ 446\ 744\ 073\ 709\ 551\ 615$$

据专家统计，每个麦粒的平均重量约 41.9 毫克，那么这些麦粒的总重量是：

18 446 744 073 709 551 615×41.9＝772 918 576 688 430 212 668.5（毫克）

≈7729（亿吨）

全世界人口按 60 亿计算，每人可以分得 128 吨！

我们称这样的函数为**爆炸增量函数**，想一想，如果算法时间复杂度是 $O(2^n)$ 会怎样？随着 n 的增长，这个算法会不会“爆掉”？经常见到有些算法调试没问题，运行一段也没问题，但关键的时候宕机（shutdown）。例如，在线考试系统，50 个人考试没问题，100 人考试也没问题，如果全校 1 万人考试就可能出现宕机。

注意：宕机就是死机，指电脑不能正常工作了，包括一切原因导致的死机。计算机主机出现意外故障而死机，一些服务器（如数据库）死锁，服务器的某些服务停止运行都可以称为宕机。

常见的算法时间复杂度有以下几类。

（1）常数阶。

常数阶算法运行的次数是一个常数，如 5、20、100。常数阶算法时间复杂度通常用 $O(1)$ 表示，例如算法 1-6，它的运行次数为 4，就是常数阶，用 $O(1)$表示。

（2）多项式阶。

很多算法时间复杂度是多项式，通常用 $O(n)$、$O(n^2)$、$O(n^3)$等表示。例如算法 1-3 就是多项式阶。

（3）指数阶。

指数阶时间复杂度运行效率极差，程序员往往像躲“恶魔”一样避开它。常见的有 $O(2^n)$、$O(n!)$、$O(n^n)$等。使用这样的算法要慎重，例如趣味故事 1-1。

（4）对数阶。

对数阶时间复杂度运行效率较高，常见的有 $O(\log n)$、$O(n\log n)$等，例如算法 1-4。

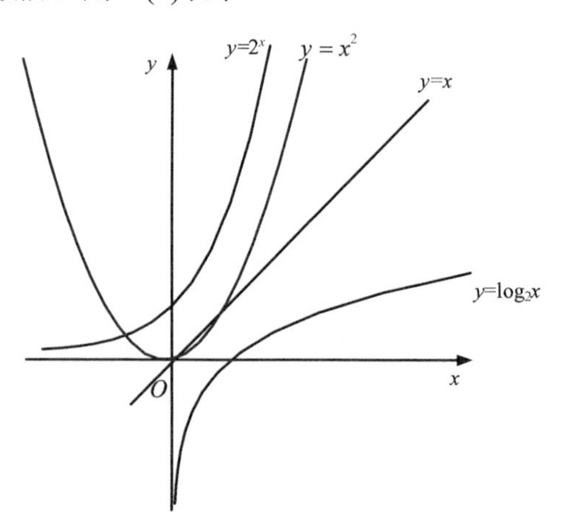

图 1-9　常见函数增量曲线

常见时间复杂度函数曲线如图 1-9 所示。

从图 1-9 中可以看出，指数阶增量随着 x 的增加而急剧增加，而对数阶增加缓慢。它们之间的关系为：

$$O(1)< O(\log n)< O(n)< O(n\log n) < O(n^2)< O(n^3)< O(2^n) < O(n!)< O(n^n)$$

我们在设计算法时要注意算法复杂度增量的问题，尽量避免爆炸级增量。

趣味故事 1-2：神奇兔子数列

假设第 1 个月有 1 对刚诞生的兔子，第 2 个月进入成熟期，第 3 个月开始生育兔子，而 1 对成熟的兔子每月会生 1 对兔子，兔子永不死去……那么，由 1 对初生兔子开始，12 个月后会有多少对兔子呢？

兔子数列即斐波那契数列，它的发明者是意大利数学家列昂纳多 · 斐波那契（Leonardo Fibonacci，1170—1250）。1202 年，他撰写了《算盘全书》(《Liber Abaci》) 一书，该书是一部较全面的初等数学著作。书中系统地介绍了印度—阿拉伯数码及其演算法则，介绍了中国的“盈不足术”；引入了负数，并研究了一些简单的一次同余式组。

（1）问题分析

我们不妨拿新出生的 1 对小兔子分析：

第 1 个月，小兔子①没有繁殖能力，所以还是 1 对。

第 2 个月，小兔子①进入成熟期，仍然是 1 对。

第 3 个月，兔子①生了 1 对小兔子②，于是这个月共有 2（1+1=2）对兔子。

第 4 个月，兔子①又生了 1 对小兔子③。因此共有 3（1+2=3）对兔子。

第 5 个月，兔子①又生了 1 对小兔子④，而在第 3 个月出生的兔子②也生下了 1 对小兔子⑤。共有 5（2+3=5）对兔子。

第 6 个月，兔子①②③各生下了 1 对小兔子。新生 3 对兔子加上原有的 5 对兔子这个月共有 8（3+5=8）对兔子。

……

为了表达得更清楚，我们用图示来分别表示新生兔子、成熟期兔子和生育期兔子，兔子的繁殖过程如图 1-10 所示。

这个数列有十分明显的特点，从第 3 个月开始，**当月的兔子数=上月兔子数+当月新生兔子数**，而当月新生的兔子正好是**上上月的兔子数**。因此，前面相邻两项之和，构成了后一项，即：

当月的兔子数=上月兔子数+上上月的兔子数

斐波那契数列如下：

1，1，2，3，5，8，13，21，34，…

递归式表达式：

$$F(n)=\begin{cases}1 & ,n=1\\ 1 & ,n=2\\ F(n-1)+F(n-2) & ,n>2\end{cases}$$

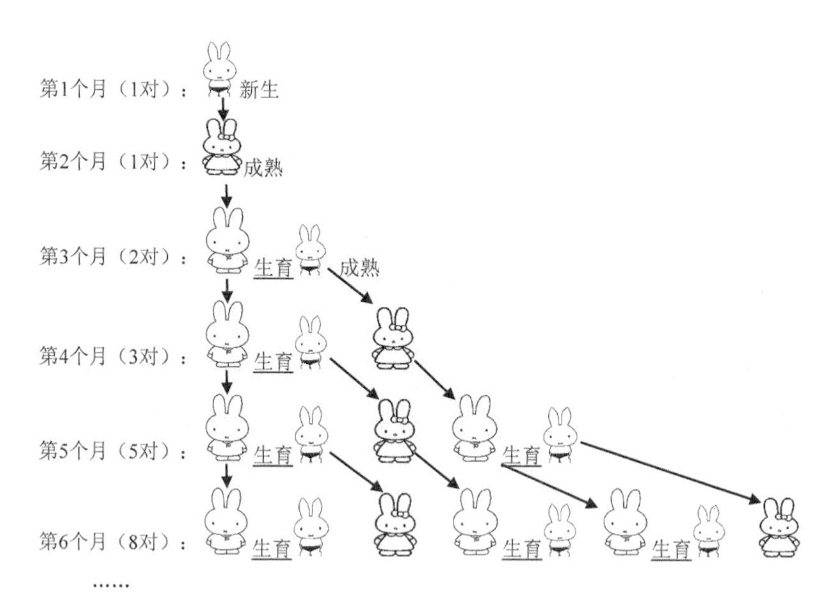

图 1-10　兔子繁殖过程

那么我们该怎么设计算法呢？

哈哈，这太简单了，用递归算法很快就算出来了！

（2）算法设计

首先按照递归表达式设计一个递归算法，见算法 1-8。

```
//算法 1-8
Fib1(int n)
{
  if(n<1)
     return -1;
if(n==1||n==2)
     return 1;
  return Fib1(n-1)+Fib1(n-2);
}
```

写得不错，那么算法设计完成后，我们有 3 个问题：

- 算法是否正确？
- 算法复杂度如何？
- 能否改进算法？

（3）算法验证分析

第一个问题毋庸置疑，因为算法 1-8 是完全按照递推公式写出来的，所以正确性没有问题。那么算法复杂度呢？假设 $T(n)$表示计算 Fib1(n)所需要的基本操作次数，那么：

```
n=1 时，T(n)=1;
```

```
n=2时，T(n)=1;
n=3时，T(n)=3; //调用Fib1(2)、Fib1(1)和执行一次加法运算Fib1(2)+Fib1(1)
```

因此，n>2 时要分别调用 Fib1(n−1)、Fib1(n−2)和执行一次加法运算，即：

```
n>2时，T(n)= T(n-1)+ T(n-2)+1;
```

递归表达式和时间复杂度 $T(n)$之间的关系如下：

$$F(n)=\begin{cases}1 & ,n=1\quad T(n)=1\\ 1 & ,n=2\quad T(n)=1\\ F(n-1)+F(n-2) & ,n>2\quad T(n)=T(n-1)+T(n-2)+1\end{cases}$$

由此可得：$T(n)\geqslant F(n)$。

那么怎么计算 $F(n)$呢？

有兴趣的读者可以看本书附录 A 中通项公式的求解方法，也可以看下文中的简略解释。

斐波那契数列通项为：

$$F(n)=\frac{1}{\sqrt{5}}\left(\left(\frac{1+\sqrt{5}}{2}\right)^n-\left(\frac{1-\sqrt{5}}{2}\right)^n\right)$$

当 n 趋近于无穷时，

$$F(n)\approx\frac{1}{\sqrt{5}}\left(\frac{1+\sqrt{5}}{2}\right)^n$$

由于 $T(n)\geqslant F(n)$，这是一个指数阶的算法！

如果我们今年计算出了 $F(100)$，那么明年才能算出 $F(101)$，多算一个斐波那契数需要一年的时间，**爆炸增量函数**是算法设计的噩梦！算法 1-8 的时间复杂度属于**爆炸增量函数**，这在算法设计时是应当避开的，那么我们能不能改进它呢？

（4）算法改进

既然斐波那契数列中的每一项是前两项之和，如果记录前两项的值，只需要一次加法运算就可以得到当前项，时间复杂度会不会更低一些？我们用数组试试看，见算法 1-9。

```
//算法1-9
Fib2(int n)
{
  if(n<1)
     return -1;
  int *a=new int[n+1];//定义一个长度为n+1的数组，0空间未使用
  a[1]=1;
  a[2]=1;
  for(int i=3;i<=n;i++)
     a[i]=a[i-1]+a[i-2];
  return a[n];
}
```

很明显，算法 1-9 的时间复杂度为 $O(n)$。算法仍然是按照 $F(n)$的定义，所以正确性没有问题，而**时间复杂度**却从算法 1-8 的**指数阶降到了多项式阶**，这是算法效率的一个巨大突破！

算法 1-9 使用了一个辅助数组记录中间结果，空间复杂度也为 $O(n)$，其实我们只需要得到第 n 个斐波那契数，中间结果只是为了下一次使用，根本不需要记录。因此，我们可以采用**迭代法**进行算法设计，见算法 1-10。

```
//算法 1-10
Fib3(int n)
{
  int i,s1,s2;
  if(n<1)
     return -1;
  if(n==1||n==2)
     return 1;
  s1=1;
  s2=1;
  for(i=3; i<=n; i++)
  {
     s2=s1+s2; //辗转相加法
     s1=s2-s1; //记录前一项
  }
  return s2;
}
```

迭代过程如下。

初始值：$s_1=1$；$s_2=1$；

	当前解	记录前一项
$i=3$ 时	$s_2= s_1+s_2=2$	$s_1=s_2-s_1=1$
$i=4$ 时	$s_2= s_1+s_2=3$	$s_1= s_2-s_1=2$
$i=5$ 时	$s_2= s_1+s_2=5$	$s_1= s_2-s_1=3$
$i=6$ 时	$s_2= s_1+s_2=8$	$s_1= s_2-s_1=5$
……	……	……

算法 1-10 使用了若干个辅助变量，迭代辗转相加，每次记录前一项，时间复杂度为 $O(n)$，但**空间复杂度**降到了 $O(1)$。

问题的进一步讨论：我们能不能继续降阶，使算法时间复杂度更低呢？实质上，斐波那契数列时间复杂度还可以降到对数阶 $O(\log n)$，有兴趣的读者可以查阅相关资料。想想看，我们把一个算法从**指数阶**降到**多项式阶**，再降到**对数阶**，这是一件多么振奋人心的事！

（5）惊人大发现

科学家经研究在植物的叶、枝、茎等排列中发现了斐波那契数！例如，在树木的枝干上选一片叶子，记其为数 1，然后依序点数叶子（假定没有折损），直到到达与那片叶子正对的位置，则其间的叶子数多半是斐波那契数。叶子从一个位置到达下一个正对的位置称为一个循回。叶子在一个循回中旋转的圈数也是斐波那契数。在一个循回中，叶子数与叶子旋转圈数的比称为叶序（源自希腊词，意即叶子的排列）比。多数植物的叶序比呈现为斐波那契数的比，例如，蓟的头部具有 13 条顺时针旋转和 21 条逆时针旋转的斐波那契螺旋，向日葵的种子的圈数与子数、菠萝的外部排列同样有着这样的特性，如图 1-11 所示。

图 1-11　斐波那契螺旋（图片来自网络）

观察延龄草、野玫瑰、南美血根草、大波斯菊、金凤花、耧斗菜、百合花、蝴蝶花的花瓣，可以发现它们的花瓣数目为斐波那契数：3，5，8，13，21，…。如图 1-12 所示。

图 1-12　植物花瓣（图片来自网络）

树木在生长过程中往往需要一段"休息"时间，供自身生长，而后才能萌发新枝。所以，一株树苗在一段间隔（例如一年）以后长出一条新枝；第二年新枝"休息"，老枝依旧萌发；此后，老枝与"休息"过一年的枝同时萌发，当年生的新枝则次年"休息"。这样，一株树木各个年份的枝丫数便构成斐波那契数列，这个规律就是生物学上著名的"鲁德维格定律"。

这些植物懂得斐波那契数列吗？应该并非如此，它们只是按照自然的规律才进化成这样的。这似乎是植物排列种子的"优化方式"，它能使所有种子具有相近的大小却又疏密得当，不至于在圆心处挤太多的种子而在圆周处却又很稀疏。叶子的生长方式也是如此，对于许多植物来说，每片叶子从中轴附近生长出来，为了在生长的过程中一直都能最佳地利用空间（要考虑到叶子是一片一片逐渐地生长出来，而不是一下子同时出现的），每片叶子和前一片叶子之间的角度应该是 222.5°，这个角度称为“黄金角度”，因为它和整个圆周 360°之比是黄金分割数 0.618 的倒数，而这种生长方式就导致了斐波那契螺旋的产生。向日葵的种子排列形成的斐波那契螺旋有时能达到 89，甚至 144。1992 年，两位法国科学家通过对花瓣形成过程的计算机仿真实验，证实了在系统保持最低能量的状态下，花朵会以斐波那契数列的规律长出花瓣。

有趣的是：这样一个完全是自然数的数列，通项公式却是用无理数来表达的。而且当 n 趋向于无穷大时，斐波那契数列前一项与后一项的比值越来越逼近黄金分割比 0.618：1÷1=1，1÷2=0.5，2÷3=0.666，…，3÷5=0.6，5÷8=0.625，…，55÷89=0.617977，…，144÷233=0.618025，…，46368÷75025=0.6180339886……

越到后面，这些比值越接近黄金分割比：

$$\frac{F(n-1)}{F(n)} \approx \frac{2}{1+\sqrt{5}} \approx 0.618$$

斐波那契数列起源于兔子数列，这个现实中的例子让我们真切地感到数学源于生活，生活中我们需要不断地通过现象发现数学问题，而不是为了学习而学习。学习的目的是满足对世界的好奇心，如果我们怀着这样一颗好奇心，或许世界会因你而不同！斐波那契通过兔子繁殖来告诉我们这种数学问题的本质，随着数列项的增加，前一项与后一项之比越来越逼近黄金分割的数值 0.618 时，我彻底被震惊到了，因为数学可以表达美，这是令我们叹为观止的地方。当数学创造了更多的奇迹时，我们会发现数学本质上是可以回归到自然的，这样的事例让我们感受到数学的美，就像黄金分割、斐波那契数列，如同大自然中的一朵朵小花，散发着智慧的芳香……

1.4 灵魂之交——马克思手稿中的数学题

有人抱怨：算法太枯燥、乏味了，看到公式就头晕，无法学下去了。你肯定选择了一条充满荆棘的路。选对方法，你会发现这里是一条充满鸟语花香和欢声笑语的幽径，在这里，你可以和高德纳聊聊，同爱因斯坦喝杯咖啡，与哥德巴赫和角谷谈谈想法，Dijkstra 也不错。与世界顶级的大师进行灵魂之交，不问结果，这一过程已足够美妙！

如果这本书能让多一个人爱上算法，这就足够了！

趣味故事 1-3：马克思手稿中的数学题

马克思手稿中有一道趣味数学问题：有 30 个人，其中有男人、女人和小孩，这些人在一家饭馆吃饭花了 50 先令；每个男人花 3 先令，每个女人花 2 先令，每个小孩花 1 先令；问男人、女人和小孩各有几人？

（1）问题分析

设 x、y、z 分别代表男人、女人和小孩。按题目的要求，可得到下面的方程：

$$x+y+z=30 \quad ①$$

$$3x+2y+z=50 \quad ②$$

两式相减，②−①得：

$$2x+y=20 \quad ③$$

从式③可以看出，因为 x、y 为正整数，x 最大只能取 9，所以 x 变化范围是 1～9。那么我们可以让 x 从 1 到 9 变化，再找满足①②两个条件 y、z 值，找到后输入即可，答案可能不止一个。

（2）算法设计

按照上面的分析进行算法设计，见算法 1-11。

```
//算法 1-11
#include<iostream>
int main()
{
  int x,y,z,count=0; //记录可行解的个数
  cout<<" Men, Women, Children"<<endl;
  cout<<"......................................."<<endl;
  for(x=1;x<=9;x++)
  {
    y=20-2*x;  //固定 x 值然后根据式③求得 y 值
    z=30-x-y;  //由式①求得 z 值
    if(3*x+2*y+z==50)  //判断当前得到的一组解是否满足式②
      cout<<++count<<"  "<<x<<y<<z<<endl; //打印出第几个解和解值 x, y, z
    }
    return 0;
}
```

（3）算法分析

算法完全按照题中方程设计，因此正确性毋庸置疑。那么算法复杂度怎样呢？从算法 1-11 中可以看出，对算法时间复杂度贡献最大的语句是 for(x=1;x<=9;x++)，该语句的执行次数是 9，for 循环中 3 条语句的执行次数也为 9，其他语句执行次数为 1，for 语句一共执行 36 次基本运算，时间复杂度为 $O(1)$。没有使用辅助空间，空间复杂度也为 $O(1)$。

（4）问题的进一步讨论

为什么让 x 变化来确定 y、z 值？让 y 变化来确定 x、z 值会怎样呢？让 z 变化来确定 x、y 值行不行？有没有更好的算法降低时间复杂度？

趣味故事 1-4：爱因斯坦的阶梯

爱因斯坦家里有一条长阶梯，若每步跨 2 阶，则最后剩 1 阶；若每步跨 3 阶，则最后剩

2 阶；若每步跨 5 阶，则最后剩 4 阶；若每步跨 6 阶，则最后剩 5 阶。只有每次跨 7 阶，最后才正好 1 阶不剩。请问这条阶梯共有多少阶？

（1）问题分析

根据题意，阶梯数 n 满足下面一组同余式：

$$n \equiv 1 \pmod 2$$
$$n \equiv 2 \pmod 3$$
$$n \equiv 4 \pmod 5$$
$$n \equiv 5 \pmod 6$$
$$n \equiv 0 \pmod 7$$

注意：两个整数 a、b，若它们除以整数 m 所得的余数相等，则称 a、b 对于模 m 同余，记作 $a \equiv b \pmod m$，读作 a 同余于 b 模 m，或读作 a 与 b 关于模 m 同余。那么只需要判断一个整数值是否满足这 5 个同余式即可。

（2）算法设计

按照上面的分析进行算法设计，见算法 1-12。

```
//算法 1-12
#include<iostream>
int main()
{
  int n=1; //n 为所设的阶梯数
  while(!((n%2==1)&&(n%3==2)&&(n%5==4)&&(n%6==5)&&(n%7==0)))
      n++;       //判别是否满足一组同余式
  cout<<"Count the stairs= "<<n<<endl;  //输出阶梯数
  return 0;
}
```

（3）算法分析

算法的运行结果：

```
Count the stairs =119
```

因为 n 从 1 开始，找到第一个满足条件的数就停止，所以算法 1-12 中的 while 语句运行了 119 次。有的算法从算法本身无法看出算法的运行次数，例如算法 1-12，我们很难知道 while 语句执行了多少次，因为它是满足条件时停止，那么多少次才能满足条件呢？每个问题具体的次数是不同的，所以不能看到程序中有 n，就简单地说它的时间复杂度为 n。

我们从 1 开始一个一个找结果的办法是不是太麻烦了？

（4）算法改进

因为从上面的 5 个同余式来看，这个数一定是 7 的倍数 $n \equiv 0 \pmod 7$，除以 6 余 5，除以 5 余 4，除以 3 余 2，除以 2 余 1，我们为什么不从 7 的倍数开始判断呢？算法改进见算法 1-13。

```
//算法 1-13
#include<iostream>
int main()
{
  int n=7; //n 为所设的阶梯数
  while(!((n%2==1)&&(n%3==2)&&(n%5==4)&&(n%6==5)&&(n%7==0)))
  n=n+7;       //判别是否满足一组同余式
  cout<<"Count the stairs="<<n<<endl;  //输出阶梯数
  return 0;
}
```

算法的运行结果：

```
Count the stairs =119
```

算法 1-13 中的 while 语句执行了 119/7=17 次，可见运行次数减少了不少呢！

（5）问题的进一步讨论

此题算法还可考虑求 2、3、5、6 的最小公倍数 n，然后令 $t=n-1$，判断 $t\equiv 0(\mathrm{mod}\ 7)$是否成立，若不成立则 $t=t+n$，再进行判别，直到选出满足条件的 t 为止。

解释：因为 n 是 2、3、5、6 的最小公倍数，减 1 后，分别除以 2、3、5、6，余数必然为 1、2、4、5，正好满足前四个条件，再继续判断是否满足第五个条件即可。

2、3、5、6 的最小公倍数 $n=30$。

$t=n-1=29$，$t\equiv 0(\mathrm{mod}\ 7)$不成立；

$t=t+n=59$，$t\equiv 0(\mathrm{mod}\ 7)$不成立；

$t=t+n=89$，$t\equiv 0(\mathrm{mod}\ 7)$不成立；

$t=t+n=119$，$t\equiv 0(\mathrm{mod}\ 7)$成立。

我们可以看到这一算法判断 4 次即成功，但是，求多个数的最小公倍数需要多少时间复杂度，是不是比上面的算法更优呢？结果如何请大家动手试一试。

趣味故事 1-5：哥德巴赫猜想

哥德巴赫猜想：任一大于 2 的偶数，都可表示成两个素数之和。

验证：2000 以内大于 2 的偶数都能够分解为两个素数之和。

（1）问题分析

为了验证哥德巴赫猜想对 2000 以内大于 2 的偶数都是成立的，要将整数分解为两部分（两个整数之和），然后判断分解出的两个整数是否均为素数。若是，则满足题意；否则重新进行分解和判断。素数测试的算法可采用试除法，即用 2，3，4，…，$\sqrt{n}$ 去除 n，如果能被整除则为合数，不能被整除则为素数。

（2）算法设计

按照上面的分析进行算法设计，见算法 1-14。

```
//算法 1-14
#include<iostream>
```

```
#include<math.h>
int prime(int n); //判断是否均为素数
int main()
{
  int i,n;
  for(i=4;i<=2000;i+=2) //对 2000 大于 2 的偶数分解判断，从 4 开始，每次增 2
  {
    for(n=2;n<i;n++)   //将偶数 i 分解为两个整数，一个整数是 n，一个是 i-n
      if(prime(n))     //判断第一个整数是否均为素数
         if(prime(i-n))    //判断第二个整数是否均为素数
         {
            cout<< i <<"=" << n <<"+"<<i-n<<endl;  //若均是素数则输出
            break;
         }
     if(n==i)
        cout<<"error "<<endl;
  }
}
int prime(int i) //判断是否为素数
{
  int j;
  if(i<=1) return 0;
  if(i==2) return 1;
  for(j=2;j<=(int)(sqrt((double)i));j++)
    if(!(i%j)) return 0;
  return 1;
}
```

（3）算法分析

要验证哥德巴赫猜想对 2000 以内大于 2 的偶数都是成立的，我们首先要看看这个范围的偶数有多少个。1～2000 中有 1000 个偶数，1000 个奇数，那么大于 2 的偶数有 999 个，即 i=4，6，8，…，2000。再看偶数分解和素数判断，这就要看最好情况和最坏情况了。最好的情况是一次分解，两次素数判断即可成功，最坏的情况要 i−2 次分解（即 n=2，3，…，i−1 的情况），每次分解分别执行 2～sqrt(n)次、2～sqrt(i−n)次判断。

这个程序看似简单合理，但存在下面两个问题。

1）偶数分解存在重复。

- i=4：分解为（2，2），（3，1），从 n=2，3，…，i−1 分解，每次得到一组数（n，i−n）。
- i=6：分解为（2，4），（3，3），（4，2），（5，1）。
- i=8：分解为（2，6），（3，5），（4，4），（5，3），（6，2），（7，1）。

除了最后一项外，每组分解都在 i/2 处对称分布。最后一组中有一个数为 1，1 既不是素数也不是合数，因此去掉最后一组，那么我们就可以从 n=2，3，…，i/2 进行分解，省掉了一半的多余判断。

2）素数判断存在重复。

- i=4：分解为（2，2），（3，1），要判断 2 是否为素数，然后判断第二个 2 是否为素数。判断成功，返回。

- i=6：分解为（2，4），（3，3），（4，2），（5，1），要判断 2 是否为素数，然后判断 4 是否为素数，不是继续下一个分解。再判断 3 是否为素数，然后判断第二个 3 是否为素数。判断成功，返回。

每次判断素数都要调用 prime 函数，那么可以先判断分解有可能得到的数是否为素数，然后把结果存储下来，下次判断时只需要调用上次的结果，不需要再重新判断是否为素数。例如（2，2），第一次判断结果 2 是素数，那第二个 2 就不用判断，直接调用这个结果，后面所有的分解，只要遇到这个数就直接认定为这个结果。

（4）算法改进

先判断所有分解可能得到的数是否为素数，然后把结果存储下来，有以下两种方法。

1）用布尔型数组 flag[2..1998]记录分解可能得到的数（2～1998）所有数是不是素数，分解后的值作为下标，调用该数组即可。时间复杂度减少，但空间复杂度增加。

2）用数值型数组 data[302]记录 2～1998 中所有的素数（302 个）。

- 分解后的值，采用折半查找（素数数组为有序存储）的办法在素数数组中查找，找到就是素数，否则不是。
- 不分解，直接在素数数组中找两个素数之和是否为 i，如果找到，验证成功。因为素数数组为有序存储，当两个数相加比 i 大时，不需要再判断后面的数。

（5）问题的进一步讨论

上面的方法可以写出 3 个算法，大家可以尝试写一写，然后分析时间复杂度、空间复杂度如何？哪个算法更优一些？是不是还可以做到更好？

1.5 算法学习瓶颈

很多人感叹：算法为什么这么难！

一个原因是，算法本身具有一定的复杂性，还有一个原因：讲得不到位！

算法的教与学有两个困难。

（1）我们学习了那些经典的算法，在惊叹它们奇妙的同时，难免疑虑重重：这些算法是怎么被想到的？这可能是最费解的地方。高手讲，学算法要学它的来龙去脉，包括种种证明。但这对菜鸟来说，这简直比登天还难，很可能花费很多时间也无法搞清楚。对大多数人来说，这条路是行不通的，那怎么办呢？下功夫去记忆书上的算法？记住这些算法的效率？这样做看似学会了，其实两手空空，遇到一个新问题，仍然无从下手。可这偏偏又是极重要的，无论做研究还是实际工作，一个计算机专业人士最重要的能力就是解决问题——解决那些不断从实际应用中冒出来的新问题。

（2）算法作为一门学问，有两条几乎平行的线索。一个是**数据结构**（数据对象）：数、矩阵、集合、串、排列、图、表达式、分布等。另一个是**算法策略**：贪心、分治、动态规划、线性规划、搜索等。这两条线索是相互独立的：同一个数据对象（如图）上有不同的问题（如单源最短路径和多源最短路径），就可以用到不同的算法策略（例如贪婪和动态规划）；而完全不同的数据对象上的问题（如排序和整数乘法），也许就会用到相同的算法策略（如分治）。

两条线索交织在一起，该如何表述？我们早已习惯在一章中完全讲排序，而在另一章中完全讲图论算法。还没有哪一本算法书很好地解决这两个困难，传统的算法书大多注重内容的收录，但却忽视思维过程的展示，因此我们学习了经典的算法，却费解于算法设计的过程。

本书从问题出发，根据实际问题分析、设计合适的算法策略，然后在数据结构上操作实现，巧妙地将数据结构和算法策略拧成了一条线。通过大量实例，充分展现算法设计的思维过程，让读者充分体会求解问题的思路，如何分析？使用什么算法策略？采用什么数据结构？算法的复杂性如何？是否有优化的可能？

这里，我们培养的是让读者怀着一颗好奇心去思考问题、解决问题。更重要的是——体会学习的乐趣，发现算法的美！

1.6 你怕什么

本章主要说明以下问题。

（1）将程序执行次数作为时间复杂度衡量标准。

（2）时间复杂度通常用渐近上界符号 $O(f(n))$表示。

（3）衡量算法的好坏通常考查算法的最坏情况。

（4）空间复杂度只计算辅助空间。

（5）递归算法的空间复杂度要计算递归使用的栈空间。

（6）设计算法时尽量避免爆炸级增量复杂度。

通过本章的学习，我们对算法有了初步的认识，算法就在我们的生活中。任何一个算法都不是凭空造出来的，而是来源于实际中的某一个问题，由此推及一类、一系列问题，所以算法的本质是高效地解决实际问题。本章部分内容或许你不是很清楚，不必灰心，还记得我在前言中说的**“大视野，不求甚解”**吗？例如斐波那契数列的通项公式推导，不懂没关系，只要知道斐波那契数列用递归算法，时间复杂度是指数阶，这就够了。就像一个面包师一边和面，一边详细讲做好面包要多少面粉、多少酵母、多大火候，如果你对如何做面包非常好奇，大可津津有味地听下去，如果你只是饿了，那么只管吃好了。

通过算法，你可以与世界顶级大师进行灵魂交流，体会算法的妙处。

Donald Ervin Knuth 说："程序就是蓝色的诗"。而这首诗的灵魂就是算法，走进算法，你会发现无与伦比的美！

持之以恒地学习，没有什么是学不会的。行动起来，没有什么不可以！

Chapter 2

贪心算法

从前，有一个很穷的人救了一条蛇的命，蛇为了报答他的救命之恩，于是就让这个人提出要求，满足他的愿望。这个人一开始只要求简单的衣食，蛇都满足了他的愿望，后来慢慢地贪欲生起，要求做官，蛇也满足了他。这个人直到做了宰相还不满足，还要求做皇帝。蛇此时终于明白了，人的贪心是永无止境的，于是一口就把这个人吞掉了。

所以，蛇吞掉的是宰相，而不是大象。故此，留下了“人心不足蛇吞相”的典故。

2.1 人之初，性本贪

我们小时候背诵《三字经》，“人之初，性本善，性相近，习相远。”其实我觉得很多时候“人之初，性本贪”。小孩子吃糖果，总是想要多多的；吃水果，想要最大的；买玩具，总是想要最好的，这些东西并不是大人教的，而是与生俱来的。对美好事物的趋优性，就像植物的趋光性，“良禽择木而栖，贤臣择主而事”“窈窕淑女，君子好逑”，我们似乎永远在追求美而优的东西。现实中的很多事情，正是因为趋优性使我们的生活一步一步走向美好。例如，我们竭尽所能买了一套房子，然后就想要添置一些新的家具，再就想着可能还需要一辆车子……

凡事都有两面性，一把刀可以做出美味佳肴，也可以变成杀人凶器。在这里，我们只谈好的“贪心”。

2.1.1 贪心本质

> 一个贪心算法总是做出当前最好的选择，也就是说，它期望通过局部最优选择从而得到全局最优的解决方案。
>
> ——《算法导论》

我们经常会听到这些话：“人要活在当下”“看清楚眼前”……贪心算法正是“活在当下，看清楚眼前”的办法，从问题的初始解开始，一步一步地做出当前最好的选择，逐步逼近问题的目标，尽可能地得到最优解，即使达不到最优解，也可以得到最优解的近似解。

贪心算法在解决问题的策略上“目光短浅”，只根据当前已有的信息就做出选择，而且一旦做出了选择，不管将来有什么结果，这个选择都不会改变。换言之，贪心算法并不是从整体最优考虑，它所做出的选择只是在某种意义上的局部最优。贪心算法能得到许多问题的整体最优解或整体最优解的近似解。因此，贪心算法在实际中得到大量的应用。

在贪心算法中，我们需要注意以下几个问题。

（1）没有后悔药。一旦做出选择，不可以反悔。

（2）有可能得到的不是最优解，而是最优解的近似解。

（3）选择什么样的贪心策略，直接决定算法的好坏。

那么，贪心算法需要遵循什么样的原则呢？

2.1.2 贪亦有道

“君子爱财，取之有道”，我们在贪心算法中“贪亦有道”。通常我们在遇到具体问题时，往往分不清哪些问题该用贪心策略求解，哪些问题不能使用贪心策略。经过实践我们发现，利用贪心算法求解的问题往往具有两个重要的特性：贪心选择性质和最优子结构性质。如果满足这两个性质就可以使用贪心算法了。

（1）贪心选择

所谓贪心选择性质是指原问题的整体最优解可以通过一系列局部最优的选择得到。应用同一规则，将原问题变为一个相似的但规模更小的子问题，而后的每一步都是当前最佳的选择。这种选择依赖于已做出的选择，但不依赖于未做出的选择。运用贪心策略解决的问题在程序的运行过程中无回溯过程。关于贪心选择性质，读者可在后续的贪心策略状态空间图中得到深刻的体会。

（2）最优子结构

当一个问题的最优解包含其子问题的最优解时，称此问题具有最优子结构性质。问题的最优子结构性质是该问题是否可用贪心算法求解的关键。例如原问题$S=\{a_1, a_2, \cdots, a_i, \cdots, a_n\}$，通过贪心选择选出一个当前最优解$\{a_i\}$之后，转化为求解子问题$S-\{a_i\}$，如果原问题的最优解包含子问题的最优解，则说明该问题满足最优子结构性质，如图 2-1 所示。

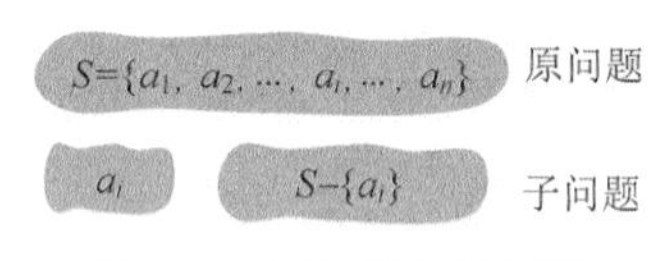

图 2-1 原问题和子问题

2.1.3 贪心算法秘籍

武林中有武功秘籍，算法中也有贪心秘籍。上面我们已经知道了具有贪心选择和最优子结构性质就可以使用贪心算法，那么如何使用呢？下面介绍贪心算法秘籍。

（1）贪心策略

首先要确定贪心策略，选择当前看上去最好的一个方案。例如，挑选苹果，如果你认为个大的是最好的，那你每次都从苹果堆中拿一个最大的，作为局部最优解，贪心策略就是选择当前最大的苹果；如果你认为最红的苹果是最好的，那你每次都从苹果堆中拿一个最红的，贪心策略就是选择当前最红的苹果。因此根据求解目标不同，贪心策略也会不同。

（2）局部最优解

根据贪心策略，一步一步地得到局部最优解。例如，第一次选一个最大的苹果放起来，

记为 a_1，第二次再从剩下的苹果堆中选择一个最大的苹果放起来，记为 a_2，以此类推。

（3）全局最优解

把所有的局部最优解合成为原来问题的一个最优解（a_1，a_2，…）。

怎么有点儿像冒泡排序啊？

“不是六郎似荷花，而是荷花似六郎”！不是贪心算法像冒泡排序，而是冒泡排序使用了贪心算法，它的贪心策略就是每一次从剩下的序列中选一个最大的数，把这些选出来的数放在一起，就得到了从大到小的排序结果，如图 2-2 所示。

图 2-2　冒泡排序

2.2 加勒比海盗船——最优装载问题

在北美洲东南部，有一片神秘的海域，那里碧海蓝天、阳光明媚，这正是传说中海盗最活跃的加勒比海（Caribbean Sea）。17 世纪时，这里更是欧洲大陆的商旅舰队到达美洲的必经之地，所以当时的海盗活动非常猖獗，海盗不仅攻击过往商人，甚至攻击英国皇家舰……

图 2-3　加勒比海盗

有一天，海盗们截获了一艘装满各种各样古董的货船，每一件古董都价值连城，一旦打碎就失去了它的价值。虽然海盗船足够大，但载重量为 C，每件古董的重量为 w_i，海盗们该如何把尽可能多数量的宝贝装上海盗船呢？

2.2.1 问题分析

根据问题描述可知这是一个可以用贪心算法求解的最优装载问题，要求装载的物品的数量尽可能多，而船的容量是固定的，那么优先把重量小的物品放进去，在容量固定的情况下，装的物品最多。采用重量最轻者先装的贪心选择策略，从局部最优达到全局最优，从而产生最优装载问题的最优解。

2.2.2 算法设计

（1）当载重量为定值 c 时，w_i 越小时，可装载的古董数量 n 越大。只要依次选择最小重量古董，直到不能再装为止。

（2）把 n 个古董的重量从小到大（非递减）排序，然后根据贪心策略尽可能多地选出前 i 个古董，直到不能继续装为止，此时达到最优。

2.2.3 完美图解

我们现在假设这批古董如图 2-4 所示。

图 2-4 古董图片

每个古董的重量如表 2-1 所示，海盗船的载重量 c 为 30，那么在不能打碎古董又不超过载重的情况下，怎么装入最多的古董？

表 2-1 古董重量清单

重量 w[i]	4	10	7	11	3	5	14	2

（1）因为贪心策略是每次选择重量最小的古董装入海盗船，因此可以按照古董重量非递减排序，排序后如表 2-2 所示。

表 2-2　　按重量排序后古董清单

重量 w[i]	2	3	4	5	7	10	11	14

（2）按照贪心策略，每次选择重量最小的古董放入（*tmp* 代表古董的重量，*ans* 代表已装载的古董个数）。

i=0，选择排序后的第 1 个，装入重量 *tmp*=2，不超过载重量 30，*ans* =1。

i=1，选择排序后的第 2 个，装入重量 *tmp*=2+3=5，不超过载重量 30，*ans* =2。

i=2，选择排序后的第 3 个，装入重量 *tmp*=5+4=9，不超过载重量 30，*ans* =3。

i=3，选择排序后的第 4 个，装入重量 *tmp*=9+5=14，不超过载重量 30，*ans* =4。

i=4，选择排序后的第 5 个，装入重量 *tmp*=14+7=21，不超过载重量 30，*ans* =5。

i=5，选择排序后的第 6 个，装入重量 *tmp*=21+10=31，超过载重量 30，算法结束。

即放入古董的个数为 *ans*=5 个。

2.2.4 伪代码详解

（1）数据结构定义

根据算法设计描述，我们用一维数组存储古董的重量：

```
double w[N]; //一维数组存储古董的重量
```

（2）按重量排序

可以利用 C++中的排序函数 *sort*（见附录 B），对古董的重量进行从小到大（非递减）排序。要使用此函数需引入头文件：

```
#include <algorithm>
```

语法描述为：

```
sort(begin, end)//参数 begin 和 end 表示一个范围，分别为待排序数组的首地址和尾地址
                //sort 函数默认为升序
```

在本例中只需要调用 *sort* 函数对古董的重量进行从小到大排序：

```
sort(w, w+n); //按古董重量升序排序
```

（3）按照贪心策略找最优解

首先用变量 *ans* 记录已经装载的古董个数，*tmp* 代表装载到船上的古董的重量，两个变量都初始化为 0。然后按照重量从小到大排序，依次检查每个古董，*tmp* 加上该古董的重量，如果小于等于载重量 *c*，则令 *ans* ++；否则，退出。

```
int tmp = 0,ans = 0;  //tmp 代表装载到船上的古董的重量，ans 记录已经装载的古董个数
for(int i=0;i<n;i++)
{
```

```
    tmp += w[i];
    if(tmp<=c)
       ans ++;
    else
       break;
}
```

2.2.5 实战演练

```
//program 2-1
#include <iostream>
#include <algorithm>
const int N = 1000005;
using namespace std;
double w[N]; //古董的重量数组
int main()
{
    double c;
    int n;
    cout<<"请输入载重量 c 及古董个数 n: "<<endl;
    cin>>c>>n;
    cout<<"请输入每个古董的重量，用空格分开： "<<endl;
    for(int i=0;i<n;i++)
    {
        cin>>w[i]; //输入每个物品重量
    }
    sort(w,w+n); //按古董重量升序排序
    double tmp=0.0;
    int ans=0; // tmp 为已装载到船上的古董重量，ans 为已装载的古董个数
    for(int i=0;i<n;i++)
    {
        tmp+=w[i];
        if(tmp<=c)
           ans ++;
        else
        break;
     }
    cout<<"能装入的古董最大数量为 Ans=";
    cout<<ans<<endl;
    return 0;
}
```

算法实现和测试

（1）运行环境

Code::Blocks

（2）输入

```
请输入载重量 c 及古董个数 n:
30 8   //载重量 c 及古董的个数 n
```

```
请输入每个古董的重量，用空格分开：
4 10 7 11 3 5 14 2  //每个古董的重量，用空格隔开
```

（3）输出

```
能装入的古董最大数量为Ans=5
```

2.2.6 算法解析及优化拓展

1．算法复杂度分析

（1）时间复杂度：首先需要按古董重量排序，调用 *sort* 函数，其平均时间复杂度为 $O(n\log n)$，输入和贪心策略求解的两个 for 语句时间复杂度均为 $O(n)$，因此时间复杂度为 $O(n+n\log(n))$。

（2）空间复杂度：程序中变量 *tmp*、*ans* 等占用了一些辅助空间，这些辅助空间都是常数阶的，因此空间复杂度为 $O(1)$。

2．优化拓展

（1）这一个问题为什么在没有装满的情况下，仍然是最优解？算法要求装入最多数量，假如 c 为 5，4 个物品重量分别为 1、3、5、7。排序后，可以装入 1 和 3，最多装入两个。分析发现是最优的，如果装大的物品，最多装一个或者装不下，所以选最小的先装才能装入最多的数量，得到解是最优的。

（2）在伪代码详解的第 3 步“按照贪心策略找最优解”，如果把代码替换成下面代码，有什么不同？

首先用变量 *ans* 记录已经装载的古董个数，初始化为 n；*tmp* 代表装载到船上的古董的重量，初始化为 0。然后按照重量从小到大排序，依次检查每个古董，*tmp* 加上该古董的重量，如果 *tmp* 大于等于载重量 c，则判断是否正好等于载重量 c，并令 $ans=i+1$；否则 $ans=i$，退出。如果 *tmp* 小于载重量 c，i++，继续下一个循环。

```
int tmp = 0,ans = n;  //ans 记录已经装载的古董个数，tmp 代表装载到船上的古董的重量
for(int i=0;i<n;i++)
{
  tmp += w[i];
  if(tmp>=c)
  {
     if(tmp==c) //假如刚好，最后一个可以放
        ans = i+1;
     else
        ans = i; //如果满了，最后一个不能放
     break;
  }
}
```

（3）如果想知道装入了哪些古董，需要添加什么程序来实现呢？请大家动手试一试吧！那么，还有没有更好的算法来解决这个问题呢？

2.3 阿里巴巴与四十大盗——背包问题

有一天，阿里巴巴赶着一头毛驴上山砍柴。砍好柴准备下山时，远处突然出现一股烟尘，弥漫着直向上空飞扬，朝他这儿卷过来，而且越来越近。靠近以后，他才看清原来是一支马队，他们共有四十人，一个个年轻力壮、行动敏捷。一个首领模样的人背负沉重的鞍袋，从丛林中一直来到那个大石头跟前，喃喃地说道："芝麻，开门吧！"随着那个头目的喊声，大石头前突然出现一道宽阔的门路，于是强盗们鱼贯而入。阿里巴巴待在树上观察他们，直到他们走得无影无踪之后，才从树上下来。他大声喊道："芝麻，开门吧！"他的喊声刚落，洞门立刻打开了。他小心翼翼地走了进去，一下子惊呆了，洞中堆满了财物，还有多得无法计数的金银珠宝，有的散堆在地上，有的盛在皮袋中。突然看见这么多的金银财富，阿里巴巴深信这肯定是一个强盗们数代经营、掠夺所积累起来的宝窟。为了让乡亲们开开眼界，见识一下这些宝物，他想一种宝物只拿一个，如果太重就用锤子凿开，但毛驴的运载能力是有限的，怎么才能用驴子运走最大价值的财宝分给穷人呢？

图 2-5 阿里巴巴与四十大盗

阿里巴巴陷入沉思中……

2.3.1 问题分析

假设山洞中有 n 种宝物，每种宝物有一定重量 w 和相应的价值 v，毛驴运载能力有限，只能运走 m 重量的宝物，一种宝物只能拿一样，宝物可以分割。那么怎么才能使毛驴运走宝物的价值最大呢？

我们可以尝试贪心策略：

（1）每次挑选价值最大的宝物装入背包，得到的结果是否最优？

（2）每次挑选重量最小的宝物装入，能否得到最优解？

（3）每次选取单位重量价值最大的宝物，能否使价值最高？

思考一下，如果选价值最大的宝物，但重量非常大，也是不行的，因为运载能力是有限的，所以第 1 种策略舍弃；如果选重量最小的物品装入，那么其价值不一定高，所以不能在总重限制的情况下保证价值最大，第 2 种策略舍弃；而第 3 种是每次选取单位重量价值最大的宝物，也就是说每次选择性价比（价值/重量）最高的宝物，如果可以达到运载重量 m，那么一定能得到价值最大。

因此采用第 3 种贪心策略，每次从剩下的宝物中选择性价比最高的宝物。

2.3.2 算法设计

（1）数据结构及初始化。将 *n* 种宝物的重量和价值存储在结构体 *three*（包含重量、价值、性价比 3 个成员）中，同时求出每种宝物的性价比也存储在对应的结构体 *three* 中，将其按照性价比从高到低排序。采用 *sum* 来存储毛驴能够运走的最大价值，初始化为 0。

（2）根据贪心策略，按照性价比从大到小选取宝物，直到达到毛驴的运载能力。每次选择性价比高的物品，判断是否小于 *m*（毛驴运载能力），如果小于 *m*，则放入，*sum*（已放入物品的价值）加上当前宝物的价值，*m* 减去放入宝物的重量；如果不小于 *m*，则取该宝物的一部分 *m* * *p*[*i*]，*m*=0，程序结束。*m* 减少到 0，则 *sum* 得到最大值。

2.3.3 完美图解

假设现在有一批宝物，价值和重量如表 2-3 所示，毛驴运载能力 *m*=30，那么怎么装入最大价值的物品？

表 2-3　　宝物清单

宝物 *i*	1	2	3	4	5	6	7	8	9	10
重量 *w*[*i*]	4	2	9	5	5	8	5	4	5	5
价值 *v*[*i*]	3	8	18	6	8	20	5	6	7	15

（1）因为贪心策略是每次选择性价比（价值/重量）高的宝物，可以按照性价比降序排序，排序后如表 2-4 所示。

表 2-4　　排序后宝物清单

宝物 *i*	2	10	6	3	5	8	9	4	7	1
重量 *w*[*i*]	2	5	8	9	5	4	5	5	5	4
价值 *v*[*i*]	8	15	20	18	8	6	7	6	5	3
性价比 *p*[*i*]	4	3	2.5	2	1.6	1.5	1.4	1.2	1	0.75

（2）按照贪心策略，每次选择性价比高的宝物放入：

第 1 次选择宝物 2，剩余容量 30−2=28，目前装入最大价值为 8。

第 2 次选择宝物 10，剩余容量 28−5=23，目前装入最大价值为 8+15=23。

第 3 次选择宝物 6，剩余容量 23−8=15，目前装入最大价值为 23+20=43。

第 4 次选择宝物 3，剩余容量 15−9=6，目前装入最大价值为 43+18=61。

第 5 次选择宝物 5，剩余容量 6−5=1，目前装入最大价值为 61+8=69。

第 6 次选择宝物 8，发现上次处理完时剩余容量为 1，而 8 号宝物重量为 4，无法全部放入，那么可以采用部分装入的形式，装入 1 个重量单位，因为 8 号宝物的单位重量价值为 1.5，因此放入价值 1×1.5=1.5，你也可以认为装入了 8 号宝物的 1/4，目前装入最大价值为 69+1.5=70.5，剩余容量为 0。

（3）构造最优解

把这些放入的宝物序号组合在一起，就得到了最优解（2，10，6，3，5，8），其中最后一个宝物为部分装入（装了 8 号财宝的 1/4），能够装入宝物的最大价值为 70.5。

2.3.4 伪代码详解

（1）数据结构定义

根据算法设计中的数据结构，我们首先定义一个结构体 *three*：

```
struct three{
     double w; //每种宝物的重量
     double v; //每种宝物的价值
     double p; //每种宝物的性价比（价值/重量）
     }
```

（2）性价比排序

我们可以利用 C++中的排序函数 *sort*（见附录 B），对宝物的性价比从大到小（非递增）排序。要使用此函数需引入头文件：

```
#include <algorithm>
```

语法描述为：

```
sort(begin, end)// 参数 begin 和 end 表示一个范围，分别为待排序数组的首地址和尾地址
```

在本例中我们采用结构体形式存储，按结构体中的一个字段，即按性价比排序。如果不使用自定义比较函数，那么 *sort* 函数排序时不知道按哪一项的值排序，因此采用自定义比较函数的办法实现宝物性价比的降序排序：

```
bool cmp(three a,three b)//比较函数按照宝物性价比降序排列
{
    return a.p > b.p; //指明按照宝物性价比降序排列
}
sort(s, s+n, cmp); //前两个参数分别为待排序数组的首地址和尾地址
                   //最后一个参数 compare 表示比较的类型
```

（3）贪心算法求解

在性价比排序的基础上，进行贪心算法运算。如果剩余容量比当前宝物的重量大，则可

以放入，剩余容量减去当前宝物的重量，已放入物品的价值加上当前宝物的价值。如果剩余容量比当前宝物的重量小，表示不可以全部放入，可以切割下来一部分（正好是剩余容量），然后令剩余容量乘以当前物品的单位重量价值，已放入物品的价值加上该价值，即为能放入宝物的最大价值。

```
for(int i = 0;i < n;i++)//按照排好的顺序，执行贪心策略
  {
     if( m > s[i].w )//如果宝物的重量小于毛驴剩下的运载能力，即剩余容量
     {
        m -= s[i].w;
        sum += s[i].v;
      }
     else  //如果宝物的重量大于毛驴剩下的承载能力
      {
         sum += m*s[i].p;  //进行宝物切割，切割一部分(m 重量)，正好达到驴子承重
         break;
      }
  }
```

2.3.5 实战演练

```
//program 2-2
#include<iostream>
#include<algorithm>
using namespace std;
const int M=1000005;
struct three{
     double w;//每个宝物的重量
     double v;//每个宝物的价值
     double p;//性价比
}s[M];
bool cmp(three a,three b)
{
     return a.p>b.p;//根据宝物的单位价值从大到小排序
}
int main()
{
     int n;//n 表示有 n 个宝物
     double m ;//m 表示毛驴的承载能力
     cout<<"请输入宝物数量 n 及毛驴的承载能力 m ："<<endl;
     cin>>n>>m;
     cout<<"请输入每个宝物的重量和价值，用空格分开： "<<endl;
     for(int i=0;i<n;i++)
     {
         cin>>s[i].w>>s[i].v;
         s[i].p=s[i].v/s[i].w;//每个宝物单位价值
     }
```

```
        sort(s,s+n,cmp);
        double sum=0.0;// sum 表示贪心记录运走宝物的价值之和
        for(int i=0;i<n;i++)//按照排好的顺序贪心
        {
            if( m>s[i].w )//如果宝物的重量小于毛驴剩下的承载能力
            {
                m-=s[i].w;
                sum+=s[i].v;
            }
            else//如果宝物的重量大于毛驴剩下的承载能力
            {
                sum+=m*s[i].p;//部分装入
                break;
            }
        }
        cout<<"装入宝物的最大价值 Maximum value="<<sum<<endl;
        return 0;
}
```

算法实现和测试

（1）运行环境

Code::Blocks

（2）输入

```
6 19 //宝物数量，驴子的承载重量
2 8 //第 1 个宝物的重量和价值
6 1 //第 2 个宝物的重量和价值
7 9
4 3
10 2
3 4
```

（3）输出

```
Maxinum value=24.6
```

2.3.6 算法解析及优化拓展

1. 算法复杂度分析

（1）时间复杂度：该算法的时间主要耗费在将宝物按照性价比排序上，采用的是快速排序，算法时间复杂度为 $O(n\log n)$。

（2）空间复杂度：空间主要耗费在存储宝物的性价比，空间复杂度为 $O(n)$。

为了使 m 重量里的所有物品的价值最大，利用贪心思想，每次取剩下物品里面性价比最高的物品，这样可以使得在相同重量条件下比选其他物品所得到的价值更大，因此采用贪心策略能得到最优解。

2. 算法优化拓展

那么想一想，如果宝物不可分割，贪心算法是否能得到最优解？

下面我们看一个简单的例子。

假定物品的重量和价值已知，如表 2-5 所示，最大运载能力为 10。采用贪心算法会得到怎样的结果？

表 2-5　　物品清单

物品 i	1	2	3	4	5
重量 $w[i]$	3	4	6	10	7
价值 $v[i]$	15	16	18	25	14
性价比 $p[i]$	5	4	3	2.5	2

如果我们采用贪心算法，先装性价比高的物品，且物品不能分割，剩余容量如果无法再装入剩余的物品，不管还有没有运载能力，算法都会结束。那么我们选择的物品为 1 和 2，总价值为 31，而实际上还有 3 个剩余容量，但不足以装下剩余其他物品，因此得到的最大价值为 31。但实际上我们如果选择物品 2 和 3，正好达到运载能力，得到的最大价值为 34。也就是说，在物品不可分割、没法装满的情况下，贪心算法并不能得到最优解，仅仅是最优解的近似解。

想一想，为什么会这样呢？

物品可分割的装载问题我们称为**背包问题**，物品不可分割的装载问题我们称之为 **0-1 背包问题**。

在物品不可分割的情况下，即 0-1 背包问题，已经不具有贪心选择性质，原问题的整体最优解无法通过一系列局部最优的选择得到，因此这类问题得到的是近似解。如果一个问题不要求得到最优解，而只需要一个最优解的近似解，则不管该问题有没有贪心选择性质都可以使用贪心算法。

想一想，2.3 节中加勒比海盗船问题为什么在没有装满的情况下，仍然是最优解，而 0-1 背包问题在没装满的情况下有可能只是最优解的近似解？

2.4 高级钟点秘书——会议安排

所谓“钟点秘书”，是指年轻白领女性利用工余时间为客户提供秘书服务，并按钟点收取酬金。

“钟点秘书”为客户提供有偿服务的方式一般是：采用电话、电传、上网等“遥控”式服务，或亲自到客户公司处理部分业务。其服务对象主要有三类：一是外地前来考察商务经营、项目投资的商人或政要人员，他们由于初来乍到，急需有经验和熟悉本地情况的秘书帮忙；二是前来开展短暂商务活动，或召开小型资讯发布会的国外客商；三是本地一些请不起长期秘书的企、事业单位。这些客户普遍认为：请“钟点秘书”，一则可免去专门租楼请人的大笔开销；二则可根据开展的商务活动请有某方面专长的可用人才；三则由于对方是临时雇佣关系，工作效率往往比固定的秘书更高。据调查，在上海“钟点秘书”的行情日趋看好。对此，业内人士认为：为了便于管理，各大城市有必要组建若干家“钟点秘书服务公司”，通过会员制的形式，为众多客户提供规范、优良、全面的服务，这也是建设国际化大都市所必需的。

某跨国公司总裁正分身无术，为一大堆会议时间表焦头烂额，希望高级钟点秘书能做出合理的安排，能在有限的时间内召开更多的会议。

图 2-6　高级钟点秘书

2.4.1 问题分析

这是一个典型的会议安排问题，会议安排的目的是能在有限的时间内召开更多的会议（任何两个会议不能同时进行）。在会议安排中，每个会议 i 都有起始时间 b_i 和结束时间 e_i，且 $b_i<e_i$，即一个会议进行的时间为半开区间 $[b_i, e_i)$。如果 $[b_i, e_i)$ 与 $[b_j, e_j)$ 均在“有限的时间内”，且不相交，则称会议 i 与会议 j 相容的。也就是说，当 $b_i \geq e_j$ 或 $b_j \geq e_i$ 时，会议 i 与会议 j 相容。会议安排问题要求在所给的会议集合中选出最大的相容活动子集，即尽可能在有限的时间内召开更多的会议。

在这个问题中，“有限的时间内（这段时间应该是连续的）”是其中的一个限制条件，也应该是有一个起始时间和一个结束时间（简单化，起始时间可以是会议最早开始的时间，结束时间可以是会议最晚结束的时间），任务就是实现召开更多的满足在这个“有限的时间内”等待安排的会议，会议时间表如表 2-6 所示。

表 2-6　　会议时间表

会议 i	1	2	3	4	5	6	7	8	9	10
开始时间 b_i	8	9	10	11	13	14	15	17	18	16
结束时间 e_i	10	11	15	14	16	17	17	18	20	19

会议安排的时间段如图 2-7 所示。

从图 2-7 中可以看出，{会议 1，会议 4，会议 6，会议 8，会议 9}，{会议 2，会议 4，会议 7，会议 8，会议 9}都是能安排最多的会议集合。

要让会议数最多，我们需要选择最多的不相交时间段。我们可以尝试贪心策略：

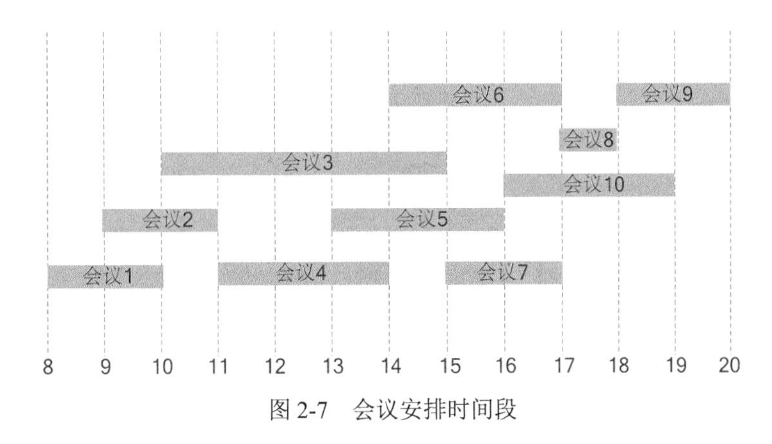

图 2-7 会议安排时间段

（1）每次从剩下未安排的会议中选择会议**具有最早开始时间且与已安排的会议相容**的会议安排，以增大时间资源的利用率。

（2）每次从剩下未安排的会议中选择**持续时间最短且与已安排的会议相容**的会议安排，这样可以安排更多一些的会议。

（3）每次从剩下未安排的会议中选择**具有最早结束时间且与已安排的会议相容**的会议安排，这样可以尽快安排下一个会议。

思考一下，如果选择最早开始时间，则如果会议持续时间很长，例如 8 点开始，却要持续 12 个小时，这样一天就只能安排一个会议；如果选择持续时间最短，则可能开始时间很晚，例如 19 点开始，20 点结束，这样也只能安排一个会议，所以我们最好选择那些开始时间要早，而且持续时间短的会议，即最早开始时间+持续时间最短，就是**最早结束**时间。

因此采用第（3）种**贪心策略，每次从剩下的会议中选择具有最早结束时间且与已安排的会议相容的会议安排**。

2.4.2 算法设计

（1）初始化：将 n 个会议的开始时间、结束时间存放在结构体数组中（想一想，为什么不用两个一维数组分别存储？），如果需要知道选中了哪些会议，还需要在结构体中增加会议编号，然后按结束时间从小到大排序（非递减），结束时间相等时，按开始时间从大到小排序（非递增）；

（2）根据贪心策略就是选择第一个具有最早结束时间的会议，用 *last* 记录刚选中会议的结束时间；

（3）选择第一个会议之后，依次**从剩下未安排的会议中选择**，如果会议 i 开始时间大于等于最后一个选中的会议的结束时间 *last*，那么会议 i 与已选中的会议相容，可以安排，更

新 *last* 为刚选中会议的结束时间；否则，舍弃会议 *i*，检查下一个会议是否可以安排。

2.4.3 完美图解

1. 原始的会议时间表（见表 2-7）：

表 2-7 原始会议时间表

会议 *num*	1	2	3	4	5	6	7	8	9	10
开始时间 *beg*	3	1	5	2	5	3	8	6	8	12
结束时间 *end*	6	4	7	5	9	8	11	10	12	14

2. 排序后的会议时间表（见表 2-8）：

表 2-8 排序后的会议时间表

会议 *num*	2	4	1	3	6	5	8	7	9	10
开始时间 *beg*	1	2	3	5	3	5	6	8	8	12
结束时间 *end*	4	5	6	7	8	9	10	11	12	14

3. 贪心选择过程

（1）首先选择排序后的第一个会议即最早结束的会议（编号为 2），用 *last* 记录最后一个被选中会议的结束时间，*last*=4。

（2）检查余下的会议，找到第一个开始时间大于等于 *last*（*last*=4）的会议，子问题转化为从该会议开始，余下的所有会议。如表 2-9 所示。

表 2-9 会议时间表

会议 *num*	2	4	1	3	6	5	8	7	9	10
开始时间 *beg*	1	2	3	5	3	5	6	8	8	12
结束时间 *end*	4	5	6	7	8	9	10	11	12	14

从子问题中，选择第一个会议即最早结束的会议（编号为 3），更新 *last* 为刚选中会议的结束时间 *last*=7。

（3）检查余下的会议，找到第一个开始时间大于等于 *last*（*last*=7）的会议，子问题转化为从该会议开始，余下的所有会议。如表 2-10 所示。

表 2-10 会议时间表

会议 *num*	2	4	1	3	6	5	8	7	9	10
开始时间 *beg*	1	2	3	5	3	5	6	8	8	12
结束时间 *end*	4	5	6	7	8	9	10	11	12	14

从子问题中，选择第一个会议即最早结束的会议（编号为7），更新 *last* 为刚选中会议的结束时间 last=11。

（4）检查余下的会议，找到第一个开始时间大于等于 *last*（*last*=11）的会议，子问题转化为从该会议开始，余下的所有会议。如表 2-11 所示。

表 2-11　　会议时间表

会议 *num*	2	4	1	3	6	5	8	7	9	10
开始时间 *beg*	1	2	3	5	3	5	6	8	8	12
结束时间 *end*	4	5	6	7	8	9	10	11	12	14

从子问题中，选择第一个会议即最早结束的会议（编号为 10），更新 *last* 为刚选中会议的结束时间 *last*=14；所有会议检查完毕，算法结束。如表 2-12 所示。

4．构造最优解

从贪心选择的结果，可以看出，被选中的会议编号为{2，3，7，10}，可以安排的会议数量最多为 4，如表 2-12 所示。

表 2-12　　会议时间表

会议 *num*	2	4	1	3	6	5	8	7	9	10
开始时间 *beg*	1	2	3	5	3	5	6	8	8	12
结束时间 *end*	4	5	6	7	8	9	10	11	12	14

2.4.4 伪代码详解

（1）数据结构定义

以下 C++程序代码中，结构体 *meet* 中定义了 *beg* 表示会议的开始时间，*end* 表示会议的结束时间，会议 *meet* 的数据结构：

```
struct Meet
{
     int beg;   //会议的开始时间
     int end;   //会议的结束时间
} meet[1000];
```

（2）对会议按照结束时间非递减排序

我们采用 C++中自带的 *sort* 函数，自定义比较函数的办法，实现会议排序，按结束时间从小到大排序（非递减），结束时间相等时，按开始时间从大到小排序（非递增）：

```
bool cmp(Meet x,Meet y)
{
     if(x.end==y.end)  //结束时间相等时
        return x.beg>y.beg; //按开始时间从大到小排序
     return x.end<y.end; //按结束时间从小到大排序
}
sort(meet,meet+n,cmp);
```

（3）会议安排问题的贪心算法求解

在会议按结束时间非递减排序的基础上，首先选中第一个会议，用 *last* 变量记录刚刚被选中会议的结束时间。下一个会议的开始时间与 *last* 比较，如果大于等于 *last*，则选中。每次选中一个会议，更新 *last* 为最后一个被选中会议的结束时间，被选中的会议数 *ans* 加 1；如果会议的开始时间不大于等于 *last*，继续考查下一个会议，直到所有会议考查完毕。

```
int ans=1;     //用来记录可以安排会议的个数，初始时选中了第一个会议
int last = meet[0].end;  //last 记录第一个会议的结束时间
for( i = 1;i < n; i++)   //依次检查每个会议
{
    if(meet[i].beg > =last)
    {     //如果会议 i 开始时间大于等于最后一个选中的会议的结束时间
       ans++;
       last = meet[i].end; //更新 last 为最后一个选中会议的结束时间
    }
}
return ans; //返回可以安排的会议最大数
```

上面介绍的程序中，只是返回了可以安排的会议最大数，而不知道安排了哪些会议，这显然是不满足需要的。我们可以改进一下，在会议结构体 *meet* 中添加会议编号 *num* 变量，选中会议时，显示选中了第几个会议。

2.4.5 实战演练

```
//program 2-3
#include <iostream>
#include <algorithm>
#include <cstring>
using namespace std;
struct Meet
{
     int beg;   //会议的开始时间
     int end;   //会议的结束时间
     int num;   //记录会议的编号
}meet[1000];    //会议的最大个数为 1000
```

```
class setMeet{
  public:
    void init();
    void solve();
  private:
    int n,ans; // n:会议总数 ans: 最大的安排会议总数
};

//读入数据
void setMeet::init()
{
     int s,e;
     cout <<"输入会议总数: "<<endl;
     cin >> n;
     int i;
     cout <<"输入会议的开始时间和结束时间，以空格分开: "<<endl;
     for(i=0;i<n;++i)
     {
         cin>>s>>e;
         meet[i].beg=s;
         meet[i].end=e;
         meet[i].num=i+1;
     }
}

bool cmp(Meet x,Meet y)
{
     if (x.end == y.end)
           return x.beg > y.beg;
     return x.end < y.end;
}

void setMeet::solve()
{
     sort(meet,meet+n,cmp);    //对会议按结束时间排序
     cout <<"排完序的会议时间如下: "<<endl;
     int i;
     cout <<"会议编号"<<"  开始时间 "<<" 结束时间"<<endl;
     for(i=0; i<n;i++)
     {
       cout<< "   " << meet[i].num<<"\t\t"<<meet[i].beg <<"\t"<< meet[i].end << endl;
     }
     cout <<"-------------------------------------------------"<<endl;
     cout << "选择的会议的过程: " <<endl;
     cout <<"  选择第"<< meet[0].num<<"个会议" << endl;//选中了第一个会议
     ans=1;
     int last = meet[0].end;  //记录刚刚被选中会议的结束时间
     for( i = 1;i < n;++i)
     {
          if(meet[i].beg>=last)
          {           //如果会议 i 开始时间大于等于最后一个选中的会议的结束时间
```

```
                ans++;
                last = meet[i].end;
                cout <<"  选择第"<<meet[i].num<<"个会议"<<endl;
            }
        }
        cout <<"最多可以安排" <<ans << "个会议"<<endl;
}

int main()
{
  setMeet sm;
  sm.init();//读入数据
  sm.solve();//贪心算法求解
  return 0;
}
```

算法实现和测试

（1）运行环境

Code::Blocks

（2）输入

```
输入会议总数:
10
输入会议的开始时间和结束时间，以空格分开:
3 6
1 4
5 7
2 5
5 9
3 8
8 11
6 10
8 12
12 14
```

（3）输出

```
排完序的会议时间如下:
会议编号    开始时间  结束时间
   2          1         4
   4          2         5
   1          3         6
   3          5         7
   6          3         8
   5          5         9
   8          6         10
   7          8         11
   9          8         12
   10         12        14
```

```
----------------------------------------------------
选择的会议的过程:
  选择第 2 个会议
  选择第 3 个会议
  选择第 7 个会议
  选择第 10 个会议
最多可以安排 4 个会议
```

使用上面贪心算法可得，选择的会议是第2、3、7、10个会议，输出最优值是4。

2.4.6 算法解析及优化拓展

1. 算法复杂度分析

（1）时间复杂度：在该算法中，问题的规模就是会议总个数 n。显然，执行次数随问题规模的增大而变化。首先在成员函数 setMeet::init()中，输入 n 个结构体数据。输入作为基本语句，显然，共执行 n 次。而后在调用成员函数 setMeet::solve()中进行排序，易知 *sort* 排序函数的平均时间复杂度为 $O(n\log n)$。随后进行选择会议，贡献最大的为 if(meet[i].beg>=last)语句，时间复杂度为 $O(n)$，总时间复杂度为 $O(n+n\log n)=O(n\log n)$。

（2）空间复杂度：在该算法中，*meet*[]结构体数组为输入数据，不计算在空间复杂度内。辅助空间有 i、n、*ans* 等变量，则该程序空间复杂度为常数阶，即 $O(1)$。

2. 算法优化拓展

想一想，你有没有更好的办法来处理此问题，比如有更小的算法时间复杂度？

2.5 一场说走就走的旅行——最短路径

有一天，孩子回来对我说："妈妈，听说马尔代夫很不错，放假了我想去玩。"马尔代夫？我也想去！没有人不向往一场说走就走的旅行！"其实我想去的地方很多，呼伦贝尔大草原、玉龙雪山、布达拉宫、埃菲尔铁塔……"小孩子还说着他感兴趣的地方。于是我们拿出地图，标出想去的地点，然后计算最短路线，估算大约所需的时间，有了这张秘制地图，一场说走就走的旅行不是梦！

"哇，感觉我们像凡尔纳的《环游地球八十天》，好激动！可是老妈你也太 out 了，学计算机的最短路线你用手算？"

暴汗……，"小子你别牛，你知道怎么算？"

"呃，好像是叫什么迪科斯彻的人会算。"

哈哈，关键时刻还要老妈上场了！

图 2-8 一场说走就走的旅行

2.5.1 问题分析

根据题目描述可知，这是一个求单源最短路径的问题。给定有向带权图 **G** =（*V*， *E*），其中每条边的权是非负实数。此外，给定 *V* 中的一个顶点，称为源点。现在要计算从源到所有其他各顶点的最短路径长度，这里路径长度指路上各边的权之和。

如何求源点到其他各点的最短路径呢？

如图 2-9 所示，艾兹格・W・迪科斯彻（Edsger Wybe Dijkstra），荷兰人，计算机科学家。他早年钻研物理及数学，后转而研究计算学。他曾在 1972 年获得过素有“计算机科学界的诺贝尔奖”之称的图灵奖，与 Donald Ervin Knuth 并称为我们这个时代最伟大的计算机科学家。

图 2-9 艾兹格・W・迪科斯彻

2.5.2 算法设计

Dijkstra 算法是解决单源最短路径问题的贪心算法，它先求出长度最短的一条路径，再参照该最短路径求出长度次短的一条路径，直到求出从源点到其他各个顶点的最短路径。

Dijkstra 算法的基本思想是首先假定源点为 *u*，顶点集合 *V* 被划分为两部分：集合 *S* 和 *V*−*S*。初始时 *S* 中仅含有源点 *u*，其中 *S* 中的顶点到源点的最短路径已经确定。集合 *V*−*S* 中所包含的顶点到源点的最短路径的长度待定，称从源点出发只经过 *S* 中的点到达 *V*−*S* 中的点的路径为特殊路径，并用数组 *dist*[]记录当前每个顶点所对应的最短特殊路径长度。

Dijkstra 算法采用的贪心策略是选择特殊路径长度最短的路径，将其连接的 *V*−*S* 中的顶

点加入到集合 *S* 中，同时更新数组 *dist*[]。一旦 *S* 包含了所有顶点，*dist*[]就是从源到所有其他顶点之间的最短路径长度。

（1）数据结构。设置地图的带权邻接矩阵为 ***map***[][]，即如果从源点 *u* 到顶点 *i* 有边，就令 ***map***[*u*][*i*]等于<*u*，*i*>的权值，否则 ***map***[*u*][*i*]=∞（无穷大）；采用一维数组 *dist*[*i*]来记录从源点到 *i* 顶点的最短路径长度；采用一维数组 *p*[*i*]来记录最短路径上 *i* 顶点的前驱。

（2）初始化。令集合 *S*={*u*}，对于集合 *V−S* 中的所有顶点 *x*，初始化 *dist*[*i*]=***map***[*u*][*i*]，如果源点 *u* 到顶点 *i* 有边相连，初始化 *p*[*i*]=*u*，否则 *p*[*i*]= −1。

（3）找最小。在集合 *V−S* 中依照贪心策略来寻找使得 *dist*[*j*]具有最小值的顶点 *t*，即 *dist*[*t*]=min（*dist*[*j*]|*j* 属于 *V−S* 集合），则顶点 *t* 就是集合 *V−S* 中距离源点 *u* 最近的顶点。

（4）加入 *S* 战队。将顶点 *t* 加入集合 *S* 中，同时更新 *V−S*。

（5）判结束。如果集合 *V−S* 为空，算法结束，否则转（6）。

（6）借东风。在（3）中已经找到了源点到 *t* 的最短路径，那么对集合 *V−S* 中所有与顶点 *t* 相邻的顶点 *j*，都可以借助 *t* 走捷径。如果 *dis*[*j*]>*dist*[*t*]+***map***[*t*][*j*]，则 *dist*[*j*]=*dist*[*t*]+***map***[*t*][*j*]，记录顶点 *j* 的前驱为 *t*，有 *p*[*j*]= *t*，转（3）。

由此，可求得从源点 *u* 到图 ***G*** 的其余各个顶点的最短路径及长度，也可通过数组 *p*[]逆向找到最短路径上经过的城市。

2.5.3 完美图解

现在我们有一个景点地图，如图 2-10 所示，假设从 1 号结点出发，求到其他各个结点的最短路径。

算法步骤如下。

（1）数据结构

设置地图的带权邻接矩阵为 ***map***[][]，即如果从顶点 *i* 到顶点 *j* 有边，则 ***map***[*i*][*j*]等于<*i*，*j*>的权值，否则 ***map***[*i*][*j*]=∞（无穷大），如图 2-11 所示。

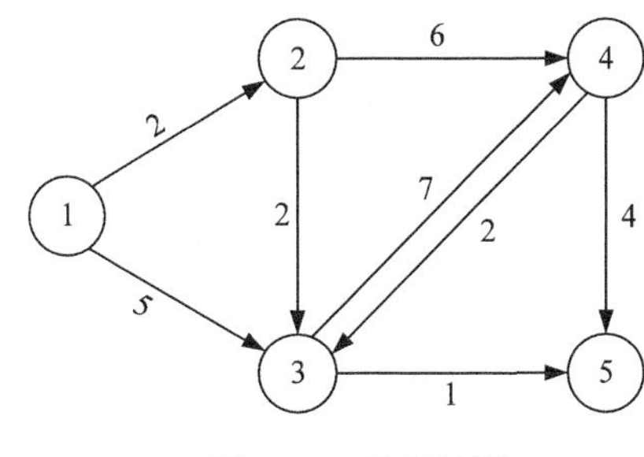

图 2-10 景点地图

$$\begin{bmatrix} \infty & 2 & 5 & \infty & \infty \\ \infty & \infty & 2 & 6 & \infty \\ \infty & \infty & \infty & 7 & 1 \\ \infty & \infty & 2 & \infty & 4 \\ \infty & \infty & \infty & \infty & \infty \end{bmatrix}$$

图 2-11 邻接矩阵 ***map***[][]

（2）初始化

令集合 S={1}，$V-S$={2，3，4，5}，对于集合 $V-S$ 中的所有顶点 x，初始化最短距离数组 *dist*[*i*]=***map***[1][*i*]，*dist*[*u*]=0，如图 2-12 所示。如果源点 1 到顶点 i 有边相连，初始化前驱数组 *p*[*i*]=1，否则 *p*[*i*]= −1，如图 2-13 所示。

图 2-12　最短距离数组 *dist*[]　　图 2-13　前驱数组 *p*[]

（3）找最小

在集合 $V-S$={2，3，4，5}中，依照贪心策略来寻找 $V-S$ 集合中 *dist*[]最小的顶点 t，如图 2-14 所示。

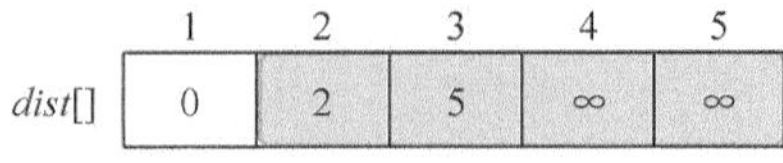

图 2-14　最短距离数组 *dist*[]

找到最小值为 2，对应的结点 t=2。

（4）加入 S 战队

将顶点 t=2 加入集合 S 中 S={1，2}，同时更新 $V-S$={3，4，5}，如图 2-15 所示。

（5）借东风

刚刚找到了源点到 t=2 的最短路径，那么对集合 $V-S$ 中所有 t 的邻接点 j，都可以借助 t 走捷径。我们从图或邻接矩阵都可以看出，2 号结点的邻接点是 3 和 4 号结点，如图 2-16 所示。

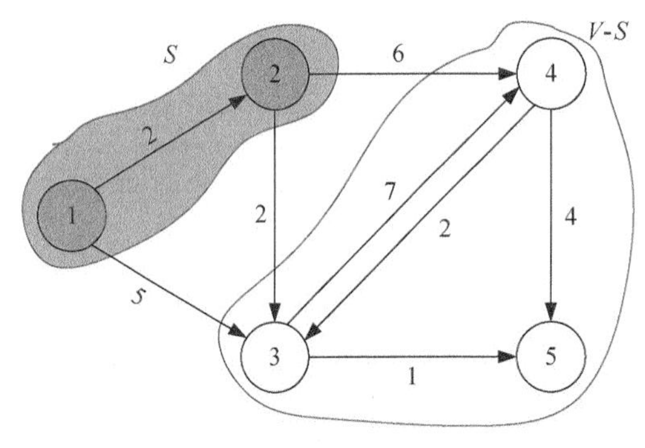

图 2-15　景点地图

$$\begin{bmatrix} \infty & 2 & 5 & \infty & \infty \\ \infty & \infty & 2 & 6 & \infty \\ \infty & \infty & \infty & 7 & 1 \\ \infty & \infty & 2 & \infty & 4 \\ \infty & \infty & \infty & \infty & \infty \end{bmatrix}$$

图 2-16　邻接矩阵 ***map***[][]

先看 3 号结点能否借助 2 号走捷径：*dist*[2]+***map***[2][3]=2+2=4，而当前 *dist*[3]=5>4，因此可以走捷径即 2—3，更新 *dist*[3]=4，记录顶点 3 的前驱为 2，即 *p*[3]= 2。

再看 4 号结点能否借助 2 号走捷径：如果 *dist*[2]+***map***[2][4]=2+6=8，而当前 *dist*[4]=∞>8，因此可以走捷径即 2—4，更新 *dist*[4]=8，记录顶点 4 的前驱为 2，即 *p*[4]= 2。

更新后如图 2-17 和图 2-18 所示。

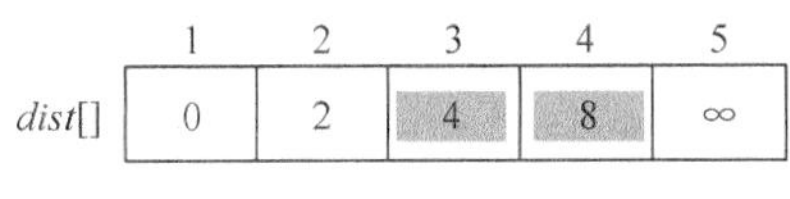

图 2-17　最短距离数组 *dist*[]

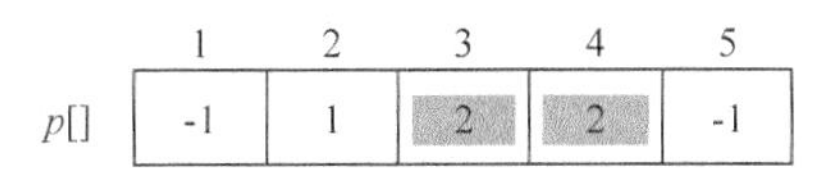

图 2-18　前驱数组 *p*[]

（6）找最小

在集合 *V*−*S*={3，4，5}中，依照贪心策略来寻找 *dist*[]具有最小值的顶点 *t*，依照贪心策略来寻找 *V*−*S* 集合中 *dist*[]最小的顶点 *t*，如图 2-19 所示。

找到最小值为 4，对应的结点 *t*=3。

（7）加入 *S* 战队

将顶点 *t*=3 加入集合 *S* 中 *S*={1，2，3}，同时更新 *V*−*S*={4，5}，如图 2-20 所示。

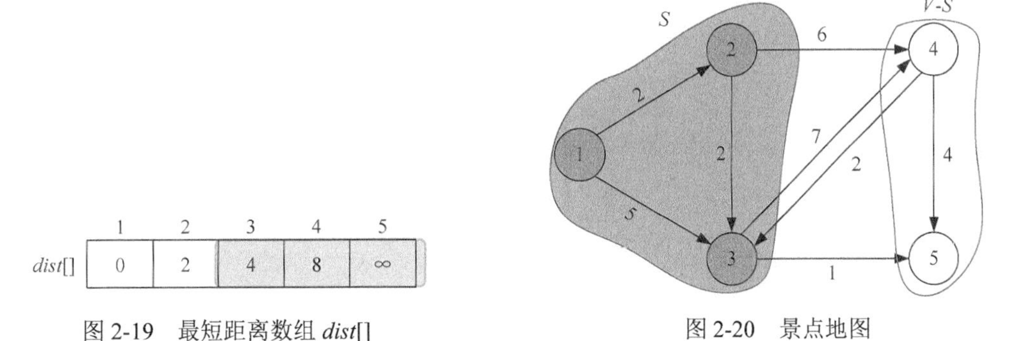

图 2-19　最短距离数组 *dist*[]

图 2-20　景点地图

（8）借东风

刚刚找到了源点到 *t* =3 的最短路径，那么对集合 *V*−*S* 中所有 *t* 的邻接点 *j*，都可以借助 *t* 走捷径。我们从图或邻接矩阵可以看出，3 号结点的邻接点是 4 和 5 号结点。

先看 4 号结点能否借助 3 号走捷径：*dist*[3]+***map***[3][4]=4+7=11，而当前 *dist*[4]=8<11，比当前路径还长，因此不更新。

再看 5 号结点能否借助 3 号走捷径：*dist*[3]+***map***[3][5]=4+1=5，而当前 *dist*[5]=∞>5，因此可以走捷径即 3—5，更新 *dist*[5]=5，记录顶点 5 的前驱为 3，即 *p*[5]=3。

更新后如图 2-21 和图 2-22 所示。

图 2-21　最短距离数组 *dist*[]

图 2-22　前驱数组 *p*[]

（9）找最小

在集合 *V*−*S*={4，5}中，依照贪心策略来寻找 *V*−*S* 集合中 *dist*[]最小的顶点 *t*，如图 2-23 所示。

找到最小值为 5，对应的结点 *t*=5。

（10）加入 S 战队

将顶点 t=5 加入集合 S 中 S={1，2，3，5}，同时更新 V−S={4}，如图 2-24 所示。

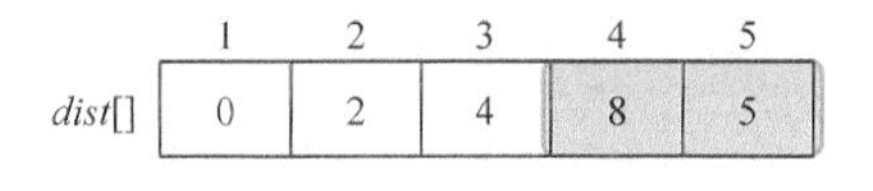

	1	2	3	4	5
dist[]	0	2	4	8	5

图 2-23　最短距离数组 *dist*[]

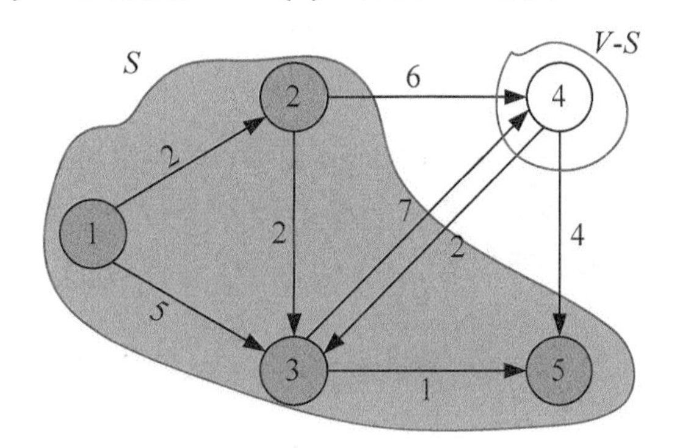

图 2-24　景点地图

（11）借东风

刚刚找到了源点到 t =5 的最短路径，那么对集合 V−S 中所有 t 的邻接点 j，都可以借助 t 走捷径。我们从图或邻接矩阵可以看出，5 号结点没有邻接点，因此不更新，如图 2-25 和图 2-26 所示。

	1	2	3	4	5
dist[]	0	2	4	8	5

图 2-25　最短距离数组 *dist*[]

	1	2	3	4	5
p[]	-1	1	2	2	3

图 2-26　前驱数组 *p*[]

（12）找最小

在集合 V−S={4}中，依照贪心策略来寻找 *dist*[]最小的顶点 t，只有一个顶点，所以很容易找到，如图 2-27 所示。

找到最小值为 8，对应的结点 t=4。

（13）加入 S 战队

将顶点 t 加入集合 S 中 S={1，2，3，5，4}，同时更新 V−S={ }，如图 2-28 所示。

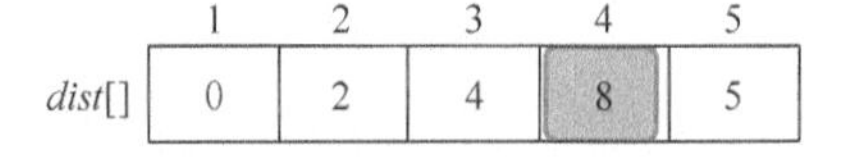

	1	2	3	4	5
dist[]	0	2	4	8	5

图 2-27　最短距离数组 *dist*[]

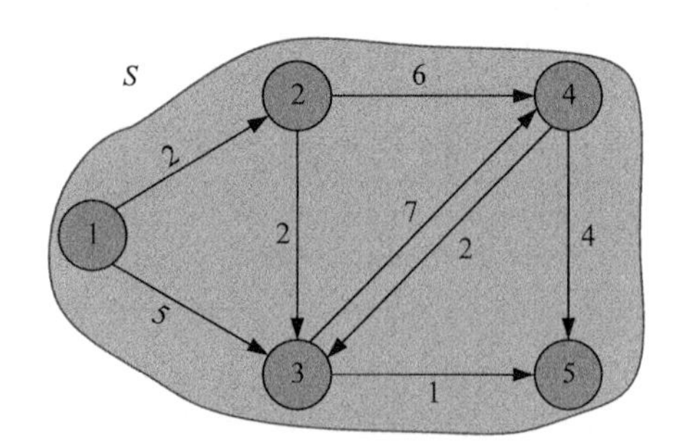

图 2-28　景点地图

（14）算法结束

V−*S*={ }为空时，算法停止。

由此，可求得从源点 *u* 到图 ***G*** 的其余各个顶点的最短路径及长度，也可通过前驱数组 *p*[]逆向找到最短路径上经过的城市，如图 2-29 所示。

例如，*p*[5]=3，即 5 的前驱是 3；*p*[3]=2，即 3 的前驱是 2；*p*[2]=1，即 2 的前驱是 1；*p*[1]= −1，1 没有前驱，那么从源点 1 到 5 的最短路径为 1—2—3—5。

	1	2	3	4	5
p[]	-1	1	2	2	3

图 2-29　前驱数组 *p*[]

2.5.4 伪代码详解

（1）数据结构

n：城市顶点个数。*m*：城市间路线的条数。***map***[][]：地图对应的带权邻接矩阵。*dist*[]：记录源点 *u* 到某顶点的最短路径长度。*p*[]：记录源点到某顶点的最短路径上的该顶点的前一个顶点（前驱）。*flag*[]：*flag*[*i*]等于 *true*，说明顶点 *i* 已经加入到集合 *S*，否则顶点 *i* 属于集合 *V*−*S*。

```
const int N = 100; //初始化城市的个数，可修改
const int INF = 1e7; //无穷大
int map[N][N],dist[N],p[N],n,m;
bool flag[N];
```

（2）初始化源点 *u* 到其他各个顶点的最短路径长度，初始化源点 *u* 出边邻接点（*t* 的出边相关联的顶点）的前驱为 *u*：

```
//如果 flag[i]等于 true，说明顶点 i 已经加入到集合 S;否则 i 属于集合 V-S
for(int i = 1; i <= n; i ++)
    {
      dist[i] = map[u][i]; //初始化源点 u 到其他各个顶点的最短路径长度
      flag[i]=false;
      if(dist[i]==INF)
         p[i]=-1;    //说明源点 u 到顶点 i 无边相连，设置 p[i]=-1
    else
         p[i]=u;    //说明源点 u 到顶点 i 有边相连，设置 p[i]=u
    }
```

（3）初始化集合 *S*，令集合 *S*={*u*}，从源点到 *u* 的最短路径为 0。

```
flag[u]=true;    //初始化集合 S 中，只有一个元素：源点 u
dist[u] = 0;   //初始化源点 u 的最短路径为 0，自己到自己的最短路径
```

（4）找最小

在集合 *V*−*S* 中寻找距离源点 *u* 最近的顶点 *t*，若找不到 *t*，则跳出循环；否则，将 *t* 加入集合 *S*。

```
        int temp = INF,t = u ;
        for(int j = 1 ; j <= n ; j ++) //在集合 V-S 中寻找距离源点 u 最近的顶点 t
          if( !flag[j] && dist[j] < temp)
          {
             t=j;   //记录距离源点 u 最近的顶点
             temp=dist[j];
          }
        if(t == u) return ; //找不到 t，跳出循环
        flag[t] = true;      //否则，将 t 加入集合 S
```

（5）借东风

考查集合 $V-S$ 中源点 u 到 t 的邻接点 j 的距离，如果源点 u 经过 t 到达 j 的路径更短，则更新 *dist*[*j*] =*dist*[*t*]+***map***[*t*][*j*]，即松弛操作，并记录 j 的前驱为 t：

```
    for(int j = 1; j <= n; j ++)  //更新集合 V-S 中与 t 邻接的顶点到源点 u 的距离
       if(!flag[j] && map[t][j]<INF) //!flag[j]表示 j 在 V-S 中，map[t][j]<INF 表示 t 与 j 邻接
          if(dist[j]>(dist[t]+map[t][j])) //经过 t 到达 j 的路径更短
          {
             dist[j]=dist[t]+map[t][j] ;
             p[j]=t; //记录 j 的前驱为 t
          }
```

重复（4）～（5），直到源点 u 到所有顶点的最短路径被找到。

2.5.5 实战演练

```
//program 2-4
#include <cstdio>
#include <iostream>
#include<cstring>
#include<windows.h>
#include<stack>
using namespace std;
const int N = 100; // 城市的个数可修改
const int INF = 1e7; // 初始化无穷大为 10000000
int map[N][N],dist[N],p[N],n,m;//n 城市的个数，m 为城市间路线的条数
bool flag[N]; //如果 flag[i]等于 true，说明顶点 i 已经加入到集合 S;否则顶点 i 属于集合 V-S
void Dijkstra(int u)
{
   for(int i=1; i<=n; i++)//①
     {
      dist[i] =map[u][i]; //初始化源点 u 到其他各个顶点的最短路径长度
      flag[i]=false;
      if(dist[i]==INF)
         p[i]=-1; //源点 u 到该顶点的路径长度为无穷大，说明顶点 i 与源点 u 不相邻
      else
         p[i]=u; //说明顶点 i 与源点 u 相邻，设置顶点 i 的前驱 p[i]=u
     }
     dist[u] = 0;
```

```
flag[u]=true;   //初始时，集合 S 中只有一个元素：源点 u
for(int i=1; i<=n; i++)//②
 {
     int temp = INF,t = u;
     for(int j=1; j<=n; j++) //③在集合 V-S 中寻找距离源点 u 最近的顶点 t
       if(!flag[j]&&dist[j]<temp)
         {
          t=j;
          temp=dist[j];
         }
       if(t==u) return ; //找不到 t，跳出循环
       flag[t]= true;  //否则，将 t 加入集合
       for(int j=1;j<=n;j++)//④//更新集合 V-S 中与 t 邻接的顶点到源点 u 的距离
         if(!flag[j]&& map[t][j]<INF)//!flag[j]表示 j 在 V-S 中
            if(dist[j]>(dist[t]+map[t][j]))
             {
               dist[j]=dist[t]+map[t][j] ;
               p[j]=t ;
             }
         }
 }
 int main()
 {
         int u,v,w,st;
         system("color 0d");
         cout << "请输入城市的个数："<<endl;
         cin >> n;
         cout << "请输入城市之间的路线的个数："<<endl;
         cin >>m;
         cout << "请输入城市之间的路线以及距离："<<endl;
         for(int i=1;i<=n;i++)//初始化图的邻接矩阵
           for(int j=1;j<=n;j++)
           {
               map[i][j]=INF;//初始化邻接矩阵为无穷大
           }
         while(m--)
         {
           cin >> u >> v >> w;
           map[u][v] =min(map[u][v],w); //邻接矩阵储存，保留最小的距离
         }
         cout <<"请输入小明所在的位置："<<endl;
         cin >> st;
         Dijkstra(st);
         cout <<"小明所在的位置："<<st<<endl;
         for(int i=1;i<=n;i++){
               cout <<"小明："<<st<<" - "<<"要去的位置："<<i<<endl;
               if(dist[i] == INF)
                  cout << "sorry,无路可达"<<endl;
               else
                  cout << "最短距离为:"<<dist[i]<<endl;
         }
```

```
            return 0;
    }
```

算法实现和测试

（1）运行环境

Code::Blocks

（2）输入

```
请输入城市的个数：
5
请输入城市之间的路线的个数：
11
请输入城市之间的路线以及距离：
1 5 12
5 1 8
1 2 16
2 1 29
5 2 32
2 4 13
4 2 27
1 3 15
3 1 21
3 4 7
4 3 19
请输入小明所在的位置：
5
```

（3）输出

```
小明所在的位置：5
小明:5 - 要去的位置:1 最短距离为：8
小明:5 - 要去的位置:2 最短距离为：24
小明:5 - 要去的位置:3 最短距离为：23
小明:5 - 要去的位置:4 最短距离为：30
小明:5 - 要去的位置:5 最短距离为：0
```

想一想：因为我们在程序中使用 *p*[]数组记录了最短路径上每一个结点的前驱，因此除了显示最短距离外，还可以显示最短路径上经过了哪些城市，可以增加一段程序逆向找到该最短路径上的城市序列。

```
void findpath(int u)
{
  int x;
  stack<int>s;//利用 C++自带的函数创建一个栈 s，需要程序头部引入#include<stack>
  cout<<"源点为："<<u<<endl;
  for(int i=1;i<=n;i++)
  {
    x=p[i];
    while(x!=-1)
    {
```

```
            s.push(x);//将前驱依次压入栈中
            x=p[x];
        }
        cout<<"源点到其他各顶点最短路径为: ";
        while(!s.empty())
        {
            cout<<s.top()<<"--";//依次取栈顶元素
            s.pop();//出栈
        }
        cout<<i<<";最短距离为: "<<dist[i]<<endl;
    }
}
```

只需要在主函数末尾调用该函数：

```
findpath(st);//主函数中 st 为源点
```

输出结果如下。

```
源点为: 5
源点到其他各顶点最短路径为: 5--1; 最短距离为: 8
源点到其他各顶点最短路径为: 5--1--2; 最短距离为: 24
源点到其他各顶点最短路径为: 5--1--3; 最短距离为: 23
源点到其他各顶点最短路径为: 5--1--3--4; 最短距离为: 30
源点到其他各顶点最短路径为: 5; 最短距离为: 0
```

2.5.6 算法解析及优化拓展

1．算法时间复杂度

（1）时间复杂度：在 Dijkstra 算法描述中，一共有 4 个 for 语句，第①个 for 语句的执行次数为 n，第②个 for 语句里面嵌套了两个 for 语句③、④，它们的执行次数均为 n，对算法的运行时间贡献最大，当外层循环标号为 1 时，③、④语句在内层循环的控制下均执行 n 次，外层循环②从 1～n。因此，该语句的执行次数为 $n*n=n^2$，算法的时间复杂度为 $O(n^2)$。

（2）空间复杂度：由以上算法可以得出，实现该算法所需要的辅助空间包含为数组 *flag*、变量 i、j、t 和 *temp* 所分配的空间，因此，空间复杂度为 $O(n)$。

2．算法优化拓展

在 for 语句③中，即在集合 $V-S$ 中寻找距离源点 u 最近的顶点 t，其时间复杂度为 $O(n)$，如果我们使用优先队列，则可以把时间复杂度降为 $O(\log n)$。那么如何使用优先队列呢？

（1）优先队列（见附录 C）

（2）数据结构

在上面的例子中，我们使用了一维数组 $dist[t]$来记录源点 u 到顶点 t 的最短路径长度。

在此为了操作方便，我们使用结构体的形式来实现，定义一个结构体 *Node*，里面包含两个成员：*u* 为顶点，*step* 为源点到顶点 *u* 的最短路径。

```
struct  Node{
     int u,step; // u为顶点，step为源点到顶点u的最短路径
     Node(){};
     Node(int a,int sp){
         u = a;   //参数传递，u为顶点
         step = sp; //参数传递，step为源点到顶点u的最短路径
     }
     bool operator < (const  Node& a)const{
         return step > a.step; //重载 <，step(源点到顶点u的最短路径)最小值优先
     }
};
```

上面的结构体中除了两个成员变量外，还有一个构造函数和运算符优先级重载，下面详细介绍其含义用途。

为什么要使用构造函数？

如果不使用构造函数也是可以的，只定义一般的结构体，里面包含两个参数：

```
struct  Node{
     int u,step; // u为顶点，step为源点到顶点u的最短路径
};
```

那么在变量参数赋值时，需要这样赋值：

```
Node vs ; //先定义一个Node结点类型变量
vs.u =3 ,vs.step = 5; //分别对该变量的两个成员进行赋值
```

采用构造函数的形式定义结构体：

```
struct  Node{
     int u,step;
     Node(){};
     Node(int a,int sp){
         u = a;   //参数传递u为顶点
         step = sp; //参数传递step为源点到顶点u的最短路径
     }
};
```

则变量参数赋值就可以直接通过参数传递：

```
Node vs(3,5)
```

上面语句等价于：

```
vs.u =3 ,vs.step = 5;
```

很明显通过构造函数的形式定义结构体，参数赋值更方便快捷，后面程序中会将结点压入优先队列：

```
priority_queue <Node> Q;  // 创建优先队列，最小值优先
Q.push(Node(i,dist[i])); //将结点Node压入优先队列Q
                         //参数i传递给顶点u， dist[i]传递给step
```

（3）使用优先队列优化的 Dijkstra 算法源代码：

```
//program 2-5
#include <queue>
#include <iostream>
#include<cstring>
#include<windows.h>
using namespace std;
const int N = 100; // 城市的个数可修改
const int INF = 1e7; // 无穷大
int map[N][N],dist[N],n,m;
int flag[N];
struct  Node{
     int u,step;
     Node(){};
     Node(int a,int sp){
         u=a;step=sp;
     }
     bool operator < (const  Node& a)const{  // 重载 <
          return step>a.step;
     }
};
void Dijkstra(int st){
     priority_queue <Node> Q;  // 优先队列优化
     Q.push(Node(st,0));
     memset(flag,0,sizeof(flag));//初始化flag数组为0
     for(int i=1;i<=n;++i)
       dist[i]=INF; // 初始化所有距离为，无穷大
     dist[st]=0;
     while(!Q.empty())
     {
          Node it=Q.top();//优先队列队头元素为最小值
          Q.pop();
          int t=it.u;
          if(flag[t])//说明已经找到了最短距离，该结点是队列里面的重复元素
               continue;
          flag[t]=1;
          for(int i=1;i<=n;i++)
          {
              if(!flag[i]&&map[t][i]<INF){ // 判断与当前点有关系的点，并且自己不能到自己
                  if(dist[i]>dist[t]+map[t][i])
                  {   // 求距离当前点的每个点的最短距离，进行松弛操作
                      dist[i]=dist[t]+map[t][i];
                      Q.push(Node(i,dist[i]));// 把更新后的最短距离压入优先队列，
注意：里面的元素有重复
                  }
              }
          }
```

```
        }
    }
    int main()
    {
              int u,v,w,st;
              system("color 0d");//设置背景及字体颜色
              cout << "请输入城市的个数："<<endl;
              cin >> n;
              cout << "请输入城市之间的路线的个数："<<endl;
              cin >>m;
              for(int i=1;i<=n;i++)//初始化图的邻接矩阵
                 for(int j=1;j<=n;j++)
                 {
                     map[i][j]=INF;//初始化邻接矩阵为无穷大
                 }
              cout << "请输入城市之间 u,v 的路线以及距离 w："<<endl;
              while(m--)
              {
                   cin>>u>>v>>w;
                   map[u][v]=min(map[u][v],w); //邻接矩阵储存，保留最小的距离
              }
              cout<<"请输入小明所在的位置："<<endl; ;
              cin>>st;
              Dijkstra(st);
              cout <<"小明所在的位置："<<st<<endl;
              for(int i=1;i<=n;i++)
              {
                   cout <<"小明:"<<st<<"--->"<<"要去的位置："<<i;
                   if(dist[i]==INF)
                       cout << "sorry,无路可达"<<endl;
                   else
                       cout << " 最短距离为："<<dist[i]<<endl;
              }
          return 0;
    }
```

算法实现和测试

（1）运行环境

Code::Blocks

（2）输入

```
请输入城市的个数：
5
请输入城市之间的路线的个数：
7
请输入城市之间的路线以及距离：
1 2 2
1 3 3
2 3 5
2 4 6
```

```
3 4 7
3 5 1
4 5 4
请输入小明所在的位置：
1
```

（3）输出

```
小明所在的位置：1
小明：1 - 要去的位置：1 最短距离为：0
小明：1 - 要去的位置：2 最短距离为：2
小明：1 - 要去的位置：3 最短距离为：3
小明：1 - 要去的位置：4 最短距离为：8
小明：1 - 要去的位置：5 最短距离为：4
```

在使用优先队列的 Dijkstra 算法描述中，while (!Q.empty())语句执行的次数为 n，因为要弹出 n 个最小值队列才会空；Q.pop()语句的时间复杂度为 log$n$，while 语句中的 for 语句执行 n 次，for 语句中的 Q.push (*Node*(*i*,*dist*[*i*]))时间复杂度为 log$n$。因此，总的语句的执行次数为 n* log$n$+n^2*log$n$，算法的时间复杂度为 $O(n^2\log n)$。

貌似时间复杂度又变大了？

这是因为我们采用的邻接矩阵存储的，如果采用邻接表存储（见附录 D），那么 for 语句④松弛操作就不用每次执行 n 次，而是执行 t 结点的邻接边数 x，每个结点的邻接边加起来为边数 E，那么总的时间复杂度为 $O(n*\log n+E*\log n)$，如果 $E \geqslant n$，则时间复杂度为 $O(E*\log n)$。

注意：优先队列中尽管有重复的结点，但重复结点最坏是 n^2，$\log n^2=2\log n$，并不改变时间复杂度的数量级。

想一想，还能不能把时间复杂度再降低呢？如果我们使用斐波那契堆，那么松弛操作的时间复杂度 $O(1)$，总的时间复杂度为 $O(n*\log n+E)$。

2.6 神秘电报密码——哈夫曼编码

看过谍战电影《风声》的观众都会对影片中神奇的消息传递惊叹不已！吴志国大队长在受了残忍的“针刑”之后躺在手术台上唱空城计，变了音调，把消息传给了护士，顾晓梦在衣服上缝补了长短不一的针脚……那么，片中无处不在的摩尔斯码到底是什么？它又有着怎样的神秘力量呢？

摩尔斯电码（Morse code）由点 dot（ . ）、划 dash（ - ）两种符号组成。它的基本原理是：把英文字母表中的字母、标点符号和空格按照出现的频率排序，然后用点和划的组合来代表这些字母、标点符号和空格，使频率最高的符号具有最短的点划组合。

图 2-30 神秘电报密码

2.6.1 问题分析

我们先看一个生活中的例子：

有一群退休的老教授聚会，其中一个老教授带着刚会说话的漂亮小孙女，于是大家逗她："你能猜猜我们多大了吗？猜对了有糖吃哦！"小女孩就开始猜："你是 1 岁了吗？"，老教授摇摇头。"你是两岁了吗？"，老教授仍然摇摇头。"那一定是 3 岁了！"……大家哈哈大笑。或许我们都感觉到了小女孩的天真可爱，然而生活中的确有很多类似这样的判断。

曾经有这样一个 C++设计题目：将一个班级的成绩从百分制转为等级制。一同学设计的程序为：

```
if(score <60) cout << "不及格"<<endl;
else if (score <70) cout << "及格"<<endl;
    else if (score <80) cout << "中等"<<endl;
       else if (score <90) cout << "良好"<<endl;
          else cout << "优秀"<<endl;
```

在上面程序中，如果分数小于 60，我们做 1 次判定即可；如果分数为 60～70，需要判定 2 次；如果分数为 70～80，需要判定 3 次；如果分数为 80～90，需要判定 4 次；如果分数为 90～100，需要判定 5 次。

这段程序貌似是没有任何问题，但是我们却犯了从 1 岁开始判断一个老教授年龄的错误，因为我们的考试成绩往往是呈正态分布的，如图 2-31 所示。

也就是说，大多数（70%）人的成绩要判断 3 次或 3 次以上才能成功，假设班级人数为 100 人，则判定次数为：

$$100\times10\%\times1+100\times20\%\times2+100\times40\%\times3+100\times20\%\times4+100\times10\%\times5=300（次）$$

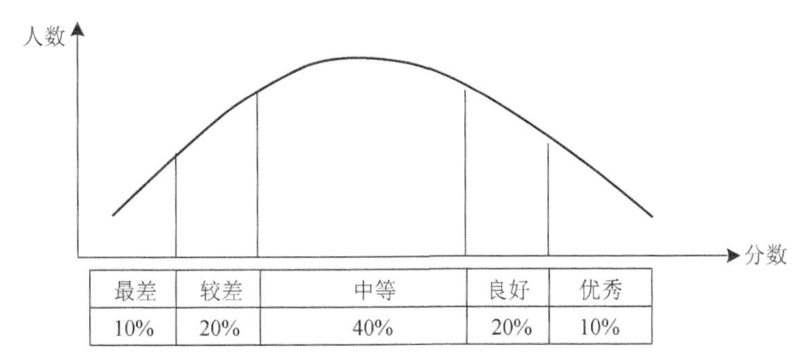

最差	较差	中等	良好	优秀
10%	20%	40%	20%	10%

图 2-31 运行结果

如果我们改写程序为：

```
if(score <80)
   if (score <70)
       if (score <60) cout << "不及格"<<endl;
       else cout << "及格"<<endl;
   else cout << "中等"<<endl;
else if (score <90) cout << "良好"<<endl;
   else cout << "优秀"<<endl;
```

则判定次数为：

100×10%×3+100×20%×3+100×40%×2+100×20%×2+100×10%×2=230（次）

为什么会有这样大的差别呢？我们来看两种判断方式的树形图，如图 2-32 所示。

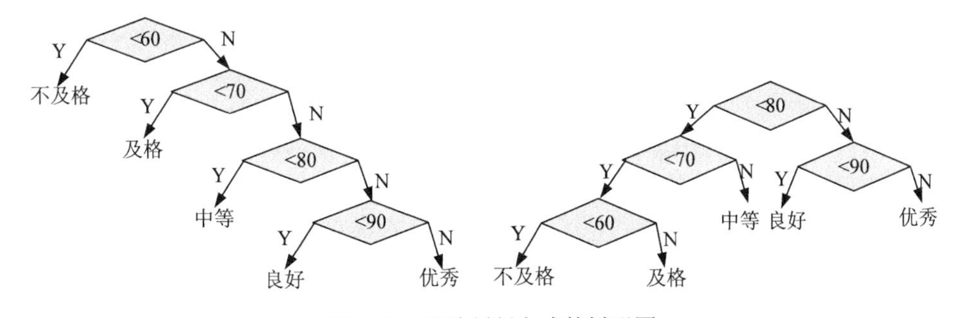

图 2-32 两种判断方式的树形图

从图 2-32 中我们可以看到，当频率高的分数越靠近树根（先判断）时，我们只用 1 次猜中的可能性越大。

再看五笔字型的编码方式：

我们在学习五笔时，需要背一级简码。所谓一级简码，就是指 25 个汉字，对应着 25 个按键，打 1 个字母键再加 1 个空格键就可打出来相应的字。为什么要这样设置呢？因为根据文字统计，这 25 个汉字是使用频率最高的。

五笔字根之一级简码:

G 一　F 地　D 在　S 要　A 工
H 上　J 是　K 中　L 国　M 同
T 和　R 的　E 有　W 人　Q 我
Y 主　U 产　I 不　O 为　P 这
N 民　B 了　V 发　C 以　X 经

通常的编码方法有固定长度编码和不等长度编码两种。这是一个设计最优编码方案的问题，目的是使总码长度最短。这个问题利用字符的使用频率来编码，是不等长编码方法，使得经常使用的字符编码较短，不常使用的字符编码较长。如果采用等长的编码方案，假设所有字符的编码都等长，则表示 n 个不同的字符需要 $\lceil \log n \rceil$ 位。例如，3 个不同的字符 a、b、c，至少需要 2 位二进制数表示，a 为 00，b 为 01，c 为 10。如果每个字符的使用频率相等，固定长度编码是空间效率最高的方法。

不等长编码方法需要解决两个关键问题：

（1）编码尽可能短

我们可以让使用频率高的字符编码较短，使用频率低的编码较长，这种方法可以提高压缩率，节省空间，也能提高运算和通信速度。即**频率越高，编码越短**。

（2）不能有二义性

例如，ABCD 四个字符如果编码如下。

A：0。B：1。C：01。D：10。

那么现在有一列数 0110，该怎样翻译呢？是翻译为 ABBA，ABD，CBA，还是 CD？那么如何消除二义性呢？解决的办法是：任何一个字符的编码不能是另一个字符编码的前缀，即**前缀码特性**。

1952 年，数学家 D.A.Huffman 提出了根据字符在文件中出现的频率，用 0、1 的数字串表示各字符的最佳编码方式，称为哈夫曼（Huffman）编码。哈夫曼编码很好地解决了上述两个关键问题，被广泛应用于数据压缩，尤其是远距离通信和大容量数据存储方面，常用的 JPEG 图片就是采用哈夫曼编码压缩的。

2.6.2 算法设计

哈夫曼编码的基本思想是以字符的使用频率作为权构建一棵哈夫曼树，然后利用哈夫曼树对字符进行编码。构造一棵哈夫曼树，是将所要编码的字符作为叶子结点，该字符在文件中的使用频率作为叶子结点的权值，以自底向上的方式，通过 $n-1$ 次的“合并”运算后构造出的一棵树，核心思想是权值越大的叶子离根越近。

哈夫曼算法采取的**贪心策略是每次从树的集合中取出没有双亲且权值最小的两棵树作**

为左右子树，构造一棵新树，新树根节点的权值为其左右孩子结点权值之和，将新树插入到树的集合中，求解步骤如下。

（1）确定合适的数据结构。编写程序前需要考虑的情况有：

- 哈夫曼树中没有度为 1 的结点，则一棵有 n 个叶子结点的哈夫曼树共有 $2n-1$ 个结点（$n-1$ 次的“合并”，每次产生一个新结点），
- 构成哈夫曼树后，为求编码，需从叶子结点出发走一条从叶子到根的路径。
- 译码需要从根出发走一条从根到叶子的路径，那么我们需要知道每个结点的权值、双亲、左孩子、右孩子和结点的信息。

（2）初始化。构造 n 棵结点为 n 个字符的单结点树集合 $T=\{t_1, t_2, t_3, \cdots, t_n\}$，每棵树只有一个带权的根结点，权值为该字符的使用频率。

（3）如果 T 中只剩下一棵树，则哈夫曼树构造成功，跳到步骤（6）。否则，从集合 T 中取出没有双亲且权值最小的两棵树 t_i 和 t_j，将它们合并成一棵新树 z_k，新树的左孩子为 t_i，右孩子为 t_j，z_k 的权值为 t_i 和 t_j 的权值之和。

（4）从集合 T 中删去 t_i，t_j，加入 z_k。

（5）重复以上（3）～（4）步。

（6）约定左分支上的编码为“0”，右分支上的编码为“1”。从叶子结点到根结点逆向求出每个字符的哈夫曼编码，从根结点到叶子结点路径上的字符组成的字符串为该叶子结点的哈夫曼编码。算法结束。

2.6.3 完美图解

假设我们现在有一些字符和它们的使用频率（见表 2-13），如何得到它们的哈夫曼编码呢？

表 2-13　字符频率

字符	a	b	c	d	e	f
频率	0.05	0.32	0.18	0.07	0.25	0.13

我们可以把每一个字符作为叶子，它们对应的频率作为其权值，为了比较大小方便，可以对其同时扩大 100 倍，得到 a～f 分别对应 5、32、18、7、25、13。

（1）初始化。构造 n 棵结点为 n 个字符的单结点树集合 T={a，b，c，d，e，f}，如图 2-33 所示。

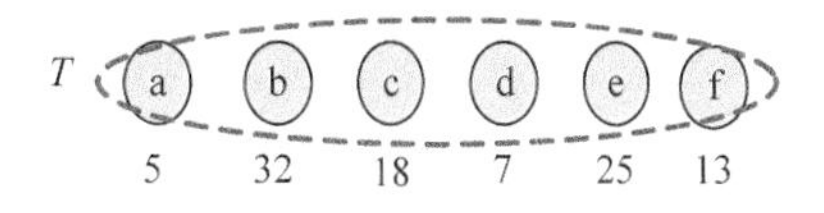

图 2-33　叶子结点

（2）从集合 T 中取出没有双亲的且权值最小的两棵树 a 和 d，将它们合并成一棵新树 t_1，新树的左孩子为 a，右孩子为 d，新树的权值为 a 和 d 的权值之和为 12。新树的树根 t_1 加入集合 T，a 和 d 从集合 T 中删除，如图 2-34 所示。

（3）从集合 T 中取出没有双亲的且权值最小的两棵树 t_1 和 f，将它们合并成一棵新树 t_2，新树的左孩子为 t_1，右孩子为 f，新树的权值为 t_1 和 f 的权值之和为 25。新树的树根 t_2 加入集合 T，将 t_1 和 f 从集合 T 中删除，如图 2-35 所示。

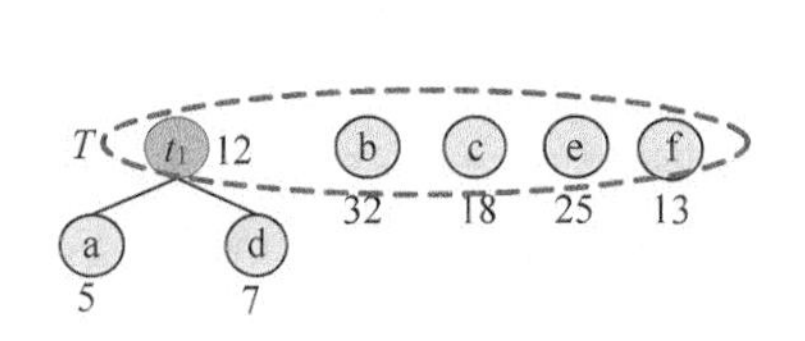

图 2-34　构建新树

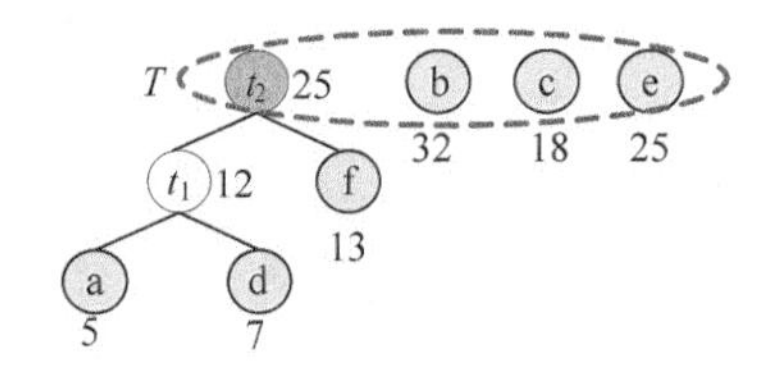

图 2-35　构建新树

（4）从集合 T 中取出没有双亲且权值最小的两棵树 c 和 e，将它们合并成一棵新树 t_3，新树的左孩子为 c，右孩子为 e，新树的权值为 c 和 e 的权值之和为 43。新树的树根 t_3 加入集合 T，将 c 和 e 从集合 T 中删除，如图 2-36 所示。

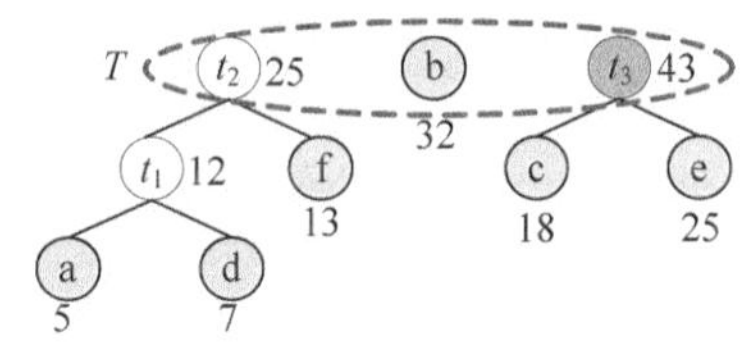

图 2-36　构建新树

（5）从集合 T 中取出没有双亲且权值最小的两棵树 t_2 和 b，将它们合并成一棵新树 t_4，新树的左孩子为 t_2，右孩子为 b，新树的权值为 t_2 和 b 的权值之和为 57。新树的树根 t_4 加入集合 T，将 t_2 和 b 从集合 T 中删除，如图 2-37 所示。

（6）从集合 T 中取出没有双亲且权值最小的两棵树 t_3 和 t_4，将它们合并成一棵新树 t_5，新树的左孩子为 t_4，右孩子为 t_3，新树的权值为 t_3 和 t_4 的权值之和为 100。新树的树根 t_5 加入集合 T，将 t_3 和 t_4 从集合 T 中删除，如图 2-38 所示。

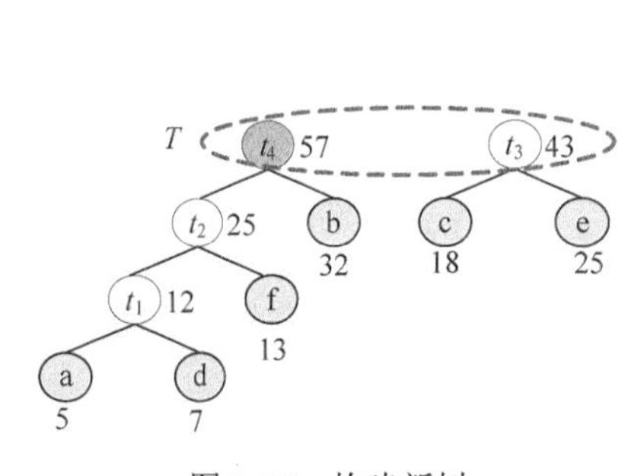

图 2-37　构建新树

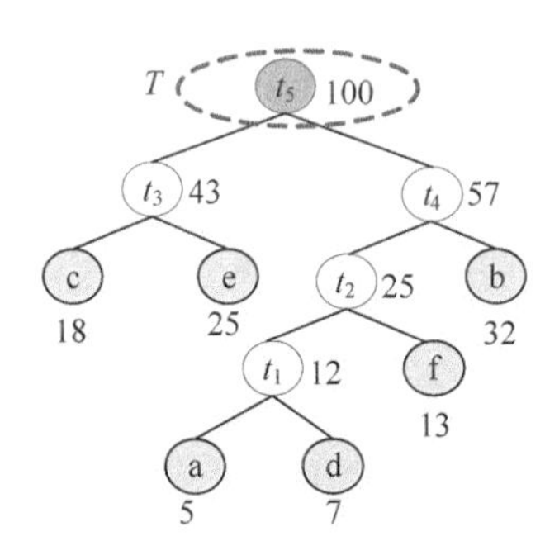

图 2-38　哈夫曼树

（7）T 中只剩下一棵树，哈夫曼树构造成功。

（8）约定左分支上的编码为“0”，右分支上的编码为“1”。从叶子结点到根结点逆向求出每个字符的哈夫曼编码，从根结点到叶子结点路径上的字符组成的字符串为该叶子结点的哈夫曼编码，如图 2-39 所示。

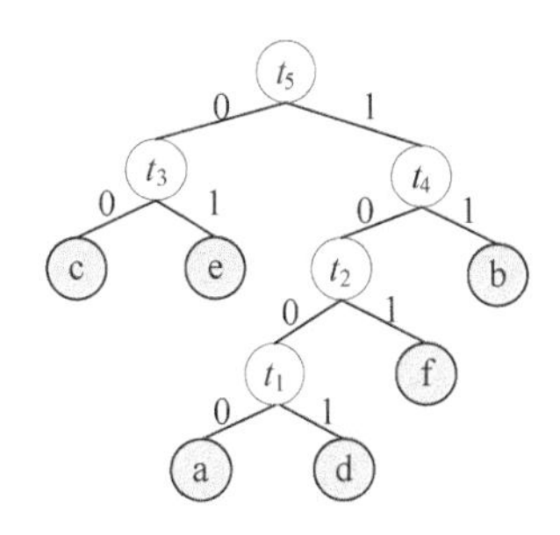

a: 1000　b: 11　c: 00　d: 1001　e: 01　f: 101

图 2-39　哈夫曼编码

2.6.4 伪代码详解

在构造哈夫曼树的过程中，首先给每个结点的双亲、左孩子、右孩子初始化为−1，找出所有结点中双亲为−1、权值最小的两个结点 t_1、t_2，并合并为一棵二叉树，更新信息（双亲结点的权值为 t_1、t_2 权值之和，其左孩子为权值最小的结点 t_1，右孩子为次小的结点 t_2，t_1、t_2 的双亲为双亲结点的编号）。重复此过程，构造一棵哈夫曼树。

（1）数据结构

每个结点的结构包括权值、双亲、左孩子、右孩子、结点字符信息这 5 个域。如图 2-40 所示，定义为结构体形式，定义结点结构体 *HnodeType*：

```
typedef struct
{
    double weight; //权值
    int parent;  //双亲
    int lchild;  //左孩子
    int rchild;  //右孩子
    char value; //该节点表示的字符
} HNodeType;
```

在编码结构体中，*bit*[]存放结点的编码，*start* 记录编码开始下标，逆向编码（从叶子到根，想一想为什么不从根到叶子呢？）。存储时，*start* 从 *n*−1 开始依次递减，从后向前存储；读取时，从 *start*+1 开始到 *n*−1，从前向后输出，即为该字符的编码。如图 2-41 所示。

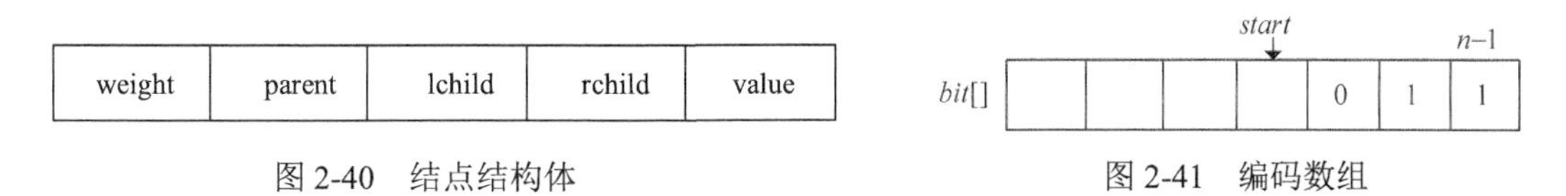

图 2-40　结点结构体　　　图 2-41　编码数组

编码结构体 *HcodeType*：

```
typedef struct
{
     int bit[MAXBIT]; //存储编码的数组
     int start;       //编码开始下标
} HCodeType;          /* 编码结构体 */
```

（2）初始化

初始化存放哈夫曼树数组 *HuffNode*[]中的结点（见表 2-14）：

```
for (i=0; i<2*n-1; i++){
     HuffNode[i].weight = 0;//权值
     HuffNode[i].parent =-1; //双亲
     HuffNode[i].lchild =-1; //左孩子
     HuffNode[i].rchild =-1; //右孩子
}
```

表 2-14　　哈夫曼树构建数组

	weight	parent	lchild	rchild	value
0	5	−1	−1	−1	a
1	32	−1	−1	−1	b
2	18	−1	−1	−1	c
3	7	−1	−1	−1	d
4	25	−1	−1	−1	e
5	13	−1	−1	−1	f
6	0	−1	−1	−1	
7	0	−1	−1	−1	
8	0	−1	−1	−1	
9	0	−1	−1	−1	
10	0	−1	−1	−1	

输入 n 个叶子结点的字符及权值：

```
for (i=0; i<n; i++){
     cout<<"Please input value and weight of leaf node "<<i + 1<<endl;
     cin>>HuffNode[i].value>>HuffNode[i].weight;
}
```

（3）循环构造 Huffman 树

从集合 T 中取出双亲为−1 且权值最小的两棵树 t_i 和 t_j，将它们合并成一棵新树 z_k，新树的左孩子为 t_i，右孩子为 t_j，z_k 的权值为 t_i 和 t_j 的权值之和。

```
int i, j, x1, x2; //x1、x2 为两个最小权值结点的序号。
double m1,m2; //m1、m2 为两个最小权值结点的权值。
for (i=0; i<n-1; i++){
     m1=m2=MAXVALUE;  //初始化为最大值
     x1=x2=-1;  //初始化为-1
     //找出所有结点中权值最小、无双亲结点的两个结点
```

```
            for (j=0; j<n+i; j++){
                 if (HuffNode[j].weight < m1 && HuffNode[j].parent==-1){
                      m2 = m1;
                      x2 = x1;
                      m1 = HuffNode[j].weight;
                      x1 = j;
                 }
                 else if (HuffNode[j].weight < m2 && HuffNode[j].parent==-1){
                      m2=HuffNode[j].weight;
                      x2=j;
                 }
            }
            /* 更新新树信息 */
            HuffNode[x1].parent = n+i; //x1 的父亲为新结点编号 n+i
            HuffNode[x2].parent = n+i; //x2 的父亲为新结点编号 n+i
            HuffNode[n+i].weight =m1+m2; //新结点权值为两个最小权值之和 m1+m2
            HuffNode[n+i].lchild = x1; //新结点 n+i 的左孩子为 x1
            HuffNode[n+i].rchild = x2; //新结点 n+i 的右孩子为 x2
       }
}
```

图解：

（1）i=0 时，j=0；j<6；找双亲为−1，权值最小的两个数：

```
x1=0   x2-3; //x1、x2 为两个最小权值结点的序号
m1=5  m2=7; //m1、m2 为两个最小权值结点的权值
HuffNode[0].parent = 6;   //x1 的父亲为新结点编号 n+i
HuffNode[3].parent = 6;   //x2 的父亲为新结点编号 n+i
HuffNode[6].weight =12;   //新结点权值为两个最小权值之和 m1+m2
HuffNode[6].lchild = 0;   //新结点 n+i 的左孩子为 x1
HuffNode[6].rchild = 3;   //新结点 n+i 的右孩子为 x2
```

数据更新后如表 2-15 所示。

表 2-15　　哈夫曼树构建数组

	weight	parent	lchild	rchild	value
→ 0	5	6	−1	−1	a
1	32	−1	−1	−1	b
2	18	−1	−1	−1	c
→ 3	7	6	−1	−1	d
4	25	−1	−1	−1	e
5	13	−1	−1	−1	f
6	12	−1	0	3	
7	0	−1	−1	−1	
8	0	−1	−1	−1	
9	0	−1	−1	−1	
10	0	−1	−1	−1	

对应的哈夫曼树如图 2-42 所示。

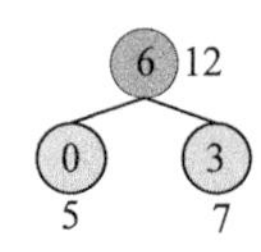

图 2-42　哈夫曼树生成过程

（2）i=1 时，j=0；j<7；找双亲为−1，权值最小的两个数：

```
x1=6    x2=5; //x1、x2 为两个最小权值结点的序号
m1=12  m2=13; //m1、m2 为两个最小权值结点的权值
HuffNode[5].parent = 7;    //x1 的父亲为新结点编号 n+i
HuffNode[6].parent = 7;    //x2 的父亲为新结点编号 n+i
HuffNode[7].weight =25;    //新结点权值为两个最小权值之和 m1+m2
HuffNode[7].lchild = 6;    //新结点 n+i 的左孩子为 x1
HuffNode[7].rchild = 5;    //新结点 n+i 的右孩子为 x2
```

数据更新后如表 2-16 所示。

表 2-16　　哈夫曼树构建数组

	weight	parent	lchild	rchild	value
0	5	6	−1	−1	a
1	32	−1	−1	−1	b
2	18	−1	−1	−1	c
3	7	6	−1	−1	d
4	25	−1	−1	−1	e
5	13	7	−1	−1	f
6	12	7	0	3	
7	25	−1	6	5	
8	0	−1	−1	−1	
9	0	−1	−1	−1	
10	0	−1	−1	−1	

对应的哈夫曼树如图 2-43 所示。

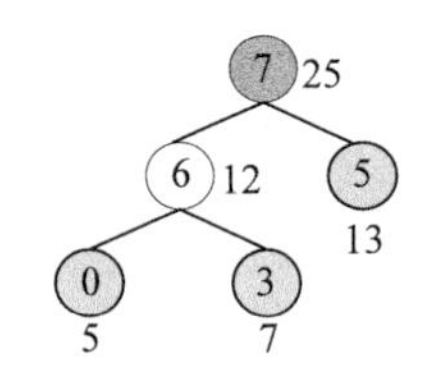

图 2-43　哈夫曼树生成过程

（3）i=2 时，j=0；j<8；找双亲为−1，权值最小的两个数：

```
x1=2    x2=4; //x1、x2 为两个最小权值结点的序号
m1=18  m2=25; //m1、m2 为两个最小权值结点的权值
HuffNode[2].parent = 8;    //x1 的父亲为新结点编号 n+i
HuffNode[4].parent = 8;    //x2 的父亲为新结点编号 n+i
HuffNode[8].weight =43;    //新结点权值为两个最小权值之和 m1+m2
HuffNode[8].lchild = 2;    //新结点 n+i 的左孩子为 x1
HuffNode[8].rchild = 4;    //新结点 n+i 的右孩子为 x2
```

数据更新后如表 2-17 所示。

表 2-17 哈夫曼树构建数组

	weight	parent	lchild	rchild	value
0	5	6	−1	−1	a
1	32	−1	−1	−1	b
→ 2	18	8	−1	−1	c
3	7	6	−1	−1	d
→ 4	25	8	−1	−1	e
5	13	7	−1	−1	f
6	12	7	0	3	
7	25	−1	6	5	
8	43	−1	2	4	
9	0	−1	−1	−1	
10	0	−1	−1	−1	

对应的哈夫曼树如图 2-44 所示。

图 2-44 哈夫曼树生成过程

（4）i=3 时，j=0；j<9；找双亲为−1，权值最小的两个数：

```
x1=7    x2=1; //x1、x2 为两个最小权值结点的序号
m1=25  m2=32; //m1、m2 为两个最小权值结点的权值
HuffNode[7].parent = 9;  //x1 的父亲为新结点编号 n+i
HuffNode[1].parent = 9;  //x2 的父亲为新结点编号 n+i
HuffNode[9].weight =57;  //新结点权值为两个最小权值之和 m1+m2
HuffNode[9].lchild = 7;  //新结点 n+i 的左孩子为 x1
HuffNode[9].rchild = 1;  //新结点 n+i 的右孩子为 x2
```

数据更新后如表 2-18 所示。

表 2-18 哈夫曼树构建数组

	weight	parent	lchild	rchild	value
0	5	6	−1	−1	a
→ 1	32	9	−1	−1	b
2	18	8	−1	−1	c
3	7	6	−1	−1	d
4	25	8	−1	−1	e
5	13	7	−1	−1	f
6	12	7	0	3	
→ 7	25	9	6	5	
8	43	−1	2	4	
9	57	−1	7	1	
10	0	−1	−1	−1	

对应的哈夫曼树如图 2-45 所示。

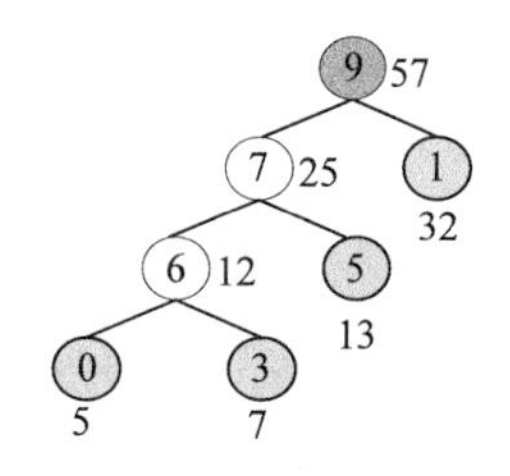

图 2-45 哈夫曼树生成过程

（5）i=4 时，j=0；j<10；找双亲为−1，权值最小的两个数：

```
x1=8    x2=9; //x1、x2 为两个最小权值结点的序号
m1=43  m2=57; //m1、m2 为两个最小权值结点的权值
HuffNode[8].parent = 10;  //x1 的父亲为生成的新结点编号 n+i
HuffNode[9].parent =10;    //x2 的父亲为生成的新结点编号 n+i
HuffNode[10].weight =100;  //新结点权值为两个最小权值之和 m1+ m2
HuffNode[10].lchild = 8; //新结点编号 n+i 的左孩子为 x1
HuffNode[10].rchild = 9; //新结点编号 n+i 的右孩子为 x2
```

数据更新后如表 2-19 所示。

表 2-19 哈夫曼树构建数组

	weight	parent	lchild	rchild	value
0	5	6	−1	−1	a
1	32	9	−1	−1	b
2	18	8	−1	−1	c
3	7	6	−1	−1	d
4	25	8	−1	−1	e
5	13	7	−1	−1	f
6	12	7	0	3	
7	25	9	6	5	
8	43	10	2	4	
9	57	10	7	1	
10	100	−1	8	9	

对应的哈夫曼树如图 2-46 所示。

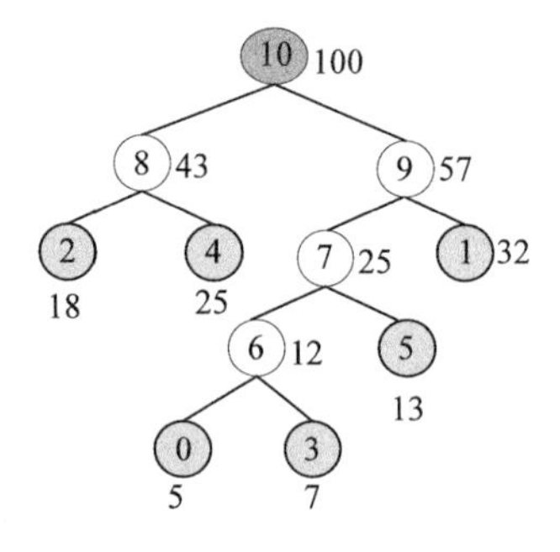

图 2-46 哈夫曼树生成过程

（6）输出哈夫曼编码

```
void HuffmanCode(HCodeType HuffCode[MAXLEAF],  int n)
{
```

```
    HCodeType cd;       /* 定义一个临时变量来存放求解编码时的信息 */
    int i,j,c,p;
    for(i = 0;i < n; i++){
        cd.start = n-1;
        c = i;  //i 为叶子结点编号
        p = HuffNode[c].parent;
        while(p != -1){
            if(HuffNode[p].lchild == c){
                cd.bit[cd.start] = 0;
            }
            else
                cd.bit[cd.start] = 1;
            cd.start--;         /* start 向前移动一位 */
            c = p;              /* c,p 变量上移，准备下一循环 */
            p = HuffNode[c].parent;
        }
        /* 把叶子结点的编码信息从临时编码 cd 中复制出来，放入编码结构体数组 */
        for (j=cd.start+1; j<n; j++)
            HuffCode[i].bit[j] = cd.bit[j];
        HuffCode[i].start = cd.start;
    }
}
```

图解：哈夫曼编码数组如图 2-47 所示。

图 2-47 哈夫曼编码数组

（1）i=0 时，c=0;

```
cd.start = n-1=5;
p = HuffNode[0].parent=6;//从哈夫曼树建成后的表 HuffNode[]中读出
                         //p 指向 0 号结点的父亲 6 号
```

构建完成的哈夫曼树数组如表 2-20 所示。

表 2-20 哈夫曼树构建数组

	weight	parent	lchild	rchild	value
0	5	6	−1	−1	a
1	32	9	−1	−1	b
2	18	8	−1	−1	c
3	7	6	−1	−1	d
4	25	8	−1	−1	e
5	13	7	−1	−1	f
6	12	7	0	3	
7	25	9	6	5	
8	43	10	2	4	
9	57	10	7	1	
10	100	−1	8	9	

如果 p != −1，那么从表 *HuffNode*[]中读出 6 号结点的左孩子和右孩子，判断 0 号结点是

它的左孩子还是右孩子，如果是左孩子编码为0；如果是右孩子编码为1。

从表2-20可以看出：

```
HuffNode[6].lchild=0;//0 号结点是其父亲 6 号的左孩子
cd.bit[5] = 0;//编码为 0
cd.start--=4; /* start 向前移动一位*/
```

哈夫曼编码树如图2-48所示，哈夫曼编码数组如图2-49所示。

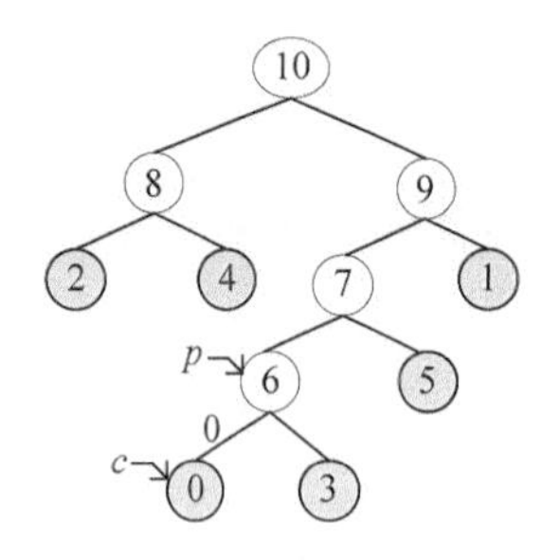

图2-48　哈夫曼编码树

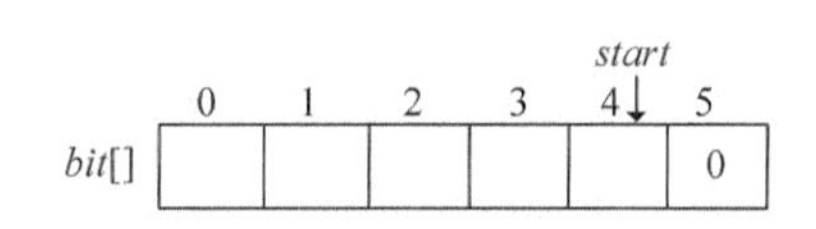

图2-49　哈夫曼编码数组

```
c = p=6;                    /* c、p 变量上移，准备下一循环 */
p = HuffNode[6].parent=7;
```

c、*p* 变量上移后如图2-50所示。

```
p != -1;
HuffNode[7].lchild=6;//6 号结点是其父亲 7 号的左孩子
cd.bit[4] = 0;//编码为 0
cd.start--=3;         /* start 向前移动一位*/
c = p=7;              /* c、p 变量上移，准备下一循环 */
p = HuffNode[7].parent=9;
```

哈夫曼编码树如图2-51所示，哈夫曼编码数组如图2-52所示。

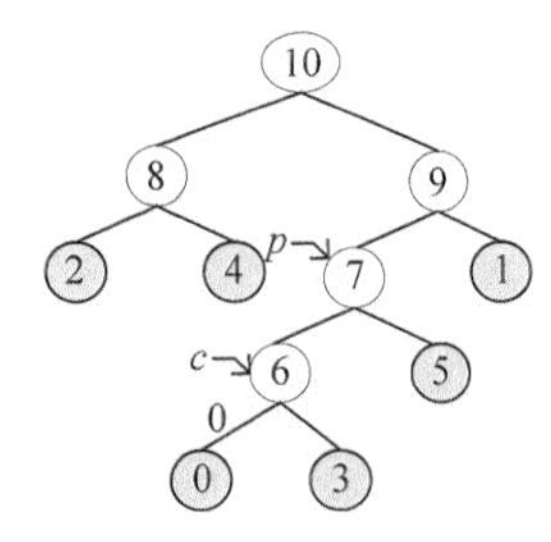

图2-50　哈夫曼编码树

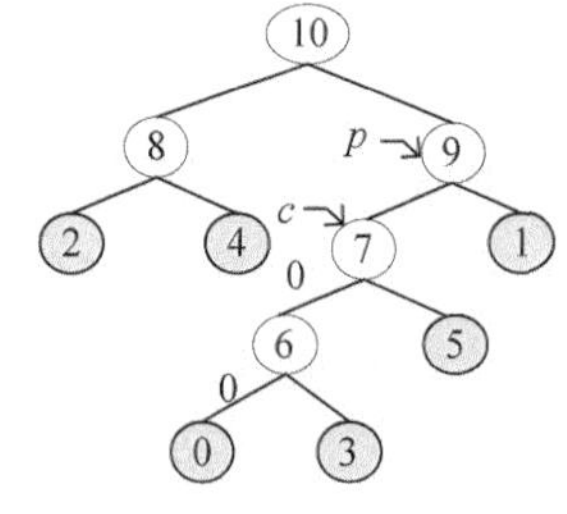

图2-51　哈夫曼编码树

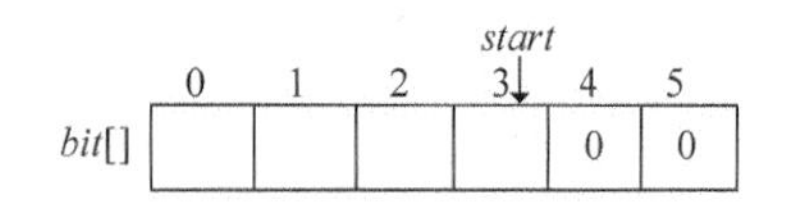

图2-52　哈夫曼编码数组

```
p != -1;
HuffNode[9].lchild=7;//7 号结点是其父亲 9 号的左孩子
cd.bit[3] = 0;//编码为 0
```

```
cd.start--=2;          /* start 向前移动一位*/
c = p=9;               /* c、p 变量上移，准备下一循环 */
p = HuffNode[9].parent=10;
```

哈夫曼编码树如图 2-53 所示，哈夫曼编码数组如图 2-54 所示。

```
p != -1;
HuffNode[10].lchild!=9;//9 号结点不是其父亲 10 号的左孩子
cd.bit[2] = 1;//编码为 1
cd.start--=1;          /* start 向前移动一位*/
c = p=10;              /* c、p 变量上移，准备下一循环 */
p = HuffNode[10].parent=-1;
```

哈夫曼编码树如图 2-55 所示，哈夫曼编码数组如图 2-56 所示。

```
p = -1;该叶子结点编码结束。
/* 把叶子结点的编码信息从临时编码 cd 中复制出来，放入编码结构体数组 */
   for (j=cd.start+1; j<n; j++)
        HuffCode[i].bit[j] = cd.bit[j];
   HuffCode[i].start = cd.start;
```

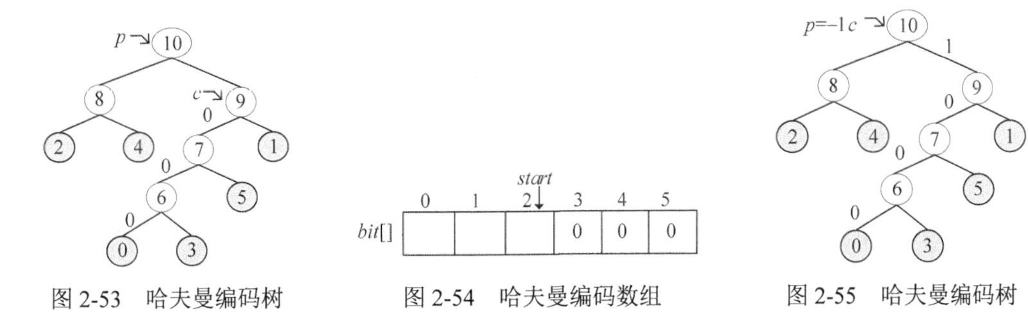

图 2-53 哈夫曼编码树　　图 2-54 哈夫曼编码数组　　图 2-55 哈夫曼编码树

HuffCode[]数组如图 2-57 所示。

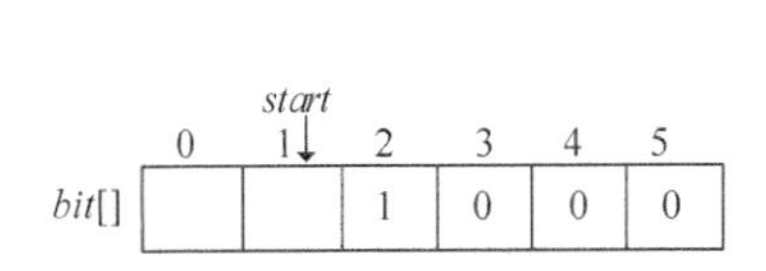

图 2-56 哈夫曼编码数组

图 2-57 哈夫曼编码 *HuffCode*[]数组

注意：图中的箭头不表示指针。

2.6.5 实战演练

```
//program 2-6
#include<iostream>
#include<algorithm>
#include<cstring>
#include<cstdlib>
using namespace std;
#define MAXBIT    100
#define MAXVALUE  10000
#define MAXLEAF   30
#define MAXNODE   MAXLEAF*2 -1
typedef struct
{
    double weight;
    int parent;
    int lchild;
    int rchild;
    char value;
} HNodeType;        /* 结点结构体 */
typedef struct
{
    int bit[MAXBIT];
    int start;
} HCodeType;        /* 编码结构体 */
HNodeType HuffNode[MAXNODE]; /* 定义一个结点结构体数组 */
HCodeType HuffCode[MAXLEAF];/* 定义一个编码结构体数组*/
/* 构造哈夫曼树 */
void HuffmanTree (HNodeType HuffNode[MAXNODE],  int n)
{
    /* i、j: 循环变量，m1、m2：构造哈夫曼树不同过程中两个最小权值结点的权值，
       x1、x2：构造哈夫曼树不同过程中两个最小权值结点在数组中的序号。
    */
    int i, j, x1, x2;
    double m1,m2;
    /* 初始化存放哈夫曼树数组 HuffNode[] 中的结点 */
    for (i=0; i<2*n-1; i++)
    {
         HuffNode[i].weight = 0;//权值
         HuffNode[i].parent =-1;
         HuffNode[i].lchild =-1;
         HuffNode[i].rchild =-1;
    }
    /* 输入 n 个叶子结点的权值 */
    for (i=0; i<n; i++)
    {
         cout<<"Please input value and weight of leaf node "<<i + 1<<endl;
         cin>>HuffNode[i].value>>HuffNode[i].weight;
    }
```

```
        /* 构造 Huffman 树 */
        for (i=0; i<n-1; i++)
        {//执行 n-1 次合并
            m1=m2=MAXVALUE;
            /* m1、m2 中存放两个无父结点且结点权值最小的两个结点 */
            x1=x2=-1;
            /* 找出所有结点中权值最小、无父结点的两个结点，并合并之为一棵二叉树 */
            for (j=0; j<n+i; j++)
            {
                if (HuffNode[j].weight < m1 && HuffNode[j].parent==-1)
                {
                    m2 = m1;
                    x2 = x1;
                    m1 = HuffNode[j].weight;
                    x1 = j;
                }
                else if (HuffNode[j].weight < m2 && HuffNode[j].parent==-1)
                {
                    m2=HuffNode[j].weight;
                    x2=j;
                }
            }
            /* 设置找到的两个子结点 x1、x2 的父结点信息 */
            HuffNode[x1].parent  = n+i;
            HuffNode[x2].parent  = n+i;
            HuffNode[n+i].weight = m1+m2;
            HuffNode[n+i].lchild = x1;
            HuffNode[n+i].rchild = x2;
            cout<<"x1.weight and x2.weight in round "<<i+1<<"\t"<<HuffNode[x1].
weight<<"\t"<<HuffNode[x2].weight<<endl; /* 用于测试 */
        }
    }
    /* 哈夫曼树编码 */
    void HuffmanCode(HCodeType HuffCode[MAXLEAF],  int n)
    {
        HCodeType cd;       /* 定义一个临时变量来存放求解编码时的信息 */
        int i,j,c,p;
        for(i = 0;i < n; i++)
        {
            cd.start = n-1;
            c = i;
            p = HuffNode[c].parent;
            while(p != -1)
            {
                if(HuffNode[p].lchild == c)
                    cd.bit[cd.start] = 0;
                else
                    cd.bit[cd.start] = 1;
                cd.start--;        /* 求编码的低一位 */
                c = p;
                p = HuffNode[c].parent;    /* 设置下一循环条件 */
            }
```

```
            /* 把叶子结点的编码信息从临时编码 cd 中复制出来，放入编码结构体数组 */
            for (j=cd.start+1; j<n; j++)
               HuffCode[i].bit[j] = cd.bit[j];
            HuffCode[i].start = cd.start;
        }
}
int main()
{
    int i,j,n;
    cout<<"Please input n: "<<endl;
    cin>>n;
    HuffmanTree (HuffNode, n);  /* 构造哈夫曼树 */
    HuffmanCode(HuffCode, n);  /* 哈夫曼树编码 */
    /* 输出已保存好的所有存在编码的哈夫曼编码 */
    for(i = 0;i < n;i++)
    {
        cout<<HuffNode[i].value<<": Huffman code is: ";
        for(j=HuffCode[i].start+1; j < n; j++)
            cout<<HuffCode[i].bit[j];
        cout<<endl;
    }
    return 0;
}
```

算法实现和测试

（1）运行环境

Code::Blocks

（2）输入

```
Please input n:
6
Please input value and weight of leaf node 1
a 0.05
Please input value and weight of leaf node 2
b 0.32
Please input value and weight of leaf node 3
c 0.18
Please input value and weight of leaf node 4
d 0.07
Please input value and weight of leaf node 5
e 0.25
Please input value and weight of leaf node 6
f 0.13
```

（3）输出

```
x1.weight and x2.weight in round 1     0.05    0.07
x1.weight and x2.weight in round 2     0.12    0.13
x1.weight and x2.weight in round 3     0.18    0.25
x1.weight and x2.weight in round 4     0.25    0.32
x1.weight and x2.weight in round 5     0.43    0.57
```

```
a: Huffman code is: 1000
b: Huffman code is: 11
c: Huffman code is: 00
d: Huffman code is: 1001
e: Huffman code is: 01
f: Huffman code is: 101
```

2.6.6 算法解析及优化拓展

1．算法复杂度分析

（1）时间复杂度：由程序可以看出，在函数 *HuffmanTree*()中，if (HuffNode[j].weight<m1&& HuffNode[j].parent==−1)为基本语句，外层 i 与 j 组成双层循环：

i=0 时，该语句执行 n 次；

i=1 时，该语句执行 n+1 次；

i=2 时，该语句执行 n+2 次；

……

i=n−2 时，该语句执行 n+n−2 次；

则基本语句共执行 n+（n+1）+（n+2）+…+（n+（n−2））=（n−1）*（3n−2）/2 次（等差数列）；在函数 *HuffmanCode*()中，编码和输出编码时间复杂度都接近 n^2；则该算法时间复杂度为 $O(n^2)$。

（2）空间复杂度：所需存储空间为结点结构体数组与编码结构体数组，哈夫曼树数组 *HuffNode*[]中的结点为 n 个，每个结点包含 *bit*[MAXBIT]和 *start* 两个域，则该算法空间复杂度为 $O(n*$ MAXBIT)。

2．算法优化拓展

该算法可以从两个方面优化：

（1）函数 *HuffmanTree*()中找两个权值最小结点时使用优先队列，时间复杂度为 log$n$，执行 n−1 次，总时间复杂度为 $O(n\log n)$。

（2）函数 *HuffmanCode*()中，哈夫曼编码数组 *HuffNode*[]中可以定义一个动态分配空间的线性表来存储编码，每个线性表的长度为实际的编码长度，这样可以大大节省空间。

2.7 沟通无限校园网——最小生成树

校园网是为学校师生提供资源共享、信息交流和协同工作的计算机网络。校园网是一个宽带、具有交互功能和专业性很强的局域网络。如果一所学校包括多个学院及部门，也可以形成多个局域网络，并通过有线或无线方式连接起来。原来的网络系统只局限于以学院、图书馆为单位的局域网，不能形成集中管理以及各种资源的共享，个别学院还远离大学本部，这些情况严重地阻碍了整个学校的网络化需求。现在需要设计网络电缆布线，将各个单位的局域网络连通起来，如何设计能够使费用最少呢？

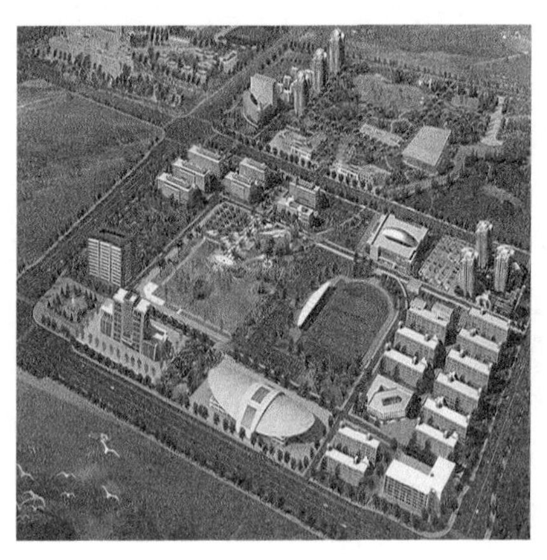

图 2-58　校园网络

2.7.1　问题分析

某学校下设 10 个学院，3 个研究所，1 个大型图书馆，4 个实验室。其中，1～10 号节点代表 10 个学院，11～13 号节点代表 3 个研究所，14 号节点代表图书馆，15～18 号节点代表 4 个实验室。该问题用无向连通图 $\boldsymbol{G}=(V, E)$ 来表示通信网络，V 表示顶点集，E 表示边集。把各个单位抽象为图中的顶点，顶点与顶点之间的边表示单位之间的通信网络，边的权值表示布线的费用。如果两个节点之间没有连线，代表这两个单位之间不能布线，费用为无穷大。如图 2-59 所示。

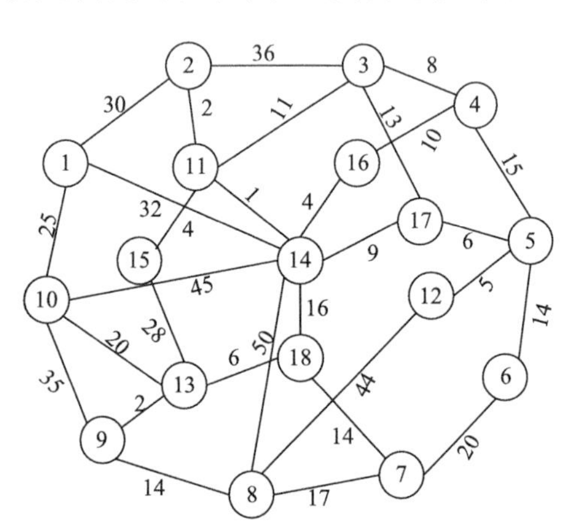

图 2-59　校园网连通图

那么我们如何设计网络电缆布线，将各个单位连通起来，并且费用最少呢？

对于 n 个顶点的连通图，只需 $n-1$ 条边就可以使这个图连通，$n-1$ 条边要想保证图连通，就必须不含回路，所以我们只需要找出 $n-1$ 条权值最小且无回路的边即可。

需要说明几个概念。

（1）子图：从原图中选中一些顶点和边组成的图，称为原图的子图。

（2）生成子图：选中一些边和所有顶点组成的图，称为原图的生成子图。

（3）生成树：如果生成子图恰好是一棵树，则称为生成树。

（4）最小生成树：权值之和最小的生成树，则称为最小生成树。

本题就是最小生成树求解问题。

2.7.2 算法设计

找出 $n-1$ 条权值最小的边很容易，那么怎么保证无回路呢？

如果在一个图中深度搜索或广度搜索有没有回路，是一件繁重的工作。有一个很好的办法——**避圈法**。在生成树的过程中，我们把已经在生成树中的结点看作一个集合，把剩下的结点看作另一个集合，从连接两个集合的边中选择一条权值最小的边即可。

首先任选一个结点，例如 1 号结点，把它放在集合 U 中，$U=\{1\}$，那么剩下的结点即 $V-U=\{2，3，4，5，6，7\}$，V 是图的所有顶点集合。如图 2-60 所示。

现在只需在连接两个集合（V 和 $V-U$）的边中看哪一条边权值最小，把权值最小的边关联的结点加入到集合 U。从图 2-60 可以看出，连接两个集合的 3 条边中，结点 1 到结点 2 的边权值最小，选中此条边，把 2 号结点加入 U 集合 $U=\{1，2\}$，$V-U=\{3，4，5，6，7\}$。

再从连接两个集合（V 和 $V-U$）的边中选择一条权值最小的边。从图 2-61 可以看出，连接两个集合的 4 条边中，结点 2 到结点 7 的边权值最小，选中此条边，把 7 号结点加入 U 集合 $U=\{1，2，7\}$，$V-U=\{3，4，5，6\}$。

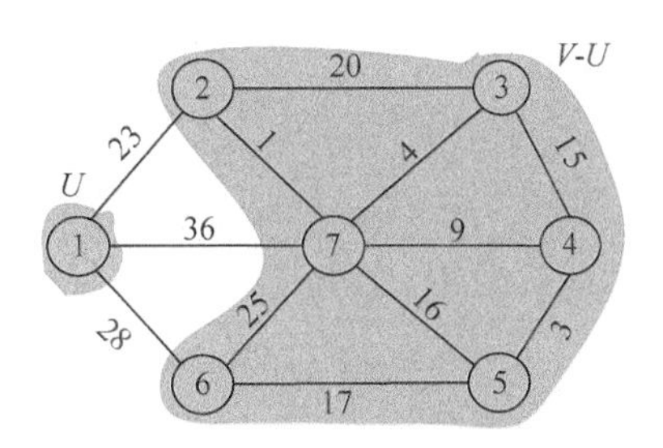

图 2-60　最小生成树求解过程

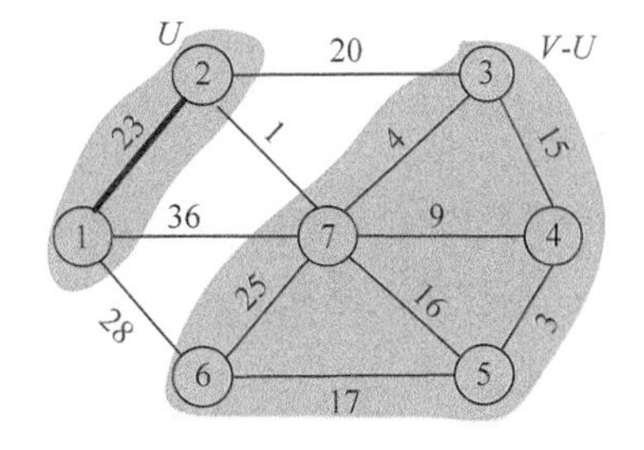

图 2-61　最小生成树求解过程

如此下去，直到 $U=V$ 结束，选中的边和所有的结点组成的图就是最小生成树。

是不是非常简单啊？

这就是 Prim 算法，1957 年由美国计算机科学家 Robert C.Prim 发现的。那么如何用算法来实现呢？

首先，令 $U=\{u_0\}$，$u_0 \in V$，$TE=\{\}$。u_0 可以是任何一个结点，因为最小生成树包含所有结点，所以从哪个结点出发都可以得到最小生成树，不影响最终结果。TE 为选中的边集。

然后，做如下**贪心选择**：选取连接 U 和 $V-U$ 的所有边中的最短边，即满足条件 $i \in U$，$j \in V-U$，且边（i，j）是连接 U 和 $V-U$ 的所有边中的最短边，即该边的权值最小。

然后，将顶点 *j* 加入集合 *U*，边（*i*，*j*）加入 *TE*。继续上面的贪心选择一直进行到 *U*=*V* 为止，此时，选取到的所有边恰好构成图 ***G*** 的一棵最小生成树 *T*。

算法设计及步骤如下。

步骤 1：确定合适的数据结构。设置带权邻接矩阵 ***C*** 存储图 ***G***，如果图 ***G*** 中存在边（*u*，*x*），令 ***C***[*u*][*x*]等于边（*u*，*x*）上的权值，否则，***C***[*u*][*x*]=∞；bool 数组 *s*[]，如果 *s*[*i*]=true，说明顶点 *i* 已加入集合 *U*。

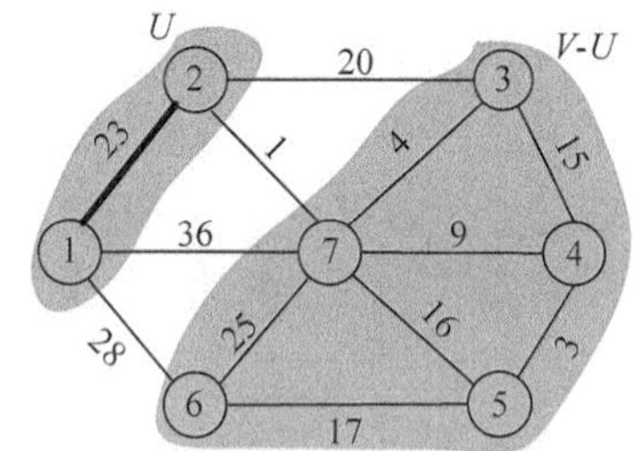

图 2-62　最小生成树求解过程

如图 2-62 所示，直观地看图很容易找出 *U* 集合到 *V*−*U* 集合的边中哪条边是最小的，但是程序中如果穷举这些边，再找最小值就太麻烦了，那怎么办呢？

可以通过设置两个数组巧妙地解决这个问题，*closest*[*j*]表示 *V*−*U* 中的顶点 *j* 到集合 *U* 中的最邻近点，*lowcost*[*j*]表示 *V*−*U* 中的顶点 *j* 到集合 *U* 中的最邻近点的边值，即边（*j*,*closest*[*j*]）的权值。

例如，在图 2-62 中，7 号结点到 *U* 集合中的最邻近点是 2，*closest*[7]=2，如图 2-63 所示。7 号结点到最邻近点 2 的边值为 1，即边（2，7）的权值，记为 *lowcost*[7]=1，如图 2-64 所示。

图 2-63　*closest*[]数组　　　图 2-64　*lowcost*[]数组

只需要在 *V*−*U* 集合中找 *lowcost*[]值最小的顶点即可。

步骤 2：初始化。令集合 $U=\{u_0\}$，$u_0 \in V$，并初始化数组 *closest*[]、*lowcost*[]和 *s*[]。

步骤 3：在 *V*−*U* 集合中找 *lowcost* 值最小的顶点 *t*，即 $lowcost[t]=\min\{lowcost[j] | j \in V-U\}$，满足该公式的顶点 *t* 就是集合 *V*−*U* 中连接集合 *U* 的最邻近点。

步骤 4：将顶点 *t* 加入集合 *U*。

步骤 5：如果集合 *V*−*U* 为空，算法结束，否则，转步骤 6。

步骤 6：对集合 *V*−*U* 中的所有顶点 *j*，更新其 *lowcost*[]和 *closest*[]。更新公式：if（***C***[*t*][*j*]<*lowcost* [*j*]) { *lowcost* [*j*]= ***C*** [*t*] [*j*]; *closest* [*j*] = *t*; }，转步骤 3。

按照上述步骤，最终可以得到一棵权值之和最小的生成树。

2.7.3 完美图解

设 ***G***=（*V*，*E*）是无向连通带权图，如图 2-65 所示。

（1）数据结构

设置地图的带权邻接矩阵为 **C**[][]，即如果从顶点 *i* 到顶点 *j* 有边，就让 **C**[*i*][*j*]=<*i*，*j*>的权值，否则 **C**[*i*][*j*]=∞（无穷大），如图 2-66 所示。

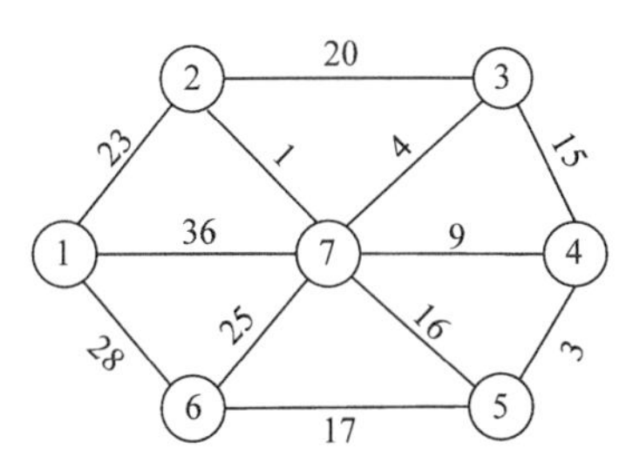

图 2-65 无向连通带权图 ***G***

$$
\begin{bmatrix}
\infty & 23 & \infty & \infty & \infty & 28 & 36 \\
23 & \infty & 20 & \infty & \infty & \infty & 1 \\
\infty & 20 & \infty & 15 & \infty & \infty & 4 \\
\infty & \infty & 15 & \infty & 3 & \infty & 9 \\
\infty & \infty & \infty & 3 & \infty & 17 & 16 \\
28 & \infty & \infty & \infty & 17 & \infty & 25 \\
36 & 1 & 4 & 9 & 16 & 25 & \infty
\end{bmatrix}
$$

图 2-66 邻接矩阵 **C**[ ][ ]

（2）初始化

假设 u_0=1；令集合 *U*={1}，*V−U*={2，3，4，5，6，7}，*TE*={}，*s*[1]=true，初始化数组 *closest*[]：除了 1 号结点外其余结点均为 1，表示 *V−U* 中的顶点到集合 *U* 的最临近点均为 1，如图 2-67 所示。*lowcost*[]：1 号结点到 *V−U* 中的顶点的边值，即读取邻接矩阵第 1 行，如图 2-68 所示。

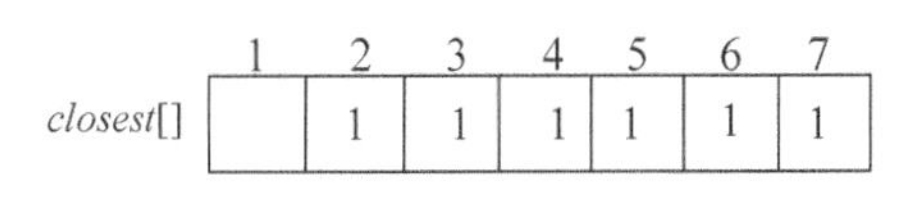

图 2-67 *closest*[]数组

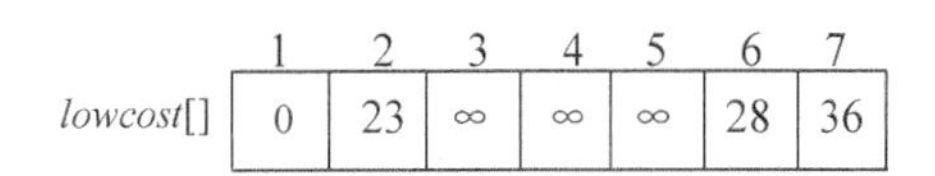

图 2-68 *lowcost*[]数组

初始化后如图 2-69 所示。

（3）找最小

在集合 *V−U*={2，3，4，5，6，7}中，依照贪心策略寻找 *V−U* 集合中 *lowcost* 最小的顶点 *t*，如图 2-70 所示。

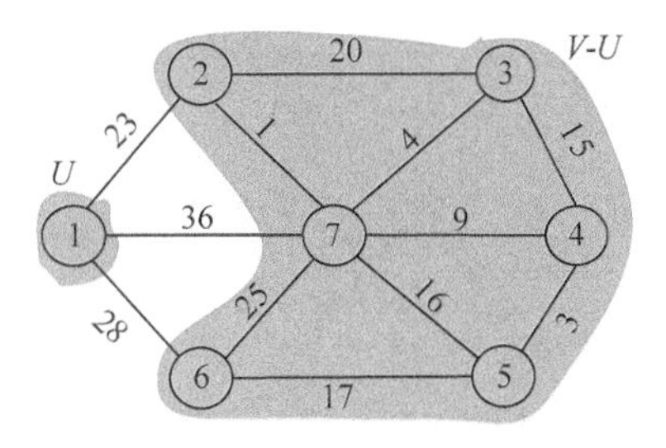

图 2-69 最小生成树求解过程

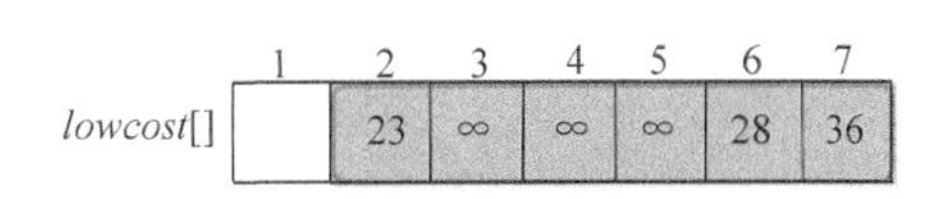

图 2-70 *lowcost*[]数组

找到最小值为 23，对应的结点 *t*=2。

选中的边和结点如图 2-71 所示。

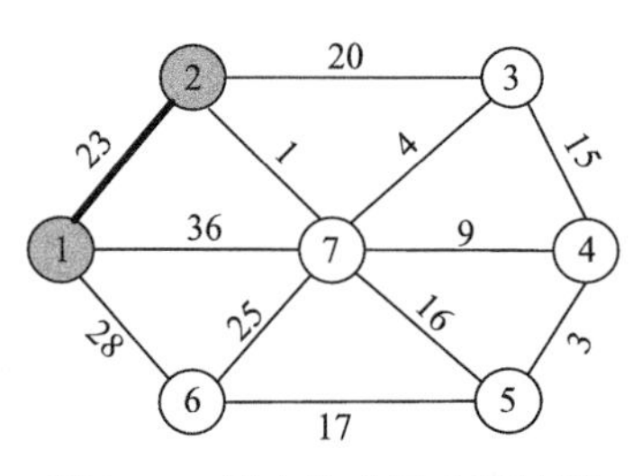

图 2-71　最小生成树求解过程

（4）加入 *U* 战队

将顶点 *t* 加入集合 *U*={1，2}，同时更新 *V*−*U*={3，4，5，6，7}。

（5）更新

刚刚找到了到 *U* 集合的最邻近点 *t* = 2，那么对 *t* 在集合 *V*−*U* 中每一个邻接点 *j*，都可以借助 *t* 更新。我们从图或邻接矩阵可以看出，2 号结点的邻接点是 3 和 7 号结点：

C[2][3]=20<*lowcost*[3]=∞，更新最邻近距离 *lowcost*[3]=20，最邻近点 *closest*[3]=2；

C[2][7]=1<*lowcost*[7]=36，更新最邻近距离 *lowcost*[7]=1，最邻近点 *closest*[7]=2；

更新后的 *closest*[*j*]和 *lowcost*[*j*]数组如图 2-72 和图 2-73 所示。

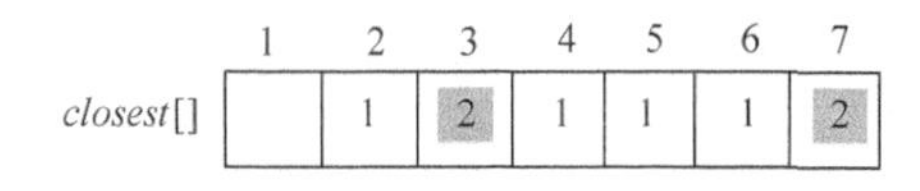

	1	2	3	4	5	6	7
closest[]		1	2	1	1	1	2

图 2-72　*closest*[]数组

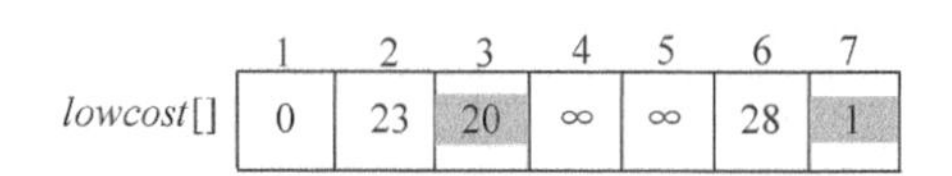

	1	2	3	4	5	6	7
lowcost[]	0	23	20	∞	∞	28	1

图 2-73　*lowcost*[]数组

更新后如图 2-74 所示。

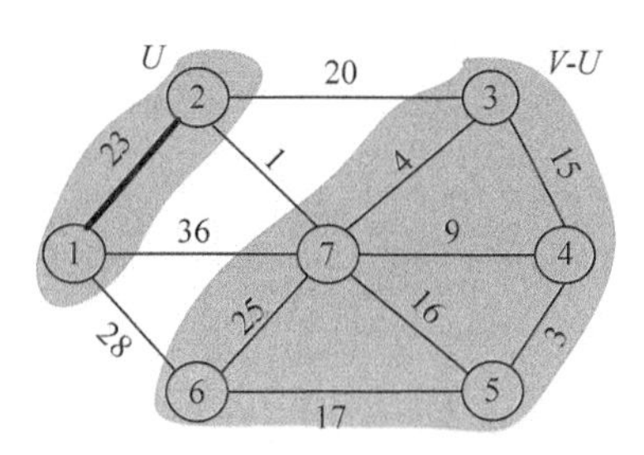

图 2-74　最小生成树求解过程

closest[*j*]和 *lowcost*[*j*]分别表示 *V*−*U* 集合中顶点 *j* 到 *U* 集合的最邻近顶点和最邻近距离。3 号顶点到 *U* 集合的最邻近点为 2，最邻近距离为 20；4、5 号顶点到 *U* 集合的最邻近点仍为初始化状态 1，最邻近距离为∞；6 号顶点到 *U* 集合的最邻近点为 1，最邻近距离为 28；7 号顶点到 *U* 集合的最邻近点为 2，最邻近距离为 1。

（6）找最小

在集合 *V*−*U*={3，4，5，6，7}中，依照贪心策略寻找 *V*−*U* 集合中 *lowcost* 最小的顶点 *t*，如图 2-75 所示。

找到最小值为 1，对应的结点 *t*=7。

选中的边和结点如图 2-76 所示。

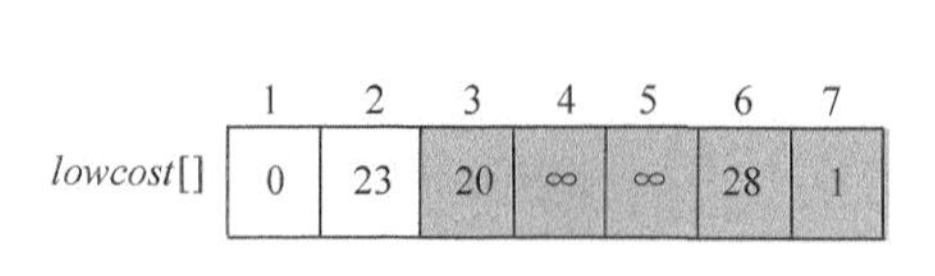

	1	2	3	4	5	6	7
lowcost[]	0	23	20	∞	∞	28	1

图 2-75　*lowcost*[]数组

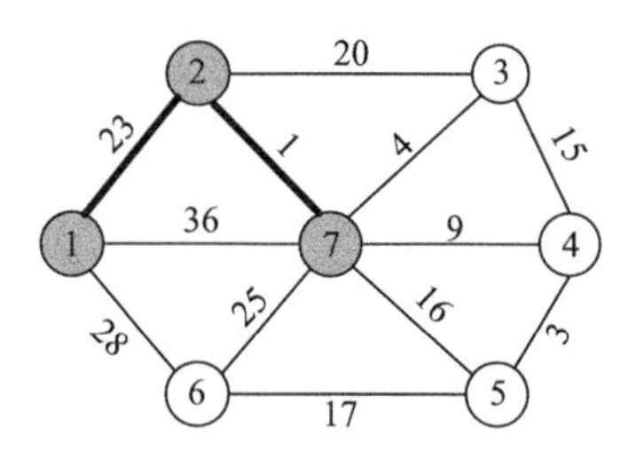

图 2-76　最小生成树求解过程

（7）加入 *U* 战队

将顶点 *t* 加入集合 *U*={1，2，7}，同时更新 *V*−*U*={3，4，5，6}。

（8）更新

刚刚找到了到 *U* 集合的最邻近点 *t* =7，那么对 *t* 在集合 *V*−*U* 中每一个邻接点 *j*，都可以借 *t* 更新。我们从图或邻接矩阵可以看出，7 号结点在集合 *V*−*U* 中的邻接点是 3、4、5、6 结点：

C[7][3]=4<*lowcost*[3]=20，更新最邻近距离 *lowcost*[3]=4，最邻近点 *closest*[3]=7；

C[7][4]=9<*lowcost*[4]=∞，更新最邻近距离 *lowcost*[4]=9，最邻近点 *closest*[4]=7；

C[7][5]=16<*lowcost*[5]=∞，更新最邻近距离 *lowcost*[5]=16，最邻近点 *closest*[5]=7；

C[7][6]=25<*lowcost*[6]=28，更新最邻近距离 *lowcost*[6]=25，最邻近点 *closest*[6]=7；

更新后的 *closest*[*j*]和 *lowcost*[*j*]数组如图 2-77 和图 2-78 所示。

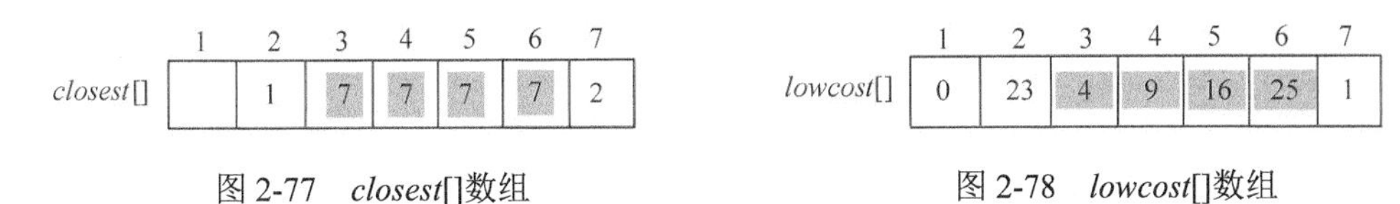

图 2-77　*closest*[]数组　　图 2-78　*lowcost*[]数组

更新后如图 2-79 所示。

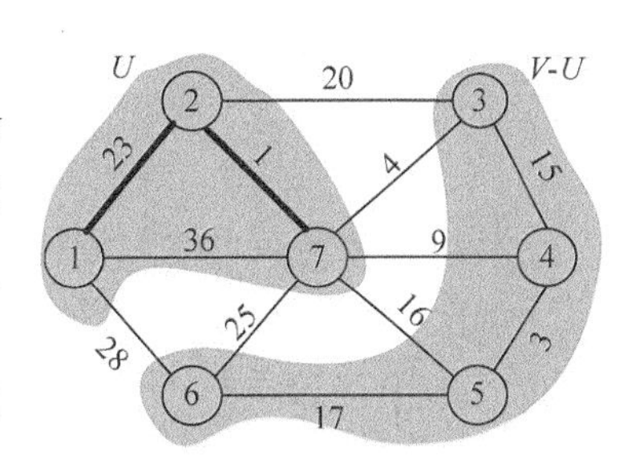

图 2-79　最小生成树求解过程

closest[*j*]和 *lowcost*[*j*]分别表示 *V*−*U* 集合中顶点 *j* 到 *U* 集合的最邻近顶点和最邻近距离。3 号顶点到 *U* 集合的最邻近点为 7，最邻近距离为 4；4 号顶点到 *U* 集合的最邻近点为 7，最邻近距离为 9；5 号顶点到 *U* 集合的最邻近点为 7，最邻近距离为 16；6 号顶点到 *U* 集合的最邻近点为 7，最邻近距离为 25。

（9）找最小

在集合 *V*−*U*={3，4，5，6}中，依照贪心策略寻找 *V*−*U* 集合中 *lowcost* 最小的顶点 *t*，如图 2-80 所示。

找到最小值为 4，对应的结点 *t*=3。

选中的边和结点如图 2-81 所示。

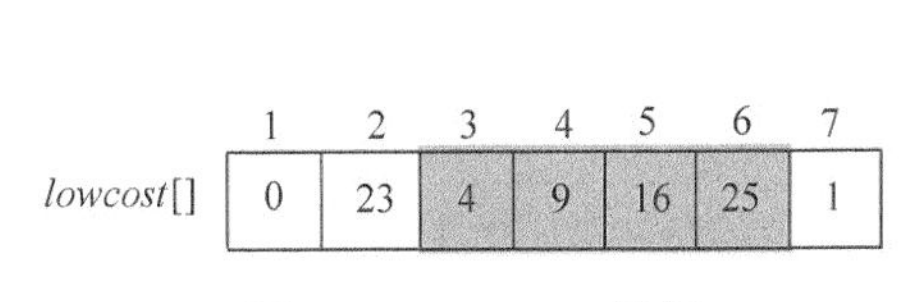

图 2-80　*lowcost*[]数组

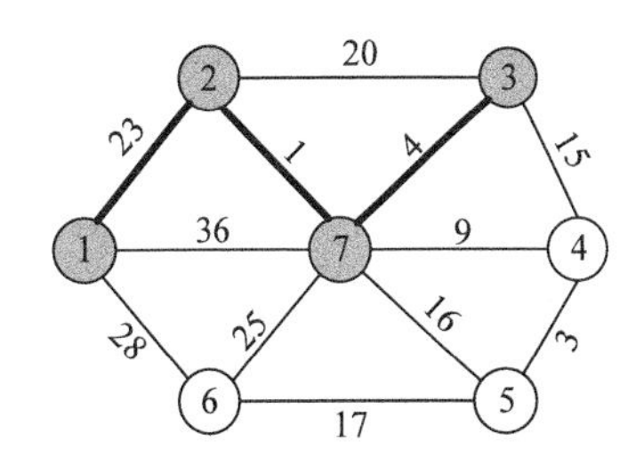

图 2-81　最小生成树求解过程

（10）加入 *U* 战队

将顶点 *t* 加入集合 *U* ={1，2，3，7}，同时更新 *V*−*U*={4，5，6}。

（11）更新

刚刚找到了到 *U* 集合的最邻近点 *t* =3，那么对 *t* 在集合 *V*−*U* 中每一个邻接点 *j*，都可以借助 *t* 更新。我们从图或邻接矩阵可以看出，3 号结点在集合 *V*−*U* 中的邻接点是 4 号结点：

C[3][4]=15>*lowcost*[4]=9，不更新。

closest[*j*]和 *lowcost*[*j*]数组不改变。

更新后如图 2-82 所示。

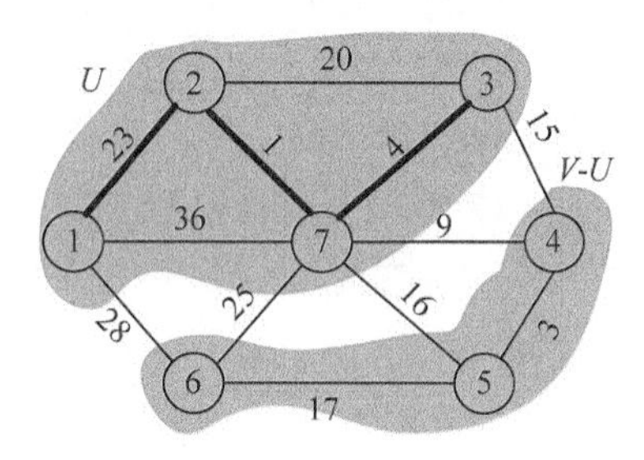

图 2-82　最小生成树求解过程

closest[*j*]和 *lowcost*[*j*]分别表示 *V*−*U* 集合中顶点 *j* 到 *U* 集合的最邻近顶点和最邻近距离。4 号顶点到 *U* 集合的最邻近点为 7，最邻近距离为 9；5 号顶点到 *U* 集合的最邻近点为 7，最邻近距离为 16；6 号顶点到 *U* 集合的最邻近点为 7，最邻近距离为 25。

（12）找最小

在集合 *V*−*U*={4，5，6}中，依照贪心策略寻找 *V*−*U* 集合中 *lowcost* 最小的顶点 *t*，如图 2-83 所示。

找到最小值为 9，对应的结点 *t*=4。

选中的边和结点如图 2-84 所示。

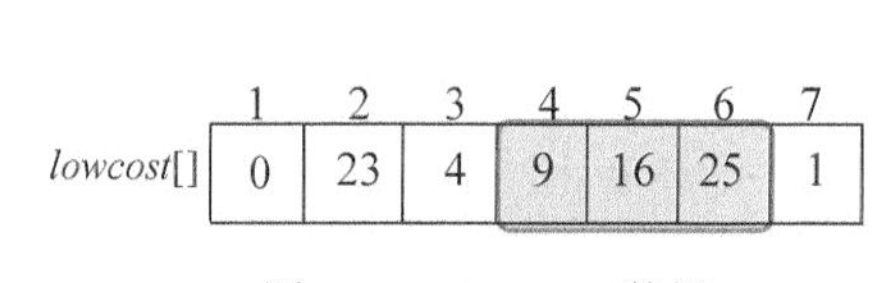

	1	2	3	4	5	6	7
lowcost[]	0	23	4	9	16	25	1

图 2-83　*lowcost*[]数组

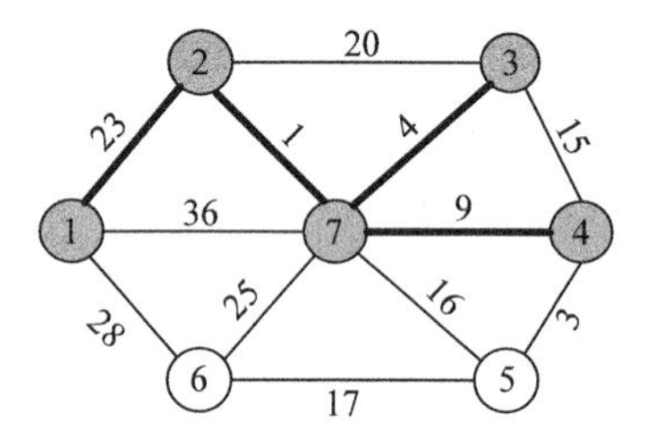

图 2-84　最小生成树求解过程

（13）加入 *U* 战队

将顶点 *t* 加入集合 *U* ={1，2，3，4，7}，同时更新 *V*−*U*={5，6}。

（14）更新

刚刚找到了到 *U* 集合的最邻近点 *t* =4，那么对 *t* 在集合 *V*−*U* 中每一个邻接点 *j*，都可以借助 *t* 更新。我们从图或邻接矩阵可以看出，4 号结点在集合 *V*−*U* 中的邻接点是 5 号结点：

C[4][5]=3<*lowcost*[5]=16，更新最邻近距离 *lowcost*[5]=3，最邻近点 *closest*[5]=4；

更新后的 *closest*[*j*]和 *lowcost*[*j*]数组如图 2-85 和图 2-86 所示。

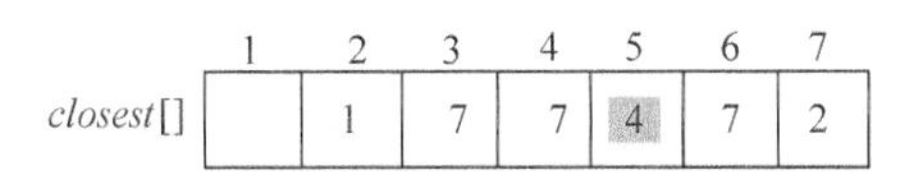

	1	2	3	4	5	6	7
closest[]		1	7	7	4	7	2

图 2-85 *closest*[]数组

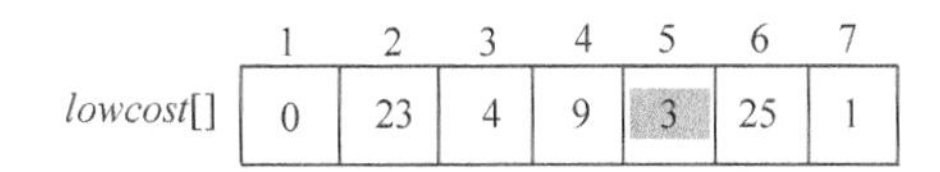

	1	2	3	4	5	6	7
lowcost[]	0	23	4	9	3	25	1

图 2-86 *lowcost*[]数组

更新后如图 2-87 所示。

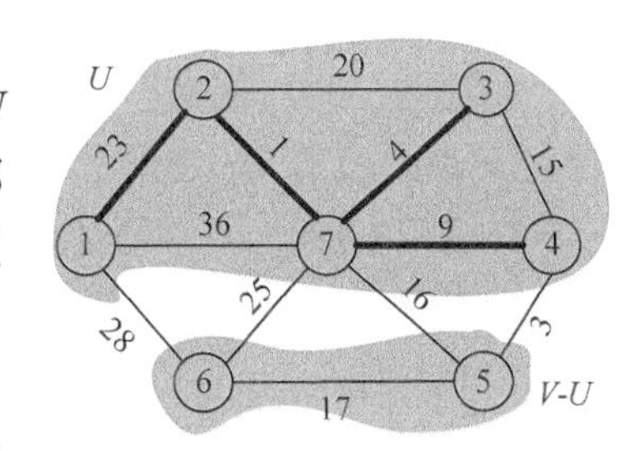

图 2-87 最小生成树求解过程

closest[*j*]和 *lowcost*[*j*]分别表示 *V*−*U* 集合中顶点 *j* 到 *U* 集合的最邻近顶点和最邻近距离。5 号顶点到 *U* 集合的最邻近点为 4，最邻近距离为 3；6 号顶点到 *U* 集合的最邻近点为 7，最邻近距离为 25。

（15）找最小

在集合 *V*−*U*={5，6}中，依照贪心策略寻找 *V*−*U* 集合中 *lowcost* 最小的顶点 *t*，如图 2-88 所示。

找到最小值为 3，对应的结点 *t*=5。

选中的边和结点如图 2-89 所示。

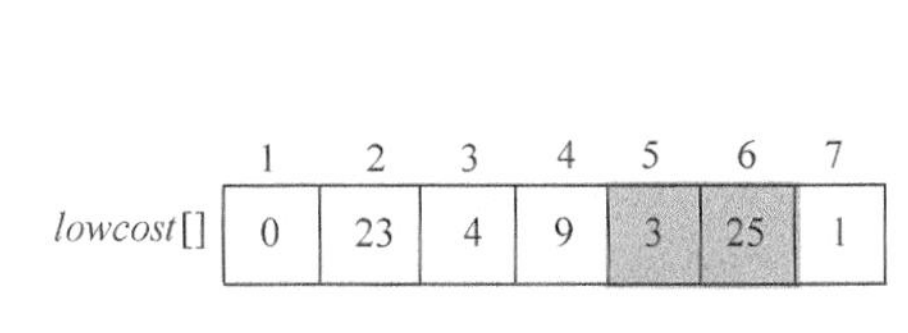

	1	2	3	4	5	6	7
lowcost[]	0	23	4	9	3	25	1

图 2-88 *lowcost*[]数组

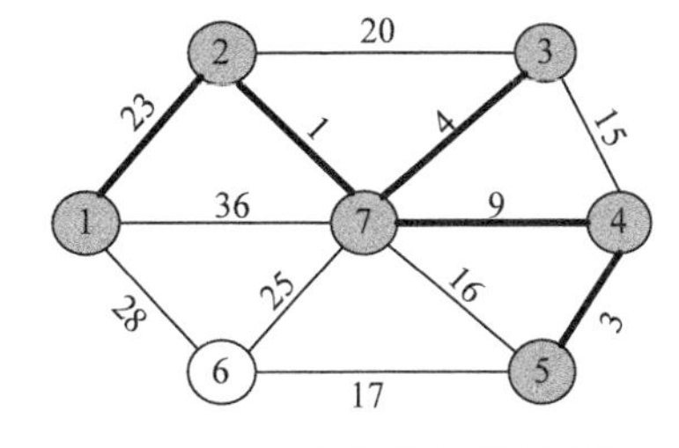

图 2-89 最小生成树求解过程

（16）加入 *U* 战队

将顶点 *t* 加入集合 *U*={1，2，3，4，5，7}，同时更新 *V*−*U*={6}。

（17）更新

刚刚找到了到 *U* 集合的最邻近点 *t* =5，那么对 *t* 在集合 *V*−*U* 中每一个邻接点 *j*，都可以借助 *t* 更新。我们从图或邻接矩阵可以看出，5 号结点在集合 *V*−*U* 中的邻接点是 6 号结点：

C[5][6]=17<*lowcost*[6]=25，更新最邻近距离 *lowcost*[6]=17，最邻近点 *closest*[6]=5；

更新后的 *closest*[*j*]和 *lowcost*[*j*]数组如图 2-90 和图 2-91 所示。

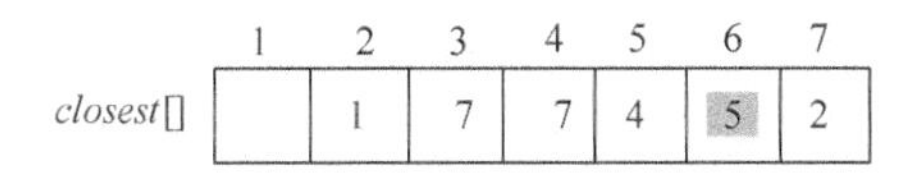

	1	2	3	4	5	6	7
closest[]		1	7	7	4	5	2

图 2-90 *closest*[]数组

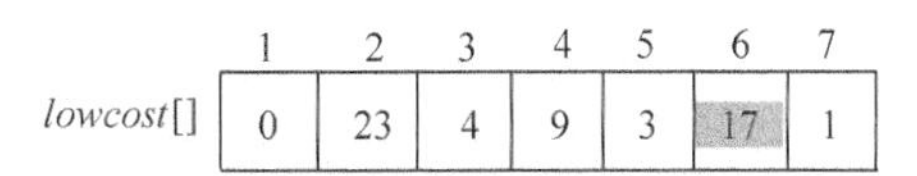

	1	2	3	4	5	6	7
lowcost[]	0	23	4	9	3	17	1

图 2-91 *lowcost*[]数组

更新后如图 2-92 所示。

closest[*j*]和 *lowcost*[*j*]分别表示 *V*−*U* 集合中顶点 *j* 到 *U* 集合的最邻近顶点和最邻近距离。6 号顶点到 *U* 集合的最邻近点为 5，最邻近距离为 17。

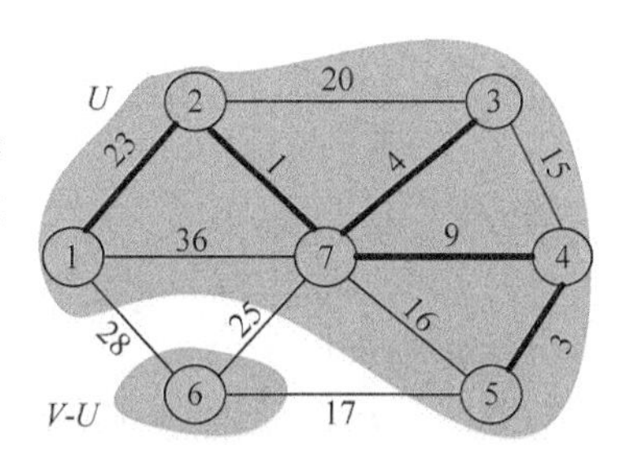

图 2-92　最小生成树求解过程

（18）找最小

在集合 *V*−*U*={6}中，依照贪心策略寻找 *V*−*U* 集合中 *lowcost* 最小的顶点 *t*，如图 2-93 所示。

找到最小值为 17，对应的结点 *t*=6。

选中的边和结点如图 2-94 所示。

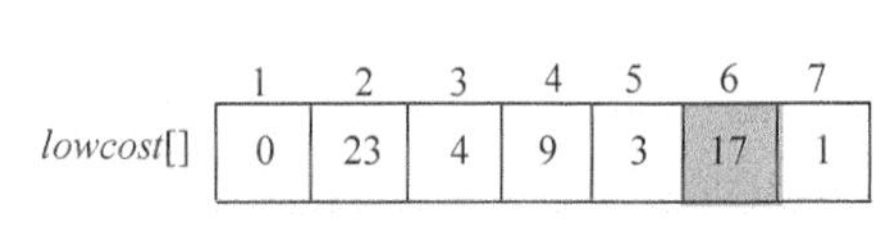

	1	2	3	4	5	6	7
lowcost[]	0	23	4	9	3	17	1

图 2-93　*lowcost*[]数组

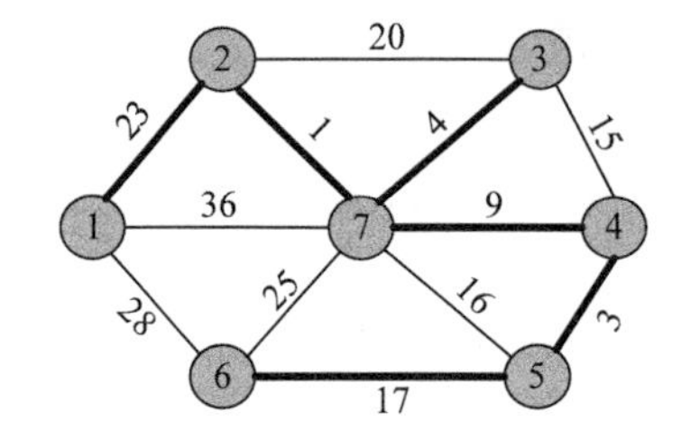

图 2-94　最小生成树求解过程

（19）加入 *U* 战队

将顶点 *t* 加入集合 *U* ={1，2，3，4，5，6，7}，同时更新 *V*−*U*={}。

（20）更新

刚刚找到了到 *U* 集合的最邻近点 *t* =6，那么对 *t* 在集合 *V*−*U* 中每一个邻接点 *j*，都可以借 *t* 更新。我们从图 2-94 可以看出，6 号结点在集合 *V*−*U* 中无邻接点，因为 *V*−*U*={}。

closest[*j*]和 *lowcost*[*j*]数组如图 2-95 和图 2-96 所示。

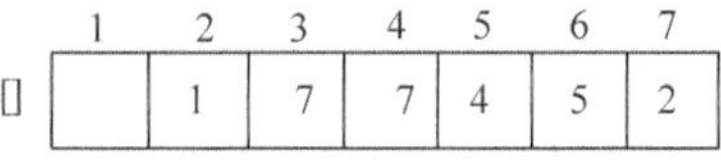

	1	2	3	4	5	6	7
closest[]		1	7	7	4	5	2

图 2-95　*closest*[]数组

得到的最小生成树如图 2-97 所示。

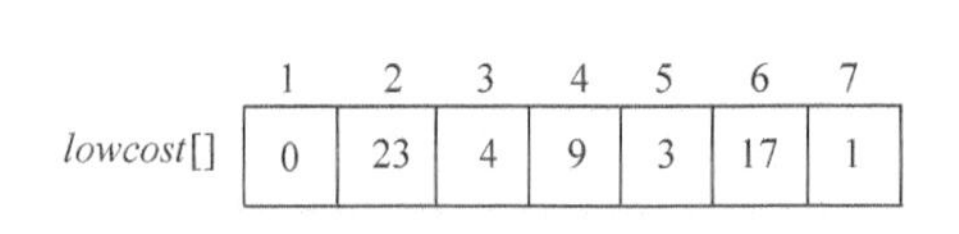

	1	2	3	4	5	6	7
lowcost[]	0	23	4	9	3	17	1

图 2-96　*lowcost*[]数组

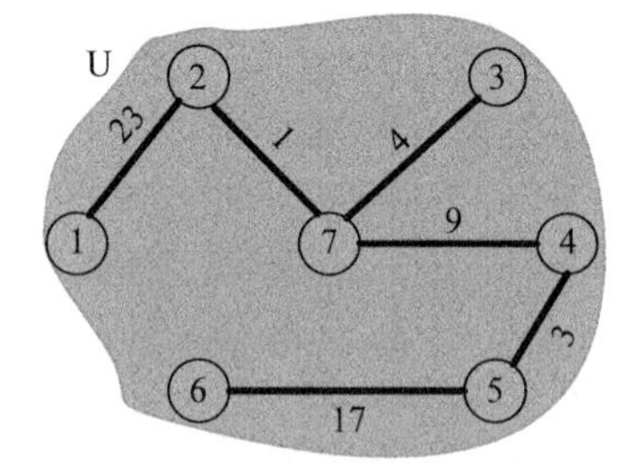

图 2-97　最小生成树

最小生成树权值之和为 57，即把 *lowcost* 数组中的值全部加起来。

2.7.4 伪代码详解

（1）初始化。$s[1]$=*true*，初始化数组 *closest*，除了 u_0 外其余顶点最邻近点均为 u_0，表示 *V–U* 中的顶点到集合 *U* 的最临近点均为 u_0；初始化数组 *lowcost*，u_0 到 *V–U* 中的顶点的边值，无边相连则为∞（无穷大）。

```
s[u0] = true; //初始时，集合中 U 只有一个元素，即顶点 u0
for(i = 1; i <= n; i++)
{
     if(i != u0) //除 u0 之外的顶点
     {
          lowcost[i] = c[u0][i];    //u0 到其它顶点的边值
          closest[i] = u0;  //最邻近点初始化为 u0
          s[i] = false;  //初始化 u0 之外的顶点不属于 U 集合，即属于 V-U 集合
     }
      else
          lowcost[i] =0;
}
```

（2）在集合 *V–U* 中寻找距离集合 *U* 最近的顶点 *t*。

```
int temp = INF;
int t = u0;
for(j = 1; j <= n; j++) //在集合中 V-U 中寻找距离集合 U 最近的顶点 t
{
    if((!s[j]) && (lowcost[j] < temp)) //!s[j] 表示 j 结点在 V-U 集合中
    {
        t = j;
        temp = lowcost[j];
    }
}
if(t == u0) //找不到 t，跳出循环
   break;
```

（3）更新 *lowcost* 和 *closest* 数组。

```
s[t] = true;     //否则，将 t 加入集合 U
for(j = 1; j <= n; j++)  //更新 lowcost 和 closest
{
    if((!s[j]) && (c[t][j] < lowcost[j])) // !s[j] 表示 j 结点在 V-U 集合中
                                          //t 到 j 的边值小于当前的最邻近值
    {
         lowcost[j] = c[t][j]; //更新 j 的最邻近值为 t 到 j 的边值
         closest[j] = t;    //更新 j 的最邻近点为 t
    }
}
```

2.7.5 实战演练

```
//program 2-7
#include <iostream>
using namespace std;
const int INF = 0x3fffffff;
const int N = 100;
bool s[N];
int closest[N];
int lowcost[N];
void Prim(int n, int u0, int c[N][N])
{  //顶点个数n、开始顶点u0、带权邻接矩阵C[n][n]
  //如果s[i]=true,说明顶点i已加入最小生成树
  //的顶点集合U；否则顶点i属于集合V-U
  //将最后的相关的最小权值传递到数组lowcost
  s[u0] = true; //初始时，集合中U只有一个元素，即顶点u0
  int i;
  int j;
  for(i = 1; i <= n; i++)//①
  {
       if(i != u0)
       {
            lowcost[i] = c[u0][i];
            closest[i] = u0;
            s[i] = false;
       }
       else
            lowcost[i] =0;
  }
  for(i = 1; i <= n; i++)  //②
  {
       int temp = INF;
       int t = u0;
       for(j = 1; j <= n; j++) //③在集合中V-U中寻找距离集合U最近的顶点t
       {
           if((!s[j]) && (lowcost[j] < temp))
           {
                t = j;
                temp = lowcost[j];
           }
       }
      if(t == u0)
         break;       //找不到t，跳出循环
      s[t] = true;    //否则，讲t加入集合U
      for(j = 1; j <= n; j++)  //④更新lowcost和closest
      {
          if((!s[j]) && (c[t][j] < lowcost[j]))
          {
              lowcost[j] = c[t][j];
```

```
                closest[j] = t;
            }
        }
    }
}
int main()
{
    int n, c[N][N], m, u, v, w;
    int u0;
    cout <<"输入结点数 n 和边数 m: "<<endl;
    cin >> n >> m;
    int sumcost = 0;
    for(int i = 1; i <= n; i++)
       for(int j = 1; j <= n; j++)
          c[i][j] = INF;
    cout <<"输入结点数 u，v 和边值 w: "<<endl;
    for(int i=1; i<=m; i++)
    {
        cin >> u >> v >> w;
        c[u][v] = c[v][u] = w;
    }
    cout <<"输入任一结点 u0: "<<endl;
    cin >> u0 ;
    //计算最后的 lowcost 的总和，即为最后要求的最小的费用之和
    Prim(n, u0, c);
    cout <<"数组 lowcost 的内容为: "<<endl;
    for(int i = 1; i <= n; i++)
        cout << lowcost[i] << " ";
    cout << endl;
    for(int i = 1; i <= n; i++)
                sumcost += lowcost[i];
    cout << "最小的花费是: " << sumcost << endl << endl;
    return 0;
}
```

算法实现和测试

（1）运行环境

Code::Blocks

（2）输入

```
输入结点数 n 和边数 m:
7 12
输入结点数 u，v 和边值 w:
1 2 23
1 6 28
1 7 36
2 3 20
2 7 1
3 4 15
3 7 4
4 5 3
```

```
4 7 9
5 6 17
5 7 16
6 7 25
输入任一结点 u0:
1
```

（3）输出

```
数组 lowcost 的内容为:
0 23 4 9 3 17 1
最小的花费是: 57
```

2.7.6 算法解析

（1）时间复杂度：在 Prim（int n，int u_0，int $\boldsymbol{c}[N][N]$）算法中，一共有 4 个 for 语句，第①个 for 语句的执行次数为 n，第②个 for 语句里面嵌套了两个 for 语句③、④，它们的执行次数均为 n，对算法的运行时间贡献最大。当外层循环标号为 1 时，③、④语句在内层循环的控制下均执行 n 次，外层循环②从 1～n。因此，该语句的执行次数为 $n*n=n^2$，算法的时间复杂度为 $O(n^2)$。

（2）空间复杂度：算法所需要的辅助空间包含 i、j、*lowcost* 和 *closest*，则算法的空间复杂度是 $O(n)$。

2.7.7 算法优化拓展

该算法可以从两个方面优化：

（1）for 语句③找 *lowcost* 最小值时使用优先队列，每次出队一个最小值，时间复杂度为 $\log n$，执行 n 次，总时间复杂度为 $O(n\log n)$。

（2）for 语句④更新 *lowcost* 和 *closest* 数据时，如果图采用邻接表存储，每次只检查 t 的邻接边，不用从 1～n 检查，检查更新的次数为 E（边数），每次更新数据入队，入队的时间复杂度为 $\log n$，这样更新的时间复杂度为 $O(E\log n)$。

1．算法设计

构造最小生成树还有一种算法，Kruskal 算法：设 $\boldsymbol{G}$=（V，E）是无向连通带权图，V={1，2，…，n}；设最小生成树 $\boldsymbol{T}$=（V，TE），该树的初始状态为只有 n 个顶点而无边的非连通图 $\boldsymbol{T}$=（V，{}），Kruskal 算法将这 n 个顶点看成是 n 个孤立的连通分支。它首先将所有的边按权值从小到大排序，然后只要 $\boldsymbol{T}$ 中选中的边数不到 $n-1$，就做如下的贪心选择：在边集 E 中选取权值最小的边（i，j），如果将边（i，j）加入集合 TE 中不产生回路（圈），则将边（i，j）加入边集 TE 中，即用边（i，j）将这两个连通分支合并连接成一个连通分支；否则继续选择下一条最短边。把边（i，j）从集合 E 中删去。继续上面的贪心选择，直到 $\boldsymbol{T}$ 中所有顶点都在同一个连通分支上为止。此时，选取到的 $n-1$ 条边恰好构成 $\boldsymbol{G}$ 的一棵最小生成树 $\boldsymbol{T}$。

那么，怎样判断加入某条边后图 $\boldsymbol{T}$ 会不会出现回路呢？

该算法对于手工计算十分方便，因为用肉眼可以很容易看到挑选哪些边能够避免构成回路（避圈法），但使用计算机程序来实现时，还需要一种机制来进行判断。Kruskal 算法用了一个非常聪明的方法，就是运用集合避圈：如果所选择加入的边的起点和终点都在 $\boldsymbol{T}$ 的集合中，那么就可以断定一定会形成回路（圈）。其实就是我们前面提到的“避圈法”：边的两个结点不能属于同一集合。

步骤 1：初始化。将图 $\boldsymbol{G}$ 的边集 E 中的所有边按权值从小到大排序，边集 $TE=\{\ \}$，把每个顶点都初始化为一个孤立的分支，即一个顶点对应一个集合。

步骤 2：在 E 中寻找权值最小的边（i，j）。

步骤 3：如果顶点 i 和 j 位于两个不同连通分支，则将边（i，j）加入边集 TE，并执行合并操作，将两个连通分支进行合并。

步骤 4：将边（i，j）从集合 E 中删去，即 $E=E-\{(i, j)\}$。

步骤 5：如果选取边数小于 $n-1$，转步骤 2；否则，算法结束，生成最小生成树 T。

2．完美图解

设 $\boldsymbol{G}=(V, E)$ 是无向连通带权图，如图 2-98 所示。

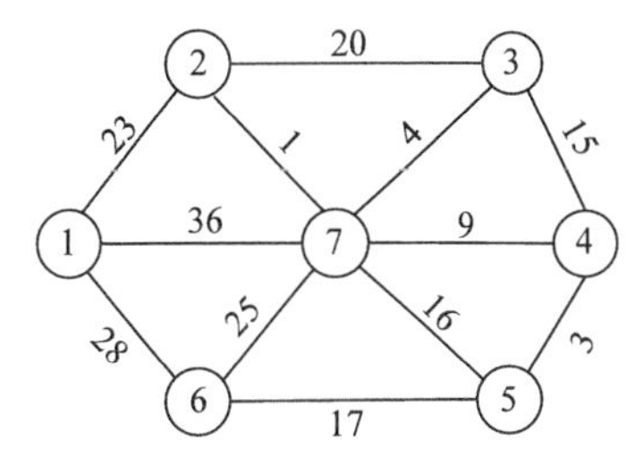

图 2-98　无向连通带权图 $\boldsymbol{G}$

（1）初始化

将图 $\boldsymbol{G}$ 的边集 E 中的所有边按权值从小到大排序，如图 2-99 所示。

边集初始化为空集，$TE=\{\ \}$，把每个结点都初始化为一个孤立的分支，即一个顶点对应一个集合，集合号为该结点的序号，如图 2-100 所示。

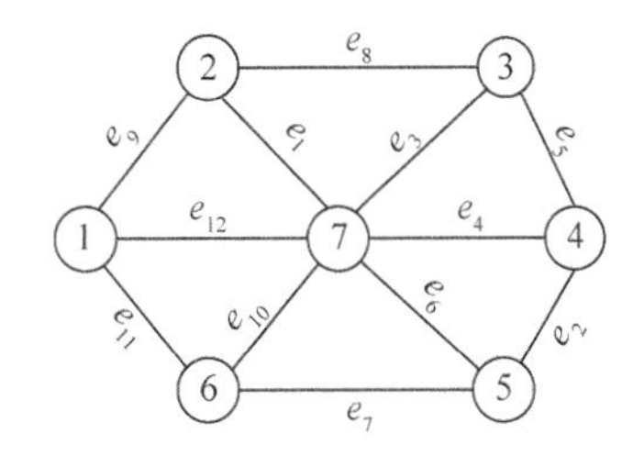

图 2-99　按边权值排序后的图 $\boldsymbol{G}$

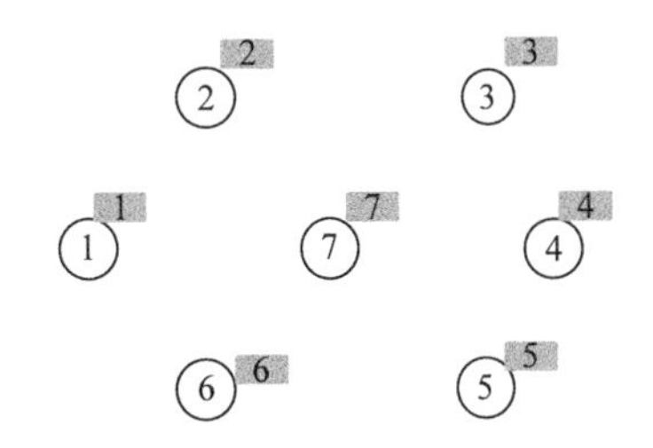

图 2-100　每个结点初始化集合号

（2）找最小

在 E 中寻找权值最小的边 e_1（2，7），边值为 1。

（3）合并

结点 2 和结点 7 的集合号不同，即属于两个不同连通分支，则将边（2，7）加入边集 *TE*，执行合并操作（将两个连通分支所有结点合并为一个集合）；假设把小的集合号赋值给大的集合号，那么 7 号结点的集合号也改为 2，如图 2-101 所示。

（4）找最小

在 *E* 中寻找权值最小的边 e_2（4，5），边值为 3。

（5）合并

结点 4 和结点 5 集合号不同，即属于两个不同连通分支，则将边（4，5）加入边集 *TE*，执行合并操作将两个连通分支所有结点合并为一个集合；假设我们把小的集合号赋值给大的集合号，那么 5 号结点的集合号也改为 4，如图 2-102 所示。

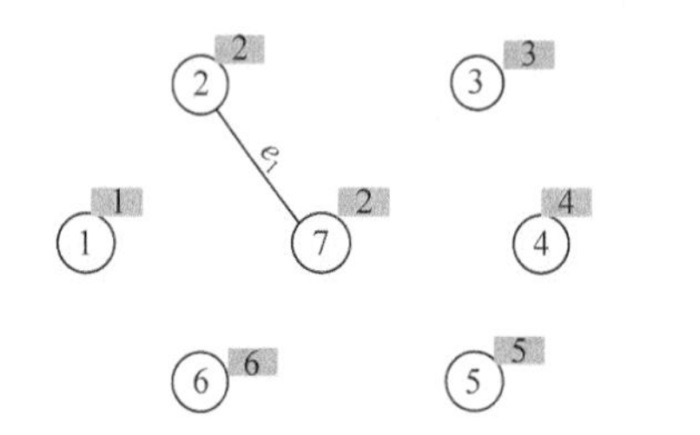

图 2-101　最小生成树求解过程

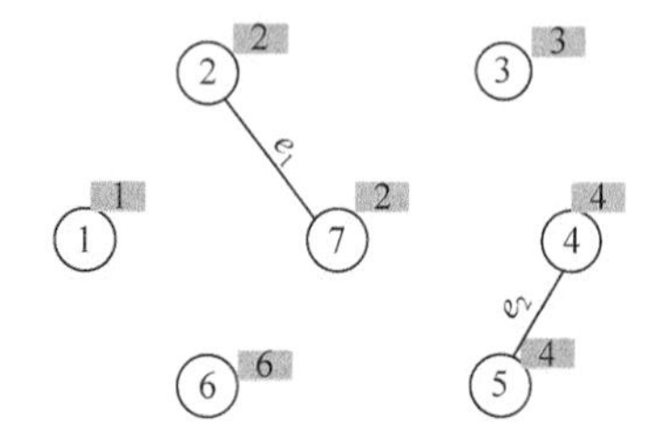

图 2-102　最小生成树求解过程

（6）找最小

在 *E* 中寻找权值最小的边 e_3（3，7），边值为 4。

（7）合并

结点 3 和结点 7 集合号不同，即属于两个不同连通分支，则将边（3，7）加入边集 *TE*，执行合并操作将两个连通分支所有结点合并为一个集合；假设我们把小的集合号赋值给大的集合号，那么 3 号结点的集合号也改为 2，如图 2-103 所示。

（8）找最小

在 *E* 中寻找权值最小的边 e_4（4，7），边值为 9。

（9）合并

结点 4 和结点 7 集合号不同，即属于两个不同连通分支，则将边（4，7）加入边集 *TE*，执行合并操作将两个连通分支所有结点合并为一个集合；假设我们把小的集合号赋值给大的集合号，那么 4、5 号结点的集合号都改为 2，如图 2-104 所示。

（10）找最小

在 *E* 中寻找权值最小的边 e_5（3，4），边值为 15。

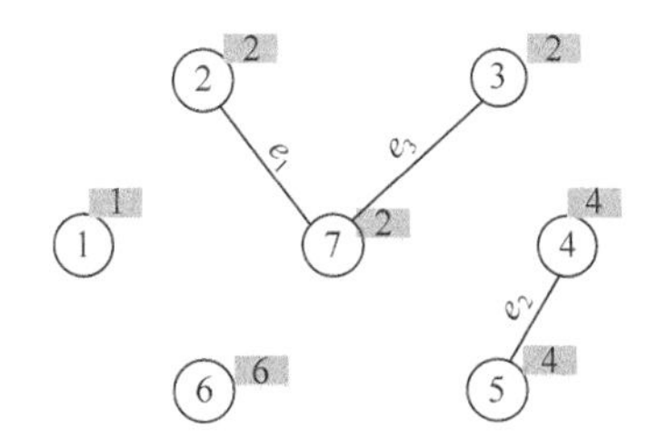
图 2-103 最小生成树求解过程

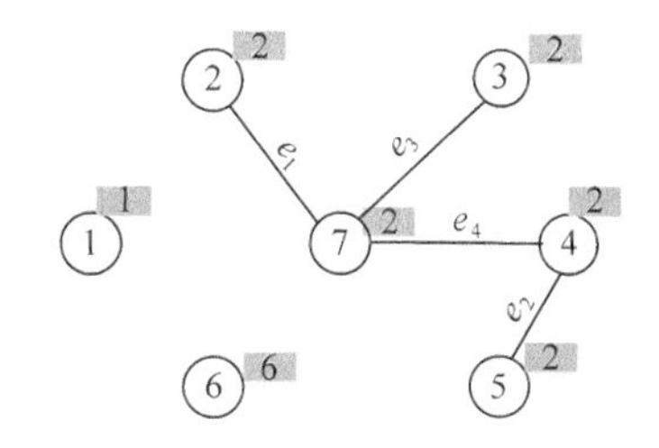
图 2-104 最小生成树求解过程

（11）合并

结点 3 和结点 4 集合号相同，属于同一连通分支，不能选择，否则会形成回路。

（12）找最小

在 E 中寻找权值最小的边 e_6（5，7），边值为 16。

（13）合并

结点 5 和结点 7 集合号相同，属于同一连通分支，不能选择，否则会形成回路。

（14）找最小

在 E 中寻找权值最小的边 e_7（5，6），边值为 17。

（15）合并

结点 5 和结点 6 集合号不同，即属于两个不同连通分支，则将边（5，6）加入边集 TE，执行合并操作将两个连通分支所有结点合并为一个集合；假设我们把小的集合号赋值给大的集合号，那么 6 号结点的集合号都改为 2，如图 2-105 所示。

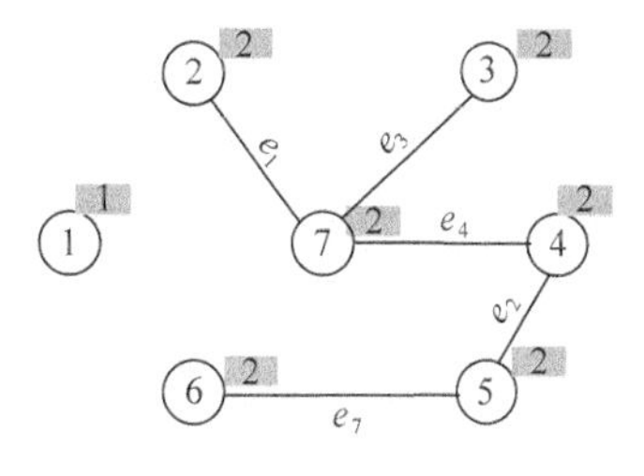
图 2-105 最小生成树求解过程

（16）找最小

在 E 中寻找权值最小的边 e_8（2，3），边值为 20。

（17）合并

结点 2 和结点 3 集合号相同，属于同一连通分支，不能选择，否则会形成回路。

（18）找最小

在 E 中寻找权值最小的边 e_9（1，2），边值为 23。

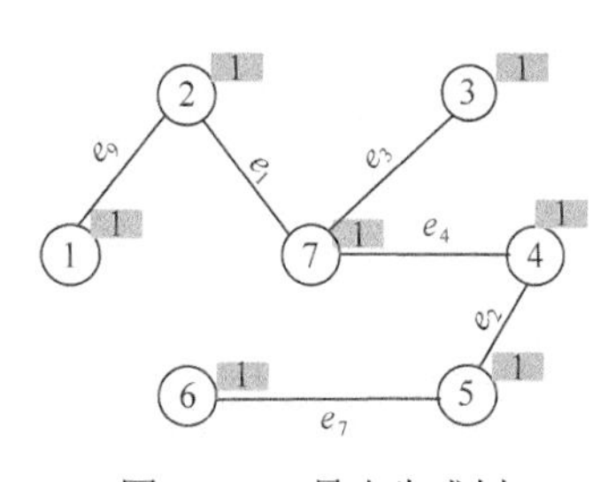
图 2-106 最小生成树

（19）合并

结点 1 和结点 2 集合号不同，即属于两个不同连通分支，则将边（1，2）加入边集 TE，执行合并操作将两个连通分支所有结点合并为一个集合；假设我们把小的集合号赋值给大的集合号，那么 2、3、4、5、6、7 号结点的集合号都改为 1，如图 2-106 所示。

（20）选中的各边和所有的顶点就是最小生成树，各边权值之和就是最小生成树的代价。

3. 伪码详解

（1）数据结构

```
int nodeset[N];//集合号数组
struct Edge {//边的存储结构
     int u;
     int v;
     int w;
}e[N*N];
```

（2）初始化

```
void Init(int n)
{
     for(int i = 1; i <= n; i++)
          nodeset[i] = i;//每个结点赋值一个集合号
}
```

（3）对边进行排序

```
bool comp(Edge x, Edge y)
{
     return x.w < y.w;//定义优先级，按边值进行升序排序
}
sort(e, e+m, comp);//调用系统排序函数
```

（4）合并集合

```
int Merge(int a, int b)
{
     int p = nodeset[a];//p为a结点的集合号
     int q = nodeset[b]; //q为b结点的集合号
     if(p==q) return 0; //集合号相同，什么也不做，返回
     for(int i=1;i<=n;i++)//检查所有结点，把集合号是q的全部改为p
     {
       if(nodeset[i]==q)
          nodeset[i] = p;//a的集合号赋值给b集合号
     }
     return 1;
}
```

4. 实战演练

```
//program 2-8
#include <iostream>
#include <cstdio>
#include <algorithm>
using namespace std;
const int N = 100;
int nodeset[N];
int n, m;
```

```
struct Edge {
     int u;
     int v;
     int w;
}e[N*N];
bool comp(Edge x, Edge y)
{
     return x.w < y.w;
}
void Init(int n)
{
     for(int i = 1; i <= n; i++)
          nodeset[i] = i;
}
int Merge(int a, int b)
{
     int p = nodeset[a];
     int q = nodeset[b];
     if(p==q) return 0;
     for(int i=1;i<=n;i++)//检查所有结点，把集合号是 q 的改为 p
     {
       if(nodeset[i]==q)
          nodeset[i] = p;//a 的集合号赋值给 b 集合号
     }
     return 1;
}
int Kruskal(int n)
{
     int ans = 0;
     for(int i=0;i<m;i++)
          if(Merge(e[i].u, e[i].v))
          {
               ans += e[i].w;
               n--;
               if(n==1)
                    return ans;
          }
     return 0;
}
int main()
{
  cout <<"输入结点数 n 和边数 m: "<<endl;
  cin >> n >> m;
  Init(n);
  cout <<"输入结点数 u,v 和边值 w: "<<endl;
  for(int i=0;i<m;i++)
      cin >> e[i].u>> e[i].v >>e[i].w;
  sort(e, e+m, comp);
  int ans = Kruskal(n);
  cout << "最小的花费是: " << ans << endl;
 return 0;
}
```

5. 算法复杂度分析

（1）时间复杂度：算法中，需要对边进行排序，若使用快速排序，执行次数为 $e*\log e$，算法的时间复杂度为 $O(e*\log e)$。而合并集合需要 $n-1$ 次合并，每次为 $O(n)$，合并集合的时间复杂度为 $O(n^2)$。

（2）空间复杂度：算法所需要的辅助空间包含集合号数组 *nodeset*[*n*]，则算法的空间复杂度是 $O(n)$。

6. 算法优化拓展

该算法合并集合的时间复杂度为 $O(n^2)$，我们可以用并查集（见附录 E）的思想优化，使合并集合的时间复杂度降为 $O(e*\log n)$，优化后的程序如下。

```
//program 2-9
#include <iostream>
#include <cstdio>
#include <algorithm>
using namespace std;
const int N = 100;
int father[N];
int n, m;
struct Edge {
     int u;
     int v;
     int w;
}e[N*N];
bool comp(Edge x, Edge y) {
     return x.w < y.w;//排序优先级，按边的权值从小到大
}
void Init(int n)
{
     for(int i = 1; i <= n; i++)
          father[i] = i;//顶点所属集合号，初始化每个顶点一个集合号
}
int Find(int x) //找祖宗
{
     if(x != father[x])
     father[x] = Find(father[x]);//把当前结点到其祖宗路径上的所有结点的集合号改为祖宗
集合号
     return father[x]; //返回其祖宗的集合号
}
int Merge(int a, int b) //两结点合并集合号
{
     int p = Find(a); //找a的集合号
     int q = Find(b); //找b的集合号
     if(p==q) return 0;
     if(p > q)
          father[p] = q;//小的集合号赋值给大的集合号
     else
          father[q] = p;
```

```
        return 1;
}
int Kruskal(int n)
{
        int ans = 0;
        for(int i=0;i<m;i++)
                if(Merge(e[i].u, e[i].v))
                {
                        ans += e[i].w;
                        n--;
                        if(n==1)
                                return ans;
                }
        return 0;
}
int main()
{
    cout <<"输入结点数 n 和边数 m: "<<endl;
    cin >> n >> m;
    Init(n);
    cout <<"输入结点数 u, v 和边值 w: "<<endl;
    for(int i=0;i<m;i++)
        cin>>e[i].u>>e[i].v>>e[i].w;
    sort(e, e+m, comp);
    int ans = Kruskal(n);
    cout << "最小的花费是: " << ans << endl;
    return 0;
}
```

算法实现和测试

（1）运行环境

Code::Blocks

（2）输入

```
输入结点数 n 和边数 m:
7 12
输入结点数 u, v 和边值 w:
1 2 23
1 6 28
1 7 36
2 3 20
2 7 1
3 4 15
3 7 4
4 5 3
4 7 9
5 6 17
5 7 16
6 7 25
```

（3）输出

```
最小的花费是：57
```

7．两种算法的比较

（1）从算法的思想可以看出，如果图 ***G*** 中的边数较小时，可以采用 Kruskal 算法，因为 Kruskal 算法每次查找最短的边；边数较多可以用 Prim 算法，因为它是每次加一个结点。可见，Kruskal 算法适用于稀疏图，而 Prim 算法适用于稠密图。

（2）从时间上讲，Prim 算法的时间复杂度为 $O(n^2)$，Kruskal 算法的时间复杂度为 $O(e\log e)$。

（3）从空间上讲，显然在 Prim 算法中，只需要很小的空间就可以完成算法，因为每一次都是从 $V-U$ 集合出发进行扫描的，只扫描与当前结点集到 U 集合的最小边。但在 Kruskal 算法中，需要对所有的边进行排序，对于大型图而言，Kruskal 算法需要占用比 Prim 算法大得多的空间。

Chapter 3

分治法

分而治之是一种很古老但很实用的策略，或者说战略，本意是将一个较大的力量打碎分成小的力量，这样每个小的力量都不足以对抗大的力量。在现实应用中，分而治之往往是将大片区域分成小块区域治理。战国时期，秦国破坏合纵连横即是一种分而治之的手段。

3.1 山高皇帝远

我们经常听到一句话："山高皇帝远"，意思是山高路远，皇帝管不了。实际上无论山多高，皇帝有多远，都在朝庭的统治之下。皇帝一个人当然不可能管那么多的事情，那么怎么统治天下呢？分而治之。我们现在的制度也采用了分而治之的办法，国家分省、市、县、镇、村，层层管理，无论哪个偏远角落，都不是无组织的。

3.1.1 治众如治寡——分而治之

"凡治众如治寡，分数是也。"

——《孙子兵法》

"分数"的"分"是指分各层次的部分，"数"是每部分的人数编制，意为通过把部队分为各级组织，将帅就只需通过管理少数几个人来实现管理全军众多组织。这样，管理和指挥人数众多的大军，也如同管理和指挥人数少的部队一样容易。

在我们生活当中也有很多这样的例子，例如电视节目歌唱比赛，如果全国各地的歌手都来报名参赛，那估计要累坏评委了，而且一个一个比赛需要很长的时间，怎么办呢？全国分赛区海选，每个赛区的前几名再参加二次海选，最后选择比较优秀的选手参加电视节目比赛。这样既可以把最优秀的歌手呈现给观众，又节省了很多时间，因为全国各地分赛区的海选比赛是同步进行的，有点"并行"的意思。

在算法设计中，我们也引入分而治之的策略，称为分治算法，其本质就是将一个大规模的问题分解为若干个规模较小的相同子问题，分而治之。

3.1.2 天时地利人和——分治算法要素

"农夫朴力而寡能，则上不失天时，下不失地利，中得人和而百事不废。"

——《荀子·王霸篇》

也就是说，做成一件事，需要天时地利人和。那么在现实生活中，什么样的问题才能使用分治法解决呢？简单来说，需要满足以下 3 个条件。

（1）原问题可分解为若干个规模较小的相同子问题。

（2）子问题相互独立。

（3）子问题的解可以合并为原问题的解。

3.1.3 分治算法秘籍

分治法解题的一般步骤如下。

（1）分解：将要解决的问题分解为若干个规模较小、相互独立、与原问题形式相同的子问题。

（2）治理：求解各个子问题。由于各个子问题与原问题形式相同，只是规模较小而已，而当子问题划分得足够小时，就可以用较简单的方法解决。

（3）合并：按原问题的要求，将子问题的解逐层合并构成原问题的解。

一言以蔽之，分治法就是将一个难以直接解决的大问题，分割成一些规模较小的相同问题，以便各个击破，分而治之。

在分治算法中，各个子问题形式相同，解决的方法也一样，因此我们可以使用递归算法快速解决，递归是彰显分治法优势的利器。

3.2 猜数游戏——二分搜索技术

一天晚上，我们在家里看电视，某大型娱乐节目在玩猜数游戏。主持人在女嘉宾的手心上写一个 10 以内的整数，让女嘉宾的老公猜是多少，而女嘉宾只能提示大了，还是小了，并且只有 3 次机会。

主持人悄悄地在美女手心写了一个 8。

老公：“2。”

老婆：“小了。”

老公：“3。”

老婆：“小了。”

老公：“10。”

老婆：“晕了!”

图 3-1 猜数游戏

孩子说：“天啊，怎么还有这么笨的人。”那么，聪明的孩子，现在随机写 1 ~ n 范围内的整数，你有没有办法以最快的速度猜出来呢？

3.2.1 问题分析

从问题描述来看，如果是 n 个数，那么最坏的情况要猜 n 次才能成功，其实我们没有必要一个一个地猜，因为这些数是有序的，它是一个二分搜索问题。我们可以使用折半查找的策略，每次和中间的元素比较，如果比中间元素小，则在前半部分查找（假定为升序），如果比中间元素大，则去后半部分查找。

3.2.2 算法设计

问题描述：给定 n 个元素，这些元素是有序的（假定为升序），从中查找特定元素 x。

算法思想：将有序序列分成规模大致相等的两部分，然后取中间元素与特定查找元素 x 进行比较，如果 x 等于中间元素，则查找成功，算法终止；如果 x 小于中间元素，则在序列的前半部分继续查找，即在序列的前半部分重复分解和治理操作；否则，在序列的后半部分继续查找，即在序列的后半部分重复分解和治理操作。

算法设计：用一维数组 *S*[]存储该有序序列，设变量 *low* 和 *high* 表示查找范围的下界和上界，*middle* 表示查找范围的中间位置，x 为特定的查找元素。

（1）初始化。令 *low*=0，即指向有序数组 *S*[]的第一个元素；*high*=*n*−1，即指向有序数组 *S*[]的最后一个元素。

（2）*middle*=（*low*+*high*）/2，即指示查找范围的中间元素。

（3）判定 *low*≤*high* 是否成立，如果成立，转第 4 步，否则，算法结束。

（4）判断 x 与 *S*[*middle*]的关系。如果 x=*S*[*middle*]，则搜索成功，算法结束；如果 x>*S*[*middle*]，则令 *low*=*middle*+1；否则令 *high*=*middle*−1，转为第 2 步。

3.2.3 完美图解

用分治法在有序序列（5，8，15，17，25，30，34，39，45，52，60）中查找元素 17。

（1）数据结构。用一维数组 *S*[]存储该有序序列，x=17，如图 3-2 所示。

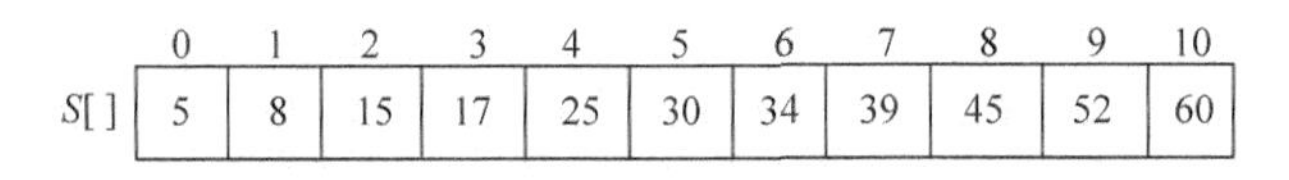

图 3-2 *S*[]数组

（2）初始化。*low*=0，*high*=10，计算 *middle*=（*low*+*high*）/2=5，如图 3-3 所示。

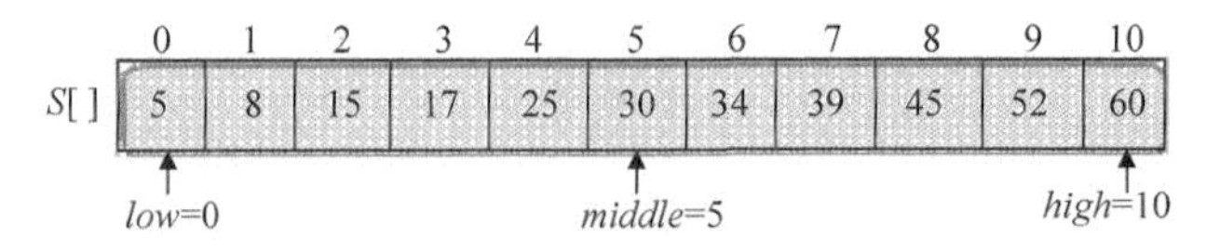

图 3-3 搜索初始化

（3）将 x 与 $S[middle]$比较。$x=17<S[middle]=30$，我们在序列的前半部分查找，搜索的范围缩小到子问题 $S[0..middle-1]$，令 $high=middle-1$，如图 3-4 所示。

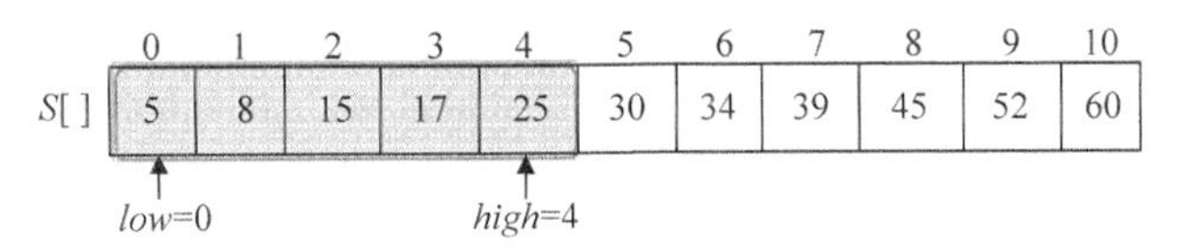

图 3-4　搜索过程

（4）计算 $middle=（low+high）/2=2$，如图 3-5 所示。

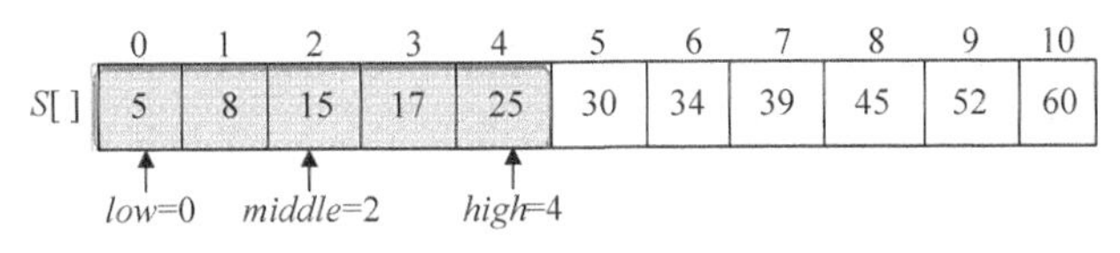

图 3-5　搜索过程

（5）将 x 与 $S[middle]$比较。$x=17>S[middle]=15$，我们在序列的后半部分查找，搜索的范围缩小到子问题 $S[middle+1..high]$，令 $low=middle+1$，如图 3-6 所示。

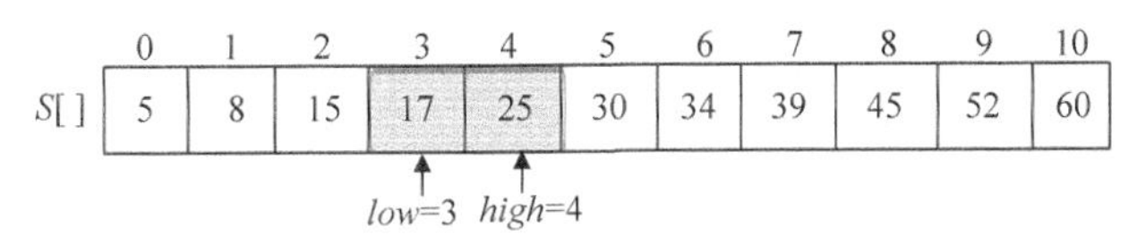

图 3-6　搜索过程

（6）计算 $middle=（low+high）/2=3$，如图 3-7 所示。

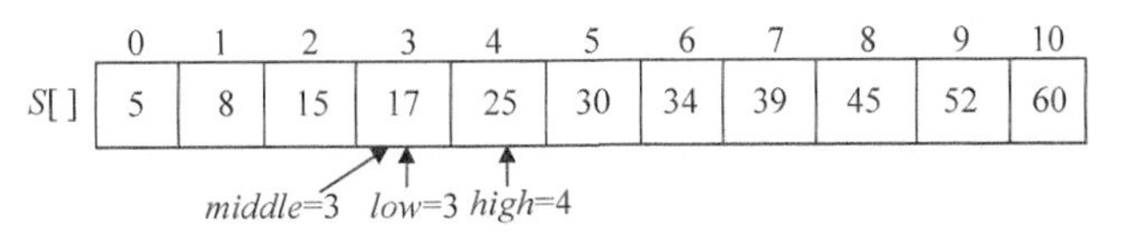

图 3-7　搜索过程

（7）将 x 与 $S[middle]$比较。$x=17=S[middle]=17$，查找成功，算法结束。

3.2.4　伪代码详解

我们用 *BinarySearch*（int *n*，int *s*[]，int *x*）函数实现二分搜索技术，其中 *n* 为元素个数，*s*[]为有序数组，*x* 为特定查找元素。*low* 指向数组的第一个元素，*high* 指向数组的最后一个元素。如果 $low \leqslant high$，$middle=(low+high)/2$，即指向查找范围的中间元素。如果 $x=S[middle]$，搜索成功，算法结束；如果 *x*>*S*[*middle*]，则令 *low*=*middle*+1，去后半部分搜索；否则令 *high*=*middle*−1，去前半部分搜索。

```
int BinarySearch(int n,int s[],int x)
{
    int low=0,high=n-1;          //low 指向数组的第一个元素，high 指向数组的最后一个元素
    while(low<=high)             //设置判定条件
    {
        int middle=(low+high)/2; //计算 middle 值(查找范围的中间值)
        if(x==s[middle])         //x 等于 s[middle]，查找成功，算法结束
            return middle;
        else if(x<s[middle])     //x 小于 s[middle]，则从前半部分查找
                high=middle-1;
            else                 //x 大于 s[middle]，则从后半部分查找
                low=middle+1;
    }
    return -1;
}
```

3.2.5 实战演练

```
//program 3-1
#include <iostream>
#include <cstdlib>
#include <cstdio>
#include <algorithm>
using namespace std;
const int M=10000;
int x,n,i;
int s[M];
int BinarySearch(int n,int s[],int x)
{
    int low=0,high=n-1;          //low 指向数组的第一个元素，high 指向数组的最后一个元素
    while(low<=high)
    {
         int middle=(low+high)/2; //middle 为查找范围的中间值
         if(x==s[middle])        //x 等于查找范围的中间值，算法结束
             return middle;
         else if(x<s[middle])    //x 小于查找范围的中间元素，则从前半部分查找
                  high=middle-1;
                  else           //x 大于查找范围的中间元素，则从后半部分查找
                  low=middle+1;
    }
    return -1;
}
int main()
{
     cout<<"请输入数列中的元素个数 n 为：";
```

```
        while(cin>>n)
        {
              cout<<"请依次输入数列中的元素：";
              for(i=0;i<n;i++)
                  cin>>s[i];
              sort(s,s+n);
              cout<<"排序后的数组为：";
              for(i=0;i<n;i++)
              {
                  cout<<s[i]<<" ";
              }
              cout<<endl;
              cout<<"请输入要查找的元素：";
              cin>>x;
              i=BinarySearch(n,s,x);
              if(i==-1)
                 cout<<"该数列中没有要查找的元素"<<endl;
              else
                 cout<<"要查找的元素在第"<<i+1<<"位"<<endl;
       }
       return 0;
}
```

算法实现和测试

（1）运行环境

Code::Blocks

（2）输入

```
请输入数列中的元素个数 n：11
请依次输入数列中的元素：60 17 39 15 8 34 30 45 5 52 25
```

（3）输出

```
排序后的数组为：5 8 15 17 25 30 34 39 45 52 60
请输入要查找的元素：17
要查找的元素在第 4 位
```

3.2.6 算法解析与拓展

1. 算法复杂度分析

（1）时间复杂度：首先需要进行排序，调用 *sort* 函数，进行排序复杂度为 $O(n\log n)$，如果数列本身有序，那么这部分不用考虑。

然后是二分查找算法，时间复杂度怎么计算呢？如果我们用 $T(n)$来表示 n 个有序元素的二分查找算法时间复杂度，那么：

- 当 n=1 时，需要一次比较，$T(n)=O(1)$。
- 当 n>1 时，特定元素和中间位置元素比较，需要 $O(1)$时间，如果比较不成功，那么需要在前半部分或后半部分搜索，问题的规模缩小了一半，时间复杂度变为 $T(n/2)$。

$$T(n)=\begin{cases} O(1) & , \quad n=1 \\ T(n/2)+O(1), & n>1 \end{cases}$$

- 当 n>1 时，可以递推求解如下。

$$\begin{aligned} T(n) &= T(n/2)+O(1) \\ &= T(n/2^2)+2O(1) \\ &= T(n/2^3)+3O(1) \\ &\cdots\cdots \\ &= T(n/2^x)+xO(1) \end{aligned}$$

递推最终的规模为 1，令 $n=2^x$，则 $x=\log n$。

$$\begin{aligned} T(n) &= T(1)+\log nO(1) \\ &= O(1)+\log nO(1) \\ &= O(\log n) \end{aligned}$$

二分查找算法的时间复杂度为 $O(\log n)$。

（2）空间复杂度：程序中变量占用了一些辅助空间，这些辅助空间都是常数阶的，因此空间复杂度为 $O(1)$。

2．优化拓展

在上面程序中，我们采用 *BinarySearch*（int *n*，int *s*[]，int *x*）函数来实现二分搜索，那么能不能用递归来实现呢？因为递归有自调用问题，那么就需要增加两个参数 *low* 和 *high* 来标记搜索范围的开始和结束。

```
int recursionBS (int s[],int x,int low,int high)
{
    //low 指向数组的第一个元素，high 指向数组的最后一个元素
    if(low>high)                 //递归结束条件
        return -1;
    int middle=(low+high)/2;     //计算 middle 值(查找范围的中间值)
    if(x==s[middle])             //x 等于 s[middle]，查找成功，算法结束
        return middle;
    else if(x<s[middle])         //x 小于 s[middle]，则从前半部分查找
            return recursionBS (s,x, low, middle-1)
          else                   //x 大于 s[middle]，则从后半部分查找
            return recursionBS (s,x, middle+1, high)
}
```

在主函数 *main*()的调用中，只需要把 *BinarySearch*（*n*，*s*，*x*）换为 *recursionBS*（*s*[]，*x*，0，*n*−1）即可完成二分查找，递归算法的时间复杂度未变，因为递归调用需要使用栈来实现，

空间复杂度怎么计算呢？

在递归算法中，每一次递归调用都需要一个栈空间存储，那么我们只需要看看有多少次调用。假设原问题的规模为 n，那么第一次递归就分为两个规模为 $n/2$ 的子问题，这两个子问题并不是每个都执行，只会执行其中之一。因为我们和中间值比较后，要么去前半部分查找，要么去后半部分查找；然后再把规模为 $n/2$ 的子问题继续划分为两个规模为 $n/4$ 的子问题，选择其一；继续分治下去，最坏的情况会分治到只剩下一个数值，那么我们执行的节点数就是从树根到叶子所经过的节点，每一层执行一个，直到最后一层，如图 3-8 所示。

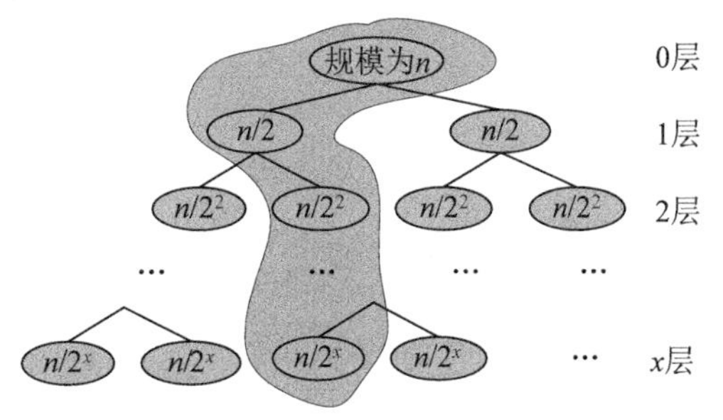

图 3-8　递归求解树

递归调用最终的规模为 1，即 $n/2^x=1$，则 $x=\log n$。假设阴影部分是搜索经过的路径，一共经过了 $\log n$ 个节点，也就是说递归调用了 $\log n$ 次。

因此，二分搜索递归算法的空间复杂度为 $O(\log n)$。

那么，还有没有更好的算法来解决这个问题呢？

3.3 合久必分，分久必合——合并排序

在数列排序中，如果只有一个数，那么它本身就是有序的；如果只有两个数，那么一次比较就可以完成排序。也就是说，数越少，排序越容易。那么，如果有一个由大量数据组成的数列，我们很难快速地完成排序，该怎么办呢？可以考虑将其分解为很小的数列，直到只剩一个数时，本身已有序，再把这些有序的数列合并在一起，执行一个和分解相反的过程，从而完成整个数列的排序。

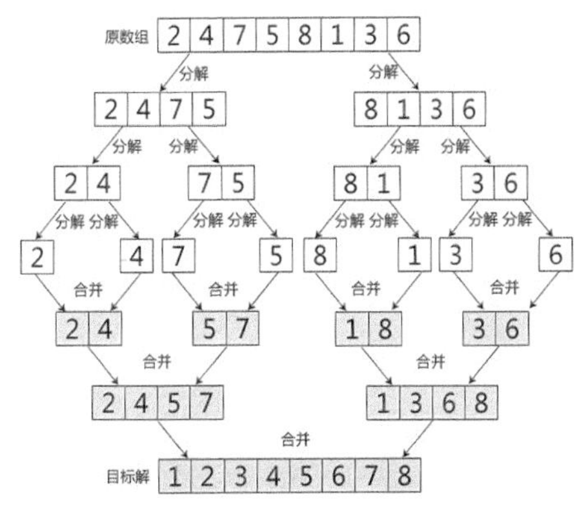

图 3-9　合并排序

3.3.1 问题分析

合并排序就是采用分治的策略，将一个大的问题分成很多个小问题，先解决小问题，再通过小问题解决大问题。由于排序问题给定的是一个无序的序列，可以把待排序元素分解成两个规模大致相等的子序列。如果不易解决，再将得到的子序列继续分解，直到子序列中包含的元素个数为 1。因为单个元素的序列本身是有序的，此时便可以进行合并，从而得到一个完整的有序序列。

3.3.2 算法设计

合并排序是采用分治策略实现对 *n* 个元素进行排序的算法，是分治法的一个典型应用和完美体现。它是一种平衡、简单的二分分治策略，过程大致分为：

（1）分解——将待排序元素分成大小大致相同的两个子序列。

（2）治理——对两个子序列进行合并排序。

（3）合并——将排好序的有序子序列进行合并，得到最终的有序序列。

3.3.3 完美图解

给定一个列数（42，15，20，6，8，38，50，12），我们执行合并排序的过程，如图 3-10 所示。

从上图可以看出，首先将待排序元素分成大小大致相同的两个子序列，然后再把子序列分成大小大致相同的两个子序列，如此下去，直到分解成一个元素停止，这时含有一个元素的子序列都是有序的。然后执行合并操作，将两个有序的子序列合并为一个有序序列，如此下去，直到所有的元素都合并为一个有序序列。

合久必分，分久必合！合并排序就是这个策略。

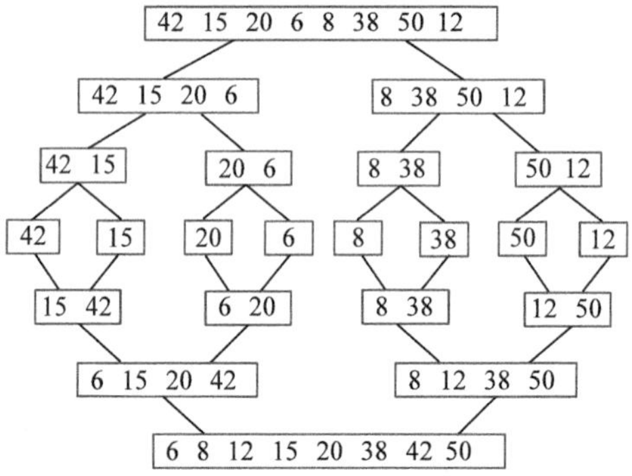

图 3-10　合并排序过程

3.3.4 伪代码详解

（1）合并操作

为了进行合并，引入一个辅助合并函数 *Merge*（*A*，*low*，*mid*，*high*），该函数将排好序的两个子序列 *A*[*low*:*mid*]和 *A*[*mid*+1:*high*]进行合并。其中，*low* 和 *high* 代表待合并的两个子序列在数组中的下界和上界，*mid* 代表下界和上界的中间位置，如图 3-11 所示。

合并方法：设置 3 个工作指针 i、j、k（整型数）和一个辅助数组 B[]。其中，i 和 j 分别指向两个待排序子序列中当前待比较的元素，k 指向辅助数组 B[]中待放置元素的位置。比较 $A[i]$和 $A[j]$，将较小的赋值给 $B[k]$，同时相应指针向后移动。如此反复，直到所有元素处理完毕。最后把辅助数组 B 中排好序的元素复制到 A 数组中，如图 3-12 所示。

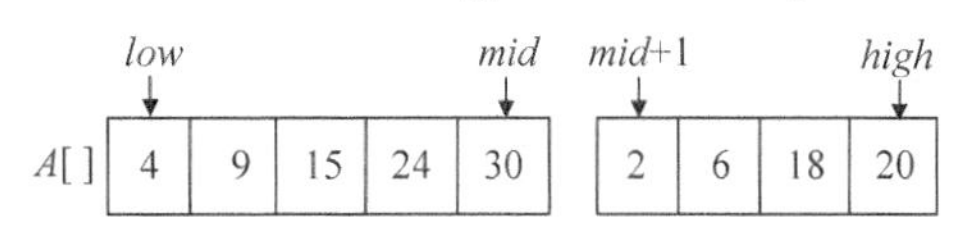

图 3-11　合并操作原始数组

```
int *B = new int[high-low+1];//申请一个辅助数组B[]
int i = low, j = mid+1, k = 0;
```

现在，我们比较 $A[i]$和 $A[j]$，将较小的元素放入 B 数组中，相应的指针向后移动，直到 $i>mid$ 或者 $j>high$ 时结束。

```
while(i <= mid && j <= high)//按从小到大顺序存放到辅助数组B[]中
{
    if(A[i] <= A[j])
          B[k++] = A[i++];
    else
          B[k++] = A[j++];
}
```

第 1 次比较 $A[i]$=4 和 $A[j]$=2，将较小元素 2 放入 B 数组中，j++，k++，如图 3-13 所示。

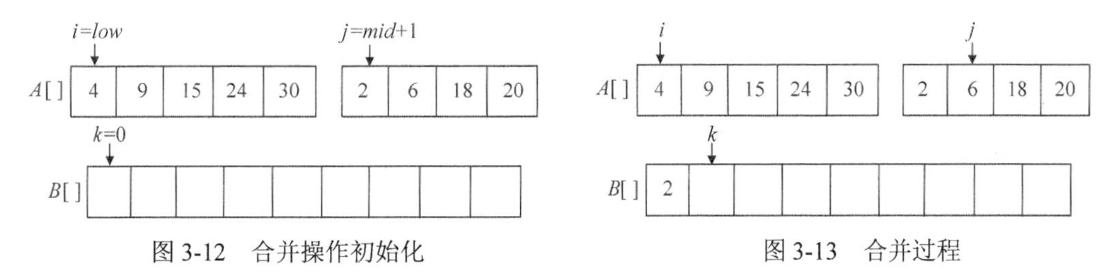

图 3-12　合并操作初始化　　图 3-13　合并过程

第 2 次比较 $A[i]$=4 和 $A[j]$=6，将较小元素 4 放入 B 数组中，i++，k++，如图 3-14 所示。

第 3 次比较 $A[i]$=9 和 $A[j]$=6，将较小元素 6 放入 B 数组中，j++，k++，如图 3-15 所示。

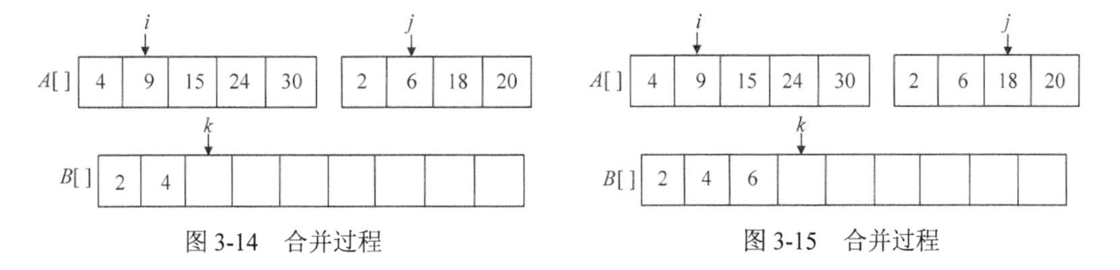

图 3-14　合并过程　　图 3-15　合并过程

第 4 次比较 $A[i]$=9 和 $A[j]$=18，将较小元素 9 放入 B 数组中，i++，k++，如图 3-16 所示。

第 5 次比较 $A[i]$=15 和 $A[j]$=18，将较小元素 15 放入 B 数组中，i++，k++，如图 3-17 所示。

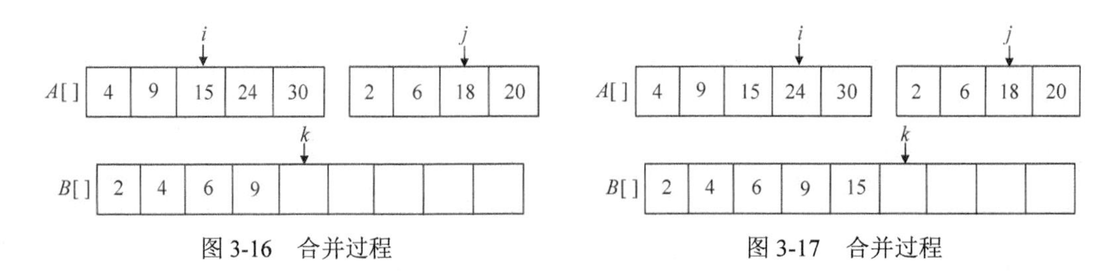

图 3-16　合并过程　　　　图 3-17　合并过程

第 6 次比较 *A*[*i*]=24 和 *A*[*j*]=18，将较小元素 18 放入 *B* 数组中，*j*++，*k*++，如图 3-18 所示。

第 7 次比较 *A*[*i*]=24 和 *A*[*j*]=20，将较小元素 20 放入 *B* 数组中，*j*++，*k*++，如图 3-19 所示。

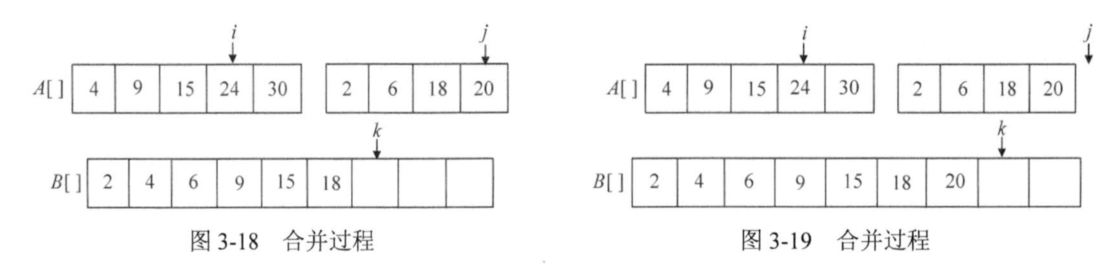

图 3-18　合并过程　　　　图 3-19　合并过程

此时，*j*>*high* 了，while 循环结束，但 *A* 数组还剩有元素（*i*≤*mid*）怎么办呢？直接放置到 *B* 数组就可以了，如图 3-20 所示。

```
while(i <= mid) B[k++] = A[i++];//对子序列A[low:middle]剩余的依次处理
```

现在已经完成了合并排序的过程，还需要把辅助数组 *B* 中的元素复制到原来的 *A* 数组中，如图 3-21 所示。

```
for(i = low, k = 0; i <= high; i ++)//将合并后的有序序列复制到原来的A[]序列
   A[i] = B[k++];
```

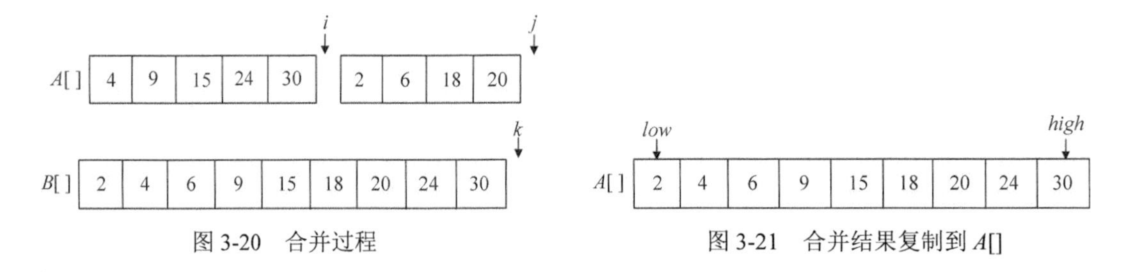

图 3-20　合并过程　　　　图 3-21　合并结果复制到 *A*[]

完整的合并程序如下：

```
void Merge(int A[], int low, int mid, int high)
{
  int *B = new int[high-low+1];//申请一个辅助数组
  int i = low, j = mid+1, k = 0;
  while(i <= mid && j <= high)
```

```
  {//按从小到大存放到辅助数组 B[]中
    if(A[i] <= A[j])
         B[k++] = A[i++];
    else
         B[k++] = A[j++];
  }
  while(i <= mid) B[k++] = A[i++];       //对子序列 A[low:middle]剩余的依次处理
  while(j <= high) B[k++] = A[j++];      //对子序列 A[middle+1:high]剩余的依次处理
  for(i = low, k = 0; i <= high; i ++)  //将合并后的序列复制到原来的 A[]序列
     A[i] = B[k++];
  delete []B;
}
```

（2）递归形式的合并排序算法

将序列分为两个子序列，然后对子序列进行递归排序，再把两个已排好序的子序列合并成一个有序的序列。

```
void MergeSort(int A[], int low, int high)
{
  if(low < high)
  {
     int mid = (low+high)/2;
     MergeSort(A, low, mid);             //对 A[low:mid]中的元素合并排序
     MergeSort(A, mid+1, high);          //对 A[mid+1:high]中的元素合并排序
     Merge(A, low, mid, high);           //合并操作
  }
}
```

3.3.5 实战演练

```
//program 3-2
#include <iostream>
#include <cstdlib>
#include <cstdio>
using namespace std;
void Merge(int A[], int low, int mid, int high)
{
     int *B = new int[high-low+1];     //申请一个辅助数组
     int i = low, j = mid+1, k = 0;
     while(i <= mid && j <= high)
{//按从小到大存放到辅助数组 B[]中
        if(A[i] <= A[j])
              B[k++] = A[i++];
        else
              B[k++] = A[j++];
     }
     while(i <= mid) B[k++] = A[i++];  //将数组中剩下的元素复制到数组 B 中
     while(j <= high) B[k++] = A[j++];
     for(i=low,k=0;i<=high;i++)
           A[i] = B[k++];
     delete []B;
}
void MergeSort(int A[], int low, int high)
```

```
{
    if(low < high)
    {
        int mid = (low+high) /2;    //取中点
        MergeSort(A, low, mid);     //对A[low:mid]中的元素合并排序
        MergeSort(A, mid+1, high); //对A[mid+1:high]中的元素合并排序
        Merge(A, low, mid, high);   //合并
    }
}
int main()
{
    int n, A[100];
    cout<<"请输入数列中的元素个数n为: "<<endl;
    cin>>n;
    cout<<"请依次输入数列中的元素: "<<endl;
    for(int i=0; i<n; i++)
        cin>>A[i];
    MergeSort(A,0,n-1);
    cout<<"合并排序结果: "<<endl;
    for(int i=0;i<n;i++)
        cout<<A[i]<<" ";
    cout<<endl;
    return 0;
}
```

算法实现和测试

（1）运行环境

Code::Blocks

（2）输入

```
请输入数列中的元素个数n为:
8
请依次输入数列中的元素:
42 15 20 6 8 38 50 12
```

（3）输出

```
合并排序结果:
6 8 12 15 20 38 42 50
```

3.3.6 算法解析与拓展

1. 算法复杂度分析

（1）时间复杂度

- 分解：这一步仅仅是计算出子序列的中间位置，需要常数时间 $O(1)$。
- 解决子问题：递归求解两个规模为 $n/2$ 的子问题，所需时间为 $2T(n/2)$。

- 合并：Merge 算法可以在 $O(n)$的时间内完成。

所以总运行时间为：

$$T(n)=\begin{cases} O(1), & n=1 \\ 2T(n/2)+O(n), & n>1 \end{cases}$$

当 n>1 时，可以递推求解：

$$\begin{aligned} T(n) &= 2T(n/2)+O(n) \\ &= 2(2T(n/4)+O(n/2))+O(n) \\ &= 4T(n/4)+2O(n) \\ &= 8T(n/8)+3O(n) \\ &\cdots\cdots \\ &= 2^x T(n/2^x)+xO(n) \end{aligned}$$

递推最终的规模为 1，令 $n=2^x$，则 $x=\log n$，那么

$$\begin{aligned} T(n) &= nT(1)+\log nO(n) \\ &= n+\log nO(n) \\ &= O(n\log n) \end{aligned}$$

合并排序算法的时间复杂度为 $O(n\log n)$。

（2）空间复杂度：程序中变量占用了一些辅助空间，这些辅助空间都是常数阶的，每调用一个 *Merge*()，会分配一个适当大小的缓冲区，且退出时释放。最多分配大小为 n，所以空间复杂度为 $O(n)$。递归调用所使用的栈空间是 $O(\log n)$，想一想为什么？

合并排序递归树如图 3-22 所示。

递归调用时占用的栈空间是递归树的深度，$n=2^x$，则 $x=\log n$，递归树的深度为 $\log n$。

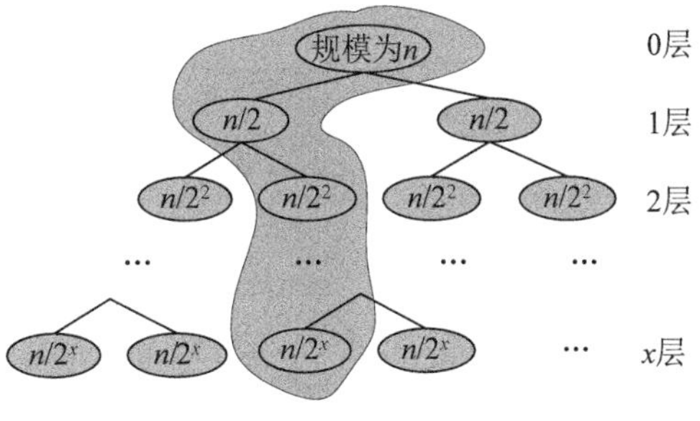

图 3-22　合并排序递归树

2．优化拓展

上面算法我们使用递归来实现，当然也可以使用非递归的方法，大家可以动手试试。

那么，还有没有更好的算法来解决这个问题呢？

3.4 兵贵神速——快速排序

未来的战争是科技的战争。假如 A 国受到 B 国的导弹威胁，那么 A 国就要启用导弹防御系统，根据卫星、雷达信息快速计算出敌方弹道导弹发射点和落点的信息，将导弹的跟踪

和评估数据转告地基雷达，发射拦截导弹摧毁敌方导弹或使导弹失去攻击能力。如果 A 国的导弹防御系统处理速度缓慢，等算出结果时，导弹已经落地了，还谈何拦截？

现代科技的发展，速度至关重要。

我们以最基本的排序为例，生活中到处都用到排序，例如各种比赛、奖学金评选、推荐系统等，排序算法有很多种，能不能找到更快速高效的排序算法呢？

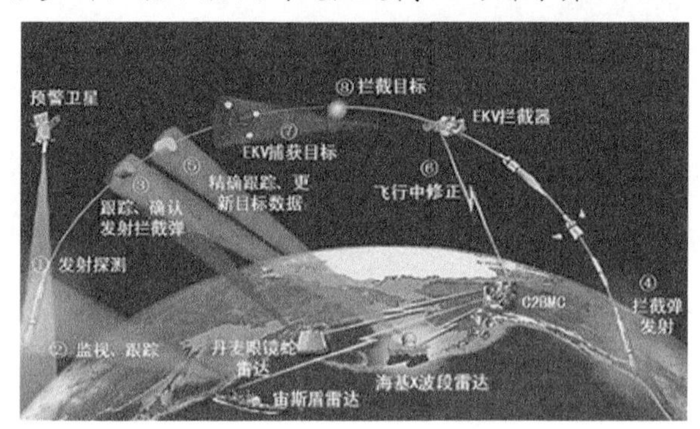

图 3-23 某国导弹防御系统示意图

3.4.1 问题分析

曾经有人做过实验，对各种排序算法效率做了对比（单位：毫秒），如表 3-1 所示。

表 3-1 排序算法效率

数据规模 / 排序算法	10	10^2	10^3	10^4	10^5	10^6
冒泡排序	0.000 276	0.005 643	0.545	61	8 174	549 432
选择排序	0.000 237	0.006 438	0.488	47	4 717	478 694
插入排序	0.000 258	0.008 619	0.764	56	5 145	515 621
希尔排序（增量 3）	0.000 522	0.003 372	0.036	0.518	4.152	61
堆排序	0.000 450	0.002 991	0.041	0.531	6.506	79
归并排序	0.000 723	0.006 225	0.066	0.561	5.48	70
快速排序	0.000 291	0.003 051	0.030	0.311	3.634	39
基数排序（进制 100）	0.005 181	0.021	0.165	1.65	11.428	117
基数排序（进制 1000）	0.016 134	0.026	0.139	1.264	8.394	89

从上面的表中我们可以看出，如果对 10^5 个数据进行排序，冒泡排序需要 8 174 毫秒，而快速排序只需要 3.634 毫秒！

快速排序（Quicksort）是比较快速的排序方法。快速排序由 C. A. R. Hoare 在 1962 年提出。它的基本思想是通过一组排序将要排序的数据分割成独立的两部分，其中一部分的所有数据都比另外一部分的所有数据都要小，然后再按此方法对这两部分数据分别进行快速排序，整个排序过程可以递归进行，以此使所有数据变成有序序列。

我们前面刚讲过合并排序（又叫归并排序），它每次从中间位置把问题一分为二，一直划分到不能再分时，执行合并操作。合并排序的划分很简单，但合并操作就复杂了，需要额外的辅助空间（辅助数组），在辅助数组中完成合并排序后复制到原来的位置，它是一种异地排序的方法。合并排序分解容易，合并难，属于“先易后难”。而快速排序是原地排序，不需要辅助数组，但分解困难，合并容易，是“先苦后甜”型。

3.4.2 算法设计

快速排序的基本思想是基于分治策略的，其算法思想如下。

（1）分解：先从数列中取出一个元素作为基准元素。以基准元素为标准，将问题分解为两个子序列，使小于或等于基准元素的子序列在左侧，使大于基准元素的子序列在右侧。

（2）治理：对两个子序列进行快速排序。

（3）合并：将排好序的两个子序列合并在一起，得到原问题的解。

设当前待排序的序列为 $R[low:high]$，其中 $low \leq high$，如果序列的规模足够小，则直接进行排序，否则分 3 步处理。

（1）分解：在 $R[low: high]$中选定一个元素 $R[pivot]$，以此为标准将要排序的序列划分为两个序列 $R[low:pivot-1]$和 $R[pivot+1:high]$，并使用序列 $R[low:pivot-1]$中所有元素的值小于等于 $R[pivot]$，序列 $R[pivot+1:high]$中所有元素均大于 $R[pivot]$，此时基准元素已经位于正确的位置，它无须参加后面的排序，如图 3-24 所示。

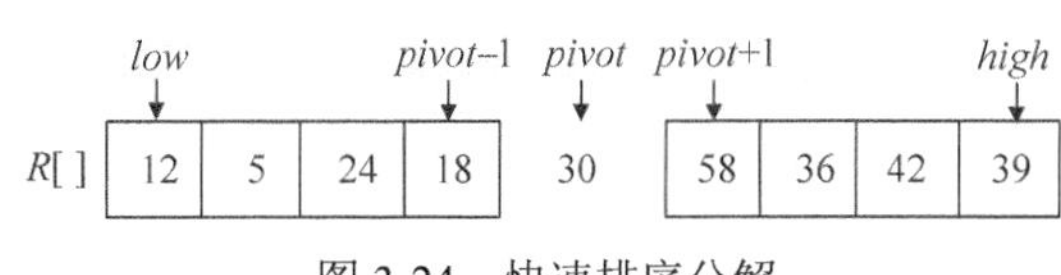

图 3-24 快速排序分解

（2）治理：对于两个子序列 $R[low:pivot-1]$和 $R[pivot+1:high]$，分别通过递归调用快速排序算法来进行排序。

（3）合并：由于对 $R[low:pivot-1]$和 $R[pivot+1:high]$的排序是原地进行的，所以在 $R[low:pivot-1]$和 $R[pivot+1:high]$都已经排好序后，合并步骤无须做什么，序列 $R[low:high]$就已经排好序了。

如何分解是一个难题，因为如果基准元素选取不当，有可能分解成规模为 0 和 $n-1$ 的两个子序列，这样快速排序就退化为冒泡排序了。

例如序列（30，24，5，58，18，36，12，42，39），第一次选取 5 做基准元素，分解后，如图 3-25 所示。

第二次选取 12 做基准元素，分解后如图 3-26 所示。

是不是有点像冒泡了？这样做的效率是最差的，最理想的状态是把序列分解为两个规模相当的子序列，那么怎么选择基准元素呢？一般来说，基准元素选取有以下几种方法：

- 取第一个元素。
- 取最后一个元素。
- 取中间位置元素。
- 取第一个、最后一个、中间位置元素三者之中位数。
- 取第一个和最后一个之间位置的随机数 k（$low \leqslant k \leqslant high$），选 $R[k]$做基准元素。

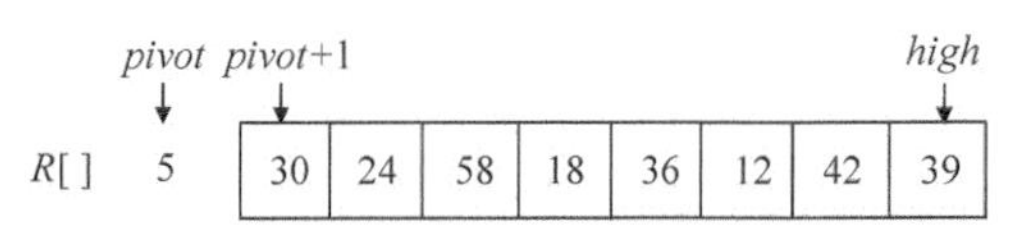

图 3-25　选 5 做基准元素排序结果

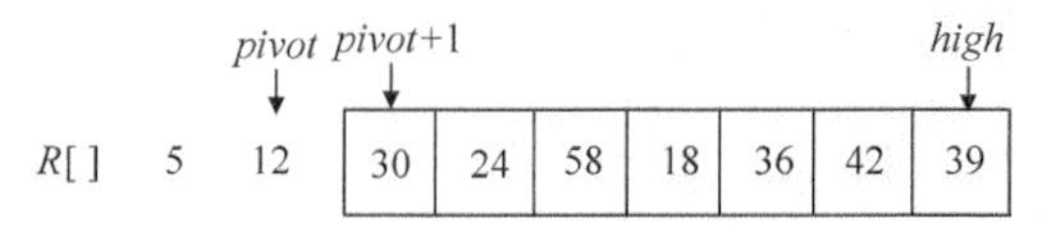

图 3-26　继续选 12 做基准元素排序结果

3.4.3 完美图解

并没有明确的方法说哪一种基准元素选取方案最好，在此以选取第一个元素做基准为例，说明快速排序的执行过程。

假设当前待排序的序列为 $R[low:high]$，其中 $low \leqslant high$。

步骤 1：首先取数组的第一个元素作为基准元素 $pivot=R[low]$。$i=low$，$j=high$。

步骤 2：从右向左扫描，找小于等于 $pivot$ 的数，如果找到，$R[i]$和 $R[j]$交换，i++。

步骤 3：从左向右扫描，找大于 $pivot$ 的数，如果找到，$R[i]$和 $R[j]$交换，j--。

步骤 4：重复步骤 2～步骤 3，直到 i 和 j 指针重合，返回该位置 $mid=i$，该位置的数正好是 $pivot$ 元素。

至此完成一趟排序。此时以 mid 为界，将原数据分为两个子序列，左侧子序列元素都比 $pivot$ 小，右侧子序列元素都比 $pivot$ 大，然后再分别对这两个子序列进行快速排序。

以序列（30，24，5，58，18，36，12，42，39）为例，演示排序过程。

（1）初始化。$i=low$，$j=high$，$pivot=R[low]=30$，如图 3-27 所示。

（2）向左走。从数组的右边位置向左找，一直找小于等于 $pivot$ 的数，找到 $R[j]=12$，如图 3-28 所示。

图 3-27　快速排序初始化

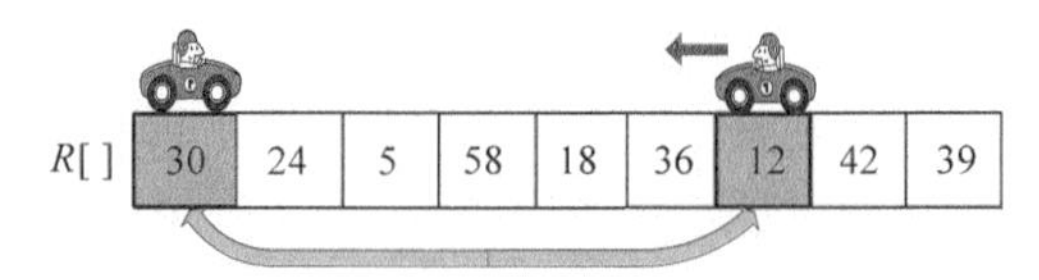

图 3-28　快速排序过程（交换元素）

$R[i]$和 $R[j]$交换，i++，如图 3-29 所示。

（3）向右走。从数组的左边位置向右找，一直找比 $pivot$ 大的数，找到 $R[i]=58$，如图 3-30

所示。

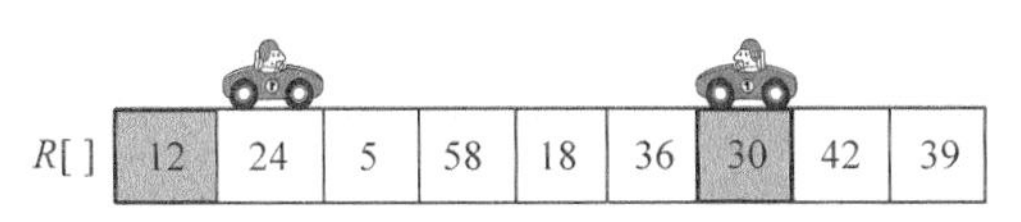

图 3-29 快速排序过程（交换元素后）

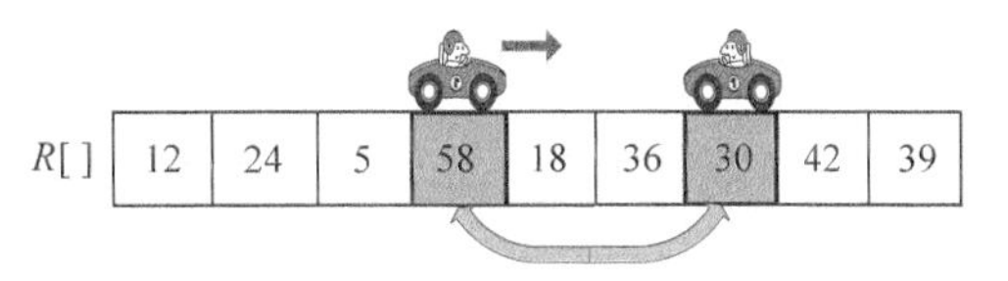

图 3-30 快速排序过程（交换元素）

R[*i*]和 *R*[*j*]交换，*j*−−，如图 3-31 所示。

（4）向左走。从数组的右边位置向左找，一直找小于等于 *pivot* 的数，找到 *R*[*j*]=18，如图 3-32 所示。

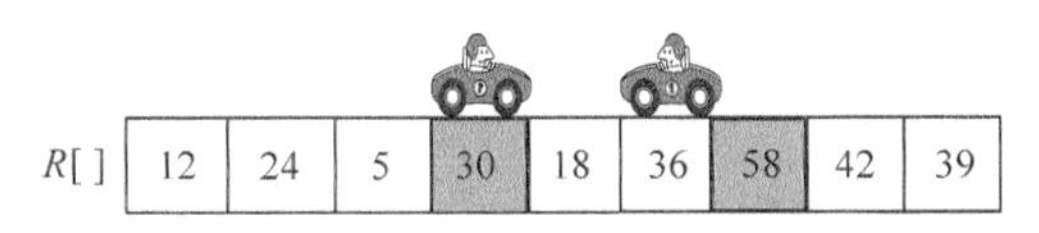

图 3-31 快速排序过程（交换元素后）

图 3-32 快速排序过程（交换元素）

R[*i*]和 *R*[*j*]交换，*i*++，如图 3-33 所示。

（5）向右走。从数组的左边位置向右找，一直找比 *pivot* 大的数，这时 *i*=*j*，第一轮排序结束，返回 *i* 的位置，*mid*=*i*，如图 3-34 所示。

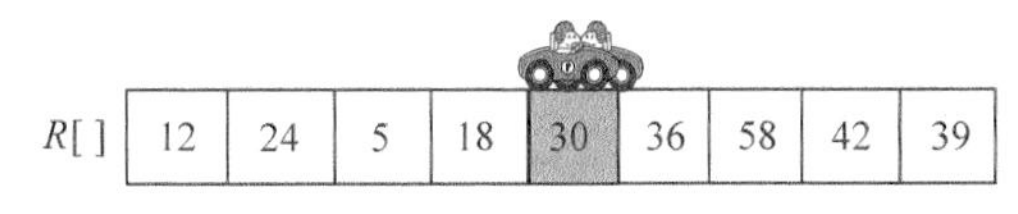

图 3-33 快速排序过程（交换元素后）

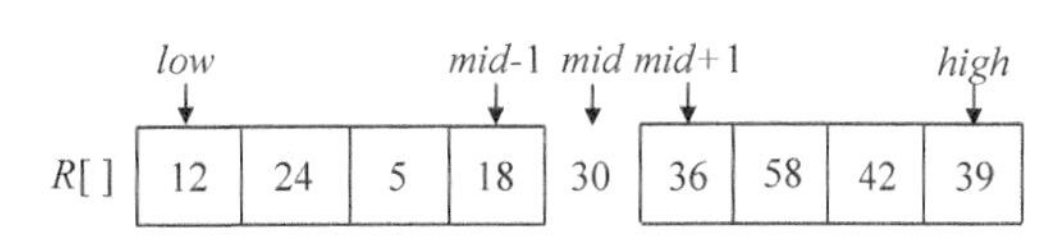

图 3-34 第一趟快速排序（划分）结果

至此完成一轮排序。此时以 *mid* 为界，将原数据分为两个子序列，左侧子序列都比 *pivot* 小，右侧子序列都比 *pivot* 大。

然后再分别对这两个子序列（12，24，5，18）和（36，58，42，39）进行快速排序。

大家可以动手写一写哦！

3.4.4 伪代码详解

（1）划分函数

我们编写划分函数对原序列进行分解，分解为两个子序列，以基准元素 *pivot* 为界，左侧子序列都比 *pivot* 小，右侧子序列都比 *pivot* 大。先从右向左扫描，找小于等于 *pivot* 的数，找到后两者交换（*r*[*i*]和 *r*[*j*]交换后 *i*++）；再从左向右扫描，找比基准元素大的数，找到后两者交换（*r*[*i*]和 *r*[*j*]交换后 *j*−−）。扫描交替进行，直到 *i*=*j* 停止，返回划分的中

间位置 *i*。

```
int Partition(int r[],int low,int high)    //划分函数
{
     int i=low,j=high,pivot=r[low];        //基准元素
     while(i<j)
     {
         while(i<j&&r[j]>pivot)
             j--;                          //向左扫描
         if(i<j)
         {
             swap(r[i++],r[j]);            //r[i]和r[j]交换后i右移一位
         }
         while(i<j&&r[i]<=pivot)
             i++;                          //向右扫描
         if(i<j)
         {
              swap(r[i],r[j--]);           //r[i]和r[j]交换后j左移一位
         }
     }
     return i;                             //返回最终划分完成后基准元素所在的位置
}
```

（2）快速排序递归算法

首先对原序列执行划分，得到划分的中间位置 *mid*，然后以中间位置为界，分别对左半部分（*low*，*mid*−1）执行快速排序，右半部分（*mid*+1，*high*）执行快速排序。递归结束的条件是 *low*≥*high*。

```
void QuickSort(int R[],int low,int high){
     int mid;
     if(low<high)
     {
          mid=Partition(R,low,high);       //返回基准元素位置
          QuickSort(R,low,mid-1);          //左区间递归快速排序
          QuickSort(R,mid+1,high);         //右区间递归快速排序
     }
}
```

3.4.5 实战演练

```
//program 3-3
#include <iostream>
using namespace std;
int Partition(int r[],int low,int high)    //划分函数
{
     int i=low,j=high,pivot=r[low];        //基准元素
     while(i<j)
     {
          while(i<j&&r[j]>pivot) j--;      //向左扫描
          if(i<j)
```

```
            {
                swap(r[i++],r[j]);       //r[i]和r[j]交换后i右移一位
            }
            while(i<j&&r[i]<=pivot) i++; //向右扫描
            if(i<j)
            {
                swap(r[i],r[j--]);       //r[i]和r[j]交换后j左移一位
            }
        }
        return i;                        //返回最终划分完成后基准元素所在的位置
}
void QuickSort(int R[],int low,int high)//快速排序递归算法
{
        int mid;
        if(low<high)
        {
            mid=Partition(R,low,high);   //基准位置
            QuickSort(R,low,mid-1);      //左区间递归快速排序
            QuickSort(R,mid+1,high);     //右区间递归快速排序
        }
}
int main()
{
        int a[1000];
        int i,N;
        cout<<"请先输入要排序的数据的个数：";
        cin>>N;
        cout<<"请输入要排序的数据：";
        for(i=0;i<N;i++)
            cin>>a[i];
        cout<<endl;
        QuickSort(a,0,N-1);
        cout<<"排序后的序列为："<<endl;
        for(i=0;i<N;i++)
            cout<<a[i]<<" " ;
        cout<<endl;
        return 0;
}
```

算法实现和测试

（1）运行环境

Code::Blocks

（2）输入

```
请先输入要排序的数据的个数：9
请输入要排序的数据：30 24 5 58 18 36 12 42 39
```

（3）输出

```
排序后的序列为：
5 12 18 24 30 36 39 42 58
```

3.4.6 算法解析与拓展

1. 算法复杂度分析

（1）最好时间复杂度

- 分解：划分函数 *Partition* 需要扫描每个元素，每次扫描的元素个数不超过 n，因此时间复杂度为 $O(n)$。
- 解决子问题：在最理想的情况下，每次划分将问题分解为两个规模为 $n/2$ 的子问题，递归求解两个规模为 $n/2$ 的子问题，所需时间为 $2T(n/2)$，如图 3-35 所示。
- 合并：因为是原地排序，合并操作不需要时间复杂度，如图 3-36 所示。

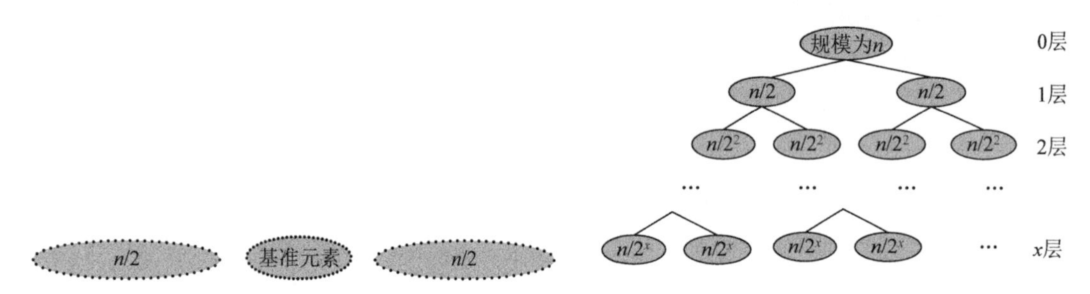

图 3-35 快速排序最好的划分　　图 3-36 快速排序最好情况递归树

所以总运行时间为：

$$T(n)=\begin{cases}O(1), & n=1\\ 2T(n/2)+O(n), & n>1\end{cases}$$

当 $n>1$ 时，可以递推求解：

$$\begin{aligned}T(n)&=2T(n/2)+O(n)\\&=2(2T(n/4)+O(n/2))+O(n)\\&=4T(n/4)+2O(n)\\&=8T(n/8)+3O(n)\\&\cdots\cdots\\&=2^xT(n/2^x)+xO(n)\end{aligned}$$

递推最终的规模为 1，令 $n=2^x$，则 $x=\log n$，那么

$$\begin{aligned}T(n)&=nT(1)+\log nO(n)\\&=n+\log nO(n)\\&=O(n\log n)\end{aligned}$$

快速排序算法最好的时间复杂度为 $O(n\log n)$。

- 空间复杂度：程序中变量占用了一些辅助空间，这些辅助空间都是常数阶的，递归调用所使用的栈空间是 $O(\log n)$，想一想为什么？

（2）最坏时间复杂度

- 分解：划分函数 *Partition* 需要扫描每个元素，每次扫描的元素个数不超过 n，因此时间复杂度为 $O(n)$。
- 解决子问题：在最坏的情况下，每次划分将问题分解后，基准元素的左侧（或者右侧）没有元素，基准元素的另一侧为 1 个规模为 $n-1$ 的子问题，递归求解这个规模为 $n-1$ 的子问题，所需时间为 $T(n-1)$。如图 3-37 所示。
- 合并：因为是原地排序，合并操作不需要时间复杂度。如图 3-38 所示。

图 3-37 快速排序最坏的划分　　图 3-38 快速排序最坏情况递归树

所以总运行时间为：

$$T(n)=\begin{cases} O(1) &, \quad n=1 \\ T(n-1)+O(n), & n>1 \end{cases}$$

当 $n>1$ 时，可以递推求解如下：

$$\begin{aligned} T(n) &= T(n-1)+O(n) \\ &= T(n-2)+O(n-1)+O(n) \\ &= T(n-3)+O(n-2)+O(n-1)+O(n) \\ &\cdots\cdots \\ &= T(1)+O(2)+\cdots+O(n-1)+O(n) \\ &= O(1)+O(2)+\cdots+O(n-1)+O(n) \\ &= O(n(n+1)/2) \end{aligned}$$

快速排序算法最坏的时间复杂度为 $O(n^2)$。

- 空间复杂度：程序中变量占用了一些辅助空间，这些辅助空间都是常数阶的，递归调用所使用的栈空间是 $O(n)$，想一想为什么？

（3）平均时间复杂度

假设我们划分后基准元素的位置在第 k（k=1，2，…，n）个，如图 3-39 所示。

k–1　基准元素　n–k

图 3-39 快速排序平均情况的划分

则：

$$
\begin{aligned}
T(n) &= \frac{1}{n}\sum_{k=1}^{n}(T(n-k)+T(k-1))+O(n)\\
&= \frac{1}{n}(T(n-1)+T(0)+T(n-2)+T(1)+\cdots+T(1)+T(n-2)+T(0)+T(n-1))+O(n)\\
&= \frac{2}{n}\sum_{k=1}^{n-1}T(k)+O(n)
\end{aligned}
$$

由归纳法可以得出，$T(n)$的数量级也为 $O(n\log n)$。快速排序算法平均情况下，时间复杂度为 $O(n\log n)$，递归调用所使用的栈空间也是 $O(\log n)$。

2．优化拓展

从上述算法可以看出，每次交换都是在和基准元素进行交换，实际上没必要这样做，我们的目的就是想把原序列分成以基准元素为界的两个子序列，左侧子序列小于等于基准元素，右侧子序列大于基准元素。那么有很多方法可以实现，我们可以从右向左扫描，找小于等于 *pivot* 的数 $R[j]$，然后从左向右扫描，找大于 *pivot* 的数 $R[i]$，让 $R[i]$和 $R[j]$交换，一直交替进行，直到 i 和 j 碰头为止，这时将基准元素与 $R[i]$交换即可。这样就完成了一次划分过程，但交换元素的个数少了很多。

假设当前待排序的序列为 $R[low: high]$，其中 $low \leqslant high$。

步骤 1：首先取数组的第一个元素作为基准元素 $pivot=R[low]$。$i=low$，$j=high$。

步骤 2：从右向左扫描，找小于等于 *pivot* 的数 $R[i]$。

步骤 3：从左向右扫描，找大于 *pivot* 的数 $R[j]$。

步骤 4：$R[i]$和 $R[j]$交换，i++，j−−。

步骤 5：重复步骤 2～步骤 4，直到 i 和 j 相等，如果 $R[i]$大于 *pivot*，则 $R[i-1]$和基准元素 $R[low]$交换，返回该位置 $mid=i-1$；否则，$R[i]$和基准元素 $R[low]$交换，返回该位置 $mid=i$，该位置的数正好是基准元素。

至此完成一趟排序。此时以 *mid* 为界，将原数据分为两个子序列，左侧子序列元素都比 *pivot* 小，右侧子序列元素都比 *pivot* 大。

然后再分别对这两个子序列进行快速排序。

以序列（30，24，5，58，18，36，12，42，39）为例。

（1）初始化。$i= low$，$j= high$，$pivot= R[low]=30$，如图 3-40 所示。

（2）向左走。从数组的右边位置向左找，一直找小于等于 *pivot* 的数，找到 $R[j]=12$，如图 3-41 所示。

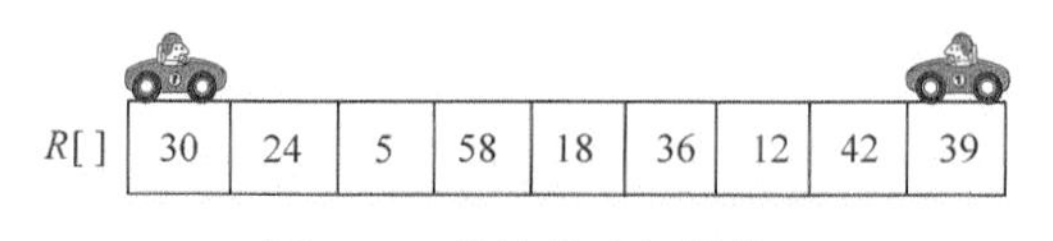

图 3-40　快速排序初始化

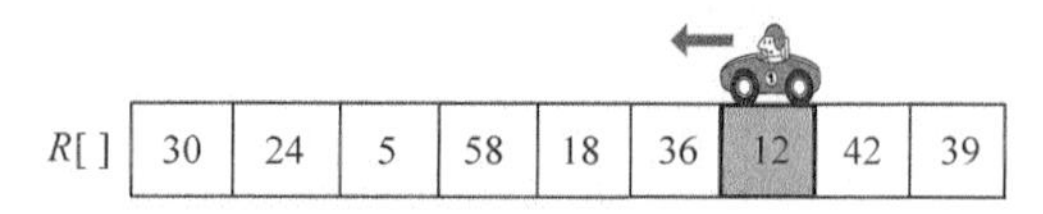

图 3-41　快速排序过程（向左走）

（3）向右走。从数组的左边位置向右找，一直找比 *pivot* 大的数，找到 $R[i]=58$，如图 3-42

所示。

（4）$R[i]$和 $R[j]$交换，i++，j––，如图 3-43 所示。

图 3-42 快速排序过程（向右走）

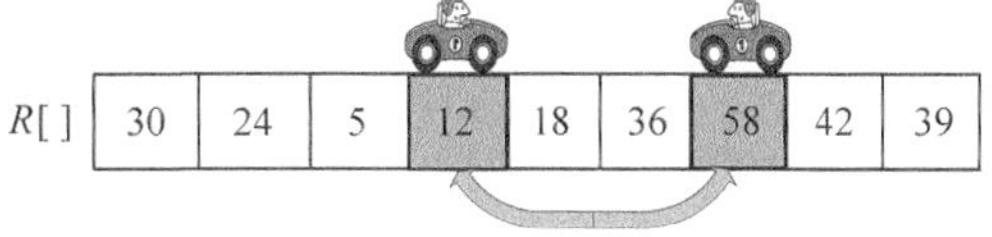

图 3-43 快速排序过程（交换元素）

（5）向左走。从数组的右边位置向左找，一直找小于等于 *pivot* 的数，找到 $R[j]$=18，如图 3-44 所示。

（6）向右走。从数组的左边位置向右找，一直找比 *pivot* 大的数，这时 i=j，停止，如图 3-45 所示。

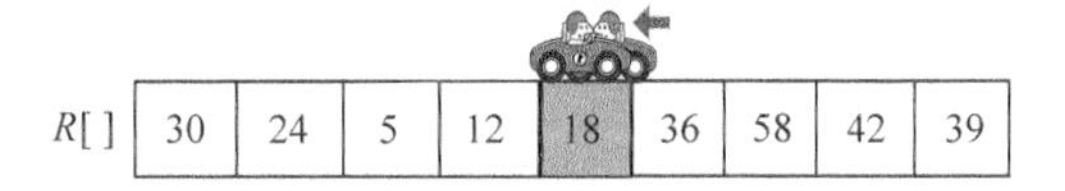

图 3-44 快速排序过程（向左走）

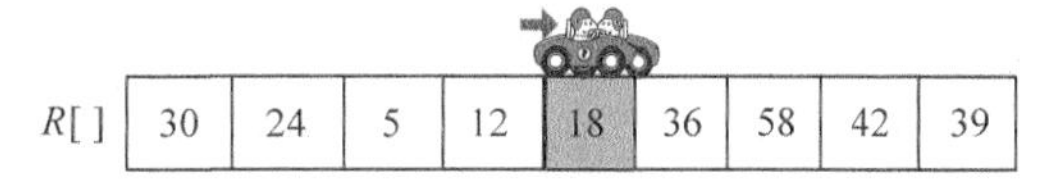

图 3-45 快速排序过程（向右走）

（7）$R[i]$和 $R[low]$交换，返回 i 的位置，*mid*=i，第一轮排序结束，如图 3-46 所示。

至此完成一轮排序。此时以 *mid* 为界，将原数据分为两个子序列，左侧子序列都比 *pivot* 小，右侧子序列都比 *pivot* 大，如图 3-47 所示。

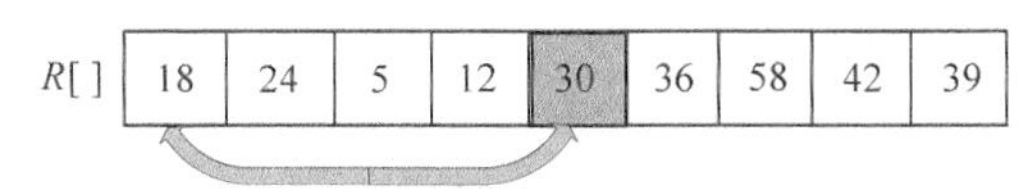

图 3-46 快速排序过程（$R[i]$和 $R[low]$交换）

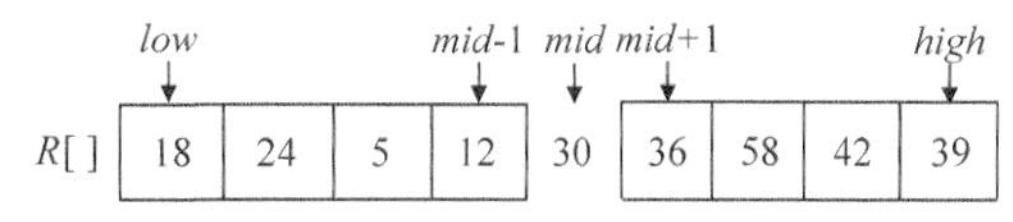

图 3-47 快速排序第一次划分结果

然后再分别对这两个子序列（18，24，5，12）和（36，58，42，39）进行快速排序。

相比之下，上述的方法比每次和基准元素交换的方法更加快速高效！

优化后算法：

```
int Partition2(int r[],int low,int high)//划分函数
{
      int i=low,j=high,pivot=r[low];//基准元素
      while(i<j)
      {
            while(i<j&&r[j]>pivot) j--;//向左扫描
            while(i<j&&r[i]<=pivot) i++;//向右扫描
            if(i<j)
            {
                  swap(r[i++],r[j--]);//r[i]和 r[j]交换，交换后 i++，j--
            }
      }
      if(r[i]>pivot)
```

```
        {
                swap(r[i-1],r[low]);//r[i-1]和r[low]交换
                return i-1;//返回最终划分完成后基准元素所在的位置
        }
    swap(r[i],r[low]);//r[i]和r[low]交换
        return i;//返回最终划分完成后基准元素所在的位置
    }
```

大家可以思考是否还有更好的算法来解决这个问题呢？

3.5 效率至上——大整数乘法

在进行算法分析时，我们往往将加法和乘法运算当作一次基本运算处理，这个假定是建立在进行运算的整数能在计算机硬件对整数的表示范围内直接被处理的情况下，如果要处理很大的整数，则计算机硬件无法直接表示处理。那么我们能否将一个大的整数乘法分而治之？将大问题变成小问题，变成简单的小数乘法，这样既解决了计算机硬件处理的问题，又能够提高乘法的计算效率呢？

图 3-48　大整数乘法

3.5.1　问题分析

有时，我们想要在计算机上处理一些大数据相乘时，由于计算机硬件的限制，不能直接进行相乘得到想要的结果。在解决两个大的整数相乘时，我们可以将一个大的整数乘法分而治之，将大问题变成小问题，变成简单的小数乘法再进行合并，从而解决上述问题。这样既解决了计算机硬件处理的问题，又能够提高乘法的计算效率。

例如：

$$\begin{aligned}&3278\times41926\\=&(32\times10^2+78)\times(419\times10^2+26)\\=&32\times419\times10^4+32\times26\times10^2+78\times419\times10^2+78\times26\end{aligned}$$

继续分治：

$$\begin{aligned}&32\times419\times10^4\\=&(3\times10+2)\times(41\times10+9)\times10^4\\=&3\times41\times10^6+3\times9\times10^5+2\times41\times10^5+2\times9\times10^4\\=&123\times10^6+27\times10^5+82\times10^5+18\times10^4\\=&13408\times10^4\end{aligned}$$

我们可以看到当分解到只有一位数时，乘法就很简单了，如图 3-49 所示。

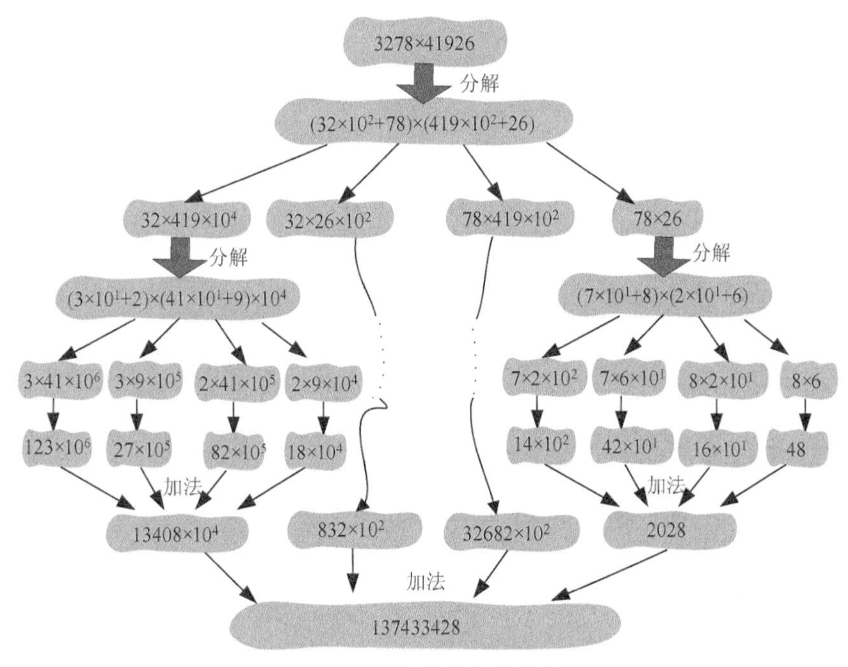

图 3-49　大整数乘法分治图

3.5.2　算法设计

算法思想：解决本问题可以使用分治策略。

（1）分解

首先将 2 个大整数 a（n 位）、b（m 位）分解为两部分，如图 3-50 所示。

图 3-50　大整数 a、b 分解为高位和低位

ah 表示大整数 a 的高位，al 表示大整数 a 的低位。bh 表示大整数 b 的高位，bl 表示大整数 b 的低位。

$$a = ah*10^{\frac{n}{2}} + al$$

$$b = bh*10^{\frac{m}{2}} + bl$$

$$a*b = ah*bh*10^{\frac{n}{2}+\frac{m}{2}} + ah*bl*10^{\frac{n}{2}} + al*bh*10^{\frac{m}{2}} + al*bl$$

ah、al 为 $n/2$ 位，bh、bl 为 $m/2$ 位。

2个大整数a(n位)、b(m位)相乘转换成了4个乘法运算$ah*bh$、$ah*bl$、$al*bh$、$al*bl$，而**乘数的位数变为了原来的一半**。

（2）求解子问题

继续分解每个乘法运算，直到分解有一个乘数为1位数时停止分解，进行乘法运算并记录结果。

（3）合并

将计算出的结果相加并回溯，求出最终结果。

3.5.3 完美图解

分治进行大整数乘法的道理非常简单，但具体怎么处理呢？

首先将两个大数以字符串的形式输入，转换成数字后，**倒序存储**在数组s[]中，l用来表示数的长度，c表示次幂。两个大数的初始次幂为0。

想一想，为什么要倒序存储，正序存储会怎样？

- *cp*()函数：用于将一个n位的数分成两个$n/2$的数并存储，记录它的长度和次幂。
- *mul*()函数：用于将两个数进行相乘，不断地进行分解，直到有一个乘数为1位数时停止分解，进行乘法运算并记录结果。
- *add*()函数：将分解得到的数进行相加合并。

例如：a=3278，b=41926，求$a*b$的值。

（1）初始化

将a、b **倒序存储**在数组$a.s$[]，$b.s$[]中，如图3-51所示。

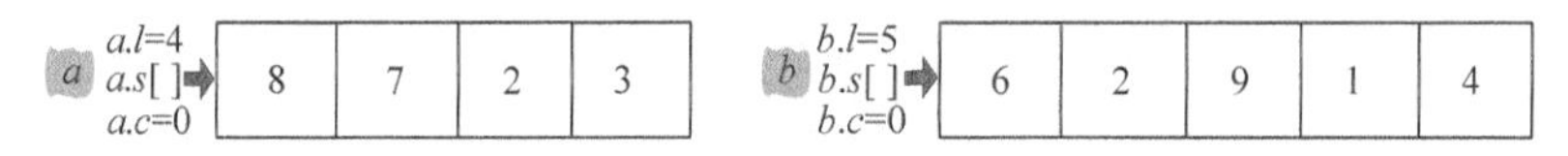

图3-51 大整数a、b存储数组（倒序）

（2）分解

cp()函数用于将一个n位的数分成两个$n/2$的数并存储，记录它的长度和次幂。ah表示高位，al表示低位，l用来表示数的长度，c表示次幂，如图3-52所示。

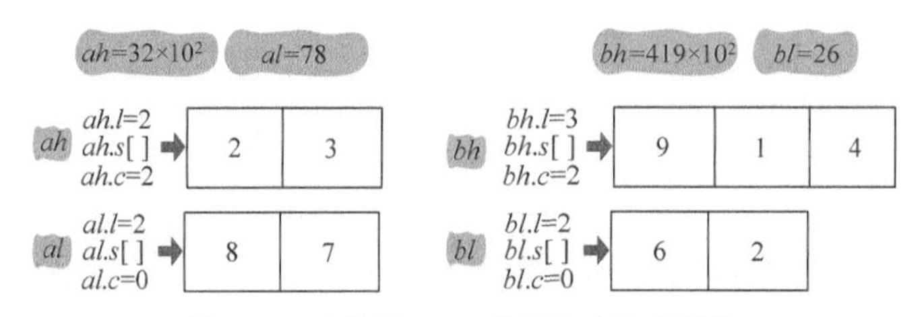

图3-52 大整数a、b分解为高位和低位

转换为 4 次乘法运算：*ah*bh*，*ah*bl*，*al*bh*，*al*bl*。如图 3-53 所示。

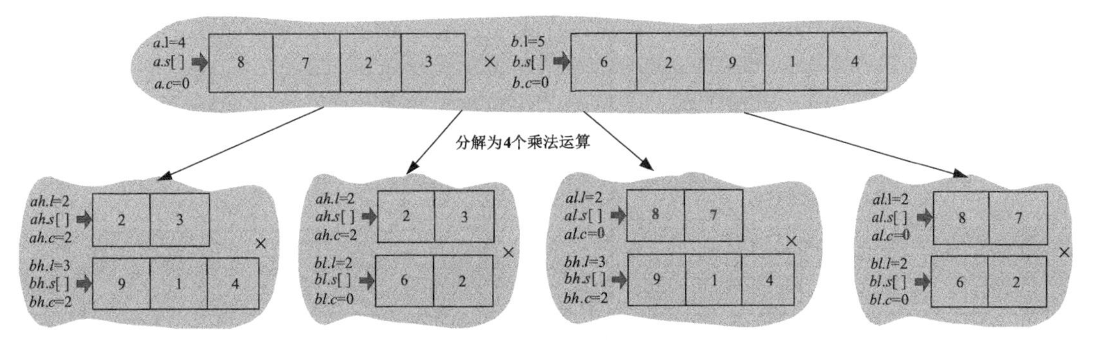

图 3-53 原乘法分解为 4 次乘法

（3）求解子问题

*ah*bh*，*ah*bl*，*al*bh*，*al*bl*。下面以 *ah*bh* 为例说明。如图 3-54 所示。

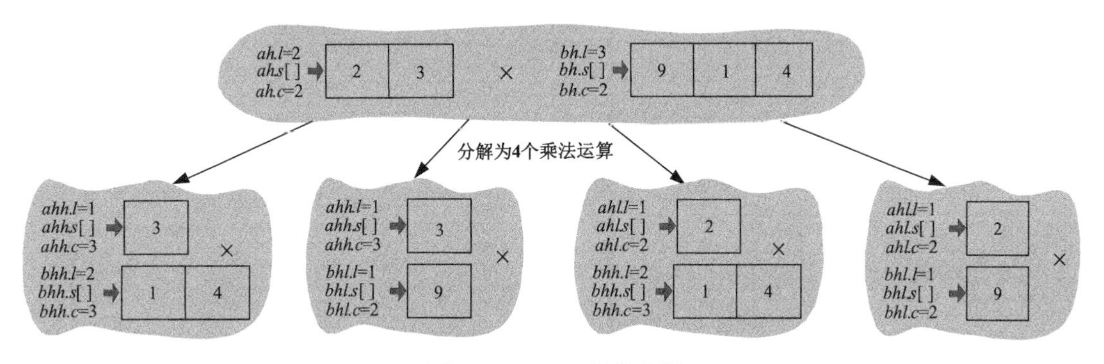

图 3-54 *ah*bh* 相乘分解

（4）继续求解子问题

继续求解上面 4 个乘法运算 *ahh*bhh*，*ahh*bhl*，*ahl*bhh*，*ahl*bhl*。可以看出这 4 个乘法运算都有一个乘数为 1 位数，可以直接进行乘法运算。

怎么进行乘法运算呢？以图 3-53 中 *ahh*bhh* 为例，如图 3-55 所示。

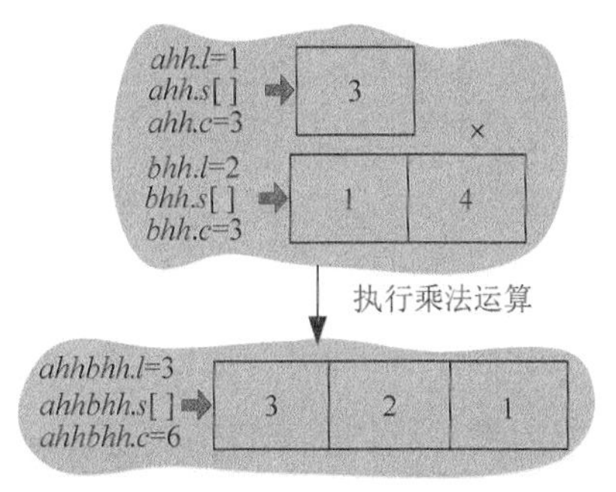

图 3-55 乘法运算

3 首先和 1 相乘得到 3 存储在下面数组的第 0 位，然后 3 和 4 相乘得到 12，那怎么存储呢，先存储 12%10=2，然后存储进位 12/10=1，这样乘法运算的结果是 321，**注意是倒序**，实际含义是 3×41=123，还有一件事很重要，就是次幂！两数相乘时，结果的次幂是两个乘数次幂之和，$3\times10^3\times41\times10^3=123\times10^6$。

4 个乘法运算结果如图 3-56 所示。

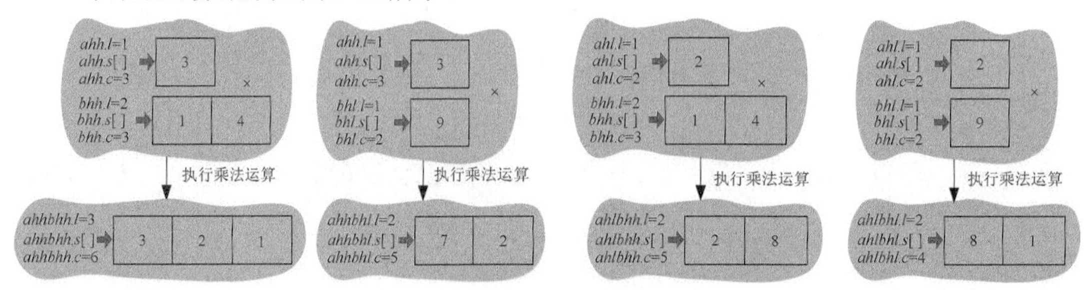

图 3-56　4 个乘法运算

（5）合并

合并子问题结果，返回给 $ah*bh$，将上面 4 个乘法运算的结果加起来返回给 $ah*bh$。如图 3-57 所示。

$$ah*bh=ahhbhh+ahhbhl+ahlbhh+ahlbhl$$

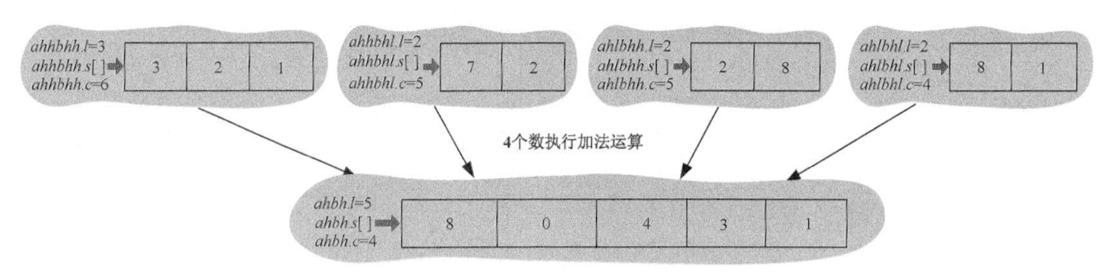

图 3-57　4 个乘法运算结果相加

由此得到 $ah*bh=13408\times10^4$。

用同样的方法求得 $ah*bl=832\times10^2$，$al*bh=32682\times10^2$，$al*bl=2028$。将这 4 个子问题结果加起来，合并得到原问题 $a*b=137433428$。

3.5.4 伪代码详解

（1）数据结构

将两个大数以字符串的形式输入，然后定义结构体 *Node*，其中 *s*[]数组用于存储大数，**注意是倒序存储！**（因为乘法加法运算中有可能产生进位，倒序存储时可以让进位存储在数组的末尾），*l* 用于表示长度，*c* 表示次幂。两个大数的初始次幂为 0。

```
char sa[1000]; //接收大数的字符串
char sb[1000]; //接收大数的字符串
```

```
typedef struct _Node
{
    int s[M];   //数组，倒序存储大数
    int l;      //代表数的长度
    int c;      //代表数的次幂，例如 32*10⁵，那么将 23 存储在 s[]中，l=2，c=5
} Node,*pNode;
```

（2）划分函数

其中，*cp*()函数用于将一个 *n* 位的数分成两个 *n*/2 的数并存储，记录它的次幂。

```
void cp(pNode src, pNode des, int st, int l)
{   //src 表示待分解的数结点，des 表示分解后得到的数结点
    //st 表示从 src 结点数组中取数的开始位置，l 表示取数的长度
    int i, j;
    for(i=st, j=0; i<st+l; i++, j++) //从 src 结点数组中 st 位置开始，取 l 个数
    {
        des->s[j] = src->s[i];       //将这些数放入到 des 结点的数组中
    }
    des->l = l;                      //des 长度等于取数的长度
    des->c = st + src->c;            //des 次幂等于开始取数的位置加上 src 次幂
}
```

举例说明：如果有大数 43579，我们首先把该数存储在结点 *a* 中，如图 3-58 所示。

```
ma = a.l/2;                          //ma 表示 a 长度的一半，此例中 a.l=5，ma=2
```

分解得到 *a* 的高位 *ah*，如图 3-59 所示。

```
cp(&a, &ah, ma, a.l-ma);             //相当于 cp(&a, &ah, 2, 3);
        //即从 a 中数组第 2 个字符位置开始取 3 个字符，赋值给 ah;
        //ah 的长度等于 3; ah 的次幂等于开始位置 2 加上 a 的次幂，即 2+a.c=2
```

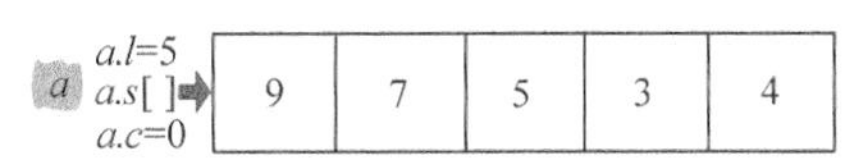

图 3-58 大整数 *a* 存储数组（倒序）

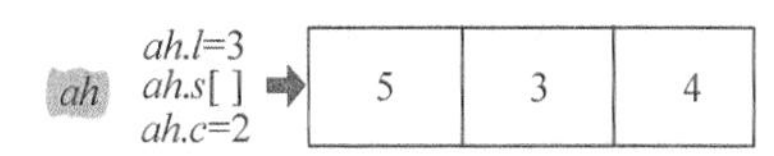

图 3-59 大整数 *a* 的高位（倒序真实含义是 435×10^2）

然后分解得到 *a* 的低位 *al*，如图 3-60 所示。

```
cp(&a, &al, 0, ma);                  //相当于 cp(&a, &al, 0, 2);
        //即从 a 中数组第 0 个字符位置开始取 2 个字符，赋值给 al;
        //al 的长度等于 2; al 的次幂等于开始位置 0 加上 a 的次幂，即 0+a.c=0
```

这样两次调用 *cp*()函数，我们就把一个大的整数分解成了两个长度约为原来一半的整数。

（3）乘法运算

定义的 *mul*()函数用于将两个数进行相乘，不断地进行分解，**直到有一个乘数为 1 位时停止**，让这两个数相乘，并记录结果回溯。

al.l=2 / al.s[ ] / al.c=0 →	9	7

图 3-60 大整数 *a* 的低位（倒序真实含义是 79）

```
ma = pa->l/2; //ma 表示 a 长度的一半
mb = pb->l/2; //mb 表示 b 长度的一半
```

```
if(!ma || !mb) //如果!ma 说明 ma=0，即 a 的长度为 1，该乘数为 1 位数
               //如果!mb 说明 mb=0，即 b 的长度为 1，该乘数为 1 位数
{
    if(!ma)    //!ma 说明 a 为 1 位数，a、b 交换，保证 a 的长度大于等于 b 的长度
    {
        temp =pa;
        pa = pb;
        pb = temp;
    }          //交换后 b 的长度为 1
    ans->c = pa->c + pb->c;          //结果的次幂等于两乘数次幂之和
    w = pb->s[0];//因为交换后 b 的长度为 1，用变量 w 记录即可
    cc= 0;     //初始化进位 cc 为 0
    for(i=0; i <pa->l; i++)          //把 a 中的数依次取出与 w 相乘，记录结果和进位
    {
        ans->s[i] = (w*pa->s[i] + cc)%10;//存储相乘结果的个位，十位做进位处理
        cc = (w*pa->s[i] + cc)/10;   //处理进位
    }
```

举例说明：两个数 $a=9\times10^2$，$b=87\times10^3$ 相乘。a 的数字为 1 位，a、b 交换，保证 a 的长度大于等于 b 的长度，交换后 $a=87\times10^3$，$b=9\times10^2$，倒序存储如图 3-61 所示。

初始化进位 cc=0。

先计算 9×7=63，（63+cc）%10=3，ans->s[0]=3，进位 cc=（63+cc）/10=6。

再计算 9×8=72，（72+cc）%10=8，ans->s[1]=8，进位 cc=（72+cc）/10=7。

a 中的数处理完毕，退出 for 循环。

```
if(cc)                  //上例中退出时 cc=7
    ans->s[i++] = cc;   //如果到最后还有进位，则存入数组末尾 ans->s[2]=7
ans->l = i;             //记录结果的长度，上例中最后 i=3
```

退出 for 循环时，cc 不为 0 说明仍有进位，记录该进位，如图 3-62 所示。

图 3-61 大整数 a、b 存储数组（倒序） 图 3-62 大整数 a、b 相乘结果（倒序）

ans 结果为 387，结果其实际含义是 $9\times10^2\times87\times10^3=783\times10^5$。

（4）合并函数

add()函数将分解得到的数进行相加合并。

```
void add(pNode pa, pNode pb, pNode ans)
{   //程序调用时把 a、b 地址传递给 pa、pb 参数，表示待合并的两个数
    //ans 记录它们相加的结果
    int i, cc, k,alen,blen,len;
    int ta, tb;            //ta、tb 分别记录 a、b 相加时对应位上的数
    pNode temp;
    if(pa->c <pb->c)       //交换以保证 a 的次幂大
```

```
    {
        temp = pa;
        pa = b;
        pb =temp;
    }
    ans->c = pb->c;   //结果的次幂为两个数中小的次幂
    cc = 0;           //初始化进位 cc 为 0
    k=pa->c - pb->c   //k 为 a 左侧需要补零的个数
```

举例说明：两个数 $a=673\times10^2$，$b=98\times10^4$ 相加。a 的次幂为 2，比 b 的次幂小，a、b 交换，保证 a 的次幂大于等于 b 的次幂，交换后 $a=98\times10^4$，$b=673\times10^2$，倒序存储如图 3-63 所示。

```
ans->c = pb->c;       //最低次幂作为结果的次幂，ans->c =pb->c=2
cc = 0;               //初始化进位 cc 为 0
k= pa->c - pb->c;     //k 为 a 左侧需要补零的个数，k=4-2=2
```

如图 3-64 所示。

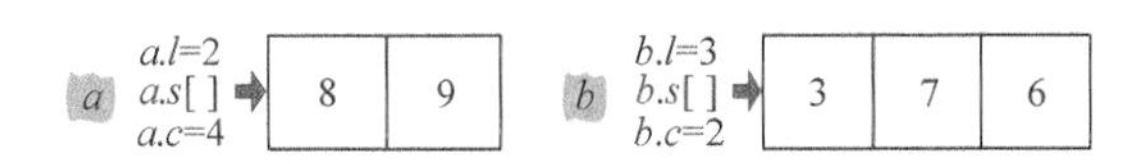

图 3-63　大整数 a、b 存储数组（倒序）

作为结果的次幂，不进行加法运算

a左侧需要补零k个

0 0 0 0 8 9

0 0 3 7 6 0

b需要补零

图 3-64　大整数 a、b 加法

```
    alen=pa->l + pa->c;         //a 数加上次幂的总长度，上例中 alen=6
    blen=pb->l + pb->c;         //b 数加上次幂的总长度，上例中 blen= 5
    if(alen>blen)
        len=alen;               //取 a、b 总长度的最大值
    else
        len=blen;
    len=len-pb->c;           //结果的长度为 a，b 之中的最大值减去最低次幂，上例中 len= 4
                      //最低次幂是不进行加法运算的位数)
    for(i=0; i<len; i++)
    {
        if(i <k)                //k 为 a 左侧需要补零的个数
            ta = 0;             //a 左侧补零
        else
            ta =pa->s[i-k];//i=k 时，补 0 结束，从 a 数组中第 0 位开始取数字
        if(i <pb->l)
            tb = pb->s[i]; //从 b 数组中第 0 位开始取数字
        else
            tb = 0;             //b 数字先取完，b 右侧补 0
        if(i>=pa->l+k)          //a 数字先取完，a 右侧补 0
            ta = 0;
        ans->s[i] = (ta + tb + cc)%10;  //记录两位之和的个位数，十位做进位处理
        cc = (ta + tb + cc)/10;
    }
```

如图 3-65 所示。

$i=0$ 时，$ta=0$，$tb=3$，$ans\text{->}s[0]=(ta+tb+cc)\%10=3$，$cc=(ta+tb+cc)/10=0$。

$i=1$ 时，$ta=0$，$tb=7$，$ans\text{->}s[1]=(ta+tb+cc)\%10=7$，$cc=(ta+tb+cc)/10=0$。

$i=2$ 时，$ta=8$，$tb=6$，$ans\text{->}s[2]=(ta+tb+cc)\%10=4$，$cc=(ta+tb+cc)/10=1$。

$i=3$ 时，$ta=9$，$tb=0$，$ans\text{->}s[3]=(ta+tb+cc)\%10=0$，$cc=(ta+tb+cc)/10=1$。

```
if(cc)     //如果上面退出时有进位，即 cc 不为 0
    ans->s[i++] = cc;//有进位，则存入数组末尾 ans->s[4]=1
ans->l = i;//上例中 ans->l = 5;
```

如图 3-66 所示。

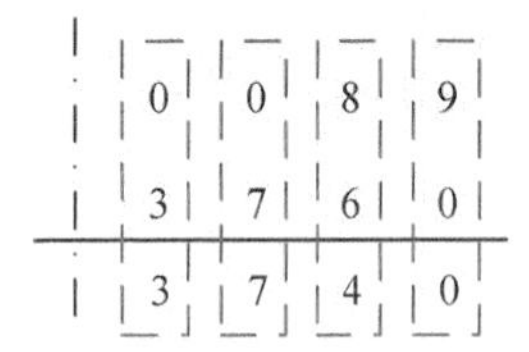

图 3-65　大整数 a、b 加法结果

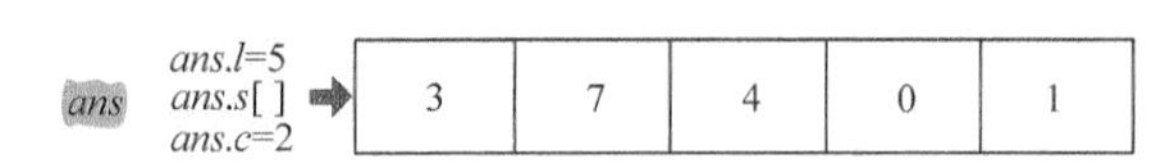

图 3-66　大整数 a、b 加法结果存储数组

3.5.5　实战演练

```
//program 3-4
#include <stdlib.h>
#include <cstring>
#include <iostream>
using namespace std;
#define M 100
char sa[1000];
char sb[1000];
typedef struct _Node
{
     int s[M];
     int l;                    //代表字符串的长度
     int c;
} Node,*pNode;
void cp(pNode src, pNode des, int st, int l)
{
     int i, j;
     for(i=st, j=0; i<st+l; i++, j++)
     {
          des->s[j] = src->s[i];
     }
     des->l = l;
     des->c = st + src->c;  //次幂
}
void add(pNode pa, pNode pb, pNode ans)
{
     int i,cc,k,palen,pblen,len;
```

```
    int ta, tb;
    pNode temp;
    if((pa->c<pb->c))            //保证 Pa 的次幂大
    {
        temp = pa;
        pa = pb;
        pb = temp;
    }
    ans->c = pb->c;
    cc = 0;
    palen=pa->l + pa->c;
    pblen=pb->l + pb->c;
    if(palen>pblen)
        len=palen;
    else
        len=pblen;
    k=pa->c - pb->c;
    for(i=0; i<len-ans->c; i++) //结果的长度最长为 pa，pb 之中的最大长度减去最低次幂
    {
        if(i<k)
            ta = 0;
        else
            ta = pa->s[i-k];         //次幂高的补 0，大于低的长度后与 0 进行计算
        if(i<pb->l)
            tb = pb->s[i];
        else
            tb = 0;
        if(i>=pa->l+k)
            ta = 0;
        ans->s[i] = (ta + tb + cc)%10;
        cc = (ta + tb + cc)/10;
    }
    if(cc)
        ans->s[i++] = cc;
    ans->l = i;
}

void mul(pNode pa, pNode pb, pNode ans)
{
    int i, cc, w;
    int ma = pa->l>>1, mb = pb->l>>1; //长度除 2
    Node ah, al, bh, bl;
    Node t1, t2, t3, t4, z;
    pNode temp;
    if(!ma || !mb)                    //如果其中个数为 1
    {
        if(!ma)  //如果 a 串的长度为 1，pa,pb 交换，pa 的长度大于等于 pb 的长度
        {
            temp = pa;
            pa = pb;
            pb = temp;
        }
        ans->c = pa->c + pb->c;
```

```
            w = pb->s[0];
            cc = 0;                          //此时的进位为 c
            for(i=0; i < pa->l; i++)
            {
                ans->s[i] = (w*pa->s[i] + cc)%10;
                cc= (w*pa->s[i] + cc)/10;
            }
            if(cc)
                ans->s[i++] = cc;        //如果到最后还有进位，则存入结果
            ans->l = i;                  //记录结果的长度
            return;
        }
        //分治的核心
        cp(pa, &ah, ma, pa->l-ma);       //先分成 4 部分 al,ah,bl,bh
        cp(pa, &al, 0, ma);
        cp(pb, &bh, mb, pb->l-mb);
        cp(pb, &bl, 0, mb);

        mul(&ah, &bh, &t1);              //分成 4 部分相乘
        mul(&ah, &bl, &t2);
        mul(&al, &bh, &t3);
        mul(&al, &bl, &t4);

        add(&t3, &t4, ans);
        add(&t2, ans, &z);
        add(&t1, &z, ans);
}

int main()
{
        Node ans,a,b;
        cout << "输入大整数 a: "<<endl;
        cin >> sa;
        cout << "输入大整数 b: "<<endl;
        cin >> sb;
        a.l=strlen(sa);                  //sa,sb 以字符串进行处理
        b.l=strlen(sb);
        int z=0,i;
        for(i = a.l-1; i >= 0; i--)
            a.s[z++]=sa[i]-'0';          //倒向存储
        a.c=0;
        z=0;
        for(i = b.l-1; i >= 0; i--)
            b.s[z++] = sb[i]-'0';
        b.c = 0;
        mul(&a, &b, &ans);
        cout << "最终结果为: ";
        for(i = ans.l-1; i >= 0; i--)
            cout << ans.s[i];            //ans 用来存储结果，倒向存储
        cout << endl;
        return 0;
}
```

算法实现和测试

（1）运行环境

Code::Blocks

Visual C++ 6.0

（2）输入

```
输入大整数a：
123456789
输入大整数b：
123456789
```

（3）输出

```
最终结果为：15241578750190521
```

3.5.6 算法解析与拓展

1. 算法复杂度分析

（1）时间复杂度：我们假设大整数 a、b 都是 n 位数，根据分治策略，$a*b$ 相乘将转换成了 4 个乘法运算 $ah*bh$、$ah*bl$、$al*bh$、$al*bl$，而**乘数的位数变为了原来的一半**。直到最后递归分解到其中一个乘数为 1 位为止，每次递归就会使数据规模减小为原来的一半。假设两个 n 位大整数相乘的时间复杂度为 $T(n)$，则：

$$T(n)=\begin{cases} O(1) & , \quad n=1 \\ 4T(n/2)+O(n), & n>1 \end{cases}$$

当 $n>1$ 时，可以递推求解如下：

$$\begin{aligned} T(n) &= 4T(n/2)+O(n) \\ &= 4(4T(n/2^2)+O(n/2))+O(n) \\ &= 4^2T(n/2^2)+2O(n)+O(n) \\ &= 4^2(4T(n/2^3)+O(n/2^2))+2O(n)+O(n) \\ &= 4^3T(n/2^3)+2^2O(n)+2O(n)+O(n) \\ &= 4^4T(n/2^4)+2^3O(n)+2^2O(n)+2O(n)+O(n) \\ &\cdots\cdots \\ &= 4^xT(n/2^x)+(2^x-1)O(n) \end{aligned}$$

递推最终的规模为 1，令 $n=2^x$ 则 $x=\log n$，那么有：

$$\begin{aligned} T(n) &= n^2T(1)+(n-1)O(n) \\ &= O(n^2) \end{aligned}$$

大整数乘法的时间复杂度为 $O(n^2)$。

（2）空间复杂度：程序中变量占用了一些辅助空间，都是常数阶的，但合并时结点数组

占用的辅助空间为 $O(n)$，递归调用所使用的栈空间是 $O(\log n)$，想一想为什么？

大整数乘法的空间复杂度为 $O(n)$。

2．优化拓展

如果两个大整数都是 n 位数，那么有：

$$A*B=a*c*10^n+（a*d+c*b）*10^{n/2}+b*d$$

还记得快速算出 1+2+3+…+100 的小高斯吗？这孩子长大以后更聪明，他把 4 次乘法运算变成了 3 次乘法：

$$a*d+c*b=（a-b）（d-c）+a*c+b*d$$

$$A*B= a*c*10^n + （(a-b)（d-c）+a*c+b*d）*10^{n/2} +b*d$$

这样公式中，就只有 $a*c$、$(a-b)(d-c)$、$b*d$，**只需要进行 3 次乘法。**

那么时间复杂度为：

$$T(n)=\begin{cases} O(1) & ,\ n=1 \\ 3T(n/2)+O(n), & n>1 \end{cases}$$

当 $n>1$ 时，可以递推求解如下：

$$\begin{aligned} T(n) &= 3T(n/2)+O(n) \\ &= 3(3T(n/2^2)+O(n/2))+O(n) \\ &= 3^2T(n/2^2)+\frac{3}{2}O(n)+O(n) \\ &= 3^2(3T(n/2^3)+O(n/2^2))+\frac{3}{2}O(n)+O(n) \\ &= 3^3T(n/2^3)+\left(\frac{3}{2}\right)^2O(n)+\frac{3}{2}O(n)+O(n) \\ &= 3^4T(n/2^4)+\left(\frac{3}{2}\right)^3O(n)+\left(\frac{3}{2}\right)^2O(n)+\frac{3}{2}O(n)+O(n) \\ &\cdots\cdots \\ &= 3^xT(n/2^x)+\left(\left(\frac{3}{2}\right)^x-1\right)O(n) \end{aligned}$$

递推最终的规模为 1，令 $n=2^x$，则 $x=\log n$，那么有：

$$\begin{aligned} T(n) &= 3^{\log n}T(1)+\left(\left(\frac{3}{2}\right)^{\log n}-1\right)O(n) \\ &= O(3^{\log n}) \\ &= O(n^{\log 3}) \\ &= O(n^{1.59}) \end{aligned}$$

优化改进后的大整数乘法的时间复杂度从 $O(n^2)$降为 $O(n^{1.59})$，这是一个巨大的改进！

但是**需要注意**：在上面的公式中，*A* 和 *B* 必须 2^n 位。很容易证明，如果不为 2^n，那么 *A* 或者 *B* 在分解过程中必会出现奇数，那么 $a*c$ 和（$(a-b)(d-c)+a*c+b*d$）的次幂就有可能不同，无法变为 3 次乘法了，解决方法也很简单，只需要补齐位数即可，在数前（高位）补 0。

3.6 分治算法复杂度求解秘籍

分治法的道理非常简单，就是把一个大的复杂问题分为 *a*（*a*>1）个形式相同的子问题，这些子问题的规模为 *n*/*b*，如果分解或者合并的复杂度为 *f*(*n*)，那么总的时间复杂度可以表示为：

$$T(n)=\begin{cases} O(1) & , \quad n=1 \\ aT(n/b)+f(n), & n>1 \end{cases}$$

那么如何求解时间复杂度呢？

上面的求解方式都是递推求解，写出其递推式，最后求出结果。

例如，合并排序算法的时间复杂度递推求解如下：

$$\begin{aligned} T(n) &= 2T(n/2)+O(n) \\ &= 2(2T(n/4)+O(n/2))+O(n) \\ &= 4T(n/4)+2O(n) \\ &= 8T(n/8)+3O(n) \\ &\cdots\cdots \\ &= 2^x T(n/2^x)+xO(n) \end{aligned}$$

递推最终的规模为 1，令 $n=2^x$，则 $x=\log n$，那么有：

$$\begin{aligned} T(n) &= nT(1)+\log nO(n) \\ &= n+\log nO(n) \\ &= O(n\log n) \end{aligned}$$

1. 递归树求解法

递归树求解方式其实和递推求解一样，只是递归树更清楚直观地显示出来，更能够形象地表达每层分解的结点和每层产生的成本。例如：$T(n)=2T(n/2)+O(n)$，如图 3-67 所示。

时间复杂度=叶子数*$T(1)$+成本和=$2^x T(1)+xO(n)$。

因为$n=2^x$，则 $x=\log n$，那么时间复杂度=$2^x T(1)+xO(n)$ $=n+\log nO(n)=O(n\log n)$。

2. 大师解法

我们用递归树来说明大师解法：

$$T(n)=aT(n/b)+f(n)$$

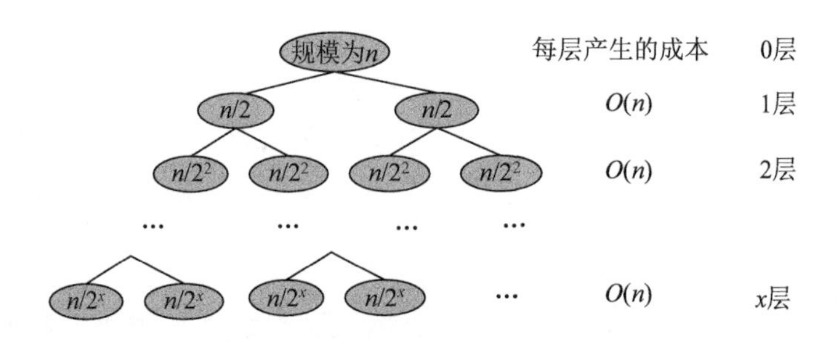

图 3-67 分治递归树

如果 $f(n)$ 的数量级是 $O(n^d)$，那么原公式转化为 $T(n)=aT(n/b)+O(n^d)$，如图 3-68 所示。

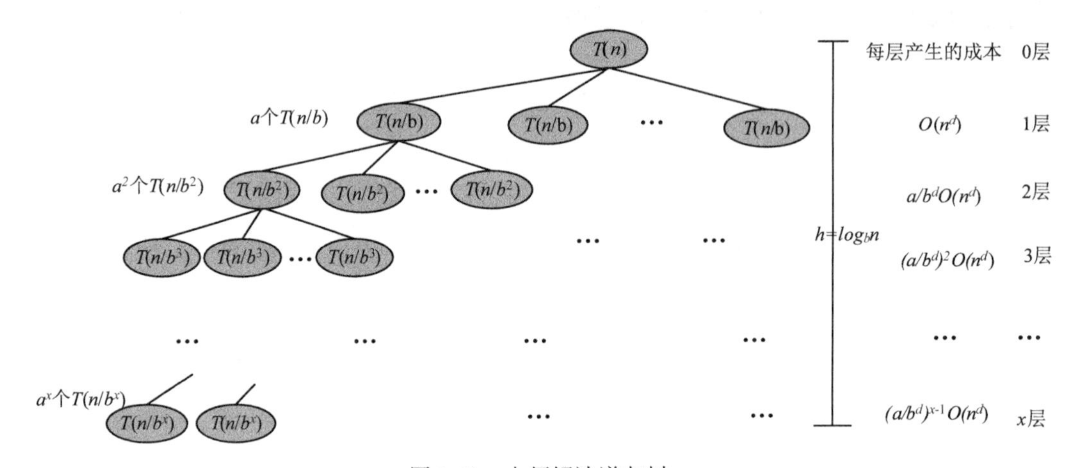

图 3-68 大师解法递归树

递归最终的规模为 1，令 $n/b^x=1$，那么 $x=\log_b n$，即树高 $h=\log_b n$。

叶子数：$a^x=a^{\log_b n}=n^{\log_b a}$。

成本和：$O(n^d)+\frac{a}{b^d}O(n^d)+\left(\frac{a}{b^d}\right)^2 O(n^d)+\cdots+\left(\frac{a}{b^d}\right)^{x-1} O(n^d)$。

时间复杂度=叶子数*$T(1)$+成本和

第 1 层成本：$O(n^d)$。

最后 1 层成本：$\left(\frac{a}{b^d}\right)^{x-1} O(n^d)\approx\left(\frac{a}{b^d}\right)^{x} O(n^d)=\left(\frac{a}{b^d}\right)^{\log_b n} O(n^d)$

$$=\frac{a^{\log_b n}}{(b^{\log_b n})^d}O(n^d)=\frac{a^{\log_b n}}{n^d}O(n^d)$$

$$=O(a^{\log_b n})$$

$$=O(n^{\log_b a})$$

最后 1 层成本约等于叶子数$n^{\log_b a}$，既然最后一层成本约等于叶子数，那么叶子数*$T(1)$就可以省略了，即**时间复杂度=成本和**。

现在我们只需要观察每层产生的成本的发展趋势，是递减的还是递增的，还是每层都一样？每层成本的公比为a/b^d。

（1）每层成本是递减的（$a/b^d<1$），那么时间复杂度在渐进趋势上，成本和可以按**第 1 层**计算，其他忽略不计，即**时间复杂度**为：

$$T(n)=O(n^d)$$

（2）每层成本是递增的（$a/b^d>1$）那么时间复杂度在渐进趋势上，成本和可以按**最后 1 层**计算，其他忽略不计，即**时间复杂度**为：

$$T(n)=O(n^{\log_b a})$$

（3）每层成本是相同的（$a/b^d=1$），那么时间复杂度在渐进趋势上，每层成本都一样，我们把**第一层的成本乘以树高**即可。**时间复杂度**为：

$$T(n)=O(n^d)*h=O(n^d)*\log_b n=O(n^d\log_b n)$$

形如$T(n)=aT(n/b)+O(n^d)$的时间复杂度**求解秘籍**：

$$T(n)=\begin{cases}O(n^d) & ，\ 公比a/b^d<1\\ O(n^{\log_b a}) & ，\ 公比a/b^d>1\\ O(n^d\log_b n), & 公比a/b^d=1\end{cases}$$

举例如下。

- 猜数游戏

$$T(n)=T(n/2)+O(1)$$

a=1，b=2，d=0，公比 a/b^d=1，则$T(n)=O(n^d\log_b n)=O(\log n)$。

- 快速排序

$$T(n)=2T(n/2)+O(n)$$

a=2，b=2，d=1，公比 a/b^d=1，则$T(n)=O(n^d\log_b n)=O(n\log n)$。

- 大整数乘法

$$T(n)=4T(n/2)+O(n)$$

a=4，b=2，d=1，公比 a/b^d>1，则$T(n)=O(n^{\log_b a})=O(n^2)$。

- 大整数乘法改进算法

$$T(n)=3T(n/2)+O(n)$$

a=3，b=2，d=1，公比 a/b^d>1，则$T(n)=O(n^{\log_b a})=O(n^{1.59})$。

那么，如果时间复杂度公式不是$T(n)=aT(n/b)+O(n^d)$怎么办呢？

画出递归树，观察每层产生的成本：

成本的公比小于 1，时间复杂度按**第 1 层**计算；

成本的公比大于 1，时间复杂度按**最后 1 层**计算；

成本的公比等于 1，时间复杂度按**第 1 层*树高**计算。

以求解 $T(n)=T(n/4)+T(n/2)+n^2$ 为例。

递推式解法如下：

$$\begin{aligned}T(n)&=T(n/4)+T(n/2)+n^2\\&=T(n/4^2)+2T(n/8)+T(n/4)+5/16n^2+n^2\\&=T(n/4^3)+3T(n/32)+3T(n/16)+T(n/8)+(5/16)^2n^2+5/16n^2+n^2\\&\quad\cdots\cdots\\&=(1+5/16+(5/16)^2+\cdots)n^2\\&=O(n^2)\end{aligned}$$

大师解法如下：

递归树如图 3-69 所示。

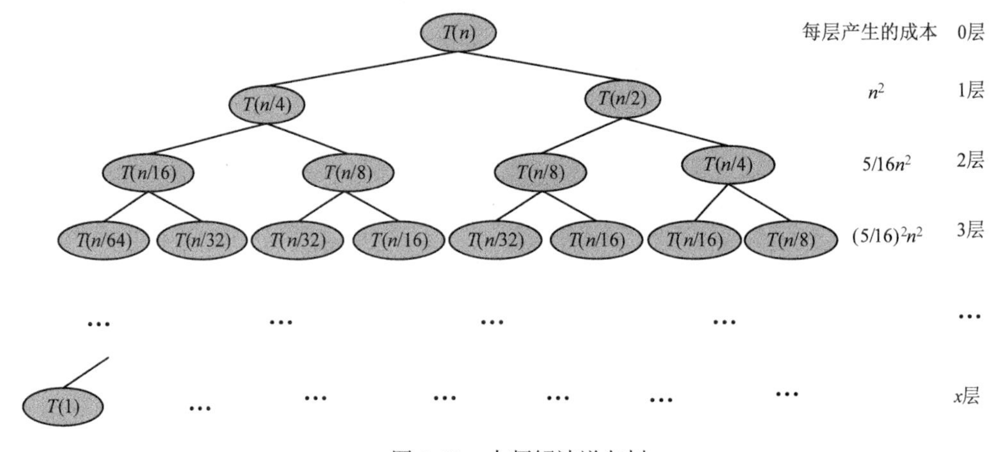

图 3-69 大师解法递归树

首先从递归树中观察每层产生的成本发展趋势，每层的成本有时不是那么有规律，需要仔细验证。例如第 3 层是$(5/16)^2n^2$，需要验证第 4 层是$(5/16)^3n^2$。经过验证，我们发现每层成本是一个等比数列，公比为 5/16（小于 1），呈递减趋势，那么只计算第 1 项即可，时间复杂度为 $T(n)=O(n^2)$。

Chapter 4

动态规划

前面讲的分治法是将原问题分解为若干个规模较小、形式相同的子问题，然后求解这些子问题，合并子问题的解得到原问题的解。在分治法中，各个子问题是互不相交的，即相互独立。如果各个子问题有重叠，不是相互独立的，那么用分治法就重复求解了很多子问题，根本显现不了分治的优势，反而降低了算法效率。那该怎么办呢？

动态规划闪亮登场了！

4.1 神奇的兔子序列

公元 1202 年，意大利数学家列昂纳多·斐波那契（Leonardo Fibonacci）在《算盘全书》（Liber Abaci）中描述了一个神奇的兔子序列，这就是著名的斐波那契序列。

假设第 1 个月有 1 对刚诞生的兔子，第 2 个月进入成熟期，第 3 个月开始生育兔子，而 1 对成熟的兔子每月会生 1 对兔子，兔子永不死去……那么，由 1 对初生兔子开始，12 个月后会有多少对兔子呢？如果是 N 对初生的兔子开始，M 月后又会有多少对兔子呢？

第 1 个月，兔子①没有繁殖能力，所以还是 **1** 对。

第 2 个月，兔子①进入成熟期，仍然是 **1** 对。

第 3 个月，兔子①生了 1 对小兔②，于是这个月共有 2 对（**1+1=2**）兔子。

第 4 个月，兔子①又生了 1 对小兔③。兔子②进入成熟期。共有 3 对（**1+2=3**）兔子。

第 5 个月，兔子①又生了 1 对小兔④，兔子②也生下了 1 对小兔⑤。兔子③进入成熟期。共有 5 对（**2+3=5**）兔子。

第 6 个月，兔子①②③各生下了 1 对小兔。兔子④⑤进入成熟期。新生 3 对兔子加上原有的 5 对兔子，这个月共有 8 对（**3+5=8**）兔子。

……

这个数列有十分明显的特点，从第 3 个月开始，当月的兔子数=上月兔子数+本月新生小兔子数，而本月新生的兔子正好是上上月的兔子数，即当月的兔子数=前两月兔子之和。

$$F(n)=\begin{cases}1 & ,n=1\\ 1 & ,n=2\\ F(n-1)+F(n-2) & ,n>2\end{cases}$$

我们仅以 $F(6)$为例，如图 4-1 所示。

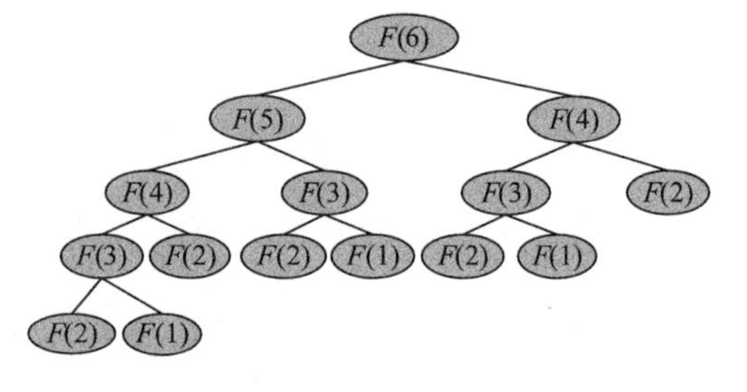

图 4-1 $F(6)$的递归树

从图 4-1 可以看出，有大量的结点重复（子问题重叠），$F(4)$、$F(3)$、$F(2)$、$F(1)$均重复计算多次。

4.2 动态规划基础

动态规划是1957年理查德·贝尔曼在《Dynamic Programming》一书中提出来的，可能有的读者不知道这个人，但他的一个算法你可能听说过，他和莱斯特·福特一起提出了求解最短路径的Bellman-Ford算法，该算法解决了Dijkstra算法不能处理的负权值边的问题。

《Dynamic Programming》中的"Programming"不是编程的意思，而是指一种表格处理法。我们把每一步得到的子问题结果存储在表格里，每次遇到该子问题时不需要再求解一遍，只需要查询表格即可。

4.2.1 算法思想

动态规划也是一种分治思想，但与分治算法不同的是，分治算法是把原问题分解为若干子问题，自顶向下求解各子问题，合并子问题的解，从而得到原问题的解。动态规划也是把原问题分解为若干子问题，然后自底向上，先求解最小的子问题，把结果存储在表格中，再求解大的子问题时，直接从表格中查询小的子问题的解，避免重复计算，从而提高算法效率。

4.2.2 算法要素

什么问题可以使用动态规划呢？我们首先要分析问题是否具有以下两个性质：

（1）最优子结构

最优子结构性质是指问题的最优解包含其子问题的最优解。最优子结构是使用动态规划的最基本条件，如果不具有最优子结构性质，就不可以使用动态规划解决。

（2）子问题重叠

子问题重叠是指在求解子问题的过程中，有大量的子问题是重复的，那么只需要求解一次，然后把结果存储在表中，以后使用时可以直接查询，不需要再次求解。子问题重叠不是使用动态规划的必要条件，但问题存在子问题重叠更能够充分彰显动态规划的优势。

4.2.3 解题秘籍

遇到一个实际问题，如何采用动态规划来解决呢？

（1）分析最优解的结构特征。

（2）建立最优值的递归式。

（3）自底向上计算最优值，并记录。

（4）构造最优解。

以神奇的兔子序列问题为例。

（1）分析最优解的结构特征

我们通过分析发现，前两个月都是 1 对兔子，而从第 3 个月开始，当月的兔子数等于前两个月的兔子数，如果把每个月的兔子数看作一个最小的子问题，那么求解第 n 个月的兔子数，包含了第 $n-1$ 个月的兔子数和第 $n-2$ 个月的兔子数这两个子问题。

（2）根据最优解结构特征，建立递归式

$$F(n)=\begin{cases}1 & ,n=1\\ 1 & ,n=2\\ F(n-1)+F(n-2) & ,n>2\end{cases}$$

（3）自底向上计算最优值

看到递归式，我们也很难立即求解 $F(n)$，如果直接递归调用将会产生大量的子问题重复，那怎么办呢？动态规划提供了一个好办法，自底向上求解，记录结果，重复的问题只需求解一次即可，如图 4-2 所示。

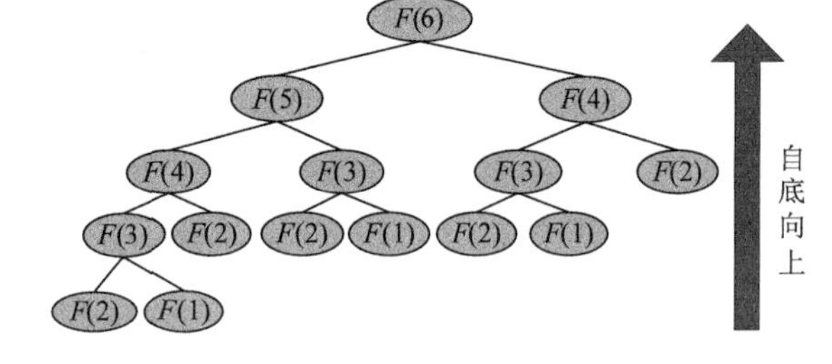

图 4-2　$F(6)$的递归树自底向上求解

例如：

$F(1)=1$

$F(2)=1$

$F(3)= F(2)+F(1)=2$

$F(4)= F(3)+F(2)=3$

$F(5)= F(4)+F(3)=5$

$F(6)= F(5)+F(4)=8$

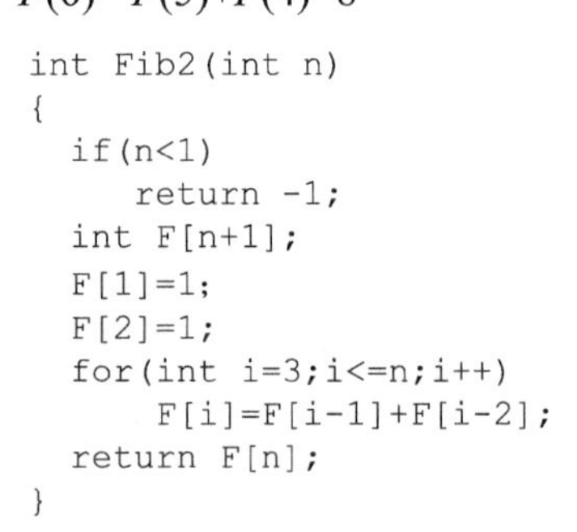

```
int Fib2(int n)
{
  if(n<1)
     return -1;
  int F[n+1];
  F[1]=1;
  F[2]=1;
  for(int i=3;i<=n;i++)
      F[i]=F[i-1]+F[i-2];
  return F[n];
}
```

（4）构造最优解

本题中自底向上求解到树根就是我们要的最优解。

在众多的算法中，很多读者觉得动态规划是比较难的算法，为什么呢？难在递归式！

很多复杂问题，很难找到相应的递归式。实际上，一旦得到递归式，那算法就已经实现了 99%，剩下的程序实现就非常简单了。那么后面的例子就重点讲解遇到一个问题怎么找到它的递归式。

蛇打三寸，一招致命。

4.3 孩子有多像爸爸——最长的公共子序列

假设爸爸对应的基因序列为 $X=\{x_1, x_2, x_3, \cdots, x_m\}$，孩子对应的基因序列 $Y=\{y_1, y_2, y_3, \cdots, y_n\}$，那么怎么找到他们有多少相似的基因呢？

如果按照严格递增的顺序，从爸爸的基因序列 X 中取出一些值，组成序列 $Z=\{x_{i1}, x_{i2}, x_{i3}, \cdots, x_{ik}\}$，其中下标 $\{i_1, i_2, i_3, \cdots, i_k\}$ 是一个严格递增的序列。那么就说 Z 是 X 的子序列，Z 中元素的个数就是该子序列的长度。

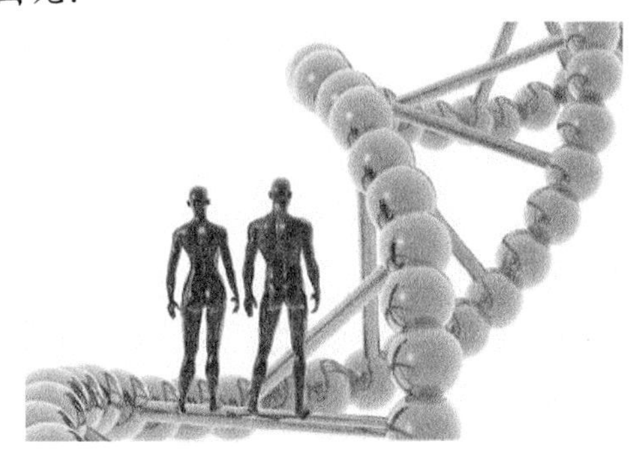

图 4-3　人类基因序列

X 和 Y 的公共子序列是指该序列既是 X 的子序列，也是 Y 的子序列。

最长公共子序列问题是指：给定两个序列 $X=\{x_1, x_2, x_3, \cdots, x_m\}$ 和 $Y=\{y_1, y_2, y_3, \cdots, y_n\}$，找出 X 和 Y 的一个最长的公共子序列。

4.3.1 问题分析

给定两个序列 $X=\{x_1, x_2, x_3, \cdots, x_m\}$ 和 $Y=\{y_1, y_2, y_3, \cdots, y_n\}$，找出 X 和 Y 的一个最长的公共子序列。

例如：X=（A，B，C，B，A，D，B），Y=（B，C，B，A，A，C），那么最长公共子序列是 B，C，B，A。

如何找到最长公共子序列呢？

如果使用暴力搜索方法，需要穷举 X 的所有子序列，检查每个子序列是否也是 Y 的子序列，记录找到的最长公共子序列。X 的子序列有 2^m 个，因此暴力求解的方法时间复杂度为指数阶，这是我们避之不及的爆炸性时间复杂度。

那么能不能用动态规划算法呢？

下面分析该问题是否具有最优子结构性质。

（1）分析最优解的结构特征

假设已经知道 Z_k={z_1，z_2，z_3，…，z_k}是 X_m={x_1，x_2，x_3，…，x_m}和 Y_n={y_1，y_2，y_3，…，y_n}的最长公共子序列。这个假设很重要，我们都是这样假设已经知道了最优解。

那么可以分 3 种情况讨论。

- $x_m= y_n= z_k$：那么 Z_{k-1}={z_1，z_2，z_3，…，z_{k-1}}是 X_{m-1} 和 Y_{n-1} 的最长公共子序列，如图 4-4 所示。

反证法证明：如果 Z_{k-1}={z_1，z_2，z_3，…，z_{k-1}}不是 X_{m-1} 和 Y_{n-1} 的最长公共子序列，那么它们一定存在一个最长公共子序列。设 M 为 X_{m-1} 和 Y_{n-1} 的最长公共子序列，M 的长度大于 Z_{k-1} 的长度，即$|M|>|Z_{k-1}|$。如果在 X_{m-1} 和 Y_{n-1} 的后面添加一个相同的字符 $x_m= y_n$，则 $z_k=x_m=y_n$，$|M+\{z_k\}|>|Z_{k-1}+\{z_k\}|=|Z_k|$，那么 Z_k 不是 X_m 和 Y_n 的最长公共子序列，这与假设 Z_k 是 X_m 和 Y_n 的最长公共子序列矛盾，问题得证。

- $x_m \neq y_n$，$x_m \neq z_k$：我们可以把 x_m 去掉，那么 Z_k 是 X_{m-1} 和 Y_n 的最长公共子序列，如图 4-5 所示。

图 4-4　最长公共子序列　　图 4-5　最长公共子序列

反证法证明：如果 Z_k 不是 X_{m-1} 和 Y_n 的最长公共子序列，那么它们一定存在一个最长公共子序列。设 M 为 X_{m-1} 和 Y_n 的最长公共子序列，M 的长度大于 Z_k 的长度，即$|M|>|Z_k|$。如果我们在 X_{m-1} 的后面添加一个字符 x_m，那么 M 也是 X_m 和 Y_n 的最长公共子序列，因为$|M|>|Z_k|$，那么 Z_k 不是 X_m 和 Y_n 的最长公共子序列，这与假设 Z_k 是 X_m 和 Y_n 的最长公共子序列矛盾，问题得证。

- $x_m \neq y_n$，$y_n \neq z_k$：我们可以把 y_n 去掉，那么 Z_k 是 X_m 和 Y_{n-1} 的最长公共子序列，如图 4-6 所示。

图 4-6　最长公共子序列

反证法证明：如果 Z_k 不是 X_m 和 Y_{n-1} 的最长公共子序列，那么它们一定存在一个最长公共子序列。设 M 为 X_m 和 Y_{n-1} 的最长公共子序列，M 的长度大于 Z_k 的长度，即$|M|>|Z_k|$。如果我们在 Y_{n-1} 的后面添加一个字符 y_n，那么 M 也是 X_m 和 Y_n 的最长公共子序列，因为$|M|>|Z_k|$，那么 Z_k 不是 X_m 和 Y_n 的最长公共子序列，这与假设 Z_k 是 X_m 和 Y_n 的最长公共子序列矛盾，问题得证。

（2）建立最优值的递归式

设 **c**[i][j]表示 X_i 和 Y_j 的最长公共子序列长度。

- $x_m= y_n= z_k$：那么 **c**[i][j]= **c**[i−1][j−1]+1；

- $x_m \neq y_n$：那么我们只需要求解 X_i 和 Y_{j-1} 的最长公共子序列和 X_{i-1} 和 Y_j 的最长公共子序列，比较它们的长度哪一个更大，就取哪一个值。即 $\boldsymbol{c}[i][j]=\max\{\boldsymbol{c}[i][j-1], \boldsymbol{c}[i-1][j]\}$。
- 最长公共子序列长度递归式：

$$\boldsymbol{c}[i][j]=\begin{cases}0 & ,i=0\text{或}j=0\\ \boldsymbol{c}[i-1][j-1]+1 & ,i、j>0\text{且}x_i=y_j\\ \max\{\boldsymbol{c}[i][j-1],\boldsymbol{c}[i-1][j]\} & ,i、j>0\text{且}x_i\neq y_j\end{cases}$$

（3）自底向上计算最优值，并记录最优值和最优策略

i=1 时：$\{x_1\}$和$\{y_1, y_2, y_3, \cdots, y_n\}$中的字符一一比较，按递归式求解并记录最长公共子序列长度。

i=2 时：$\{x_2\}$和$\{y_1, y_2, y_3, \cdots, y_n\}$中的字符一一比较，按递归式求解并记录最长公共子序列长度。

……

i=m 时：$\{x_m\}$和$\{y_1, y_2, y_3, \cdots, y_n\}$中的字符一一比较，按递归式求解并记录最长公共子序列长度。

（4）构造最优解

上面的求解过程只是得到了最长公共子序列长度，并不知道最长公共子序列是什么，那怎么办呢？

例如，现在已经求出 $\boldsymbol{c}[m][n]$=5，表示 X_m 和 Y_n 的最长公共子序列长度是 5，那么这个 5 是怎么得到的呢？我们可以反向追踪 5 是从哪里来的。根据递推式，有如下情况。

$x_i=y_j$ 时：$\boldsymbol{c}[i][j]=\boldsymbol{c}[i-1][j-1]+1$；

$x_i\neq y_j$ 时：$\boldsymbol{c}[i][j]=\max\{\boldsymbol{c}[i][j-1], \boldsymbol{c}[i-1][j]\}$；

那么 $\boldsymbol{c}[i][j]$的来源一共有 3 个：$\boldsymbol{c}[i][j]=\boldsymbol{c}[i-1][j-1]+1$，$\boldsymbol{c}[i][j]=\boldsymbol{c}[i][j-1]$，$\boldsymbol{c}[i][j]=\boldsymbol{c}[i-1][j]$。在第 3 步自底向上计算最优值时，用一个辅助数组 $\boldsymbol{b}[i][j]$记录这 3 个来源：

$\boldsymbol{c}[i][j]=\boldsymbol{c}[i-1][j-1]+1$，$\boldsymbol{b}[i][j]$=1；

$\boldsymbol{c}[i][j]=c[i][j-1]$，$\boldsymbol{b}[i][j]$=2；

$\boldsymbol{c}[i][j]=c[i-1][j]$，$\boldsymbol{b}[i][j]$=3。

这样就可以根据 $\boldsymbol{b}[m][n]$反向追踪最长公共子序列，当 $\boldsymbol{b}[i][j]$=1 时，输出 x_i；当 $\boldsymbol{b}[i][j]$=2 时，追踪 $\boldsymbol{c}[i][j-1]$；当 $\boldsymbol{b}[i][j]$=3 时，追踪 $\boldsymbol{c}[i-1][j]$，直到 i=0 或 j=0 停止。

4.3.2 算法设计

最长公共子序列问题满足动态规划的最优子结构性质，可以自底向上逐步得到最优解。

（1）确定合适的数据结构

采用二维数组 **c**[][]来记录最长公共子序列的长度，二维数组 **b**[][]来记录最长公共子序列的长度的来源，以便算法结束时倒推求解得到该最长公共子序列。

（2）初始化

输入两个字符串 s_1、s_2，初始化 **c**[][]第一行第一列元素为 0。

（3）循环阶段

- $i = 1$：$s_1[0]$与 $s_2[j-1]$比较，j=1，2，3，…，*len*2。

如果 $s_1[0]=s_2[j-1]$，$c[i][j] = c[i-1][j-1]+1$；并记录最优策略来源 $b[i][j]=1$；

如果 $s_1[0] \neq s_2[j-1]$，则公共子序列的长度为 $c[i][j-1]$和 $c[i-1][j]$中的最大值，如果 $c[i][j-1] \geq c[i-1][j]$，则 $c[i][j]=c[i][j-1]$，最优策略来源 $b[i][j]=2$；否则 $c[i][j]= c[i-1][j]$，最优策略来源 $b[i][j]=3$。

- $i = 2$：$s_1[1]$与 $s_2[j-1]$比较，j=1，2，3，…，*len*2。
- 以此类推，直到 $i > len1$ 时，算法结束，这时 **c**[*len*1][*len*2]就是最长公共序列的长度。

（4）构造最优解

根据最优决策信息数组 **b**[][]递归构造最优解，即输出最长公共子序列。因为我们在求最长公共子序列长度 $c[i][j]$的过程中，用 $b[i][j]$记录了 $c[i][j]$的来源，那么就可以根据 $b[i][j]$数组倒推最优解。

如果 $b[i][j]=1$，说明 $s_1[i-1]=s_2[j-1]$，那么就可以递归求解 print($i-1, j-1$)；然后输出 $s_1[i-1]$。

注意：如果先输出，后递归求解 print($i-1,j-1$)，则输出的结果是倒序。

如果 $b[i][j]=2$，说明 $s_1[i-1] \neq s_2[j-1]$且最优解来源于 $c[i][j]=c[i][j-1]$，递归求解 print($i, j-1$)。

如果 $b[i][j]=3$，说明 $s_1[i-1] \neq s_2[j-1]$且最优解来源于 $c[i][j]=c[i-1][j]$，递归求解 print($i-1, j$)。当 i==0 || j==0 时，递归结束。

4.3.3 完美图解

以字符串 s_1=“ABCADAB”，s_2=“BACDBA”为例。

（1）初始化

*len*1=7，*len*2=6，初始化 **c**[][]第一行、第一列元素为 0，如图 4-7 所示。

c[][]	0	1	2	3	4	5	6
0	0	0	0	0	0	0	0
1	0						
2	0						
3	0						
4	0						
5	0						
6	0						
7	0						

图 4-7 **c**[][]初始化

（2）i=1：$s_1[0]$与 $s_2[j-1]$比较，j=1，2，3，…，*len*2。即“A”与“BACDBA”分别比较一次。

如果字符相等，$c[i][j]$取左上角数值加 1，记录最优值来源 $b[i][j]=1$。

如果字符不等，取左侧和上面数值中的最大值。如果左侧和上面数值相等，默认取左侧数值。如果 ***c***[*i*][*j*]的值来源于左侧 ***b***[*i*][*j*]=2，来源于上面 ***b***[*i*][*j*]=3。

- *j*=1：A≠B，左侧=上面，取左侧数值，***c***[1][1]= 0，最优策略来源 ***b***[1][1]=2，如图 4-8 所示。

c[ ][ ]		B	A	C	D	B	A
	0	0	0	0	0	0	0
A	0	0					
B	0						
C	0						
A	0						
D	0						
A	0						
B	0						

b[ ][ ]	0	1	2	3	4	5	6
0	0	0	0	0	0	0	0
1	0	2					
2	0						
3	0						
4	0						
5	0						
6	0						
7	0						

图 4-8　最长公共子序列求解过程

- *j*=2：A=A，则取左上角数值加 1，***c***[1][2]= ***c***[0][1]+1=1，最优策略来源 ***b***[1][2] =1，如图 4-9 所示。

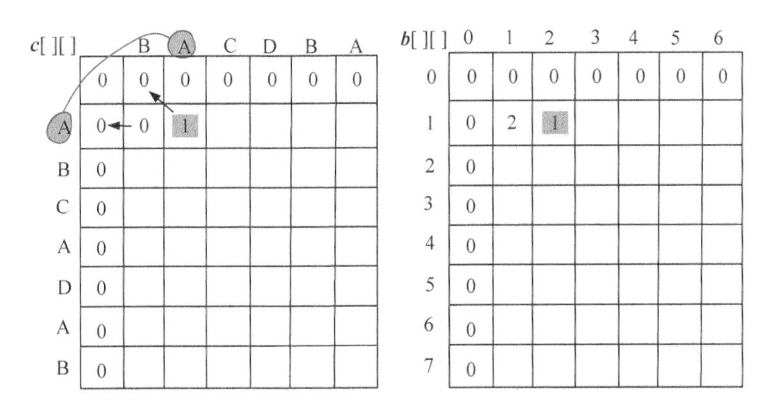

图 4-9　最长公共子序列求解过程

- *j*=3：A≠C，左侧≥上面，取左侧数值，***c***[1][3]= 1，最优策略来源 ***b***[1][3] =2，如图 4-10 所示。
- *j*= 4：A≠D，左侧≥上面，取左侧数值，***c***[1][4]= 1，最优策略来源 ***b***[1][4] =2，如图 4-11 所示。
- *j*=5：A≠B，左侧≥上面，取左侧数值，***c***[1][5]=1，最优策略来源 ***b***[1][5]=2，如图 4-12 所示。

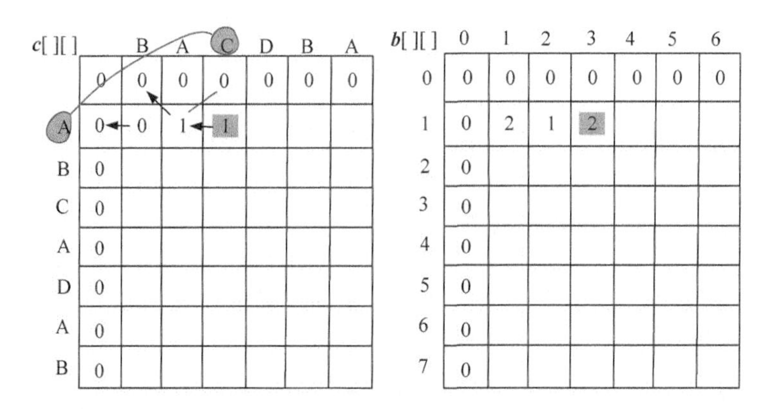

图 4-10 最长公共子序列求解过程

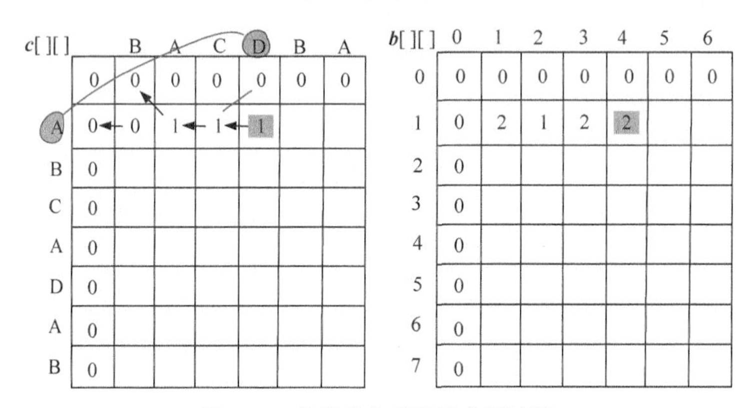

图 4-11 最长公共子序列求解过程

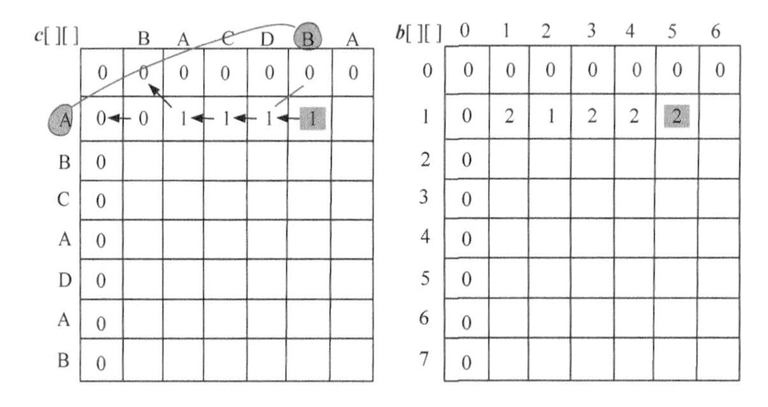

图 4-12 最长公共子序列求解过程

- j=6：A=A，则取左上角数值加 1，**c**[1][6]=1，最优策略来源 **b**[1][6]=1，如图 4-13 所示。

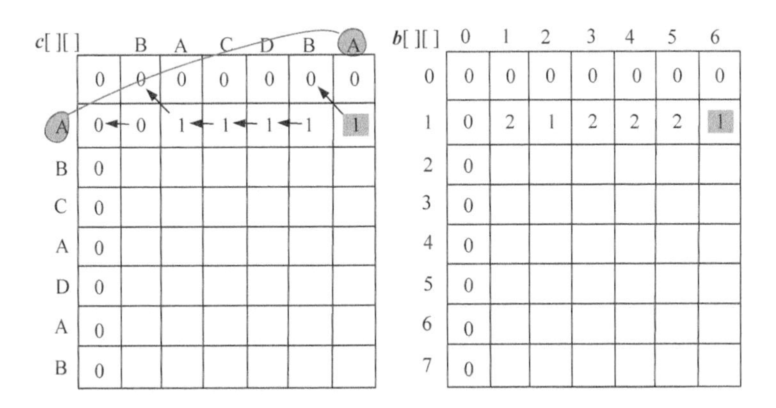

图 4-13 最长公共子序列求解过程

（3）i=2：s_1[1]与 s_2[j−1]比较，j=1，2，3，…，len2。即“B”与“BACDBA”分别比较一次。

如果字符相等，**c**[i][j]取左上角数值加 1，记录最优值来源 **b**[i][j]=1。

如果字符不等，取左侧和上面数值中的最大值。如果左侧和上面数值相等，默认取左侧数值。如果 **c**[i][j]的值来源于左侧 **b**[i][j]=2，来源于上面 **b**[i][j]=3，如图 4-14 所示。

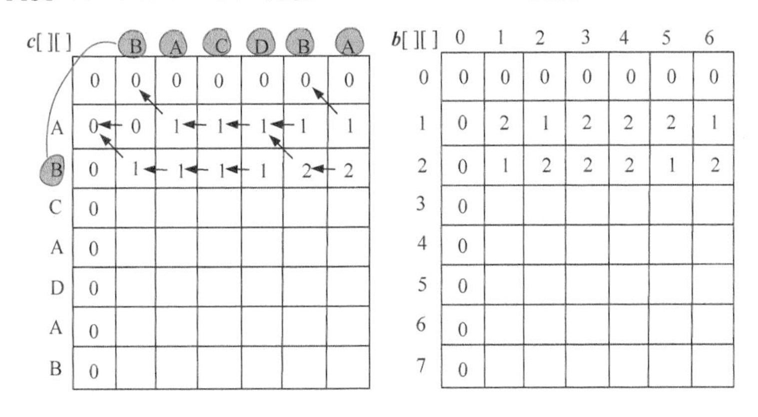

图 4-14 最长公共子序列求解过程

（4）继续处理 i=2，3，…，len1：s_1[i−1]与 s_2[j−1]比较，j=1，2，3，…，len2。处理结果如图 4-15 所示。

c[][]右下角的值即为最长公共子序列的长度。**c**[7][6]=4，即字符串 s_1=“ABCADAB”，s_2=“BACDBA”的最长公共子序列的长度为 4。

那么最长公共子序列包含哪些字符呢？

（5）构造最优解

首先读取 **b**[7][6]=2，说明来源为 2，向左找 **b**[7][5]；

c[ ][ ]		B	A	C	D	B	A
	0	0	0	0	0	0	0
A	0	0	1	1	1	1	1
B	0	1	1	1	1	2	2
C	0	1	1	2	2	2	2
A	0	1	2	2	2	2	3
D	0	1	2	2	3	3	3
A	0	1	2	2	3	3	4
B	0	1	2	2	3	4	4

b[ ][ ]	0	1	2	3	4	5	6
0	0	0	0	0	0	0	0
1	0	2	1	2	2	2	1
2	0	1	2	2	2	1	2
3	0	3	2	1	2	2	2
4	0	3	1	2	2	2	1
5	0	3	3	2	1	2	2
6	0	3	1	2	3	2	1
7	0	1	3	2	3	1	2

图 4-15　最长公共子序列求解结果

b[7][5]=1，向左上角找 **b**[6][4]，返回时输出 *s*1[6]="B"；

b[6][4]=3，向上找 **b**[5][4]；

b[5][4]=1，向左上角找 **b**[4][3]，返回时输出 *s*1[4]="D"；

b[4][3]=2，向左找 **b**[4][2]；

b[4][2]=1，向左上角找 **b**[3][1]，返回时输出 *s*1[3]="A"；

b[3][1]=3，向上找 **b**[2][1]；

b[2][1]=1，向左上角找，返回时输出 *s*1[1]= "B"；

b[1][0]中列为 0，算法停止，返回，输出最长公共子序列为 BADB，如图 4-16 所示。

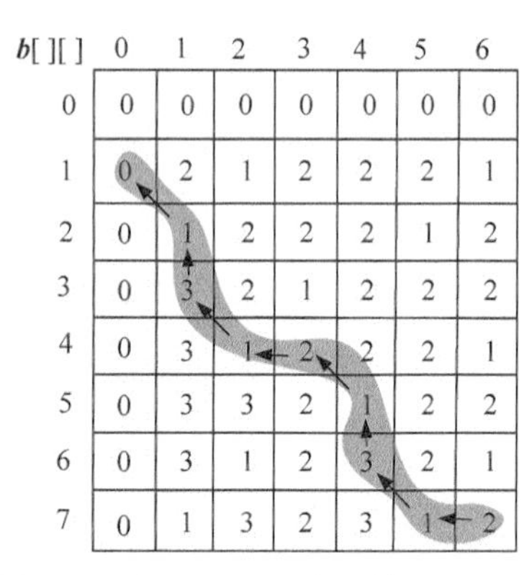

b[ ][ ]	0	1	2	3	4	5	6
0	0	0	0	0	0	0	0
1	0	2	1	2	2	2	1
2	0	1	2	2	2	1	2
3	0	3	2	1	2	2	2
4	0	3	1	2	2	2	1
5	0	3	3	2	1	2	2
6	0	3	1	2	3	2	1
7	0	1	3	2	3	1	2

图 4-16　最长公共子序列构造最优解

4.3.4　伪代码详解

（1）最长公共子序列求解函数

首先计算两个字符串的长度，然后从 i=1 开始，$s_1[0]$与 s_2 中的每一个字符比较。

如果当前字符相同，则公共子序列的长度为 **c**[*i*−1][*j*−1]+1，并记录最优策略来源 **b**[*i*][*j*] = 1。

如果当前字符不相同，则公共子序列的长度为 **c**[*i*][*j*−1]和 **c**[*i*−1][*j*]中的最大值，如果 **c**[*i*][*j*−1]≥**c**[*i*−1][*j*]，则最优策略来源 **b**[*i*][*j*]=2；如果 **c**[*i*][*j*−1]<**c**[*i*−1][*j*]，则最优策略来源 **b**[*i*][*j*]=3。直到 *i*> *len*1 时，算法结束，这时 **c**[*len*1][*len*2]就是我们要的最长公共序列长度。

```
Void LCSL()
{
    int i,j;
    for(i = 1;i <= len1;i++)      //控制 s1 序列
      for(j = 1;j <= len2;j++)    //控制 s2 序列
      {
        if(s1[i-1]==s2[j-1])      //字符下标从 0 开始
```

```
            {   //如果当前字符相同，则公共子序列的长度为该字符前的最长公共序列+1
                c[i][j] = c[i-1][j-1]+1;
                b[i][j] = 1;
            }
            else
            {
                if(c[i][j-1]>=c[i-1][j]) //两者找最大值，并记录最优策略来源
                {
                      c[i][j] = c[i][j-1];
                      b[i][j] = 2;
                }
                else
                {
                      c[i][j] = c[i-1][j];
                      b[i][j] = 3;
                }
            }
        }
}
```

（2）最优解输出函数

输出最优解仍然使用倒推法。因为我们在求最长公共子序列长度 ***c***[*i*][*j*]的过程中，用 ***b***[*i*][*j*]记录了 ***c***[*i*][*j*]的来源，那么就可以根据 ***b***[*i*][*j*]数组倒推最优解。

如果 ***b***[*i*][*j*]=1，说明 *s*1[*i*−1]=*s*2[*j*−1]，那么我们就可以递归输出 print(*i*−1，*j*−1)；然后输出 *s*1[*i*−1]。

如果 ***b***[*i*][*j*]=2，说明 *s*1[*i*−1]≠*s*2[*j*−1]且最优解来源于 ***c***[*i*][*j*]=***c***[*i*][*j*−1]，递归输出 print(*i*，*j*−1)。

如果 ***b***[*i*][*j*]=3，说明 *s*1[*i*−1]≠*s*2[*j*−1]且最优解来源于 ***c***[*i*][*j*]=***c***[*i*−1][*j*]，递归输出 print(*i*−1，*j*)。当 *i*==0||*j*==0 时，递归结束。

```
Void print(int i, int j)//根据记录下来的信息构造最长公共子序列（从b[i][j]开始递推）
{
    if(i==0 || j==0) return;
    if(b[i][j]==1)
    {
        print(i-1,j-1);
        cout<<s1[i-1];
    }
    else if(b[i][j]==2)
              print(i,j-1);
          else print(i-1,j);
}
```

4.3.5　实战演练

```
//program 4-1
#include <iostream>
#include<cstring>
using namespace std;
```

```
const int N=1002;
int c[N][N],b[N][N];
char s1[N],s2[N];
int len1,len2;
void LCSL()
{
     int i,j;
     for(i = 1;i <= len1;i++)//控制 s1 序列
       for(j = 1;j <= len2;j++)//控制 s2 序列
       {
         if(s1[i-1]==s2[j-1])
         {//如果当前字符相同，则公共子序列的长度为该字符前的最长公共序列+1
             c[i][j] = c[i-1][j-1]+1;
             b[i][j] = 1;
         }
         else
         {
             if(c[i][j-1]>=c[i-1][j])
             {
                  c[i][j] = c[i][j-1];
                  b[i][j] = 2;
             }
             else
             {
                  c[i][j] = c[i-1][j];
                  b[i][j] = 3;
             }
         }
     }
}

void print(int i, int j)//根据记录下来的信息构造最长公共子序列（从 b[i][j]开始递推）
{
     if(i==0 || j==0) return;
     if(b[i][j]==1)
     {
         print(i-1,j-1);
         cout<<s1[i-1];
     }
     else if(b[i][j]==2)
               print(i,j-1);
            else
               print(i-1,j);
}

int main()
{
     int i,j;
     cout << "输入字符串 s1："<<endl;
     cin >> s1;
     cout << "输入字符串 s2："<<endl;
     cin >> s2;
```

```
        len1 = strlen(s1);//计算两个字符串的长度
        len2 = strlen(s2);
        for(i = 0;i <= len1;i++)
        {
            c[i][0]=0;//初始化第一列为0
        }
        for(j = 0;j<= len2;j++)
        {
            c[0][j]=0;//初始化第一行为0
        }
        LCSL();    //求解最长公共子序列
        cout << "s1 和 s2 的最长公共子序列长度是：" <<c[len1][len2]<<endl;
        cout << "s1 和 s2 的最长公共子序列是：";
        print(len1,len2);    //递归构造最长公共子序列最优解
        return 0;
}
```

算法实现和测试

（1）运行环境

Code::Blocks

（2）输入

```
输入字符串 s1：
ABCADAB
输入字符串 s2：
BACDBA
```

（3）输出

```
s1 和 s2 的最长公共子序列长度是：4
s1 和 s2 的最长公共子序列是：BADB
```

4.3.6 算法解析及优化拓展

1. 算法复杂度分析

（1）时间复杂度：由于每个数组单元的计算耗费 $O(1)$时间，如果两个字符串的长度分别是 m、n，那么算法时间复杂度为 $O(m*n)$。

（2）空间复杂度：空间复杂度主要为两个二维数组 **c**[][]，**b**[][]，占用的空间为 $O(m*n)$。

2. 算法优化拓展

因为 $c[i][j]$有 3 种来源：$c[i-1][j-1]+1$、$c[i][j-1]$、$c[i-1][j]$。我们可以利用 **c** 数组本身来判断来源于哪个值，从而不用 **b**[][]，这样可以节省 $O(m*n)$个空间。但因为 **c** 数组还是 $O(m*n)$个空间，所有空间复杂度数量级仍然是 $O(m*n)$，只是从常数因子上的改进。仍然是倒推的办法，如图 4-17 所示，读者可以想一想怎么做？

c[][]		B	A	C	D	B	A
	0	0	0	0	0	0	0
A	0	0	1	1	1	1	1
B	0	1	1	1	1	2	2
C	0	1	1	2	2	2	2
A	0	1	2	2	2	2	3
D	0	1	2	2	3	3	3
A	0	1	2	2	3	3	4
B	0	1	2	2	3	4	4

图 4-17　最长公共子序列构造最优解（不用辅助数组）

4.4 DNA 基因鉴定——编辑距离

我们经常会听说 DNA 亲子鉴定是怎么回事呢？人类的 DNA 由 4 个基本字母{A，C，G，T}构成，包含了多达 30 亿个字符。如果两个人的 DNA 序列相差 0.1%，仍然意味着有 300 万个位置不同，所以我们通常看到的 DNA 亲子鉴定报告上结论有：相似度 99.99%，不排除亲子关系。

图 4-18　DNA 基因鉴定

怎么判断两个基因的相似度呢？生物学上给出了一种编辑距离的概念。

例如两个字符串 FAMILY 和 FRAME，有多种对齐方式：

```
F - A M I L Y    - F A M I L Y    - F A M I L Y
F R A M E        F R A M E        F R A M - - E
```

第一种对齐需要付出的代价：4，插入 R，I 替换为 E，删除 L,Y。

第二种对齐需要付出的代价：5，插入 F，F 替换为 R，I 替换为 E，删除 L,Y。

第三种对齐需要付出的代价：5，插入 F，F 替换为 R，删除 I, L，Y 替换为 E。

编辑距离是指将一个字符串变换为另一个字符串所需要的最小编辑操作。

怎么找到两个字符串 $x[1, \cdots, m]$和 $y[1, \cdots, n]$的编辑距离呢？

4.4.1 问题分析

编辑距离是指将一个字符串变换为另一个字符串所需要的最小编辑操作。

给定两个序列 $X=\{x_1, x_2, x_3, \cdots, x_m\}$和 $Y=\{y_1, y_2, y_3, \cdots, y_n\}$，找出 X 和 Y 的编辑距离。

例如：$X=$（A，B，C，D，A，B），$Y=$（B，D，C，A，B）。如果用穷举法，会有很多种对齐方式，暴力穷举的方法是不可取的。那么怎么找到编辑距离呢？

首先考虑能不能把原问题变成规模更小的子问题，如果可以，那就会容易得多。

要求两个字符串 $X=\{x_1, x_2, x_3, \cdots, x_m\}$和 $Y=\{y_1, y_2, y_3, \cdots, y_n\}$的编辑距离，那么可以求其前缀 $X_i=\{x_1, x_2, x_3, \cdots, x_i\}$和 $Y_j=\{y_1, y_2, y_3, \cdots, y_j\}$的编辑距离，当 $i=m$，$j=n$ 时就得到了所有字符的编辑距离。

那么能不能用动态规划算法呢？

下面我们分析该问题是否具有最优子结构性质。

（1）分析最优解的结构特征

假设已经知道 **d**[i][j]是 $X_i=\{x_1, x_2, x_3, \cdots, x_i\}$和 $Y_j=\{y_1, y_2, y_3, \cdots, y_j\}$的编辑距离最优解。这个假设很重要，我们都是这样假设已经知道了最优解。

那么两个序列无论怎么对齐，其右侧只可能有如下 3 种对齐方式：

- 如图 4-19 所示。需要删除 x_i，付出代价 1，那么我们只需要求解子问题$\{x_1, x_2, x_3, \cdots, x_{i-1}\}$和$\{y_1, y_2, y_3, \cdots, y_j\}$的编辑距离再加 1 即可，即 **d**[$i$][$j$]=**d**[$i$−1][$j$]+1。**d**[$i$−1][$j$]是 X_{i-1} 和 Y_j 的最优解。

反证法证明：设 **d**[i−1][j]不是 X_{i-1} 和 Y_j 的最优解，那么它们一定存在一个最优解 **d'**，**d'**<**d**[i−1][j]。如果在 X_{i-1} 的后面添加一个字符 x_i，**d'**+1 也是 X_i 和 Y_j 的最优解，因为 **d'**+1<**d**[i−1][j]+1=**d**[i][j]，所以 **d**[i][j]不是 X_i 和 Y_j 的最优解，这与假设 **d**[i][j]是 X_i 和 Y_j 的最优解矛盾，问题得证。

- 如图 4-20 所示。需要插入 y_j，付出代价 1，那么我们只需要求解子问题$\{x_1, x_2, x_3, \cdots, x_i\}$和$\{y_1, y_2, y_3, \cdots, y_{j-1}\}$的编辑距离再加 1 即可，即 **d**[$i$][$j$]=**d**[$i$][$j$−1]+1。**d**[$i$][$j$−1]是 X_i 和 Y_{j-1} 的最优解。

图 4-19　编辑距离对齐方式　　图 4-20　编辑距离对齐方式

同理可证。

- 如图 4-21 所示。如果 $x_i=y_j$，付出代价 0，如果 $x_i \neq y_j$，需要替换，付出代价 1，我们用函数 ***diff***(i，j)来表达，$x_i=y_j$ 时，***diff***(i，j)=0；$x_i \neq y_j$ 时，***diff***(i，j)=1。那么我们只需要求解子问题$\{x_1, x_2, x_3, \cdots, x_{i-1}\}$和$\{y_1, y_2, y_3, \cdots, y_{j-1}\}$的编辑距离再加 ***diff***($i$，$j$)

即可，即 $d[i][j]=d[i-1][j-1]+diff(i, j)$。$d[i-1][j-1]$是 X_{i-1} 和 Y_{j-1} 的最优解。

同理可证。

（2）建立最优值递归式

设 $d[i][j]$表示 X_i 和 Y_j 的编辑距离，则 $d[i][j]$取以上三者对齐方式的最小值。

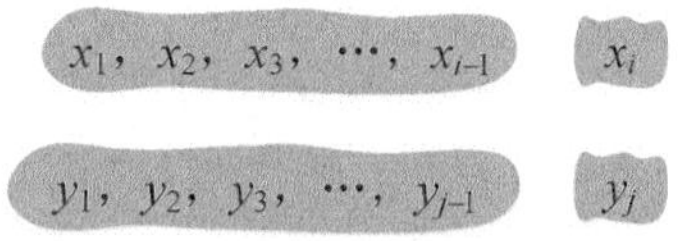

$x_1, x_2, x_3, \cdots, x_{i-1}$ x_i

$y_1, y_2, y_3, \cdots, y_{j-1}$ y_j

图 4-21 编辑距离对齐方式

编辑距离递归式：

$$d[i][j]=\min\{d[i-1][j]+1, d[i][j-1]+1, d[i-1][j-1]+diff(i,j)\}$$

（3）自底向上计算最优值，并记录最优值和最优策略

i=1 时：$\{x_1\}$和$\{y_1, y_2, y_3, \cdots, y_n\}$中的字符一一比较，按递归式求解并记录编辑距离。

i=2 时：$\{x_2\}$和$\{y_1, y_2, y_3, \cdots, y_n\}$中的字符一一比较，按递归式求解并记录编辑距离。

……

$i=m$ 时：$\{x_m\}$和$\{y_1, y_2, y_3, \cdots, y_n\}$中的字符一一比较，按递归式求解并记录编辑距离。

（4）构造最优解

如果仅仅需要知道编辑距离是多少，上面的求解过程得到的编辑距离就是最优值。如果还想知道插入、删除、替换了哪些字母，就需要从 $d[i][j]$表格中倒推，输出这些结果。

4.4.2 算法设计

编辑距离问题满足动态规划的最优子结构性质，可以自底向上逐渐推出整体最优解。

（1）确定合适的数据结构

采用二维数组 $d[][]$来记录编辑距离。

（2）初始化

输入两个字符串 s_1、s_2，初始化 $d[][]$第一行为 0，1，2，…，$len2$，第一列元素为 0，1，2，…，$len1$。

（3）循环阶段

- i=1：$s_1[0]$与 $s_2[j-1]$比较，j=1，2，3，…，$len2$。

如果 $s_1[0]=s_2[j-1]$，$diff[i][j]=0$。

如果 $s_1[0]\neq s_2[j-1]$，则 $diff[i][j]=1$。

$$d[i][j]=\min\{d[i-1][j]+1, d[i][j-1]+1, d[i-1][j-1]+diff(i,j)\}$$

- i=2：$s_1[1]$与 $s_2[j-1]$比较，j=1，2，3，…，$len2$。
- 以此类推，直到 $i>len1$ 时，算法结束，这时 $d[len1][len2]$就是我们要的最优解。

（4）构造最优解

从 ***d***[*i*][*j*]表格中倒推，输出插入、删除、替换了哪些字母。在此没有使用辅助数组，采用判断的方式倒推。

4.4.3 完美图解

以字符串 s_1=" FAMILY"，s_2=" FRAME"为例。

（1）初始化

*len*1=6，*len*2=5，初始化 ***d***[][]第一行为 0，1，2，…，5，第一列元素为 0，1，2，…，6，如图 4-22 所示。

（2）*i*=1：s_1[0]与 s_2[*j*-1]比较，*j*=1，2，3，…，*len*2。即“F”与“FRAME”分别比较一次。如果字符相等，***diff***[*i*][*j*]=0，否则 ***diff***[*i*][*j*] = 1。按照递归公式：

$$\boldsymbol{d}[i][j]=\min\{\boldsymbol{d}[i-1][j]+1,\boldsymbol{d}[i][j-1]+1,\boldsymbol{d}[i-1][j-1]+\boldsymbol{diff}(i,j)\}$$

即取上面+1，左侧+1，左上角数值+***diff***[*i*][*j*]，这 3 个数当中的最小值，相等时取后者。

- *j*=1：F=F，***diff***[1][1]=0，左上角数值+***diff***[1][1]=0，左侧+1=上面+1=2，取 3 个数当中的最小值，***d***[1][1] =0，如图 4-23 所示。

d[ ][ ]		F	R	A	M	E
	0	1	2	3	4	5
F	1					
A	2					
M	3					
I	4					
L	5					
Y	6					

图 4-22 编辑距离求解初始化

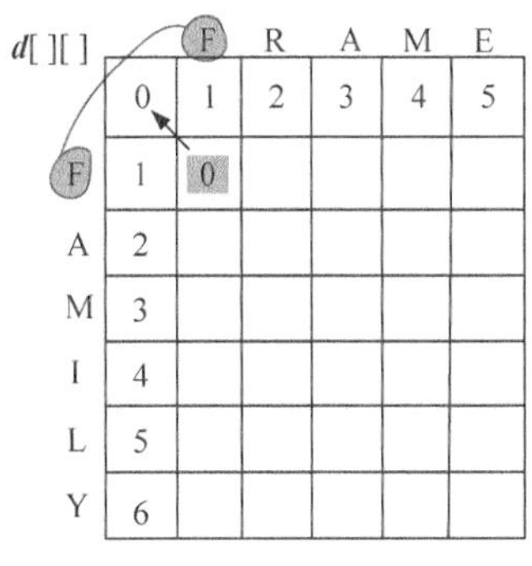

图 4-23 编辑距离求解过程

- *j*=2：F≠R，***diff***[1][2]=1，左上角数值+***diff***[1][2]=2，左侧+1=1，上面+1=3，取 3 个数当中的最小值，***d***[1][2] =1，如图 4-24 所示。
- *j*=3：F≠A，***diff***[1][3]=1，左上角数值+***diff***[1][3]=3，左侧+1=2，上面+1=4，取 3 个数当中的最小值，***d***[1][3] =2，如图 4-25 所示。
- *j*=4：F≠M：***diff***[1][4]=1，左上角数值+***diff***[1][4]=4，左侧+1=3，上面+1=5，取 3 个数当中的最小值，***d***[1][4] =3，如图 4-26 所示。
- *j*=5：F≠E，***diff***[1][5]=1，左上角数值+***diff***[1][5]=5，左侧+1=4，上面+1=6，取 3 个数当中的最小值，***d***[1][5] =4，如图 4-27 所示。

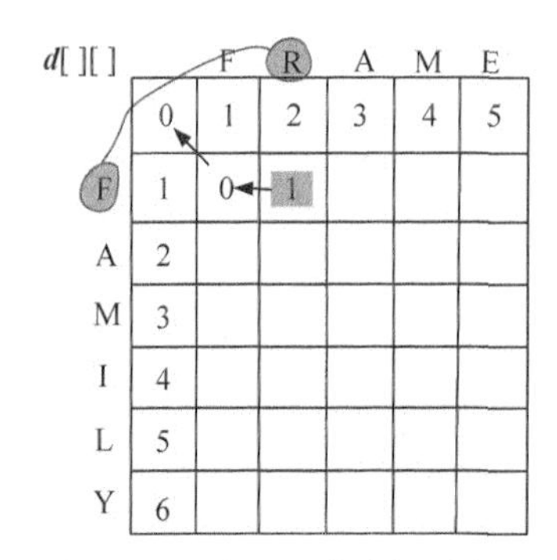

图 4-24　编辑距离求解过程

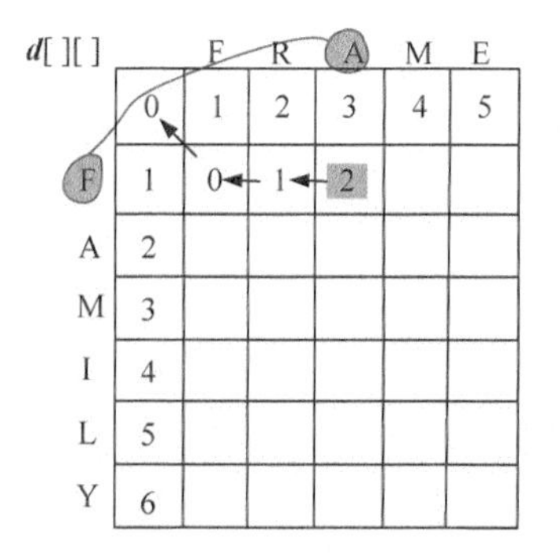

图 4-25　编辑距离求解过程

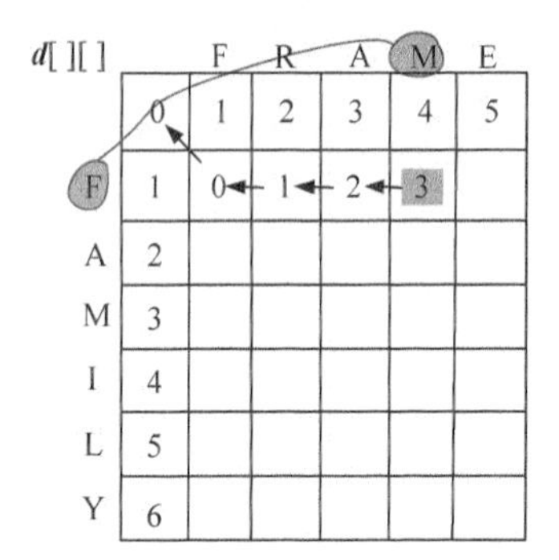

图 4-26　编辑距离求解过程

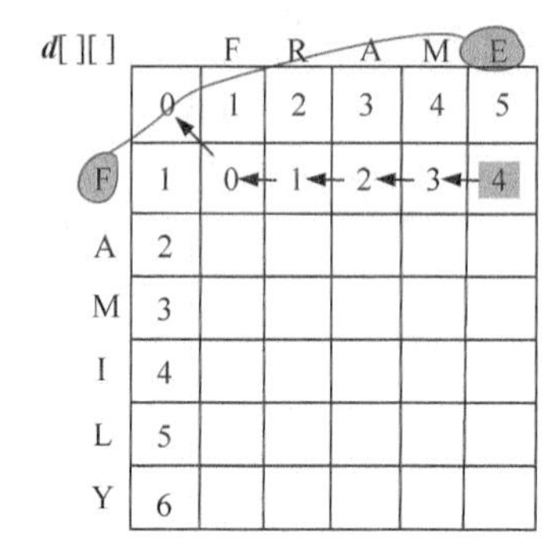

图 4-27　编辑距离求解过程

（3）i=2：$s_1[1]$与$s_2[j-1]$比较，j=1，2，3，…，$len2$。即“A”与“FRAME”分别比较一次。如果字符相等，***diff***[i][j]=0，否则 ***diff***[i][j] = 1。按照递归公式：

$$\boldsymbol{d}[i][j]=\min\{\boldsymbol{d}[i-1][j]+1,\boldsymbol{d}[i][j-1]+1,\boldsymbol{d}[i-1][j-1]+\boldsymbol{diff}(i,j)\}$$

即取上面+1，左侧+1，左上角数值+***diff***[i][j]，这 3 个数当中的最小值，相等时取后者。填写完毕，如图 4-28 所示。

（4）继续处理 i=2，3，…，$len1$：$s_1[i-1]$与 $s_2[j-1]$比较，j=1，2，3，…，$len2$，处理结果如图 4-29 所示。

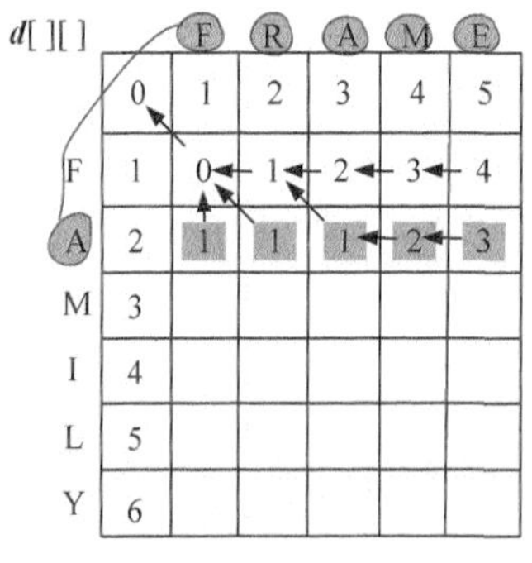

图 4-28　编辑距离求解过程

d[ ][ ]		F	R	A	M	E
	0	1	2	3	4	5
F	1	0	1	2	3	4
A	2	1	1	1	2	3
M	3	2	2	2	1	2
I	4	3	3	3	2	2
L	5	4	4	4	3	3
Y	6	5	5	5	4	4

图 4-29　编辑距离求解结果

（5）构造最优解

从右下角开始，逆向查找 **d**[*i*][*j*]的来源：**上面**（即 **d**[*i*][*j*]=**d**[*i*−1][*j*]+1）表示需要删除，**左侧**（即 **d**[*i*][*j*]=**d**[*i*][*j*−1]+1）表示需要插入，**左上角**（即 **d**[*i*][*j*]=**d**[*i*−1][*j*−1]+**diff**[*i*][*j*]）要判断是否字符相等，如果不相等则需要替换，如果字符相等什么也不做，如图 4-30 所示。为什么是这样呢？不清楚的读者可以回看 4.4.1 节。

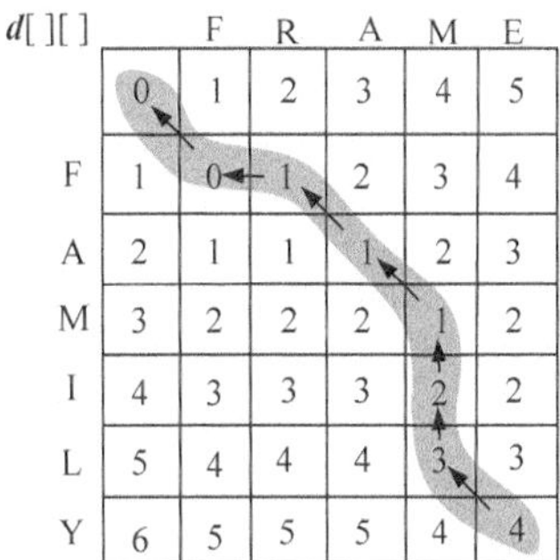

图 4-30 编辑距离最优解构造过程

- 首先读取右下角 **d**[6][5]=4，$s_1[5] \neq s_2[4]$，**d**[6][5]来源于 3 个数当中的最小值：上面+1=4，左侧+1=5，左上角数值+**diff**[*i*][*j*]=4，相等时取后者。来源于左上角，需要替换操作。返回时输出 $s_1[5]$替换为 $s_2[4]$，即“Y”**替换为**“E”。
- 向左上角找 **d**[5][4]=3，$s_1[4] \neq s_2[3]$。**d**[5][4]来源于 3 个数当中的最小值：上面+1=3，左侧+1=5，左上角数值+**diff**[*i*][*j*]=4。来源于上面，需要删除操作。返回时输出删除 $s_1[4]$，即**删除**“L”。
- 向上面找 **d**[4][4]=2，$s_1[3] \neq s_2[3]$。**d**[4][4]来源于 3 个数当中的最小值：上面+1=2，左侧+1=4，左上角数值+**diff**[*i*][*j*]=3。来源于上面，需要删除操作。返回时输出删除 $s_1[3]$，即**删除**“I”。
- 向上面找 **d**[3][4]=1，$s_1[2]=s_2[3]$，不需操作。**d**[3][4]来源于上面+1=3，左侧+1=3，左上角数值+**diff**[*i*][*j*]=13 个数当中的最小值。来源于左上角，因为字符相等什么也不做。返回时不输出。
- 向左上角找 **d**[2][3]=1，$s_1[1]=s_2[2]$，不需操作。**d**[2][3]来源于 3 个数当中的最小值：上面+1=3，左侧+1=2，左上角数值+**diff**[*i*][*j*]=1。来源于左上角，因为字符相等什么也不做。返回时不输出。
- 向左上角找 **d**[1][2]=1，$s_1[0] \neq s_2[1]$。**d**[1][2]来源于 3 个数当中的最小值：上面+1=3，左侧+1=1，左上角数值+**diff**[*i*][*j*]=2。来源于左则，需要插入操作。返回时输出在第 1 个字符之后插入 $s_2[1]$，即**插入**“R”。
- 向左则找 **d**[1][1]=0，$s_1[0]=s_2[0]$。**d**[1][1]来源于 3 个数当中的最小值：上面+1=2，左侧+1=2，左上角数值+**diff**[*i*][*j*]=0。来源于左上角，因为字符相等什么也不做。返回时不输出。
- 行或列为 0 时，算法停止。

4.4.4 伪代码详解

编辑距离求解函数：首先计算两个字符串的长度，然后从 *i*=1 开始，比较 $s_1[0]$和 $s_2[]$中的每一个字符，如果字符相等，*diff*[*i*][*j*]=0，否则 *diff*[*i*][*j*]=1。因为这个值不需要记录，仅在公式表达时用数组表示，在程序设计时只用一个变量 *diff* 就可以了。

取上面+1（即 $d[i][j]=d[i-1][j]+1$），左侧+1（即 $d[i][j]=d[i][j-1]+1$），左上角数值+$diff[i][j]$（即 $d[i][j]=d[i-1][j-1]+diff[i][j]$）三者当中的最小值，相等时取后者。

直到 $i>len1$ 时，算法结束，这时 $d[len1][len2]$就是我们要的编辑距离。

```
int editdistance(char *str1, char *str2)
{
     int len1 = strlen(str1);        //计算字符串长度
     int len2 = strlen(str2);
     for(int i=0;i<=len1;i++)        //当第二个串长度为 0，编辑距离初始化为 i
          d[i][0]= i;
     for(int j=0;j<=len2;j++)        //当第一个串长度为 0，编辑距离初始化为 j
          d[0][j]=j;
     for(int i=1;i <=len1;i++)       //遍历两个字符串
     {
          for(int j=1;j<=len2;j++)
          {
               int diff;//判断 str[i]是否等于 str2[j],相等为 0，不相等为 1
               if(str1[i-1] == str2[j-1]) //相等
                     diff = 0 ;
               else
                     diff = 1 ;
               int temp = min(d[i-1][j] + 1, d[i][j-1] + 1);//先两者取最小值
               d[i][j] = min(temp, d[i-1][j-1] + diff);//再取最小值,
                     //相当于三者取最小值 d[i-1][j]+1, d[i][j-1]+1, d[i-1][j-1]+diff
          }
     }
     return d[len1][len2];
}
```

4.4.5 实战演练

```
//program 4-2
#include <iostream>
#include <cstring>
using namespace std;
const int N=100;
char str1[N],str2[N];
int d[N][N]; //d[i][j]表示 str1 前 i 个字符和 str2 前 j 个字符的编辑距离。

int min(int a, int b)
{
     return a<b?a:b;//返回较小的值
}
int editdistance (char *str1, char *str2)
{
     int len1 = strlen(str1); //计算字符串长度
     int len2 = strlen(str2);
```

```
    for(int i=0;i<=len1;i++)//当第二个串长度为 0，编辑距离初始化为 i
        d[i][0]= i;
    for(int j=0;j<=len2;j++)//当第一个串长度为 0，编辑距离初始化为 j
        d[0][j]=j;
    for(int i=1;i <=len1;i++)//遍历两个字符串
    {
        for(int j=1;j<=len2;j++)
        {
            int diff;//判断 str[i]是否等于 str2[j],相等为 0，不相等为 1
            if(str1[i-1] == str2[j-1])//相等
                diff = 0 ;
            else
                diff = 1 ;
            int temp = min(d[i-1][j] + 1, d[i][j-1] + 1);//先两者取最小值
            d[i][j] = min(temp, d[i-1][j-1] + diff);//再取最小值,
                //相当于三者取最小值 d[i-1][j] + 1, d[i][j-1] + 1, d[i-1][j-1] + diff
        }
    }
    return d[len1][len2];
}
int main()
{
    cout << "输入字符串 str1: "<<endl;
    cin >> str1;
    cout << "输入字符串 str2: "<<endl;
    cin >> str2;
    cout << str1<< "和"<<str2<<"的编辑距离是: "<<editdistance (str1,str2);
    return 0;
}
```

算法实现和测试

（1）运行环境

Code::Blocks

（2）输入

```
输入字符串 str1:
family
输入字符串 str2:
frame
```

（3）输出

```
family 和 frame 的编辑距离是: 4
```

4.4.6 算法解析及优化拓展

1. 算法复杂度分析

（1）时间复杂度：算法有两个 for 循环，一个双重 for 循环。如果两个字符串的长度分

别是 m、n，前两个 for 循环时间复杂度为 $O(n)$和 $O(m)$，双重 for 循环时间复杂度为 $O(n*m)$，所以总的时间复杂度为 $O(n*m)$。

（2）空间复杂度：使用了 **d**[][]数组，空间复杂度为 $O(n*m)$。

2. 算法优化拓展

大家可以动手实现构造最优解部分，可以直接倒推，也可以在程序开始使用辅助数组记录来源，然后倒推。

想一想还有没有更好的算法求解呢？

4.5 长江一日游——游艇租赁

长江游艇俱乐部在长江上设置了 n 个游艇出租站，游客可以在这些游艇出租站租用游艇，并在下游的任何一个游艇出租站归还游艇。游艇出租站 i 到游艇出租站 j 之间的租金为 $\boldsymbol{r}(i, j)$，$1 \leqslant i < j \leqslant n$。试设计一个算法，计算从游艇出租站 i 到出租站 j 所需的最少租金。

图 4-31　游艇租赁

4.5.1 问题分析

长江游艇俱乐部在长江上设置了 n 个游艇出租站，游客可以在这些出租站租用游艇，并在下游的任何一个游艇出租站归还游艇。游艇出租站 i 到游艇出租站 j 之间的租金为 $\boldsymbol{r}(i, j)$。现在要求出从游艇出租站 1 到游艇出租站 n 所需的最少的租金。

当要租用游艇从一个站到另外一个站时，中间可能经过很多站点，不同的停靠站策略就有不同的租金。那么我们可以考虑该问题，从第 1 站到第 n 站的最优解是否一定包含前 $n-1$ 的最优解，即是否具有最优子结构和重叠性。如果是，就可以利用动态规划进行求解。

如果我们穷举所有的停靠策略，例如一共有 10 个站点，当求子问题 4 个站点的停靠策略时，子问题有（1，2，3，4），（2，3，4，5），（3，4，5，6），（4，5，6，7），（5，6，7，8），（6，7，8，9），（7，8，9，10）。如果再求其子问题 3 个站点的停靠策略，（1，2，3，4）产生两个子问题：（1，2，3），（2，3，4）。（2，3，4，5）产生两个子问题：（2，3，4），（3，4，5）。如果再继续求解子问题，会发现有大量的子问题重叠，其算法时间复杂度为 2^n，暴力穷举的办法是很不可取的。

下面分析第 i 个站点到第 j 个站点（i，i+1，…，j）的最优解（最少租金）问题，考查是否具有最优子结构性质。

（1）分析最优解的结构特征

- 假设我们已经知道了在第 k 个站点停靠会得到最优解，那么原问题就变成了两个子问题：（i，i+1，…，k）、（k，k+1，…，j）。如图 4-32 所示。
- 那么原问题的最优解是否包含子问题的最优解呢？

i，i+1，…，k　　k，k+1，…，j

图 4-32　分解为两个子问题

假设第 i 个站点到第 j 个站点（i，i+1，…，j）的最优解是 c，子问题（i，i+1，…，k）的最优解是 a，子问题（k，k+1，…，j）的最优解是 b，那么 $c=a+b$，无论两个子问题的停靠策略如何都不影响它们的结果，因此我们只需要证明如果 c 是最优的，则 a 和 b 一定是最优的（即原问题的最优解包含子问题的最优解）。

反证法：如果 a 不是最优的，子问题（i，i+1，…，k）存在一个最优解 a'，$a'<a$，那么 $a'+b<c$，所以 c 不是最优的，这与假设 c 是最优的矛盾，因此如果 c 是最优的，则 a 一定是最优的。同理可证 b 也是最优的。因此如果 c 是最优的，则 a 和 b 一定是最优的。

因此，该问题具有最优子结构性质。

（2）建立最优值的递归式

- 用 $\boldsymbol{m}[i][j]$表示第 i 个站点到第 j 个站点（i，i+1，…，j）的最优值（最少租金），那么两个子问题：（i，i+1，…，k）、（k，k+1，…，j）对应的最优值分别是 $\boldsymbol{m}[i][k]$、$\boldsymbol{m}[k][j]$。
- 游艇租金最优值递归式：

当 $j=i$ 时，只有 1 个站点，$\boldsymbol{m}[i][j]=0$。

当 $j=i+1$ 时，只有 2 个站点，$\boldsymbol{m}[i][j]=\boldsymbol{r}[i][j]$。

当 $j>i+1$ 时，有 3 个以上站点，$\boldsymbol{m}[i][j]=\min\limits_{i<k<j}\{\boldsymbol{m}[i][k]+\boldsymbol{m}[k][j],\boldsymbol{r}[i][j]\}$。

整理如下。

$$m[i][j]=\begin{cases}0 & ,j=i\\ r[i][j] & ,j=i+1\\ \min\limits_{i<k<j}\{m[i][k]+m[k][j],r[i][j]\} & ,j>i+1\end{cases}$$

（3）自底向上计算最优值，并记录

先求两个站点之间的最优值，再求 3 个站点之间的最优值，直到 n 个站点之间的最优值。

（4）构造最优解

上面得到的最优值只是第 1 个站点到第 n 个站点之间的最少租金，并不知道停靠了哪些站点，我们需要从记录表中还原，逆向构造出最优解。

4.5.2 算法设计

采用自底向上的方法求最优值，分为不同规模的子问题，对于每一个小的子问题都求最优值，记录最优策略，具体策略如下。

（1）确定合适的数据结构

采用二维数组 ***r***[][]输入数据，二维数组 ***m***[][]存放各个子问题的最优值，二维数组 ***s***[][]存放各个子问题的最优决策（停靠站点）。

（2）初始化

根据递推公式，可以把 ***m***[*i*][*j*]初始化为 ***r***[*i*][*j*]，然后再找有没有比 ***m***[*i*][*j*]小的值，如果有，则记录该最优值和最优解即可。初始化为：***m***[*i*][*j*]=***r***[*i*][*j*]，***s***[*i*][*j*]=0，其中，i=1，2，…，n，j=i+1，i+2，…，n。

（3）循环阶段

- 按照递归关系式计算 3 个站点 i，i+1，j（j=i+2）的最优值，并将其存入 ***m***[*i*][*j*]，同时将最优策略记入 ***s***[*i*][*j*]，i=1，2，…，n−2。
- 按照递归关系式计算 4 个站点 i，i+1，i+2，j（j=i+3）的最优值，并将其存入 ***m***[*i*][*j*]，同时将最优策略记入 ***s***[*i*][*j*]，i=1，2，…，n−3。
- 以此类推，直到求出 n 个站点的最优值 ***m***[1][*n*]。

（4）构造最优解

根据最优决策信息数组 ***s***[][]递归构造最优解。***s***[1][*n*]是第 1 个站点到第 n 个站点（1，2，…，n）的最优解的停靠站点，即停靠了第 ***s***[1][*n*]个站点，我们在递归构造两个子问题（1，2，…，k）和（k，k+1，…，n）的最优解停靠站点，一直递归到子问题只包含一个站点为止。

4.5.3 完美图解

长江游艇俱乐部在长江上设置了 6 个游艇出租站，如图 4-33 所示。游客可以在这些出租站租用游艇，并在下游的任何一个游艇出租站归还游艇。游艇出租站 i 到游艇出租站 j 之间的租金为 ***r***（i，j），如图 4-34 所示。

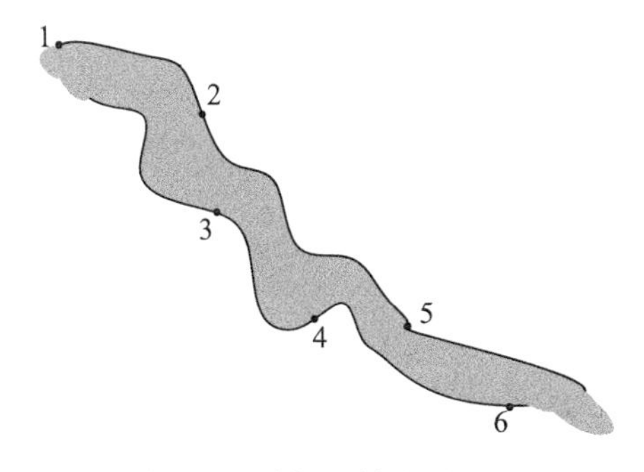

图 4-33 游艇租赁地图

r[ ][ ]	1	2	3	4	5	6
1		2	6	9	15	20
2			3	5	11	18
3				3	6	12
4					5	8
5						6
6						

图 4-34 各站点之间的游艇租金

（1）初始化

节点数 n=6，$\boldsymbol{m}[i][j]$=$\boldsymbol{r}[i][j]$，$\boldsymbol{s}[i][j]$=0，其中，i=1，2，…，n，j=i+1，i+2，…，n。如图 4-35 所示。

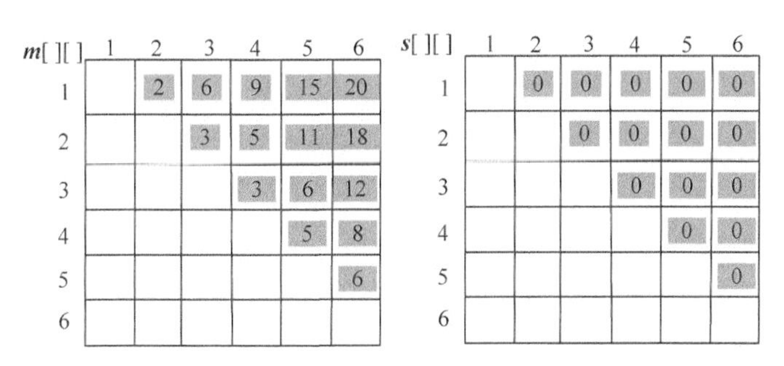

m[ ][ ]	1	2	3	4	5	6
1		2	6	9	15	20
2			3	5	11	18
3				3	6	12
4					5	8
5						6
6						

s[ ][ ]	1	2	3	4	5	6
1		0	0	0	0	0
2			0	0	0	0
3				0	0	0
4					0	0
5						0
6						

图 4-35 游艇租赁问题初始化

（2）计算 3 个站点 i，i+1，j（j=i+2）的最优值，并将其存入 $\boldsymbol{m}[i][j]$，同时将最优策略记入 $\boldsymbol{s}[i][j]$，i=1，2，3，4。

- $i = 1$，j=3：$\boldsymbol{m}[1][2]+\boldsymbol{m}[2][3]=5<\boldsymbol{m}[1][3]=6$，更新 $\boldsymbol{m}[1][3]=5$，$\boldsymbol{s}[1][3]=2$。
- $i = 2$，j=4：$\boldsymbol{m}[2][3]+\boldsymbol{m}[3][4]=6>\boldsymbol{m}[2][4]=5$，不做改变。
- $i = 3$，j=5：$\boldsymbol{m}[3][4]+\boldsymbol{m}[4][5]=8>\boldsymbol{m}[3][5]=6$，不做改变。
- $i = 4$，j=6：$\boldsymbol{m}[4][5]+\boldsymbol{m}[5][6]=11>\boldsymbol{m}[4][6]=8$，不做改变。

如图 4-36 所示。

（3）计算 4 个站点 i，i+1，i+2，j（j=i+3）的最优值，并将其存入 $\boldsymbol{m}[i][j]$，同时将最优策略记入 $\boldsymbol{s}[i][j]$，i=1，2，3。

- $i = 1$，j=4：

$$\min\begin{cases} k=2 & \boldsymbol{m}[1][2]+\boldsymbol{m}[2][4]=7 \\ k=3 & \boldsymbol{m}[1][3]+\boldsymbol{m}[3][4]=8 \end{cases}$$；原值 $\boldsymbol{m}[1][4]=9$，更新 $\boldsymbol{m}[1][4]=7$，$\boldsymbol{s}[1][4]=2$。

m[ ][ ]	1	2	3	4	5	6
1		2	5	9	15	20
2			3	5	11	18
3				3	6	12
4					5	8
5						6
6						

s[ ][ ]	1	2	3	4	5	6
1		0	2	0	0	0
2			0	0	0	0
3				0	0	0
4					0	0
5						0
6						

图 4-36　游艇租赁问题求解过程

- $i=2$，$j=5$：

$$\min\begin{cases} k=3 & \boldsymbol{m}[2][3]+\boldsymbol{m}[3][5]=9 \\ k=4 & \boldsymbol{m}[2][4]+\boldsymbol{m}[4][5]=10 \end{cases}$$；原值 **m**[2][5]=11，更新 **m**[2][5]=9，**s**[2][5]=3。

- $i=3$，$j=6$：

$$\min\begin{cases} k=4 & \boldsymbol{m}[3][4]+\boldsymbol{m}[4][6]=11 \\ k=5 & \boldsymbol{m}[3][5]+\boldsymbol{m}[5][6]=12 \end{cases}$$；原值 **m**[3][6]=12，更新 **m**[3][6]=11，**s**[3][6]=4。

如图 4-37 所示。

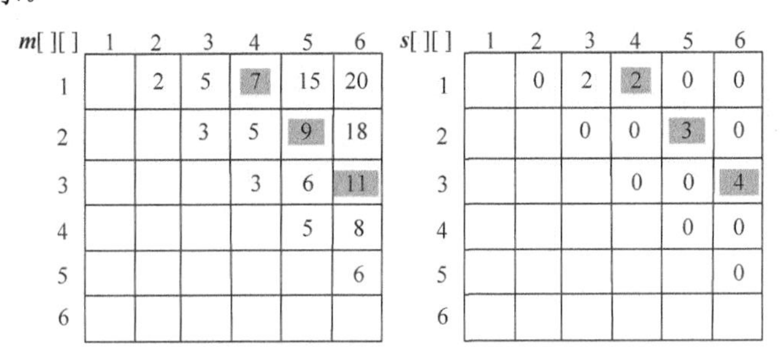

m[ ][ ]	1	2	3	4	5	6
1		2	5	7	15	20
2			3	5	9	18
3				3	6	11
4					5	8
5						6
6						

s[ ][ ]	1	2	3	4	5	6
1		0	2	2	0	0
2			0	0	3	0
3				0	0	4
4					0	0
5						0
6						

图 4-37　游艇租赁问题求解过程

（4）计算 5 个站点 i，i+1，i+2，i+3，j（j=i+4）的最优值，并将其存入 **m**[i][j]，同时将最优策略记入 **s**[i][j]，i=1、2。

- $i=1$，$j=5$：

$$\min\begin{cases} k=2 & \boldsymbol{m}[1][2]+\boldsymbol{m}[2][5]=11 \\ k=3 & \boldsymbol{m}[1][3]+\boldsymbol{m}[3][5]=11 \\ k=4 & \boldsymbol{m}[1][4]+\boldsymbol{m}[4][5]=12 \end{cases}$$；原值 **m**[1][5]=15，更新 **m**[1][5]=11，**s**[1][5]=2。

- $i=2$，$j=6$：

$$\min\begin{cases} k=3 & \boldsymbol{m}[2][3]+\boldsymbol{m}[3][6]=14 \\ k=4 & \boldsymbol{m}[2][4]+\boldsymbol{m}[4][6]=13 \\ k=5 & \boldsymbol{m}[2][5]+\boldsymbol{m}[5][6]=15 \end{cases}$$；原值 **m**[2][6]=18，更新 **m**[2][6]=13，**s**[2][6]=4。

如图 4-38 所示。

m[ ][ ]	1	2	3	4	5	6
1		2	5	7	11	20
2			3	5	9	13
3				3	6	11
4					5	8
5						6
6						

s[ ][ ]	1	2	3	4	5	6
1		0	2	2	2	0
2			0	0	3	4
3				0	0	4
4					0	0
5						0
6						

图 4-38 游艇租赁问题求解过程

（5）计算 6 个站点 i，i+1，i+2，i+3，i+4，j（j=i+4）的最优值，并将其存入 **m**[i][j]，同时将最优策略记入 **s**[i][j]，i=1。

- $i = 1$，j=6：

$$\min\begin{cases} k=2 & \boldsymbol{m}[1][2]+\boldsymbol{m}[2][6]=15 \\ k=3 & \boldsymbol{m}[1][3]+\boldsymbol{m}[3][6]=16 \\ k=4 & \boldsymbol{m}[1][4]+\boldsymbol{m}[4][6]=15 \\ k=5 & \boldsymbol{m}[1][5]+\boldsymbol{m}[5][6]=17 \end{cases}$$

；原值 **m**[1][6]=20，更新 **m**[1][6]=15，**s**[1][6]=2。

如图 4-39 所示。

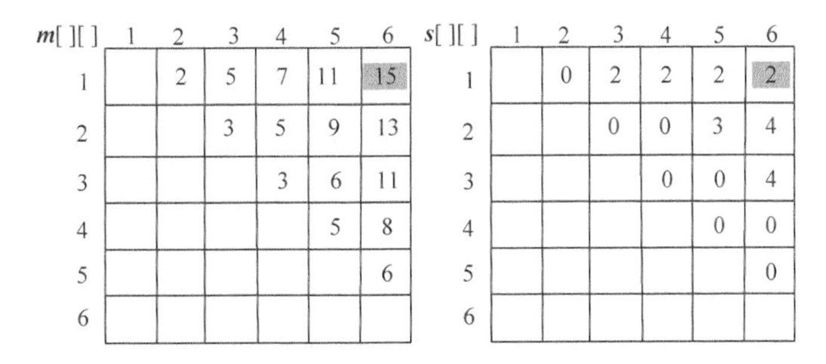

m[ ][ ]	1	2	3	4	5	6
1		2	5	7	11	15
2			3	5	9	13
3				3	6	11
4					5	8
5						6
6						

s[ ][ ]	1	2	3	4	5	6
1		0	2	2	2	2
2			0	0	3	4
3				0	0	4
4					0	0
5						0
6						

图 4-39 游艇租赁问题求解过程

（6）构造最优解

根据存储表格 **s**[][]中的数据来构造最优解，即停靠的站点。

首先输出出发站点 1；读取 **s**[1][6]=2，表示在 2 号站点停靠，即分解为两个子问题：（1，2）和（2，3，4，5，6）。

先看第一个子问题（1，2）：读取 **s**[1][2]=0，表示没有停靠任何站点，直接到达 2，输出 2。

再看第二个子问题（2，3，4，5，6）：读取**s**[2][6]=4，表示在4号站点停靠，即分解为两个子问题：（2，3，4）和（4，5，6）。

先看子问题（2，3，4）：读取**s**[2][4]=0，表示没有停靠任何站点，直接到达4，输出4。

再看子问题（4，5，6）：读取**s**[4][6]=0，表示没有停靠任何站点，直接到达6，输出6。

最终答案是：1——2——4——6。

4.5.4 伪代码详解

（1）最少租金求解函数

设计中*n*表示有*n*个出租站，设置二维数组**m**[][]，初始化时用来记录从*i*到*j*之间的租金**r**[][]，在不同规模的子问题（*d*=3，4，…，*n*）中，按照递推公式计算，如果比原值**m**[][]小，则更新**m**[][]，同时用**s**[][]记录停靠的站点号，直接最后得到的**r**[1][*n*]即为最后的结果。

```
void rent()
{
     int i,j,k,d;
     for(d=3;d<=n;d++) //将问题分为小规模 d
     {
          for(i=1;i<=n-d+1;i++)
               {
                    j=i+d-1;
                    for(k=i+1;k<j;k++)  //记录每一个小规模内的最优解
                    {
                         int temp;
                         temp=m[i][k]+m[k][j];
                         if(temp<m[i][j])
                              {
                                m[i][j]=temp;
                                s[i][j]=k;
                              }
                    }
               }
     }
}
```

（2）最优解构造函数

根据**s**[][]数组构造最优解，**s**[*i*][*j*]将问题分解为两个子问题（*i*，…，**s**[*i*][*j*]）、（**s**[*i*][*j*]，…，*j*），递归求解这两个子问题。当**s**[*i*][*j*]=0时，说明中间没有经过任何站点，直达站点*j*，输入*j*，返回即可。

```
void print(int i,int j)
{
     if(s[i][j]==0 )
     {
          cout << "--"<<j;
          return ;
```

```
        }
        print(i,s[i][j]);
        print(s[i][j],j);
}
```

4.5.5 实战演练

```
//program 4-3
#include<iostream>
using namespace std;
const int ms = 1000;
int r[ms][ms],m[ms][ms],s[ms][ms];      //i 到 j 站的租金
int n;              //共有 n 个站点
void rent()
{
      int i,j,k,d;
      for(d=3;d<=n;d++) //将问题分为小规模为 d
      {
          for(i=1;i<=n-d+1;i++)
                {
                     j=i+d-1;
                     for(k=i+1;k<j;k++)   //记录每一个小规模内的最优解
                     {
                          int temp;
                          temp=m[i][k]+m[k][j];
                          if(temp<m[i][j])
                                {
                                   m[i][j]=temp;
                                   s[i][j]=k;
                                }
                     }
                }
      }
}
void print(int i,int j)
{
      if(s[i][j]==0 )
      {
          cout << "--"<<j;
          return ;
      }
      print(i,s[i][j]);
      print(s[i][j],j);
}
int main()
{
      int i,j;
      cout << "请输入站点的个数 n: ";
      cin >> n;
      cout << "请依次输入各站点之间的租金: ";
      for(i=1;i<=n;i++)
           for(j=i+1;j<=n;++j)
```

```
            {
                cin>>r[i][j];
                m[i][j]=r[i][j];
            }
        rent();
        cout << "花费的最少租金为：" <<m[1][n] << endl;
        cout <<"最少租金经过的站点："<<1;
        print(1,n);
        return 0;
}
```

算法实现和测试

（1）运行环境

Code::Blocks

Visual C++ 6.0

（2）输入

```
请输入站点的个数 n：6
请依次输入各站点之间的租金：2 6 9 15 20 3 5 11 18 3 6 12 5 8 6
```

（3）输出

```
花费的最少租金为：15
最少租金经过的站点：1--2--4--6
```

4.5.6 算法解析及优化拓展

1. 算法复杂度分析

（1）时间复杂度：由程序可以得出：语句 *temp*=***m***[*i*][*k*]+***m***[*k*][*j*]，它是算法的基本语句，在 3 层 for 循环中嵌套，最坏情况下该语句的执行次数为 $O(n^3)$，*print*()函数算法的时间主要取决于递归，最坏情况下时间复杂度为 $O(n)$。故该程序的时间复杂度为 $O(n^3)$。

（2）空间复杂度：该程序的输入数据的数组为 ***r***[][]，辅助变量为 *i*、*j*、*r*、*t*、*k*、***m***[][]、***s***[][]，空间复杂度取决于辅助空间，该程序的空间复杂度为 $O(n^2)$。

2. 算法优化拓展

如果只是想得到最优值（最少的租金），则不需要 ***s***[][]数组；***m***[][]数组也可以省略，直接在 ***r***[][]数组上更新即可，这样空间复杂度减少为 $O(1)$。

4.6 快速计算——矩阵连乘

给定 n 个矩阵{$\boldsymbol{A}_1$，$\boldsymbol{A}_2$，$\boldsymbol{A}_3$，…，$\boldsymbol{A}_n$}，其中，$\boldsymbol{A}_i$ 和 $\boldsymbol{A}_{i+1}$（i=1，2，…，n−1）是可乘的。

矩阵乘法如图 4-40 所示。用加括号的方法表示矩阵连乘的次序，不同的计算次序计算量（乘法次数）是不同的，找出一种加括号的方法，使得矩阵连乘的计算量最小。

例如：

A_1 是 $M_{5\times10}$ 的矩阵；

A_2 是 $M_{10\times100}$ 的矩阵；

A_3 是 $M_{100\times2}$ 的矩阵。

那么有两种加括号的方法：

（1）$(A_1A_2)A_3$；

（2）$A_1(A_2A_3)$。

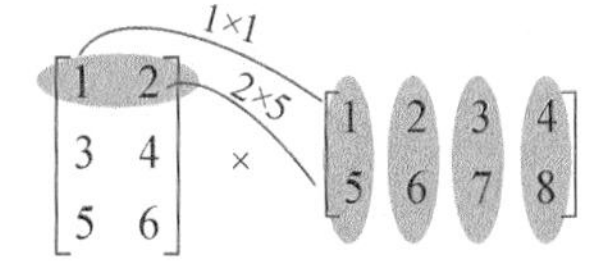

$$= \begin{bmatrix} 1\times1+2\times5 & 1\times2+2\times6 & 1\times3+2\times7 & 1\times4+2\times8 \\ 3\times1+4\times5 & 3\times2+4\times6 & 3\times3+4\times7 & 3\times4+4\times8 \\ 5\times1+6\times5 & 5\times2+6\times6 & 5\times3+6\times7 & 5\times4+6\times8 \end{bmatrix}$$

图 4-40 矩阵乘法

第 1 种加括号方法运算量：5 × 10 × 100+5 × 100 × 2=6000。

第 2 种加括号方法运算量：10 × 100 × 2+5 × 10 × 2=2100。

可以看出，不同的加括号办法，矩阵乘法的运算次数可能有巨大的差别！

4.6.1 问题分析

矩阵连乘问题就是对于给定 n 个连乘的矩阵，找出一种加括号的方法，使得矩阵连乘的计算量（乘法次数）最小。

看到这个问题，我们需要了解以下内容。

（1）什么是矩阵可乘？

如果两个矩阵，**第 1 个矩阵的列等于第 2 个矩阵的行时，那么这两个矩阵是可乘的。**如图 4-41 所示。

（2）矩阵相乘后的结果是什么？

从图 4-41 可以看出，两个矩阵相乘的结果矩阵，其行、列分别等于第 1 个矩阵的行、第 2 个矩阵的列。如果有很多矩阵相乘呢？如图 4-42 所示。

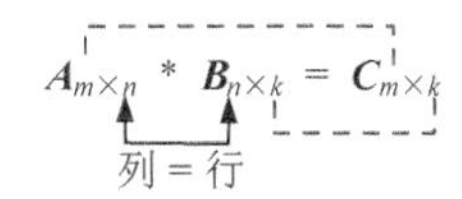

图 4-41 两个矩阵相乘

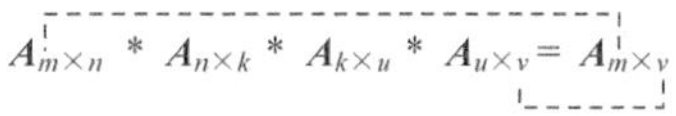

$$A_{m\times n} * A_{n\times k} * A_{k\times u} * A_{u\times v} = A_{m\times v}$$

图 4-42 多个矩阵相乘

多个矩阵相乘的结果矩阵，其行、列分别等于第 1 个矩阵的行、最后 1 个矩阵的列。而且无论矩阵的计算次序如何都不影响它们的结果矩阵。

（3）两个矩阵相乘需要多少次乘法？

例如两个矩阵 $A_{3\times2}$、$B_{2\times4}$ 相乘，结果为 $C_{3\times4}$ 要怎么计算呢？

A 矩阵第 1 行第 1 个数 $*B$ 矩阵第 1 列第 1 个数：1×2；

A 矩阵第 1 行第 2 个数 * ***B*** 矩阵第 1 列第 2 个数：2×3；

两者相加存放在 C 矩阵第 1 行第 1 列：1×2+2×3。

A 矩阵第 1 行第 1 个数 * ***B*** 矩阵第 2 列第 1 个数：1×4；

A 矩阵第 1 行第 2 个数 * ***B*** 矩阵第 2 列第 2 个数：2×6；

两者相加存放在 C 矩阵第 1 行第 2 列：1×4+2×6。

A 矩阵第 1 行第 1 个数 * ***B*** 矩阵第 3 列第 1 个数：1×5；

A 矩阵第 1 行第 2 个数 * ***B*** 矩阵第 3 列第 2 个数：2×9；

两者相加存放在 C 矩阵第 1 行第 3 列：1×5+2×9。

A 矩阵第 1 行第 1 个数 * ***B*** 矩阵第 4 列第 1 个数：1×8；

A 矩阵第 1 行第 2 个数 * ***B*** 矩阵第 4 列第 2 个数：2×10；

两者相加存放在 C 矩阵第 1 行第 4 列：1×8+2×10。

其他行以此类推。

计算结果如图 4-43 所示。

可以看出，结果矩阵中每个数都执行了两次乘法运算，有 3×4=12 个数，一共需要执行 2×3×4=24 次，两个矩阵 $A_{3\times2}$、$A_{2\times4}$ 相乘执行乘法运算的次数为 3×2×4。因此，$A_{m\times n}$、$A_{n\times k}$ 相乘执行乘法运算的次数为 $m*n*k$。

如果穷举所有的加括号方法，那么加括号的所有方案是一个卡特兰数序列，其算法时间复杂度为 2^n，是指数阶。因此穷举的办法是很糟的，那么能不能用动态规划呢？

下面分析矩阵连乘问题 $A_iA_{i+1}\cdots A_j$ 是否具有最优子结构性质。

（1）分析最优解的结构特征

- 假设我们已经知道了在第 k 个位置加括号会得到最优解，那么原问题就变成了两个子问题：（$A_iA_{i+1}\cdots A_k$），（$A_{k+1}A_{k+2}\cdots A_j$），如图 4-44 所示。

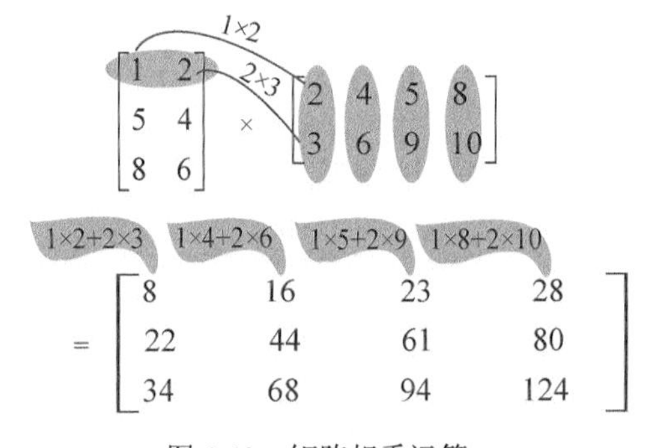

图 4-43 矩阵相乘运算

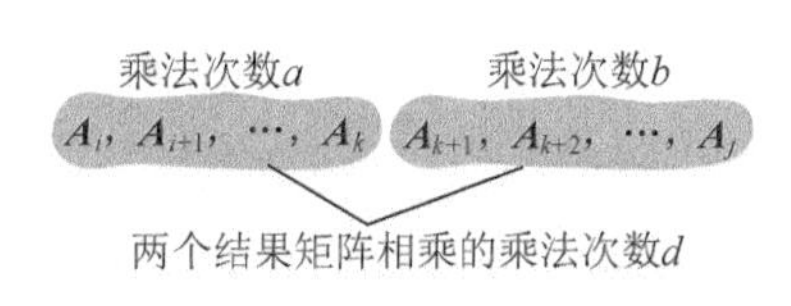

图 4-44 分解为两个子问题

原问题的最优解是否包含子问题的最优解呢？

- 假设 $A_iA_{i+1}\cdots A_j$ 的乘法次数是 c，（$A_iA_{i+1}\cdots A_k$）的乘法次数是 a，（$A_{k+1}A_{k+2}\cdots A_j$）的乘

法次数是 b，($A_iA_{i+1}\cdots A_k$) 和 ($A_{k+1}A_{k+2}\cdots A_j$) 的结果矩阵相乘的乘法次数是 d，那么 $c=a+b+d$，无论两个子问题 ($A_iA_{i+1}\cdots A_k$)、($A_{k+1}A_{k+2}\cdots A_j$) 的计算次序如何，都不影响它们结果矩阵，两个结果矩阵相乘的乘法次数 d 不变。因此我们只需要证明如果 c 是最优的，则 a 和 b 一定是最优的（即原问题的最优解包含子问题的最优解）。

反证法： 如果 a 不是最优的，($A_iA_{i+1}\cdots A_k$) 存在一个最优解 a'，$a'<a$，那么，$a'+b+d<c$，所以 c 不是最优的，这与假设 c 是最优的矛盾，因此如果 c 是最优的，则 a 一定是最优的。同理可证 b 也是最优的。因此如果 c 是最优的，则 a 和 b 一定是最优的。

因此，矩阵连乘问题具有最优子结构性质。

（2）建立最优值递归式

- 用 $\boldsymbol{m}[i][j]$ 表示 $A_iA_{i+1}\cdots A_j$ 矩阵连乘的最优值，那么两个子问题 ($A_iA_{i+1}\cdots A_k$)、($A_{k+1}A_{k+2}\cdots A_j$) 对应的最优值分别是 $\boldsymbol{m}[i][k]$、$\boldsymbol{m}[k+1][j]$。剩下的只需要考查 ($A_iA_{i+1}\cdots A_k$) 和 ($A_{k+1}A_{k+2}\cdots A_j$) 的结果矩阵相乘的乘法次数了。
- 设矩阵 A_m 的行数为 p_m，列数为 q_m，$m=i$，$i+1$，…，j，且矩阵是可乘的，即相邻矩阵前一个矩阵的列等于下一个矩阵的行 ($q_m=p_{m+1}$)。($A_iA_{i+1}\cdots A_k$) 的结果是一个 $p_i\times q_k$ 矩阵，($A_{k+1}A_{k+2}\cdots A_j$) 的结果是一个 $p_{k+1}*q_j$ 矩阵，$q_k=p_{k+1}$，两个结果矩阵相乘的乘法次数是 $p_i*p_{k+1}*q_j$。如图 4-45 所示。
- 矩阵连乘最优值递归式：

当 $i=j$ 时，只有一个矩阵，$\boldsymbol{m}[i][j]=0$；

当 $i<j$ 时，$\boldsymbol{m}[i][j]=\min\limits_{i\leqslant k<j}\{\boldsymbol{m}[i][k]+\boldsymbol{m}[k+1][j]+p_ip_{k+1}q_j\}$

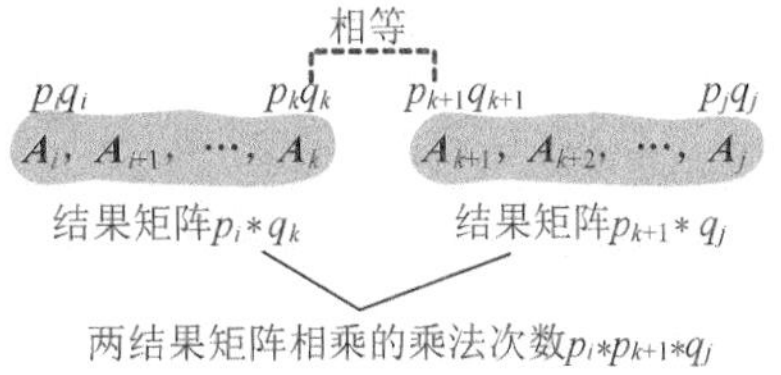

图 4-45　结果矩阵乘法次数

如果用一维数组 p[]来记录矩阵的行和列，第 i 个矩阵的行数存储在数组的第 $i-1$ 位置，列数存储在数组的第 i 位置，那么 $p_i*p_{k+1}*q_j$ 对应的数组元素相乘为 $p[i-1]*p[k]*p[j]$，原递归式变为：

$$\boldsymbol{m}[i][j]=\begin{cases}0 & ,\ i=j\\ \min\limits_{i\leqslant k<j}\{\boldsymbol{m}[i][k]+\boldsymbol{m}[k+1][j]+p[i-1]*p[k]*p[j]\} & ,\ i<j\end{cases}$$

（3）自底向上计算并记录最优值

先求两个矩阵相乘的最优值，再求 3 个矩阵相乘的最优值，直到 n 个矩阵连乘的最优值。

（4）构造最优解

上面得到的最优值只是矩阵连乘的最小的乘法次数，并不知道加括号的次序，需要从记录表中还原加括号次序，构造出最优解，例如 A_1 (A_2A_3)。

这个问题是一个动态规划求矩阵连乘最小计算量的问题，将问题分为小规模的问题，自底向上，将规模放大，直到得到所求规模的问题的解。

4.6.2 算法设计

采用自底向上的方法求最优值，对于每一个小规模的子问题都求最优值，并记录最优策略（加括号位置），具体算法设计如下。

（1）确定合适的数据结构

采用一维数组 *p*[]来记录矩阵的行和列，第 *i* 个矩阵的行数存储在数组的第 *i*−1 位置，列数存储在数组的第 *i* 位置。二维数组 ***m***[][]来存放各个子问题的最优值，二维数组 ***s***[][]来存放各个子问题的最优决策(加括号的位置)。

（2）初始化

采用一维数组 *p*[]来记录矩阵的行和列，***m***[*i*][*i*]=0，***s***[*i*][*i*]=0，其中 *i*= 1，2，3，…，*n*。

（3）循环阶段

- 按照递归关系式计算 2 个矩阵 A_i、A_{i+1} 相乘时的最优值，*j*=*i*+1，并将其存入 ***m***[*i*][*j*]，同时将最优策略记入 ***s***[*i*][*j*]，*i*=1，2，3，…，*n*−1。
- 按照递归关系式计算 3 个矩阵相乘 A_i、A_{i+1}、A_{i+2} 相乘时的最优值，*j*=*i*+2，并将其存入 ***m***[*i*][*j*]，同时将最优策略记入 ***s***[*i*][*j*]，*i*=1，2，3，…，*n*−2。
- 以此类推，直到求出 *n* 个矩阵相乘的最优值 ***m***[1][*n*]。

（4）构造最优解

根据最优决策信息数组 ***s***[][]递归构造最优解。***s***[1][*n*] 表示 $A_1A_2\cdots A_n$ 最优解的加括号位置，即($A_1A_2\cdots A_{s[1][n]}$)($A_{s[1][n]+1}\cdots A_n$)，我们在递归构造两个子问题($A_1A_2\cdots A_{s[1][n]}$)、($A_{s[1][n]+1}\cdots A_n$）的最优解加括号位置，一直递归到子问题只包含一个矩阵为止。

4.6.3 完美图解

现在我们假设有 5 个矩阵，如表 4-1 所示。

表 4-1 矩阵的规模

矩阵	A_1	A_2	A_3	A_4	A_5
规模	3×5	5×10	10×8	8×2	2×4

（1）初始化

采用一维数组 *p*[]记录矩阵的行和列，实际上只需要记录每个矩阵的行，再加上最后一个矩阵的列即可，如图 4-46 所示。***m***[*i*][*i*]=0，***s***[*i*][*i*]=0，其中 *i*= 1，2，3，4，5。

最优值数组 ***m***[*i*][*i*]=0，最优决策数组 ***s***[*i*][*i*]=0，其中 *i*= 1，2，3，4，5。如图 4-47 所示。

	0	1	2	3	4	5
p[ ]	3	5	10	8	2	4

图 4-46 记录行列的数组 p[]

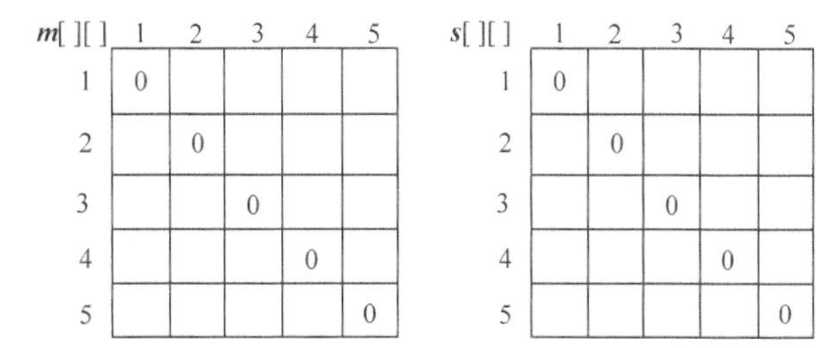

m[ ][ ]	1	2	3	4	5
1	0				
2		0			
3			0		
4				0	
5					0

s[ ][ ]	1	2	3	4	5
1	0				
2		0			
3			0		
4				0	
5					0

图 4-47 **m**[][]和 **s**[][]初始化

（2）计算两个矩阵相乘的最优值

规模 r=2。根据递归式：

$$\boldsymbol{m}[i][j]=\min_{i\leqslant k<j}\{\boldsymbol{m}[i][k]+\boldsymbol{m}[k+1][j]+p[i-1]*p[k]*p[j]\}$$

- $\boldsymbol{A}_1*\boldsymbol{A}_2$：$k$=1，$\boldsymbol{m}[1][2]=\min\{\boldsymbol{m}[1][1]+\boldsymbol{m}[2][2]+p_0p_1p_2\}=150$；$\boldsymbol{s}[1][2]=1$。
- $\boldsymbol{A}_2*\boldsymbol{A}_3$：$k$=2，$\boldsymbol{m}[2][3]=\min\{\boldsymbol{m}[2][2]+\boldsymbol{m}[3][3]+p_1p_2p_3\}=400$；$\boldsymbol{s}[2][3]=2$。
- $\boldsymbol{A}_3*\boldsymbol{A}_4$：$k$=3，$\boldsymbol{m}[3][4]=\min\{\boldsymbol{m}[3][3]+\boldsymbol{m}[4][4]+p_2p_3p_4\}=160$；$\boldsymbol{s}[3][4]=3$。
- $\boldsymbol{A}_4*\boldsymbol{A}_5$：$k$=4，$\boldsymbol{m}[4][5]=\min\{\boldsymbol{m}[4][4]+\boldsymbol{m}[5][5]+p_3p_4p_5\}=64$；$\boldsymbol{s}[4][5]=4$。

计算完毕，如图 4-48 所示。

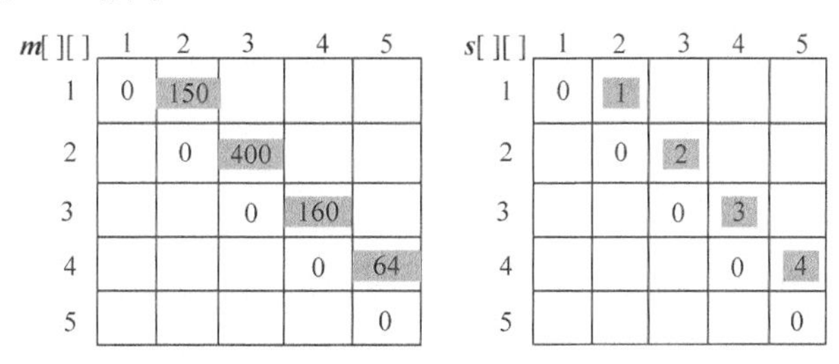

m[ ][ ]	1	2	3	4	5
1	0	150			
2		0	400		
3			0	160	
4				0	64
5					0

s[ ][ ]	1	2	3	4	5
1	0	1			
2		0	2		
3			0	3	
4				0	4
5					0

图 4-48 **m**[][]和 **s**[][]计算过程

（3）计算 3 个矩阵相乘的最优值

规模 r=3。根据递归式：

$$\boldsymbol{m}[i][j]=\min_{i\leqslant k<j}\{\boldsymbol{m}[i][k]+\boldsymbol{m}[k+1][j]+p[i-1]*p[k]*p[j]\}$$

- $\boldsymbol{A}_1*\boldsymbol{A}_2*\boldsymbol{A}_3$：

$$\boldsymbol{m}[1][3]=\min\begin{cases}k=1 & \boldsymbol{m}[1][1]+\boldsymbol{m}[2][3]+p_0p_1p_3=0+400+120=520\\ k=2 & \boldsymbol{m}[1][2]+\boldsymbol{m}[3][3]+p_0p_2p_3=150+0+240=390\end{cases};$$

$\boldsymbol{s}[1][3]=2$。

- $\boldsymbol{A}_2*\boldsymbol{A}_3*\boldsymbol{A}_4$：

$$\boldsymbol{m}[2][4]=\min\begin{cases}k=2 & \boldsymbol{m}[2][2]+\boldsymbol{m}[3][4]+p_1p_2p_4=0+160+100=260\\ k=3 & \boldsymbol{m}[2][3]+\boldsymbol{m}[4][4]+p_1p_3p_4=400+0+80=480\end{cases};$$

s[2][4]=2。

- $\boldsymbol{A}_3*\boldsymbol{A}_4*\boldsymbol{A}_5$：

$$\boldsymbol{m}[3][5]=\min\begin{cases}k=3 & \boldsymbol{m}[3][3]+\boldsymbol{m}[4][5]+p_2p_3p_5=0+64+320=384\\ k=4 & \boldsymbol{m}[3][4]+\boldsymbol{m}[5][5]+p_2p_4p_5=160+0+80=240\end{cases};$$

s[3][5]=4。

计算完毕，如图 4-49 所示。

m[ ][ ]	1	2	3	4	5
1	0	150	390		
2		0	400	260	
3			0	160	240
4				0	64
5					0

s[ ][ ]	1	2	3	4	5
1	0	1	2		
2		0	2	2	
3			0	3	4
4				0	4
5					0

图 4-49 **m**[][]和 **s**[][]计算过程

（4）计算 4 个矩阵相乘的最优值

规模 r=4。根据递归式：

$$m[i][j]=\min_{i\leqslant k<j}\{m[i][k]+m[k+1][j]+p[i-1]*p[k]*p[j]\}$$

- $\boldsymbol{A}_1*\boldsymbol{A}_2*\boldsymbol{A}_3*\boldsymbol{A}_4$：

$$\boldsymbol{m}[1][4]=\min\begin{cases}k=1 & \boldsymbol{m}[1][1]+\boldsymbol{m}[2][4]+p_0p_1p_4=0+260+30=290\\ k=2 & \boldsymbol{m}[1][2]+\boldsymbol{m}[3][4]+p_0p_2p_4=150+160+60=370\\ k=3 & \boldsymbol{m}[1][3]+\boldsymbol{m}[4][4]+p_0p_3p_4=390+0+48=438\end{cases};$$

s[1][4]=1。

- $\boldsymbol{A}_2*\boldsymbol{A}_3*\boldsymbol{A}_4*\boldsymbol{A}_5$：

$$\boldsymbol{m}[2][5]=\min\begin{cases}k=2 & \boldsymbol{m}[2][2]+\boldsymbol{m}[3][5]+p_1p_2p_5=0+240+200=440\\ k=3 & \boldsymbol{m}[2][3]+\boldsymbol{m}[4][5]+p_1p_3p_5=400+64+160=604\\ k=4 & \boldsymbol{m}[2][4]+\boldsymbol{m}[5][5]+p_1p_4p_5=260+0+40=300\end{cases};$$

s[2][5]=4。

计算完毕，如图 4-50 所示。

（5）计算 5 个矩阵相乘的最优值

规模 r=5。根据递归式：

$$\boldsymbol{m}[i][j]=\min_{i\leqslant k<j}\{\boldsymbol{m}[i][k]+\boldsymbol{m}[k+1][j]+p[i-1]*p[k]*p[j]\}$$

- $\boldsymbol{A}_1*\boldsymbol{A}_2*\boldsymbol{A}_3*\boldsymbol{A}_4*\boldsymbol{A}_5$：

m[ ][ ]	1	2	3	4	5
1	0	150	390	290	
2		0	400	260	300
3			0	160	240
4				0	64
5					0

s[ ][ ]	1	2	3	4	5
1	0	1	2	1	
2		0	2	2	4
3			0	3	4
4				0	4
5					0

图 4-50　**m**[][]和 **s**[][]计算过程

$$\boldsymbol{m}[1][5]=\min\begin{cases}k=1 & \boldsymbol{m}[1][1]+\boldsymbol{m}[2][5]+p_0p_1p_5=0+300+60=360\\ k=2 & \boldsymbol{m}[1][2]+\boldsymbol{m}[3][5]+p_0p_2p_5=150+240+120=510\\ k=3 & \boldsymbol{m}[1][3]+\boldsymbol{m}[4][5]+p_0p_3p_5=390+64+96=550\\ k=4 & \boldsymbol{m}[1][4]+\boldsymbol{m}[5][5]+p_0p_4p_5=290+0+24=314\end{cases};$$

s[1][5]=4。

计算完毕，如图 4-51 所示。

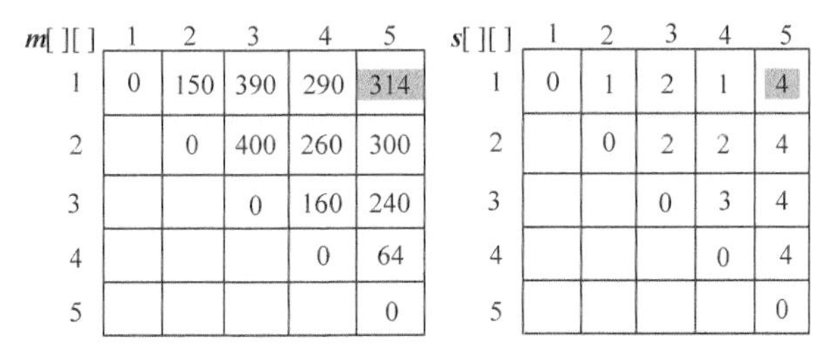

m[ ][ ]	1	2	3	4	5
1	0	150	390	290	314
2		0	400	260	300
3			0	160	240
4				0	64
5					0

s[ ][ ]	1	2	3	4	5
1	0	1	2	1	4
2		0	2	2	4
3			0	3	4
4				0	4
5					0

图 4-51　**m**[][]和 **s**[][]计算过程

（6）构造最优解

根据最优决策数组 **s**[][]中的数据来构造最优解，即加括号的位置。

首先读取 **s**[1][5]=4，表示在 k=4 的位置把矩阵分为两个子问题：（$A_1A_2A_3A_4$）、A_5。

再看第一个子问题（$A_1A_2A_3A_4$），读取 **s**[1][4]=1，表示在 k=1 的位置把矩阵分为两个子问题：A_1、（$A_2A_3A_4$）。

子问题 A_1 不用再分解，输出；子问题（$A_2A_3A_4$），读取 **s**[2][4]=2，表示在 k=2 的位置把矩阵分为两个子问题：A_2、（A_3A_4）。

子问题 A_2 不用再分解，输出；子问题(A_3A_4)，读取 **s**[3][4]=3，表示在 k=3 的位置把矩阵分为两个子问题：A_3、A_4。这两个子问题都不用再分解，输出。

子问题 A_5 不用再分解，输出。

最优解构造过程如图 4-52 所示。

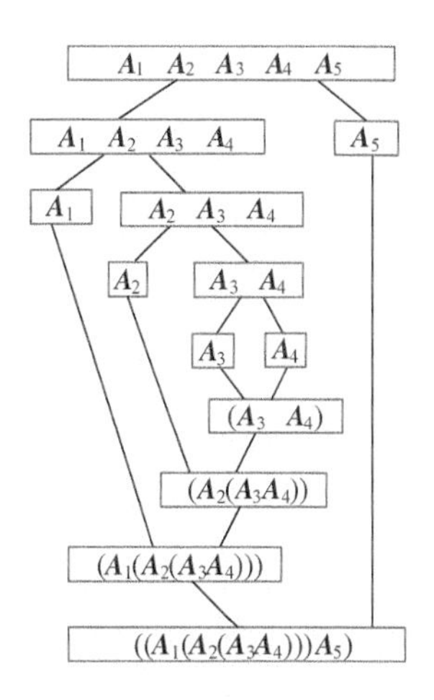

图 4-52　最优解构造过程

最优解为：((A_1 (A_2 (A_3A_4))) A_5)。

最优值为：314。

4.6.4 伪代码详解

按照算法思想和设计，以下程序将矩阵的行和列存储在一维数组 *p*[]，**m**[][]数组用于存储分成的各个子问题的最优值，**s**[][]数组用于存储各个子问题的决策点，然后在一个 for 循环里，将问题分为规模为 *r* 的子问题，求每个规模子问题的最优解，那么得到的 **m**[1][*n*]就是最小的计算量。

（1）矩阵连乘求解函数

首先将数组 **m**[][]，**s**[][]初始化为 0，然后自底向上处理不同规模的子问题，*r* 为问题的规模，*r*=2；*r*<=*n*；*r*++，当 *r*=2 时，表示矩阵连乘的规模为 2，即两个矩阵连乘。求解两个矩阵连乘的最优值和最优策略，根据递归式：

$$\boldsymbol{m}[i][j]=\min_{i\leqslant k<j}\{\boldsymbol{m}[i][k]+\boldsymbol{m}[k+1][j]+p[i-1]*p[k]*p[j]\}$$

对每一个 *k* 值，求解 $\boldsymbol{m}[i][k]+\boldsymbol{m}[k+1][j]+p[i-1]*p[k]*p[j]$，找到最小值用 **m**[*i*][*j*]记录，并用 **s**[*i*][*j*]记录取得最小值的 *k* 值。

```
void matrixchain()
{
    int i,j,r,k;
    memset(m,0,sizeof(m));    // m[][]初始化所有元素为 0，实际只需要对角线为 0 即可
    memset(s,0,sizeof(s));    // s[][]初始化所有元素为 0，实际只需要对角线为 0 即可
    for(r = 2; r <= n; r++)   //r 为问题的规模，处理不同规模的子问题
    {
        for(i = 1; i <= n-r+1; i++)
        {
            j = i + r - 1;
            m[i][j] = m[i+1][j] + p[i-1] * p[i] * p[j];//决策为 k=i 的乘法次数
            s[i][j] = i;                 //子问题的最优策略是 i;
           for(k = i+1 ; k < j; k++) //对从 i+1 到 j 的所有决策，求最优值
            {
                int t = m[i][k] + m[k+1][j] + p[i-1] * p[k] * p[j];
                if(t < m[i][j])
                {
                    m[i][j] = t;
                    s[i][j] = k;
                }
            }
        }
    }
}
```

（2）最优解输出函数

根据存储表格 **s**[][]中的数据来构造最优解，即加括号的位置。首先打印一个左括号，然后递归求解子问题 *print*（*i*，**s**[*i*][*j*]），*print*（**s**[*i*][*j*]+1，*j*），再打印右括号，当 *i*=*j* 即只剩下一

个矩阵时输出该矩阵即可。

```
void print(int i,int j)
{
    if( i == j )
    {
        cout <<"A[" << i << "]";
        return ;
    }
    cout << "(";
    print(i,s[i][j]);
    print(s[i][j]+1,j);
    cout << ")";
}
```

4.6.5 实战演练

```
//program 4-4
#include<cstdio>
#include<cstring>
#include<iostream>
using namespace std;
const int msize = 100;
int p[msize];
int m[msize][msize],s[msize][msize];
int n;
void matrixchain()
{
    int i,j,r,k;
    memset(m,0,sizeof(m));
    memset(s,0,sizeof(s));
    for(r = 2; r <= n; r++)            //不同规模的子问题
    {
        for(i = 1; i <= n-r+1; i++)
        {
            j = i + r - 1;
            m[i][j] = m[i+1][j] + p[i-1] * p[i] * p[j];  //决策为k=i的乘法次数
            s[i][j] = i;               //子问题的最优策略是i;
            for(k = i+1; k < j; k++) //对从i到j的所有决策，求最优值，记录最优策略
            {
                int t = m[i][k] + m[k+1][j] + p[i-1] * p[k] * p[j];
                if(t < m[i][j])
                {
                    m[i][j] = t;
                    s[i][j] = k;
                }
            }
        }
    }
}
void print(int i,int j)
{
```

```
        if( i == j )
        {
            cout <<"A[" << i << "]";
            return ;
        }
        cout << "(";
        print(i,s[i][j]);
        print(s[i][j]+1,j);
        cout << ")";
}
int main()
{
        cout << "请输入矩阵的个数 n：";
        cin >> n;
        int i ,j;
        cout << "请依次输入每个矩阵的行数和最后一个矩阵的列数：";
        for (i = 0; i <= n; i++ )
            cin >> p[i];
        matrixchain();
        print(1,n);
        cout << endl;
        cout << "最小计算量的值为：" << m[1][n] << endl;
}
```

算法实现和测试

（1）运行环境

Code::Blocks

Visual C++ 6.0

（2）输入

```
请输入矩阵的个数 n：5
请依次输入每个矩阵的行数和最后一个矩阵的列数：3 5 10 8 2 4
```

（3）输出

```
((A[1](A[2](A[3]A[4])))A[5])
最小计算量的值为：314
```

4.6.6 算法解析及优化拓展

1. 算法复杂度分析

（1）时间复杂度：由程序可以得出：语句 $t= \mathbf{m}[i][k] + \mathbf{m}[k+1][j] +p[i-1]*p[k]*p[j]$，它是算法的基本语句，在 3 层 for 循环中嵌套。最坏情况下，该语句的执行次数为 $O(n^3)$，*print*()函数算法的时间主要取决于递归，时间复杂度为 $O(n)$。故该程序的时间复杂度为 $O(n^3)$。

（2）空间复杂度：该程序的输入数据的数组为 *p*[]，辅助变量为 *i*、*j*、*r*、*t*、*k*、**m**[][]、**s**[][]，

空间复杂度取决于辅助空间，因此空间复杂度为 $O(n^2)$。

2. 算法优化拓展

想一想，还有什么办法对算法进行改进，或者有什么更好的算法实现？

4.7 切呀切披萨——最优三角剖分

有一块多边形的披萨饼，上面有很多蔬菜和肉片，我们希望沿着两个不相邻的顶点切成小三角形，并且尽可能少地切碎披萨上面的蔬菜和肉片。

图 4-53 美味披萨

4.7.1 问题分析

我们可以把披萨饼看作一个凸多边形，凸多边形是指多边形的任意两点的连线均落在多边形的内部或边界上。

（1）什么是凸多边形？

图 4-54 所示是一个凸多边形，图 4-55 所示不是凸多边形，因为 v_1v_3 的连线落在了多边形的外部。

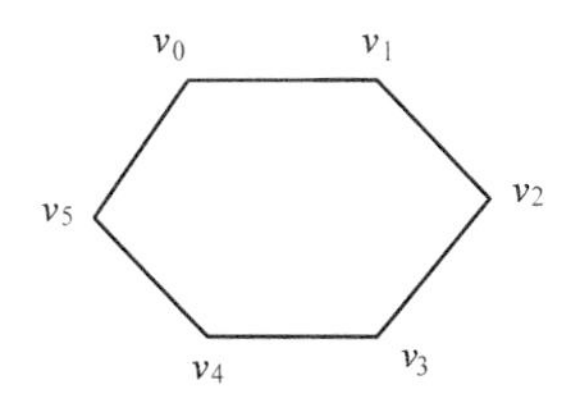

图 4-54 凸多边形

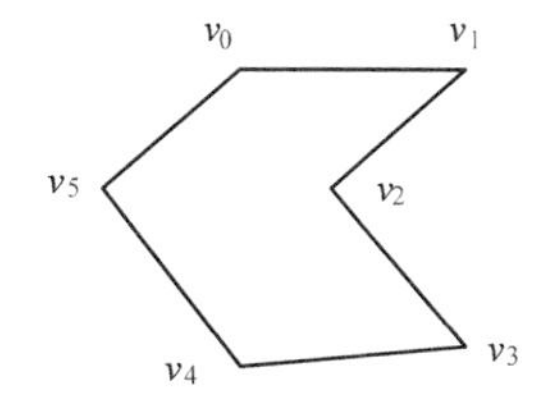

图 4-55 非凸多边形

凸多边形不相邻的两个顶点的连线称为凸多边形的弦。

（2）什么是凸多边形三角剖分？

凸多边形的三角剖分是指将一个凸多边形**分割成互不相交的三角形的弦的集合**。图 4-56 所示的一个三角剖分是{ v_0v_4，v_1v_3，v_1v_4}，另一个三角剖分是{ v_0v_2，v_0v_3，v_0v_4}，一个凸多边形的三角剖分有很多种。

如果我们给定凸多边形及定义在边、弦上的权值，即任意两点之间定义一个数值作为权值。如图 4-57 所示。

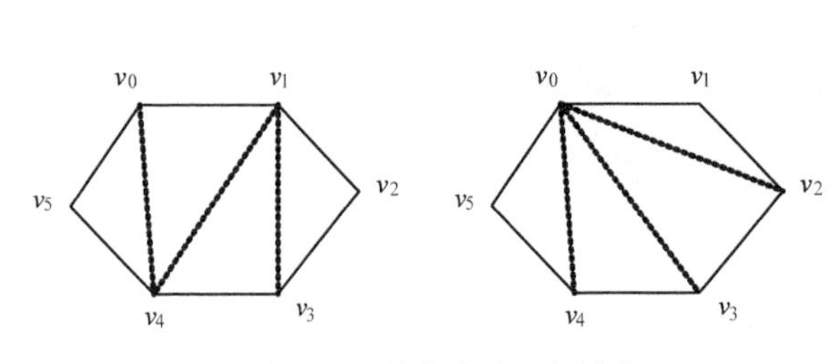

图 4-56　凸多边形三角剖分

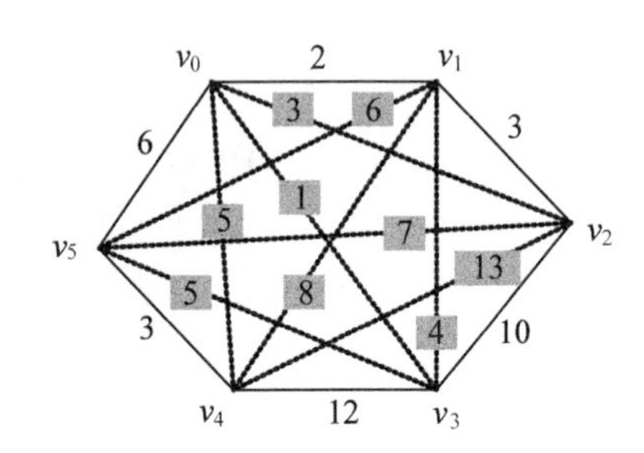

图 4-57　带权值的凸多边形

三角形上权值之和是指三角形的 3 条边上权值之和：

$$w(v_iv_kv_j) = |v_iv_k| + |v_kv_j| + |v_iv_j|$$

如图 4-58 所示，$w(v_0v_1v_4) = |v_0v_1| + |v_1v_4| + |v_0v_4| = 2 + 8 + 5 = 15$。

（3）什么是凸多边形最优三角剖分？

一个凸多边形的三角剖分有很多种，最优三角剖分就是划分的各三角形上权函数之和最小的三角剖分。

再回到切披萨的问题上来，我们可以把披萨看作一个凸多边形，任何两个顶点的连线对应的权值代表上面的蔬菜和肉片数，我们希望沿着两个不相邻的顶点切成小三角形，尽可能少地切碎披萨上面的蔬菜和肉片。那么，该问题可以归结为凸多边形的最优三角剖分问题。

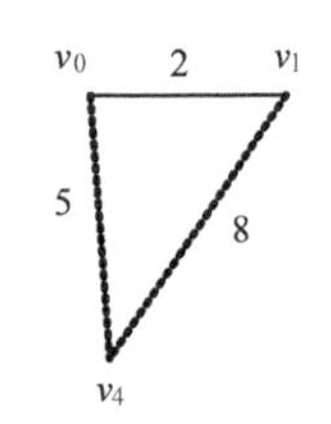

图 4-58　三角形权值之和

假设把披萨看作一个凸多边形，标注各顶点为{v_0，v_1，…，v_n}。那么怎么得到它的最优三角剖分呢？

首先分析该问题是否具有最优子结构性质。

（1）分析最优解的结构特征

- 假设已经知道了在第 k 个顶点切开会得到最优解，那么原问题就变成了两个子问题和一个三角形，子问题分别是{v_0，v_1，…，v_k}和{v_k，v_{k+1}，…，v_n}，三角形为 $v_0v_kv_n$，如图 4-59 所示。

那么原问题的最优解是否包含子问题的最优解呢？

- 假设{v_0，v_1，…，v_n}三角剖分的权值之和是 c，{v_0，v_1，…，v_k}三角剖分的权值之和是 a，{v_k，v_{k+1}，…，v_n}三角剖分的权函数之和是 b，三角形 $v_0v_kv_n$ 的权值之和是 w（$v_0v_kv_n$），那么 $c=a+b+w(v_0v_kv_n)$。因此我们只需要证明如果 c 是最优的，则 a 和 b 一定是最优的（即原问题的最优解包含子问题的最优解）。

反证法：如果 a 不是最优的，{v_0，v_1，…，v_k}三角剖分一定存在一个最优解 a'，$a'<a$，那么 $a'+b+w(v_0v_kv_n)<c$，所以 c 不是最优的，这与假设 c 是最优的矛盾，因此如果 c 是最优的，则 a 一定是最优的。同理可证 b 也是最优的。因此如果 c 是最优的，则 a 和 b 一定是最优的。

因此，凸多边形的最优三角剖分问题具有最优子结构性质。

（2）建立最优值的递归式

- 用 $\boldsymbol{m}[i][j]$表示凸多边形{v_{i-1}，v_i，…，v_j}三角剖分的最优值，那么两个子问题{v_{i-1}，v_i，…，v_k}、{v_k，v_{k+1}，…，v_j}对应的最优值分别是 $\boldsymbol{m}[i][k]$、$\boldsymbol{m}[k+1][j]$，如图 4-60 所示，剩下的就是三角形 $v_{i-1}v_kv_j$ 的权值之和是 $w(v_{i-1}v_kv_j)$。

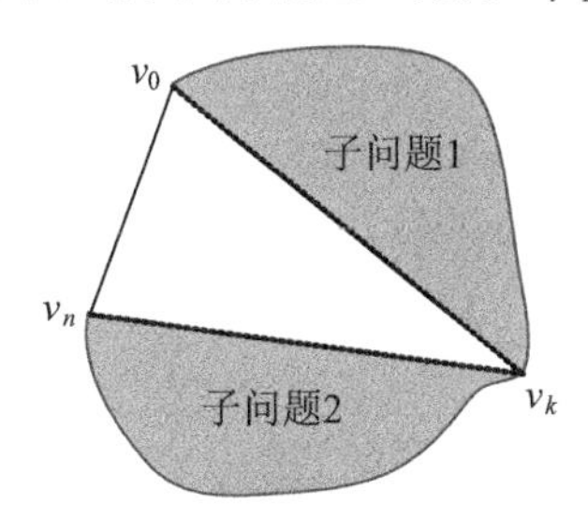

图 4-59 凸多边形三角剖分子问题

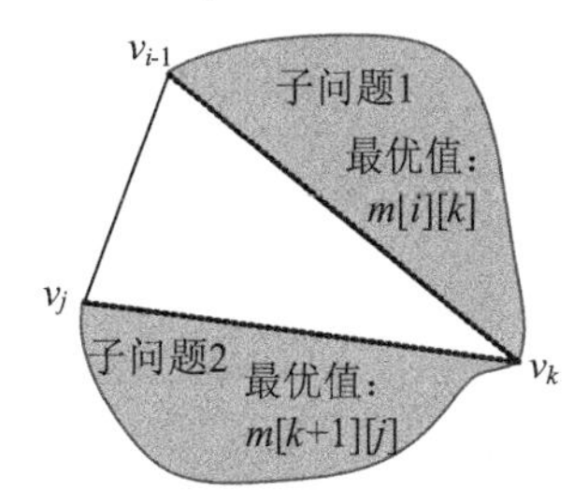

图 4-60 凸多边形三角剖分最优值

当 $i=j$ 时，{v_{i-1}，v_i，…，v_j}就变成了{v_{i-1}，v_i }，是一条线段，不能形成一个三角形剖分，我们可以将其看作退化的多边形，其权值设置为 0。

- 凸多边形三角剖分最优解递归式：

当 $i=j$ 时，只是一个线段，$\boldsymbol{m}[i][j]=0$。

当 $i<j$ 时，$m[i][j]=\min\limits_{i\leqslant k<j}\{m[i][k]+m[k+1][j]+w(v_{i-1}v_kv_j)\}$，

$$m[i][j]=\begin{cases}0 & ,\ i=j\\ \min\limits_{i\leqslant k<j}\{m[i][k]+m[k+1][j]+w(v_{i-1}v_kv_j)\} & ,\ i<j\end{cases}$$ 。

（3）自底向上计算并记录最优值

先求只有 3 个顶点凸多边形三角剖分的最优值，再求 4 个顶点凸多边形三角剖分的最优值，直到 n 个顶点凸多边形三角剖分的最优值。

（4）构造最优解

上面得到的最优值只是凸多边形三角剖分的三角形权值之和最小值，并不知道是怎样剖

分的。我们需要从记录表中还原剖分次序，找到最优剖分的弦，由这些弦构造出最优解。

如图 4-61 所示，如果 v_k 能够得到凸多边形$\{v_{i-1}, v_i, \cdots, v_j\}$的最优三角剖分，那么我们就找到两条弦 $v_{i-1}v_k$ 和 v_kv_j，把这两条弦放在最优解集合里面，继续求解两个子问题最优三角剖分的弦。

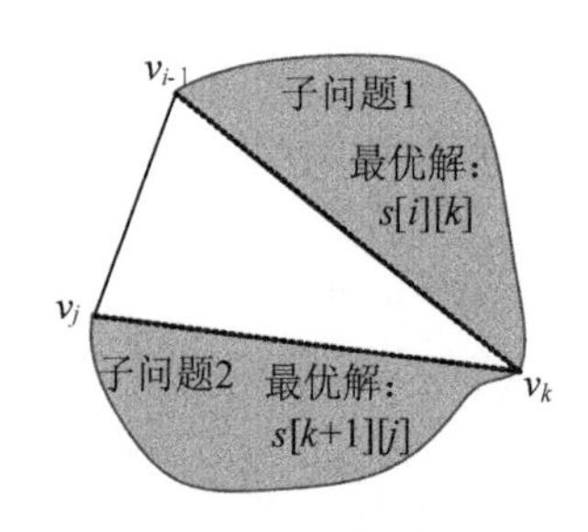

图 4-61　凸多边形三角剖分构造最优解

凸多边形最优三角剖分的问题，首先判断该问题是否具有最优子结构性质，有了这个性质就可以使用动态规划，然后分析问题找最优解的递归式，根据递归式自底向上求解，最后根据最优决策表格，构造出最优解。

4.7.2 算法设计

凸多边形最优三角剖分满足动态规划的最优子结构性质，可以从自底向上逐渐推出整体的最优。

（1）确定合适的数据结构

采用二维数组 **g**[][]记录各个顶点之间的连接权值，二维数组 **m**[][]存放各个子问题的最优值，二维数组 **s**[][]存放各个子问题的最优决策。

（2）初始化

输入顶点数 n，然后依次输入各个顶点之间的连接权值存储在二维数组 **g**[][]中，令 $n=n-1$（顶点标号从 v_0 开始），$\boldsymbol{m}[i][i]=0$，$\boldsymbol{s}[i][i]=0$，其中 $i=1, 2, 3, \cdots, n$。

（3）循环阶段

- 按照递归关系式计算 3 个顶点$\{v_{i-1}, v_i, v_{i+1}\}$的最优三角剖分，$j=i+1$，将最优值存入 $\boldsymbol{m}[i][j]$，同时将最优策略记入 $\boldsymbol{s}[i][j]$，$i=1, 2, 3, \cdots, n-1$。
- 按照递归关系式计算 4 个顶点$\{v_{i-1}, v_i, v_{i+1}, v_{i+2}\}$的最优三角剖分，$j=i+2$，将最优值存入 $\boldsymbol{m}[i][j]$，同时将最优策略记入 $\boldsymbol{s}[i][j]$，$i=1, 2, 3, \cdots, n-2$。
- 以此类推，直到求出所有顶点 $\{v_0, v_1, \cdots, v_n\}$ 的最优三角剖分，并将最优值存入 $\boldsymbol{m}[1][n]$，将最优策略记入 $\boldsymbol{s}[1][n]$。

（4）构造最优解

根据最优决策信息数组 **s**[][]递归构造最优解，即输出凸多边形最优剖分的所有弦。$\boldsymbol{s}[1][n]$ 表示凸多边形 $\{v_0, v_1, \cdots, v_n\}$ 的最优三角剖分位置，如图 4-62 所示。

- 如果子问题 1 为空，即没有一个顶点，说明 $v_0v_{s[1][n]}$是一条边，不是弦，不需输出，否则，

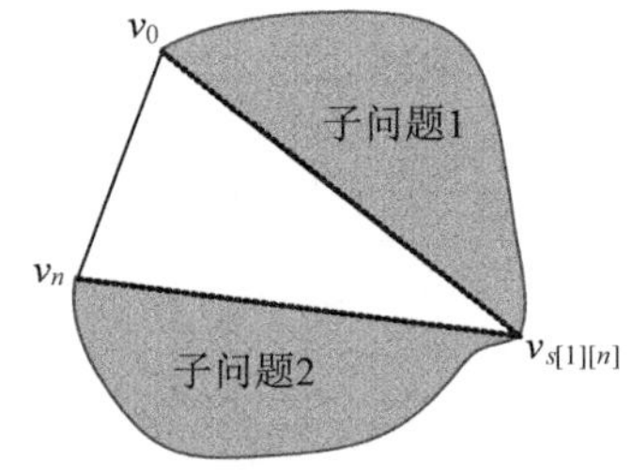

图 4-62　凸多边形三角剖分构造最优解

输出该弦 $v_0 v_{s[1][n]}$。

- 如果子问题 2 为空，即没有一个顶点，说明 $v_{s[1][n]}\ v_n$ 是一条边，不是弦，不需输出，否则，输出该弦 $v_{s[1][n]}\ v_n$。
- 递归构造两个子问题$\{v_0, v_1, \cdots, v_{s[1][n]}\}$和$\{v_{s[1][n]}, v_1, \cdots, v_n\}$，一直递归到子问题为空停止。

4.7.3 完美图解

以图 4-63 的凸多边形为例。

（1）初始化

顶点数 n=6，令 $n=n-1=5$（顶点标号从 v_0 开始），然后依次输入各个顶点之间的连接权值存储在邻接矩阵 **g**[i][j]中，其中 i，j=0，1，2，3，4，5，如图 4-64 所示。**m**[i][i]=0，**s**[i][i]=0，其中 i=1，2，3，4，5，如图 4-65 所示。

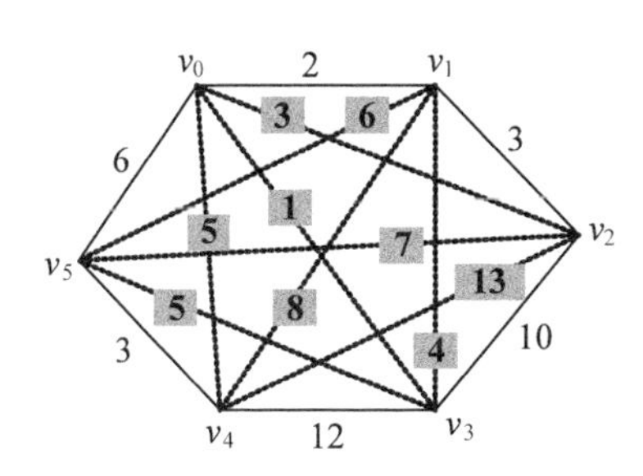

图 4-63　凸多边形

g[ ][ ]	0	1	2	3	4	5
0	0	2	3	1	5	6
1	2	0	3	4	8	6
2	3	3	0	10	13	7
3	1	4	10	0	12	5
4	5	8	13	12	0	3
5	6	6	7	5	3	0

图 4-64　凸多边形邻接矩阵

m[ ][ ]	1	2	3	4	5
1	0				
2		0			
3			0		
4				0	
5					0

s[ ][ ]	1	2	3	4	5
1	0				
2		0			
3			0		
4				0	
5					0

图 4-65　最优值和最优策略

（2）计算 3 个顶点$\{v_{i-1}, v_i, v_{i+1}\}$的最优三角剖分，将最优值存入 **m**[$i$][$j$]，同时将最优策略记入 **s**[$i$][$j$]，$i$=1，2，3，4。

根据递归式：

$$\boldsymbol{m}[i][j]=\min_{i\leqslant k<j}\{\boldsymbol{m}[i][k]+\boldsymbol{m}[k+1][j]+w(v_{i-1}v_kv_j)\}$$

- i=1，j=2：{v_0，v_1，v_2}

  k=1：**m**[1][2]=min{**m**[1][1]+**m**[2][2]+$w(v_0v_1v_2)$}=8；**s**[1][2]=1。
- i=2，j=3：{v_1，v_2，v_3}

  k=2：**m**[2][3]=min{**m**[2][2]+**m**[3][3]+$w(v_1v_2v_3)$}=17；**s**[2][3]=2。
- i=3，j=4：{v_2，v_3，v_4}

  k=3：**m**[3][4]=min{**m**[3][3]+**m**[4][4]+$w(v_2v_3v_4)$}=35；**s**[3][4]=3。
- i=4，j=5：{v_3，v_4，v_5}

  k=4：**m**[4][5]=min{**m**[4][4]+**m**[5][5]+$w(v_3v_4v_5)$}=20；**s**[4][5]=4。

计算完毕，如图 4-66 所示。

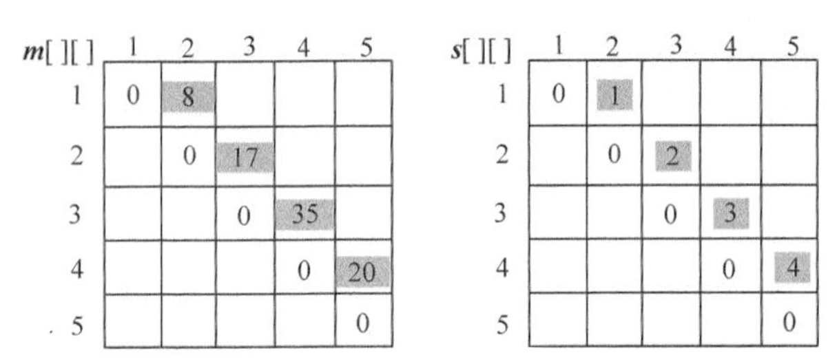

m[ ][ ]	1	2	3	4	5
1	0	8			
2		0	17		
3			0	35	
4				0	20
5					0

s[ ][ ]	1	2	3	4	5
1	0	1			
2		0	2		
3			0	3	
4				0	4
5					0

图 4-66　最优值和最优策略

（3）计算 4 个顶点{v_{i-1}，v_i，v_{i+1}，v_{i+2}}的最优三角剖分，将最优值存入 **m**[i][j]，同时将最优策略记入 **s**[i][j]，i=1，2，3。

根据递归式：

$$m[i][j] = \min_{i \leqslant k < j}\{m[i][k] + m[k+1][j] + w(v_{i-1}v_kv_j)\}$$

- i=1，j=3：{v_0，v_1，v_2，v_3}

$$\boldsymbol{m}[1][3] = \min\begin{cases} k=1, & \boldsymbol{m}[1][1]+\boldsymbol{m}[2][3]+w(v_0v_1v_3)=0+17+7=24 \\ k=2, & \boldsymbol{m}[1][2]+\boldsymbol{m}[3][3]+w(v_0v_2v_3)=8+0+14=22 \end{cases};$$

s[1][3]=2。

- i=2，j=4：{v_1，v_2，v_3，v_4}

$$\boldsymbol{m}[2][4] = \min\begin{cases} k=2, & \boldsymbol{m}[2][2]+\boldsymbol{m}[3][4]+w(v_1v_2v_4)=0+35+24=59 \\ k=3, & \boldsymbol{m}[2][3]+\boldsymbol{m}[4][4]+w(v_1v_3v_4)=17+0+24=41 \end{cases};$$

s[2][4]=3。

- i=3，j=5：{v_2，v_3，v_4，v_5}

$$\boldsymbol{m}[3][5] = \min\begin{cases} k=3, & \boldsymbol{m}[3][3]+\boldsymbol{m}[4][5]+w(v_2v_3v_5)=0+20+22=42 \\ k=4, & \boldsymbol{m}[3][4]+\boldsymbol{m}[5][5]+w(v_2v_4v_5)=35+0+23=58 \end{cases};$$

s[3][5]=3。

计算完毕，如图 4-67 所示：

m[ ][ ]	1	2	3	4	5
1	0	8	22		
2		0	17	41	
3			0	35	42
4				0	20
5					0

s[ ][ ]	1	2	3	4	5
1	0	1	2		
2		0	2	3	
3			0	3	3
4				0	4
5					0

图 4-67　最优值和最优策略

（4）计算 5 个顶点$\{v_{i-1}, v_i, v_{i+1}, v_{i+2}, v_{i+3}\}$的最优三角剖分，将最优值存入 $\boldsymbol{m}[i][j]$，同时将最优策略记入 $\boldsymbol{s}[i][j]$，i=1，2。

根据递归式：

$$m[i][j]=\min_{i\leqslant k<j}\{m[i][k]+m[k+1][j]+w(v_{i-1}v_k v_j)\}$$

- i=1，j=4：$\{v_0, v_1, v_2, v_3, v_4\}$

$$\boldsymbol{m}[1][4]=\min\begin{cases}k=1, & \boldsymbol{m}[1][1]+\boldsymbol{m}[2][4]+w(v_0v_1v_4)=0+41+15=56\\ k=2, & \boldsymbol{m}[1][2]+\boldsymbol{m}[3][4]+w(v_0v_2v_4)=8+35+21=64\\ k=3, & \boldsymbol{m}[1][3]+\boldsymbol{m}[4][4]+w(v_0v_3v_4)=22+0+18=40\end{cases};$$

$\boldsymbol{s}[1][4]=3$。

- i=2，j=5：$\{v_1, v_2, v_3, v_4, v_5\}$

$$\boldsymbol{m}[2][5]=\min\begin{cases}k=2, & \boldsymbol{m}[2][2]+\boldsymbol{m}[3][5]+w(v_1v_2v_5)=0+42+16=58\\ k=3, & \boldsymbol{m}[2][3]+\boldsymbol{m}[4][5]+w(v_1v_3v_5)=17+20+15=52\\ k=4, & \boldsymbol{m}[2][4]+\boldsymbol{m}[5][5]+w(v_1v_4v_5)=41+0+17=58\end{cases};$$

$\boldsymbol{s}[2][5]=3$。

计算完毕，如图 4-68 所示。

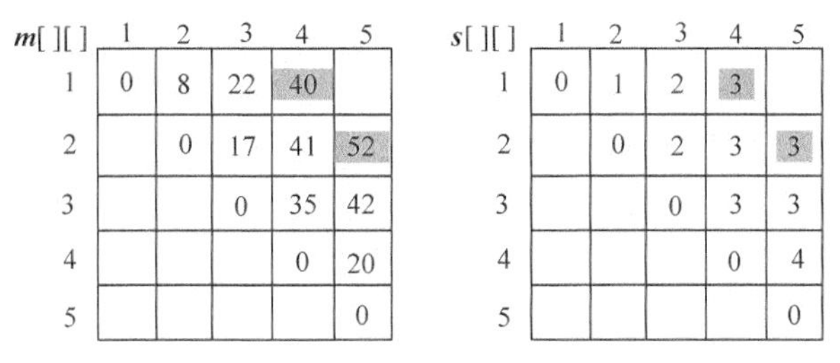

m[ ][ ]	1	2	3	4	5
1	0	8	22	40	
2		0	17	41	52
3			0	35	42
4				0	20
5					0

s[ ][ ]	1	2	3	4	5
1	0	1	2	3	
2		0	2	3	3
3			0	3	3
4				0	4
5					0

图 4-68　最优值和最优策略

（5）计算 6 个顶点$\{v_{i-1}, v_i, v_{i+1}, v_{i+2}, v_{i+3}, v_{i+4}\}$的最优三角剖分，$j$=$i$+4，将最优值存入 $\boldsymbol{m}[i][j]$，同时将最优策略记入 $\boldsymbol{s}[i][j]$，i=1。

根据递归式：

$$\boldsymbol{m}[i][j]=\min_{i\leqslant k<j}\{\boldsymbol{m}[i][k]+\boldsymbol{m}[k+1][j]+w(v_{i-1}v_kv_j)\}$$

- i=1，j=5：{v_0，v_1，v_2，v_3，v_4，v_5}

$$\boldsymbol{m}[1][5]=\min\begin{cases}k=1, & \boldsymbol{m}[1][1]+\boldsymbol{m}[2][5]+w(v_0v_1v_5)=0+52+14=66\\ k=2, & \boldsymbol{m}[1][2]+\boldsymbol{m}[3][5]+w(v_0v_2v_5)=8+42+16=66\\ k=3, & \boldsymbol{m}[1][3]+\boldsymbol{m}[4][5]+w(v_0v_3v_5)=22+20+12=54\\ k=4 & \boldsymbol{m}[1][4]+\boldsymbol{m}[5][5]+w(v_0v_4v_5)=40+0+14=54\end{cases};$$

s[1][5]=3。

计算完毕，如图 4-69 所示。

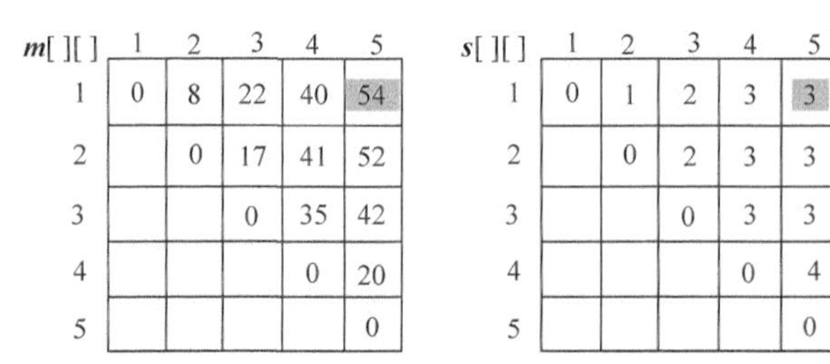

m[ ][ ]	1	2	3	4	5
1	0	8	22	40	54
2		0	17	41	52
3			0	35	42
4				0	20
5					0

s[ ][ ]	1	2	3	4	5
1	0	1	2	3	3
2		0	2	3	3
3			0	3	3
4				0	4
5					0

图 4-69　最优值和最优策略

（6）构造最优解

根据最优决策信息数组 **s**[][]递归构造最优解，即输出凸多边形最优剖分的所有弦。**s**[1][5]表示凸多边形{v_0，v_1，…，v_5}的最优三角剖分位置，从图 4-69 最优决策数组可以看出，**s**[1][5]=3，如图 4-70 所示。

- 因为 v_0～v_3 中有结点，所以子问题 1 不为空，输出该弦 v_0v_3。
- 因为 v_3～v_5 中有结点，所以子问题 2 不为空，输出该弦 v_3v_5。
- 递归构造子问题 1：{v_0，v_1，v_2，v_3}，读取 **s**[1][3]=2，如图 4-71 所示。

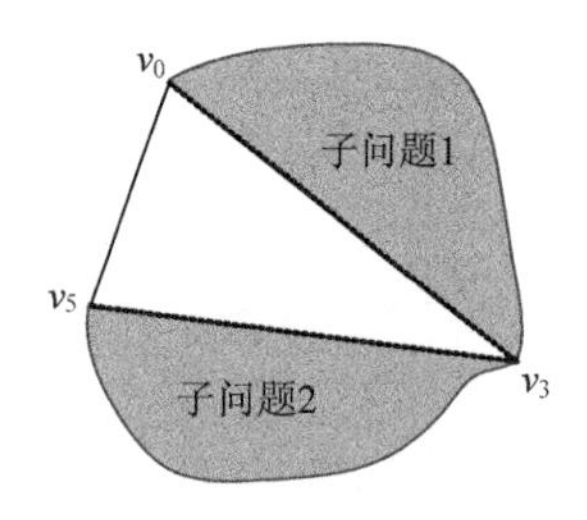

图 4-70　构造最优解过程（原问题）

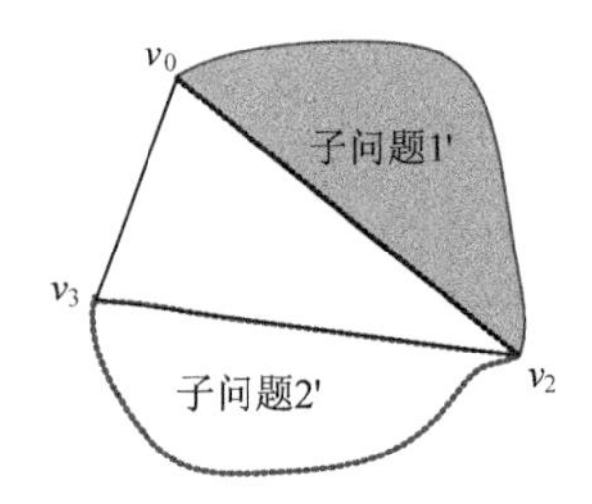

图 4-71　构造最优解过程（子问题 1）

因为 v_0～v_2 中有结点，所以子问题 1'不为空，输出该弦 v_0v_2。

递归构造子问题 1'：$\{v_0, v_1, v_2\}$，读取 $s[1][2]=1$，如图 4-72 所示。

因为 $v_0 \sim v_1$ 中没有结点，子问题 1'''为空，v_0v_1 是一条边，不是弦，不输出。

因为 $v_1 \sim v_2$ 中没有结点，子问题 2'''为空，v_1v_2 是一条边，不是弦，不输出。

递归构造子问题 2'：$\{v_2, v_3\}$。

因为 $v_2 \sim v_3$ 中没有结点，子问题 2'为空，v_2v_3 是一条边，不是弦，不输出。

- 递归构造子问题 2：$\{v_3, v_4, v_5\}$，读取 $\boldsymbol{s}[4][5]=4$，如图 4-73 所示。

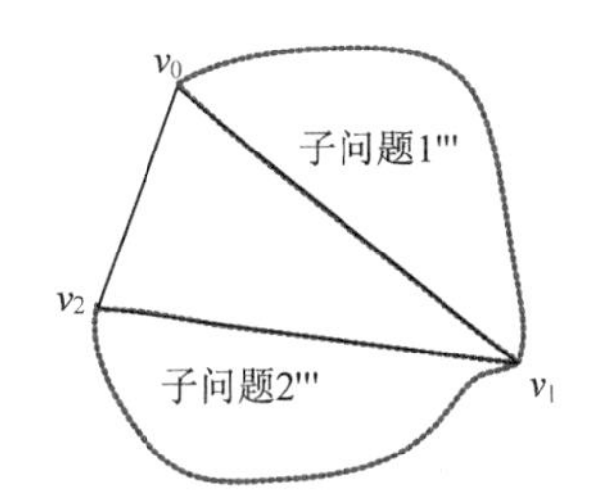

图 4-72　构造最优解过程（子问题 1'）

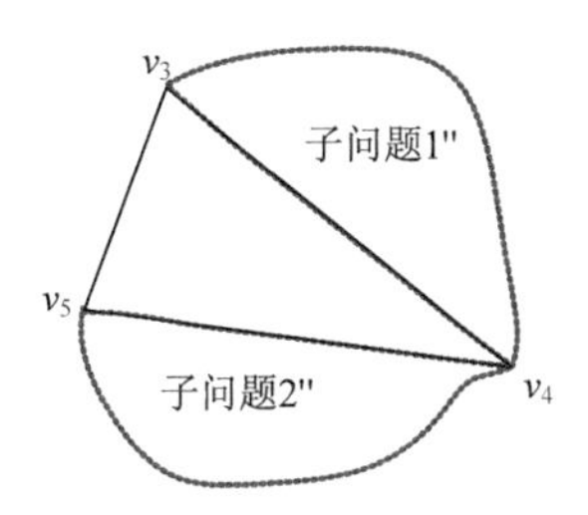

图 4-73　构造最优解过程（子问题 2）

因为 $v_3 \sim v_4$ 中没有结点，子问题 1''为空，v_3v_4 是一条边，不是弦，不输出。

因为 $v_4 \sim v_5$ 中没有结点，子问题 2''为空，v_4v_5 是一条边，不是弦，不输出。

因此，该凸多边形三角剖分最优解为：v_0v_3，v_3v_5，v_0v_2。

4.7.4 伪代码详解

（1）凸多边形三角剖分求解函数

首先将数组 $\boldsymbol{m}[][]$、$\boldsymbol{s}[][]$初始化为 0，然后自底向上处理不同规模的子问题，d 为 i 到 j 的规模，d=2；d<=n；d++，当 d=2 时，实际上是 3 个点，因为 $\boldsymbol{m}[i][j]$表示的是$\{v_{i-1}, v_i, v_j\}$。求解 3 个顶点凸多边形三角剖分的最优值和最优策略，根据递归式：

$$\boldsymbol{m}[i][j] = \min_{i \leqslant k < j}\{\boldsymbol{m}[i][k] + \boldsymbol{m}[k+1][j] + w(v_{i-1}v_kv_j)\}$$

对每一个 k 值，求解 $\boldsymbol{m}[i][k] + \boldsymbol{m}[k+1][j] + w(v_{i-1}v_kv_j)$，找到最小值后用 $\boldsymbol{m}[i][j]$记录，并用 $\boldsymbol{s}[i][j]$记录取得最小值的 k 值。

```
void Convexpolygontriangulation()
{
    for(int i = 1 ;i <= n ; i++) // 初始化
    {
         m[i][i] = 0 ;
         s[i][i] = 0 ;
    }
    for(int d = 2 ;d <= n ; d++)  //d 为 i 到 j 的规模，d=2 时，实际上是三个点
                                  //因为我们的 m[i][j]表示的是{vi-1，vi，vj}
```

```
        for(int i = 1 ;i <= n - d + 1 ; i++) //控制 i 值
        {
            int j = i + d - 1 ;              // j 值
            m[i][j] = m[i+1][j] + g[i-1][i] + g[i][j] + g[i-1][j] ;
            s[i][j] = i ;
            for(int k = i + 1 ;k < j ; k++) // 枚举划分点
            {
                double temp = m[i][k] + m[k+1][j] + g[i-1][k] + g[k][j] + g[i-1][j] ;
                if(m[i][j] > temp)
                {
                    m[i][j] = temp ;        // 更新最优值
                    s[i][j] = k ;           // 记录划分点
                }
            }
        }
    }
```

（2）最优解输出函数

我们首先从 **s**[][]数组中读取 **s**[*i*][*j*]，然后判断子问题 1 是否为空。若 **s**[*i*][*j*]>*i*，表示 *i* 到 **s**[*i*][*j*]之间存在顶点，子问题 1 不为空，那么 $v_{i-1}v_{s[i][j]}$是一条弦，输出{$v_{i-1}v_{s[i][j]}$}；判断子问题 2 是否为空，若 *j*>**s**[*i*][*j*]+1，表示 **s**[*i*][*j*]+1 到 *j* 之间存在顶点，子问题 2 不为空，那么 $v_{s[i][j]+1}$ v_j 是一条弦，输出{$v_{s[i][j]+1}v_j$}。递归求解子问题 1 和子问题 2，直到 *i*=*j* 时停止。

```
    void print(int i , int j)                    // 输出所有的弦
    {
        if(i == j)  return ;
        if(s[i][j]>i)
           cout<<"{v"<<i-1<<"v"<<s[i][j]<<"}"<<endl;
        if(j>s[i][j]+1)
           cout<<"{v"<<s[i][j]<<"v"<<j<<"}"<<endl;
        print(i ,s[i][j]);
        print(s[i][j]+1 ,j);
    }
```

4.7.5 实战演练

```
    //program 4-5
    #include<iostream>
    #include<sstream>
    #include<cmath>
    #include<algorithm>
    using namespace std;
    const int M= 1000 + 5 ;
    int n ;
    int s[M][M] ;
    double m[M][M],g[M][M];
    void Convexpolygontriangulation()
    {
        for(int i = 1 ;i <= n ; i++)             // 初始化
```

```
    {
        m[i][i] = 0 ;
        s[i][i] = 0 ;
    }
    for(int d = 2 ;d <= n ; d++)          //d为问题规模，d=2时，实际上是三个点
                                          //因为我们的m[i][j]表示的是{vi-1, vi, vj}
      for(int i = 1 ;i <= n - d + 1 ; i++)  // 控制i值
      {
          int j = i + d - 1 ;             // j值
          m[i][j] = m[i+1][j] + g[i-1][i] + g[i][j] + g[i-1][j] ;
          s[i][j] = i ;
          for(int k = i + 1 ;k < j ; k++)     // 枚举划分点
          {
              double temp = m[i][k] + m[k+1][j] + g[i-1][k] + g[k][j] + g[i-1][j] ;
              if(m[i][j] > temp)
              {
                  m[i][j] = temp ;        // 更新最优值
                  s[i][j] = k ;           // 记录划分点
              }
          }
      }
}
void print(int i , int j)                 // 输出所有的弦
{
    if(i == j)  return ;
    if(s[i][j]>i)
       cout<<"{v"<<i-1<<"v"<<s[i][j]<<"}"<<endl;
    if(j>s[i][j]+1)
       cout<<"{v"<<s[i][j]<<"v"<<j<<"}"<<endl;
    print(i ,s[i][j]);
    print(s[i][j]+1 ,j);
 }
int main()
{
    int i,j;
    cout << "请输入顶点的个数 n:";
    cin >> n;
    n-- ;
    cout << "请依次输入各顶点的连接权值:";
    for(i = 0 ;i <= n ; ++i)              // 输入各个顶点之间的连接权值
        for( j = 0 ;j <= n ; ++j)
            cin>>g[i][j] ;
    Convexpolygontriangulation ();
    cout<<m[1][n]<<endl;
    print(1 ,n);                          // 打印路径
    return 0 ;
}
```

算法实现和测试

（1）运行环境

Code::Blocks

Visual C++ 6.0

（2）输入

```
6
0  2  3   1   5   6
2  0  3   4   8   6
3  3  0   10  13  7
1  4  10  0   12  5
5  8  13  12  0   3
6  6  7   5   3   0
```

（3）输出

```
54
{ v0 v3 }
{ v3 v5 }
{ v0 v2 }
```

4.7.6 算法解析及优化拓展

1. 算法复杂度分析

（1）时间复杂度：由程序可以得出语句 $t=\mathbf{m}[i][k]+\mathbf{m}[k+1][j]+\mathbf{g}[i-1][i]+\mathbf{g}[i][j]+\mathbf{g}[i-1][j]$，它是算法的基本语句，在 3 层 for 循环中嵌套，最坏情况下该语句的执行次数为 $O(n^3)$，*print*()函数算法的时间主要取决于递归，最坏情况下时间复杂度为 $O(n)$。故该程序的时间复杂度为 $O(n^3)$。

（2）空间复杂度：该程序的输入数据的数组为 **g**[][]，辅助变量为 *i*、*j*、*r*、*t*、*k*、**m**[][]、**s**[][]，空间复杂度取决于辅助空间，因此空间复杂度为 $O(n^2)$。

2. 算法优化拓展

这个问题尽管和矩阵连乘问题表达的含义不同，但递归式是完全相同的，那么程序代码就可以参考矩阵连乘的代码了。

想一想，还有什么办法对算法进行改进，或者有什么更好的算法实现？

4.8 小石子游戏——石子合并

一群小孩子在玩小石子游戏，游戏有两种玩法。

（1）路边玩法

有 *n* 堆石子堆放在路边，现要将石子有序地合并成一堆，规定每次只能移动相邻的两堆石子合并，合并花费为新合成的一堆石子的数量。求将这 *N* 堆石子合并成一堆的总花费（最小或最大）。

（2）操场玩法

一个圆形操场周围摆放着 n 堆石子，现要将石子有序地合并成一堆，规定每次只能移动相邻的两堆石子合并，合并花费为新合成的一堆石子的数量。求将这 N 堆石子合并成一堆的总花费（最小或最大）。

图 4-74 小石子游戏

4.8.1 问题分析

本题初看可以使用贪心法来解决，但是因为有必须相邻两堆才能合并这个条件在，用贪心法就无法保证每次都能取到所有堆中石子数最少（最多）的两堆。

下面以操场玩法为例：假设有 n=6 堆石子，每堆的石子个数分别为 3、4、6、5、4、2。

如果使用贪心法求最小花费，应该是如下的合并步骤：

第 1 次合并 3 4 6 5 4 2　　2，3 合并花费是 5
第 2 次合并 5 4 6 5 4　　5，4 合并花费是 9
第 3 次合并 9 6 5 4　　5，4 合并花费是 9
第 4 次合并 9 6 9　　9，6 合并花费是 15
第 5 次合并 15 9　　15，9 合并花费是 24
总得分＝5＋9＋9＋15＋24＝62

但是如果采用如下合并方法，却可以得到比上面花费更少的方法：

第 1 次合并 3 4 6 5 4 2　　3，4 合并花费是 7
第 2 次合并 7 6 5 4 2　　7，6 合并花费是 13
第 3 次合并 13 5 4 2　　4，2 合并花费是 6
第 4 次合并 13 5 6　　5，6 合并花费是 11
第 5 次合并 13 11　　13，11 合并花费是 24

总花费＝7＋13＋6＋11＋24＝61

显然利用贪心法来求解错误的，贪心算法在子过程中得出的解只是局部最优，而不能保证全局的值最优，因此本题不可以使用贪心法求解。

如果使用暴力穷举的办法，会有大量的子问题重复，这种做法是不可取的，那么是否可以使用动态规划呢？我们要分析该问题是否具有最优子结构性质，它是使用动态规划的必要条件。

1．路边玩法

如果 $n-1$ 次合并的全局最优解包含了每一次合并的子问题的最优解，那么经这样的 $n-1$ 次合并后的花费总和必然是最优的，因此我们就可以通过动态规划算法来求出最优解。

首先分析该问题是否具有最优子结构性质。

（1）分析最优解的结构特征

- 假设已经知道了在第 k 堆石子分开可以得到最优解，那么原问题就变成了两个子问题，子问题分别是$\{a_i, a_{i+1}, \cdots, a_k\}$和$\{a_{k+1}, \cdots, a_j\}$，如图 4-75 所示。

那么原问题的最优解是否包含子问题的最优解呢？

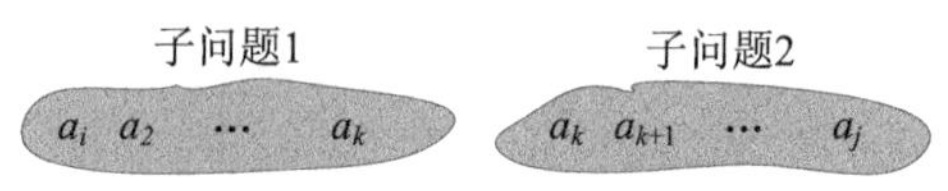

图 4-75　原问题分解为子问题

- 假设已经知道了 n 堆石子合并起来的花费是 c，子问题 1$\{a_i, a_{i+1}, \cdots, a_k\}$石子合并起来的花费是 a，子问题 2$\{a_{k+1}, \cdots, a_j\}$石子合并起来的花费是 b，$\{a_i, a_{i+1}, \cdots, a_j\}$石子数量之和是 $w(i,j)$，那么 $c=a+b+w(i,j)$。因此我们只需要证明如果 c 是最优的，则 a 和 b 一定是最优的（即原问题的最优解包含子问题的最优解）。

反证法：如果 a 不是最优的，子问题 1$\{a_i, a_{i+1}, \cdots, a_k\}$一定存在一个最优解 a'，$a'<a$，那么 $a'+b+w(i,j)<c$，这与我们的假设 c 是最优的矛盾，因此如果 c 是最优的，则 a 一定是最优的。同理可证 b 也是最优的。因此如果 c 是最优的，则 a 和 b 一定是最优的。

因此，路边玩法小石子合并游戏问题具有最优子结构性质。

（2）建立最优值递归式

设 $\boldsymbol{Min}[i][j]$代表从第 i 堆石子到第 j 堆石子合并的最小花费，$\boldsymbol{Min}[i][k]$代表从第 i 堆石子到第 k 堆石子合并的最小花费，$\boldsymbol{Min}[k+1][j]$代表从第 $k+1$ 堆石子到第 j 堆石子合并的最小花费，$w(i,j)$ 代表从 i 堆到 j 堆的石子数量之和。列出递归式：

$$\boldsymbol{Min}[i][j]=\begin{cases}0 & ,i=j \\ \min\limits_{i\leqslant k<j}(\boldsymbol{Min}[i][k]+\boldsymbol{Min}[k+1][j]+w(i,j)) & ,i<j\end{cases}$$

$\boldsymbol{Max}[i][j]$ 代表从第 i 堆石子到第 j 堆石子合并的最大花费，$\boldsymbol{Max}[i][k]$ 代表从第 i 堆石子到第 k 堆石子合并的最大花费，$\boldsymbol{Max}[k+1][j]$ 代表从第 $k+1$ 堆石子到第 j 堆石子合并

的最大花费，w（i，j）代表从 i 堆到 j 堆的石子数量之和。列出递归式：

$$\boldsymbol{Max}[i][j]=\begin{cases}0 & ,i=j\\ \max\limits_{i\leqslant k<j}(\boldsymbol{Max}[i][k]+\boldsymbol{Max}[k+1][j]+w(i,j)) & ,i<j\end{cases}$$

2．操场玩法

如果把路边玩法看作直线型石子合并问题，那么操场玩法就属于圆型石子合并问题。圆型石子合并经常转化为直线型来求。也就是说，把圆形结构看成是长度为原规模两倍的直线结构来处理。如果操场玩法原问题规模为 n，所以相当于有一排石子 a_1，a_2，…，a_n，a_1，a_2，…，a_{n-1}，该问题规模为 $2n-1$，如图 4-76 所示。然后就可以用线性的石子合并问题的方法求解，求最大值的方法和求最小值的方法是一样的。最后，从**规模是 n 的最优值**找出**最小值或最大值**即可。

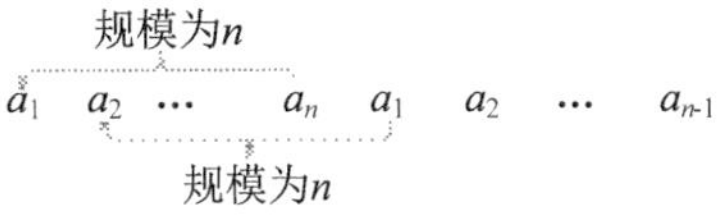

规模为n

a_1 a_2 … a_n a_1 a_2 … a_{n-1}

规模为n

图 4-76 转化为规模为 $2n-1$ 的直线型

4.8.2 算法设计

1．路边玩法

假设有 n 堆石子，一字排开，合并相邻两堆的石子，每合并两堆石子有一个花费，最终合并后的最小花费和最大花费。

（1）确定合适的数据结构

采用一维数组 $a[i]$来记录第 i 堆石子（a_i）的数量；sum[i]来记录前 i 堆（a_1，a_2，…，a_i）石子的总数量；二维数组 $\boldsymbol{Min}[i][j]$、$\boldsymbol{Max}[i][j]$来记录第 i 堆到第 j 堆 a_i，a_{i+1}，…，a_i 堆石子合并的最小花费和最大花费。

（2）初始化

输入石子的堆数 n，然后依次输入各堆石子的数量存储在 $a[i]$中，令 $\boldsymbol{Min}[i][i]=0$，$\boldsymbol{Max}[i][i]=0$，$sum[0]=0$，计算 $sum[i]$，其中 $i=1$，2，3，…，n。

（3）循环阶段

- 按照递归式计算 2 堆石子合并$\{a_i，a_{i+1}\}$的最小花费和最大花费，i=1，2，3，…，$n-1$。
- 按照递归式计算 3 堆石子合并$\{a_i，a_{i+1}，a_{i+2}\}$的最小花费和最大花费，i=1，2，3，…，$n-2$。
- 以此类推，直到求出所有堆$\{a_1，…，a_n\}$的最小花费和最大花费。

（4）构造最优解

$\boldsymbol{Min}[1][n]$和 $\boldsymbol{Max}[1][n]$是 n 堆石子合并的最小花费和最大花费。如果还想知道具体的合并顺序，需要在求解的过程中记录最优决策，然后逆向构造最优解，可以使用类似矩阵连乘的构造方法，用括号来表达合并的先后顺序。

2．操场玩法

圆型石子合并经常转化为直线型来求，也就是说，把圆形结构看成是长度为原规模两倍的直线结构来处理。如果操场玩法原问题规模为 n，所以相当于有一排石子 a_1，a_2，…，a_n，a_1，a_2，…，a_{n-1}，该问题规模为 $2n-1$，然后就可以用线性的石子合并问题的方法求解，求最小花费和最大花费的方法是一样的。最后，从规模是 n 的最优值找出最小值即可。即要从规模为 n 的最优值 ***Min***[1][*n*]，***Min***[2][*n*+1]，***Min***[3][*n*+2]，…，***Min***[*n*][2*n*−1]中找最小值作为圆型石子合并的最小花费。

从规模是 n **的最优值** ***Max***[1][*n*]，***Max***[2][*n*+1]，***Max***[3][*n*+2]，…，***Max***[*n*][2*n*−1] 中找**最大值**作为圆型石子合并的最大花费。

4.8.3 完美图解

如图 4-77 所示，以 6 堆石子的路边玩法为例。

（1）初始化

输入石子的堆数 n，然后依次输入各堆石子的数量存储在 $a[i]$中，如图 4-78 所示。

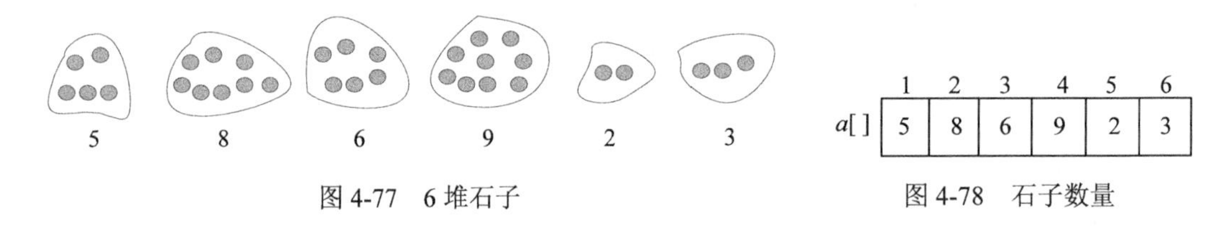

图 4-77　6 堆石子　　　　图 4-78　石子数量

Min[*i*][*j*]和 ***Max***[*i*][*j*]来记录第 i 堆到第 j 堆 a_i，a_{i+1}，…，a_j 堆石子合并的最小花费和最大花费。令 ***Min***[*i*][*i*]=0，***Max***[*i*][*i*]=0，如图 4-79 所示。

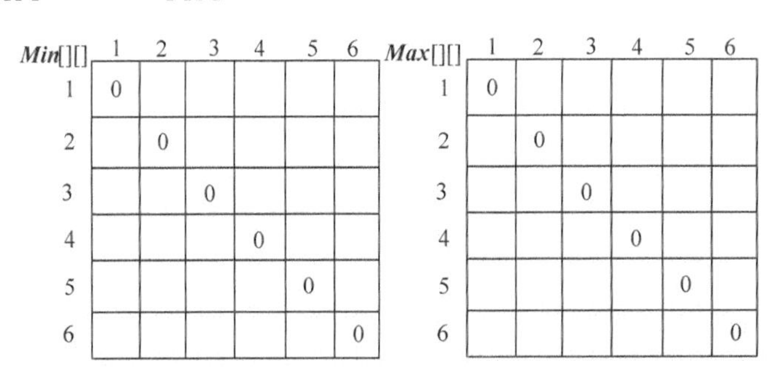

图 4-79　最小花费和最大花费

sum[*i*]为前 i 堆石子数量总和，*sum*[0]=0，计算 *sum*[*i*]，其中 i= 1，2，3，…，n，如图 4-80 所示。

原递归公式中的 w（i，j）代表从 i 堆到 j 堆的石子数量之和，可以用直接查表法 $sum[j]-sum[i-1]$求解，如图 4-81 所示。这样就不用每次遇到 w（i，j）都计算一遍了，这也是动态规划思想的显现！

	0	1	2	3	4	5	6
sum[]	0	5	13	19	28	30	33

图 4-80　前 i 堆石子数量总和

sum[i-1]　　w(i,j)

$a_1\ a_2\ \cdots\ a_{i-1}\ a_i\ a_{i+1}\ \cdots\ a_j\ \cdots\ a_n$

sum[j]

图 4-81　$sum[j]-sum[i-1]$即为 w（i，j）

（2）按照递归式计算两堆石子合并$\{a_i，a_{i+1}\}$的最小花费和最大花费，i=1，2，3，4，5。如图 4-82 所示。

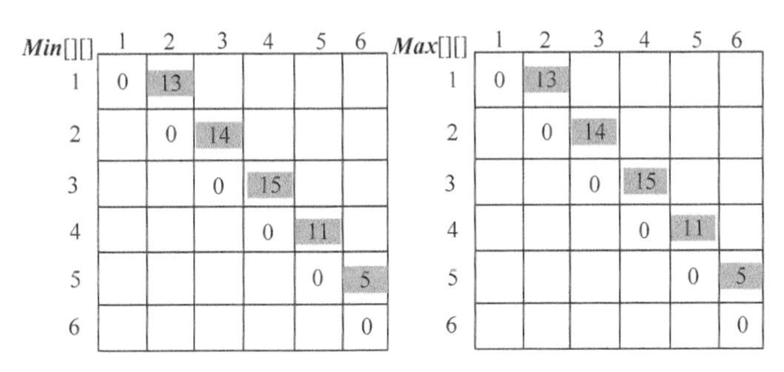

Min[][]	1	2	3	4	5	6
1	0	13				
2		0	14			
3			0	15		
4				0	11	
5					0	5
6						0

Max[][]	1	2	3	4	5	6
1	0	13				
2		0	14			
3			0	15		
4				0	11	
5					0	5
6						0

图 4-82　最小花费和最大花费

- i=1，j=2：$\{a_1，a_2\}$

k=1：***Min***[1][2]=***Min***[1][1]+***Min***[2][2]+sum[2] −sum[0]=13；

　　Max[1][2]=***Max***[1][1]+***Max***[2][2]+sum[2] −sum[0]=13。

- i=2，j=3：$\{a_2，a_3\}$

k=2：***Min***[2][3]=***Min***[2][2]+***Min***[3][3]+sum[3] −sum[1]=14；

　　Max[2][3]=***Max***[2][2]+***Max***[3][3]+sum[3] −sum[1]=14。

- i=3，j=4：$\{a_3，a_4\}$

k=3：***Min***[3][4]=***Min***[3][3]+***Min***[4][4]+sum[4] −sum[2]=15；

　　Max[3][4]=***Max***[3][3]+***Max***[4][4]+sum[4] −sum[2]=15。

- i=4，j=5：$\{a_4，a_5\}$

k=4：***Min***[4][5]=***Min***[4][4]+***Min***[5][5]+sum[5] −sum[3]=11；

　　Max[4][5]=***Max***[4][4]+***Max***[5][5]+sum[5] −sum[3]=11。

- i=5，j=6：$\{a_5，a_6\}$

k=5：***Min***[5][6]=***Min***[5][5]+***Min***[6][6]+sum[6] −sum[4]=5；

$\boldsymbol{Max}[5][6]=\boldsymbol{Max}[5][5]+\boldsymbol{Max}[6][6]+\mathrm{sum}[6]-\mathrm{sum}[4]=5$。

（3）按照递归式计算 3 堆石子合并$\{a_i, a_{i+1}, a_{i+2}\}$的最小花费和最大花费，$i$=1，2，3，4，如图 4-83 所示。

Min[][]	1	2	3	4	5	6
1	0	13	32			
2		0	14	37		
3			0	15	28	
4				0	11	19
5					0	5
6						0

Max[][]	1	2	3	4	5	6
1	0	13	33			
2		0	14	38		
3			0	15	32	
4				0	11	25
5					0	5
6						0

图 4-83　最小花费和最大花费

- i=1，j=3：$\{a_1, a_2, a_3\}$

$$\boldsymbol{Min}[1][3]=\min\begin{cases}k=1, & \boldsymbol{Min}[1][1]+\boldsymbol{Min}[2][3]+sum[3]-sum[0]=0+14+19=33\\ k=2, & \boldsymbol{Min}[1][2]+\boldsymbol{Min}[3][3]+sum[3]-sum[0]=13+0+19=32\end{cases}$$

$$\boldsymbol{Max}[1][3]=\max\begin{cases}k=1, & \boldsymbol{Max}[1][1]+\boldsymbol{Max}[2][3]+sum[3]-sum[0]=0+14+19=33\\ k=2, & \boldsymbol{Max}[1][2]+\boldsymbol{Max}[3][3]+sum[3]-sum[0]=13+0+19=32\end{cases}$$

$\boldsymbol{Min}[1][3]=32$；$\boldsymbol{Max}[1][3]=33$。

- i=2，j=4：$\{a_2, a_3, a_4\}$

$$\boldsymbol{Min}[2][4]=\min\begin{cases}k=2, & \boldsymbol{Min}[2][2]+\boldsymbol{Min}[3][4]+sum[4]-sum[1]=0+15+23=38\\ k=3, & \boldsymbol{Min}[2][3]+\boldsymbol{Min}[4][4]+sum[4]-sum[1]=14+0+23=37\end{cases}$$

$$\boldsymbol{Max}[2][4]=\max\begin{cases}k=2, & \boldsymbol{Max}[2][2]+\boldsymbol{Max}[3][4]+sum[4]-sum[1]=0+15+23=38\\ k=3, & \boldsymbol{Max}[2][3]+\boldsymbol{Max}[4][4]+sum[4]-sum[1]=14+0+23=37\end{cases}$$

$\boldsymbol{Min}[2][4]=37$；$\boldsymbol{Max}[2][4]=38$。

- i=3，j=5：$\{a_3, a_4, a_5\}$

$$\boldsymbol{Min}[3][5]=\min\begin{cases}k=3, & \boldsymbol{Min}[3][3]+\boldsymbol{Min}[4][5]+sum[5]-sum[2]=0+11+17=28\\ k=4, & \boldsymbol{Min}[3][4]+\boldsymbol{Min}[5][5]+sum[5]-sum[2]=15+0+17=32\end{cases}$$

$$\boldsymbol{Max}[3][5]=\max\begin{cases}k=3, & \boldsymbol{Max}[3][3]+\boldsymbol{Max}[4][5]+sum[5]-sum[2]=0+11+17=28\\ k=4, & \boldsymbol{Max}[3][4]+\boldsymbol{Max}[5][5]+sum[5]-sum[2]=15+0+17=32\end{cases}$$

$\boldsymbol{Min}[3][5]=28$；$\boldsymbol{Max}[3][5]=32$。

- i=4，j=6：$\{a_4, a_5, a_6\}$

$$\boldsymbol{Min}[4][6]=\min\begin{cases}k=4, & \boldsymbol{Min}[4][4]+\boldsymbol{Min}[5][6]+sum[6]-sum[3]=0+5+14=19\\ k=5, & \boldsymbol{Min}[4][5]+\boldsymbol{Min}[6][6]+sum[6]-sum[3]=11+0+14=25\end{cases}$$

$$\boldsymbol{Max}[4][6]=\max\begin{cases}k=4, & \boldsymbol{Max}[4][4]+\boldsymbol{Max}[5][6]+sum[6]-sum[3]=0+5+14=19\\ k=5, & \boldsymbol{Max}[4][5]+\boldsymbol{Max}[6][6]+sum[6]-sum[3]=11+0+14=25\end{cases}$$

Min[4][6]= 19；***Max***[4][6]=25。

（4）按照递归式计算 4 堆石子合并$\{a_i，a_{i+1}，a_{i+2}，a_{i+3}\}$的最小花费和最大花费，$i$=1，2，3，如图 4-84 所示。

Min[][]	1	2	3	4	5	6
1	0	13	32	56		
2		0	14	37	50	
3			0	15	28	39
4				0	11	19
5					0	5
6						0

Max[][]	1	2	3	4	5	6
1	0	13	33	66		
2		0	14	38	63	
3			0	15	32	52
4				0	11	25
5					0	5
6						0

图 4-84　最小花费和最大花费

- i=1，j=4：$\{a_1，a_2，a_3，a_4\}$

$$\boldsymbol{Min}[1][4]=\min\begin{cases}k=1, & \boldsymbol{Min}[1][1]+\boldsymbol{Min}[2][4]+sum[4]-sum[0]=0+37+28=65\\ k=2, & \boldsymbol{Min}[1][2]+\boldsymbol{Min}[3][4]+sum[4]-sum[0]=13+15+28=56\\ k=3, & \boldsymbol{Min}[1][3]+\boldsymbol{Min}[4][4]+sum[4]-sum[0]=32+0+28=60\end{cases}$$

$$\boldsymbol{Max}[1][4]=\max\begin{cases}k=1, & \boldsymbol{Max}[1][1]+\boldsymbol{Max}[2][4]+sum[4]-sum[0]=0+38+28=66\\ k=2, & \boldsymbol{Max}[1][2]+\boldsymbol{Max}[3][4]+sum[4]-sum[0]=13+15+28=56\\ k=3, & \boldsymbol{Max}[1][3]+\boldsymbol{Max}[4][4]+sum[4]-sum[0]=33+0+28=61\end{cases}$$

Min[1][4]= 56；***Max***[1][4]=66。

- i=2，j=5：$\{a_2，a_3，a_4，a_5\}$

$$\boldsymbol{Min}[2][5]=\min\begin{cases}k=2, & \boldsymbol{Min}[2][2]+\boldsymbol{Min}[3][5]+sum[5]-sum[1]=0+28+25=53\\ k=3, & \boldsymbol{Min}[2][3]+\boldsymbol{Min}[4][5]+sum[5]-sum[1]=14+11+25=50\\ k=4, & \boldsymbol{Min}[2][4]+\boldsymbol{Min}[5][5]+sum[5]-sum[1]=37+0+25=62\end{cases}$$

$$\boldsymbol{Max}[2][5]=\max\begin{cases}k=2, & \boldsymbol{Max}[2][2]+\boldsymbol{Max}[3][5]+sum[5]-sum[1]=0+32+25=57\\ k=3, & \boldsymbol{Max}[2][3]+\boldsymbol{Max}[4][5]+sum[5]-sum[1]=14+11+25=50\\ k=4, & \boldsymbol{Max}[2][4]+\boldsymbol{Max}[5][5]+sum[5]-sum[1]=38+0+25=63\end{cases}$$

Min[2][5]=50；***Max***[2][5]=63。

- i=3，j=6：$\{a_3，a_4，a_5，a_6\}$

$$\boldsymbol{Min}[3][6]=\min\begin{cases}k=3, & \boldsymbol{Min}[3][3]+\boldsymbol{Min}[4][6]+sum[6]-sum[2]=0+19+20=39\\ k=4, & \boldsymbol{Min}[3][4]+\boldsymbol{Min}[5][6]+sum[6]-sum[2]=15+5+20=40\\ k=5, & \boldsymbol{Min}[3][5]+\boldsymbol{Min}[6][6]+sum[6]-sum[2]=28+0+20=48\end{cases}$$

$$\boldsymbol{Max}[3][6]=\max\begin{cases}k=3, & \boldsymbol{Max}[3][3]+\boldsymbol{Max}[4][6]+sum[6]-sum[2]=0+25+20=45\\ k=4, & \boldsymbol{Max}[3][4]+\boldsymbol{Max}[5][6]+sum[6]-sum[2]=15+5+20=40\\ k=5, & \boldsymbol{Max}[3][5]+\boldsymbol{Max}[6][6]+sum[6]-sum[2]=32+0+20=52\end{cases}$$

Min[3][6]=39；***Max***[3][6]=52。

（5）按照递归式计算 5 堆石子合并$\{a_i, a_{i+1}, a_{i+2}, a_{i+3}, a_{i+4}\}$的最小花费和最大花费，$i$=1，2，如图 4-85 所示。

Min[][]	1	2	3	4	5	6
1	0	13	32	56	71	
2		0	14	37	50	61
3			0	15	28	39
4				0	11	19
5					0	5
6						0

Max[][]	1	2	3	4	5	6
1	0	13	33	66	96	
2		0	14	38	63	91
3			0	15	32	52
4				0	11	25
5					0	5
6						0

图 4-85　最小花费和最大花费

- i=1，j=5：$\{a_1, a_2, a_3, a_4, a_5\}$

$$\boldsymbol{Min}[1][5]=\min\begin{cases}k=1, & \boldsymbol{Min}[1][1]+\boldsymbol{Min}[2][5]+sum[5]-sum[0]=0+50+30=80\\ k=2, & \boldsymbol{Min}[1][2]+\boldsymbol{Min}[3][5]+sum[5]-sum[0]=13+28+30=71\\ k=3, & \boldsymbol{Min}[1][3]+\boldsymbol{Min}[4][5]+sum[5]-sum[0]=32+11+30=73\\ k=4, & \boldsymbol{Min}[1][4]+\boldsymbol{Min}[5][5]+sum[5]-sum[0]=56+0+30=86\end{cases}$$

$$\boldsymbol{Max}[1][5]=\max\begin{cases}k=1, & \boldsymbol{Max}[1][1]+\boldsymbol{Max}[2][5]+sum[5]-sum[0]=0+63+30=93\\ k=2, & \boldsymbol{Max}[1][2]+\boldsymbol{Max}[3][5]+sum[5]-sum[0]=13+32+30=75\\ k=3, & \boldsymbol{Max}[1][3]+\boldsymbol{Max}[4][5]+sum[5]-sum[0]=33+11+30=74\\ k=4, & \boldsymbol{Max}[1][4]+\boldsymbol{Max}[5][5]+sum[5]-sum[0]=66+0+30=96\end{cases}$$

Min[1][5]=71；***Max***[1][5]=96。

- i=2，j=6：$\{a_2, a_3, a_4, a_5, a_6\}$

$$\boldsymbol{Min}[2][6]=\min\begin{cases}k=2, & \boldsymbol{Min}[2][2]+\boldsymbol{Min}[3][6]+sum[6]-sum[1]=0+39+28=67\\ k=3, & \boldsymbol{Min}[2][3]+\boldsymbol{Min}[4][6]+sum[6]-sum[1]=14+19+28=61\\ k=4, & \boldsymbol{Min}[2][4]+\boldsymbol{Min}[5][6]+sum[6]-sum[1]=37+5+28=70\\ k=5, & \boldsymbol{Min}[2][5]+\boldsymbol{Min}[6][6]+sum[6]-sum[1]=50+0+28=78\end{cases}$$

$$\boldsymbol{Max}[2][6]=\max\begin{cases}k=2, & \boldsymbol{Max}[2][2]+\boldsymbol{Max}[3][6]+sum[6]-sum[1]=0+52+28=80\\ k=3, & \boldsymbol{Max}[2][3]+\boldsymbol{Max}[4][6]+sum[6]-sum[1]=14+25+28=67\\ k=4, & \boldsymbol{Max}[2][4]+\boldsymbol{Max}[5][6]+sum[6]-sum[1]=38+5+28=71\\ k=5, & \boldsymbol{Max}[2][5]+\boldsymbol{Max}[6][6]+sum[6]-sum[1]=63+0+28=91\end{cases}$$

Min[2][6]=61；***Max***[3][6]=9。

（6）按照递归式计算 6 堆石子合并$\{a_1, a_2, a_3, a_4, a_5, a_6\}$的最小花费和最大花费，如图 4-86 所示。

Min[][]	1	2	3	4	5	6
1	0	13	32	56	71	84
2		0	14	37	50	61
3			0	15	28	39
4				0	11	19
5					0	5
6						0

Max[][]	1	2	3	4	5	6
1	0	13	33	66	96	129
2		0	14	38	63	91
3			0	15	32	52
4				0	11	25
5					0	5
6						0

图 4-86　最小花费和最大花费

- i=1，j=6：$\{a_1, a_2, a_3, a_4, a_5, a_6\}$

$$\boldsymbol{Min}[1][6]=\min\begin{cases} k=1, & \boldsymbol{Min}[1][1]+\boldsymbol{Min}[2][6]+sum[6]-sum[0]=0+61+33=94 \\ k=2, & \boldsymbol{Min}[1][2]+\boldsymbol{Min}[3][6]+sum[6]-sum[0]=13+39+33=85 \\ k=3, & \boldsymbol{Min}[1][3]+\boldsymbol{Min}[4][6]+sum[6]-sum[0]=32+19+33=84 \\ k=4, & \boldsymbol{Min}[1][4]+\boldsymbol{Min}[5][6]+sum[6]-sum[0]=56+5+33=94 \\ k=5, & \boldsymbol{Min}[1][5]+\boldsymbol{Min}[6][6]+sum[6]-sum[0]=71+0+33=104 \end{cases}$$

$$\boldsymbol{Max}[1][6]=\max\begin{cases} k=1, & \boldsymbol{Max}[1][1]+\boldsymbol{Max}[2][6]+sum[6]-sum[0]=0+91+33=124 \\ k=2, & \boldsymbol{Max}[1][2]+\boldsymbol{Max}[3][6]+sum[6]-sum[0]=13+52+33=98 \\ k=3, & \boldsymbol{Max}[1][3]+\boldsymbol{Max}[4][6]+sum[6]-sum[0]=33+25+33=91 \\ k=4, & \boldsymbol{Max}[1][4]+\boldsymbol{Max}[5][6]+sum[6]-sum[0]=66+5+33=104 \\ k=5, & \boldsymbol{Max}[1][5]+\boldsymbol{Max}[6][6]+sum[6]-sum[0]=96+0+33=129 \end{cases}$$

Min[1][6]=84；***Max***[1][6]=129。

4.8.4 伪代码详解

（1）路边玩法

首先初始化 ***Min***[*i*][*i*]=0，***Max***[*i*][*i*]=0，*sum*[0]=0，计算 *sum*[*i*]，其中 i= 1，2，3，…，n。

循环阶段：

按照递归式计算 2 堆石子合并$\{a_i, a_{i+1}\}$的最小花费和最大花费，i=1，2，3，…，n−1。

按照递归式计算 3 堆石子合并$\{a_i, a_{i+1}, a_{i+2}\}$的最小花费和最大花费，$i$=1，2，3，…，$n$−2。

以此类推，直到求出所有堆$\{a_1, \cdots, a_n\}$的最小花费和最大花费。

```
void straight(int a[],int n)
{
     for(int i=1;i<=n;i++)              // 初始化
          Min[i][i]=0, Max[i][i]=0;
     sum[0]=0;
     for(int i=1;i<=n;i++)
         sum[i]=sum[i-1]+a[i];
     for(int v=2; v<=n; v++)            // 枚举合并的堆数规模
     {
          for(int i=1; i<=n-v+1; i++)   //枚举起始点i
          {
               int j = i + v-1;         //枚举终点j
               Min[i][j] = INF;         //初始化为最大值
               Max[i][j] = -1;          //初始化为-1
               int tmp = sum[j]-sum[i-1];//记录i...j之间的石子数之和
               for(int k=i; k<j; k++) {  //枚举中间分隔点
                    Min[i][j] = min(Min[i][j], Min[i][k] + Min[k+1][j] + tmp);
                    Max[i][j] = max(Max[i][j], Max[i][k] + Max[k+1][j] + tmp);
               }
          }
     }
}
```

（2）操场玩法

圆型石子合并经常转化为直线型来求，也就是说，把圆形结构看成是长度为原规模两倍的直线结构来处理。如果操场玩法原问题规模为 n，所以相当于有一排石子 a_1，a_2，…，a_n，a_1，a_2，…，a_{n-1}，该问题规模为 $2n-1$，然后就可以用线性的石子合并问题的方法求解，求最小花费和最大花费的方法是一样的。最后，从最优解中找出规模是 n 的最优解即可。

即要从规模为 n 的最优解 ***Min***[1][n]，***Min***[2][n+1]，***Min***[3][n+2]，…，***Min***[n][$2n-1$]中找最小值作为圆型石子合并的最小花费。

从 ***Max***[1][n]，***Max***[2][n+1]，***Max***[3][n+2]，…，***Max***[n][$2n-1$] 中找出最大值作为圆型石子合并的最大花费。

```
void Circular(int a[],int n)
{
     for(int i=1;i<=n-1;i++)
          a[n+i]=a[i];
     n=2*n-1;
     straight(a, n);
     n=(n+1)/2;
     min_Circular=Min[1][n];
     max_Circular=Max[1][n];
     for(int i=2;i<=n;i++)
     {
          if(Min[i][n+i-1]<min_Circular)
              min_Circular=Min[i][n+i-1];
          if(Max[i][n+i-1]>max_Circular)
              max_Circular=Max[i][n+i-1];
```

```
    }
}
```

4.8.5 实战演练

```
//program 4-6
#include <iostream>
#include <string>
using namespace std;
const int INF = 1 << 30;
const int N = 205;
int Min[N][N], Max[N][N];
int sum[N];
int a[N];
int min_Circular,max_Circular;

void straight(int a[],int n)
{
     for(int i=1;i<=n;i++)  // 初始化
          Min[i][i]=0, Max[i][i]=0;
     sum[0]=0;
     for(int i=1;i<=n;i++)
         sum[i]=sum[i-1]+a[i];
     for(int v=2; v<=n; v++)                // 枚举合并的堆数规模
     {
          for(int i=1; i<=n-v+1; i++)     //枚举起始点 i
          {
               int j = i + v-1;           //枚举终点 j
               Min[i][j] = INF;           //初始化为最大值
               Max[i][j] = -1;            //初始化为-1
               int tmp = sum[j]-sum[i-1];//记录 i...j 之间的石子数之和
               for(int k=i; k<j; k++) {  //枚举中间分隔点
                    Min[i][j] = min(Min[i][j], Min[i][k] + Min[k+1][j] + tmp);
                    Max[i][j] = max(Max[i][j], Max[i][k] + Max[k+1][j] + tmp);
               }
          }
     }
}
void Circular(int a[],int n)
{
     for(int i=1;i<=n-1;i++)
          a[n+i]=a[i];
     n=2*n-1;
     straight(a, n);
     n=(n+1)/2;
     min_Circular=Min[1][n];
     max_Circular=Max[1][n];
     for(int i=2;i<=n;i++)
     {
          if(Min[i][n+i-1]<min_Circular)
              min_Circular=Min[i][n+i-1];
```

```
            if(Max[i][n+i-1]>max_Circular)
                max_Circular=Max[i][n+i-1];
        }
}

int main()
{
        int n;
        cout << "请输入石子的堆数 n:";
        cin >> n;
        cout << "请依次输入各堆的石子数:";
        for(int i=1;i<=n;i++)
            cin>>a[i];
        straight(a, n);
        cout<<"路边玩法（直线型）最小花费为："<<Min[1][n]<<endl;
        cout<<"路边玩法（直线型）最大花费为："<<Max[1][n]<<endl;
        Circular(a,n);
        cout<<"操场玩法（圆型）最小花费为："<<min_Circular<<endl;
        cout<<"操场玩法（圆型）最大花费为："<<max_Circular<<endl;
        return 0;
}
```

算法实现和测试

（1）运行环境

Code::Blocks

（2）输入

```
请输入石子的堆数 n:
6
请依次输入各堆的石子数:
5 8 6 9 2 3
```

（3）输出

```
路边玩法（直线型）最小花费为：84
路边玩法（直线型）最大花费为：129
操场玩法（圆型）最小花费为：81
操场玩法（圆型）最大花费为：130
```

4.8.6 算法解析及优化拓展

1. 算法复杂度分析

（1）时间复杂度：由程序可以得出语句 ***Min***[*i*][*j*] = min(***Min***[*i*][*j*], ***Min***[*i*][*k*] + ***Min***[*k*+1][*j*] + *tmp*)，它是算法的基本语句，在 3 层 for 循环中嵌套，最坏情况下该语句的执行次数为 $O(n^3)$，故该程序的时间复杂度为 $O(n^3)$。

（2）空间复杂度：该程序的辅助变量为 ***Min***[][]、***Max***[][]，空间复杂度取决于辅助空间，

故空间复杂度为 $O(n^2)$。

2．算法优化拓展

对于石子合并问题，如果按照普通的区间动态规划进行求解，时间复杂度是 $O(n^3)$，但最小值可以用四边形不等式（见附录 F）优化。

$$\boldsymbol{Min}[i][j]=\begin{cases}0 & ,i=j\\ \min\limits_{s[i][j-1]\leqslant k\leqslant s[i+1][j]}(\boldsymbol{Min}[i][k]+\boldsymbol{Min}[k+1][j]+w(i,j)) & ,i<j\end{cases}$$

$\boldsymbol{s}[i][j]$表示取得最优解 $\boldsymbol{Min}[i][j]$的最优策略位置。

k 的取值范围缩小了很多，原来是区间$[i，j)$，现在变为区间$[\boldsymbol{s}[i][j-1]，\boldsymbol{s}[i+1][j])$。如图 4-87 所示。

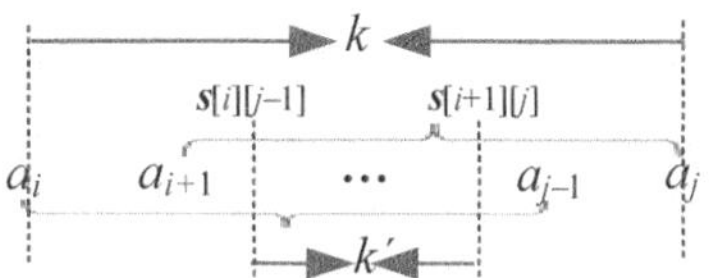

图 4-87　k 的取值范围缩小

经过优化，算法时间复杂度可以减少至 $O(n^2)$。

注意：最大值有一个性质，即总是在两个端点的最大者中取到。

即 $\boldsymbol{Max}[i][j]=\max(\boldsymbol{Max}[i][j-1],\boldsymbol{Max}[i+1][j])+\boldsymbol{sum}[i][j]$

经过优化，算法时间复杂度也可以减少至 $O(n^2)$。

优化后算法：

```
//program 4-6-1
#include <iostream>
#include <string>
using namespace std;
const int INF = 1 << 30;
const int N = 205;
int Min[N][N], Max[N][N],s[N][N];
int sum[N];
int a[N];
int min_Circular,max_Circular;
void get_Min(int n)
{
     for(int v=2; v<=n; v++)                  // 枚举合并的堆数规模
     {
          for(int i=1; i<=n-v+1; i++)         //枚举起始点 i
          {
               int j = i + v-1;               //枚举终点 j
               int tmp = sum[j]-sum[i-1];     //记录 i...j 之间的石子数之和
               int i1=s[i][j-1]>i?s[i][j-1]:i;
               int j1=s[i+1][j]<j?s[i+1][j]:j;
               Min[i][j]=Min[i][i1]+Min[i1+1][j];
               s[i][j]=i1;
               for(int k=i1+1; k<=j1; k++) //枚举中间分隔点
                    if(Min[i][k]+ Min[k+1][j]<Min[i][j])
                    {
                         Min[i][j]=Min[i][k]+Min[k+1][j];
                         s[i][j]=k;
                    }
```

```
                Min[i][j]+=tmp;
            }
        }
}
void get_Max(int n)
{
    for(int v=2; v<=n; v++)              // 枚举合并的堆数规模
    {
        for(int i=1; i<=n-v+1; i++)      //枚举起始点 i
        {
            int j = i + v-1;             //枚举终点 j
            Max[i][j] = -1;              //初始化为-1
            int tmp = sum[j]-sum[i-1];//记录 i...j 之间的石子数之和
            if(Max[i+1][j]>Max[i][j-1])
                Max[i][j]=Max[i+1][j]+tmp;
            else
                Max[i][j]=Max[i][j-1]+tmp;
        }
    }
}
void straight(int a[],int n)
{
    for(int i=1;i<=n;i++)                // 初始化
        Min[i][i]=0, Max[i][i]=0, s[i][i]=0;
    sum[0]=0;
    for(int i=1;i<=n;i++)
        sum[i]=sum[i-1]+a[i];
    get_Min(n);
    get_Max(n);
}
void Circular(int a[],int n)
{
    for(int i=1;i<=n-1;i++)
        a[n+i]=a[i];
    n=2*n-1;
    straight(a, n);
    n=(n+1)/2;
    min_Circular=Min[1][n];
    max_Circular=Max[1][n];
    for(int i=2;i<=n;i++)
    {
        if(Min[i][n+i-1]<min_Circular)
           min_Circular=Min[i][n+i-1];
        if(Max[i][n+i-1]>max_Circular)
           max_Circular=Max[i][n+i-1];
    }
}
int main()
{
    int n;
    cout << "请输入石子的堆数 n:";
    cin >> n;
    cout << "请依次输入各堆的石子数:";
```

```
        for(int i=1;i<=n;i++)
            cin>>a[i];
        straight(a, n);
        cout<<"路边玩法(直线型)最小花费为: "<<Min[1][n]<<endl;
        cout<<"路边玩法(直线型)最大花费为: "<<Max[1][n]<<endl;
        Circular(a,n);
        cout<<"操场玩法(圆型)最小花费为: "<<min_Circular<<endl;
        cout<<"操场玩法(圆型)最大花费为: "<<max_Circular<<endl;
        return 0;
    }
```

（1）时间复杂度：在 *get_Min*()函数中，虽然有 3 层 for 循环语句，但并不是有 3 层 for 语句的执行次数就是 $O(n^3)$，我们分析其执行次数为：

$$\sum_{v=2}^{n}\sum_{i=1}^{n-v+1}(\boldsymbol{s}[i+1][j]-\boldsymbol{s}[i][j-1]+1)$$

因为公式中的 $j=i+v-1$，所以：

$$\begin{aligned}
&\sum_{v=2}^{n}\sum_{i=1}^{n-v+1}(\boldsymbol{s}[i+1][i+v-1]-\boldsymbol{s}[i][i+v-2]+1)\\
&=\sum_{v=2}^{n}\begin{Bmatrix}(\boldsymbol{s}[2][v]-\boldsymbol{s}[1][v-1]+1\\ +\boldsymbol{s}[3][v+1]-\boldsymbol{s}[2][v]+1\\ +\boldsymbol{s}[4][v+2]-\boldsymbol{s}[3][v+1]+1\\ +\cdots\\ +\boldsymbol{s}[n-v+2][n]-\boldsymbol{s}[n-v+1][n-1]+1)\end{Bmatrix}\\
&=\sum_{v=2}^{n}(\boldsymbol{s}[n-v+2][n]-\boldsymbol{s}[1][v-1]+n-v+1)\\
&\leqslant\sum_{v=2}^{n}(n-1+n-v+1)\\
&=\sum_{v=2}^{n}(2n-v)\\
&\approx O(n^2)
\end{aligned}$$

故 *get_Min*()的时间复杂度为 $O(n^2)$。

在 *get_Max*()函数中，有两层 for 循环语句嵌套，时间复杂度也是 $O(n^2)$。

（2）空间复杂度：空间复杂度取决于辅助空间，空间复杂度为 $O(n^2)$。

4.9 大卖场购物车 1——0-1 背包问题

央视有一个大型娱乐节目——购物街，舞台上模拟超市大卖场，有很多货物，每个嘉宾分配一个购物车，可以尽情地装满购物车，购物车中装的货物价值最高者取胜。假设有 n 个物品和 1 个购物车，每个物品 i 对应价值为 v_i，重量 w_i，购物车的容量为 W（你也可以将重量设定为体积）。每个物品只有 1 件，要么装入，要么不装入，不可拆分。在购物车不超重的情况下，如何选取物品装入购物车，使所装入的物品的总价值最大？最大价值是多少？装入了哪些物品？

图 4-88　大卖场购物车 1

4.9.1　问题分析

有 n 个物品和购物车的容量，每个物品的重量为 $w[i]$，价值为 $v[i]$，购物车的容量为 W。选若干个物品放入购物车，使价值最大，可表示如下。

约束条件：$\begin{cases} \sum_{i=1}^{n} w_i x_i \leqslant W \\ x_i \in \{0,1\}, 1 \leqslant i \leqslant n \end{cases}$

目标函数：$\max \sum_{i=1}^{n} v_i x_i$

问题归结为求解满足约束条件，使目标函数达到最大值的解向量 $X=\{x_1, x_2, \cdots, x_n\}$。

该问题就是经典的 0-1 背包问题，我们在第 2 章贪心算法中已经知道背包问题（可切割）可以用贪心算法求解，而 0-1 背包问题使用贪心算法有可能得不到最优解（参看 2.3.6 节）。因为物品的不可切割性，无法保证能够装满背包，所以采用每次装价值/重量比最高的贪心策略是不可行的。

那么是否能够使用动态规划呢？

首先分析该问题是否具有最优子结构性质。

（1）分析最优解的结构特征

- 假设已经知道了 $X=\{x_1, x_2, \cdots, x_n\}$ 是原问题 $\{a_1, a_2, \cdots, a_n\}$ 的最优解，那么原问题去掉第一个物品就变成了子问题 $\{a_2, a_3, \cdots, a_n\}$，如图 4-89 所示。

子问题的约束条件和目标函数如下。

约束条件：$\begin{cases}\sum_{i=2}^{n} w_i x_i \leqslant W - w_1 x_1 \\ x_i \in \{0,1\}，2 \leqslant i \leqslant n\end{cases}$

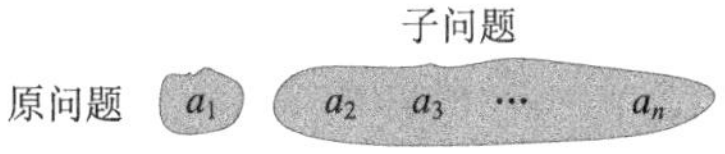

目标函数：$\max \sum_{i=2}^{n} v_i x_i$

子问题

原问题 a_1 a_2 a_3 … a_n

图 4-89 原问题和子问题

- 我们只需要证明：$X'=\{x_2，…，x_n\}$是子问题$\{a_2，…，a_n\}$的最优解，即证明了最优子结构性质。

反证法： 假设$X'=\{x_2，…，x_n\}$不是子问题$\{a_2，…，a_n\}$的最优解，$\{y_2，…，y_n\}$是子问题的最优解，$\sum_{i=2}^{n} v_i y_i > \sum_{i=2}^{n} v_i x_i$，且满足约束条件$\sum_{i=2}^{n} w_i y_i \leqslant W - w_1 x_1$，我们将约束条件两边同时加上 $w_1 x_1$，则变为 $w_1 x_1 + \sum_{i=2}^{n} w_i y_i \leqslant W$，目标函数两边同时加上 $v_1 x_1$，则变为 $v_1 x_1 + \sum_{i=2}^{n} v_i y_i > \sum_{i=1}^{n} v_i x_i$，说明$\{x_1，y_2，…，y_n\}$比$\{x_1，x_2，…，x_n\}$更优，$\{x_1，x_2，…，x_n\}$不是原问题$\{a_1，a_2，…，a_n\}$的最优解，与假设$X=\{x_1，x_2，…，x_n\}$是原问题$\{a_1，a_2，…，a_n\}$的最优解矛盾。问题得证。

该问题具有最优子结构性质。

（2）建立最优值的递归式

可以对每个物品依次检查是否放入或者不放入，对于第 i 个物品的处理状态：

用 $c[i][j]$表示前 i 件物品放入一个容量为 j 的购物车可以获得的最大价值。

- 不放入第 i 件物品，$x_i=0$，装入购物车的价值不增加。那么问题就转化为“前 $i-1$ 件物品放入容量为 j 的背包中”，最大价值为 $c[i-1][j]$。
- 放入第 i 件物品，$x_i=1$，装入购物车的价值增加 v_i。

那么问题就转化为“前 $i-1$ 件物品放入容量为 $j-w[i]$的购物车中”，此时能获得的最大价值就是 $c[i-1][j-w[i]]$，再加上放入第 i 件物品获得的价值 $v[i]$。即 $c[i-1][j-w[i]]+v[i]$。

购物车容量不足，肯定不能放入；购物车容量足，我们要看放入、不放入哪种情况获得的价值更大。

$$c[i][j]=\begin{cases}c[i-1][j] & ,j < w_i \\ \max\{c[i-1][j],c[i-1][j-w[i]]+v[i]\} & ,j \geqslant w_i\end{cases}$$

4.9.2 算法设计

有 n 个物品，每个物品的重量为 $w[i]$，价值为 $v[i]$，购物车的容量为 W。选若干个物品放入购物车，在不超过容量的前提下使获得的价值最大。

（1）确定合适的数据结构

采用一维数组 $w[i]$、$v[i]$来记录第 i 个物品的重量和价值；二维数组用 $c[i][j]$表示前 i 件物品放入一个容量为 j 的购物车可以获得的最大价值。

（2）初始化

初始化 $c[][]$数组 0 行 0 列为 0：$c[0][j]=0$，$c[i][0]=0$，其中 $i=0$，1，2，…，n，$j=0$，1，2，…，W。

（3）循环阶段

- 按照递归式计算第 1 个物品的处理情况，得到 $c[1][j]$，$j=1$，2，…，W。
- 按照递归式计算第 2 个物品的处理情况，得到 $c[2][j]$，$j=1$，2，…，W。
- 以此类推，按照递归式计算第 n 个物品的处理情况，得到 $c[n][j]$，$j=1$，2，…，W。

（4）构造最优解

$c[n][W]$就是不超过购物车容量能放入物品的最大价值。如果还想知道具体放入了哪些物品，就需要根据 $c[][]$数组逆向构造最优解。我们可以用一维数组 $x[i]$来存储解向量。

- 首先 $i=n$，$j=W$，如果 $c[i][j]>c[i-1][j]$，则说明第 n 个物品放入了购物车，令 $x[n]=1$，$j-=w[n]$；如果 $c[i][j]\leqslant c[i-1][j]$，则说明第 n 个物品没有放入购物车，令 $x[n]=0$。
- i--，继续查找答案。
- 直到 $i=1$ 处理完毕。

这时已经得到了解向量（$x[1]$，$x[2]$，…，$x[n]$），可以直接输出该解向量，也可以仅把 $x[i]=1$ 的货物序号 i 输出。

4.9.3 完美图解

假设现在有 5 个物品，每个物品的重量为（2，5，4，2，3），价值为（6，3，5，4，6），如图 4-90 所示。购物车的容量为 10，求在不超过购物车容量的前提下，把哪些物品放入购物车，才能获得最大价值。

	1	2	3	4	5
$w[\,]$	2	5	4	2	3

	1	2	3	4	5
$v[\,]$	6	3	5	4	6

图 4-90　物品的重量和价值

（1）初始化

$c[i][j]$表示前 i 件物品放入一个容量为 j 的购物车可以获得的最大价值。初始化 $c[][]$数组 0 行 0 列为 0：$c[0][j]=0$，$c[i][0]=0$，其中 $i=0$，1，2，…，n，$j=0$，1，2，…，W。如图 4-91 所示。

按照递归式计算第 1 个物品（i=1）的处理情况，得到 $\boldsymbol{c}[1][j]$，j=1，2，…，W。

$$\boldsymbol{c}[i][j]=\begin{cases}\boldsymbol{c}[i-1][j] & ,j<w_i\\ \max\{\boldsymbol{c}[i-1][j],\boldsymbol{c}[i-1][j-w[i]]+v[i]\} & ,j\geqslant w_i\end{cases}$$

w[1]=2，v[1]=6，如图 4-92 所示。

c[ ][ ]	0	1	2	3	4	5	6	7	8	9	10
0	0	0	0	0	0	0	0	0	0	0	0
1	0										
2	0										
3	0										
4	0										
5	0										

图 4-91 最大价值数组

c[ ][ ]	0	1	2	3	4	5	6	7	8	9	10
0	0	0	0	0	0	0	0	0	0	0	0
1	0	0	6	6	6	6	6	6	6	6	6
2	0										
3	0										
4	0										
5	0										

图 4-92 最大价值数组

- j=1 时，$\boldsymbol{c}$[1][1]=$\boldsymbol{c}$[0][1]=0；
- j=2 时，$\boldsymbol{c}$[1][2]=max{$\boldsymbol{c}$[0][2]，$\boldsymbol{c}$[0][0]+6}=6；
- j=3 时，$\boldsymbol{c}$[1][3]=max{$\boldsymbol{c}$[0][3]，$\boldsymbol{c}$[0][1]+6}–6；
- j=4 时，$\boldsymbol{c}$[1][4]=max{$\boldsymbol{c}$[0][4]，$\boldsymbol{c}$[0][2]+6}=6；
- j=5 时，$\boldsymbol{c}$[1][5]=max{$\boldsymbol{c}$[0][5]，$\boldsymbol{c}$[0][3]+6}=6；
- j=6 时，$\boldsymbol{c}$[1][6]=max{$\boldsymbol{c}$[0][6]，$\boldsymbol{c}$[0][4]+6}=6；
- j=7 时，$\boldsymbol{c}$[1][7]=max{$\boldsymbol{c}$[0][7]，$\boldsymbol{c}$[0][5]+6}=6；
- j=8 时，$\boldsymbol{c}$[1][8]=max{$\boldsymbol{c}$[0][8]，$\boldsymbol{c}$[0][6]+6}=6；
- j=9 时，$\boldsymbol{c}$[1][9]=max{$\boldsymbol{c}$[0][9]，$\boldsymbol{c}$[0][7]+6}=6；
- j=10 时，$\boldsymbol{c}$[1][10]=max{$\boldsymbol{c}$[0][10]，$\boldsymbol{c}$[0][8]+6}=6。

（2）按照递归式计算第 2 个物品（i=2）的处理情况，得到 $\boldsymbol{c}[2][j]$，j=1，2，…，W。

$$\boldsymbol{c}[i][j]=\begin{cases}\boldsymbol{c}[i-1][j] & ,j<w_i\\ \max\{\boldsymbol{c}[i-1][j],\boldsymbol{c}[i-1][j-w[i]]+v[i]\} & ,j\geqslant w_i\end{cases}$$

w[2]=5，v[2]=3，如图 4-93 所示。

- j=1 时，$\boldsymbol{c}$[2][1]=$\boldsymbol{c}$[1][1]=0；
- j=2 时，$\boldsymbol{c}$[2][2]=$\boldsymbol{c}$[1][2]=6；
- j=3 时，$\boldsymbol{c}$[2][3]=$\boldsymbol{c}$[1][3]=6；
- j=4 时，$\boldsymbol{c}$[2][4]=$\boldsymbol{c}$[1][4]=6；
- j=5 时，$\boldsymbol{c}$[2][5]=max{$\boldsymbol{c}$[1][5]，$\boldsymbol{c}$[1][0]+3}=6；
- j=6 时，$\boldsymbol{c}$[2][6]=max{$\boldsymbol{c}$[1][6]，$\boldsymbol{c}$[1][1]+3}=6；

- j=7 时，$\boldsymbol{c}$[2][7]=max{$\boldsymbol{c}$[1][7]，$\boldsymbol{c}$[1][2]+3}=9；
- j=8 时，$\boldsymbol{c}$[2][8]=max{$\boldsymbol{c}$[1][8]，$\boldsymbol{c}$[1][3]+3}=9；
- j=9 时，$\boldsymbol{c}$[2][9]=max{$\boldsymbol{c}$[1][9]，$\boldsymbol{c}$[1][4]+3}=9；
- j=10 时，$\boldsymbol{c}$[2][10]=max{$\boldsymbol{c}$[1][10]，$\boldsymbol{c}$[1][5]+3}=9。

（3）按照递归式计算第 3 个物品（i=3）的处理情况，得到 $\boldsymbol{c}$[3][j]，j=1，2，…，W。

$$\boldsymbol{c}[i][j]=\begin{cases}\boldsymbol{c}[i-1][j] & ,j<w_i \\ \max\{\boldsymbol{c}[i-1][j],\boldsymbol{c}[i-1][j-w[i]]+v[i]\} & ,j\geqslant w_i\end{cases}$$

w[3]=4，v[3]=5，如图 4-94 所示。

c[ ][ ]	0	1	2	3	4	5	6	7	8	9	10
0	0	0	0	0	0	0	0	0	0	0	0
1	0	0	6	6	6	6	6	6	6	6	6
2	0	0	6	6	6	6	6	9	9	9	9
3	0										
4	0										
5	0										

图 4-93　最大价值数组

c[ ][ ]	0	1	2	3	4	5	6	7	8	9	10
0	0	0	0	0	0	0	0	0	0	0	0
1	0	0	6	6	6	6	6	6	6	6	6
2	0	0	6	6	6	6	6	9	9	9	9
3	0	0	6	6	6	6	11	11	11	11	11
4	0										
5	0										

图 4-94　最大价值数组

- j=1 时，$\boldsymbol{c}$[3][1]=$\boldsymbol{c}$[2][1]=0；
- j=2 时，$\boldsymbol{c}$[3][2]=$\boldsymbol{c}$[2][2]=6；
- j=3 时，$\boldsymbol{c}$[3][3]=$\boldsymbol{c}$[2][3]=6；
- j=4 时，$\boldsymbol{c}$[3][4]=max{$\boldsymbol{c}$[2][4]，$\boldsymbol{c}$[2][0]+5}=6；
- j=5 时，$\boldsymbol{c}$[3][5]=max{$\boldsymbol{c}$[2][5]，$\boldsymbol{c}$[2][1]+5}=6；
- j=6 时，$\boldsymbol{c}$[3][6]=max{$\boldsymbol{c}$[2][6]，$\boldsymbol{c}$[2][2]+5}=11；
- j=7 时，$\boldsymbol{c}$[3][7]=max{$\boldsymbol{c}$[2][7]，$\boldsymbol{c}$[2][3]+5}=11；
- j=8 时，$\boldsymbol{c}$[3][8]=max{$\boldsymbol{c}$[2][8]，$\boldsymbol{c}$[2][4]+5}=11；
- j=9 时，$\boldsymbol{c}$[3][9]=max{$\boldsymbol{c}$[2][9]，$\boldsymbol{c}$[2][5]+5}=11；
- j=10 时，$\boldsymbol{c}$[3][10]=max{$\boldsymbol{c}$[2][10]，$\boldsymbol{c}$[2][6]+5}=11。

（4）按照递归式计算第 4 个物品（i=4）的处理情况，得到 $\boldsymbol{c}$[4][j]，j=1，2，…，W。

$$\boldsymbol{c}[i][j]=\begin{cases}\boldsymbol{c}[i-1][j] & ,j<w_i \\ \max\{\boldsymbol{c}[i-1][j],\boldsymbol{c}[i-1][j-w[i]]+v[i]\} & ,j\geqslant w_i\end{cases}$$

w[4]=2，v[4]=4，如图 4-95 所示。

- j=1 时，$\boldsymbol{c}$[4][1]=c[3][1]=0；
- j=2 时，$\boldsymbol{c}$[4][2]=max{$\boldsymbol{c}$[3][2]，$\boldsymbol{c}$[3][0]+4}=6；

- j=3 时，c[4][3]=max{c[3][3]，c[3][1]+4}=6；
- j=4 时，c[4][4]=max{c[3][4]，c[3][2]+4}=10；
- j=5 时，c[4][5]=max{c[3][5]，c[3][3]+4}=10；
- j=6 时，c[4][6]=max{c[3][6]，c[3][4]+4}=11；
- j=7 时，c[4][7]=max{c[3][7]，c[3][5]+4}=11；
- j=8 时，c[4][8]=max{c[3][8]，c[3][6]+4}=15；
- j=9 时，c[4][9]=max{c[3][9]，c[3][7]+4}=15；
- j=10 时，c[4][10]=max{c[3][10]，c[3][8]+4}=15。

（5）按照递归式计算第 5 个物品（i=5）的处理情况，得到 c[5][j]，j=1，2，…，W。

$$c[i][j]=\begin{cases}c[i-1][j] & ,j<w_i\\ \max\{c[i-1][j],c[i-1][j-w[i]]+v[i]\} & ,j\geqslant w_i\end{cases}$$

w[5]=3，v[5]=6，如图 4-96 所示。

c[ ][ ]	0	1	2	3	4	5	6	7	8	9	10
0	0	0	0	0	0	0	0	0	0	0	0
1	0	0	6	6	6	6	6	6	6	6	6
2	0	0	6	6	6	6	6	9	9	9	9
3	0	0	6	6	6	6	11	11	11	11	11
4	0	0	6	6	10	10	11	11	15	15	15
5	0										

图 4-95 最大价值数组

c[ ][ ]	0	1	2	3	4	5	6	7	8	9	10
0	0	0	0	0	0	0	0	0	0	0	0
1	0	0	6	6	6	6	6	6	6	6	6
2	0	0	6	6	6	6	6	9	9	9	9
3	0	0	6	6	6	6	11	11	11	11	11
4	0	0	6	6	10	10	11	11	15	15	15
5	0	0	6	6	10	12	12	16	16	17	17

图 4-96 最大价值数组

- j=1 时，c[5][1]=c[4][1]=0；
- j=2 时，c[5][2]=c[4][2]=6；
- j=3 时，c[5][3]=max{c[4][3]，c[4][0]+6}=6；
- j=4 时，c[5][4]=max{c[4][4]，c[4][1]+6}=10；
- j=5 时，c[5][5]=max{c[4][5]，c[4][2]+6}=12；
- j=6 时，c[5][6]=max{c[4][6]，c[4][3]+6}=12；
- j=7 时，c[5][7]=max{c[4][7]，c[4][4]+6}=16；
- j=8 时，c[5][8]=max{c[4][8]，c[4][5]+6}=16；
- j=9 时，c[5][9]=max{c[4][9]，c[4][6]+6}=17；
- j=10 时，c[5][10]=max{c[4][10]，c[4][7]+6}=17。

（6）构造最优解

首先读取 c[5][10]>c[4][10]，说明第 5 个物品装入了购物车，即 x[5]=1，j=10−w[5]=7；

去找 **c**[4][7]=**c**[3][7]，说明第 4 个物品没装入购物车，即 *x*[4]=0；

去找 **c**[3][7]>**c**[2][7]，说明第 3 个物品装入了购物车，即 *x*[3]=1，*j*=*j*−*w*[3]=3；

去找 **c**[2][3]=**c**[1][3]，说明第 2 个物品没装入购物车，即 *x*[2]=0；

去找 **c**[1][3]>**c**[0][3]，说明第 1 个物品装入了购物车，即 *x*[1]=1，*j*=*j*−*w*[1]=1。

如图 4-97 所示。

c[ ][ ]	0	1	2	3	4	5	6	7	8	9	10
0	0	0	0	0	0	0	0	0	0	0	0
1	0	0	6	6	6	6	6	6	6	6	6
2	0	0	6	6	6	6	6	9	9	9	9
3	0	0	6	6	6	6	11	11	11	11	11
4	0	0	6	6	10	10	11	11	15	15	15
5	0	0	6	6	10	12	12	16	16	17	17

图 4-97　最大价值数组

4.9.4　伪代码详解

（1）装入购物车最大价值求解

c[*i*][*j*]表示前 *i* 件物品放入一个容量为 *j* 的购物车可以获得的最大价值。

对每一个物品进行计算，购物车容量 *j* 从 1 递增到 *W*，当物品的重量大于购物车的容量，则不放此物品，**c**[*i*][*j*]=**c**[*i*−1][*j*]，否则比较放与不放此物品是否能使得购物车内的物品价值最大，即 **c**[*i*][*j*]=max（**c**[*i*−1][*j*]，**c**[*i*−1][*j*−*w*[*i*]] + *v*[*i*]）。

```
for(i=1;i<= n;i++)              //计算 c[i][j]
        for(j=1;j<=W;j++)
            if(j<w[i])          //当物品的重量大于购物车的容量，则不放此物品
                c[i][j] = c[i-1][j];
            else                //否则比较此物品放与不放是否能使得购物车内的价值最大
                c[i][j] = max(c[i-1][j],c[i-1][j-w[i]] + v[i]);
    cout<<"装入购物车的最大价值为:"<<c[n][W]<<endl;
```

（2）最优解构造

根据 **c**[][]数组的计算结果逆向递推最优解，可以用一个一维数组 *x*[]记录解向量，*x*[*i*]=1 表示第 *i* 个物品放入了购物车，*x*[*i*]=0 表示第 *i* 个物品没放入购物车。

首先 *i*=*n*，*j*=*W*：如果 **c**[*i*][*j*]>**c**[*i*−1][*j*]，说明第 *i* 个物品放入了购物车，*x*[*i*]=1，*j*−=*w*[*i*]；否则 *x*[*i*]=0。

i=*n*−1：如果 **c**[*i*][*j*]>**c**[*i*−1][*j*]，说明第 *i* 个物品放入了购物车，*x*[*i*]=1，*j*−=*w*[*i*]；否则 *x*[*i*]=0。

……

i=1：如果 $c[i][j]>c[i-1][j]$，说明第 i 个物品放入了购物车，$x[i]$=1，j-=$w[i]$；否则 $x[i]$=0。我们可以直接输出 $x[i]$解向量，也可以只输出放入购物车的物品序号。

```
//逆向构造最优解
j=W;
for(i=n;i>0;i--)
    if(c[i][j]>c[i-1][j])
    {
         x[i]=1;
         j-=w[i];
    }
    else
        x[i]=0;
cout<<"装入购物车的物品为:";
for(i=1;i<=n;i++)
    if(x[i]==1)
         cout<<i<<"  ";
```

4.9.5 实战演练

```
//program 4-7
#include <iostream>
#include<cstring>
using namespace std;
#define maxn 10005
#define M 105
int c[M][maxn];          //c[i][j] 表示前 i 个物品放入容量为 j 购物车获得的最大价值
int w[M],v[M];           //w[i] 表示第 i 个物品的重量，v[i] 表示第 i 个物品的价值
int x[M];                //x[i]表示第 i 个物品是否放入购物车
int main(){
     int i,j,n,W;        //n 表示 n 个物品，W 表示购物车的容量
     cout << "请输入物品的个数 n：";
     cin >> n;
     cout << "请输入购物车的容量 W：";
     cin >> W;
     cout << "请依次输入每个物品的重量 w 和价值 v，用空格分开：";
     for(i=1;i<=n;i++)
          cin>>w[i]>>v[i];
     for(i=0;i<=n;i++)   //初始化第 0 列为 0
          c[i][0]=0;
     for(j=0;j<=W;j++)   //初始化第 0 行为 0
          c[0][j]=0;
     for(i=1;i<= n;i++) //计算 c[i][j]
          for(j=1;j<=W;j++)
               if(j<w[i])  //当物品的重量大于购物车的容量，则不放此物品
                    c[i][j] = c[i-1][j];
               else    //否则比较此物品放与不放是否能使得购物车内的价值最大
                    c[i][j] = max(c[i-1][j],c[i-1][j-w[i]] + v[i]);
     cout<<"装入购物车的最大价值为："<<c[n][W]<<endl;
     //逆向构造最优解
```

```
        j=W;
        for(i=n;i>0;i--)
            if(c[i][j]>c[i-1][j])
            {
                x[i]=1;
                j-=w[i];
            }
            else
                x[i]=0;
        cout<<"装入购物车的物品为：";
        for(i=1;i<=n;i++)
            if(x[i]==1)
                cout<<i<<"  ";
        return 0;
}
```

算法实现和测试

（1）运行环境

Code::Blocks

Visual C++ 6.0

（2）输入

```
请输入物品的个数 n：5
请输入购物车的容量 W：10
请依次输入每个物品的重量 w 和价值 v，用空格分开：
2 6 5 3 4 5 2 4 3 6
```

（3）输出

```
装入购物车的最大价值为：17
装入购物车的物品为：1  3  5
```

4.9.6 算法解析及优化拓展

1. 算法复杂度分析

（1）时间复杂度：算法中有主要的是两层嵌套的 for 循环，其时间复杂度为 $O(n*W)$。

（2）空间复杂度：由于二维数组 $c[n][W]$，所以空间复杂度为 $O(n*W)$。

2. 算法优化拓展

如何实现优化改进呢？首先有一个主循环 i=1，2，…，N，每次算出来二维数组 $c[i][0\sim W]$的所有值。那么，如果只用一个数组 $dp[0\sim W]$，能不能保证第 i 次循环结束后 $dp[j]$中表示的就是我们定义的状态 $c[i][j]$呢？$c[i][j]$由 $c[i-1][j]$和 $c[i-1]$ $[j-w[i]]$两个子问题递推而来，能否保证在递推 $c[i][j]$时（也即在第 i 次主循环中递推 $dp[j]$时）能够得到 $c[i-1][j]$和 $c[i-1][j-w[i]]$的值呢？事实上，这要求在每次主循环中以 $j=W$，$W-1$，…，1，0 的顺序倒推

$dp[j]$，这样才能保证递推 $dp[j]$时 $dp[j-c[i]]$保存的是状态 $c[i-1][j-w[i]]$的值。

伪代码如下：

```
for i=1..n
for j=W..0
        dp[j]=max{dp[j],dp[j-w[i]]+v[i]};
```

其中，$dp[j]=\max\{dp[j],\ dp[j-w[i]]\}$就相当于转移方程 $c[i][j]=\max\{c[i-1][j],\ c[i-1][j-w[i]]\}$，因为这里的 $dp[j-w[i]]$就相当于原来的 $c[i-1][j-w[i]]$。

```
//program 4-7-1
#include <iostream>
#include<cstring>
using namespace std;
#define maxn 10005
#define M 105
int dp[maxn];     //dp[j] 表示当前已放入容量为 j 的购物车获得的最大价值
int w[M],v[M];    //w[i] 表示第 i 个物品的重量，v[i] 表示第 i 个物品的价值
int x[M];         //x[i]表示第 i 个物品是否放入购物车
int i,j,n,W;      //n 表示 n 个物品，W 表示购物车的容量
void opt1(int n,int W)
{
      for(i=1;i<=n;i++)
          for(j=W;j>0;j--)
               if(j>=w[i])  //当购物车的容量大于等于物品的重量，比较此物品放与不放是否
能使得购物车内的价值最大
                  dp[j] = max(dp[j],dp[j-w[i]]+v[i]);
}
int main()
{
     cout << "请输入物品的个数 n:";
     cin >> n;
     cout << "请输入购物车的容量 W:";
     cin >> W;
     cout << "请依次输入每个物品的重量 w 和价值 v,用空格分开:";
     for(i=1;i<=n;i++)
          cin>>w[i]>>v[i];
     for(j=1;j<=W;j++)//初始化第 0 行为 0
          dp[j]=0;
     opt1(n,W);
     //opt2(n,W);
     //opt3(n,W);
     cout<<"装入购物车的最大价值为:"<<dp[W]<<endl;
     //测试 dp[]数组结果
     for(j=1;j<=W;j++)
          cout<<dp[j]<<"  ";
     cout<<endl;
     return 0;
}
```

其实我们可以缩小范围，因为只有当购物车的容量大于等于物品的重量时才要更新（$dp[j]$

= max（*dp*[*j*],*dp*[*j*−*w*[*i*]]+*v*[*i*])），如果当购物车的容量小于物品的重量时，则保持原来的值（相当于原来的 **c**[*i*−1][*j*]）即可。因此第 2 个 for 语句可以是 for(*j*=*W*；*j*>=*w*[*i*]；*j*−−)，而不必搜索到 *j*=0。

```
void opt2(int n,int W)
{
       for(i=1;i<= n;i++)
           for(j=W;j>=w[i];j--)
                //当购物车的容量大于等于物品的重量，比较此物品放与不放是否能使得购物车内
                  的价值最大
                dp[j] = max(dp[j],dp[j-w[i]]+v[i]);
}
```

我们还可以再缩小范围，确定搜索的下界 bound，搜索下界取 *w*[*i*]与剩余容量的最大值，*sum*[*n*] −*sum*[*i*−1]表示 *i*～*n* 的物品重量之和。*W*−（*sum*[*n*] −*sum*[*i*−1]）表示剩余容量。

因为只有购物车容量超过下界时才要更新（*dp*[*j*] = max（*dp*[*j*]，*dp*[*j*−*w*[*i*]]+*v*[*i*])），如果购物车容量小于下界，则保持原来的值（相当于原来的 **c**[*i*−1][*j*]）即可。因此第 2 个 for 语句可以是 for(*j*=*W*；*j*>=bound；*j*−−)，而不必搜索到 *j*=0。

```
void opt3(int n,int W)
{
       int sum[n];//sum[i]表示从 1~i 的物品重量之和
       sum[0]=0;
       for(i=1;i<=n;i++)
            sum[i]=sum[i-1]+w[i];
       for(i=1;i<=n;i++)
       {
            int bound=max(w[i],W-(sum[n]-sum[i-1]));//搜索下界，w[i]与剩余容量取
最大值,sum[n]-sum[i-1]表示从 i...n 的物品重量之和
            for(j=W;j>=bound;j--)
                //购物车容量大于等于下界，比较此物品放与不放是否能使得购物车内的价值最大
                dp[j] = max(dp[j],dp[j-w[i]]+v[i]);
       }
}
```

4.10 快速定位——最优二叉搜索树

给定 *n* 个关键字组成的有序序列 $S=\{s_1, s_2, \dots, s_n\}$，关键字结点称为实结点。对每个关键字查找的概率是 p_i，查找不成功的结点称为虚结点，对应 $\{e_0, e_1, \dots, e_n\}$，每个虚结点的查找概率为 q_i。e_0 表示小于 s_1 的值，e_n 大于 s_n 的值。所有结点查找概率之和为 1。求最小平均比较次数的二叉搜索树（最优二叉搜索树）。

举例说明：给定一个有序序列 $S=\{5, 9, 12, 15, 20, 24\}$，这些数的查找概率分别是

p_1、p_2、p_3、p_4、p_5、p_6。在实际中，有可能有查找不成功的情况，例如要在序列中查找 x=2，那么我们就会定位在 5 的前面，查找不成功，相当于落在了虚结点 e_0 的位置。要在序列中查找 x=18，那么就会定位在 15 ~ 20，查找不成功，相当于落在了虚结点 e_4 的位置。

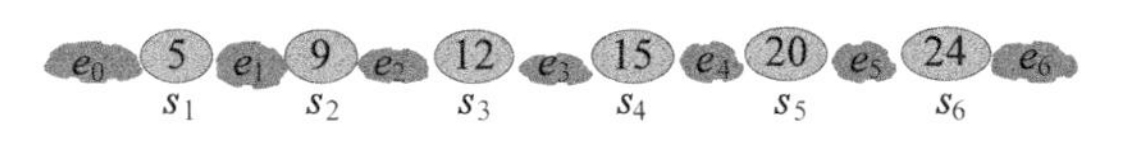

图 4-98 查找关键字

图 4-99 快速定位

4.10.1 问题分析

无论是查找成功还是查找不成功，都需要若干次比较才能判断出结果，那么如何查找才能使平均比较次数最小呢？

- 如果使用顺序查找，能不能使平均查找次数最小呢？
- 因为序列是有序的，顺序查找有点笨，折半查找怎样呢？
- 折半查找是在查找概率相等的情况下折半的，查找概率不等的情况又如何呢？
- 在有序、查找概率不同的情况下，采用二叉搜索树能否使平均比较次数最小呢？
- 如何构建最优二叉搜索树？

首先我们要了解二叉搜索树。

二叉搜索树（Binary Search Tree，BST），又称为二叉查找树，它是一棵二叉树（每个结点最多有两个孩子），而且左子树结点<根结点，右子树结点>根结点。

最优二叉搜索树（Optimal Binary Search Tree，OBST）是搜索成本最低的二叉搜索树，即平均比较次数最少。

例如，关键字{s_1，s_2，…，s_6}的搜索概率是{p_1，p_2，…，p_6}，查找不成功的结点{e_0，e_1，…，e_6}的搜索概率为{q_0，q_1，…，q_6}，其对应的数值如表 4-2 所示。

表 4-2 查找概率

q_0	p_1	q_1	p_2	q_2	p_3	q_3	p_4	q_4	p_5	q_5	p_6	q_6
0.06	0.04	0.08	0.09	0.10	0.08	0.07	0.02	0.05	0.12	0.05	0.14	0.10

接下来，我们通过构建不同的二叉搜索树来分别看其搜索成本（平均比较次数）。

第 1 种二叉搜索树如图 4-100 所示。

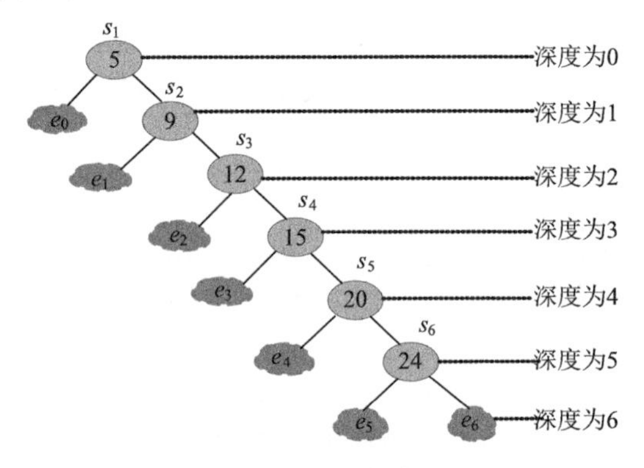

图 4-100　二叉搜索树 1

首先分析关键字结点的搜索成本，搜索每一个关键字需要**比较的次数是其所在的深度+1**。例如关键字 5，需要比较 1 次（深度为 0），查找成功；关键字 12，需要首先和树根 5 比较，比 5 大，找其右子树，和右子树的根 9 比较，比 9 大，找其右子树，和右子树的根 12 比较，相等，查找成功，比较了 3 次（结点 12 的深度为 2）。因此每个关键字结点的搜索成本=（结点的深度+1）*搜索概率=(depth(s_i)+1)*p_i。

我们再看虚结点，即查找不成功的情况的搜索成本，每一个虚结点需要**比较的次数是其所在的深度**。虚结点 e_0 需要比较 1 次（深度为 1），即和数据 5 比较，如果小于 5，则落入虚结点 e_0 位置，查找失败。虚结点 e_1 需要比较 2 次（深度为 2），需要首先和树根 5 比较，比 5 大，找其右子树，和右子树的根 9 比较，比 9 小，找其左子树，则落入虚结点 e_1 位置，查找失败，比较了 2 次（虚结点 e_1 的深度为 2）。因此每个虚结点的搜索成本=结点的深度*搜索概率=(depth(e_i))*q_i。

二叉搜索树 1 的搜索成本为：

$$\sum_{i=1}^{n}(depth(s_i)+1)*p_i+\sum_{i=0}^{n}depth(e_i)*q_i$$

图 4-100 的搜索成本为：

$$\begin{Bmatrix}0.06\times1\\0.04\times1\end{Bmatrix}+\begin{Bmatrix}0.09\times2\\0.08\times2\end{Bmatrix}+\begin{Bmatrix}0.10\times3\\0.08\times3\end{Bmatrix}+\begin{Bmatrix}0.07\times4\\0.02\times4\end{Bmatrix}+\begin{Bmatrix}0.05\times5\\0.12\times5\end{Bmatrix}+\begin{Bmatrix}0.05\times6\\0.14\times6\end{Bmatrix}+0.10\times6=3.93$$

接下来看第 2 个二叉搜索树，如图 4-101 所示。

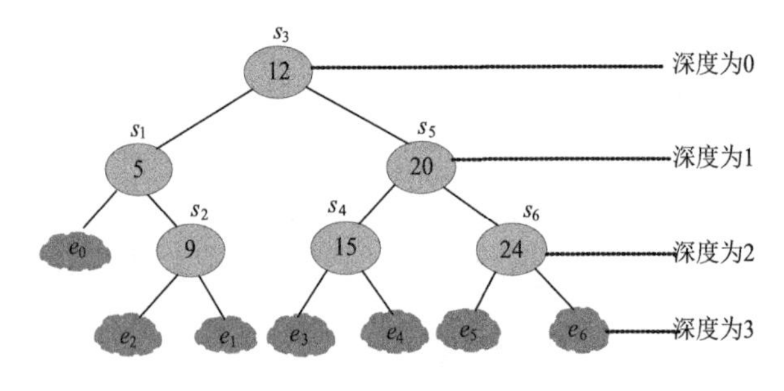

图 4-101　二叉搜索树 2

图 4-101 的搜索成本为：

$$0.08\times 1+\begin{Bmatrix}0.06\times 2\\0.04\times 2\\0.12\times 2\end{Bmatrix}+\begin{Bmatrix}0.09\times 3\\0.02\times 3\\0.14\times 3\end{Bmatrix}+\begin{Bmatrix}0.08\times 3\\0.10\times 3\\0.07\times 3\end{Bmatrix}+\begin{Bmatrix}0.05\times 3\\0.05\times 3\\0.10\times 3\end{Bmatrix}=2.62$$

第 1 个二叉搜索树相当于顺序查找（高度最大），第 2 个二叉搜索树相当于折半查找（平衡树），我们再看第 3 个二叉搜索树，如图 4-102 所示。

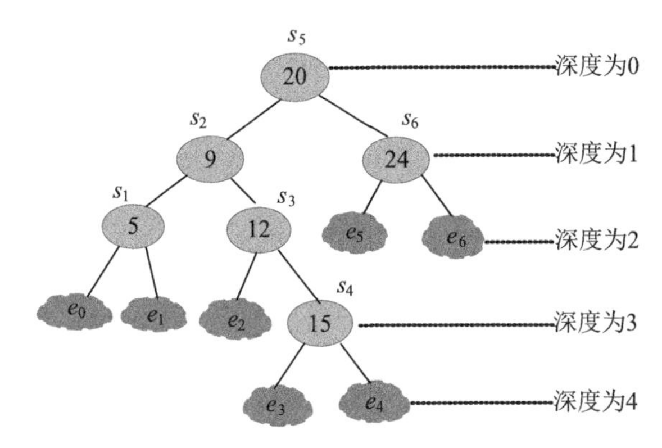

图 4-102　二叉搜索树 3

图 4-102 的搜索成本为：

$$0.12\times 1+\begin{Bmatrix}0.09\times 2\\0.14\times 2\\0.05\times 2\\0.10\times 2\end{Bmatrix}+\begin{Bmatrix}0.04\times 3\\0.08\times 3\\0.06\times 3\\0.08\times 3\\0.10\times 3\end{Bmatrix}+\begin{Bmatrix}0.02\times 4\\0.07\times 4\\0.05\times 4\end{Bmatrix}=2.52$$

第 3 个图搜索成本又降到了 2.52，有没有可能继续降低呢？

可能很多人会想到，搜索概率大的离根越近，那么总的成本就会更低，这其实就是哈夫曼思想。但是因为二叉搜索树需要满足（左子树<根，右子树>根）的性质，那么每次选取时就不能保证一定搜索概率大的结点。所以哈夫曼思想无法构建最优二叉搜索树。那么怎么找到最优解呢？我们很难确定目前得到的就是最优解，如果采用暴力穷举所有的情况，一共有 $O(4^n/n^{3/2})$棵不同的二叉搜索树，这可是指数级的数量！显然是不可取的。

那么如何才能构建一棵最优二叉搜索树呢？

我们来分析该问题是否具有最优子结构性质：

（1）分析最优解的结构特征

- 原问题为有序序列$\{s_1, s_2, \cdots, s_n\}$，对应虚结点是$\{e_0, e_1, \cdots, e_n\}$。假设我们已经知道了 s_k 是二叉搜索树 $T(1, n)$的根，那么原问题就变成了两个子问题：$\{s_1, s_2, \cdots,$

s_{k-1}}和{e_0，e_1，…，e_{k-1}}构成的左子树 $T(1，k-1)$，{s_{k+1}，s_{k+2}，…，s_n}和{e_k，e_{k+1}，…，e_n}构成的右子树 $T(k+1，n)$。如图 4-103 所示。

- 我们只需要证明：如果 $T(1，n)$是最优二叉搜索树，那么它的左子树 $T(1，k-1)$和右子树 $T(k+1，n)$也是最优二叉搜索树。即证明了最优子结构性质。

反证法：假设 $T'(1，k-1)$是比 $T(1，k-1)$更优的二叉搜索树，则 $T'(1，k-1)$的搜索成本比 $T(1，k-1)$的搜索成本小，因此由 $T'(1，k-1)$、s_k、$T(k+1，n)$ 组成的二叉搜索树 $T'(1，n)$的搜索成本比 $T(1，n)$的搜索成本小。$T'(1，n)$是最优二叉搜索树，与假设 $T(1，n)$是最优二叉搜索树矛盾。问题得证。

（2）建立最优值的递归式

先看看原问题最优解和子问题最优解的关系：用 **c**[i][j]表示{s_i, s_{i+1}, …, s_j}和{e_{i-1}, e_i, …, e_j}构成的最优二叉搜索树的搜索成本。

- 两个子问题（如图 4-104 所示）的搜索成本分别是 **c**[i][$k-1$]和 **c**[$k+1$][j]。

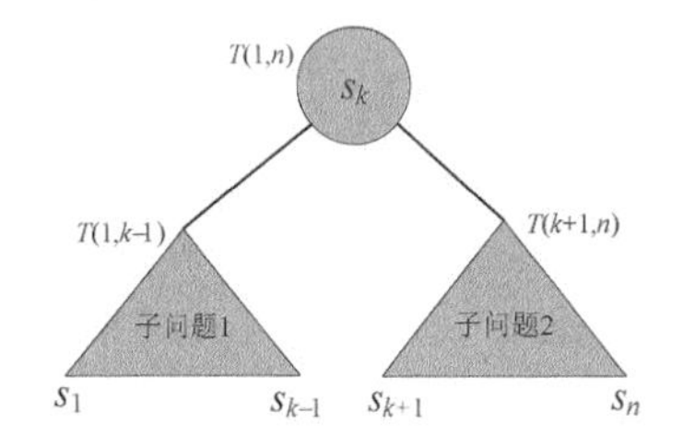

图 4-103 原问题分解为子问题

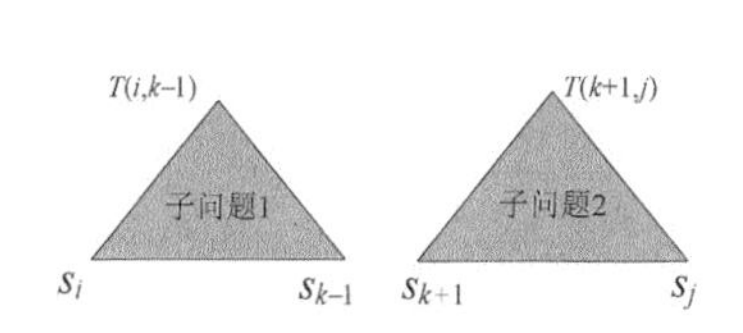

图 4-104 两个子问题

子问题 1 包含的结点：{s_i，s_{i+1}，…，s_{k-1}}和{e_{i-1}，e_i，…，e_{k-1}}。

子问题 2 包含的结点：{s_{k+1}，s_{k+2}，…，s_j}和{e_k，e_{k+1}，…，e_j}。

- 把两个子问题和 s_k 一起构建成一棵二叉搜索树，如图 4-105 所示。

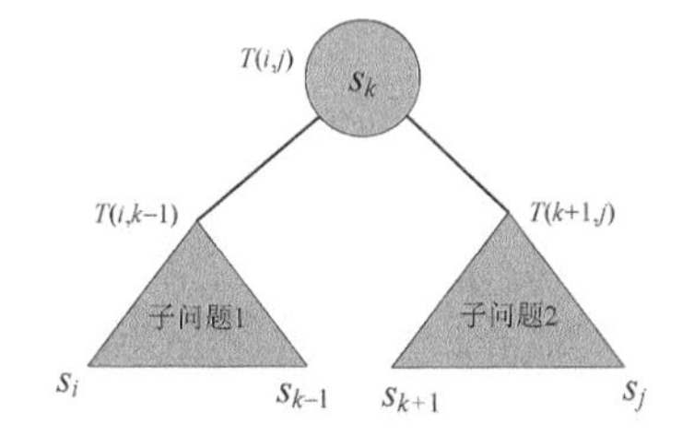

图 4-105 原问题和子问题

在构建的新树中，左子树和右子树中所有的结点深度增加了 1，因为实结点搜索成本=（深度+1）*搜索概率 p，虚结点搜索成本=深度*搜索概率 q。

左子树和右子树中所有的结点深度增加了 1，相当于搜索成本**增加了**这些结点的搜索概率之和，**加上** s_k 结点的搜索成本 p_k，总的增加成本用 **w**[i][j]表示。

子问题 1 包含的结点：{s_i，s_{i+1}，…，s_{k-1}}和{e_{i-1}，e_i，…，e_{k-1}}。
树根结点：{s_k}。
子问题 2 包含的结点：{s_{k+1}，s_{k+2}，…，s_j}和{e_k，e_{k+1}，…，e_j}。

所有结点顺序排列一起：{e_{i-1}，s_i，e_i，…，s_k，e_k，…，s_j，e_j}，它们的概率之和为：

$$w[i][j]=q_{i-1}+p_i+q_i+\cdots+p_k+q_k+\cdots+p_j+q_j$$

最优二叉搜索树的搜索成本为：

$$c[i][j]=c[i][k-1]+c[k+1][j]+w[i][j]$$

因为我们并不确定 k 的值到底是多少，因此在 $i \leqslant k \leqslant j$ 的范围内找最小值即可。

（3）因此最优二叉搜索树的最优值递归式：

$$c[i][j]=\begin{cases}0 & ,j=i-1\\ \min\limits_{i\leqslant k\leqslant j}\{c[i][k-1]+c[k+1][j]\}+w[i][j] & ,j\geqslant i\end{cases}$$

$w[i][j]$也可以使用递推的形式，而没有必要每次都从 q_{i-1} 加到 q_j。

$$w[i][j]=\begin{cases}q_{i-1} & ,j=i-1\\ w[i][j-1]+p_j+q_j & ,j\geqslant i\end{cases}$$

这同样也是动态规划的查表法。

4.10.2 算法设计

采用自底向上的方法求最优解，分为不同规模的子问题，对于每一个小的决策都求最优

（1）确定合适的数据结构

采用一维数组 $p[]$、$q[]$分别记录实结点和虚结点的搜索概率，$c[i][j]$表示最优二叉搜索树 $T(i，j)$的搜索成本，$w[i][j]$表示最优二叉搜索树 $T(i，j)$中的所有实结点和虚结点的搜索概率之和，$s[i][j]$表示最优二叉搜索树 $T(i，j)$的根节点序号。

（2）初始化

输入实结点的个数 n，然后依次输入实结点的搜索概率存储在 $p[i]$中，依次输入虚结点的搜索概率存储在 $q[i]$中。令 $c[i][i-1]=0.0$，$w[i][i-1]=q[i-1]$，其中 $i=1，2，3，\cdots，n+1$。

（3）循环阶段

- 按照递归式计算元素规模是 1 的$\{s_i\}$（$j=i$）的最优二叉搜索树搜索成本 $c[i][j]$，并记录最优策略，即树根 $s[i][j]$，$i=1，2，3，\cdots，n$。
- 按照递归式计算元素规模是 2 的$\{s_i, s_{i+1}\}$（$j=i+1$）的最优二叉搜索树搜索成本 $c[i][j]$，并记录最优策略，即树根 $s[i][j]$，$i=1，2，3，\cdots，n-1$。
- 以此类推，直到求出所有元素$\{s_1，\cdots，s_n\}$ 的最优二叉搜索树搜索成本 $c[1][n]$和最优策略 $s[1][n]$。

（4）构造最优解

- 首先读取 $s[1][n]$，令 $k=s[1][n]$，输出 s_k 为最优二叉搜索树的根。
- 判断如果 $k-1<1$，表示虚结点 e_{k-1} 是 s_k 的左子树；否则，递归求解左子树 Construct_Optimal_BST(1,k−1,1)。

- 判断如果 $k \geqslant n$，输出虚结点 e_k 是 s_k 的右孩子；否则，输出 **s**[k+1][n]是 s_k 的右孩子，递归求解右子树 Construct_Optimal_BST(k+1，n，1)。

4.10.3 完美图解

假设我们现在有 6 个关键字{s_1，s_2，…，s_6}的搜索概率是{p_1，p_2，…，p_6}，查找不成功的结点{e_0，e_1，…，e_6}的搜索概率为{q_0，q_1，…，q_6}，其对应的数值如图 4-106 和图 4-107 所示。

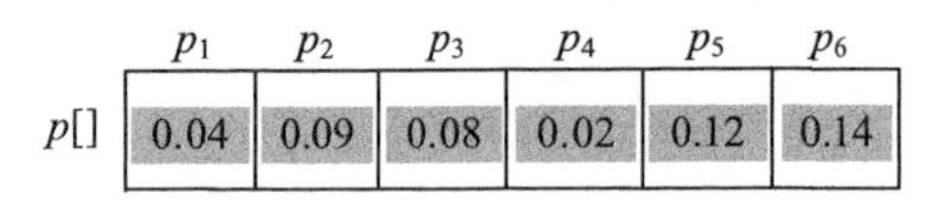

图 4-106 实结点的搜索概率

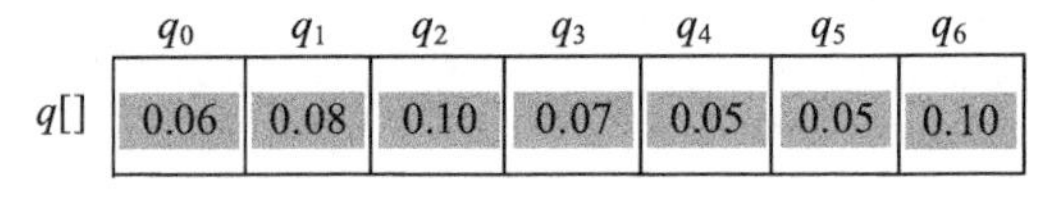

图 4-107 虚结点的搜索概率

采用一维数组 p[]、q[]分别记录实结点和虚结点的搜索概率，**c**[i][j]表示最优二叉搜索树 $T(i，j)$的搜索成本，**w**[i][j]表示最优二叉搜索树 $T(i，j)$中的所有实结点和虚结点的搜索概率之和，**s**[i][j]表示最优二叉搜索树 $T(i，j)$的根节点序号，即取得最小值时的 k 值。

（1）初始化

n=6，令 **c**[i][i−1]=0.0，**w**[i][i−1]=q[i−1]，其中 i=1，2，3，…，n+1，如图 4-108 所示。

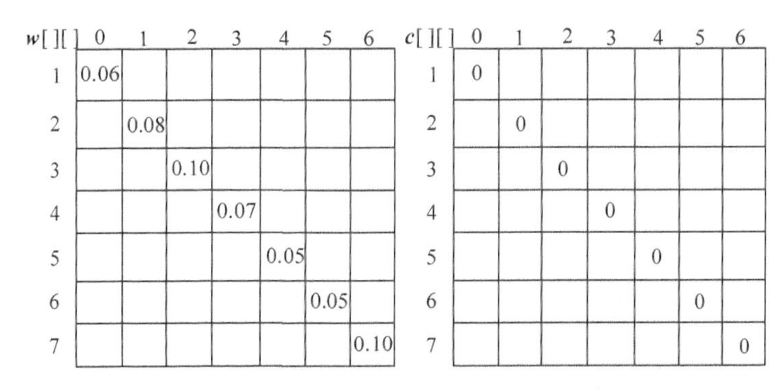

图 4-108 概率之和以及最优二叉树搜索成本

（2）按照递归式计算元素规模是 1 的{s_i}（j=i）的最优二叉搜索树搜索成本 **c**[i][j]，并记录最优策略，即树根 **s**[i][j]，i= 1，2，3，…，n。

$$\mathbf{w}[i][j] = \mathbf{w}[i][j-1] + p_j + q_j$$

$$\mathbf{c}[i][j] = \min_{i \leqslant k \leqslant j} \{\mathbf{c}[i][k-1] + \mathbf{c}[k+1][j]\} + \mathbf{w}[i][j]$$

- i=1，j=1：k=1。

为了形象表达，我们把虚结点和实结点的搜索概率按顺序放在一起，用圆圈和阴影部分

表示 **w**[][]，如图 4-109 所示。

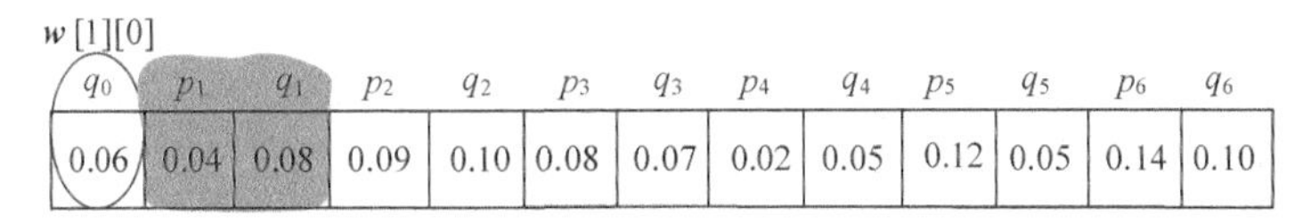

图 4-109　概率之和 **w**[1][1]

w[1][1]= **w**[1][0]+p_1+q_1=0.06+0.04+0.08=0.18；

c[1][1]= min{**c**[1][0]+**c**[2][1] }+ **w**[1][1] =0.18；

s[1][1]=1。

- i=2，j=2：k=2。如图 4-110 所示。

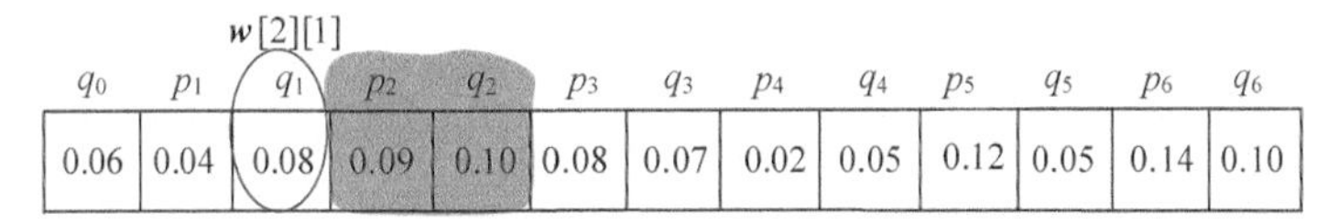

图 4-110　概率之和 **w**[2][2]

w[2][2]= **w**[2][1]+p_2+q_2=0.08+0.09+0.10=0.27；

c[2][2]= min{**c**[2][1]+**c**[3][2] }+ **w**[2][2] =0.27；

s[2][2]=2。

- i=3，j=3：k=3。如图 4-111 所示。

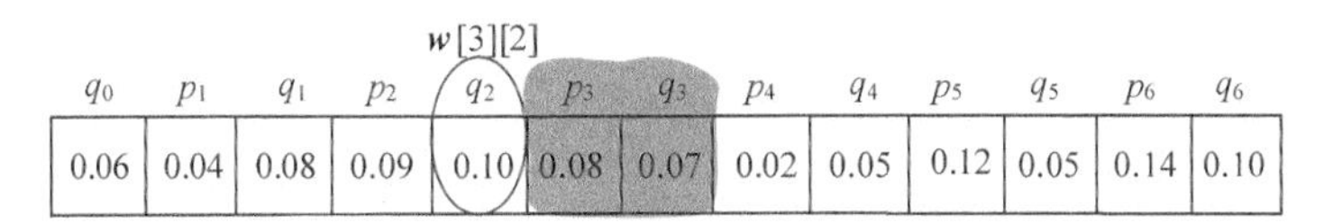

图 4-111　概率之和 **w**[3][3]

w[3][3]= **w**[3][2]+p_3+q_3=0.10+0.08+0.07=0.25；

c[3][3]= min{**c**[3][2]+**c**[4][3] }+ **w**[3][3] =0.25；

s[3][3]=3。

- i=4，j=4：k=4。如图 4-112 所示。

w[4][3]

q_0	p_1	q_1	p_2	q_2	p_3	q_3	p_4	q_4	p_5	q_5	p_6	q_6
0.06	0.04	0.08	0.09	0.10	0.08	0.07	0.02	0.05	0.12	0.05	0.14	0.10

图 4-112　概率之和 **w**[4][4]

w[4][4]= **w**[4][3]+p_4+q_4=0.07+0.02+0.05=0.14；

c[4][4]= min{**c**[4][3]+**c**[5][4] }+ **w**[4][4] =0.14；

s[4][4]=4。

- *i*=5，*j*=5：*k*=5。如图 4-113 所示。

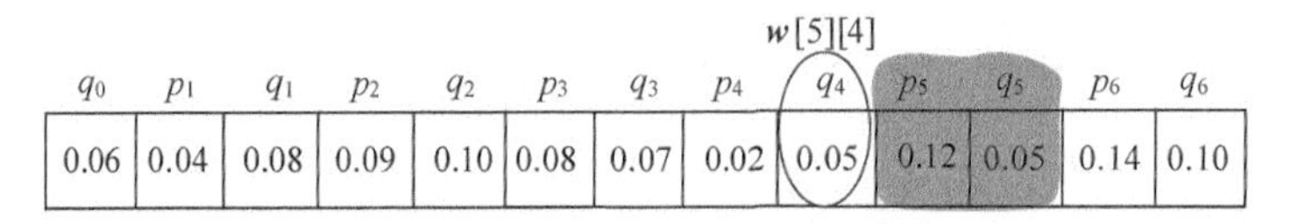

图 4-113　概率之和 **w**[5][5]

w[5][5]= **w**[5][4]+p_5+q_5=0.05+0.12+0.05=0.22；

c[5][5]= min{**c**[5][4]+**c**[6][5] }+ **w**[5][5] =0.22；

s[5][5]=5。

- *i*=6，*j*=6：*k*=6。如图 4-114 所示。

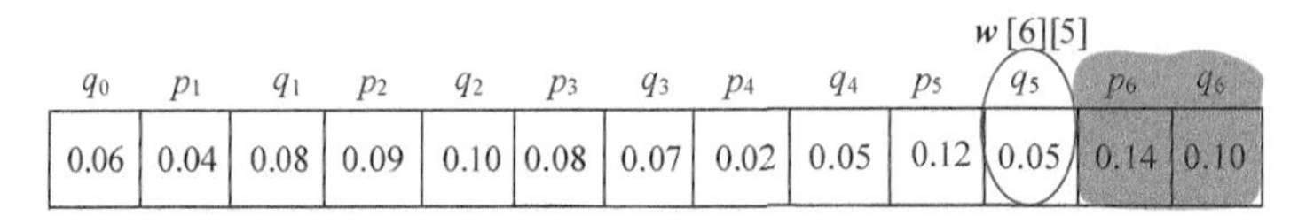

图 4-114　概率之和 **w**[6][6]

w[6][6]= **w**[6][5]+p_6+q_6=0.05+0.14+0.10=0.29；

c[6][6]= min{**c**[6][5]+**c**[7][6] }+ **w**[6][6] =0.29；

s[6][6]=6。

计算完毕，概率之和以及最优二叉树搜索成本如图 4-115 所示。最优策略如图 4-116 所示。

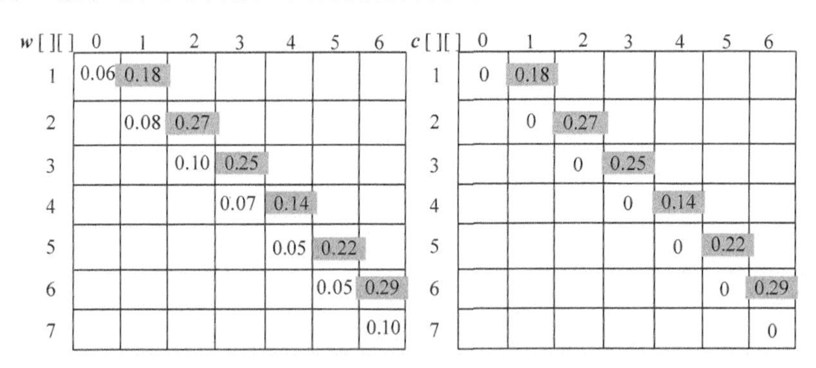

w[ ][ ]	0	1	2	3	4	5	6
1	0.06	0.18					
2		0.08	0.27				
3			0.10	0.25			
4				0.07	0.14		
5					0.05	0.22	
6						0.05	0.29
7							0.10

c[ ][ ]	0	1	2	3	4	5	6
1	0	0.18					
2		0	0.27				
3			0	0.25			
4				0	0.14		
5					0	0.22	
6						0	0.29
7							0

图 4-115　概率之和以及最优二叉树搜索成本

（3）按照递归式计算元素规模是 2 的{s_i，s_{i+1}}（j=i+1）的最优二叉搜索树搜索成本 **c**[*i*][*j*]，并记录最优策略，即树根 **s**[*i*][*j*]，*i*= 1，2，3，…，*n*−1。

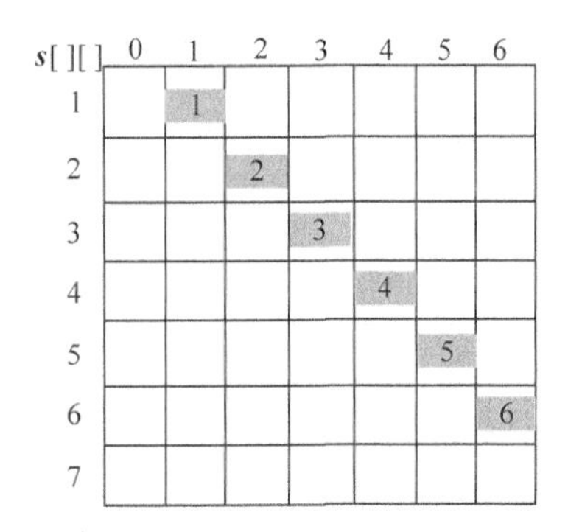

图 4-116　最优二叉树的最优策略

$$\boldsymbol{w}[i][j]=\boldsymbol{w}[i][j-1]+p_j+q_j$$

$$\boldsymbol{c}[i][j]=\min_{i\leqslant k\leqslant j}\{\boldsymbol{c}[i][k-1]+\boldsymbol{c}[k+1][j]\}+\boldsymbol{w}[i][j]$$

- i=1，j=2。如图 4-117 所示。

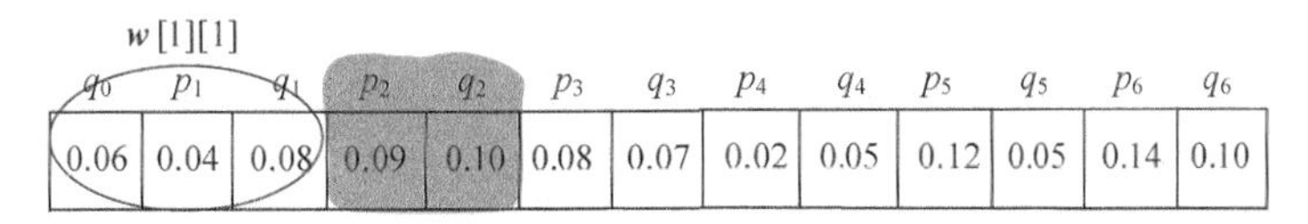

图 4-117　概率之和 **w**[1][2]

w[1][2]= **w**[1][1]+p_2+q_2=0.18+0.09+0.10=0.37；

$$\boldsymbol{c}[1][2]=\boldsymbol{w}[1][2]+\min\begin{cases}k=1, & \boldsymbol{c}[1][0]+\boldsymbol{c}[2][2]=0.27\\ k=2, & \boldsymbol{c}[1][1]+\boldsymbol{c}[3][2]=0.18\end{cases}=0.55\ ;$$

s[1][2]=2。

- i=2，j=3。如图 4-118 所示。

w[2][2]

q_0	p_1	q_1	p_2	q_2	p_3	q_3	p_4	q_4	p_5	q_5	p_6	q_6
0.06	0.04	0.08	0.09	0.10	0.08	0.07	0.02	0.05	0.12	0.05	0.14	0.10

图 4-118　概率之和 **w**[2][3]

w[2][3]= **w**[2][2]+p_3+q_3=0.27+0.08+0.07=0.42；

$$\boldsymbol{c}[2][3]=\boldsymbol{w}[2][3]+\min\begin{cases}k=2, & \boldsymbol{c}[2][1]+\boldsymbol{c}[3][3]=0.25\\ k=3, & \boldsymbol{c}[2][2]+\boldsymbol{c}[4][3]=0.27\end{cases}=0.67\ ;$$

s[2][3]=2。

- i=3，j=4。如图 4-119 所示。

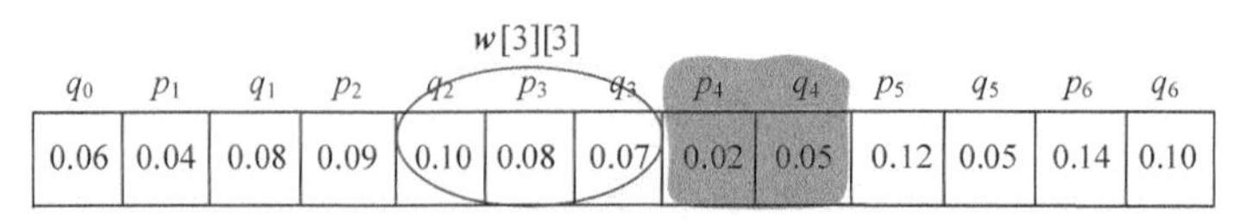

图 4-119　概率之和 **w**[3][4]

$\boldsymbol{w}[3][4]=\boldsymbol{w}[3][3]+p_4+q_4=0.25+0.02+0.05=0.32$；

$$\boldsymbol{c}[3][4]=\boldsymbol{w}[3][4]+\min\begin{cases}k=3, & \boldsymbol{c}[3][2]+\boldsymbol{c}[4][4]=0.14\\ k=4, & \boldsymbol{c}[3][3]+\boldsymbol{c}[5][4]=0.25\end{cases}=0.46\text{；}$$

$\boldsymbol{s}[3][4]=3$。

- $i=4$，$j=5$。如图 4-120 所示。

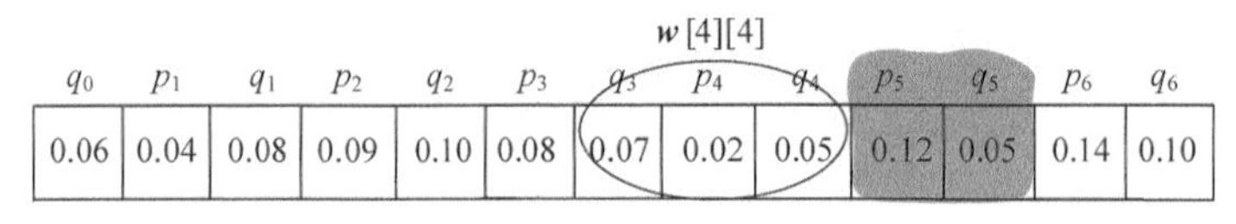

图 4-120　概率之和 **w**[4][5]

$\boldsymbol{w}[4][5]=\boldsymbol{w}[4][4]+p_5+q_5=0.14+0.12+0.05=0.31$；

$$\boldsymbol{c}[4][5]=\boldsymbol{w}[4][5]+\min\begin{cases}k=4, & \boldsymbol{c}[4][3]+\boldsymbol{c}[5][5]=0.22\\ k=5, & \boldsymbol{c}[4][4]+\boldsymbol{c}[6][5]=0.14\end{cases}=0.45\text{；}$$

$\boldsymbol{s}[4][5]=5$。

- $i=5$，$j=6$。如图 4-121 所示。

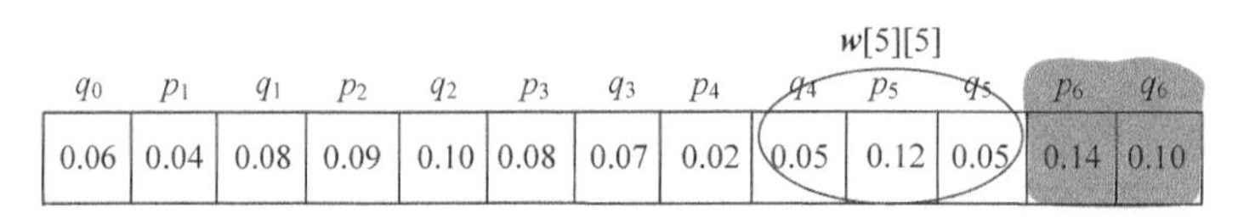

图 4-121　概率之和 **w**[5][6]

$\boldsymbol{w}[5][6]=\boldsymbol{w}[5][5]+p_6+q_6=0.22+0.14+0.10=0.46$；

$$\boldsymbol{c}[5][6]=\boldsymbol{w}[5][6]+\min\begin{cases}k=5, & \boldsymbol{c}[5][4]+\boldsymbol{c}[6][6]=0.29\\ k=6, & \boldsymbol{c}[5][5]+\boldsymbol{c}[7][6]=0.22\end{cases}=0.68\text{；}$$

$\boldsymbol{s}[5][6]=6$。

计算完毕。概率之和以及最优二叉树搜索成本如图 4-122 所示，最优策略如图 4-123 所示。

（4）按照递归式计算元素规模是 3 的$\{s_i, s_{i+1}, s_{i+2}\}$（$j=i+2$）的最优二叉搜索树搜索成本 $\boldsymbol{c}[i][j]$，并记录最优策略，即树根 $\boldsymbol{s}[i][j]$，$i=1$，2，3，4。

$$\boldsymbol{w}[i][j]=\boldsymbol{w}[i][j-1]+p_j+q_j$$

w[ ][ ]	0	1	2	3	4	5	6
1	0.06	0.18	0.37				
2		0.08	0.27	0.42			
3			0.10	0.25	0.32		
4				0.07	0.14	0.31	
5					0.05	0.22	0.46
6						0.05	0.29
7							0.10

c[ ][ ]	0	1	2	3	4	5	6
1	0	0.18	0.55				
2		0	0.27	0.67			
3			0	0.25	0.46		
4				0	0.14	0.45	
5					0	0.22	0.68
6						0	0.29
7							0

图 4-122　概率之和以及最优二叉树搜索成本

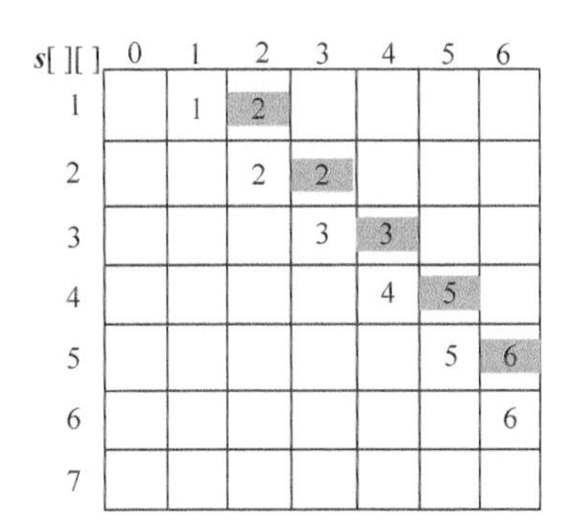

s[ ][ ]	0	1	2	3	4	5	6
1		1	2				
2			2	2			
3				3	3		
4					4	5	
5						5	6
6							6
7							

图 4-123　最优策略

$$\boldsymbol{c}[i][j]=\min_{i\leqslant k\leqslant j}\{\boldsymbol{c}[i][k-1]+\boldsymbol{c}[k+1][j]\}+\boldsymbol{w}[i][j]$$

- i=1，j=3。如图 4-124 所示。

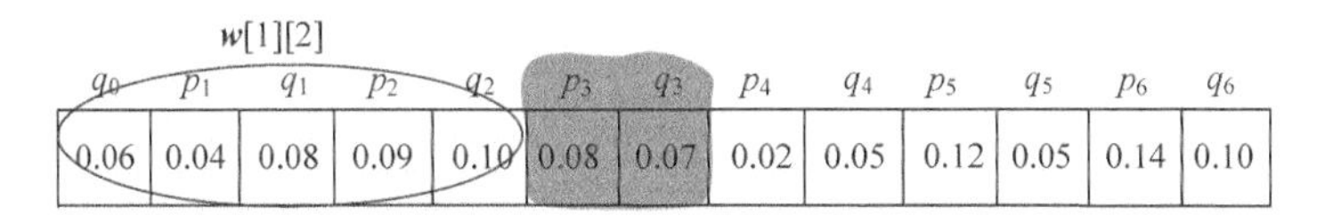

图 4-124　概率之和 **w**[1][3]

w[1][3]= **w**[1][2]+p_3+q_3=0.37+0.08+0.07=0.52；

$$\boldsymbol{c}[1][3]=\boldsymbol{w}[1][3]+\min\begin{cases}k=1, & \boldsymbol{c}[1][0]+\boldsymbol{c}[2][3]=0.67\\ k=2, & \boldsymbol{c}[1][1]+\boldsymbol{c}[3][3]=0.43\\ k=3, & \boldsymbol{c}[1][2]+\boldsymbol{c}[4][3]=0.55\end{cases}=0.95\text{；}$$

s[1][3]=2。

- i=2，j=4。如图 4-125 所示。

w[2][4]= **w**[2][3]+p_4+q_4=0.42+0.02+0.05=0.49；

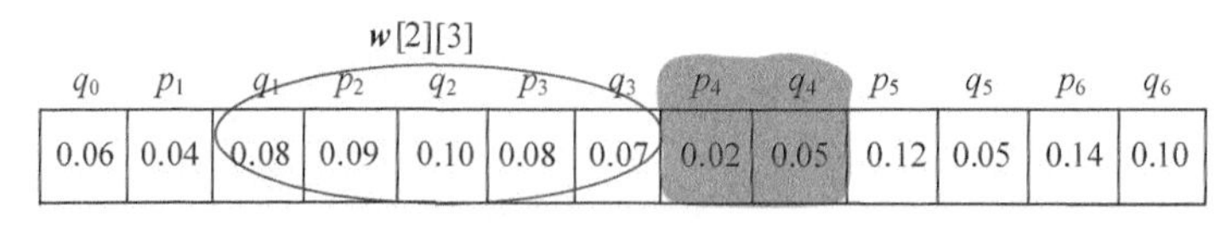

图 4-125 概率之和 **w**[2][4]

$$\boldsymbol{c}[2][4]=\boldsymbol{w}[2][4]+\min\begin{cases}k=2, & \boldsymbol{c}[2][1]+\boldsymbol{c}[3][4]=0.46\\ k=3, & \boldsymbol{c}[2][2]+\boldsymbol{c}[4][4]=0.41\\ k=4, & \boldsymbol{c}[2][3]+\boldsymbol{c}[5][4]=0.67\end{cases}=0.90;$$

s[2][4]=3。

- i=3，j=5。如图 4-126 所示。

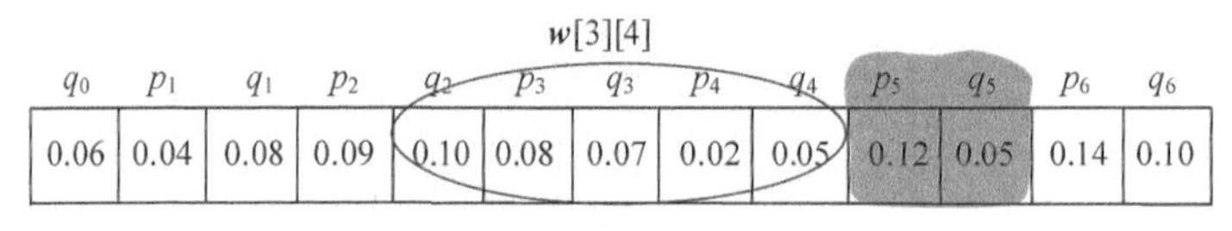

图 4-126 概率之和 **w**[3][5]

w[3][5]= **w**[3][4]+p_5+q_5=0.32+0.12+0.05=0.49；

$$\boldsymbol{c}[3][5]=\boldsymbol{w}[3][5]+\min\begin{cases}k=3, & \boldsymbol{c}[3][2]+\boldsymbol{c}[4][5]=0.45\\ k=4, & \boldsymbol{c}[3][3]+\boldsymbol{c}[5][5]=0.47\\ k=5, & \boldsymbol{c}[3][4]+\boldsymbol{c}[6][5]=0.46\end{cases}=0.94;$$

s[3][5]=3。

- i=4，j=6。如图 4-127 所示。

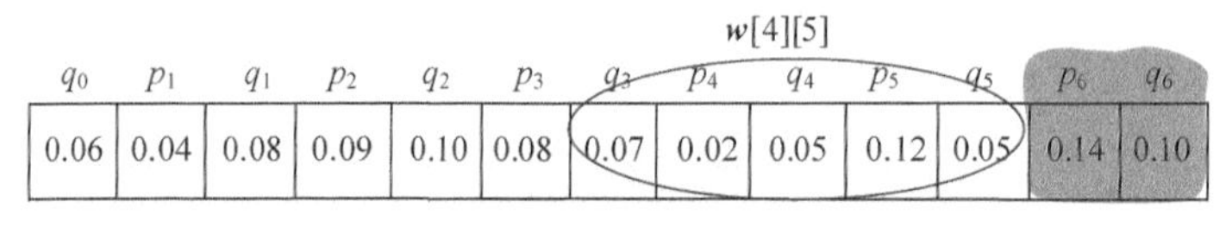

图 4-127 概率之和 **w**[4][6]

w[4][6]= **w**[4][5]+p_6+q_6=0.31+0.14+0.10=0.55；

$$\boldsymbol{c}[4][6]=\boldsymbol{w}[4][6]+\min\begin{cases}k=4, & \boldsymbol{c}[4][3]+\boldsymbol{c}[5][6]=0.68\\ k=5, & \boldsymbol{c}[4][4]+\boldsymbol{c}[6][6]=0.43\\ k=6, & \boldsymbol{c}[4][5]+\boldsymbol{c}[7][6]=0.45\end{cases}=0.98;$$

s[4][6]=5。

计算完毕。概率之和以及最优二叉树搜索成本如图 4-128 所示，最优策略如图 4-129 所示。

（5）按照递归式计算元素规模是 4 的{s_i，s_{i+1}，s_{i+2}，s_{i+3}}（j=i+3）的最优二叉搜索树搜索成本 **c**[i][j]，并记录最优策略，即树根 **s**[i][j]，i=1，2，3。

w[ ][ ]	0	1	2	3	4	5	6
1	0.06	0.18	0.37	0.52			
2		0.08	0.27	0.42	0.49		
3			0.10	0.25	0.32	0.49	
4				0.07	0.14	0.31	0.55
5					0.05	0.22	0.46
6						0.05	0.29
7							0.10

c[ ][ ]	0	1	2	3	4	5	6
1	0	0.18	0.55	0.95			
2		0	0.27	0.67	0.90		
3			0	0.25	0.46	0.94	
4				0	0.14	0.45	0.98
5					0	0.22	0.68
6						0	0.29
7							0

图 4-128　概率之和以及最优二叉树搜索成本

s[ ][ ]	0	1	2	3	4	5	6
1		1	2	2			
2			2	2	3		
3				3	3	3	
4					4	5	5
5						5	6
6							6
7							

图 4-129　最优策略

$$w[i][j]=w[i][j-1]+p_j+q_j$$

$$c[i][j]=\min_{i\leqslant k\leqslant j}\{c[i][k-1]+c[k+1][j]\}+w[i][j]$$

- i=1，j=4。如图 4-130 所示。

w[1][3]

q_0	p_1	q_1	p_2	q_2	p_3	q_3	p_4	q_4	p_5	q_5	p_6	q_6
0.06	0.04	0.08	0.09	0.10	0.08	0.07	0.02	0.05	0.12	0.05	0.14	0.10

图 4-130　概率之和 **w**[1][4]

w[1][4]= **w**[1][3]+p_4+q_4=0.52+0.02+0.05=0.59；

$$c[1][4]=w[1][4]+\min\begin{cases}k=1, & c[1][0]+c[2][4]=0.90\\ k=2, & c[1][1]+c[3][4]=0.64\\ k=3, & c[1][2]+c[4][4]=0.69\\ k=4, & c[1][3]+c[5][4]=0.95\end{cases}=1.23\text{；}$$

s[1][4]=2。

- i=2，j=5。如图 4-131 所示。

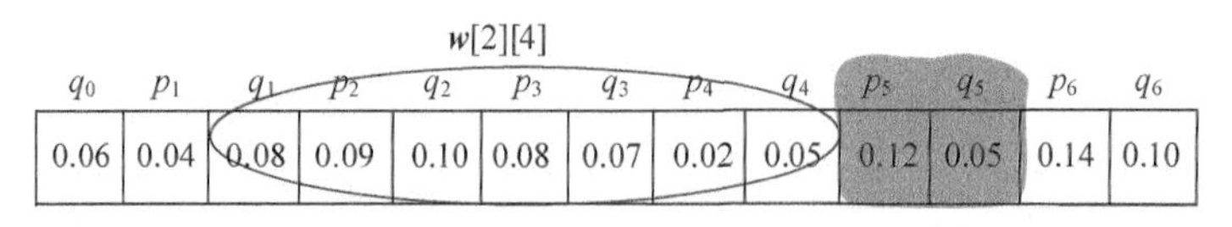

图 4-131　概率之和 **w**[2][5]

w[2][5]= **w**[2][4]+p_5+q_5=0.49+0.12+0.05=0.66；

$$\boldsymbol{c}[2][5]=\boldsymbol{w}[2][5]+\min\begin{cases}k=2, & \boldsymbol{c}[2][1]+\boldsymbol{c}[3][5]=0.94\\ k=3, & \boldsymbol{c}[2][2]+\boldsymbol{c}[4][5]=0.72\\ k=4, & \boldsymbol{c}[2][3]+\boldsymbol{c}[5][5]=0.89\\ k=5, & \boldsymbol{c}[2][4]+\boldsymbol{c}[6][5]=0.90\end{cases}=1.38\text{；}$$

s[2][5]=3。

- i=3，j=6。如图 4-132 所示。

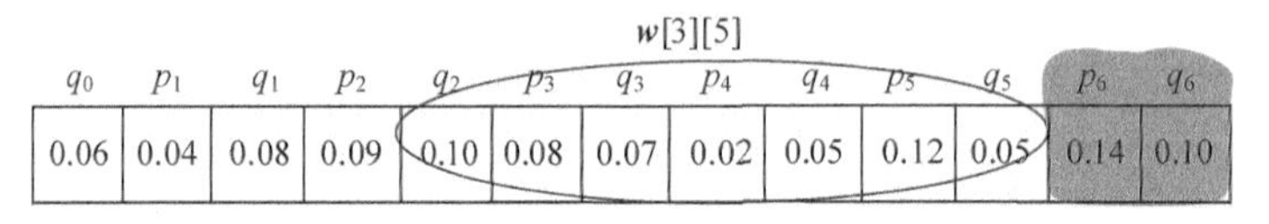

图 4-132　概率之和 **w**[3][6]

w[3][6]= **w**[3][5]+p_6+q_6=0.49+0.14+0.10=0.73；

$$\boldsymbol{c}[3][6]=\boldsymbol{w}[3][6]+\min\begin{cases}k=3, & \boldsymbol{c}[3][2]+\boldsymbol{c}[4][6]=0.98\\ k=4, & \boldsymbol{c}[3][3]+\boldsymbol{c}[5][6]=0.93\\ k=5, & \boldsymbol{c}[3][4]+\boldsymbol{c}[6][6]=0.75\\ k=6, & \boldsymbol{c}[3][5]+\boldsymbol{c}[7][6]=0.94\end{cases}=1.48\text{；}$$

s[3][6]=5。

计算完毕。概率之和以及最优二叉树搜索成本如图 4-133 所示，最优策略如图 4-134 所示。

w[ ][ ]	0	1	2	3	4	5	6
1	0.06	0.18	0.37	0.52	0.59		
2		0.08	0.27	0.42	0.49	0.66	
3			0.10	0.25	0.32	0.49	0.73
4				0.07	0.14	0.31	0.55
5					0.05	0.22	0.46
6						0.05	0.29
7							0.10

c[ ][ ]	0	1	2	3	4	5	6
1	0	0.18	0.55	0.95	1.23		
2		0	0.27	0.67	0.90	1.38	
3			0	0.25	0.46	0.94	1.48
4				0	0.14	0.45	0.98
5					0	0.22	0.68
6						0	0.29
7							0

图 4-133　概率之和以及最优二叉树搜索成本

s[ ][ ]	0	1	2	3	4	5	6
1		1	2	2	2		
2			2	2	3	3	
3				3	3	3	5
4					4	5	5
5						5	6
6							6
7							

图 4-134 最优策略

（6）按照递归式计算元素规模是 5 的$\{s_i, s_{i+1}, s_{i+2}, s_{i+3}, s_{i+4}\}$（$j=i+4$）的最优二叉搜索树搜索成本 $\boldsymbol{c}[i][j]$，并记录最优策略，即树根 $\boldsymbol{s}[i][j]$，i=1，2。

$$\boldsymbol{w}[i][j]=\boldsymbol{w}[i][j-1]+p_j+q_j$$

$$\boldsymbol{c}[i][j]=\min_{i\leqslant k\leqslant j}\{\boldsymbol{c}[i][k-1]+\boldsymbol{c}[k+1][j]\}+\boldsymbol{w}[i][j]$$

- i=1，j=5。如图 4-135 所示。

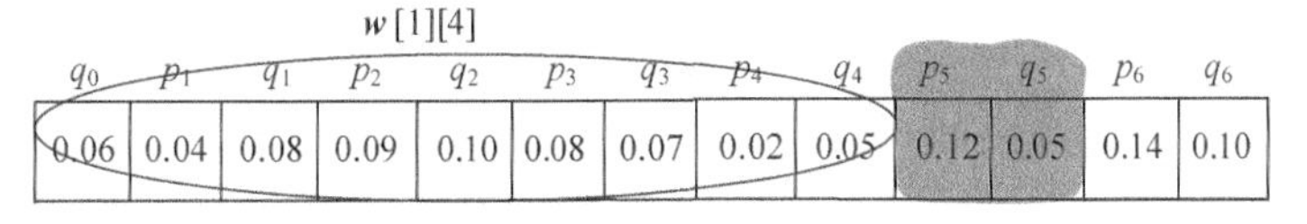

图 4-135 概率之和 $\boldsymbol{w}[1][5]$

$\boldsymbol{w}[1][5]=\boldsymbol{w}[1][4]+p_5+q_5$=0.59+0.12+0.05=0.76；

$$\boldsymbol{c}[1][5]=\boldsymbol{w}[1][5]+\min\begin{cases}k=1, & \boldsymbol{c}[1][0]+\boldsymbol{c}[2][5]=1.38\\ k=2, & \boldsymbol{c}[1][1]+\boldsymbol{c}[3][5]=1.12\\ k=3, & \boldsymbol{c}[1][2]+\boldsymbol{c}[4][5]=1.00\\ k=4, & \boldsymbol{c}[1][3]+\boldsymbol{c}[5][5]=1.17\\ k=5, & \boldsymbol{c}[1][4]+\boldsymbol{c}[6][5]=1.23\end{cases}=1.76；$$

$\boldsymbol{s}[1][5]$=3。

- i=2，j=6。如图 4-136 所示。

w[2][5]

q_0	p_1	q_1	p_2	q_2	p_3	q_3	p_4	q_4	p_5	q_5	p_6	q_6
0.06	0.04	0.08	0.09	0.10	0.08	0.07	0.02	0.05	0.12	0.05	0.14	0.10

图 4-136 概率之和 $\boldsymbol{w}[2][6]$

$\boldsymbol{w}[2][6]=\boldsymbol{w}[2][5]+p_6+q_6$=0.66+0.14+0.10=0.90；

$$c[2][6]=w[2][6]+\min\begin{cases}k=2, & c[2][1]+c[3][6]=1.48\\ k=3, & c[2][2]+c[4][6]=1.25\\ k=4, & c[2][3]+c[5][6]=1.35\\ k=5, & c[2][4]+c[6][6]=1.19\\ k=6, & c[2][5]+c[7][6]=1.38\end{cases}=2.09;$$

s[2][6]=5。

计算完毕。概率之和以及最优二叉树搜索成本如图 4-137 所示，最优策略如图 4-138 所示。

w[ ][ ]	0	1	2	3	4	5	6
1	0.06	0.18	0.37	0.52	0.59	0.76	
2		0.08	0.27	0.42	0.49	0.66	0.90
3			0.10	0.25	0.32	0.49	0.73
4				0.07	0.14	0.31	0.55
5					0.05	0.22	0.46
6						0.05	0.29
7							0.10

c[ ][ ]	0	1	2	3	4	5	6
1	0	0.18	0.55	0.95	1.23	1.76	
2		0	0.27	0.67	0.90	1.38	2.09
3			0	0.25	0.46	0.94	1.48
4				0	0.14	0.45	0.98
5					0	0.22	0.68
6						0	0.29
7							0

图 4-137　概率之和以及最优二叉树搜索成本

s[ ][ ]	0	1	2	3	4	5	6
1		1	2	2	2	3	
2			2	2	3	3	5
3				3	3	3	5
4					4	5	5
5						5	6
6							6
7							

图 4-138　最优策略

（7）按照递归式计算元素规模是 6 的$\{s_i, s_{i+1}, s_{i+2}, s_{i+3}, s_{i+4}, s_{i+5}\}$（$j=i+5$）的最优二叉搜索树搜索成本 **c**[*i*][*j*]，并记录最优策略，即树根 **s**[*i*][*j*]，*i*=1。

$$w[i][j]=w[i][j-1]+p_j+q_j$$

$$c[i][j]=\min_{i\leqslant k\leqslant j}\{c[i][k-1]+c[k+1][j]\}+w[i][j]$$

- *i*=1，*j*=6。如图 4-139 所示。

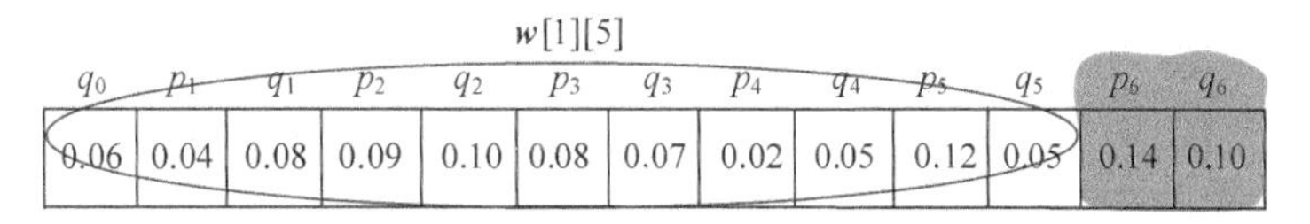

图 4-139 概率之和 $\boldsymbol{w}[1][6]$

$\boldsymbol{w}[1][6]=\boldsymbol{w}[1][5]+p_6+q_6=0.76+0.14+0.10=1.00$；

$$\boldsymbol{c}[1][6]=\boldsymbol{w}[1][6]+\min\begin{cases}k=1, & \boldsymbol{c}[1][0]+\boldsymbol{c}[2][6]=2.09\\ k=2, & \boldsymbol{c}[1][1]+\boldsymbol{c}[3][6]=1.66\\ k=3, & \boldsymbol{c}[1][2]+\boldsymbol{c}[4][6]=1.53\\ k=4, & \boldsymbol{c}[1][3]+\boldsymbol{c}[5][6]=1.63\\ k=5, & \boldsymbol{c}[1][4]+\boldsymbol{c}[6][6]=1.52\\ k=6, & \boldsymbol{c}[1][5]+\boldsymbol{c}[7][6]=1.76\end{cases}=2.52\text{；}$$

$\boldsymbol{s}[1][6]=5$。

计算完毕。概率之和以及最优二叉树搜索成本如图 4-140 所示，最优策略如图 4-141 所示。

w[ ][ ]	0	1	2	3	4	5	6
1	0.06	0.18	0.37	0.52	0.59	0.76	1.00
2		0.08	0.27	0.42	0.49	0.66	0.90
3			0.10	0.25	0.32	0.49	0.73
4				0.07	0.14	0.31	0.55
5					0.05	0.22	0.46
6						0.05	0.29
7							0.10

c[ ][ ]	0	1	2	3	4	5	6
1	0	0.18	0.55	0.95	1.23	1.76	2.52
2		0	0.27	0.67	0.90	1.38	2.09
3			0	0.25	0.46	0.94	1.48
4				0	0.14	0.45	0.98
5					0	0.22	0.68
6						0	0.29
7							0

图 4-140 概率之和和最优二叉树搜索成本

s[ ][ ]	0	1	2	3	4	5	6
1		1	2	2	2	3	5
2			2	2	3	3	5
3				3	3	3	5
4					4	5	5
5						5	6
6							6
7							

图 4-141 最优决策

（8）构造最优解

- 首先读取 **s**[1][6]=5，k=5，输出 s_5 为最优二叉搜索树的根。

判断如果 $k-1\geqslant1$，读取 **s**[1][4]=2，输出 s_2 为 s_5 的左孩子；递归求解左子树 T（1，4）；判断如果 k<6，读取 **s**[6][6]=6，输出 s_6 为 s_5 的右孩子；递归求解右子树 T（6，6），如图 4-142 所示。

- 递归求解左子树 T（1，4）。

首先读取 **s**[1][4]=2，k=2。

判断如果 $k-1\geqslant1$，读取 **s**[1][1]=1，输出 s_1 为 s_2 的左孩子；判断如果 k<4，读取 **s**[3][4]=3，输出 s_3 为 s_2 的右孩子；递归求解右子树 T（3，4），如图 4-143 所示。

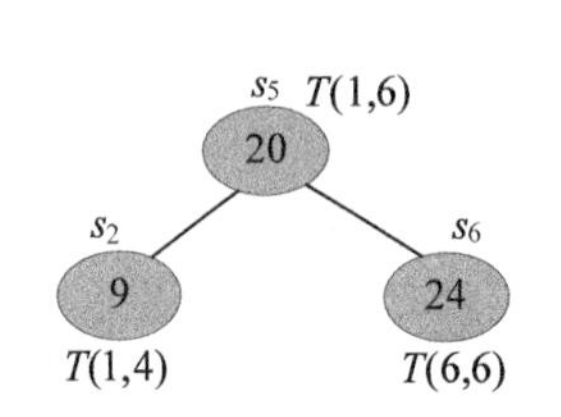

图 4-142　最优解构造过程

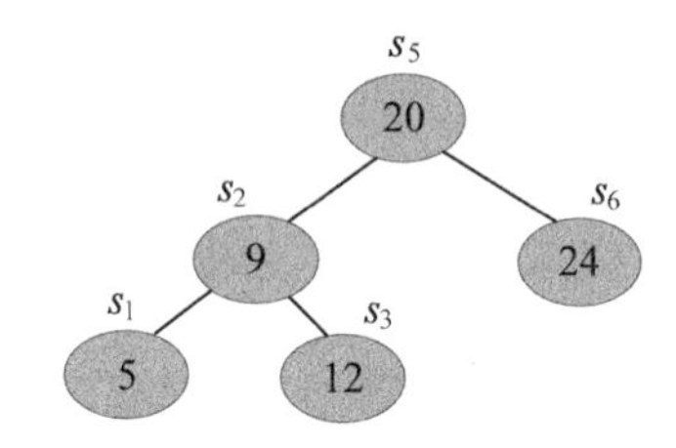

图 4-143　最优解构造过程

- 递归求解左子树 T（1，1）。

首先读取 **s**[1][1]=1，k=1。

判断如果 $k-1$<1，输出 e_0 为 s_1 的左孩子；判断如果 $k\geqslant1$，输出 e_1 为 s_1 的右孩子，如图 4-144 所示。

- 递归求解右子树 T（3，4）。

首先读取 **s**[3][4]=3，k=3。

判断如果 $k-1$<3，输出 e_2 为 s_3 的左孩子；判断如果 k<4，读取 **s**[4][4]=4，输出 s_4 为 s_3 的右孩子；递归求解右子树 T（4，4），如图 4-145 所示。

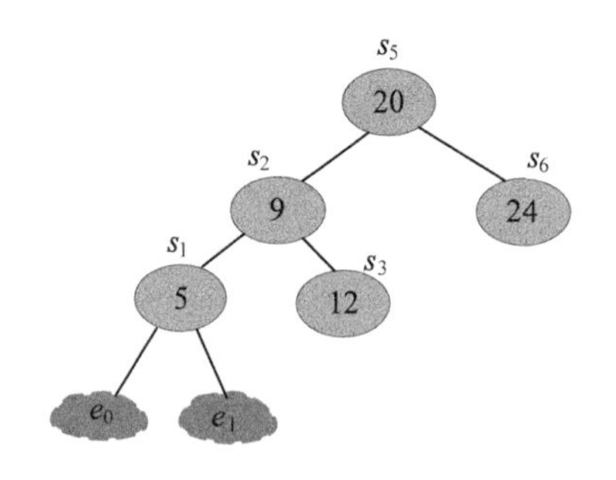

图 4-144　最优解构造过程

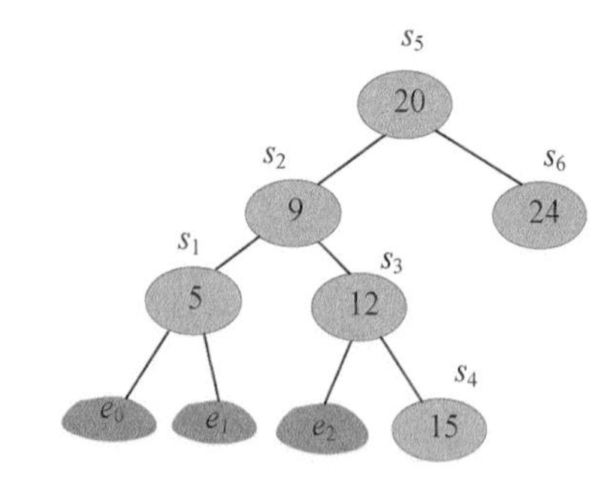

图 4-145　最优解构造过程

- 递归求解右子树 T（4，4）。

首先读取 **s**[4][4]=4，k=4。

判断如果 k−1<4，输出 e_3 为 s_4 的左孩子；判断如果 k≥4，输出 e_4 为 s_4 的右孩子，如图 4-146 所示。

- 递归求解右子树 T（6，6）。

首先读取 **s**[6][6]=6，k=6。

判断如果 k−1<6，输出 e_5 为 s_6 的左孩子；判断如果 k≥6，输出 e_6 为 s_6 的右孩子，如图 4-147 所示。

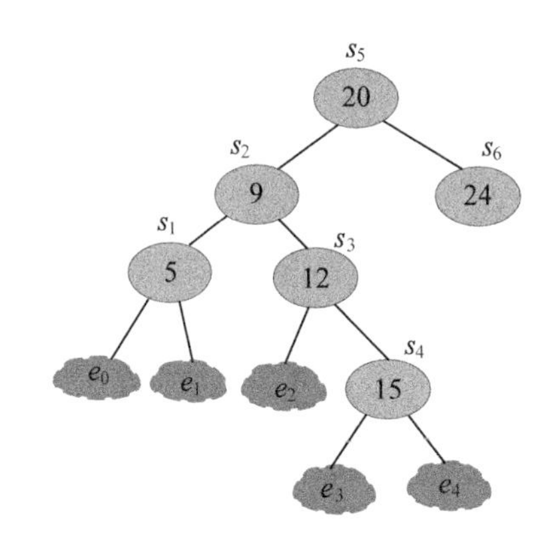

图 4-146　最优解构造过程

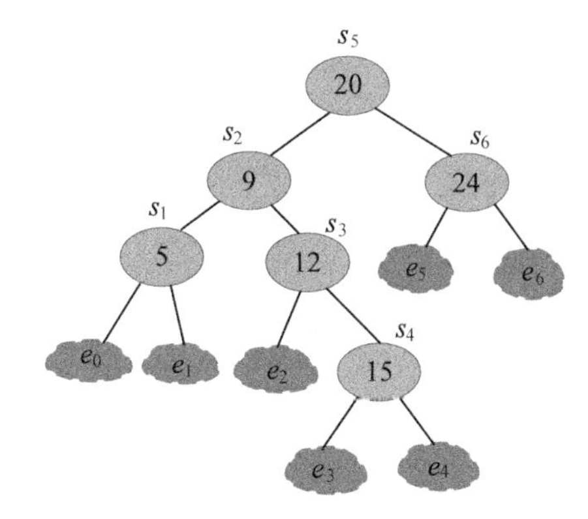

图 4-147　最优解构造过程

4.10.4 伪代码详解

（1）构建最优二叉搜索树

采用一维数组 p[]、q[]分别记录实结点和虚结点的搜索概率，**c**[i][j]表示最优二叉搜索树 T（i，j）的搜索成本，**w**[i][j]表示最优二叉搜索树 T（i，j）中的所有实结点和虚结点的搜索概率之和，**s**[i][j]表示最优二叉搜索树 T（i，j）的根节点序号。首先初始化，令 **c**[i][i−1]=0.0，**w**[i][i−1]=q[i−1]，其中 i= 1，2，3，…，n+1。按照递归式计算元素规模是 1 的{s_i}（j=i）的最优二叉搜索树搜索成本 **c**[i][j]，并记录最优策略，即树根 **s**[i][j]，i=1，2，3，…，n。按照递归式计算元素规模是 2 的{s_i，s_{i+1}}（j=i+1）的最优二叉搜索树搜索成本 **c**[i][j]，并记录最优策略，即树根 **s**[i][j]，i=1，2，3，…，n−1。以此类推，直到求出所有元素{s_1，…，s_n} 的最优二叉搜索树搜索成本 **c**[1][n]和最优策略 **s**[1][n]。

```
void Optimal_BST()
{
     for(i=1;i<=n+1;i++)
     {
          c[i][i-1]=0.0;
```

```
            w[i][i-1]=q[i-1];
        }
        for(int t=1;t<=n;t++)                    //t 为关键字的规模
            //从下标为 i 开始的关键字到下标为 j 的关键字
            for(i=1;i<=n-t+1;i++)
            {
                j=i+t-1;
                w[i][j]=w[i][j-1]+p[j]+q[j];
                c[i][j]=c[i][i-1]+c[i+1][j];//初始化
                s[i][j]=i;                       //初始化
                for(k=i+1;k<=j;k++) //选取 i+1 到 i 之间的某个下标的关键字作为从 i 到 j
的根，如果组成的树的期望值当前最小，则 k 为从 i 到 j 的根节点
                {
                    double temp=c[i][k-1]+c[k+1][j];
                    if(temp<c[i][j]&&fabs(temp-c[i][j])>1E-6)//C++中浮点数因为精度
问题不可以直接比较，fabs(temp-c[i][j])>1E-6 表示两者不相等
                    {
                        c[i][j]=temp;
                        s[i][j]=k;          //k 即为从下标 i 到 j 的根节点
                    }
                }
                c[i][j]+=w[i][j];
            }
    }
```

（2）构造最优解

Construct_Optimal_BST(int *i*,int *j*,bool *flag*)表示构建从结点 *i* 到结点 *j* 的最优二叉搜索树。首次调用时，*flag*=0、*i*=1、*j*=*n*，表示首次构建，读取的第一个数值 **s**[1][*n*]为树根，其他递归调用 *flag*=1。

Construct_Optimal_BST(int *i*,int *j*,bool *flag*)：首先读取 **s**[*i*][*j*]，令 *k*=**s**[*i*][*j*]，判断如果 $k-1<i$，表示虚结点 e_{k-1} 是 s_k 的左子树；否则，递归求解左子树 Construct_Optimal_BST(*i*，*k*−1，1)。判断如果 $k\geqslant j$，输出虚结点 e_k 是 s_k 的右孩子；否则，输出 **s**[*k*+1][*j*]是 s_k 的右孩子，递归求解右子树 Construct_Optimal_BST(*k* +1，*j*，1)。

```
void Construct_Optimal_BST(int i,int j,bool flag)
{
    if(flag==0)
    {
        cout<<"S"<<s[i][j]<<" 是根"<<endl;
        flag=1;
    }
    int k=s[i][j];
    //如果左子树是叶子
    if(k-1<i)
    {
        cout<<"e"<<k-1<<" is the left child of "<<"S"<<k<<endl;
    }
    //如果左子树不是叶子
```

```
        else
        {
            cout<<"S"<<s[i][k-1]<<" is the left child of "<<"S"<<k<<endl;
            Construct_Optimal_BST(i,k-1,1);
        }
        //如果右子树是叶子
        if(k>=j)
        {
            cout<<"e"<<k<<" is the right child of "<<"S"<<k<<endl;
        }
        //如果右子树不是叶子
        else
        {
            cout<<"S"<<s[k+1][j]<<" is the right child of "<<"S"<<k<<endl;
            Construct_Optimal_BST(k+1,j,1);
        }
    }
```

4.10.5 实战演练

```
    //program 4-8
    #include<iostream>
    #include<cmath>                                    //求绝对值函数需要引入该头文件
    using namespace std;
    const int M=1000+5;
    double c[M][M],w[M][M],p[M],q[M];
    int s[M][M];
    int n,i,j,k;
    void Optimal_BST()
    {
        for(i=1;i<=n+1;i++)
        {
            c[i][i-1]=0.0;
            w[i][i-1]=q[i-1];
        }
        for(int t=1;t<=n;t++)                          //t 为关键字的规模
            //从下标为 i 开始的关键字到下标为 j 的关键字
            for(i=1;i<=n-t+1;i++)
            {
                j=i+t-1;
                w[i][j]=w[i][j-1]+p[j]+q[j];
                c[i][j]=c[i][i-1]+c[i+1][j];//初始化
                s[i][j]=i;                             //初始化
                //选取 i+1 到 j 之间的某个下标的关键字作为从 i 到 j 的根，如果组成的树的期望
值当前最小，则 k 为从 i 到 j 的根节点
                for(k=i+1;k<=j;k++)
                {
                    double temp=c[i][k-1]+c[k+1][j];
                    if(temp<c[i][j]&&fabs(temp-c[i][j])>1E-6)//C++中浮点数因
为精度问题不可以直接比较，fabs(temp-c[i][j])>1E-6 表示两者不相等
                    {
```

```
                        c[i][j]=temp;
                        s[i][j]=k;//k 即为从下标 i 到 j 的根节点
                    }
                }
                c[i][j]+=w[i][j];
            }
}
void Construct_Optimal_BST(int i,int j,bool flag)
{
    if(flag==0)
    {
        cout<<"S"<<s[i][j]<<" 是根"<<endl;
        flag=1;
    }
    int k=s[i][j];
    //如果左子树是叶子
    if(k-1<i)
    {
        cout<<"e"<<k-1<<" is the left child of "<<"S"<<k<<endl;
    }
    //如果左子树不是叶子
    else
    {
        cout<<"S"<<s[i][k-1]<<" is the left child of "<<"S"<<k<<endl;
        Construct_Optimal_BST(i,k-1,1);
    }
    //如果右子树是叶子
    if(k>=j)
    {
        cout<<"e"<<k<<" is the right child of "<<"S"<<k<<endl;
    }
    //如果右子树不是叶子
    else
    {
        cout<<"S"<<s[k+1][j]<<" is the right child of "<<"S"<<k<<endl;
        Construct_Optimal_BST(k+1,j,1);
    }
}
int main()
{
    cout << "请输入关键字的个数 n: ";
    cin >> n;
    cout<<"请依次输入每个关键字的搜索概率: ";
    for (i=1; i<=n; i++ )
         cin>>p[i];
    cout << "请依次输入每个虚结点的搜索概率: ";
    for (i=0; i<=n; i++)
         cin>>q[i];
     Optimal_BST();
     cout<<"最小的搜索成本为: "<<c[1][n]<<endl;
     cout<<"最优二叉搜索树为: ";
     Construct_Optimal_BST(1,n,0);
```

```
        return 0;
}
```

算法实现和测试

（1）运行环境

Code::Blocks

Visual C++ 6.0

（2）输入

```
请输入关键字的个数 n: 6
请依次输入每个关键字的搜索概率:
0.04 0.09 0.08 0.02 0.12 0.14
请依次输入每个虚结点的搜索概率:
0.06 0.08 0.10 0.07 0.05 0.05 0.10
```

（3）输出

```
最小的搜索成本为: 2.52
最优二叉搜索树为:
S5 是根
S2 is the left child of S5
S1 is the left child of S2
e0 is the left child of S1
e1 is the right child of S1
S3 is the right child of S2
e2 is the left child of S3
S4 is the right child of S3
e3 is the left child of S4
e4 is the right child of S4
S6 is the right child of S5
e5 is the left child of S6
e6 is the right child of S6
```

4.10.6 算法解析及优化拓展

1. 算法复杂度分析

（1）时间复杂度：算法中有 3 层嵌套的 for 循环，其时间复杂度为 $O(n^3)$。

（2）空间复杂度：使用了 3 个二维数组求解 $\boldsymbol{c}[i][j]$、$\boldsymbol{w}[i][j]$、$\boldsymbol{s}[i][j]$，所以空间复杂度为 $O(n^2)$。

2. 算法优化拓展

如果按照普通的区间动态规划进行求解，时间复杂度是 $O(n^3)$，但可以用四边形不等式优化。

$$\boldsymbol{c}[i][j]=\begin{cases}0 & ,j=i-1\\ \min\limits_{s[i][j-1]\leqslant k\leqslant s[i+1][j]}\{\boldsymbol{c}[i][k-1]+\boldsymbol{c}[k+1][j]\}+\boldsymbol{w}[i][j] & ,j\geqslant i\end{cases}$$

s[*i*][*j*]表示取得最优解 *c*[*i*][*j*]的最优策略位置。

k 的取值范围缩小了很多，原来是区间[*i*，*j*]，现在变为区间[*s*[*i*][*j*−1]，*s*[*i*+1][*j*]]。经过优化，算法时间复杂度可以减少至 $O(n^2)$，时间复杂度的计算可参看 4.8.6 节。

优化后算法：

```
//program 4-8-1
#include<iostream>
#include<cmath>            //求绝对值函数需要引入该头文件
using namespace std;
const int M=1000+5;
double c[M][M],w[M][M],p[M],q[M];
int s[M][M];
int n,i,j,k;
void Optimal_BST()
{
     for(i=1;i<=n+1;i++)
     {
          c[i][i-1]=0.0;
          w[i][i-1]=q[i-1];
     }
     for(int t=1;t<=n;t++)//t 为关键字的规模
          //从下标为 i 开始的关键字到下标为 j 的关键字
          for(i=1;i<=n-t+1;i++)
          {
               j=i+t-1;
               w[i][j]=w[i][j-1]+p[j]+q[j];
               int i1=s[i][j-1]>i?s[i][j-1]:i;
               int j1=s[i+1][j]<j?s[i+1][j]:j;
               c[i][j]=c[i][i1-1]+c[i1+1][j];//初始化
               s[i][j]=i1;//初始化
               //选取 i1+1 到 j1 之间的某个下标的关键字作为从 i 到 j 的根，如果组成的树的期
望值当前最小，则 k 为从 i 到 j 的根节点
               for(k=i1+1;k<=j1;k++)
               {
                    double temp=c[i][k-1]+c[k+1][j];
                    if(temp<c[i][j]&&fabs(temp-c[i][j])>1E-6)//C++中浮点数因
为精度问题不可以直接比较
                    {
                         c[i][j]=temp;
                         s[i][j]=k;//k 即为从下标 i 到 j 的根节点
                    }
               }
               c[i][j]+=w[i][j];
          }
}
void Construct_Optimal_BST(int i,int j,bool flag)
{
     if(flag==0)
     {
          cout<<"S"<<s[i][j]<<" 是根"<<endl;
```

```
            flag=1;
        }
        int k=s[i][j];
        //如果左子树是叶子
        if(k-1<i)
        {
            cout<<"e"<<k-1<<" is the left child of "<<"S"<<k<<endl;
        }
        //如果左子树不是叶子
        else
        {
            cout<<"S"<<s[i][k-1]<<" is the left child of "<<"S"<<k<<endl;
            Construct_Optimal_BST(i,k-1,1);
        }
        //如果右子树是叶子
        if(k>=j)
        {
            cout<<"e"<<j<<" is the right child of "<<"S"<<k<<endl;
        }
        //如果右子树不是叶子
        else
        {
            cout<<"S"<<s[k+1][j]<<" is the right child of "<<"S"<<k<<endl;
            Construct_Optimal_BST(k+1,j,1);
        }
    }
    int main()
    {
        cout << "请输入关键字的个数 n:";
        cin >> n;
        cout<<"请依次输入每个关键字的搜索概率:";
        for (i=1; i<=n; i++ )
             cin>>p[i];
        cout << "请依次输入每个虚结点的搜索概率:";
        for (i=0; i<=n; i++)
             cin>>q[i];
        Optimal_BST();
        // /*用于测试
        for(i=1; i<=n+1;i++)
        {
              for (j=1; j<i;j++)
                cout <<"\t" ;
              for(j=i-1;j<=n;j++)
                cout << w[i][j]<<"\t" ;
              cout << endl;
        }
         for(i=1; i<=n+1;i++)
        {
              for (j=1; j<i;j++)
                cout <<"\t" ;
              for(j=i-1; j<=n;j++)
                cout << c[i][j]<<"\t" ;
```

```
                cout << endl;
            }
            for(i=1; i<=n;i++)
            {
                for (j=1; j<i;j++)
                  cout << "\t" ;
                for(j=i-1; j<=n;j++)
                  cout << s[i][j]<<"\t" ;
                cout << endl;
            }
            cout << endl;
            // */用于测试
            cout<<"最小的搜索成本为: "<<c[1][n]<<endl;
            cout<<"最优二叉搜索树为: ";
            Construct_Optimal_BST(1,n,0);
            return 0;
        }
```

4.11 动态规划算法秘籍

本章通过 8 个实例讲解了动态规划的解题过程。动态规划求解最优化问题时需要考虑两个性质：最优子结构和子问题重叠。只要满足最优子结构性质就可以使用动态规划，如果还具有子问题重叠，则更能彰显动态规划的优势。判断可以使用动态规划后，就可以分析其最优子结构特征，找到原问题和子问题的关系，从而得到最优解递归式。然后按照最优解递归式自底向上求解，采用备忘机制（查表法）有效解决子问题重叠，重复的子问题不需要重复求解，只需查表即可。

动态规划的关键总结如下。

（1）最优子结构判定

- 做出一个选择。
- 假定已经知道了哪种选择是最优的。

例如矩阵连乘问题，我们假设已经知道在第 k 个矩阵加括号是最优的，即$(\boldsymbol{A}_i\boldsymbol{A}_{i+1}\cdots\boldsymbol{A}_k)(\boldsymbol{A}_{k+1}\boldsymbol{A}_{k+2}\cdots\boldsymbol{A}_j)$。

- 最优选择后会产生哪些子问题。

例如矩阵连乘问题，我们做出最优选择后产生两个子问题：$(\boldsymbol{A}_i\boldsymbol{A}_{i+1}\cdots\boldsymbol{A}_k)$，$(\boldsymbol{A}_{k+1}\boldsymbol{A}_{k+2}\cdots\boldsymbol{A}_j)$。

- 证明原问题的最优解包含其子问题的最优解。

通常使用“剪切—粘贴”反证法。证明如果原问题的解是最优解，那么子问题的解也是最优解。反证：假定子问题的解不是最优解，那么就可以将它“剪切”掉，把最优解“粘贴”进去，从而得到一个比原问题最优解更优的解，这与前提原问题的解是最优解矛盾。得证。

例如：矩阵连乘问题，$c=a+b+d$，我们只需要证明如果 c 是最优的，则 a 和 b 一定是最优的（即原问题的最优解包含子问题的最优解）。

反证法：如果 a 不是最优的，（$\boldsymbol{A}_i\boldsymbol{A}_{i+1}\cdots\boldsymbol{A}_k$）存在一个最优解 a'，$a'<a$，那么，$a'+b+d<c$，这与假设 c 是最优的矛盾，因此如果 c 是最优的，则 a 一定是最优的。同理可证 b 也是最优的。因此如果 c 是最优的，则 a 和 b 一定是最优的。因此，矩阵连乘问题具有最优子结构性质。

（2）如何得到最优解递归式

- 分析原问题最优解和子问题最优解的关系。

例如矩阵连乘问题，我们假设已经知道在第 k 个矩阵加括号是最优的，即（$\boldsymbol{A}_i\boldsymbol{A}_{i+1}\cdots\boldsymbol{A}_k$）（$\boldsymbol{A}_{k+1}\boldsymbol{A}_{k+2}\cdots\boldsymbol{A}_j$）。作出最优选择后产生两个子问题：（$\boldsymbol{A}_i\boldsymbol{A}_{i+1}\cdots\boldsymbol{A}_k$），（$\boldsymbol{A}_{k+1}\boldsymbol{A}_{k+2}\cdots\boldsymbol{A}_j$）。如果我们用 $\boldsymbol{m}[i][j]$表示 $\boldsymbol{A}_i\boldsymbol{A}_{i+1}\cdots\boldsymbol{A}_j$ 矩阵连乘的最优解，那么两个子问题（$\boldsymbol{A}_i\boldsymbol{A}_{i+1}\cdots\boldsymbol{A}_k$）、（$\boldsymbol{A}_{k+1}\boldsymbol{A}_{k+2}\cdots\boldsymbol{A}_j$）对应的最优解分别是 $\boldsymbol{m}[i][k]$、$\boldsymbol{m}[k+1][j]$。剩下的只需要考查（$\boldsymbol{A}_i\boldsymbol{A}_{i+1}\cdots\boldsymbol{A}_k$）和（$\boldsymbol{A}_{k+1}\boldsymbol{A}_{k+2}\cdots\boldsymbol{A}_j$）的结果矩阵相乘的乘法次数了，两个结果矩阵相乘的乘法次数是 $p_i*p_{k+1}*q_j$。

因此，原问题最优解和子问题最优解的关系为 $\boldsymbol{m}[i][j]=\boldsymbol{m}[i][k]+\boldsymbol{m}[k+1][j]+p_i*p_{k+1}*q_j$。

- 考查有多少种选择。

实质上，我们并不知道哪种选择是最优的，因此就需要考查有多少种选择，然后从这些选择中找到最优解。

例如矩阵连乘问题，加括号的位置 k（$\boldsymbol{A}_i\boldsymbol{A}_{i+1}\cdots\boldsymbol{A}_k$）（$\boldsymbol{A}_{k+1}\boldsymbol{A}_{k+2}\cdots\boldsymbol{A}_j$），$k$ 的取值范围是$\{i, i+1, \cdots, j-1\}$，即 $i\leqslant k<j$，那么我们考查每一种选择，找到最优值。

- 得到最优解递归式。

例如矩阵连乘问题，$\boldsymbol{m}[i][j]$表示 $\boldsymbol{A}_i\boldsymbol{A}_{i+1}\cdots\boldsymbol{A}_j$ 矩阵连乘的最优解，根据最优解和子问题最优解的关系，并考查所有的选择，找到最小值即为最优解。

$$\boldsymbol{m}[i][j]=\begin{cases}0 & ,i=j \\ \min\limits_{i\leqslant k<j}\{\boldsymbol{m}[i][k]+\boldsymbol{m}[k+1][j]+p[i-1]*p[k]*p[j]\} & ,i<j\end{cases}$$

Chapter 5

回溯法

“不进则退，不喜则忧，不得则亡，此世人之常。”

——《邓析子·无后篇》

从小到大，我们听了很多“不进则退”的故事，这些故事告诫人们如果不进步，就会倒退。但在这里，我们却采用了“不进则退”的另一层积极含义——“退一步海阔天空”“不必在一棵树上吊死”。如果一条路无法走下去，退回去，换条路走也不失一个很好的办法，这正是回溯法的初衷。

5.1 回溯法基础

回溯法是一种选优搜索法，按照选优条件深度优先搜索，以达到目标。当搜索到某一步时，发现原先选择并不是最优或达不到目标，就退回一步重新选择，这种走不通就退回再走的技术称为回溯法，而满足回溯条件的某个状态称为“回溯点”。

5.1.1 算法思想

回溯法是从初始状态出发，按照深度优先搜索的方式，根据产生子结点的条件约束，搜索问题的解。当发现当前结点不满足求解条件时，就回溯，尝试其他的路径。回溯法是一种**“能进则进，进不了则换，换不了则退”**的搜索方法。

5.1.2 算法要素

用回溯法解决实际问题时，首先要确定解的形式，定义问题的解空间。

什么是解空间呢？

（1）解空间

- 解的组织形式：回溯法解的组织形式可以规范为一个 n 元组$\{x_1, x_2, \cdots, x_n\}$，例如 3 个物品的 0-1 背包问题，解的组织形式为$\{x_1, x_2, x_3\}$。
- 显约束：对解分量的取值范围的限定。

例如有 3 个物品的 0-1 背包问题，解的组织形式为$\{x_1, x_2, x_3\}$。它的解分量 x_i 的取值范围很简单，x_i=0 或者 x_i=1。x_i=0 表示第 i 个物品不放入背包，x_i=1 表示第 i 个物品放入背包，因此 $x_i \in \{0, 1\}$。

3 个物品的 0-1 背包问题，其所有可能解有：{0，0，0}，{0，0，1}，{0，1，0}，{0，1，1}，{1，0，0}，{1，0，1}，{1，1，0}，{1，1，1}。

- 解空间：顾名思义，就是由所有可能解组成的空间。二维解空间如图 5-1 所示。

假设图 5-1 中的每一个点都有可能是我们要的解，这些可能解就组成了解空间，而我们需要根据问题的约束条件，在解空间中寻找最优解。

解空间越小，搜索效率越高。解空间越大，搜索的效率越低。犹如大海捞针，在海里捞针相当困难，如果把解空间缩小到一平方米的海底就容易很多了。

（2）解空间的组织结构

一个问题的解空间通常由很多可能解组成，我们不可能毫无章法，像无头苍蝇一样乱飞乱撞去寻找最优解，盲目搜索的效率太低了。需要按照一定的套路，即一定的组织结构搜索最优解，如果把这种组织结构用树形象地表达出来，就是解空间树。例如 3 个物品的 0-1 背包问题，解空间树如图 5-2 所示。

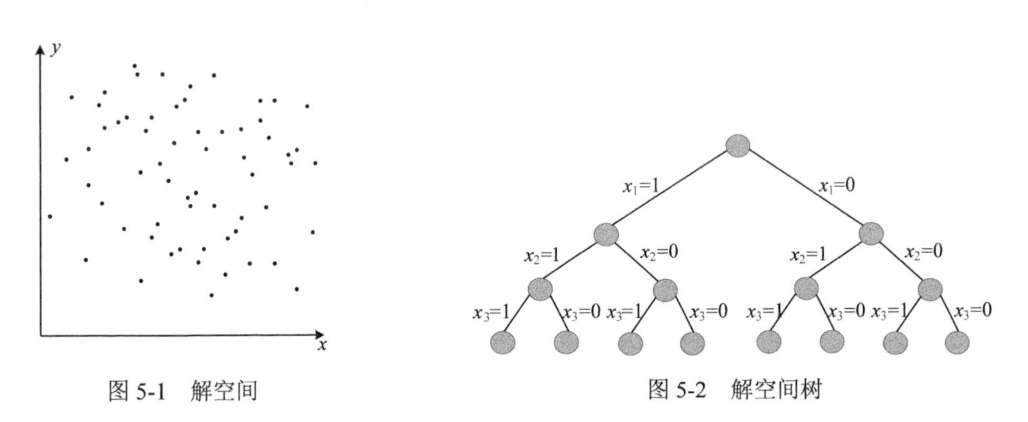

图 5-1　解空间

图 5-2　解空间树

解空间树只是解空间的形象表示，有利于解题时对搜索过程的直观理解，并不是真的要生成一棵树。有了解空间树，不管是写代码还是手工搜索求解，都能看得非常清楚，更能直观看到整个搜索空间的大小。

（3）搜索解空间

隐约束指对能否得到问题的可行解或最优解做出的约束。

如果不满足隐约束，就说明得不到问题的可行解或最优解，那就没必要再沿着该结点的分支进行搜索了，相当于把这个分支剪掉了。因此，**隐约束也称为剪枝函数**，实质上不是剪掉该分支，而是不再搜索该分支。

例如 3 个物品的 0-1 背包问题，如果前 2 个物品放入（$x_1=1$，$x_2=1$）后，背包超重了，那么就没必要再考虑第 3 个物品是否放入背包的问题，如图 5-3 所示。即圈中的分支不再搜索了，相当于剪枝了。

隐约束（剪枝函数）包括约束函数和限界函数。

对能否得到问题的可行解的约束称为约束函数，对能否得到最优解的约束称为限界函数。有了剪枝函数，我们就可以剪掉得不到可行解或最优解的分支，避免无效搜索，提高搜索的效率。剪枝函数设计得好，搜索效率就高。

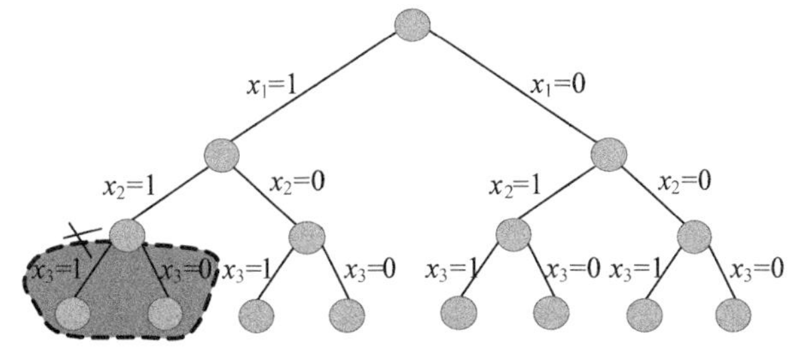

图 5-3 剪枝

解空间的大小和剪枝函数的好坏都直接影响搜索效率，因此这两项是搜索算法的关键。

在搜索解空间时，有几个术语需要说明。

- 扩展结点：一个正在生成孩子的结点。
- 活结点：一个自身已生成，但孩子还没有全部生成的结点。
- 死结点：一个所有孩子都已经生成的结点。
- 子孙：结点 E 的子树上所有结点都是 E 的子孙。
- 祖宗：从结点 E 到树根路径上的所有结点都是 E 的祖宗。

5.1.3 解题秘籍

（1）定义解空间

因为解空间的大小对搜索效率有很大的影响，因此使用回溯法首先要定义合适的解空间，确定解空间包括解的组织形式和显约束。

- 解的组织形式：解的组织形式都规范为一个 n 元组$\{x_1, x_2, \cdots, x_n\}$，只是具体问题表达的含义不同而已。
- 显约束：显约束是对解分量的取值范围的限定，通过显约束可以控制解空间的大小。

（2）确定解空间的组织结构

解空间的组织结构通常用解空间树形象的表达，根据解空间树的不同，解空间分为子集树、排列树、m 叉树等。

（3）搜索解空间

回溯法是按照深度优先搜索策略，根据隐约束（约束函数和限界函数），在解空间中搜索问题的可行解或最优解，当发现当前结点不满足求解条件时，就回溯尝试其他的路径。

如果问题只是要求可行解，则只需要设定约束函数即可，如果要求最优解，则需要设定约束函数和限界函数。

解的组织形式都是通用的 n 元组形式，解的组织结构是解空间的形象表达。解空间和隐约束是控制搜索效率的关键。显约束可以控制解空间的大小，约束函数决定剪枝的效率，限界函数决定是否得到最优解。

所以**回溯法解题的关键是设计有效的显约束和隐约束。**

后面我们通过几个实例，深刻体会回溯法的解题策略。

5.2 大卖场购物车 2——0-1 背包问题

央视有一个大型娱乐节目——购物街，舞台上模拟超市大卖场，有很多货物，每个嘉宾分配一个购物车，可以尽情地装满购物车，购物车装的价值最高者取胜。假设 n 个物品和 1 个购物车，每个物品 i 对应价值为 v_i，重量 w_i，购物车的容量为 W（你也可以将重量设定为体积）。每个物品只有一件，要么装入，要么不装入，不可拆分。如何选取物品装入购物车，使购物车所装入的物品的总价值最大？要求输出最优值（装入的最大价值）和最优解（装入了哪些物品）。

图 5-4 大卖场购物车 2

5.2.1 问题分析

根据题意，从 n 个物品中选择一些物品，相当于从 n 个物品组成的集合 S 中找到一个子集，这个子集内所有物品的总重量不超过购物车容量，并且这些物品的总价值最大。S 的所有的子集都是问题的可能解，这些可能解组成了解空间，我们在解空间中找总重量不超过购物车容量且价值最大的物品集作为最优解。

这些由问题的子集组成的解空间，其解空间树称为**子集树**。

5.2.2 算法设计

（1）定义问题的解空间

购物车问题属于典型的 0-1 背包问题，问题的解是从 n 个物品中选择一些物品使其在不超过容量的情况下价值最大。每个物品有且只有两种状态，要么装入购物车，要不不装入。那么第 i 个物品装入购物车，能够达到目标要求，还是不装入购物车能够达到目标要求呢？很显然，目前还不确定。因此，可以用变量 x_i 表示第 i 种物品是否被装入购物车的行为，如果用“0”表示不被装入背包，用“1”表示装入背包，则 x_i 的取值为 0 或 1。i=1，2，…，n 第 i 个物品装入购物车，x_i=1；不装入购物车，x_i=0。该问题解的形式是一个 n 元组，且每个分量的取值为 0 或 1。

由此可得，问题的解空间为{x_1，x_2，…，x_i，…，x_n}，其中，显约束 x_i =0 或 1，i=1，2，…，n。

（2）确定解空间的组织结构

问题的解空间描述了 2^n 种可能解，也可以说是 n 个元素组成的集合所有子集个数。例如 3 个物品的购物车问题，解空间是：{0，0，0}，{0，0，1}，{0，1，0}，{0，1，1}，{1，0，0}，{1，0，1}，{1，1，0}，{1，1，1}。该问题有 2^3 个可能解。

可见，问题的解空间树为子集树，解空间树的深度为问题的规模 n，如图 5-5 所示。

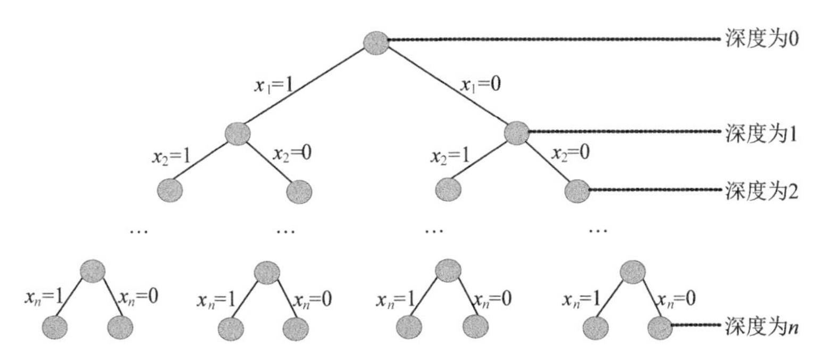

图 5-5　解空间树（子集树）

（3）搜索解空间

- 约束条件

购物车问题的解空间包含 2^n 种可能解，存在某种或某些物品无法装入购物车的情况，因此需要设置约束条件，判断装入购物车的物品总重量是否超出购物车容量，如果超出，为不可行解；否则为可行解。搜索过程不再搜索那些导致不可行解的结点及其孩子结点。

约束条件为：

$$\sum_{i=1}^{n} w_i x_i \leqslant W$$

- 限界条件

购物车问题的可行解可能不止一个，问题的目标是找一个装入购物车的物品总价值最大的可行解，即最优解。因此，需要设置限界条件来加速找出该最优解的速度。

根据解空间的组织结构，对于任何一个中间结点 z（中间状态），从根结点到 z 结点的分支所代表的状态（是否装入购物车）已经确定，从 z 到其子孙结点的分支的状态是不确定的。也就是说，如果 z 在解空间树中所处的层次是 t，说明第 1 种物品到第 t–1 种物品的状态已经确定了。我们只需要沿着 z 的分支扩展很容易确定第 t 种物品的状态。那么前 t 种物品的状态就确定了。但第 t+1 种物品到第 n 种物品的状态还不确定。这样，前 t 种物品的状态确定后，当前已装入购物车的物品的总价值，用 cp 表示。已装入物品的价值高不一定就是最优的，因为还有剩余物品未确定。

我们还不确定第 t+1 种物品到第 n 种物品的实际状态，因此只能用估计值。假设第 t+1 种物品到第 n 种物品都装入购物车，第 t+1 种物品到第 n 种物品的总价值用 rp 来表示，因此 $cp+rp$ 是所有从根出发经过中间结点 z 的可行解的价值上界，如图 5-6 所示。

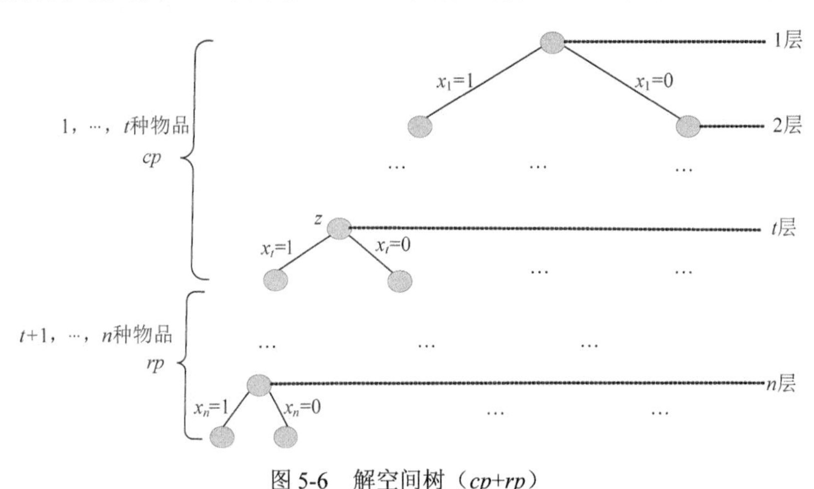

图 5-6　解空间树（$cp+rp$）

如果价值上界小于或等于当前搜索到的最优值（最优值用 $bestp$ 表示，初始值为 0），则说明从中间结点 z 继续向子孙结点搜索不可能得到一个比当前更优的可行解，没有继续搜索的必要，反之，则继续向 z 的子孙结点搜索。

限界条件为：

$$cp+rp>bestp$$

- 搜索过程

从根结点开始，以深度优先的方式进行搜索。根节点首先成为活结点，也是当前的扩展结点。由于子集树中约定左分支上的值为“1”，因此沿着扩展结点的左分支扩展，则代表装入物品。此时，需要判断是否能够装入该物品，即判断约束条件成立与否，如果成立，即生成左孩子结点，左孩子结点成为活结点，并且成为当前的扩展结点，继续向纵深结点扩展；如果不成立，则剪掉扩展结点的左分支，沿着其右分支扩展，右分支代表物品不装入购物车，肯定有可能导致可行解。但是沿着右分支扩展有没有可能得到最优解呢？这一点需要由限界条件来判断。如果限界条件满足，说明有可能导致最优解，即生成右孩子结点，右孩子结点成为活结点，并成为当前的扩展结点，继续向纵深结点扩展；如果不满足限界条件，则剪掉扩展结点的右分支，向最近的祖宗活结点回溯。搜索过程直到所有活结点变成死结点结束。

5.2.3 完美图解

假设现在有 4 个物品和一个购物车，每个物品的重量 w 为（2，5，4，2），价值 v 为（6，3，5，4），购物车的容量 W 为 10，如图 5-7 所示。求在不超过购物车容量的前提下，把哪些物品放入购物车，才能获得最大价值。

（1）初始化

$sumw$ 和 $sumv$ 分别用来统计所有物品的总重量和总价值。$sumw$=13，$sumv$=18，$sumw>W$，因此不能全部装完，需要搜索求解。初始化当前放入购物车的物品重量 cw=0；当前放入购物车的物品价值 cp=0；当前最优值 $bestp$=0。

（2）开始搜索第一层（t=1）

扩展 1 号结点，首先判断 $cw+w[1]=2<W$，满足约束条件，扩展左分支，令 $x[1]=1$，$cw=cw+w[1]=2$，$cp=cp+v[1]=6$，生成 2 号结点，如图 5-8 所示。

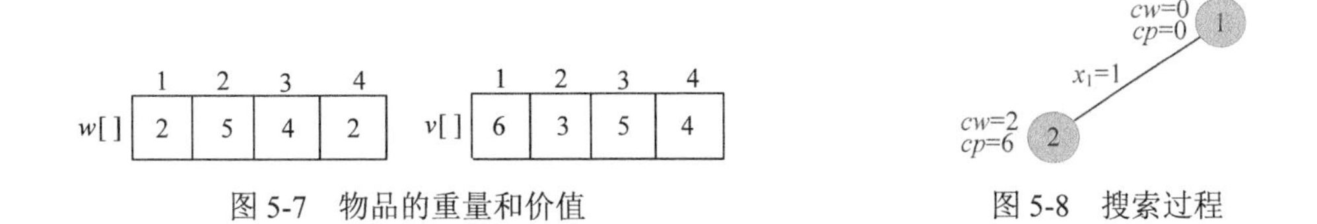

图 5-7 物品的重量和价值　　　　图 5-8 搜索过程

（3）扩展 2 号结点（t=2）

首先判断 $cw+w[2]=7<W$，满足约束条件，扩展左分支，令 $x[2]=1$，$cw=cw+w[2]=7$，$cp=cp+v[2]=9$，生成 3 号结点，如图 5-9 所示。

（4）扩展 3 号结点（t=3）

首先判断 $cw+w[3]=11>W$，超过了购物车容量，第 3 个物品不能放入。那么判断 $bound(t+1)$

是否大于 *bestp*。*bound*(4)中剩余物品只有第 4 个，*rp*=4，*cp*+*rp*=13，*bestp*=0，因此满足限界条件，扩展右子树。令 *x*[3]=0，生成 4 号结点，如图 5-10 所示。

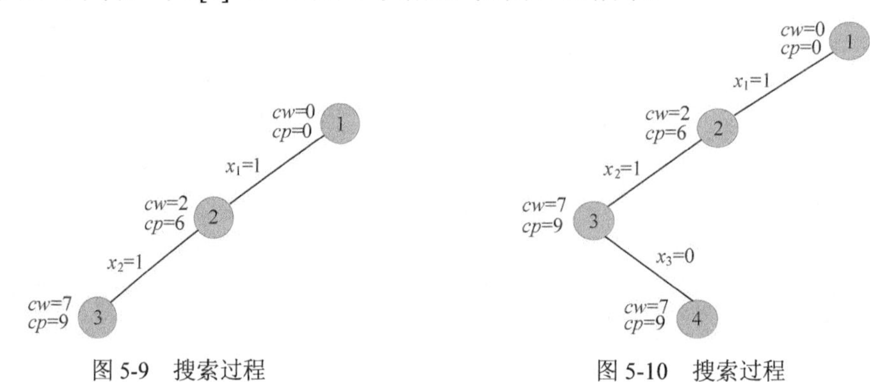

图 5-9　搜索过程　　图 5-10　搜索过程

（5）扩展 4 号结点（*t*=4）

首先判断 *cw*+*w*[4]=9<*W*，满足约束条件，扩展左分支，令 *x*[4]=1，*cw*=*cw*+*w*[4]=9，*cp*=*cp*+*v*[4]=13，生成 5 号结点，如图 5-11 所示。

（6）扩展 5 号结点（*t*=5）

t>*n*，找到一个当前最优解，用 *bestx*[]保存当前最优解{1，1，0，1}，保存当前最优值 *bestp*=*cp*=13，5 号结点成为死结点。

（7）回溯到 4 号结点（*t*=4），一直向上回溯到 2 号结点

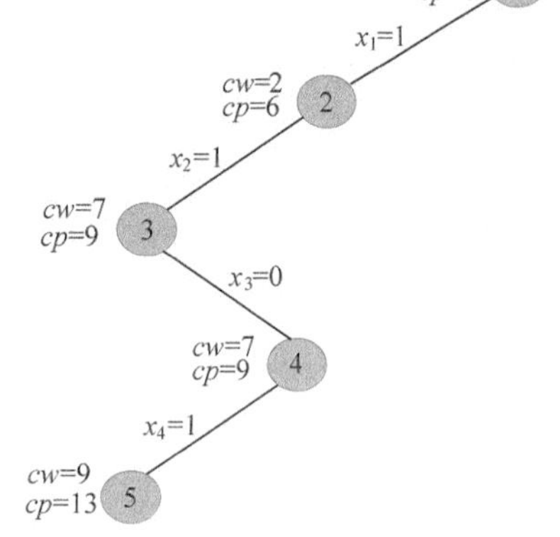

图 5-11　搜索过程

向上回溯到 4 号结点，回溯时 *cw*=*cw*−*w*[4]=7，*cp*=*cp*−*v*[4]=9。怎么加上的，怎么减回去。4 号结点右子树还未生成，考查 *bound*(*t*+1)是否大于 *bestp*，*bound*(5)中没有剩余物品，*rp*=0，*cp*+*rp*=9，*bestp*=13，因此不满足限界条件，不再扩展 4 号结点右子树。4 号结点成为死结点。向上回溯，回溯到 3 号结点，3 号结点的左右孩子均已考查过，是死结点，继续向上回溯到 2 号结点。回溯时 *cw*=*cw*−*w*[2]=2，*cp*=*cp*−*v*[2]=6。怎么加上的，怎么减回去，如图 5-12 所示。

（8）扩展 2 号结点（*t*=2）

2 号结点右子树还未生成，考查 *bound*(*t*+1)是否大于 *bestp*，*bound*(3)中剩余物品为第 3、4 个，*rp*=9，*cp*+*rp*=15，*bestp*=13，因此满足限界条件，扩展右子树。令 *x*[2]=0，生成 6 号结点，如图 5-13 所示。

（9）扩展 6 号结点（*t*=3）

首先判断 *cw*+*w*[3]=6<*W*，满足约束条件，扩展左分支，令 *x*[3]=1，*cw*=*cw*+*w*[3]=6，

$cp=cp+v[3]=11$，生成 7 号结点，如图 5-14 所示。

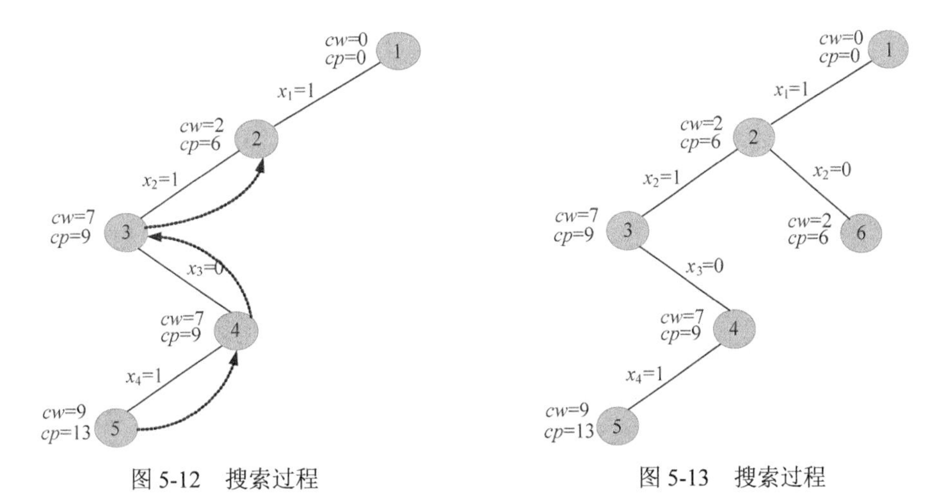

图 5-12　搜索过程　　　　图 5-13　搜索过程

（10）扩展 7 号结点（t=4）

首先判断 $cw+w[4]=8<W$，满足约束条件，扩展左分支，令 $x[4]=1$，$cw=cw+w[4]=8$，$cp–cp+v[4]=15$，生成 8 号结点，如图 5-15 所示。

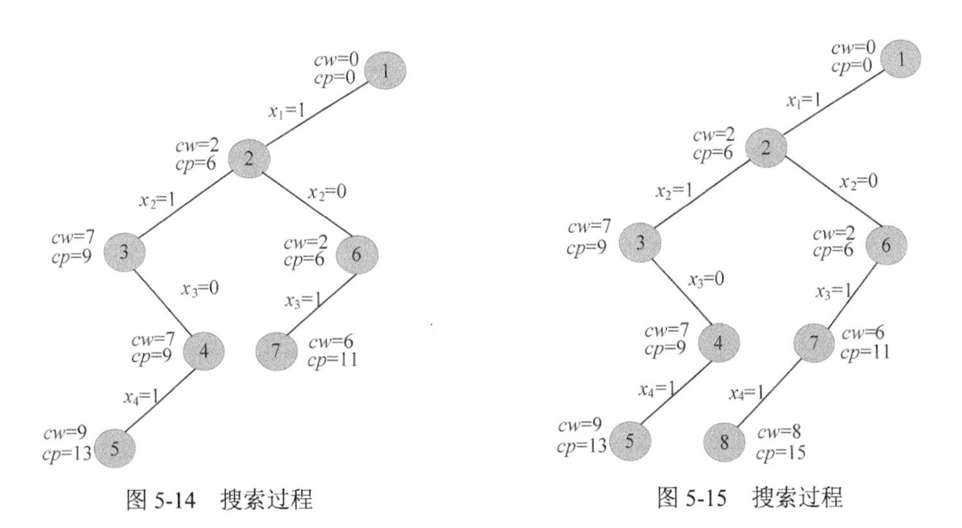

图 5-14　搜索过程　　　　图 5-15　搜索过程

（11）扩展 8 号结点（t=5）

$t>n$，找到一个当前最优解，用 $bestx[]$保存当前最优解{1，0，1，1}，保存当前最优值 $bestp=cp=15$，8 号结点成为死结点。向上回溯到 7 号结点，回溯时 $cw=cw-w[4]=6$，$cp=cp-v[4]=11$。怎么加上的，怎么减回去，如图 5-16 所示。

（12）扩展 7 号结点（t=4）

7 号结点的右子树还未生成，考查 *bound*(t+1)是否大于 *bestp*，*bound*(5)中没有剩余物品，*rp*=0，*cp*+*rp*=11，*bestp*=15，因此不满足限界条件，不再扩展 7 号结点的右子树。7 号结点成为死结点。向上回溯，回溯到 6 号结点，回溯时 *cw*=*cw*−*w*[3]=2，*cp*=*cp*−*v*[3]=6，怎么加上的，怎么减回去。

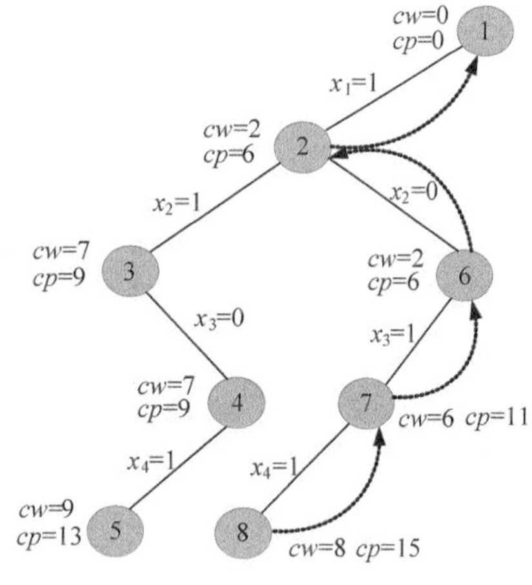

图 5-16 搜索过程

（13）扩展 6 号结点（t=3）

6 号结点的右子树还未生成，考查 *bound*(t+1)是否大于 *bestp*，*bound*(4)中剩余物品是第 4 个，*rp*=4，*cp*+*rp*=10，*bestp*=15，因此不满足限界条件，不再扩展 6 号结点的右子树。6 号结点成为死结点。向上回溯，回溯到 2 号结点，2 号结点的左右孩子均已考查过，是死结点，继续向上回溯到 1 号结点。回溯时 *cw*=*cw*−*w*[1]=0，*cp*=*cp*−*v*[1]=0。怎么加上的，怎么减回去。

（14）扩展 1 号结点（t=1）

1 号结点的右子树还未生成，考查 *bound*(t+1)是否大于 *bestp*，*bound*(2)中剩余物品是第 2、3、4 个，*rp*=12，*cp*+*rp*=12，*bestp*=15，因此不满足限界条件，不再扩展 1 号结点的右子树，1 号结点成为死结点。所有的结点都是死结点，算法结束。

5.2.4 伪代码详解

（1）计算上界

计算上界是指计算已装入物品价值 *cp* 与剩余物品的总价值 *rp* 之和。我们已经知道已装入购物车的物品价值 *cp*，剩余物品我们不确定要装入哪些，我们按照假设都装入的情况估算，即按最大值计算（剩余物品的总价值），因此得到的值是可装入物品价值的上界。

```
double Bound(int i)//计算上界（即已装入物品价值+剩余物品的总价值）
{
     int rp=0; //剩余物品为第 i~n 种物品
     while(i<=n)//依次计算剩余物品的价值
     {
          rp+=v[i];
          i++;
     }
     return cp+rp;//返回上界
}
```

（2）按约束条件和限界条件搜索求解

t 表示当前扩展结点在第 *t* 层，*cw* 表示当前已放入物品的重量，*cp* 表示当前已放入物品的价值。

如果 *t*>*n*，表示已经到达叶子结点，记录最优值最优解，返回。否则，判断是否满足约束条件，满足则搜索左子树。因为左子树表示放入该物品，所以令 *x*[*t*]=1，表示放入第 *t* 个该物品。*cw*+=*w*[*t*]，表示当前已放入物品的重量增加 *w*[*t*]。*cp*+=*v*[*t*]，表示当前已放入物品的价值增加 *v*[*t*]。*Backtrack*(*t*+1)表示递推，深度优先搜索第 *t*+1 层。回归时即向上回溯时，要把增加的值减去，*cw*−=*w*[*t*]，*cp*−=*v*[*t*]。

判断是否满足限界条件，满足则搜索右子树。因为右子树表示不放入该物品，所以令 *x*[*t*]=0。当前已放入物品的重量、价值均不改变。*Backtrack*(*t*+1)表示递推，深度优先搜索第 *t*+1 层。

```
void Backtrack(int t)      //t 表示当前扩展结点在第 t 层
{
     if(t>n)               //已经到达叶子结点
     {
          for(j=1;j<=n;j++)
          {
               bestx[j]=x[j];
          }
          bestp=cp;        //保存当前最优解
          return ;
     }
     if(cw+w[t]<=W)        //如果满足约束条件则搜索左子树
     {
          x[t]=1;
          cw+=w[t];
          cp+=v[t];
          Backtrack(t+1);
          cw-=w[t];
          cp-=v[t];
     }
     if(Bound(t+1)>bestp) //如果满足限界条件则搜索右子树
     {
          x[t]=0;
          Backtrack(t+1);
     }
}
```

5.2.5 实战演练

```
//program 5-1
#include <iostream>
#include <string>
#include <algorithm>
#define M 105
```

```
using namespace std;

int i,j,n,W;                    //n 表示 n 个物品，W 表示购物车的容量
double w[M],v[M];               //w[i] 表示第 i 个物品的重量，v[i] 表示第 i 个物品的价值
bool x[M];                      //x[i]表示第 i 个物品是否放入购物车
double cw;                      //当前重量
double cp;                      //当前价值
double bestp;                   //当前最优价值
bool bestx[M];                  //当前最优解

double Bound(int i)             //计算上界（即剩余物品的总价值）
{
    //剩余物品为第 i~n 种物品
    int rp=0;
    while(i<=n)                 //以物品单位重量价值递减的顺序装入物品
    {
        rp+=v[i];
        i++;
    }
    return cp+rp;
}

void Backtrack(int t)           //用于搜索空间数，t 表示当前扩展结点在第 t 层
{
    if(t>n)//已经到达叶子结点
    {
        for(j=1;j<=n;j++)
        {
            bestx[j]=x[j];//保存当前最优解
        }
        bestp=cp;               //保存当前最优值
        return ;
    }
    if(cw+w[t]<=W)              //如果满足限制条件则搜索左子树
    {
        x[t]=1;
        cw+=w[t];
        cp+=v[t];
        Backtrack(t+1);
        cw-=w[t];
        cp-=v[t];
    }
    if(Bound(t+1)>bestp)        //如果满足限制条件则搜索右子树
    {
        x[t]=0;
        Backtrack(t+1);
    }
}

void Knapsack(double W, int n)
{
    //初始化
```

```
    cw=0;               //初始化当前放入购物车的物品重量为 0
    cp=0;               //初始化当前放入购物车的物品价值为 0
    bestp=0;            //初始化当前最优值为 0
    double sumw=0.0;    //用来统计所有物品的总重量
    double sumv=0.0;    //用来统计所有物品的总价值
    for(i=1; i<=n; i++)
    {
        sumv+=v[i];
        sumw+=w[i];
    }
    if(sumw<=W)
    {
        bestp=sumv;
        cout<<"放入购物车的物品最大价值为："<<bestp<<endl;
        cout<<"所有的物品均放入购物车。";
        return;
    }
    Backtrack(1);
    cout<<"放入购物车的物品最大价值为："<<bestp<<endl;
    cout<<"放入购物车的物品序号为：";
    for(i=1;i<=n;i++) //输出最优解
    {
        if(bestx[i]==1)
        cout<<i<<" ";
    }
    cout<<endl;
}
int main()
{
    cout << "请输入物品的个数 n：";
    cin >> n;
    cout << "请输入购物车的容量 W：";
    cin >> W;
    cout << "请依次输入每个物品的重量 w 和价值 v，用空格分开：";
    for(i=1;i<=n;i++)
        cin>>w[i]>>v[i];
    Knapsack(W,n);
    return 0;
}
```

算法实现和测试

（1）运行环境

Code::Blocks

Visual C++ 6.0

（2）输入

```
请输入物品的个数 n：4
请输入购物车的容量 W：10
请依次输入每个物品的重量 w 和价值 v，用空格分开：2 6 5 3 4 5 2 4
```

（3）输出

```
放入购物车的物品最大价值为：15
放入购物车的物品序号为：1 3 4
```

5.2.6 算法解析

（1）时间复杂度

回溯法的运行时间取决于它在搜索过程中生成的结点数。而限界函数可以大大减少所生成的结点个数，避免无效搜索，加快搜索速度。

左孩子需要判断约束函数，右孩子需要判断限界函数，那么最坏有多少个左孩子和右孩子呢？我们看规模为 n 的子集树，最坏情况下的状态如图 5-17 所示。

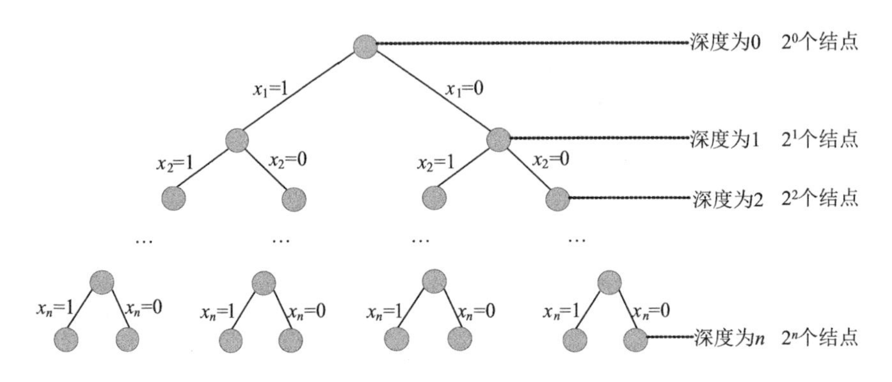

图 5-17　解空间树

总的结点个数有 $2^0+2^1+\cdots+2^n=2^{n+1}-1$，减去树根结点再除 2 就得到了左右孩子结点的个数，左右孩子结点的个数=（$2^{n+1}-1-1$）$/2=2^n-1$。

约束函数时间复杂度为 $O(1)$，限界函数时间复杂度为 $O(n)$。最坏情况下有 $O(2^n)$个左孩子结点调用约束函数，有 $O(2^n)$个右孩子结点需要调用限界函数，故回溯法解决购物车问题的时间复杂度为 $O(1*2^n+n*2^n)=O(n*2^n)$。

（2）空间复杂度

回溯法的另一个重要特性就是在搜索执行的同时产生解空间。在所搜过程中的任何时刻，仅保留从开始结点到当前扩展结点的路径，从开始结点起最长的路径为 n。程序中我们使用 *bestx*[]数组记录该最长路径作为最优解，所以该算法的空间复杂度为 $O(n)$。

5.2.7 算法优化拓展

我们在上面的程序中上界函数是当前价值 *cp* 与剩余物品的总价值 *rp* 之和，这个估值过高了，因为剩余物品的重量很有可能是超过购物车容量的。因此我们可以缩小上界，从而加快剪枝速度，提高搜索效率。

上界函数 *bound*()：当前价值 *cp*+剩余容量可容纳的剩余物品的最大价值 *brp*。

为了更好地计算和运用上界函数剪枝，先将物品按照其单位重量价值（价值/重量）从大到小排序，然后按照排序后的顺序考查各个物品。

```
//program 5-1-1
#include <iostream>
#include <string>
#include <algorithm>
#define M 105
using namespace std;
int i,j,n,W;         //n 表示物品个数，W 表示购物车的容量
double w[M],v[M];    //w[i] 表示第 i 个物品的重量，v[i] 表示第 i 个物品的价值
bool x[M];           //x[i]=1 表示第 i 个物品放入购物车
double cw;           //当前重量
double cp;           //当前价值
double bestp;        //当前最优值
bool bestx[M];       //当前最优解
double Bound(int i)//计算上界（即将剩余物品装满剩余的背包容量时所能获得的最大价值）
{
      //剩余物品为第 i~n 种物品
     double cleft=W-cw;//剩余容量
     double brp=0.0;
     while(i<=n &&w[i]<cleft)
     {
          cleft-=w[i];
          brp+=v[i];
          i++;
     }
     if(i<=n) //采用切割的方式装满背包，这里是在求上界，求解时不允许切割
     {
          brp+=v[i]/w[i] *cleft;
     }
     return cp+brp;
}
void Backtrack(int t)//用于搜索空间数，t 表示当前扩展结点在第 t 层
{
     if(t>n)//已经到达叶子结点
     {
          for(j=1;j<=n;j++)
          {
               bestx[j]=x[j];
          }
          bestp=cp;//保存当前最优解
          return ;
     }
     if(cw+w[t]<=W)//如果满足限制条件则搜索左子树
     {
```

```
            x[t]=1;
            cw+=w[t];
            cp+=v[t];
            Backtrack(t+1);
            cw-=w[t];
            cp-=v[t];
        }
        if(Bound(t+1)>bestp)//如果满足限制条件则搜索右子树
        {
            x[t]=0;
            Backtrack(t+1);
        }
}

struct Object               //定义物品结构体，包含物品序号和单位重量价值
{
    int id;                 //物品序号
    double d;               //单位重量价值
};

bool cmp(Object a1,Object a2)//按照物品单位重量价值由大到小排序
{
    return a1.d>a2.d;
}

void Knapsack(int W, int n)
{
    //初始化
    cw=0;                   //初始化当前放入购物车的物品重量为 0
    cp=0;                   //初始化当前放入购物车的物品价值为 0
    bestp=0;                //初始化当前最优值为 0
    double sumw=0;          //用来统计所有物品的总重量
    double sumv=0;          //用来统计所有物品的总价值
    Object Q[n];            //物品结构体类型,用于按单位重量价值(价值/重量比)排序
    double a[n+1],b[n+1];//辅助数组,用于把排序后的重量和价值传递给原来的重量价值数组
    for(i=1;i<=n;i++)
    {
        Q[i-1].id=i;
        Q[i-1].d=1.0*v[i]/w[i];
        sumv+=v[i];
        sumw+=w[i];
    }
    if(sumw<=W)
    {
        bestp=sumv;
        cout<<"放入购物车的物品最大价值为: "<<bestp<<endl;
        cout<<"所有的物品均放入购物车.";
        return;
    }
    sort(Q,Q+n,cmp);        // 按单位重量价值(价值/重量比)从大到小排序
    for(i=1;i<=n;i++)
    {
```

```
            a[i]=w[Q[i-1].id];//把排序后的数据传递给辅助数组
            b[i]=v[Q[i-1].id];
        }
        for(i=1;i<=n;i++)
        {
            w[i]=a[i];          //把排序后的数据传递给 w[i]
            v[i]=b[i];
        }
        Backtrack(1);
        cout<<"放入购物车的物品最大价值为: "<<bestp<<endl;
        cout<<"放入购物车的物品序号为: ";
        for(i=1; i<=n; i++)
        {
            if(bestx[i]==1)
               cout<<Q[i-1].id<<" ";
        }
        cout<<endl;
    }

    int main()
    {
        cout << "请输入物品的个数 n:";
        cin >> n;
        cout << "请输入购物车的容量 W:";
        cin >> W;
        cout << "请依次输入每个物品的重量 w 和价值 v,用空格分开:";
        for(i=1;i<=n;i++)
            cin>>w[i]>>v[i];
        Knapsack(W,n);
        return 0;
    }
```

（1）时间复杂度：约束函数时间复杂度为 $O(1)$，限界函数时间复杂度为 $O(n)$。最坏情况下有 $O(2^n)$个左孩子结点调用约束函数，有 $O(2^n)$个右孩子结点需要调用限界函数，回溯算法 Backtrack 需要的计算时间为 $O(n2^n)$。排序函数时间复杂度为 $O(n\log n)$，这是考虑最坏的情况，实际上，经过上界函数优化后，剪枝的速度很快，根本不需要生成所有的结点。

（2）空间复杂度：除了记录最优解数组外，还使用了一个结构体数组用于排序，两个辅助数组传递排序后的结果，这些数组的规模都是 n，因此空间复杂度仍是 $O(n)$。

5.3 部落护卫队——最大团

在原始部落中，由于食物缺乏，部落居民经常因为争夺猎物发生冲突，几乎每个居民都有自己的仇敌。部落酋长为了组织一支保卫部落的卫队，希望从居民中选出最多的居民加入卫队，并保证卫队中任何两个人都不是仇敌。假设已给定部落中居民间的仇敌关系图，编程计算构建部落护卫队的最佳方案。

图 5-18 原始部落

5.3.1 问题分析

以部落中的 5 个居民为例，我们把每个居民编号作为一个结点，凡是关系友好的两个居民，就用线连起来，是仇敌的不连线，如图 5-19 所示。国王护卫队问题就转化为从图中找出最多的结点，这些结点相互均有连线（任何两个人都不是仇敌）。

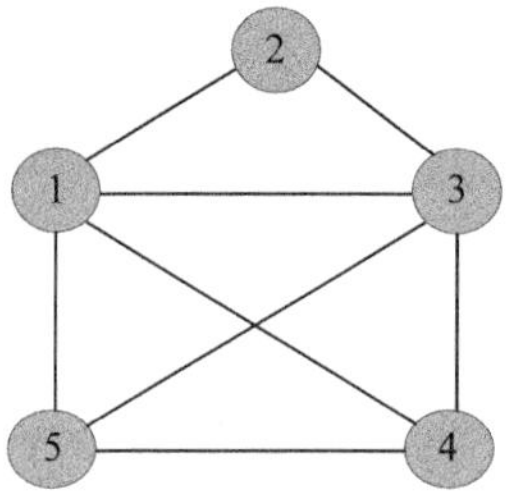

国王护卫队问题属于典型的最大团问题。什么是最大团呢？首先来看什么是团。

完全子图：给定无向图 ***G***=（*V*，*E*），其中 *V* 是结点集，*E* 是边集。***G'***=（*V'*，*E'*）如果结点集 $V'\subseteq V$，$E'\subseteq E$，且 ***G'***中任意两个结点有边相连，则称 ***G'***是 ***G*** 的完全子图。其实很简单，***G'***是 ***G*** 的子图，正好 ***G'***又是一个完全图，所以称为完全子图。

图 5-19 部落居民关系图 ***G***

例如下面几个图都是图 5-19 的完全子图，如图 5-20 所示。

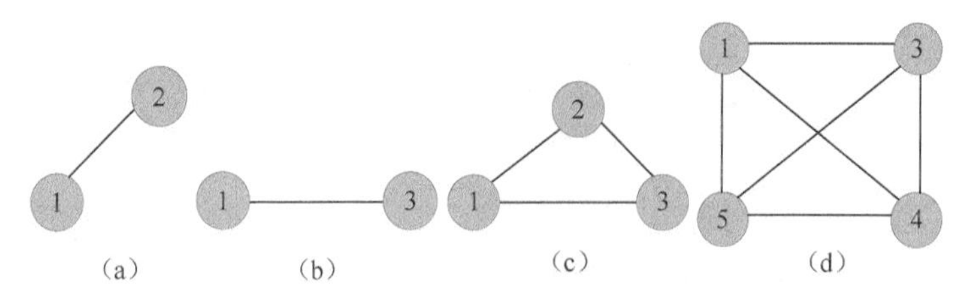

图 5-20 ***G*** 的完全子图

（1）**团**：G 的完全子图 G'是 G 的团，当且仅当 G'不包含在 G 的更大的完全子图中，也就是说 G'是 G 的极大完全子图。图 5-20 中（c）、（d）是 G 的团，而（a）、（b）不是 G 的团，因为它们包含在 G 的更大的完全子图（c）中。

（2）**最大团**：G 的最大团是指 G 的所有团中，含结点数最多的团。图 5-20 中的（d）是 G 的最大团。

根据问题描述可知，我们将国王护卫队问题转化为从无向图 G=（V，E），顶点集是由 n 个结点组成的集合{1，2，3，…，n}，选择一部分结点集 V'，即 n 个结点集合{1，2，3，…，n}的一个子集，这个子集中的任意两个结点在无向图 G 中都有边相连，且包含结点个数是 n 个结点集合{1，2，3，…，n}所有同类子集中包含结点个数最多的。显然，问题的解空间是一棵子集树，解决方法与解决购物车问题类似。

5.3.2 算法设计

（1）定义问题的解空间

问题解的形式为 n 元组，每一个分量的取值为 0 或 1，即问题的解是一个 n 元 0-1 向量。由此可得，问题的解空间为{x_1，x_2，…，x_i，…，x_n}，其中显约束 x_i=0 或 1，（i=1，2，3，…，n）。

x_i=1 表示图 G 中第 i 个结点在最大团里，x_i=0 表示图 G 中第 i 个结点不在最大团里。

（2）解空间的组织结构

解空间是一棵子集树，树的深度为 n，如图 5-21 所示。

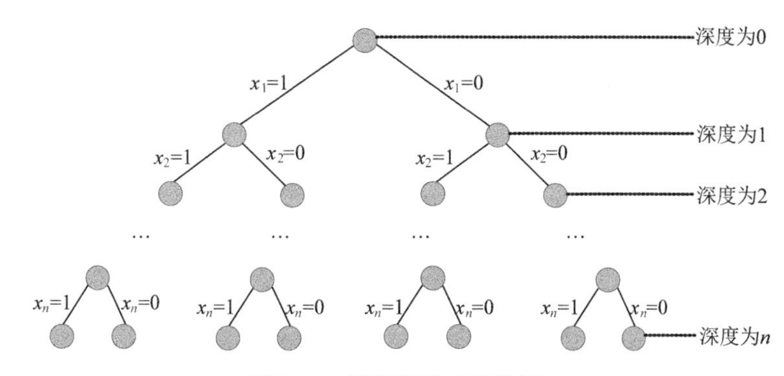

图 5-21　解空间树（子集树）

（3）搜索解空间

- 约束条件

最大团问题的解空间包含 2^n 个子集，这些子集存在集合中的某两个结点没边相连的情况。显然，这种情况下的可能解不是问题的可行解，故需要设置约束条件来判断是否有情况可能导致问题的可行解。

假设当前扩展节点处于解空间树的第 t 层，那么从第一个结点到第 $t-1$ 个结点的状态（是否在团里）已经确定。接下来沿着扩展结点的左分支进行扩展，此时需要判断是否将第 t 个结点放入团里。只要第 t 个结点与前 $t-1$ 个结点中**被选中的结点**（在团里的那些结点）均有边相连，则能放入团里，即 $x[t]=1$；否则，就不能放入团中，即 $x[t]=0$，如图 5-22 所示。

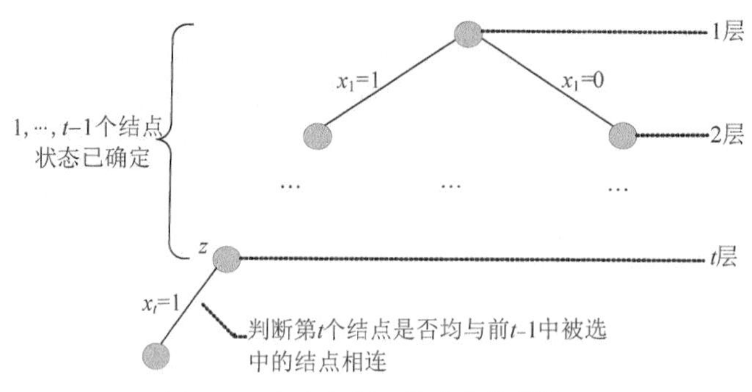

图 5-22　解空间树（约束条件判断）

例如，假设当前扩展结点是第 4 个，说明前 3 个结点的状态（是否选中）已经确定。

如果前 3 个结点中，我们选中了 1 号结点和 2 号结点，4 号结点不可以加入到团中，因为 4 号结点和已经选中的 2 号结点没有边相连，如图 5-23 所示。

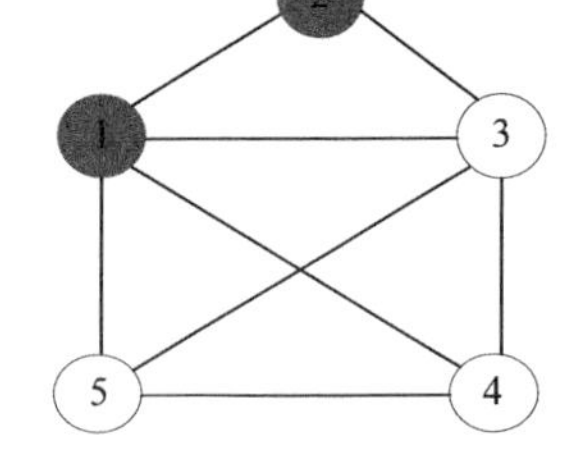

图 5-23　约束条件判断

- 限界条件

假设当前的扩展结点为 z，如果 z 处于第 t 层，从第 1 个结点到第 $t-1$ 个结点的状态已经确定。接下来要确定第 t 个结点的状态，无论沿着 z 的哪一个分支进行扩展，第 t 个结点的状态就确定了。那么，从第 $t+1$ 个结点到第 n 个结点的状态还不确定。这样，可以根据前 t 个结点的状态确定当前已放入团内的结点个数（用 cn 表示），假想从第 $t+1$ 个结点到第 n 结点全部放入团内，放入的结点个数（用 fn 表示）$fn=n-t$，则 $cn+fn$ 是所有从根出发的路径中经过中间结点 z 的可行解所包含结点个数的上界，如图 5-24 所示。

如果 $cn+fn$ 小于或等于当前最优解包含的结点个数 *bestn*，则说明不需要再从中间结点 z 继续向子孙结点搜索。因此，限界条件可描述为：$cn+fn>bestn$。

- 搜索过程

国王护卫队问题的搜索和购物车问题的搜索相似，只是进行判断的约束条件和限界条件不同而已。从根结点开始，以深度优先的方式进行。每次搜索到一个结点时，判断约束条件，看是否可以将当前结点加入到护卫队中。如果可以，则沿着当前结点的左分支继续向下搜索；如果不可以加入，判断限界条件，如果满足则沿着当前结点的右分支继续向下搜索。

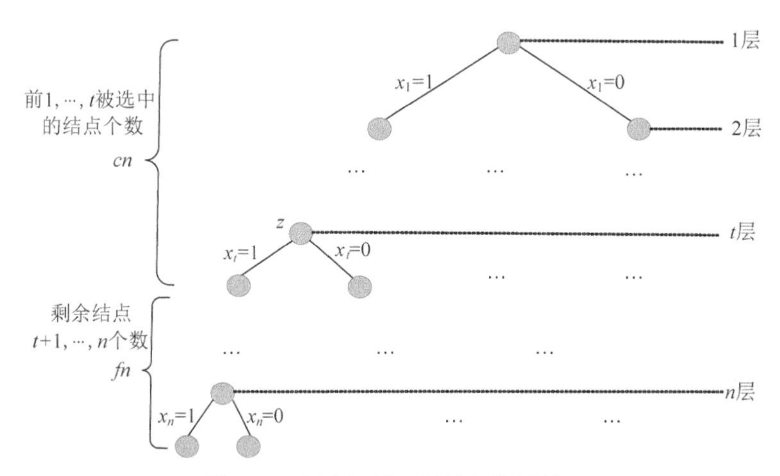

图 5-24 解空间树（限界条件判断）

5.3.3 完美图解

部落酋长为了组织一支保卫部落的卫队，希望从居民中选出最多的居民加入卫队，并保证卫队中任何两个人都不是仇敌。以部落中的 5 个居民为例，我们给每个居民编号作为一个结点，凡是关系友好的两个居民，就用线连起来，是仇敌的不连线，如图 5-25 所示。

国王护卫队问题就转化为从图中找出最多的结点，这些结点相互均有连线（任何两个人都不是仇敌）。

（1）初始化

当前已加入卫队的人数 cn=0；当前最优值 $bestn$=0。

（2）开始搜索第 1 层（t=1）

扩展 A 结点，首先判断是否满足约束条件，因为之前还未选中任何结点，满足约束条件。扩展左分支，令 $x[1]$=1，cn++，cn=1，生成 B 结点，如图 5-26 所示。

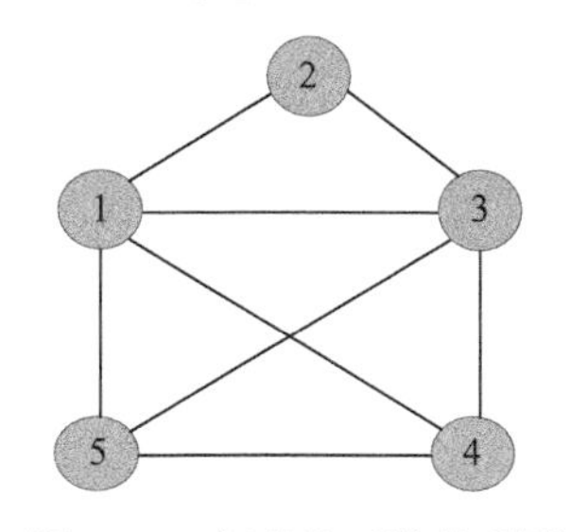

图 5-25 部落护卫队关系图

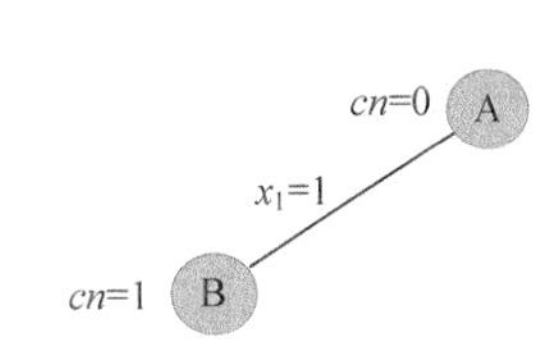

图 5-26 搜索过程

（3）扩展 B 结点（t=2）

首先判断 t 号结点是否和前面已选中的结点（1 号）有边相连，满足约束条件，扩展左分支，令 $x[2]=1$，cn++，$cn=2$，生成 C 结点，如图 5-27 所示。

（4）扩展 C 结点（$t=3$）

首先判断 t 号结点是否和前面已选中的结点（1、2 号）有边相连，满足约束条件，扩展左分支，令 $x[3]=1$，cn++，$cn=3$，生成 D 结点，如图 5-28 所示。

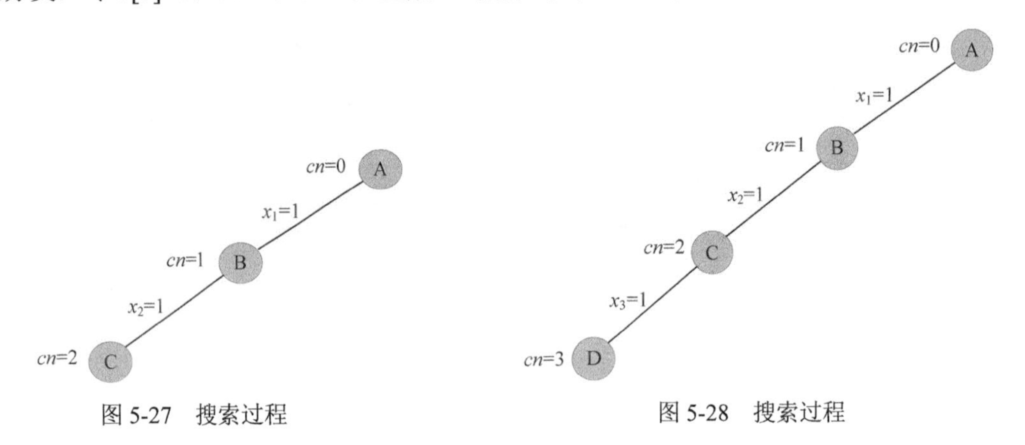

图 5-27　搜索过程　　图 5-28　搜索过程

（5）扩展 D 结点（$t=4$）

首先判断 t 号结点是否和前面已选中的结点（1、2、3 号）有边相连，4 号和 2 号没有边相连，不满足约束条件，不能扩展左分支。判断限界条件 $cn+fn>bestn$，$cn=3$，$fn=n-t=1$，$bestn=0$，满足限界条件，令 $x[4]=0$，生成 E 结点，如图 5-29 所示。

（6）扩展 E 结点（$t=5$）

首先判断 t 号结点是否和前面已选中的结点（1、2、3 号）有边相连，5 号和 2 号没有边相连，不满足约束条件，不能扩展左分支。判断限界条件 $cn+fn>bestn$，$cn=3$，$fn=n-t=0$，$bestn=0$，满足限界条件，令 $x[5]=0$，生成 F 结点，如图 5-30 所示。

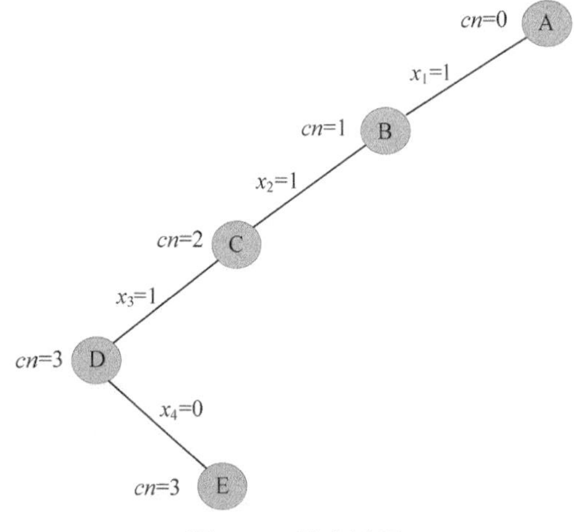

图 5-29　搜索过程

（7）扩展 F 结点（$t=6$）

$t>n$，找到一个当前最优，用 $bestx$[]保存当前最优解{1，1，1，0，0}，保存当前最优值 $bestn=cn=3$，F 结点成为死结点。

（8）向上回溯到 E 结点（$t=5$）

E 结点的左右孩子均已考查，继续向上回溯到 D 结点，D 结点的左右孩子均已考查，继续向上回溯到 C 结点，回溯时，cn−−，$cn=2$。因为 C 结点生成 D 结点时，执行了 cn++，怎么加上的，怎么减回去，如图 5-31 所示。

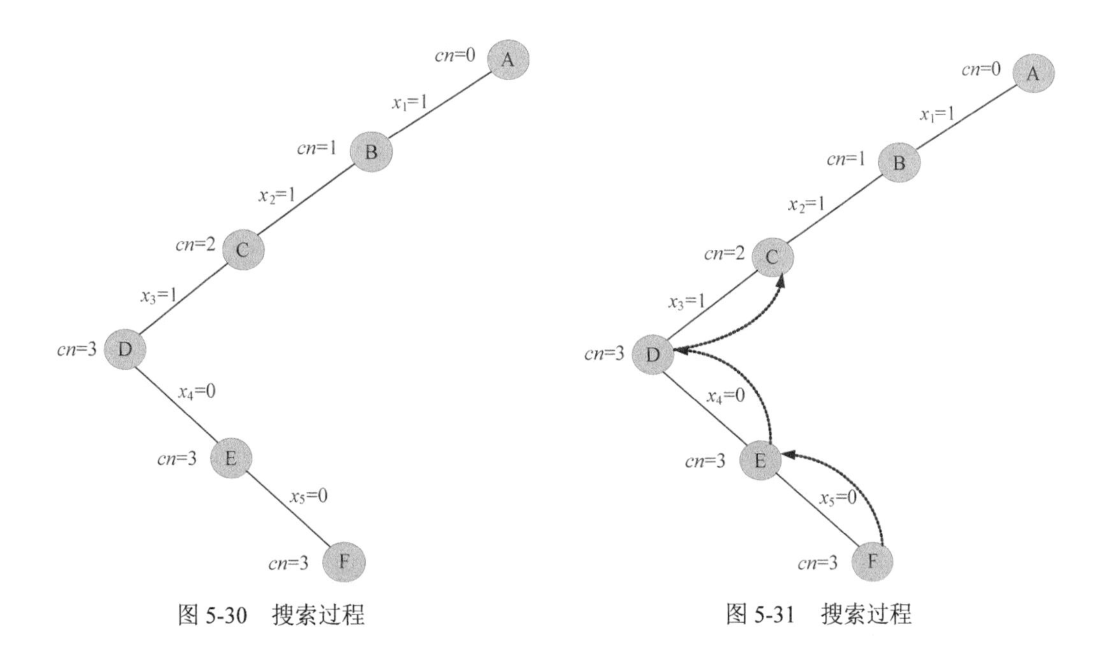

图 5-30 搜索过程　　　　图 5-31 搜索过程

（9）重新扩展 C 结点（t=3）

C 结点右子树还未生成，判断限界条件 $cn+fn>bestn$，cn=2，$fn=n-t$=2，$bestn$=3，满足限界条件，扩展右子树。令 $x[3]$=0，生成 G 结点，如图 5-32 所示。

（10）扩展 G 结点（t=4）

首先判断 t 号结点是否和前面已选中的结点（1、2 号）有边相连，4 号和 2 号没有边相连，不满足约束条件，不能扩展左分支。判断限界条件 $cn+fn>bestn$，cn=2，$fn=n-t$=1，$bestn$=3，不满足限界条件，不能扩展右分支，G 结点称为死结点。

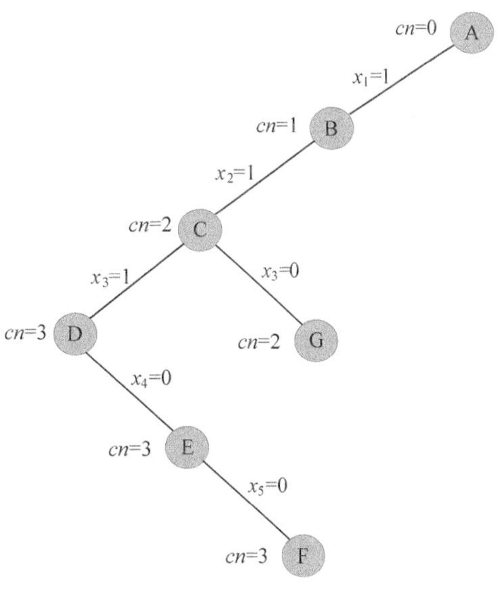

图 5-32 搜索过程

（11）向上回溯到 C 结点（t=3）

C 结点左右孩子均已考查是死结点，向上回溯到最近的活结点 B。C 结点向 B 结点回溯时，cn−−，cn=1。因为 B 结点生成 C 结点时，执行了 cn++，怎么加上的，怎么减回去，如图 5-33 所示。

（12）重新扩展 B 结点（t=2）

B 结点左分支已经生成，判断限界条件，$cn+fn>bestn$，cn=1，$fn=n-t$=3，$bestn$=3，满足

限界条件，扩展右分支。令 $x[2]=0$，生成 H 结点，如图 5-34 所示。

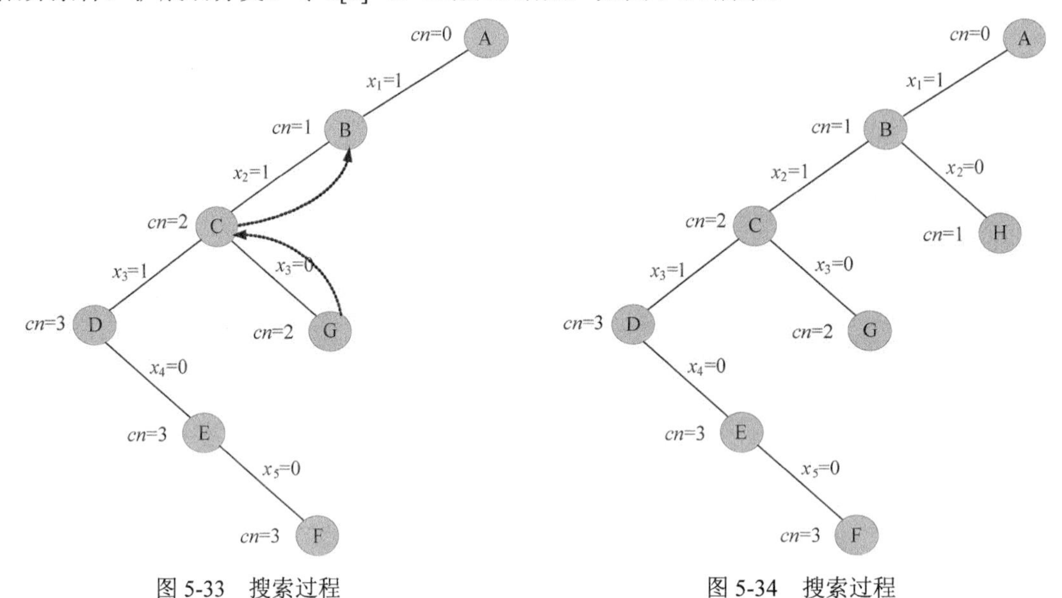

图 5-33　搜索过程　　　　图 5-34　搜索过程

（13）扩展 H 结点（t=3）

首先判断 t 号结点是否和前面已选中的结点（1 号）有边相连，满足约束条件，扩展左分支，令 $x[3]=1$，cn++，$cn=2$，生成 I 结点，如图 5-35 所示。

（14）扩展 I 结点（t=4）

首先判断 t 号结点是否和前面已选中的结点（1、3 号）有边相连，满足约束条件，扩展左分支，令 $x[4]=1$，cn++，$cn=3$，生成 J 结点，如图 5-36 所示。

（15）扩展 J 结点（t=5）

首先判断 t 号结点是否和前面已选中的结点（1、3、4 号）有边相连，满足约束条件，扩展左分支，令 $x[5]=1$，cn++，$cn=4$，生成 K 结点，如图 5-37 所示。

（16）扩展 K 结点（t=6）

$t>n$，找到一个当前最优解，用 *bestx*[]保存当前最优解{1，0，1，1，1}，更新当前最优值 $bestn=cn=4$，K 结点成为死结点。向上回溯到 J 结点，回溯时，cn−−，$cn=3$。

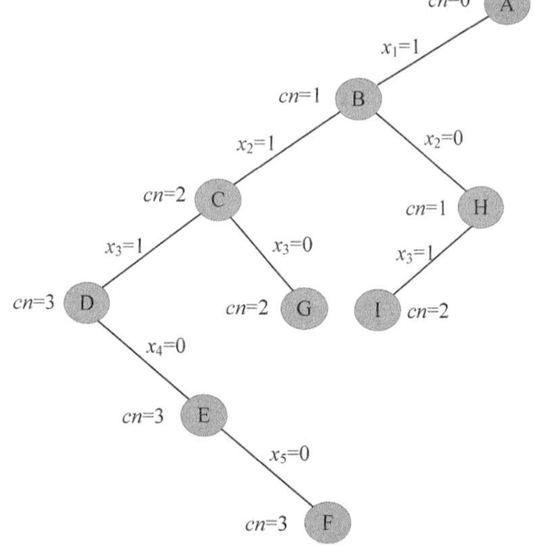

图 5-35　搜索过程

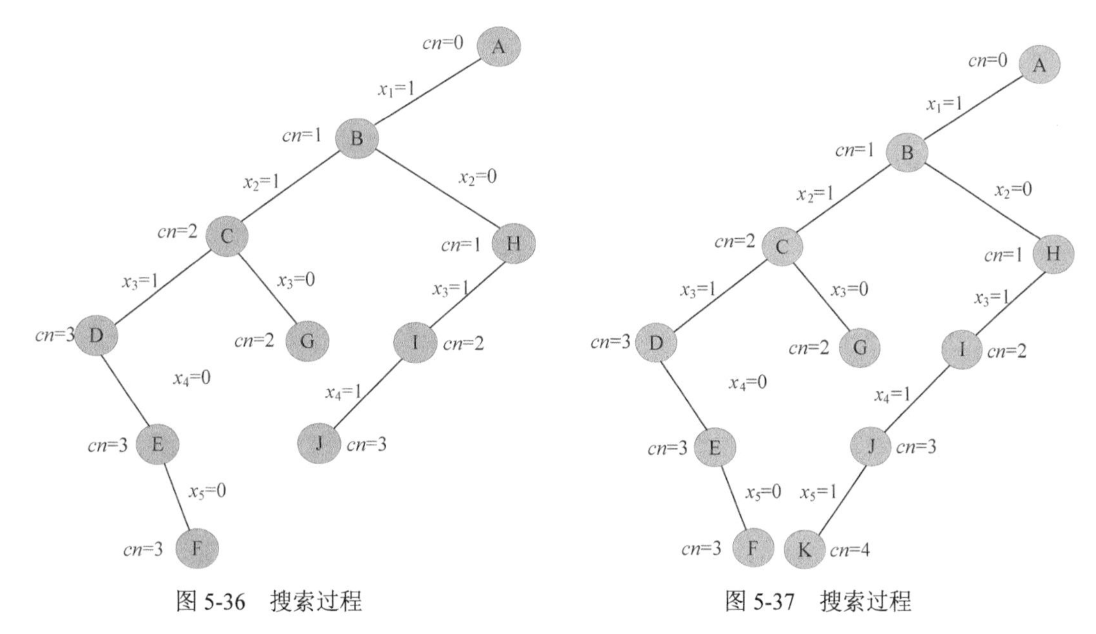

图 5-36 搜索过程　　　　图 5-37 搜索过程

（17）重新扩展 J 结点（t=5）

J 结点的右孩子未生成，判断限界条件 $cn+fn>bestn$，cn=3，$fn=n-t=0$，$bestn$=4，不满足限界条件，不能扩展右分支。继续向上回溯到 I 结点，回溯时，cn−−，cn=2。

（18）重新扩展 I 结点（t=4）

I 结点的右孩子未生成，判断限界条件 $cn+fn>bestn$，cn=2，$fn=n-t=1$，$bestn$=4，不满足限界条件，不能扩展右分支。继续向上回溯到 H 结点，回溯时，cn−−，cn=1。

（19）重新扩展 H 结点（t=3）

H 结点的右孩子未生成，判断限界条件 $cn+fn>bestn$，cn=1，$fn=n-t=2$，$bestn$=4，不满足限界条件，不能扩展右分支。

（20）回溯到 B 结点（t=2）

B 结点左右孩子均已考查是死结点，向上回溯到最近的活结点 A。回溯时，cn−−，cn=0。A 结点（t=1）的右孩子未生成，判断限界条件 $cn+fn>bestn$，cn=0，$fn=n-t=4$，$bestn$=4，不满足限界条件，不能扩展右分支。A 结点称为死结点，算法结束，如图 5-38 所示。

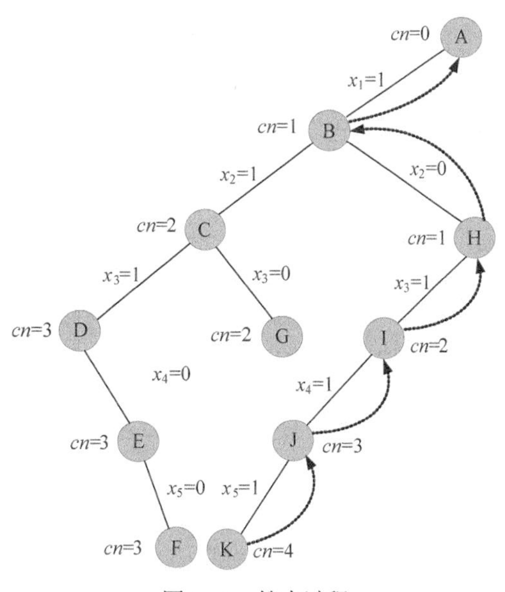

图 5-38 搜索过程

5.3.4 伪代码详解

（1）约束函数

因为国王护卫队中任何两个人都不是仇敌，也就是说被选中的结点相互均有连线。要判断第 t 个结点是否可以加入护卫队，第 t 个结点与前 $t-1$ 个结点中被选中的结点是否均有边相连。如果有一个不成立，则第 t 个结点不可以加入护卫队，如图 5-39 所示。

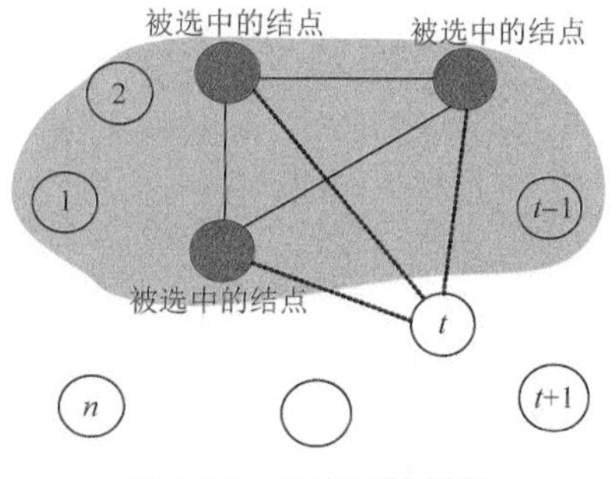

图 5-39 约束函数判断

```
bool Place(int t) //判断是否可以把结点 t 加入团中
{
     bool ok=true;
     for(int j=1;j<t; j++)   //结点 t 与前 t-1 个结点中被选中的结点是否均相连
     {
          if(x[j]&&a[t][j]==0) //x[j]表示 j 是被选中的结点,a[t][j]==0 表示 t 和 j 没边相连
          {
               ok = false;
               break;
          }
     }
     return ok;
}
```

（2）按约束条件和限界条件搜索求解

t 表示当前扩展结点在第 t 层，cn 表示当前已加入护卫队的人数。

如果 $t>n$，表示已经到达叶子结点，记录最优值和最优解，返回。否则，判断是否满足约束条件，满足则搜索左子树。因为左子树表示该结点可以加入护卫队，所以令 $x[t]=1$，cn++，表示当前已加入护卫队的人数增加 1。*Backtrack*(t+1)表示递推，深度优先搜索第 t+1 层。回归时，即向上回溯时，要把增加的值减去，cn−−。

判断是否满足限界条件，满足则搜索右子树。因为右子树表示该结点不可以加入护卫队，所以令 $x[t]=0$，当前加入护卫队的人数不变。*Backtrack*(t+1)表示递推，深度优先搜索第 t+1 层。

```
void Backtrack(int t)
{
     if(t>n) //到达叶结点
     {
          for(int i=1; i<=n; i++)
               bestx[i]=x[i];
          bestn=cn;
          return ;
     }
     if(Place(t)) //满足约束条件，进入左子树，即把结点 t 加入团中
```

```
        {
            x[t]=1;
            cn++;
            Backtrack(t+1);
            cn--;
        }
        if(cn+n-t>bestn) //满足限界条件，进入右子树
        {
            x[t] = 0;
            Backtrack(t + 1);
        }
    }
```

5.3.5 实战演练

```
//program 5-2
#include <iostream>
#include <string.h>
using namespace std;
const int N = 100;
int a[N][N];        //图用邻接矩阵表示
bool x[N];          //是否将第 i 个结点加入团中
bool bestx[N];      //记录最优解
int bestn;          //记录最优值
int cn;             //当前已放入团中的结点数量
int n,m;            //n 为图中结点数，m 为图中边数

bool Place(int t) //判断是否可以把结点 t 加入团中
{
    bool ok=true;
    for(int j=1;j<t; j++)   //结点 t 与前 t-1 个结点中被选中的结点是否相连
    {
        if(x[j]&&a[t][j]==0) //x[j]表示 j 是被选中的结点,a[t][j]==0 表示 t 和 j 没有边相连
        {
            ok = false;
            break;
        }
    }
    return ok;
}

void Backtrack(int t)
{
    if(t>n) //到达叶结点
    {
        for(int i=1; i<=n; i++)
            bestx[i]=x[i];
        bestn=cn;
        return ;
    }
```

```
        if(Place(t)) //满足约束条件，进入左子树，即把结点t加入团中
        {
            x[t]=1;
            cn++;
            Backtrack(t+1);
            cn--;
        }
        if(cn+n-t>bestn) //满足限界条件，进入右子树
        {
            x[t] = 0;
            Backtrack(t + 1);
        }
}

int main()
{
        int u, v;
        cout << "请输入部落的人数n（结点数）：";
        cin >> n;
        cout << "请输入人与人的友好关系数（边数）：";
        cin >> m;
        memset(a,0,sizeof(a));//邻接矩阵里面的数据初始化为0,需要引入#include <string.h>
        cout << "请依次输入有友好关系的两个人（有边相连的两个结点u和v）用空格分开：";
        for(int i=1;i<=m;i++)
        {
            cin>>u>>v;
            a[u][v]=a[v][u]=1;
        }
        bestn=0;
        cn=0;
        Backtrack(1);
        cout<<"国王护卫队的最大人数为："<<bestn<<endl;
        cout<<"国王护卫队的成员为：";
        for(int i=1;i<=n;i++)
            if(bestx[i])
                cout<<i<<"  ";
        return 0;
}
```

算法实现和测试

（1）运行环境

Code::Blocks

（2）输入

```
请输入部落的人数n（结点数）：5
请输入人与人的友好关系数（边数）：8
请依次输入有友好关系的两个人（有边相连的两个结点u和v）用空格分开：
1 2
1 3
```

```
1 4
1 5
2 3
3 4
3 5
4 5
```

（3）输出

```
国王护卫队的最大人数为：4
国王护卫队的成员为：1  3  4  5
```

5.3.6 算法解析及优化拓展

1. 算法复杂度分析

（1）时间复杂度

约束函数时间复杂度为 $O(n)$，限界函数时间复杂度为 $O(1)$。最坏情况下有 $O(2^n)$个左孩子结点调用约束函数，有 $O(2^n)$个右孩子结点需要调用限界函数，故国王护卫队问题回溯法求解的时间复杂度为 $O(n*2^n+1*2^n)= O(n*2^n)$，如图 5-40 所示。

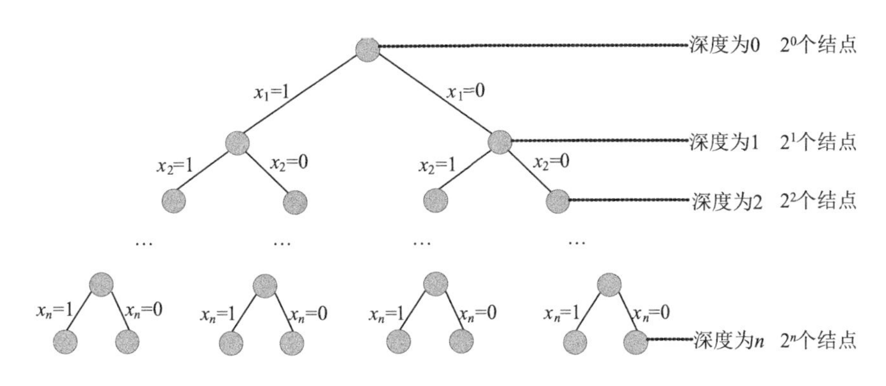

图 5-40 解空间树

（2）空间复杂度

回溯法的另一个重要特性就是在搜索执行的同时产生解空间。在所搜过程中的任何时刻，仅保留从开始结点到当前扩展结点的路径，从开始结点起最长的路径为 n。程序中我们使用 *bestx*[]数组记录该最长路径作为最优解，所以该算法的空间复杂度为 $O(n)$。

2. 算法优化拓展

因为解空间的子集树规模是确定的，我们改进优化只能从约束函数和限界函数着手，通过这两个函数提高剪枝的效率。在上述算法中，限界函数时间复杂度为 $O(1)$，已经没有改进的余地。而约束函数时间复杂度为 $O(n)$，是否可以改进呢？

5.4 地图调色板——地图着色

我买了一个世界地图挂在家里。

孩子说："花花绿绿的挺好看呢！"

"你看看颜色有什么不同吗？"

"相邻的国家颜色不同！"

"是啊，如果把两个相邻的国家涂成相同的颜色，可能会引起严正抗议，甚至战争！"。

在地图着色中，为了区分边界，相邻区域是不能有相同颜色的。

如果我们有一张没涂色的地图和 m 种颜色，怎么涂色才能使相邻区域是不同的颜色呢？

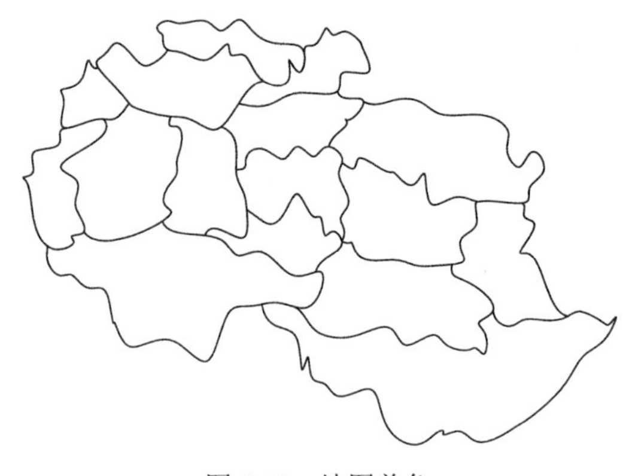

图 5-41　地图着色

5.4.1 问题分析

如果我们把地图上的每一个区域退化成一个点，相邻的区域用连线连接起来，那么地图就变成了一个无向连通图，我们给地图着色就相当于给该无向连通图的每个点着色，要求有连线的点不能有相同颜色。这就是经典的图的 m 着色问题。给定无向连通图 $\boldsymbol{G}$ 和 m 种颜色，找出所有不同的着色方案，使相邻的区域有不同的颜色。

下面以图 5-42 为例，该地图一共有 7 个区域，分别是 A、B、C、D、E、F、G，我们现在按上面顺序进行编号 1～7，每个区域用一个结点表示，相邻的区域有连线。那么地图就转化成了一个无向连通图，如图 5-43 所示。

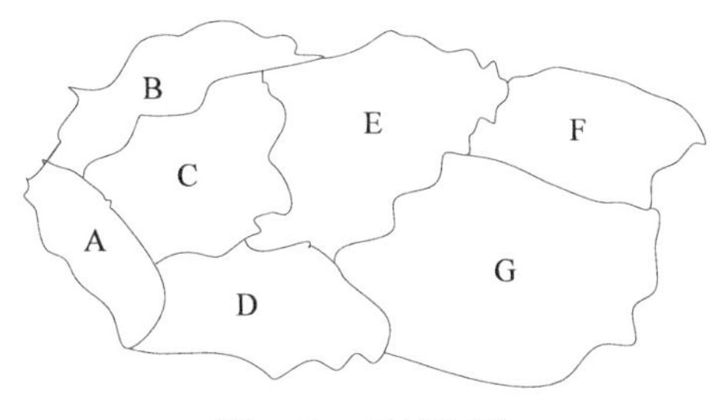

图 5-42 区域地图

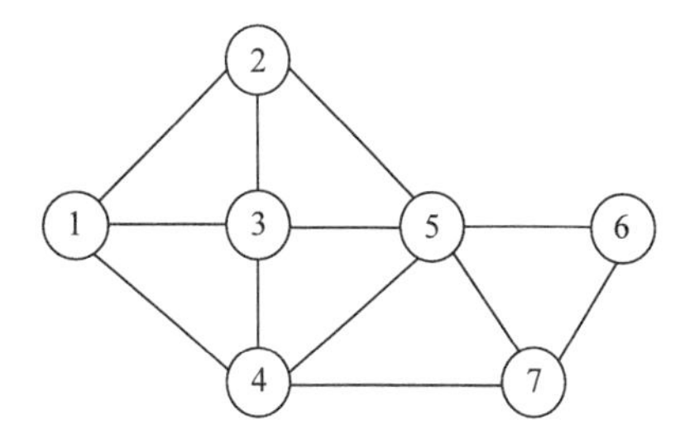

图 5-43 无向连通图

如果用 3 种颜色给该地图着色，那么该问题中每个结点所着的颜色均有 3 种选择，7 个结点所着的颜色号组合是一个可能解，例如：{1，2，3，2，1，2，3}。

每个结点有 *m* 种选择，即解空间树中每个结点有 *m* 个分支，称为 *m* 叉树。

5.4.2 算法设计

（1）定义问题的解空间

定义问题的解空间及其组织结构式很容易的。图的 *m* 着色问题的解空间形式为 *n* 元组 $\{x_1, x_2, \cdots, x_i, \cdots, x_n\}$，每一个分量的取值为 1，2，…，*m*，即问题的解是一个 *n* 元向量。由此可得，问题的解空间为$\{x_1, x_2, \cdots, x_i, \cdots, x_n\}$，其中显约束 $x_i = 1, 2, \cdots, m$（i=1，2，3，…，*n*）。

$x_i=2$ 表示图 ***G*** 中第 *i* 个结点着色为 2 号色。

（2）确定解空间的组织结构

问题的解空间组织结构是一棵满 *m* 叉树，树的深度为 *n*，如图 5-44 所示。

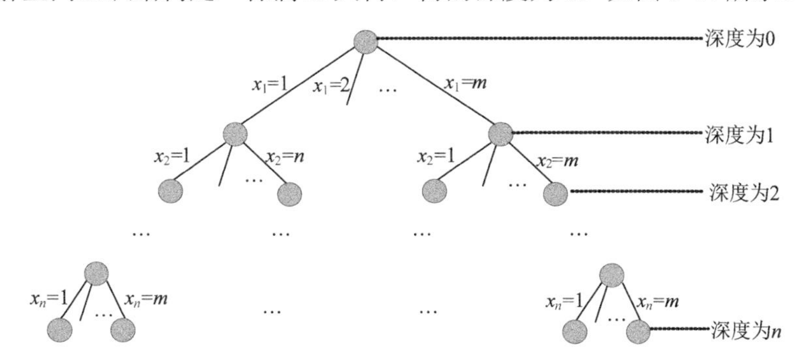

图 5-44 解空间树（*m* 叉树）

（3）搜索解空间

- 约束条件

假设当前扩展节点处于解空间树的第 *t* 层，那么从第 1 个结点到第 *t*−1 个结点的状态

（着色的色号）已经确定。接下来沿着扩展结点的第一个分支进行扩展，此时需要判断第 t 个结点的着色情况。第 t 个结点的颜色号要与前 $t-1$ 个结点中与其有边相连的结点颜色不同，如果有颜色相同的，则第 t 个结点不能用这个色号，换下一个色号尝试，如图 5-45 所示。

例如：假设当前扩展结点 z 是在第 4 层，说明前 3 个结点的状态（色号）已经确定，如图 5-46 所示。

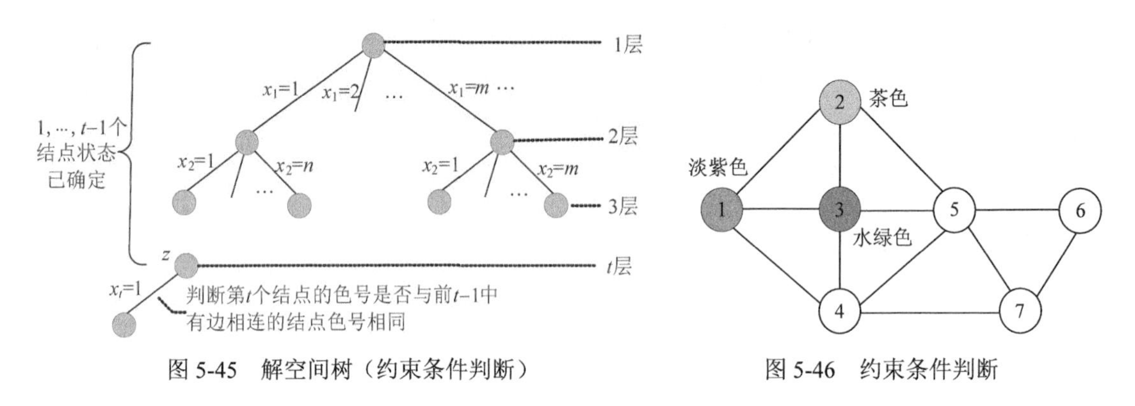

图 5-45　解空间树（约束条件判断）　　图 5-46　约束条件判断

在前 3 个已着色的结点中，4 号结点和 1 号、3 号结点有边相连，那么 4 号结点的色号不可以和 1 号、3 号结点的色号相同。

- 限界条件

因为只是找可行解就可以了，不是求最优解，因此不需要限界条件。

- 搜索过程

扩展节点沿着第一个分支扩展，判断约束条件，如果满足，则进入深一层继续搜索；如果不满足，则扩展生成的节点被剪掉，换下一个色号尝试。如果所有的色号都尝试完毕，该结点变成死结点，向上回溯到离其最近的活结点，继续搜索。搜索到叶子节点时，找到一种着色方案，搜索过程直到全部活结点变成死结点为止。

5.4.3 完美图解

地图的 7 个区域转化成的无向连通图，如图 5-47 所示。

如果现在用 3 种颜色（淡紫，茶色，水绿色）给该地图着色，那么该问题中每个结点所着的颜色均有 3 种选择（$m=3$），7 个结点所着的颜色组合是一个可能解。

（1）开始搜索第 1 层（$t=1$）

扩展 A 结点第一个分支，首先判断是否满足约束条件，因为之前还未着色任何结点，满足约束条件。扩展该分支，令 1 号结点着 1 号色（淡紫），即 $x[1]=1$，生成 B。搜索过程和着色方案如图 5-48 和图 5-49 所示。

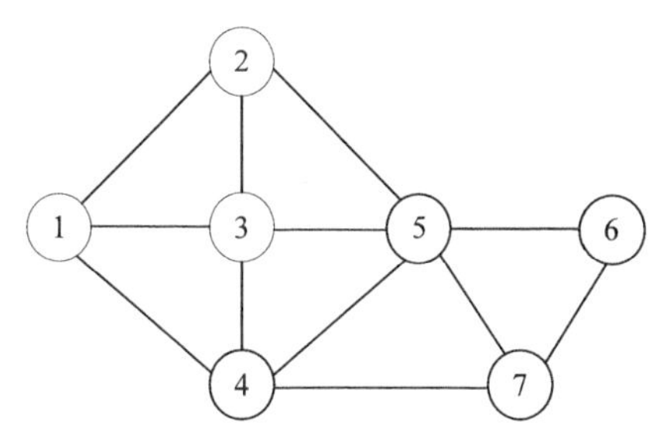

图 5-47 无向连通图

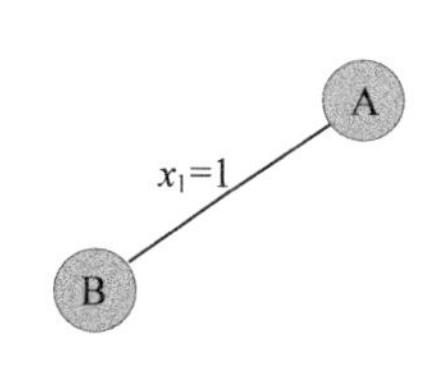

图 5-48 搜索过程

（2）扩展 B 结点（t=2）

扩展第一个分支 $x[2]=1$，首先判断 2 号结点是否和前面已确定色号的结点（1 号）有边相连且色号相同，不满足约束条件，剪掉该分支。然后沿着 $x[2]=2$ 扩展，2 号结点和前面已确定色号的结点（1 号）有边相连，但色号不相同，满足约束条件，扩展该分支，令 2 号结点着 2 号色（茶色），即 $x[2]=2$，生成 C。搜索过程和着色方案如图 5-50 和图 5-51 所示。

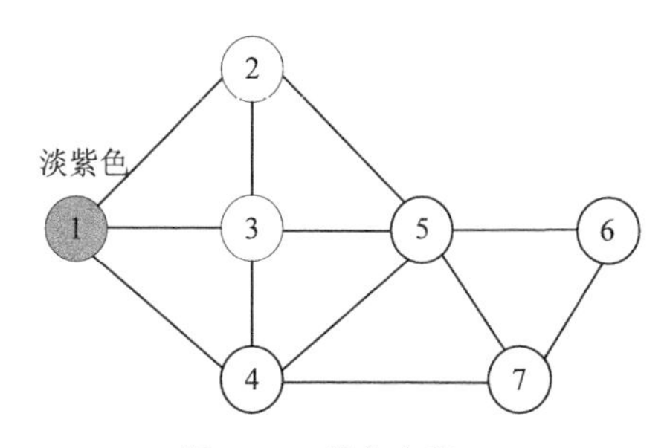

图 5-49 着色方案

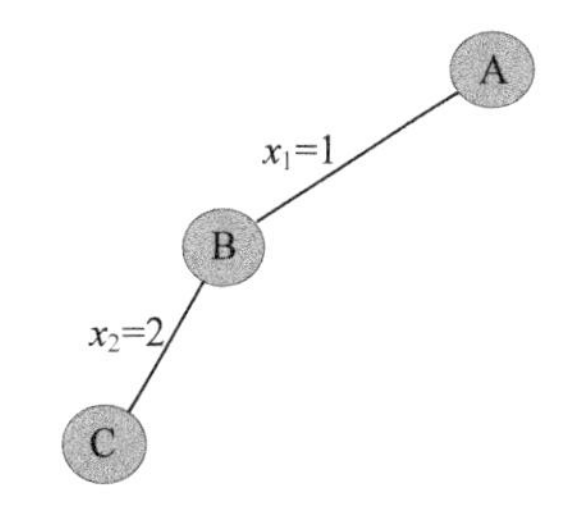

图 5-50 搜索过程

（3）扩展 C 结点（t=3）

扩展第一个分支 $x[3]=1$，首先判断 3 号结点是否和前面已确定的结点（1、2 号）有边相连且色号相同，3 号结点和 1 结点有边相连且色号相同，不满足约束条件，剪掉该分支。然后沿着 $x[3]=2$ 扩展，3 号结点和前面已确定色号的结点（2 号）有边相连且色号相同，不满足约束条件，剪掉该分支。然后沿着 $x[3]=3$ 扩展，3 号结点和前面已确定色号的结点（1、2 号）有边相连且色号均不相同，满足约束条件，扩展该分支，令 3 号结点着 3 号色（水绿色），即令 $x[3]=3$，生成 D。搜索过程和着色方案如图 5-52 和图 5-53 所示。

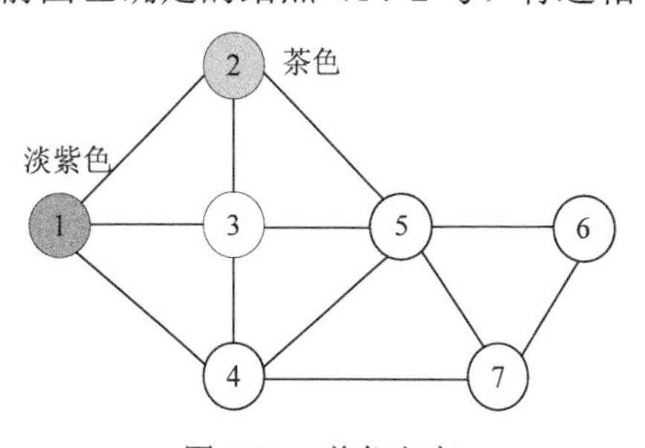

图 5-51 着色方案

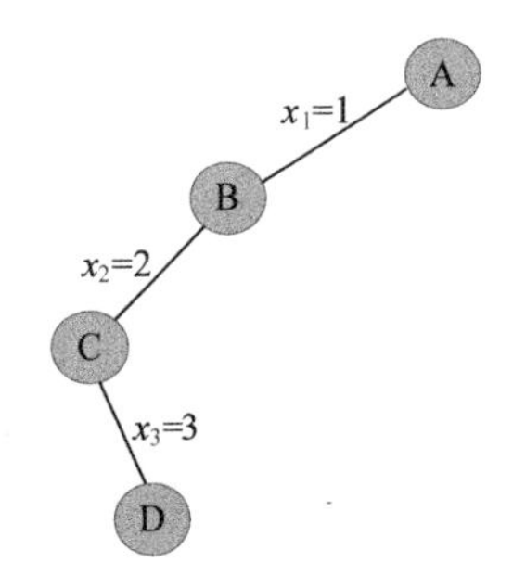

图 5-52 搜索过程

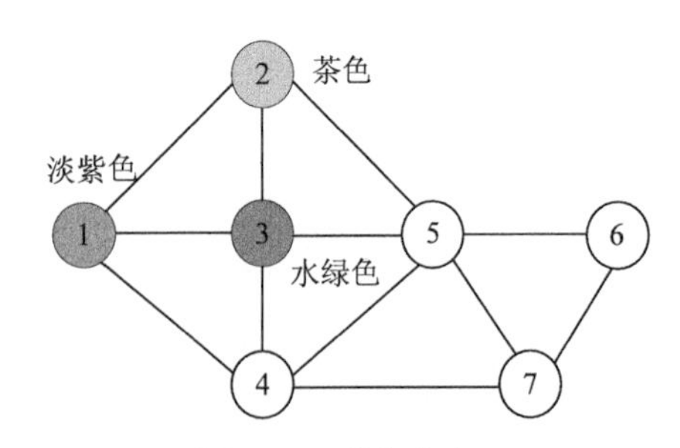

图 5-53 着色方案

（4）扩展 D 结点（t=4）

扩展第一个分支 $x[4]=1$，首先判断 4 号结点是否和前面已确定的结点（1、2、3 号）有边相连且色号相同，4 号结点和 1 结点有边相连且色号相同，不满足约束条件，剪掉该分支。然后沿着 $x[4]=2$ 扩展，4 号结点和前面已确定色号的结点（1、3 号）有边相连，但色号均不同，满足约束条件，扩展该分支，令 4 号结点着 2 号色（茶色），令 $x[4]=2$，生成 E。搜索过程和着色方案如图 5-54 和图 5-55 所示。

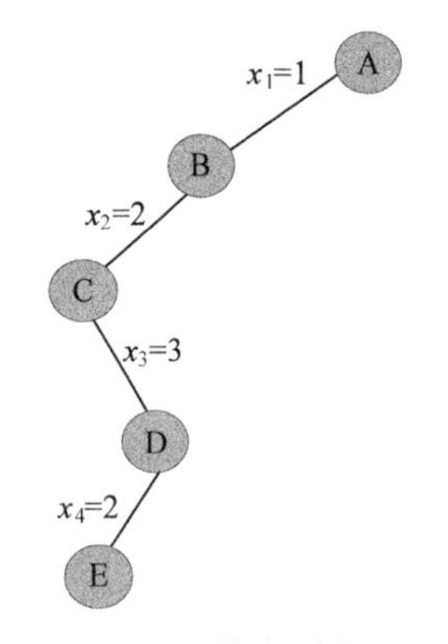

图 5-54 搜索过程

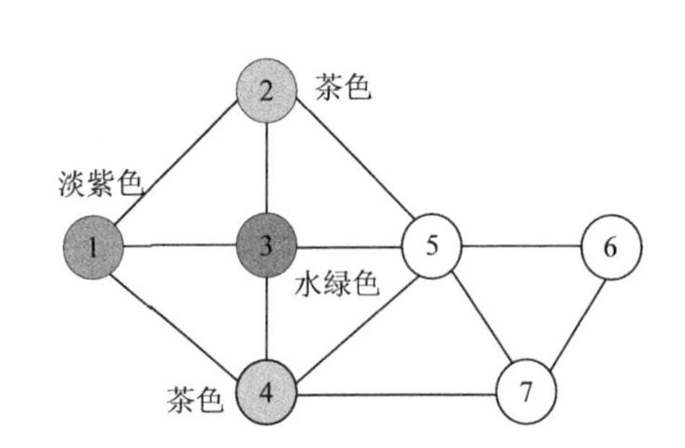

图 5-55 着色方案

（5）扩展 E 结点（t=5）

扩展第一个分支 $x[5]=1$，首先判断 5 号结点是否和前面已确定的结点（1、2、3、4 号）有边相连且色号相同，5 号结点和前面已确定色号的结点（2、3、4 号）有边相连，但色号均不同，满足约束条件，扩展该分支，令 5 号结点着 1 号色（淡紫色），令 $x[5]=1$，生成 F。搜索过程和着色方案如图 5-56 和图 5-57 所示。

（6）扩展 F 结点（t=6）

扩展第一个分支 $x[6]=1$，首先判断 6 号结点是否和前面已确定的结点（1、2、3、4、5 号）有边相连且色号相同，6 号结点和前面已确定色号的结点（5 号）有边相连，且色号相同，不满足约束条件，剪掉该分支。然后沿着 $x[6]=2$ 扩展，6 号结点和前面已确定色号的结点（5 号）有边相连，但色号不同，满足约束条件，扩展该分支，令 6 号结点着 2 号色（茶色），令 $x[6]=2$，生成 G。搜索过程和着色方案如图 5-58 和图 5-59 所示。

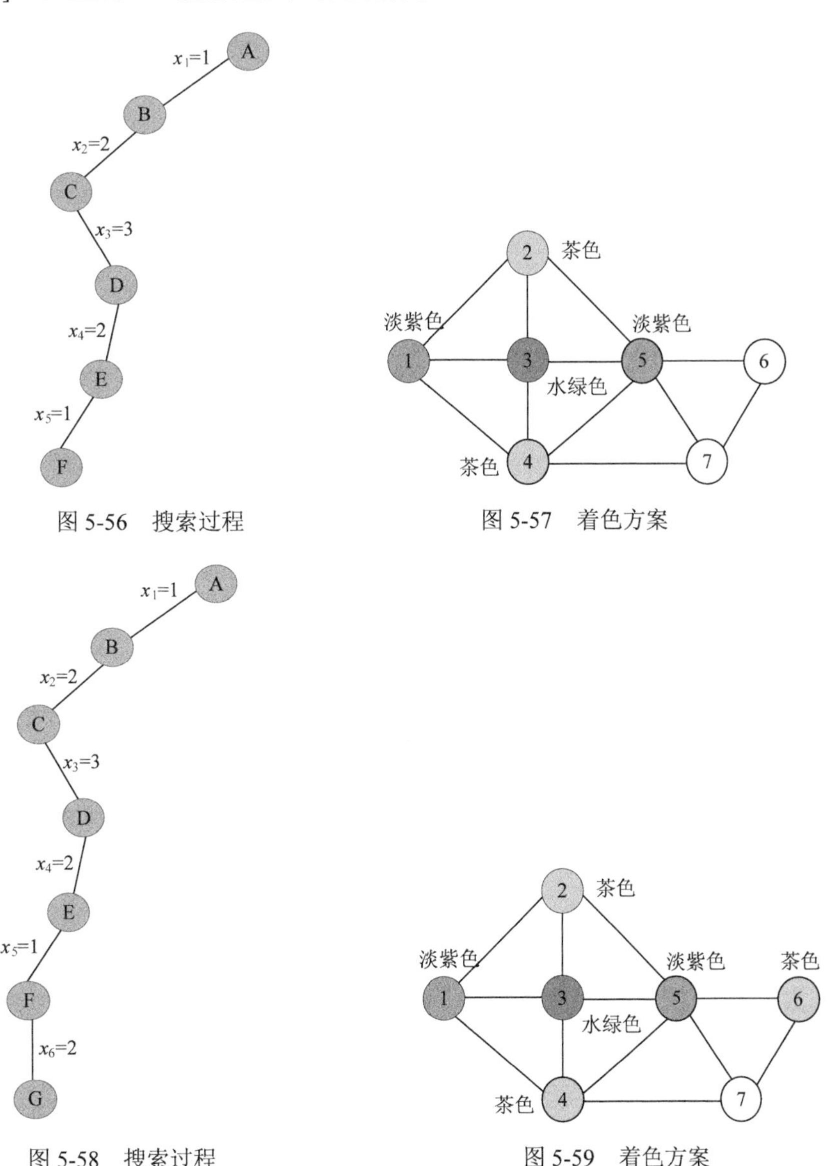

图 5-56 搜索过程

图 5-57 着色方案

图 5-58 搜索过程

图 5-59 着色方案

（7）扩展 G 结点（$t=7$）

扩展第一个分支 $x[7]=1$，首先判断 7 号结点是否和前面已确定的结点（1、2、3、4、5、

6 号）有边相连且色号相同，7 号结点和前面已确定色号的结点（5 号）有边相连，且色号相同，不满足约束条件，剪掉该分支。然后沿着 $x[7]=2$ 扩展，7 号结点和前面已确定色号的结点（4、6 号）有边相连，且色号相同，不满足约束条件，剪掉该分支。然后沿着 $x[7]=3$ 扩展，7 号结点和前面已确定色号的结点（4、5、6 号）有边相连，但色号不同，满足约束条件，扩展该分支，令 7 号结点着 3 号色（水绿色），令 $x[7]=3$，生成 H。搜索过程和着色方案如图 5-60 和图 5-61 所示。

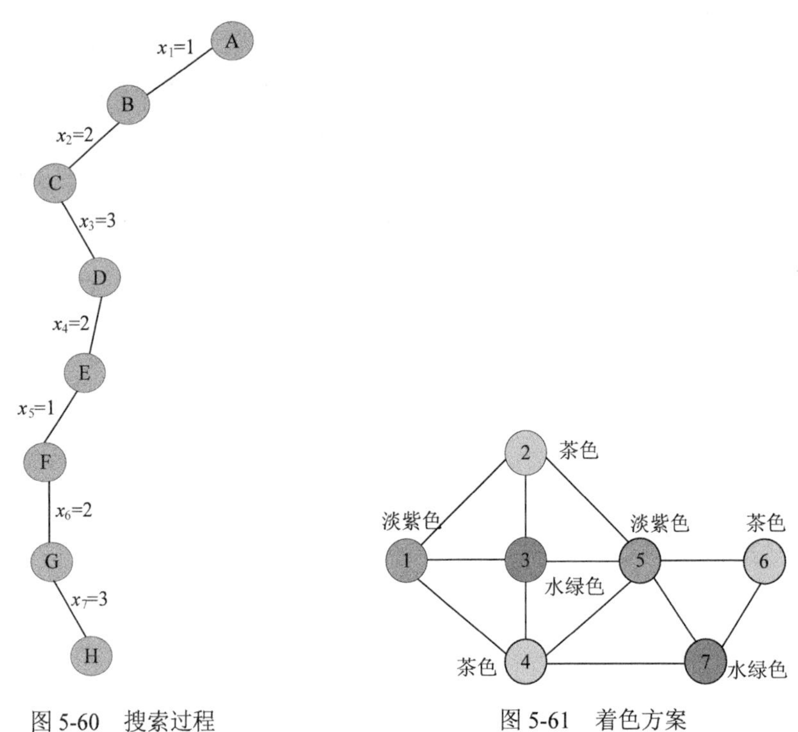

图 5-60　搜索过程　　　　图 5-61　着色方案

（8）扩展 H 结点（$t=8$）。$t>n$，找到一个可行解，输出该可行解{1，2，3，2，1，2，3}，回溯到最近的活结点 G。

（9）重新扩展 G 结点（$t=7$）。G 的 m（$m=3$）个孩子均已考查完毕，成为死结点，回溯到最近的活结点 F。

（10）继续搜索，又找到第二种着色方案，输出该可行解{1，3，2，3，1，3，2}。搜索过程和着色方案如图 5-62 和图 5-63 所示。

（11）继续搜索，又找到 4 个可行解，分别是{2，1，3，1，2，1，3}、{2，3，1，3，2，3，1}、{3，1，2，1，3，1，2}、{3，2，1，2，3，2，1}。

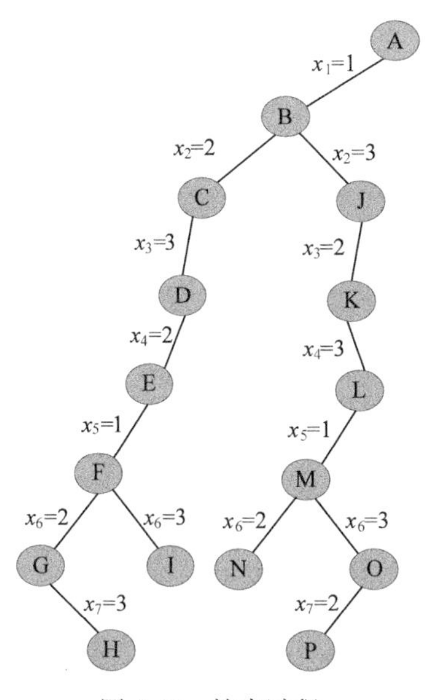

图 5-62　搜索过程

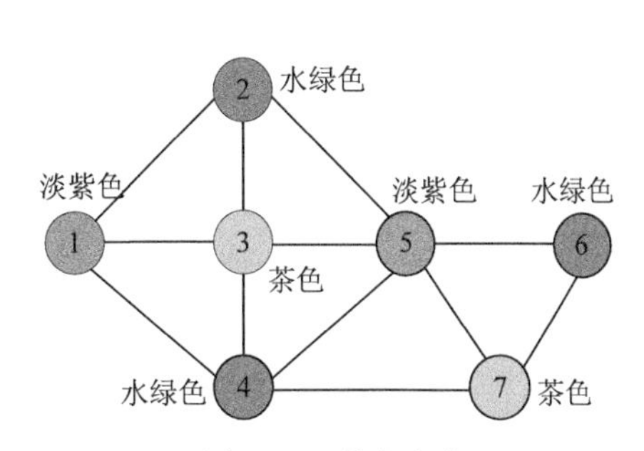

图 5-63　着色方案

5.4.4　伪代码详解

（1）约束函数

假设当前扩展节点处于解空间树的第 t 层，那么从第一个结点到第 $t-1$ 个结点的状态（着色的色号）已经确定。接下来沿着扩展结点的第一个分支进行扩展，此时需要判断第 t 个结点的着色情况。第 t 个结点的颜色号要与前 $t-1$ 个结点中与其有边相连的结点颜色不同，如果有一个颜色相同的，则第 t 个结点不能用这个色号，换下一个色号尝试，如图 5-64 所示。

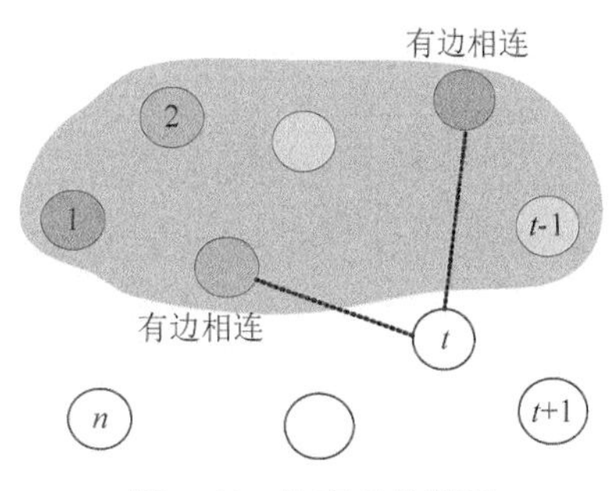

图 5-64　约束条件判断

```
//约束条件
bool OK(int t)
{
     for(int j=1;j<t;j++) //依次判断前 t-1 个结点(已确定色号)
     {
          if(map[t][j])  //如果 t 与 j 邻接(有边相连)
          {
               if(x[j]==x[t]) //判断 t 与 j 的着色号是否相同
                    return false; //有相同色号，立即
          }
     }
     return true; //与前 t-1 个结点中与其有边相连的结点颜色均不同，返回 true
}
```

（2）按约束条件搜索求解

t 表示当前扩展结点在第 *t* 层。如果 *t*>*n*，表示已经到达叶子结点，sum 累计第几个着色方案，输出可行解。否则，扩展节点沿着第一个分支扩展，判断是否满足约束条件，如果满足，则进入深一层继续搜索；如果不满足，则扩展生成的节点被剪掉，换下一个色号尝试。如果所有的色号都尝试完毕，该结点变成死结点，向上回溯到离其最近的活结点，继续搜索。搜索到叶子节点时，找到一种着色方案。搜索过程直到全部活结点变成死结点为止。

```
//搜索函数
void Backtrack(int t)
{

     if(t>n) //到达叶子,找到一个着色方案
     {
          sum++;
          cout<<"第"<<sum<<"种方案: ";
          for(int i=1;i<=n;i++) //输出该着色方案
               cout<<x[i]<<" ";
          cout<<endl;
     }
     else
{
          for(int i=1;i<=m;i++) //每个结点尝试 m 种颜色
          {
               x[t]=i;
               if(OK(t))
                    Backtrack(t+1);
          }
     }
}
```

5.4.5 实战演练

```
//program 5-3
#include <iostream>
#include <string.h>
#define MX 50
using namespace std;
int x[MX];                         //解分量
int map[MX][MX];                   //图的邻接矩阵
int sum=0;                         //记录解的个数
int n,m,edge;                      //节点数和颜色数
//创建邻接矩阵
void CreatMap()
{
```

```
    int u,v;
    cout << "请输入边数: ";
    cin >> edge;
    memset(map,0,sizeof(map));//邻接矩阵里面的数据初始化为0,
                              //meset 函数需要引入#include <string.h>
    cout << "请依次输入有边相连的两个结点u和v，用空格分开: ";
    for(int i=1;i<=edge;i++)
    {
        cin>>u>>v;
        map[u][v]=map[v][u]=1;
    }
}
//约束条件
bool OK(int t)
{
    for(int j=1;j<t;j++)
    {
        if(map[t][j])         //如果t与j邻接
        {
            if(x[j]==x[t])  //判断t与j的着色号是否相同
                return false;
        }
    }
    return true;
}
//搜索函数
void Backtrack(int t)
{

    if(t>n) //到达叶子,找到一个着色方案
    {
        sum++;
        cout<<"第"<<sum<<"种方案: ";
        for(int i=1;i<=n;i++)//输出该着色方案
            cout<<x[i]<<" ";
        cout<<endl;
    }
    else{
        for(int i=1;i<=m;i++)//每个结点尝试m种颜色
        {
            x[t]=i;
            if(OK(t))
                Backtrack(t+1);
        }
    }
}
int main()
{
    cout<<"输入节点数:  ";
    cin>>n;
```

```
    cout<<"输入颜色数： ";
    cin>>m;
    cout<<"输入无向图的邻接矩阵："<<endl;
    CreatMap();
    Backtrack(1);
}
```

算法实现和测试

（1）运行环境

Code::Blocks

（2）输入

```
输入节点数：7
输入颜色数：3
输入无向图的邻接矩阵：
请输入边数：12
请依次输入有边相连的两个结点 u 和 v，用空格分开：
1 2
1 3
1 4
2 3
2 5
3 4
3 5
4 5
4 7
5 6
5 7
6 7
```

（3）输出

```
第 1 种方案：1 2 3 2 1 2 3
第 2 种方案：1 3 2 3 1 3 2
第 3 种方案：2 1 3 1 2 1 3
第 4 种方案：2 3 1 3 2 3 1
第 5 种方案：3 1 2 1 3 1 2
第 6 种方案：3 2 1 2 3 2 1
```

5.4.6 算法解析及优化拓展

1. 算法复杂度分析

（1）时间复杂度

最坏情况下，除了最后一层外，有 $1+m+m^2+\cdots+m^{n-1}=(m^n-1)/(m-1)\approx m^{n-1}$ 个结点需要扩展，

而这些结点每个都要扩展 m 个分支，总的分支个数为 m^n，每个分支都判断约束函数，判断约束条件需要 $O(n)$的时间，因此耗时 $O(nm^n)$。在叶子结点处输出可行解需要耗时 $O(n)$，在最坏情况下回搜索到每一个叶子结点，叶子个数为 m^n，故耗时为 $O(nm^n)$。因此，时间复杂度为 $O(nm^n)$，如图 5-65 所示。

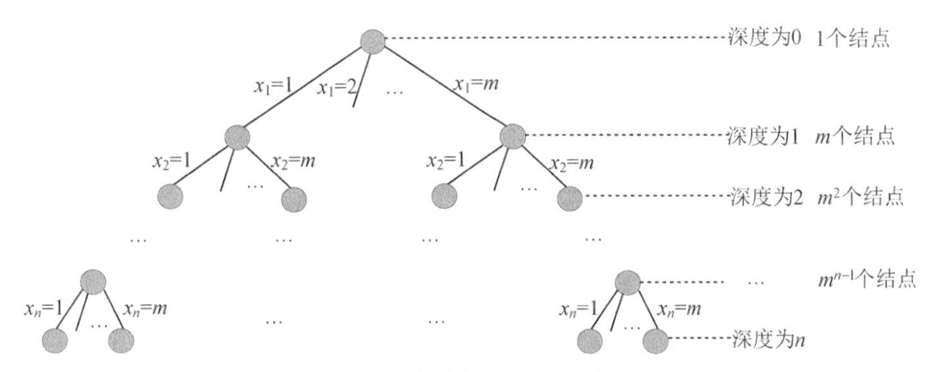

图 5-65　解空间树（m 叉树）

（2）空间复杂度

回溯法的另一个重要特性就是在搜索执行的同时产生解空间。在所搜过程中的任何时刻，仅保留从开始结点到当前扩展结点的路径，从开始结点起最长的路径为 n。程序中我们使用 x[]数组记录该最长路径作为可行解，所以该算法的空间复杂度为 $O(n)$。

2．算法优化拓展

在上面的求解过程中，我们的解空间 m 叉树的规模是确定的，我们改进优化只能从约束函数和限界函数着手，通过这两个函数提高剪枝的效率。在上述算法中，没有限界函数，而约束函数时间复杂度为 $O(n)$，是否可以改进呢？

读者可以分析一下：在处理第 t 个结点时，要依次判断前 t−1 个结点是否有邻接且色号相同，如果采用邻接表存储又会如何呢？是不是只需要判断 t 结点邻接表中序号小于 t 的结点色号是否相同呢？时间复杂度是否有减少？

5.5 一山不容二虎——n 皇后问题

在 n×n 的棋盘上放置彼此不受攻击的 n 个皇后。按照国际象棋的规则，皇后可以攻击与之在同一行、同一列、同一斜线上的棋子。设计算法在 n×n 的棋盘上放置 n 个皇后，使其彼此不受攻击。

图 5-66 n 皇后问题

5.5.1 问题分析

在 $n \times n$ 的棋盘上放置彼此不受攻击的 n 个皇后。按照国际象棋的规则，皇后可以攻击与之在同一行、同一列、同一斜线上的棋子。现在在 $n \times n$ 的棋盘上放置 n 个皇后，使彼此不受攻击。

如果棋盘如图 5-67 所示，我们在第 i 行第 j 列放置一个皇后，那么第 i 行的其他位置（同行），那么第 j 列的其他位置（同列），同一斜线上的其他位置，都不能再放置皇后。

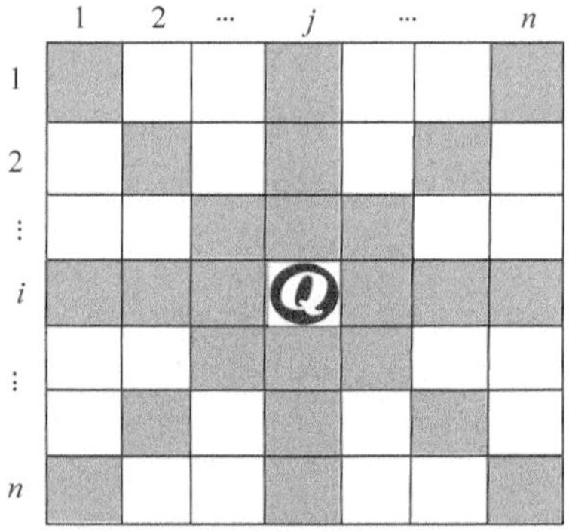

图 5-67 n 皇后问题

条件是这样要求的，但是我们不可能杂乱无章地尝试每个位置，要有求解策略。我们可以**以行为主导**：

- 在第 1 行第 1 列放置第 1 个皇后。
- 在第 2 行放置第 2 个皇后。第 2 个皇后的位置不能和第 1 个皇后同列、同斜线，不用再判断是否同行了，因为我们每行只放置一个，本来就已经不同行。
- 在第 3 行放置第 3 个皇后，第 3 个皇后的位置不能和前 2 个皇后同列、同斜线。

……

- 在第 t 行放置第 t 个皇后，第 t 个皇后的位置不能和前 t–1 个皇后同列、同斜线。

……

- 在第 n 行放置第 n 个皇后，第 n 个皇后的位置不能和前 $n-1$ 个皇后同列、同斜线。

5.5.2 算法设计

（1）定义问题的解空间

n 皇后问题解的形式为 n 元组：$\{x_1, x_2, \cdots, x_i, \cdots, x_n\}$，分量 x_i 表示第 i 个皇后放置在第 i 行第 x_i 列，x_i 的取值为 1，2，…，n。例如 $x_2=5$，表示第 2 个皇后放置在第 2 行第 5 列。显约束为不同行。

（2）解空间的组织结构

n 皇后问题的解空间是一棵 m（$m=n$）叉树，树的深度为 n，如图 5-68 所示。

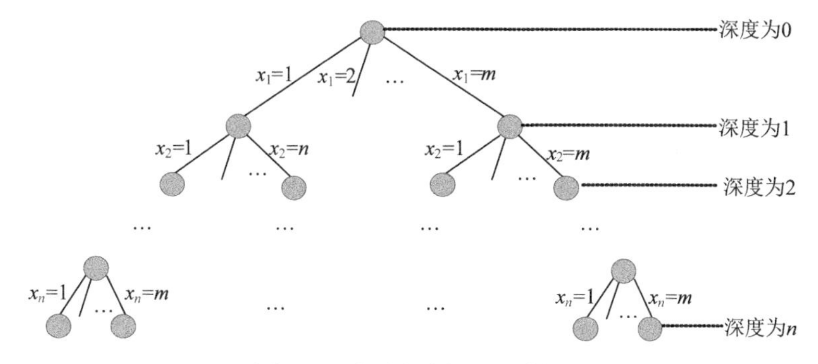

图 5-68 解空间树（m 叉树）

（3）搜索解空间

- 约束条件

在第 t 行放置第 t 个皇后时，第 t 个皇后的位置不能和前 $t-1$ 个皇后同列、同斜线。第 i 个皇后和第 j 个皇后不同列，即 $x_i != x_j$，并且不同斜线 $|i-j| != |x_i-x_j|$。

- 限界条件

该问题不存在放置方案好坏的情况，所以不需要设置限界条件。

- 搜索过程

从根开始，以深度优先搜索的方式进行搜索。根结点是活结点，并且是当前的扩展结点。在搜索过程中，当前的扩展结点沿纵深方向移向一个新结点，判断该新结点是否满足隐约束。如果满足，则新结点成为活结点，并且成为当前的扩展结点，继续深一层的搜索；如果不满足，则换到该新结点的兄弟结点继续搜索；如果新结点没有兄弟结点，或其兄弟结点已全部搜索完毕，则扩展结点成为死结点，搜索回溯到其父结点处继续进行。搜索过程直到找到问题的根结点变成死结点为止。

5.5.3 完美图解

在 $n \times n$ 的棋盘上放置彼此不受攻击的 n 个皇后。按照国际象棋的规则，皇后可以攻击与之在同一行、同一列、同一斜线上的棋子。为了简单明了，我们在 4×4 的棋盘上放置 4 个皇后，使其彼此不受攻击，如图 5-69 所示。

（1）开始搜索第 1 层（t=1）

扩展 1 号结点，首先判断 x_1=1 是否满足约束条件，因为之前还未选中任何结点，满足约束条件。令 x[1]=1，生成 2 号结点，如图 5-70 所示。

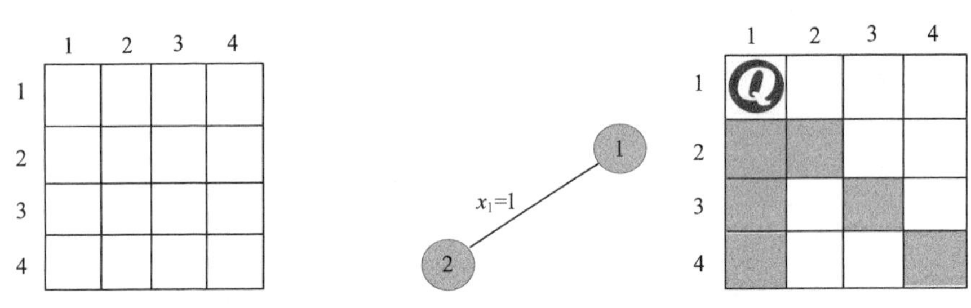

图 5-69　4 皇后问题　　图 5-70　搜索过程和放置方案

（2）扩展 2 号结点（t=2）

首先判断 x_2=1 不满足约束条件，因为和之前放置的第 1 个皇后同列；考查 x_2=2 也不满足约束条件，因为和之前放置的第 1 个皇后同斜线；考查 x_2=3 满足约束条件，和之前放置的皇后不同列、不同斜线，令 x[2]=3，生成 3 号结点，如图 5-71 所示。

（3）扩展 3 号结点（t=3）

首先判断 x_3=1 不满足约束条件，因为和之前放置的第 1 个皇后同列；考查 x_3=2 也不满足约束条件，因为和之前放置的第 2 个皇后同斜线；考查 x_2=3 不满足约束条件，因为和之前放置的第 2 个皇后同列；考查 x_3=4 也不满足约束条件，因为和之前放置的第 2 个皇后同斜线；3 号结点的所有孩子均已考查完毕，3 号结点成为死结点。向上回溯到 2 号结点，如图 5-72 所示。

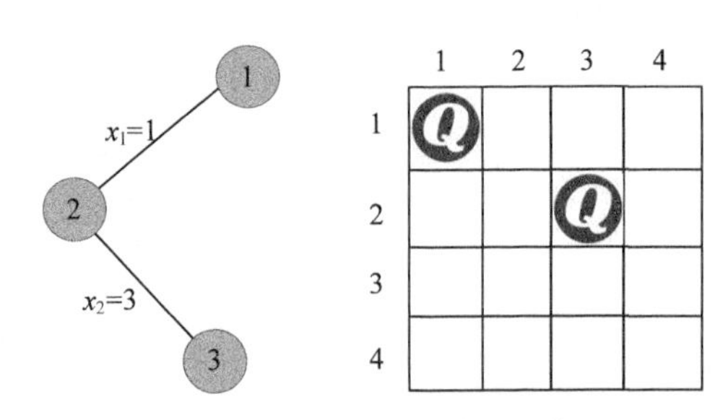

图 5-71　搜索过程和放置方案

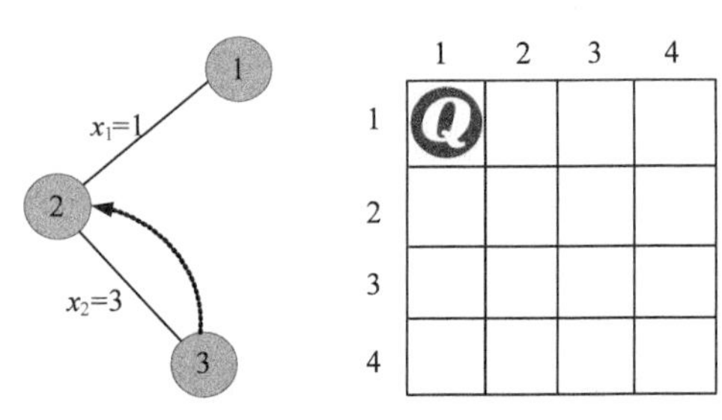

图 5-72　搜索过程和放置方案

（4）重新扩展 2 号结点（t=2）

判断 x_2=4 满足约束条件，因为和之前放置的第 1 个皇后不同列、不同斜线，令 x[2]=4，生成 4 号结点，如图 5-73 所示。

（5）扩展 4 号结点（t=3）

首先判断 x_3=1 不满足约束条件，因为和之前放置的第 1 个皇后同列；考查 x_3=2 满足约束条件，因为和之前放置的第 1、2 个皇后不同列、不同斜线，令 x[3]=2，生成 5 号结点，如图 5-74 所示。

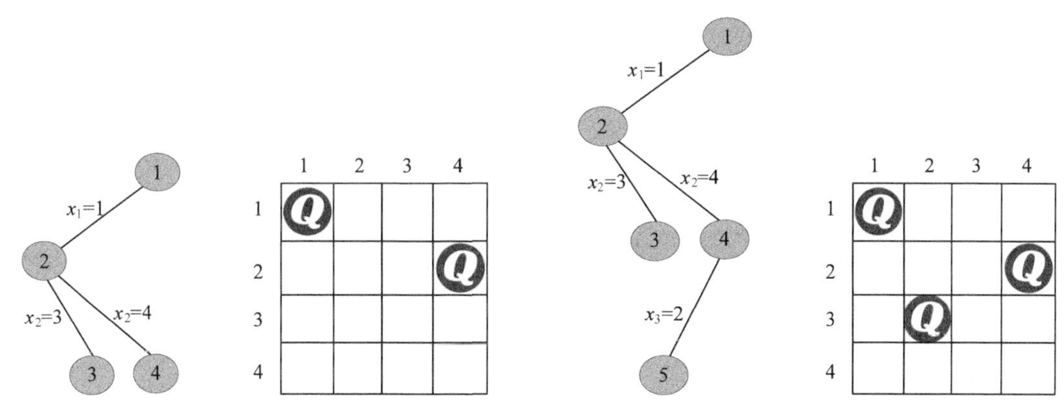

图 5-73 搜索过程和放置方案　　图 5-74 搜索过程和放置方案

（6）扩展 5 号结点（t=4）

首先判断 x_4=1 不满足约束条件，因为和之前放置的第 1 个皇后同列；考查 x_4=2 也不满足约束条件，因为和之前放置的第 3 个皇后同列；考查 x_4=3 不满足约束条件，因为和之前放置的第 3 个皇后同斜线；考查 x_4=4 也不满足约束条件，因为和之前放置的第 2 个皇后同列；5 号结点的所有孩子均已考查完毕，5 号结点成为死结点。向上回溯到 4 号结点，如图 5-75 所示。

（7）继续扩展 4 号结点（t=3）

判断 x_3=3 不满足约束条件，因为和之前放置的第 2 个皇后同斜线；考查 x_3=4 也不满足约束条件，因为和之前放置的第 2 个皇后同列；4 号结点的所有孩子均已考查完毕，4 号结点成为死结点。向上回溯到 2 号结点。2 号结点的所有孩子均已考查完毕，2 号结点成为死结点。向上回溯到 1 号结点，如图 5-76 所示。

（8）继续扩展 1 号结点（t=1）

判断 x_1=2 是否满足约束条件，因为之前还未选中任何结点，满足约束条件。令 x[1]=2，生成 6 号结点，如图 5-77 所示。

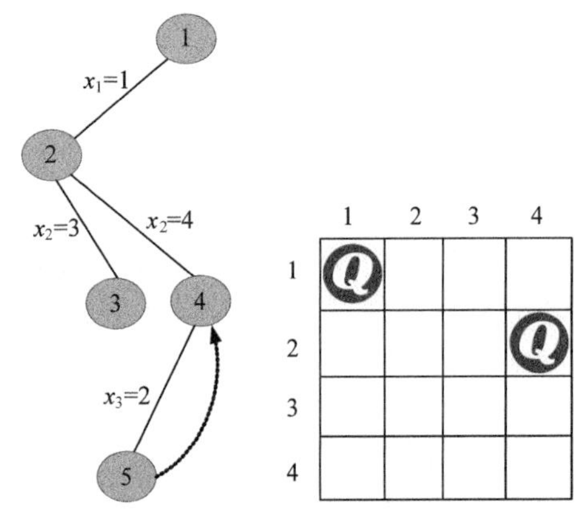

图 5-75　搜索过程和放置方案

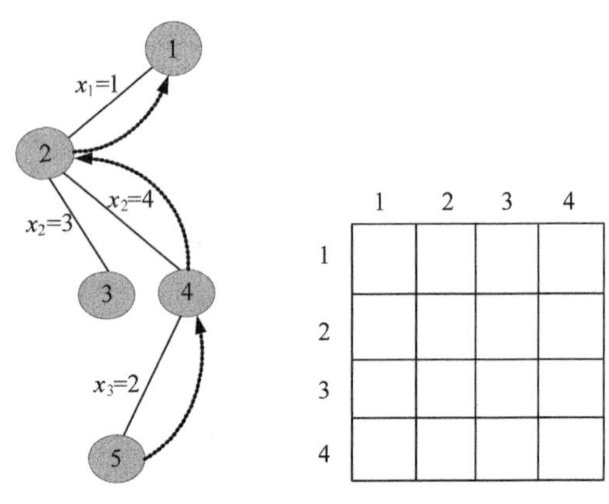

图 5-76　搜索过程和放置方案

（9）扩展 6 号结点（t=2）

判断 x_2=1 不满足约束条件，因为和之前放置的第 1 个皇后同斜线；考查 x_2=2 也不满足约束条件，因为和之前放置的第 1 个皇后同列；考查 x_2=3 不满足约束条件，因为和之前放置的第 1 个皇后同斜线；考查 x_2=4 满足约束条件，因为和之前放置的第 1 个皇后不同列、不同斜线，令 x[2]=4，生成 7 号结点，如图 5-78 所示。

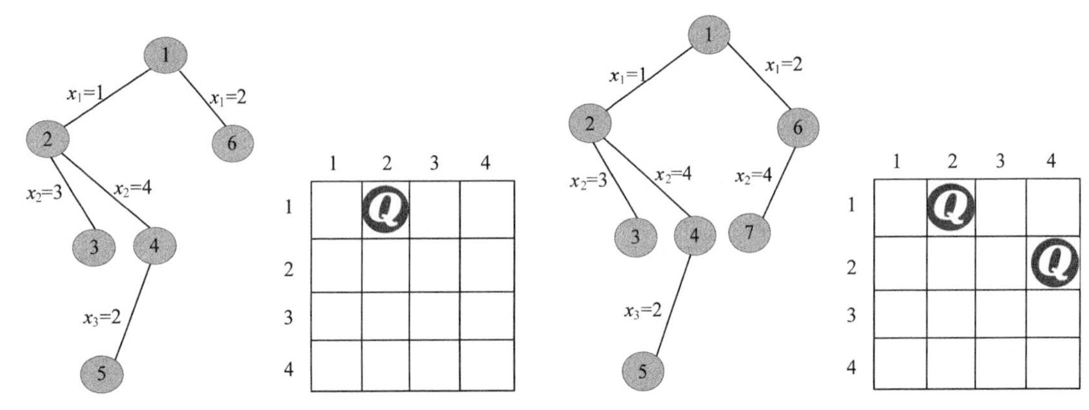

图 5-77　搜索过程和放置方案　　图 5-78　搜索过程和放置方案

（10）扩展 7 号结点（t=3）

判断 x_3=1 满足约束条件，因为和之前放置的第 1、2 个皇后不同列、不同斜线，令 x[3]=1，生成 8 号结点，如图 5-79 所示。

（11）扩展 8 号结点（t=4）

判断 x_4=1 不满足约束条件，因为和之前放置的第 3 个皇后同列；考查 x_4=2 也不满足约束条件，因为和之前放置的第 1 个皇后同列；考查 x_4=3 满足约束条件，因为和之前放置的第 1、2、3 个皇后不同列、不同斜线，令 $x[4]=3$，生成 9 号结点，如图 5-80 所示。

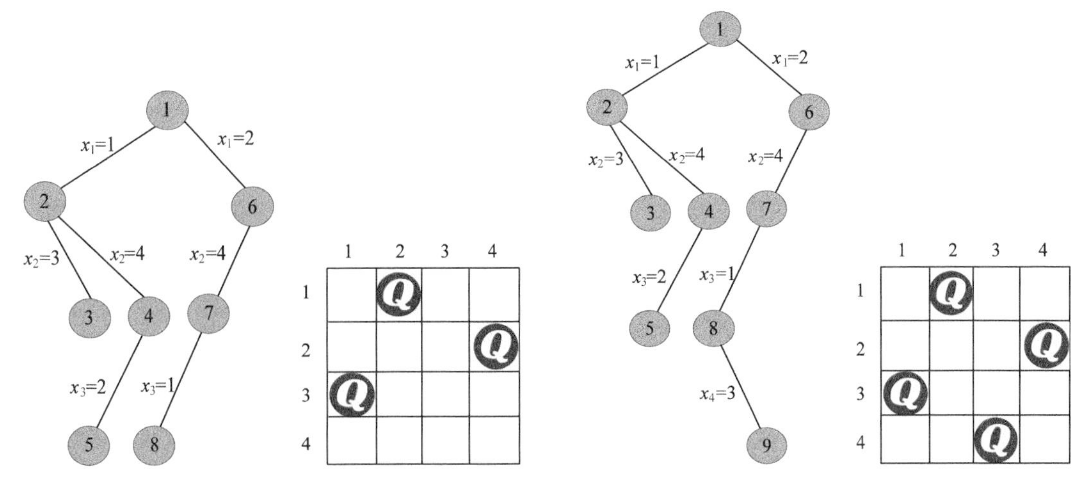

图 5-79 搜索过程和放置方案　　　　图 5-80 搜索过程和放置方案

（12）扩展 9 号结点（t=5）

t>n，找到一个可行解，用 *bestx*[]保存当前可行解{2，4，1，3}。9 号结点成为死结点。向上回溯到 8 号结点。

（13）继续扩展 8 号结点（t=4）

判断 $x_4=4$ 不满足约束条件，因为和之前放置的第 2 个皇后同列；8 号结点的所有孩子均已考查完毕成为死结点。向上回溯到 7 号结点。

（14）继续扩展 7 号结点（t=3）

判断 $x_3=2$ 不满足约束条件，因为和之前放置的第 1 个皇后同列；判断 $x_3=3$ 不满足约束条件，因为和之前放置的第 2 个皇后同斜线；判断 $x_3=4$ 不满足约束条件，因为和之前放置的第 2 个皇后同列；7 号结点的所有孩子均已考查完毕成为死结点。向上回溯到 6 号结点。6 号结点的所有孩子均已考查完毕，成为死结点。向上回溯到 1 号结点，如图 5-81 所示。

（15）继续扩展 1 号结点（t=1）

判断 $x_1=3$ 是否满足约束条件，因为之前还未选中任何结点，满足约束条件。令 $x[1]=3$，生成 10 号结点，如图 5-82 所示。

（16）扩展 10 号结点（t=2）

首先判断 $x_2=1$ 满足约束条件，因为和之前放置的第 1 个皇后不同列、不同斜线，令 $x[2]=1$，生成 11 号结点，如图 5-83 所示。

（17）扩展 11 号结点（t=3）

判断 $x_3=1$ 不满足约束条件，因为和之前放置的第 2 个皇后同列；考查 $x_3=2$ 也不满足约束条件，因为和之前放置的第 2 个皇后同斜线；考查 x_3=3 不满足约束条件，因为和之前放置的第 1 个皇后同列；考查 x_3=4 满足约束条件，因为和之前放置的第 1、2 个皇后不同列、不同斜线，令 x[3]=4，生成 12 号结点，如图 5-84 所示。

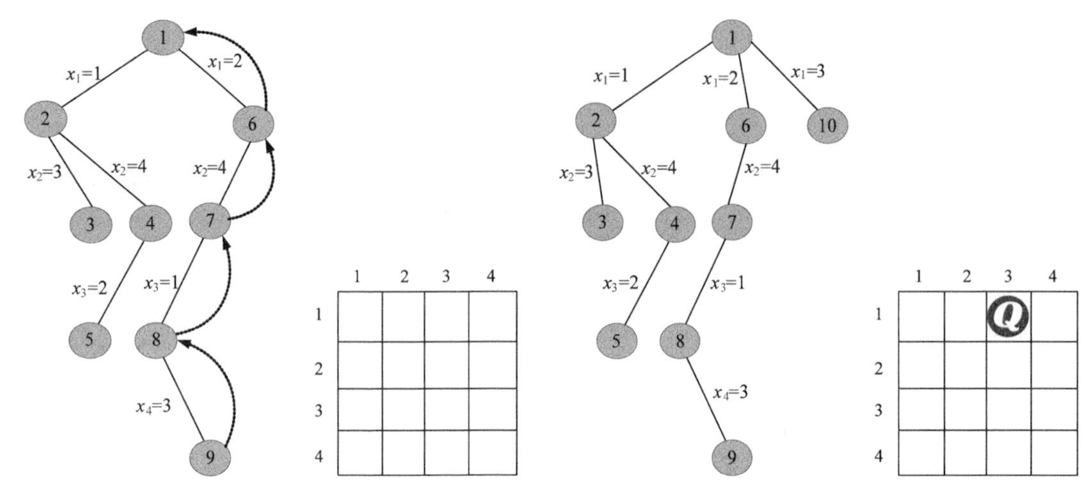

图 5-81　搜索过程和放置方案　　图 5-82　搜索过程和放置方案

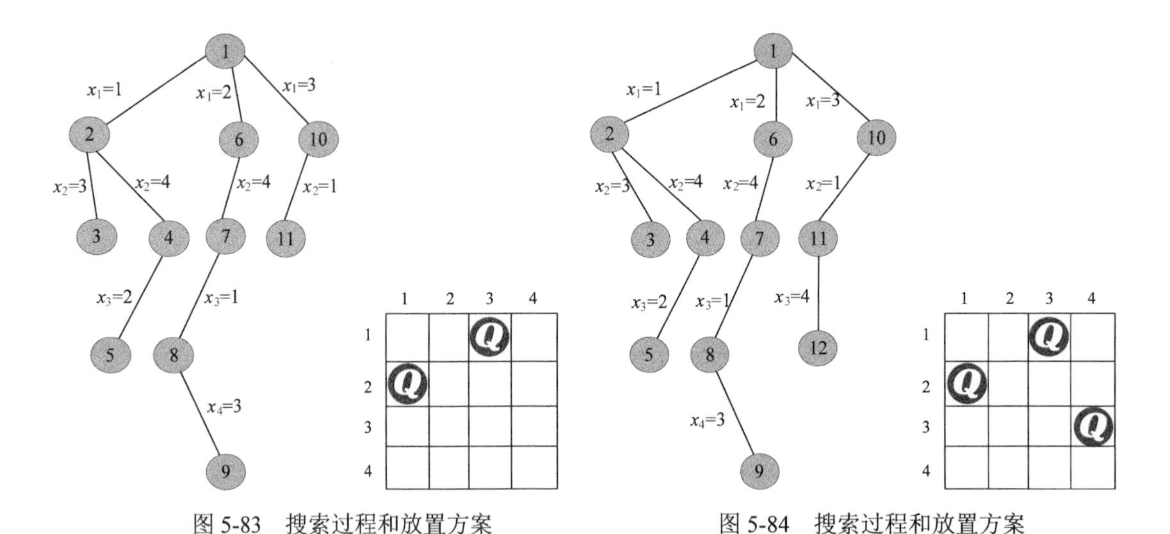

图 5-83　搜索过程和放置方案　　图 5-84　搜索过程和放置方案

（18）扩展 12 号结点（t=4）

判断 x_4=1 不满足约束条件，因为和之前放置的第 2 个皇后同列；考查 x_4=2 满足约束条件，因为和之前放置的第 1、2、3 个皇后不同列、不同斜线，令 x[4]=2，生成 13 号结点，如图 5-85 所示。

（19）扩展 13 号结点（t=5）

t>n，找到一个可行解，用 *bestx*[]保存当前可行解{3，1，4，2}。13 号结点成为死结点。向上回溯到 12 号结点。

（20）继续扩展 12 号结点（t=4）

判断 x_4=3 不满足约束条件，因为和之前放置的第 1 个皇后同列；判断 x_4=4 不满足约束条件，因为和之前放置的第 3 个皇后同列；12 号结点的所有孩子均已考查完毕成为死结点。向上回溯到 11 号结点。11 号结点的所有孩子均已考查完毕，成为死结点。向上回溯到 10 号结点。

（21）继续扩展 10 号结点（t=2）

判断 x_2=2 不满足约束条件，因为和之前放置的第 1 个皇后同斜线；判断 x_2=3 不满足约束条件，因为和之前放置的第 1 个皇后同列；判断 x_2=4 不满足约束条件，因为和之前放置的第 1 个皇后同斜线；10 号结点的所有孩子均已考查完毕，成为死结点。向上回溯到 1 号结点，如图 5-86 所示。

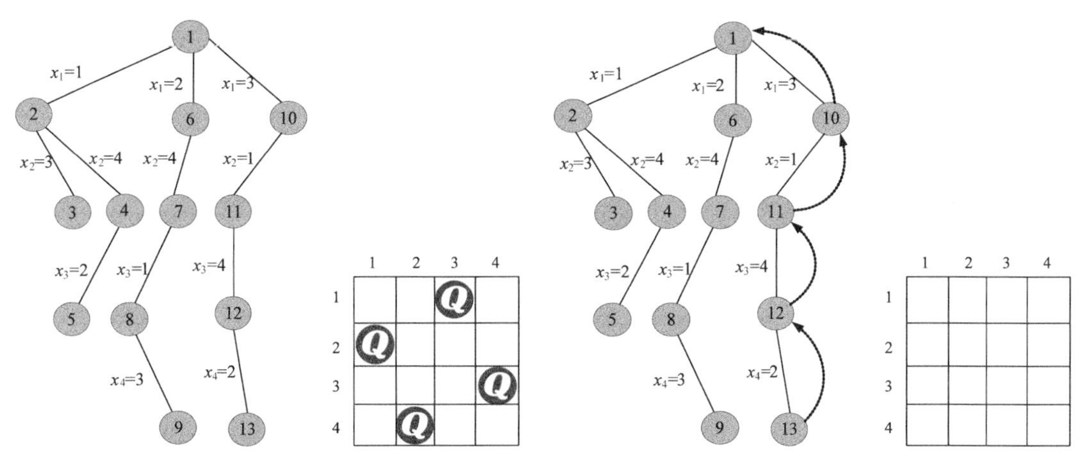

图 5-85　搜索过程和放置方案　　　　图 5-86　搜索过程和放置方案

（22）继续扩展 1 号结点（t=1）

判断 x_1=4 是否满足约束条件，因为之前还未选中任何结点，满足约束条件。令 x[1]=4，生成 14 号结点，如图 5-87 所示。

（23）扩展 14 号结点（t=2）

首先判断 x_2=1 满足约束条件，因为和之前放置的第 1 个皇后不同列、不同斜线，令 x[2]=1，生成 15 号结点，如图 5-88 所示。

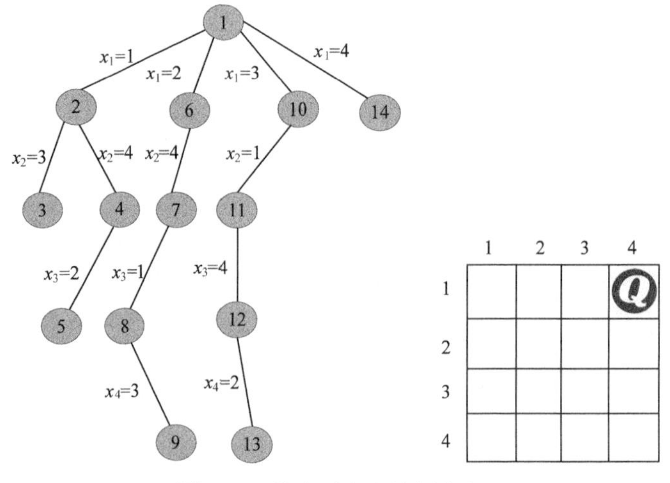

图 5-87 搜索过程和放置方案

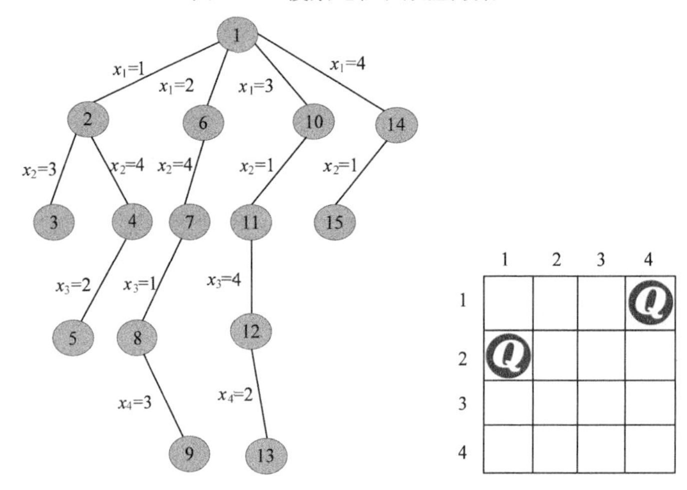

图 5-88 搜索过程和放置方案

（24）扩展 15 号结点（t=3）

判断 x_3=1 不满足约束条件，因为和之前放置的第 2 个皇后同列；考查 x_3=2 也不满足约束条件，因为和之前放置的第 2 个皇后同斜线；考查 x_3=3 满足约束条件，因为和之前放置的第 1、2 个皇后不同列、不同斜线，令 $x[3]$=3，生成 16 号结点，如图 5-89 所示。

（25）扩展 16 号结点（t=4）

首先判断 x_4=1 不满足约束条件，因为和之前放置的第 2 个皇后同列；考查 x_4=2 也不满足约束条件，因为和之前放置的第 3 个皇后同斜线；考查 x_4=3 不满足约束条件，因为和之前放置的第 3 个皇后同列；考查 x_4=4 也不满足约束条件，因为和之前放置的第 1 个皇后同列；16 号结点的所有孩子均已考查完毕成为死结点。向上回溯到 15 号结点。

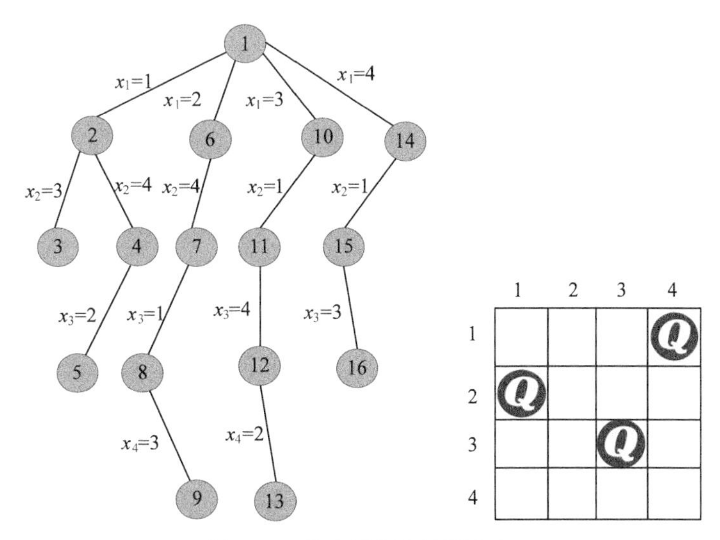

图 5-89　搜索过程和放置方案

（26）继续扩展 15 号结点（t=3）

判断 x_3=4 不满足约束条件，因为和之前放置的第 1 个皇后同列；15 号结点的所有孩子均已考查完毕成为死结点。向上回溯到 14 号结点。

（27）继续扩展 14 号结点（t=2）

判断 x_2=2 满足约束条件，因为和之前放置的第 1 个皇后不同列、不同斜线，令 $x[2]$=2，生成 17 号结点，如图 5-90 所示。

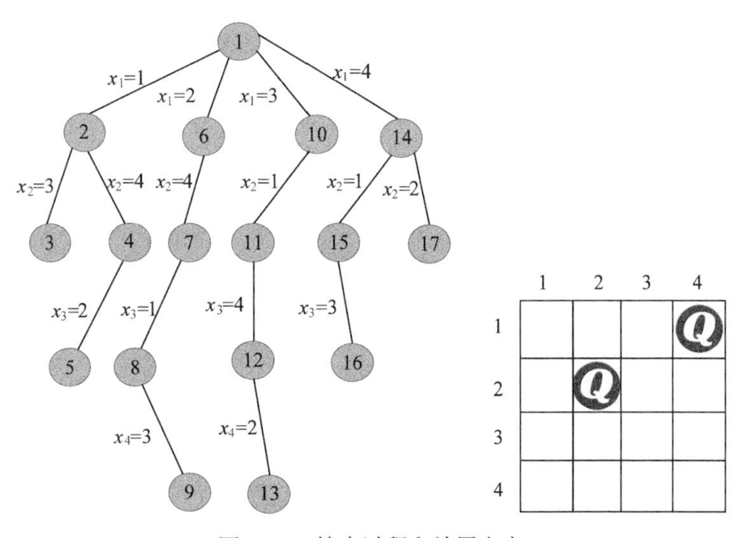

图 5-90　搜索过程和放置方案

（28）扩展 17 号结点（t=3）

首先判断 x_3=1 不满足约束条件，因为和之前放置的第 2 个皇后同斜线；考查 x_3=2 也不满足约束条件，因为和之前放置的第 2 个皇后同列；考查 x_3=3 不满足约束条件，因为和之前放置的第 2 个皇后同斜线；考查 x_3=4 也不满足约束条件，因为和之前放置的第 1 个皇后同列；17 号结点的所有孩子均已考查完毕成为死结点。向上回溯到 14 号结点。

（29）继续扩展 14 号结点（t=2）

判断 x_3=3 不满足约束条件，因为和之前放置的第 2 个皇后同斜线；判断 x_3=4 不满足约束条件，因为和之前放置的第 1 个皇后同列；14 号结点的所有孩子均已考查完毕成为死结点。向上回溯到 1 号结点。

（30）1 号结点的所有孩子均已考查完毕成为死结点。算法结束，如图 5-91 所示。

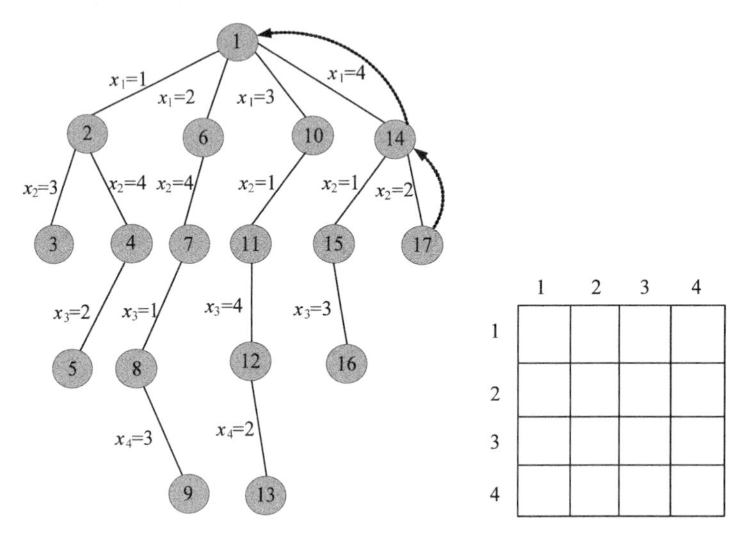

图 5-91　搜索过程和放置方案

5.5.4　伪代码详解

（1）约束函数

在第 t 行放置第 t 个皇后时，第 t 个皇后与前 t−1 个已放置好的皇后不能在同一列或同一斜线。如果有一个成立，则第 t 个皇后不可以放置在该位置。

$x[t]==x[j]$表示第 t 个皇后和第 j 个皇后位置在同一列，$t-j==fabs(x[t]-x[j])$ 表示第 t 个皇后和第 j 个皇后位置在同一斜线。$fabs$ 是求绝对值函数，使用该函数要引入头文件 #include<cmath>。

```
bool Place(int t) //判断第 t 个皇后能否放置在第 i 个位置
```

```
{
     bool ok=true;
     for(int j=1;j<t;j++) //判断该位置的皇后是否与前面 t-1 个已经放置的皇后冲突
     {
         if(x[t]==x[j]||t-j==fabs(x[t]-x[j]))//判断列、对角线是否冲突
         {
               ok=false;
               break;
         }
     }
     return ok;
}
```

（2）按约束条件搜索求解

t 表示当前扩展结点在第 *t* 层。如果 *t*>*n*，表示已经到达叶子结点，记录最优值和最优解，返回。否则，分别判断 *n*（*i*=1，…，*n*）个分支，*x*[*t*]=*i*；判断每个分支是否满足约束条件，如果满足则进入下一层 *Backtrack*(*t*+1)；如果不满足则考查下一个分支（兄弟结点）。

```
void Backtrack(int t)
{
     if(t>n)  //如果当前位置为 n,则表示已经找到了问题的一个解
     {
          countn++;
          for(int i=1; i<=n;i++) //打印选择的路径
            cout<<x[i]<<" ";
          cout<<endl;
          cout<<"----------"<<endl;
     }
     else
          for(int i=1;i<=n;i++) //分别判断 n 个分支,特别注意 i 不要定义为全局变量,否则
递归调用有问题
          {
               x[t]=i;
               if(Place(t))
                    Backtrack(t+1); //如果不冲突的话进行下一行的搜索
          }
}
```

5.5.5 实战演练

```
//program 5-4
#include <iostream>
#include<cmath>  //求绝对值函数需要引入该头文件
#define M 105
using namespace std;

int n;           //n 表示 n 个皇后
int x[M];        //x[i]表示第 i 个皇后放置在第 i 行第 x[i]列
```

```
int countn;                    //countn 表示 n 皇后问题可行解的个数

bool Place(int t)              //判断第 t 个皇后能否放置在第 i 个位置
{
     bool ok=true;
     for(int j=1;j<t;j++)   //判断该位置的皇后是否与前面 t-1 个已经放置的皇后冲突
     {
        if(x[t]==x[j]||t-j==fabs(x[t]-x[j]))//判断列、对角线是否冲突
        {
              ok=false;
              break;
        }
     }
     return ok;
}

void Backtrack(int t)
{
     if(t>n)                   //如果当前位置为 n,则表示已经找到了问题的一个解
     {
          countn++;
          for(int i=1; i<=n;i++) //打印选择的路径
            cout<<x[i]<<" ";
          cout<<endl;
          cout<<"----------"<<endl;
     }
     else
          for(int i=1;i<=n;i++) //分别判断 n 个分支,特别注意 i 不要定义为全局变量,否则
递归调用有问题
          {
               x[t]=i;
               if(Place(t))
                    Backtrack(t+1); //如果不冲突的话进行下一行的搜索
          }
}
int main()
{
     cout<<"请输入皇后的个数 n: ";
     cin>>n;
     countn=0;
     Backtrack(1);
     cout <<"答案的个数是: "<<countn<< endl;
     return 0;
}
```

算法实现和测试

（1）运行环境

Code::Blocks

（2）输入

```
请输入皇后的个数 n: 4
```

（3）输出

```
2 4 1 3
----------------
3 1 4 2
----------------
答案的个数是：2
```

5.5.6 算法解析及优化拓展

1．算法复杂度分析

（1）时间复杂度

n 皇后问题的解空间是一棵 m（$m=n$）叉树，树的深度为 n。最坏情况下，解空间树如图 5-92 所示。除了最后一层外，有 $1+n+n^2+\cdots+n^{n-1}=(n^n-1)/(n-1)\approx n^{n-1}$ 个结点需要扩展，而这些结点每个都要扩展 n 个分支，总的分支个数为 n^n，每个分支都判断约束函数，判断约束条件需要 $O(n)$的时间，因此耗时 $O(n^{n+1})$。在叶子结点处输出当前最优解需要耗时 $O(n)$，在最坏情况下回搜索到每一个叶子结点，叶子个数为 n^n，故耗时为 $O(n^{n+1})$。因此，时间复杂度为 $O(n^{n+1})$。

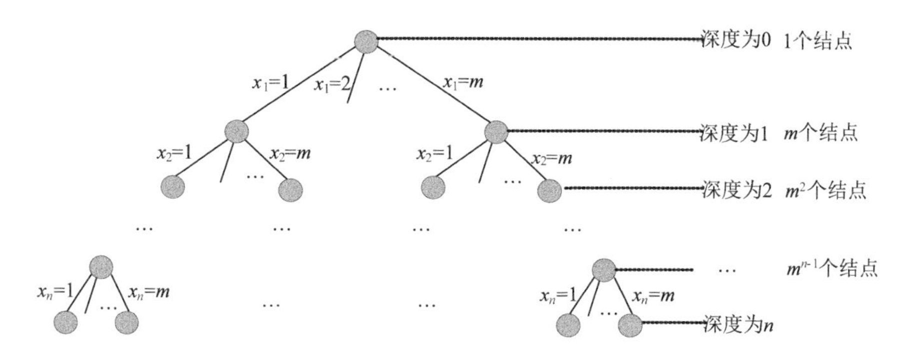

图 5-92 解空间树（m 叉树）

（2）空间复杂度

回溯法的另一个重要特性就是在搜索执行的同时产生解空间。在所搜过程中的任何时刻，仅保留从开始结点到当前扩展结点的路径，从开始结点起最长的路径为 n。程序中我们使用 x[]数组记录该最长路径作为可行解，所以该算法的空间复杂度为 $O(n)$。

2．算法优化拓展

在上面的求解过程中，我们的解空间过于庞大，所以时间复杂度很高，算法效率当然会降低。解空间越小，算法效率越高。因为解空间是我们要搜索解的范围，就像大海捞针，难度很大，在一个水盆里捞针，难度就小了，如果在一个碗里捞针，就更容易了。

那么我们能不能把解空间缩小呢？

n 皇后问题要求每一个皇后不同行、不同列、不同斜线。图 5-92 的解空间我们使用了不同行作为显约束。隐约束为不同列、不同斜线。4 皇后问题，显约束为不同行的解空间树如图 5-93 所示。

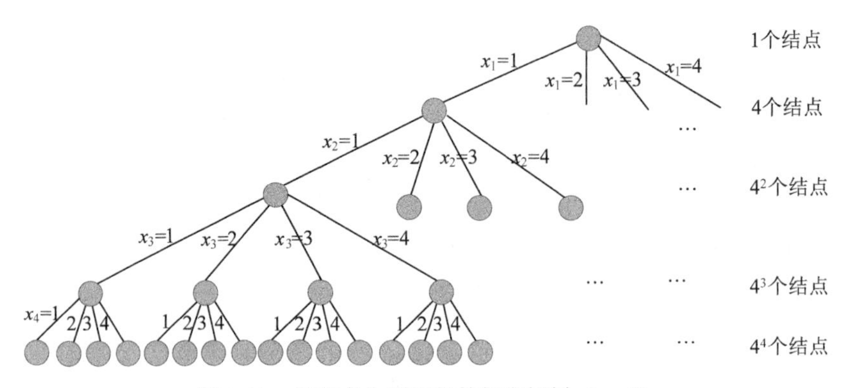

图 5-93　显约束为不同行的解空间树（m=4）

显约束可以控制解空间大小，隐约束是在搜索解空间过程中判定可行解或最优解的。如果我们把显约束定为不同行、不同列，隐约束不同斜线，那解空间是怎样的呢？

例如 x_1=1 的分支，x_2 就不能再等于 1，因为这样就同列了。如果 x_1=1、x_2=2，x_3 就不能再等于 1、2，也就是说 x_t 的值不能与前 t–1 个解的取值相同。每层结点产生的孩子数比上一层少一个。4 皇后问题，显约束为不同行、不同列的解空间树如图 5-94 所示。

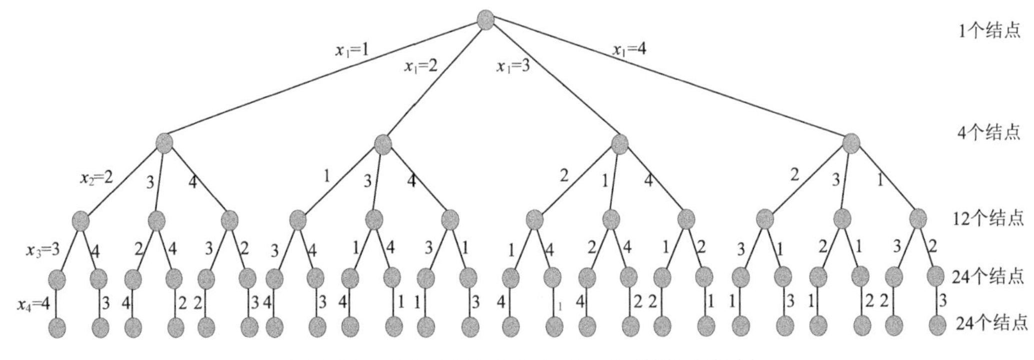

图 5-94　显约束为不同行、不同列的解空间树

我们可以清楚地看到解空间变小了好多，仔细观察你就会发现，在图 5-94 中，从根到叶子的每一个可能解其实是一个排列：

1 2 3 4，1 2 4 3，1 3 2 4，1 3 4 2，1 4 3 2，1 4 2 3

2 1 3 4，2 1 4 3，2 3 1 4，2 3 4 1，2 4 3 1，2 4 1 3

3 2 1 4，3 2 4 1，3 1 2 4，3 1 4 2，3 4 1 2，3 4 2 1
4 2 3 1，4 2 1 3，4 3 2 1，4 3 1 2，4 1 3 2，4 1 2 3
那么如何用程序来实现呢？且看下回分解。

5.6 机器零件加工——最优加工顺序

有 n 个机器零件$\{J_1, J_2, \ldots, J_n\}$，每个零件必须先由机器 1 处理，再由机器 2 处理。零件 J_i 需要机器 1、机器 2 的处理时间为 t_{1i}、t_{2i}。如何安排零件加工顺序，使第一个零件从机器 1 上加工开始到最后一个零件在机器 2 上加工完成，所需的总加工时间最短？

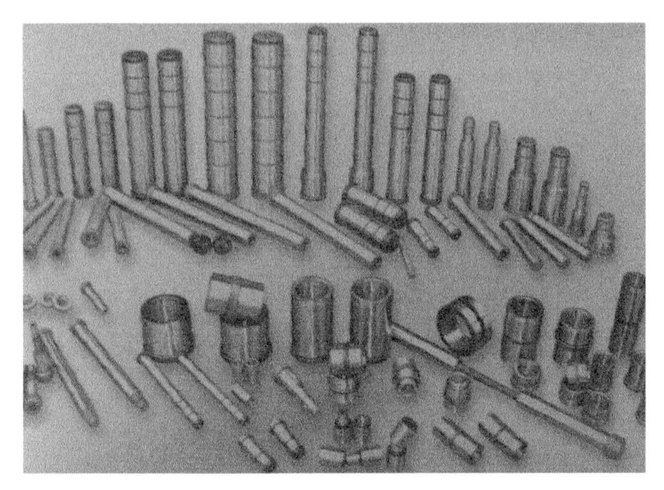

图 5-95 机器零件加工

5.6.1 问题分析

根据问题的描述，不同的加工顺序，加工完所有零件所需的时间不同。

例如：现在有 3 个机器零件$\{J_1, J_2, J_3\}$，在第一台机器上的加工时间分别为 2、5、4，在第二台机器上的加工时间分别为 3、1、6。

（1）如果按照$\{J_1, J_2, J_3\}$的顺序加工，如图 5-96 所示。

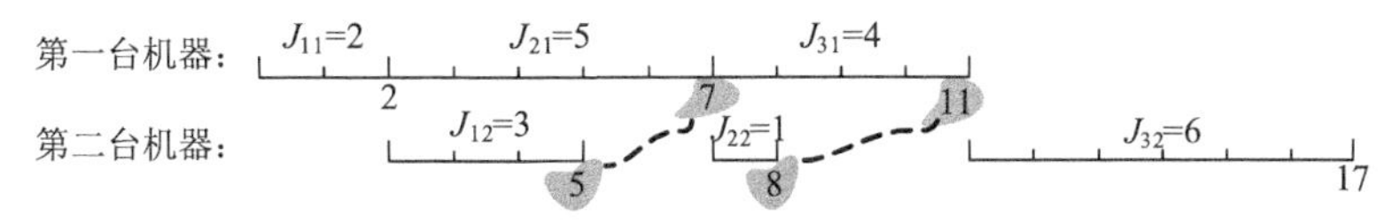

图 5-96 机器零件加工顺序 1

J_{11}、J_{21}、J_{31}分别表示第 1、2、3 个零件在第一台机器上的加工时间。J_{12}、J_{22}、J_{32}分别表示第 1、2、3 个零件在第二台机器上的加工时间。

第一台机器先加工第 1 个零件，需要加工时间为J_{11}=2，t=2 时结束，交给第二台机器加工，此时第二台机器处于空闲状态，需要加工时间为J_{12}=3，t=5 时结束；这时第二台机器处于空闲状态，等待第 2 个零件在第一台机器上下线。

第一台机器接着加工第 2 个零件，需要J_{21}=5，t=7 时结束，交给第二台机器加工，此时第二台机器处于空闲状态，需要加工时间为J_{22}=1，t=8 时结束；这时第二台机器处于空闲状态，等待第 3 个零件在第一台机器上下线。

第一台机器接着加工第 3 个零件，需要J_{31}=4，t=11 时结束，交给第二台机器加工，此时第二台机器处于空闲状态，需要加工时间为J_{32}=6，t=17 时结束。

（2）如果按照{J_1，J_3，J_2}的顺序加工，如图 5-97 所示。

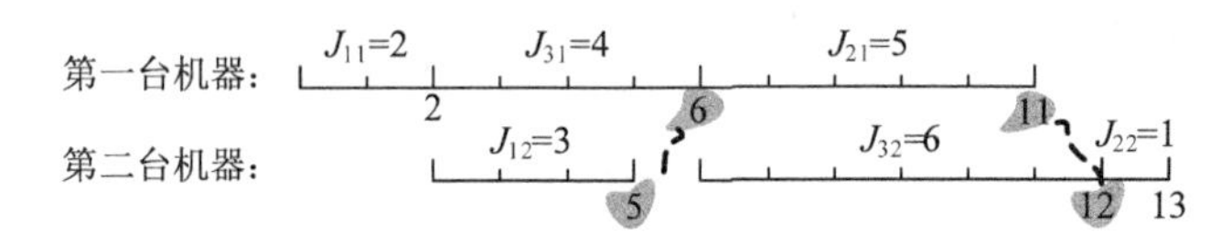

图 5-97　机器零件加工顺序 2

第一台机器先加工第 1 个零件，需要加工时间为J_{11}=2，t=2 时结束，交给第二台机器加工，此时第二台机器处于空闲状态，需要加工时间为J_{12}=3，t=5 时结束；此时第二台机器处于空闲状态，等待第 3 个零件在第一台机器上下线。

第一台机器接着加工第 3 个零件，需要J_{31}=4，t=6 时结束，交给第二台机器加工，此时第二台机器处于空闲状态，需要加工时间为J_{32}=6，t=12 时结束；

第一台机器接着加工第 2 个零件，需要J_{21}=5，t=11 时结束，交给第二台机器加工，此时第二台机器处于繁忙状态，需要等待其空闲下来，t=12 时才能加工；加工时间为J_{22}=1，t=13 时结束。

我们可以看出一个有趣的现象：第一台机器可以连续加工，而第二台机器开始加工的时间是**当前第一台机器的下线时间**和**第二台机器下线时间的最大值**。就是图中连线的两个数值中的最大值。

3 个机器零件有多少种加工顺序呢？即 3 个机器零件的全排列，共有 6 种：

1 2 3

1 3 2

2 1 3

2 3 1

3 2 1

3 1 2

我们要找的就是其中一个加工顺序，使第一个零件从机器 1 上加工开始到最后一个零件在机器 2 上加工完成所需的总加工时间最短。

实际上就是找到 n 个机器零件$\{J_1, J_2, \cdots, J_n\}$的一个排列，使总的加工时间最短。那么 n 个机器零件$\{J_1, J_2, \cdots, J_n\}$一共有多少个排列呢？有 $n!$种排列顺序，每一个排列都是一个可行解。解空间是一棵排列树，如图 5-98 所示。

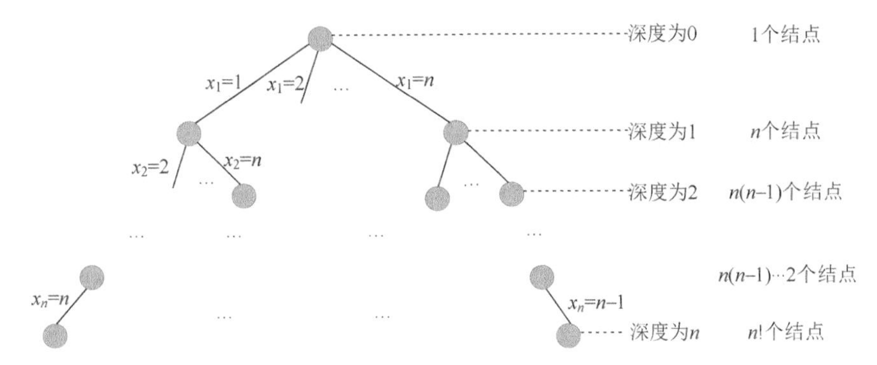

图 5-98 解空间树（排列树）

例如 3 个机器零件的解空间树，如图 5-99 所示。

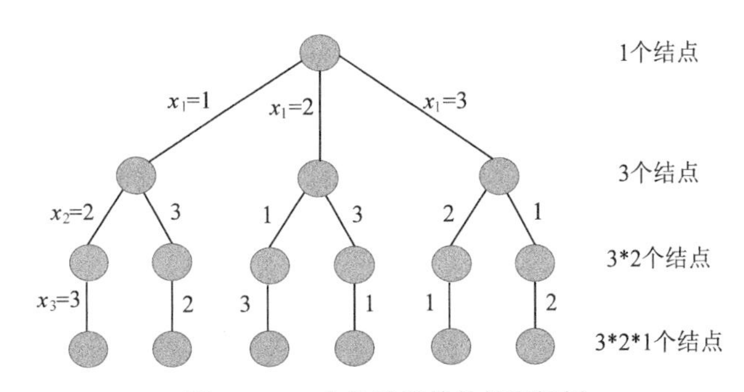

图 5-99 3 个机器零件的解空间树

从根到叶子的路径就是机器零件的一个加工顺序，例如最右侧路径（3，1，2），表示先加工 3 号零件，再加工 1 号零件，最后加工 2 号零件。

那么是如何得到这 n 个机器零件的排列呢？（见附录 G）。

现在已经知道了这个解空间是一个排列树，排列树中从根到叶子的每一个排列都是一个可行解，而不一定是最优解，如何得到最优解呢？这就需要我们在搜索排列树的时候，定义限界函数得到最优解。

5.6.2 算法设计

（1）定义问题的解空间

机器零件加工问题解的形式为 n 元组：$\{x_1, x_2, \cdots, x_i, \cdots, x_n\}$。分量 x_i 表示第 i 个加工的零件号，n 个零件组成的集合为 $S=\{1, 2, \cdots, n\}$，x_i 的取值为 $S-\{x_1, x_2, \cdots, x_{i-1}\}$，$i=1, 2, \cdots, n$。

（2）解空间的组织结构

机器零件加工问题解空间是一棵排列树，树的深度为 n，如图 5-100 所示。

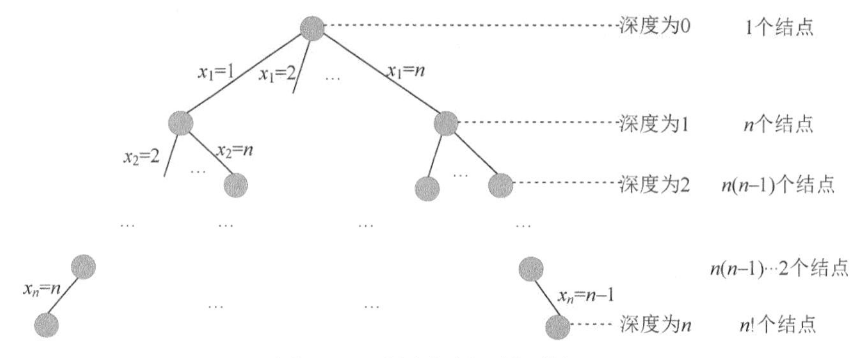

图 5-100　解空间树（排列树）

（3）搜索解空间

- 约束条件

由于任何一种零件加工次序不存在无法调度的情况，均是合法的。因此，任何一个排列都表示问题的一个可行解，故不需要约束条件。

- 限界条件

用 f_2 表示当前已完成的零件在第二台机器加工结束所用的时间，用 *bestf* 表示当前找到的最优加工方案的完成时间。显然，继续向深处搜索时，f_2 不会减少，只会增加。因此，当 $f_2 \geq bestf$ 时，没有继续向深处搜索的必要。限界条件可描述为：$f_2 < bestf$，f_2 的初值为 0，*bestf* 的初值为无穷大。

- 搜索过程

扩展结点沿着某个分支扩展时需要判断限界条件，如果满足，则进入深一层继续搜索；如果不满足，则剪掉该分支。搜索到叶子结点时，即找到当前最优解。搜索直到全部的活结点变成死结点为止。

5.6.3 完美图解

现在有 3 个机器零件 $\{J_1, J_2, J_3\}$，在第一台机器上的加工时间分别为 2，5，4，在第二台机器上的加工时间分别为 3，1，6。f_1 表示当前第一台机器上加工的完成时间，f_2 表示当前第二台机器上加工的完成时间。

3 个机器零件的解空间树如图 5-101 所示。

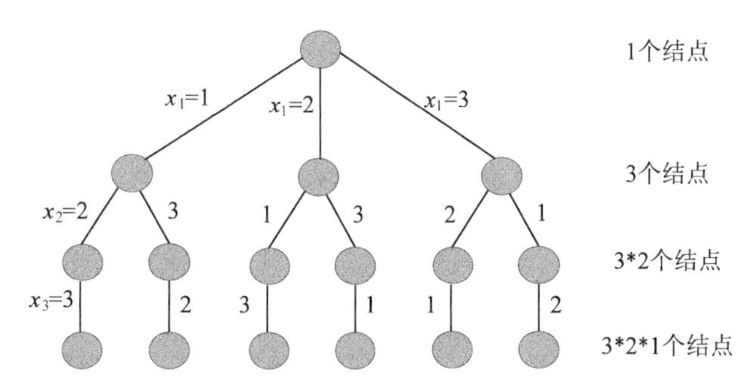

图 5-101 3 个机器零件的解空间树

（1）开始搜索第 1 层（t=1）

扩展 A 结点的分支 x_1=1，f_2=5，*bestf* 的初值为无穷大，f_2<*bestf*，满足限界条件，令 $x[1]$=1，生成 B 结点，如图 5-102 所示。

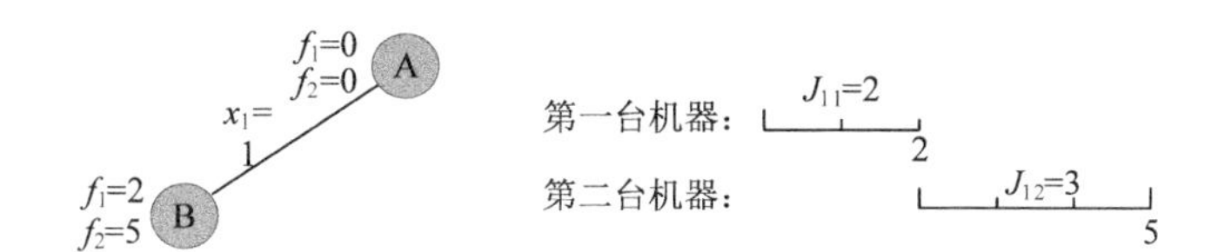

图 5-102 搜索过程和加工顺序

（2）扩展 B 结点（t=2）

扩展 B 结点的分支 x_2=2，f_2=8，*bestf* 的初值为无穷大，f_2<*bestf*，满足限界条件，令 $x[2]$=2，生成 C 结点，如图 5-103 所示。

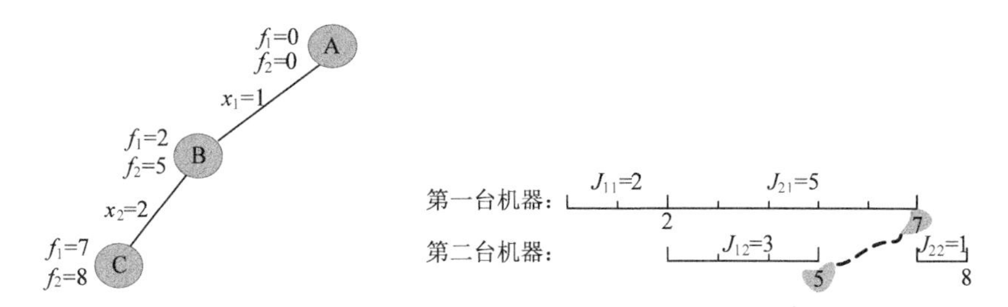

图 5-103 搜索过程和加工顺序

（3）扩展 C 结点（t=3）

扩展 C 结点的分支 x_3=3，f_2=17，*bestf* 的初值为无穷大，f_2<*bestf*，满足限界条件，令 $x[3]$=3，

生成 D 结点，如图 5-104 所示。

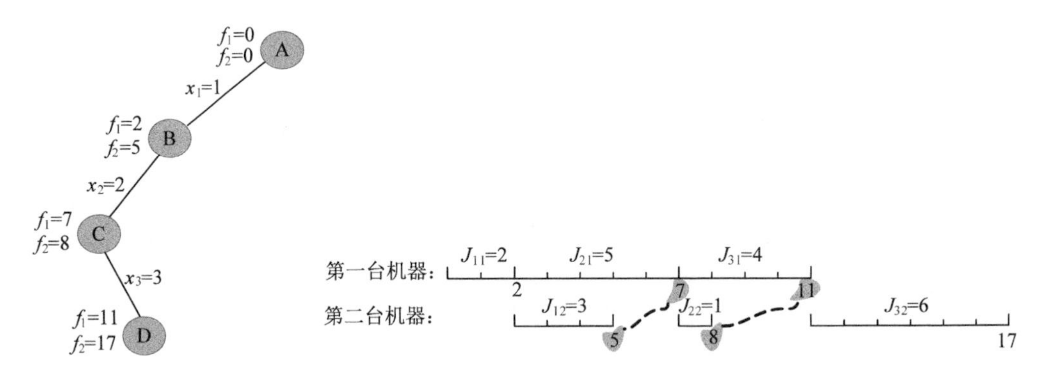

图 5-104 搜索过程和加工顺序

（4）扩展 D 结点（t=4）

$t>n$，找到一个当前最优解，记录最优值 $bestf=f_2$=17，用 $bestx$[]保存当前最优解{1，2，3}。回溯到最近结点 C。

（5）重新扩展 C 结点（t=3）

C 结点的孩子已生成完，成为死结点，回溯到最近的活结点 B。

（6）重新扩展 B 结点（t=2）

扩展 B 结点的分支 x_2=3，f_2=12，$bestf$=17，$f_2<bestf$，满足限界条件，令 x[2]=3，生成 E 结点，如图 5-105 所示。

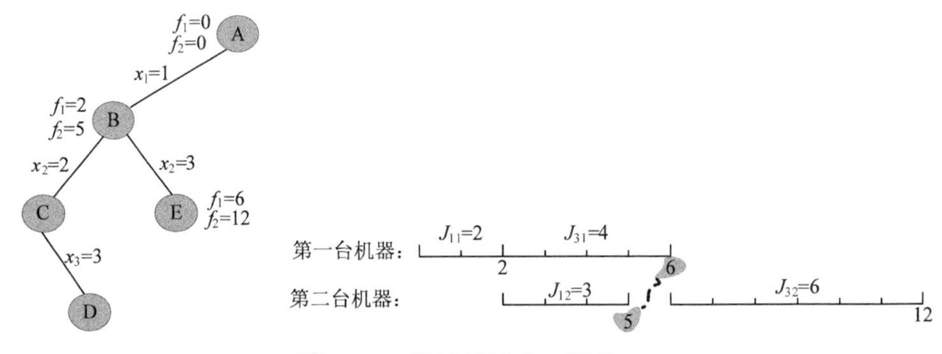

图 5-105 搜索过程和加工顺序

（7）扩展 E 结点（t=3）

扩展 E 结点的分支 x_3=2，f_2=13，$bestf$=17，$f_2<bestf$，满足限界条件，令 x[3]=2，生成 F 结点，如图 5-106 所示。

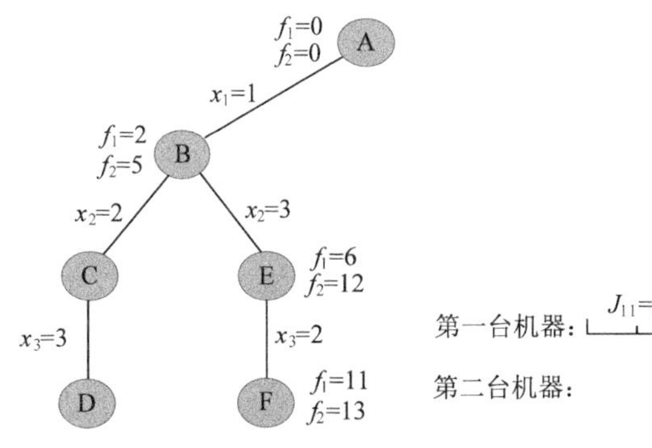

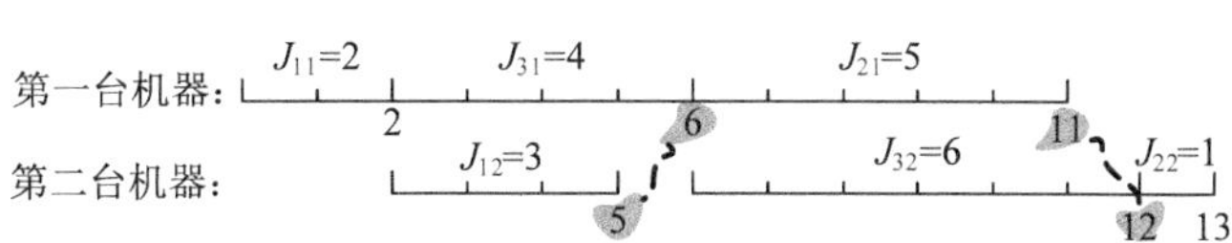

图 5-106 搜索过程和加工顺序

（8）扩展 F 结点（t=4）

$t>n$，找到一个当前最优解，记录最优值 $bestf=f_2$=13，用 $bestx$[]保存当前最优解{1，3，2}。回溯到最近结点 E。

（9）扩展 E 结点（t=3）

E 结点的孩子已生成，成为死结点，回溯到最近的结点 B。E 结点的孩子已生成完，成为死结点，回溯到最近的活结点 A。

（10）重新扩展 A 结点（t=1）

扩展 A 结点的分支 x_1=2，f_2=6，$bestf$=13，$f_2<bestf$，满足限界条件，令 x[1]=2，生成 G 结点，如图 5-107 所示。

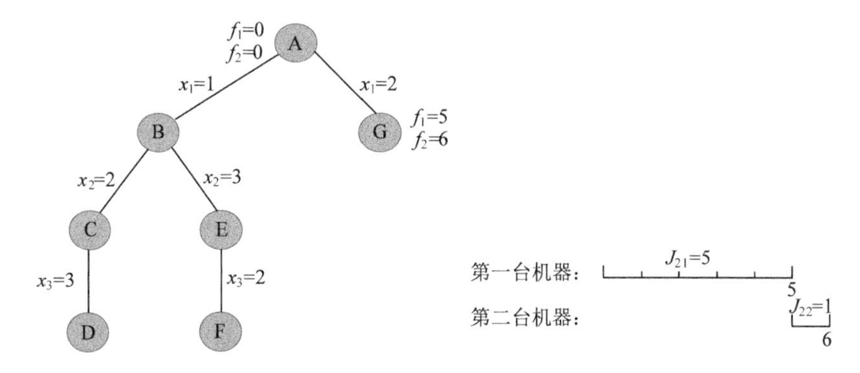

图 5-107 搜索过程和加工顺序

（11）扩展 G 结点（t=2）

扩展 G 结点的分支 x_2=1，f_2=10，$bestf$=13，$f_2<bestf$，满足限界条件，令 x[2]=1，生成 H 结点，如图 5-108 所示。

（12）扩展 H 结点（t=3）

扩展 H 结点的分支 x_3=3，f_2=17，$bestf$=13，$f_2>bestf$，不满足限界条件，剪掉该分支。H

结点没有其他可扩展分支，成为死结点。回溯到 G 结点。

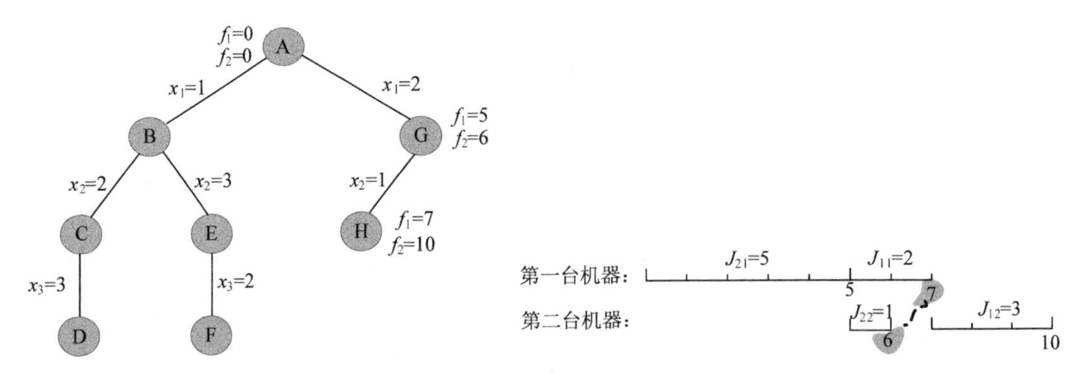

图 5-108　搜索过程和加工顺序

（13）重新扩展 G 结点（t=2）

扩展 G 结点的分支 x_2=3，f_2=15，$bestf$=13，f_2>$bestf$，不满足限界条件，剪掉该分支。G 结点没有其他可扩展分支，成为死结点。回溯到 A 结点。

（14）重新扩展 A 结点（t=1）

扩展 A 结点的分支 x_1=3，f_2=10，$bestf$=13，f_2<$bestf$，满足限界条件，令 $x[1]$=3，生成 I 结点，如图 5-109 所示。

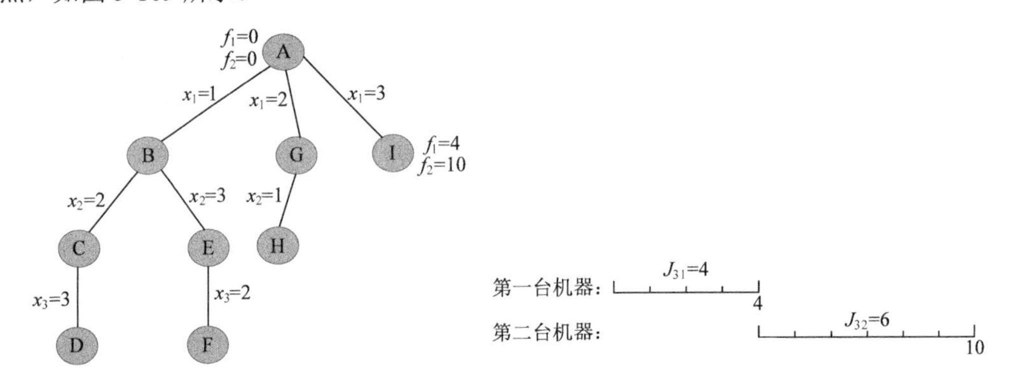

图 5-109　搜索过程和加工顺序

（15）扩展 I 结点（t=2）

扩展 I 结点的分支 x_2=2，f_2=11，$bestf$=13，f_2<$bestf$，满足限界条件，令 $x[2]$=2，生成 J 结点，如图 5-110 所示。

（16）扩展 J 结点（t=3）

扩展 J 结点的分支 x_3=1，f_2=14，$bestf$=13，f_2>$bestf$，不满足限界条件，剪掉该分支。J 结点没有其他可扩展分支，成为死结点。回溯到 I 结点。

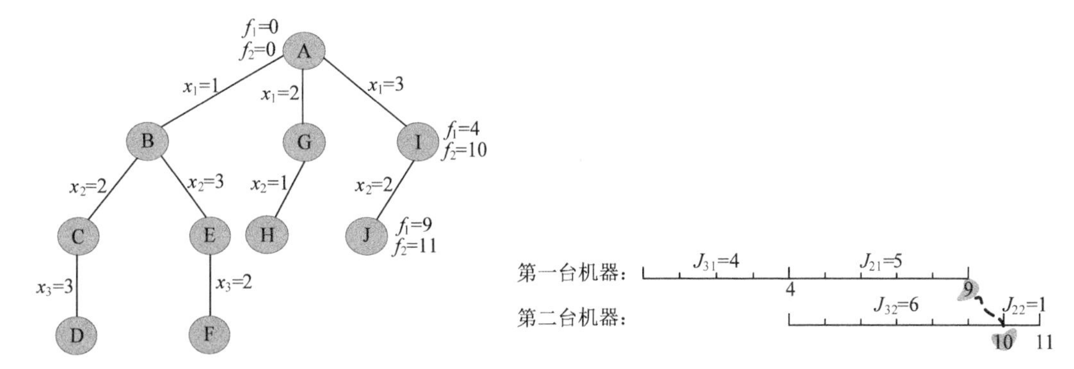

图 5-110 搜索过程和加工顺序

（17）重新扩展 I 结点（t=2）

扩展 I 结点的分支 x_2=1，f_2=13，$bestf$=13，f_2=$bestf$，不满足限界条件，剪掉该分支。I 结点没有其他可扩展分支，成为死结点。回溯到 A 结点。A 结点没有其他可扩展分支，成为死结点，算法结束。

5.6.4 伪代码详解

（1）数据结构

我们用一个结构体 *node* 来存储机器零件在第一台机器上的加工时间 x 和第二台机器上的加工时间 y。定义一个这样的结构体数组 T[]来存储所有的机器零件加工时间。

例如第 3 个机器零件在一台机器上的加工时间为 5，在第二台机器上的加工时间为 2，则 T[3].x=5，T[3].y=2。

```
struct node
{
    int x,y;//机器零件在第一台机器上的加工时间 x 和第二台机器上的加工时间 y
}T[MX];
```

（2）按限界条件搜索求解

t 表示当前扩展结点在第 t 层。f_1 表示当前第一台机器上加工的完成时间，f_2 表示当前第二台机器上加工的完成时间。

如果 $t>n$，表示已经到达叶子结点，记录最优值和最优解，返回。否则，分别判断每个分支是否满足约束条件，如果满足则进入下一层 *Backtrack*(t+1)；如果不满足则反操作复位，考查下一个分支（兄弟结点）。

```
void Backtrack(int t)
{
     if(t>n)
     {
```

```
            for(int i=1;i<=n;i++)     //记录最优排列
                bestx[i]=x[i] ;
            bestf=f2;                 //更新最优值
            return ;
        }
        for(int i=t;i<=n;i++)         //枚举
        {
            f1+=T[x[i]].x;
            int temp=f2;
            f2=max(f1,f2)+T[x[i]].y;
            if(f2<bestf)              //限界条件
            {
                swap(x[t] ,x[i]);     //交换
                Backtrack(t+1);       //继续深搜
                swap(x[t],x[i]);      //复位，反操作
            }
            f1-=T[x[i]].x ;           //复位，反操作
            f2=temp ;                 //复位，反操作
        }
    }
```

5.6.5 实战演练

```
//program 5-5
#include<iostream>
#include<cstring>
#include<algorithm>
using namespace std;
const int INF=0x3f3f3f3f;
const int MX=10000+5;
int n,bestf,f1,f2;//f1 表示当前第一台机器上加工的完成时间,f2 表示当前第二台机器上加工的
完成时间
int x[MX],bestx[MX];
struct node
{
    int x,y;//机器零件在第一台机器上的加工时间 x 和第二台机器上的加工时间 y
}T[MX];
void Backtrack(int t)
{
    if(t>n)
    {
        for(int i=1;i<=n;i++)     //记录最优排列
            bestx[i]=x[i] ;
        bestf=f2;                 //更新最优值
        return ;
    }
    for(int i=t;i<=n;i++)         // 枚举
    {
        f1+=T[x[i]].x;
        int temp=f2;
```

```
            f2=max(f1,f2)+T[x[i]].y;
            if(f2<bestf)              //限界条件
            {
                 swap(x[t] ,x[i]);  // 交换
                 Backtrack(t+1);    // 继续深搜
                 swap(x[t],x[i]);   // 复位，反操作
            }
            f1-=T[x[i]].x ;
            f2=temp ;
      }
}
int main()
{
      cout<<"请输入机器零件的个数 n: ";
      cin>>n;
      cout<<"请依次输入每个机器零件在第一台机器上的加工时间 x 和第二台机器上的加工时间 y: ";
      for(int i=1;i<=n;i++)
      {
           cin>>T[i].x>>T[i].y;
           x[i]=i;
      }
      bestf=INF;                      // 初始化
      f1=f2=0;
      memset(bestx,0,sizeof(bestx));
      Backtrack(1);                   // 深搜排列树
      cout<<"最优的机器零件加工顺序为: ";
      for(int i=1;i<=n;i++)           //输出最优加工顺序
          cout<<bestx[i]<<" ";
      cout<<endl;
      cout<<"最优的机器零件加工的时间为: ";
      cout<<bestf<<endl;
      return 0 ;
}
```

算法实现和测试

（1）运行环境

Code::Blocks

（2）输入

```
请输入机器零件的个数 n: 6
请输入每个机器零件在第一台机器上的加工时间 x 和第二台机器上的加工时间 y:
5 7
1 2
8 2
5 4
3 7
4 4
```

（3）输出

```
最优的机器零件加工顺序为：2 5 4 1 6 3
最优的机器零件加工的时间为：28
```

5.6.6 算法解析

（1）时间复杂度

最坏情况下，如图 5-111 所示。除了最后一层外，有 $1+n+n(n-1)+\cdots+n(n-1)(n-2)\cdots 2\leqslant nn!$ 个结点需要判断限界函数，判断限界函数需要 $O(1)$的时间，因此耗时 $O(nn!)$。在叶子结点处记录当前最优解需要耗时 $O(n)$，在最坏情况下回搜索到每一个叶子结点，叶子个数为 $n!$，故耗时为 $O(nn!)$。因此，时间复杂度为 $O(nn!)\approx O((n+1)!)$。

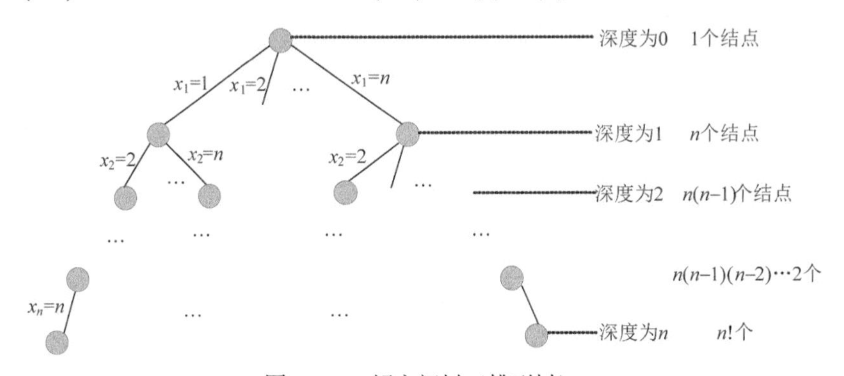

图 5-111　解空间树（排列树）

（2）空间复杂度

回溯法的另一个重要特性就是在搜索执行的同时产生解空间。在所搜过程中的任何时刻，仅保留从开始结点到当前扩展结点的路径，从开始结点起最长的路径为 n。程序中我们使用 x[]数组记录该最长路径作为可行解，所以该算法的空间复杂度为 $O(n)$。

5.6.7 算法优化拓展

使用贝尔曼规则（见附录 H）进行优化，算法时间复杂度提高到 $O(n\log n)$。

假设在集合 S 的 $n!$种加工顺序中，最优加工方案为以下两种方案之一。

- 先加工 S 中的 i 号工件，再加工 j 号工件，其他工件的加工顺序为最优顺序。
- 先加工 S 中的 j 号工件，再加工 i 号工件，其他工件的加工顺序为最优顺序。

根据贝尔曼的推导公式，方案 1 不比方案 2 坏的充分必要条件是：

$$\min\{t_{1j},t_{2i}\}\geqslant\min\{t_{1i},t_{2j}\}$$

继续分析：

$$\min\{t_{1j},t_{2i}\}\geqslant\min\{t_{1i},t_{2j}\}\Leftrightarrow\begin{cases}t_{1j}\geqslant t_{2i}\text{且}t_{1i}\geq t_{2j}\quad,\quad\text{则}t_{2i}\geqslant t_{2j}\\t_{1j}\geqslant t_{2i}\text{且}t_{1i}<t_{2j}\quad,\quad\text{则}t_{2i}\geqslant t_{1i}\\t_{1j}<t_{2i}\text{且}t_{1i}\geqslant t_{2j}\quad,\quad\text{则}t_{1j}\geqslant t_{2j}\\t_{1j}<t_{2i}\text{且}t_{1i}<t_{2j}\quad,\quad\text{则}t_{1j}\geqslant t_{1i}\end{cases}$$

$$\Rightarrow\begin{cases}t_{1j}\geqslant t_{2j}&t_{2j}\text{最小}\\t_{2i}\geqslant t_{1i}&t_{1i}\text{最小}\\t_{1j}\geqslant t_{2j}&t_{2j}\text{最小}\\t_{2i}>t_{1i}&t_{1i}\text{最小}\end{cases}\Rightarrow\begin{cases}t_{1j}\geqslant t_{2j}&t_{2j}\text{最小}\\t_{2i}>t_{1i}&t_{1i}\text{最小}\end{cases}$$

由此可得贝尔曼规则：

- 第一台机器上加工时间越短的工件越先加工。
- 第二台机器上加工时间越短的工件越后加工。
- 第一个机器上加工时间小于第二台机器上加工时间的先加工。
- 第一个机器上加工时间大于等于第二台机器上加工时间的后加工。

1．算法设计一

（1）根据贝尔曼规则可以把零件分成两个集合：$N_1=\{i|t_{1i}<t_{2i}\}$，即第一个机器上加工时间小于第二台机器上加工时间；$N_2=\{i|t_{1i}\geqslant t_{2i}\}$，即第一个机器上加工时间大于等于第二台机器上加工时间。

（2）将 N_1 中工件按 t_{1i} 非递减排序；将 N_2 中工件按 t_{2i} 非递增排序。

（3）N_1 中工件接 N_2 中工件，即 N_1N_2 就是所求的满足贝尔曼规则的最优加工顺序。

2．算法设计二

因为C++中可以自定义排序函数的优先级，因此也可以定义一个优先级 *cmp*，然后调用系统排序函数 *sort* 即可。这样要简单得多！

```
bool cmp(node a ,node b)
{
     return min(b.x ,a.y) > =min(b.y ,a.x) ;
 }
sort(T ,T+n ,cmp) ;   //按照贝尔曼规则排序
```

这个优先级是什么意思呢？

例如 a、b 两个零件，在第一台机器的加工时间 *x* 和第二台机器的加工时间 *y*，如图 5-112 所示。

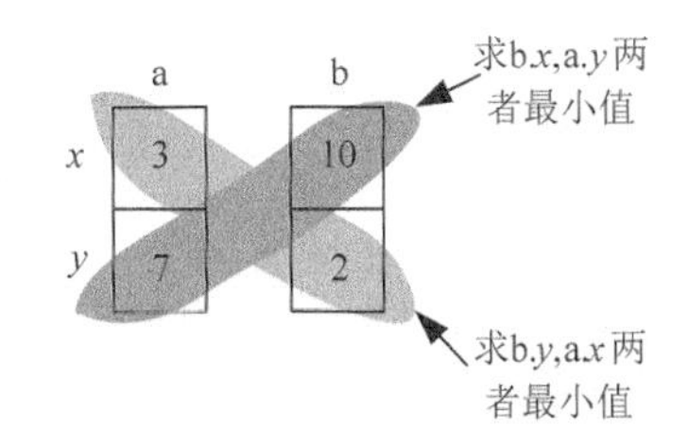

图 5-112 贝尔曼规则

$\min(b.x,a.y)=\min(10,7)=7$；

$\min(b.y,a.x)=\min(2,3)=2$；

$\min(b.x,a.y)\geqslant\min(b.y,a.x)$，则 a 排在 b 的前面。

排序后的机器零件序号就是最优的机器零件加工顺序，如果还想得到最优的加工时间，则需要写 for 语句计算总加工时间。

```
for(int i=0;i<n;i++)  //计算总时间
     {
          f1+=T[i].x;
          f2=max(f1,f2)+T[i].y;
     }
```

3. 伪代码详解

```
//program 5-5-2
#include<iostream>
#include<algorithm>
using namespace std ;
const int MX=10000+5 ;
int n;
struct node
{
     int id;
     int x,y;
}T[MX] ;
bool cmp(node a,node b)
{
     return min(b.x,a.y)>=min(b.y,a.x);//按照贝尔曼规则排序
}
int main()
{
     cout<<"请输入机器零件的个数n: ";
     cin>>n;
     cout<<"请依次输入每个机器零件在第一台机器上的加工时间x和第二台机器上的加工时间y: ";
     for(int i=0;i<n;i++)
     {
          cin>>T[i].x>>T[i].y;
          T[i].id=i+1;
     }
     sort(T,T+n,cmp);       //排序
     int f1=0,f2=0;
     for(int i=0;i<n;i++)   //计算总时间
     {
          f1+=T[i].x;
          f2=max(f1,f2)+T[i].y;
      }
     cout<<"最优的机器零件加工顺序为: ";
      for(int i=0;i<n;i++) //输出最优加工顺序
        cout<<T[i].id<<" ";
     cout<<endl;
     cout<<"最优的机器零件加工的时间为: ";
     cout<<f2<<endl;
     return 0 ;
}
```

算法实现和测试

（1）运行环境

Code::Blocks

（2）输入

```
请输入机器零件的个数 n：7
请依次输入每个机器零件在第一台机器上的加工时间 x 和第二台机器上的加工时间 y：
3 7
8 2
10 6
12 18
6 3
9 10
15 4
```

（3）输出

```
最优的机器零件加工顺序为：1 6 4 3 7 5 2
最优的机器零件加工的时间为：65
```

4．算法复杂度分析

（1）时间复杂度：排序的时间复杂度是 $O(n\log n)$，最后计算加工时间和输出最优解的时间复杂度是 $O(n)$，所以总的时间复杂度为 $O(n\log n)$。

（2）空间复杂度：使用了结构体数组 T，规模为 n，因此空间复杂度为 $O(n)$。

5.7 奇妙之旅 1——旅行商问题

终于有一个盼望已久的假期！立马拿出地图，标出最想去的 n 个景点，以及两个景点之间的距离 d_{ij}，为了节省时间，我们希望在最短的时间内看遍所有的景点，而且同一个景点只经过一次。怎么计划行程，才能在最短的时间内不重复地旅游完所有景点回到家呢？

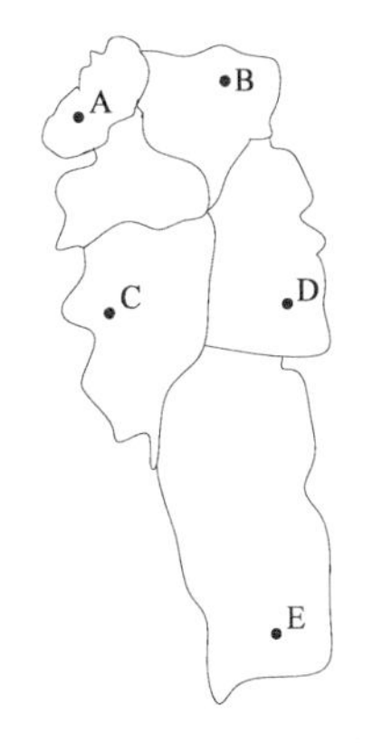

图 5-113 旅游景点地图

5.7.1 问题分析

现在我们从景点 A 出发，要去 B、C、D、E 共 4 个景点，按上面顺序给景点编号 1～5，每个景点用一个结点表示，可以直接到达的景点有连线，连线上的数字代表两个景点之间的路程（时间）。那么要去的景点地图就转化成了一个无向带权图，如图 5-114 所示。

在无向带权图 **G**=（*V*，*E*）中，结点代表景点，连线上的数字代表景点之间的路径长度。我们从 1 号结点出发，先走哪些景点，后走哪些景点呢？只要是可以直接到达的，即有边相连的，都是可以走的。问题就是要找出从出发地开始的一个景点排列，按照这个顺序旅行，不重复地走遍所有景点回到出发地，所经过的路径长度是最短的。

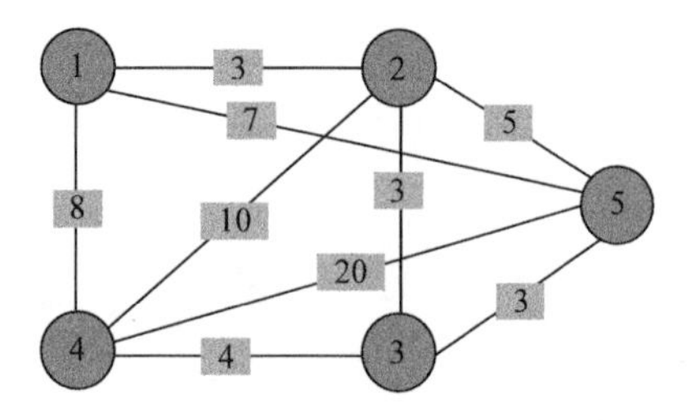

图 5-114　无向带权图

因此，问题的解空间是一棵排列树。显然，对于任意给定的一个无向带权图，存在某两个景点之间没有直接路径的情况。也就是说，并不是任何一个景点排列都是一条可行路径（问题的可行解），因此需要设置约束条件，判断排列中相邻的两个景点之间是否有边相连，有边的则可以走通；反之，不是可行路径。另外，在所有的可行路径中，要求找出一条最短路径，因此需要设置限界条件。

5.7.2 算法设计

（1）定义问题的解空间

奇妙之旅问题解的形式为 *n* 元组：{x_1，x_2，…，x_i，…，x_n}，分量 x_i 表示第 *i* 个要去的旅游景点编号，景点的集合为 *S*={1，2，…，*n*}。因为景点不可重复走，因此在确定 x_i 时，前面走过的景点{x_1，x_2，…，x_{i-1}}不可以再走，x_i 的取值为 *S*−{x_1，x_2，…，x_{i-1}}，*i*=1，2，…，*n*。

（2）解空间的组织结构

问题解空间是一棵排列树，树的深度为 *n*=5，如图 5-115 所示。

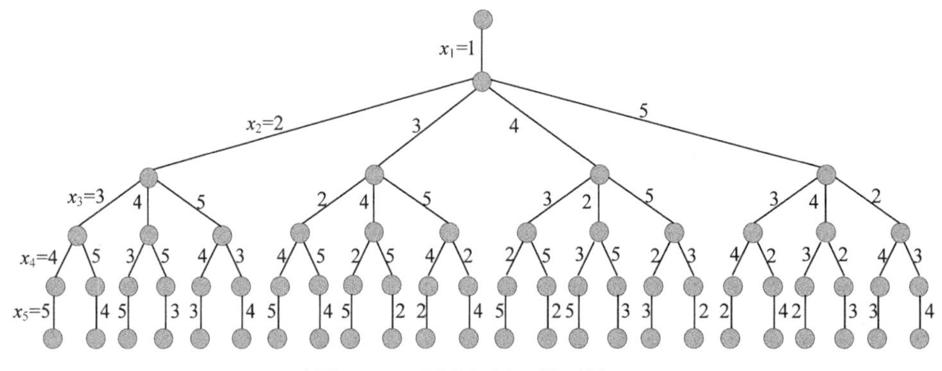

图 5-115　解空间树（排列树）

除了开始结点 1 之外，其他的结点排列有 24 种：

2 3 4 5　2 3 5 4　2 4 3 5　2 4 5 3　2 5 4 3　2 5 3 4

3 2 4 5　3 2 5 4　3 4 2 5　3 4 5 2　3 5 4 2　3 5 2 4
4 3 2 5　4 3 5 2　4 2 3 5　4 2 5 3　4 5 2 3　4 5 3 2
5 3 4 2　5 3 2 4　5 4 3 2　5 4 2 3　5 2 4 3　5 2 3 4

（3）搜索解空间

- 约束条件

用二维数组 **g**[][]存储无向带权图的邻接矩阵，如果 **g**[*i*][*j*]≠∞表示城市 *i* 和城市 *j* 有边相连，能走通。

- 限界条件

cl<*bestl*，*cl* 的初始值为 0，*bestf* 的初始值为+∞。

cl：当前已走过的城市所用的路径长度。

bestl：表示当前找到的最短路径的路径长度。

- 搜索过程

扩展节点沿着某个分支扩展时需要判断约束条件和限界条件，如果满足，则进入深一层继续搜索；如果不满足，则剪掉该分支。搜索到叶子结点时，即找到当前最优解。搜索直到全部的活结点变成死结点为止。

5.7.3 完美图解

现在我们从桃园机场出发，要去台北、日月潭、阿里山、澎湖这 4 个景点，按上面顺序给景点编号 1～5，每个景点用一个结点表示，可以直接到达的景点有连线，连线上的数字代表两个景点之间的路程（时间）。把景点地图转化成一个无向带权图，如图 5-116 所示。

（1）数据结构

设置地图的带权邻接矩阵为 **g**[][]，即如果从顶点 *i* 到顶点 *j* 有边，就让 **g**[*i*][*j*]=<*i*，*j*>的权值，否则 **g**[*i*][*j*]=∞（无穷大），如图 5-117 所示。

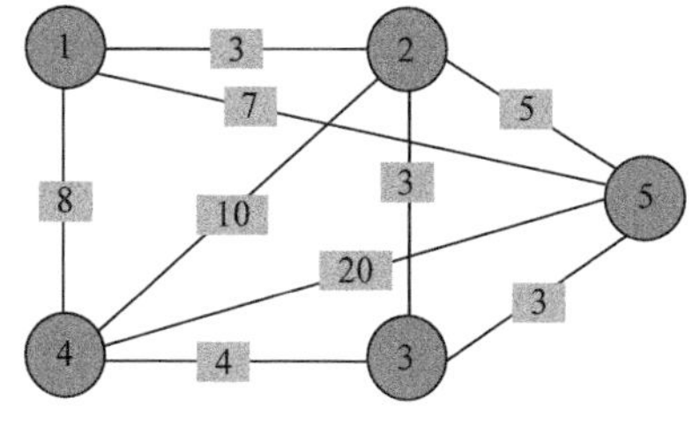

图 5-116　无向带权图

$$\begin{bmatrix} \infty & 3 & \infty & 8 & 9 \\ 3 & \infty & 3 & 10 & 5 \\ \infty & 3 & \infty & 4 & 3 \\ 8 & 10 & 4 & \infty & 20 \\ 9 & 5 & 3 & 20 & \infty \end{bmatrix}$$

图 5-117　邻接矩阵

（2）初始化

当前已走过的路径长度 *cl*=0，当前最优值 *bestl*=∞。解分量 *x*[*i*]和最优解 *bestx*[*i*]初始化，如图 5-118 和图 5-119 所示。

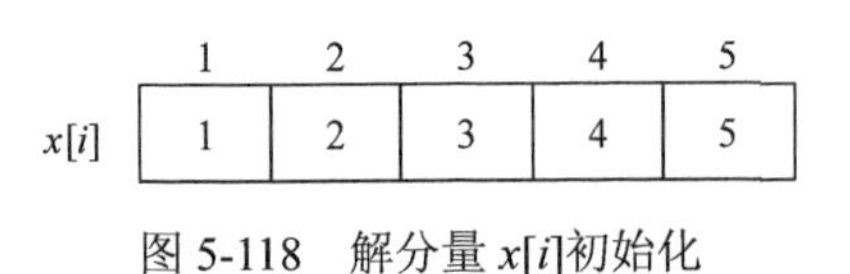

图 5-118 解分量 $x[i]$ 初始化

	1	2	3	4	5
bestx[*i*]	0	0	0	0	0

图 5-119 最优解 $bestx[i]$ 初始化

（3）开始搜索第一层（t=1）

扩展 A_0 结点，因为我们是从 1 号结点出发，因此 $x[1]=1$，生成 A 结点，如图 5-120 所示。

（4）扩展 A 结点（t=2）

沿着 $x[2]=2$ 分支扩展，因为 1 号结点和 2 号结点有边相连，且 $cl+\mathbf{g}[1][2]=0+3=3< bestl=\infty$，满足限界条件，生成 B 结点，如图 5-121 所示。

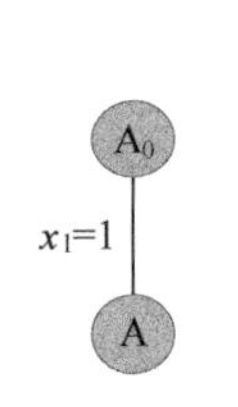

图 5-120 搜索过程

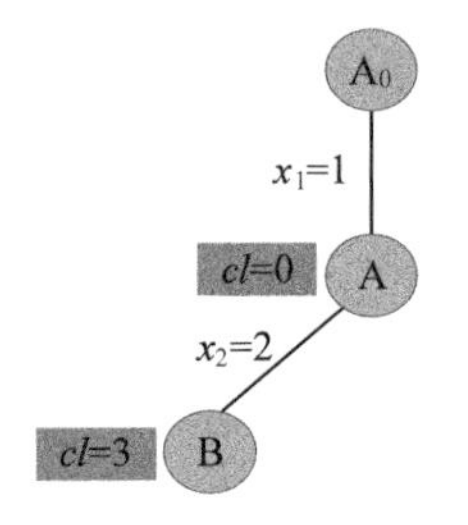

图 5-121 搜索过程

（5）扩展 B 结点（t=3）

沿着 $x[3]=3$ 分支扩展，因为 2 号结点和 3 号结点有边相连，且 $cl+\mathbf{g}[2][3]=3+3=6< bestl=\infty$，满足限界条件，生成 C 结点，如图 5-122 所示。

（6）扩展 C 结点（t=4）

沿着 $x[4]=4$ 分支扩展，因为 3 号结点和 4 号结点有边相连，且 $cl+\mathbf{g}[3][4]=6+4=10< bestl=\infty$，满足限界条件，生成 D 结点，如图 5-123 所示。

（7）扩展 D 结点（t=5）

沿着 $x[5]=5$ 分支扩展，因为 4 号结点和 5 号结点有边相连，且 $cl+\mathbf{g}[4][5]=10+20=30< bestl=\infty$，满足限界条件，生成 E 结点，如图 5-124 所示。

（8）扩展 E 结点（t=6）

$t>n$，判断 5 号结点和 1 号结点是否有边相连，有边相连且 $cl+\mathbf{g}[5][1]=30+9=39<bestl=\infty$，找到一个当前最优解（1，2，3，4，5，1），更新当前最优值 $bestl$=39。

（9）向上回溯到 D，D 结点孩子已生成完毕，成为死结点，继续向上回溯到 C，C 结点还有一个孩子未生成。

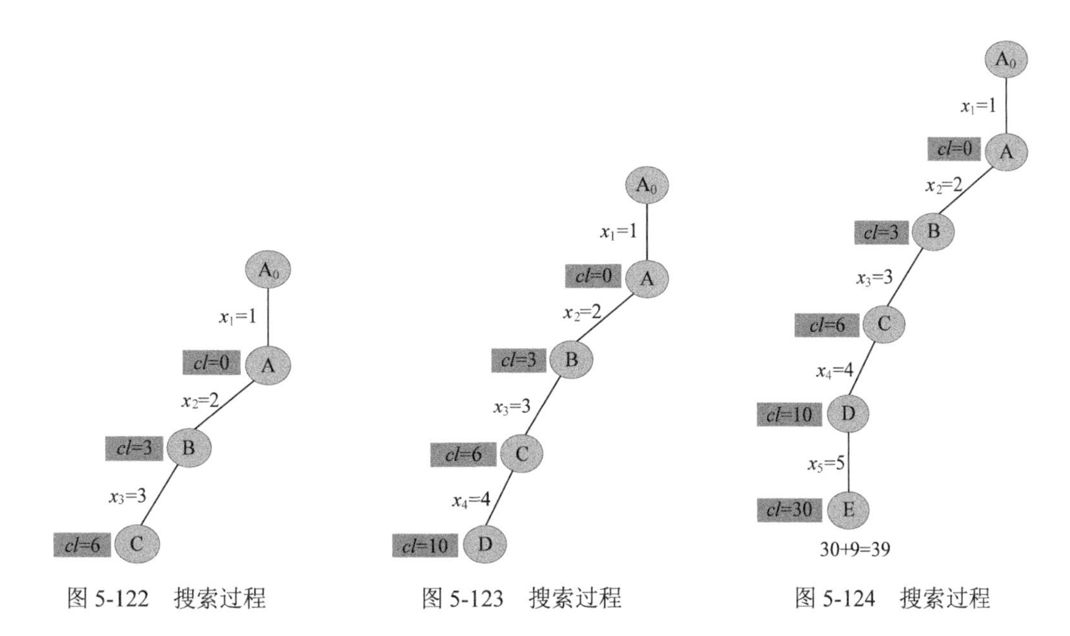

图 5-122　搜索过程　　图 5-123　搜索过程　　图 5-124　搜索过程

（10）重新扩展 C 结点（t=4）

沿着x[4]=5 分支扩展，因为3 号结点和5 号结点有边相连，且cl+**g**[3][5]=6+3=9< $bestl$=39，满足限界条件，生成 F 结点，如图 5-125 所示。

（11）扩展 F 结点（t=5）

沿着 x[5]=4 分支扩展，因为 5 号结点和 4 号结点有边相连，且 cl+**g**[5][4]=9+20=29< $bestl$=39，满足限界条件，生成 G 结点，如图 5-126 所示。

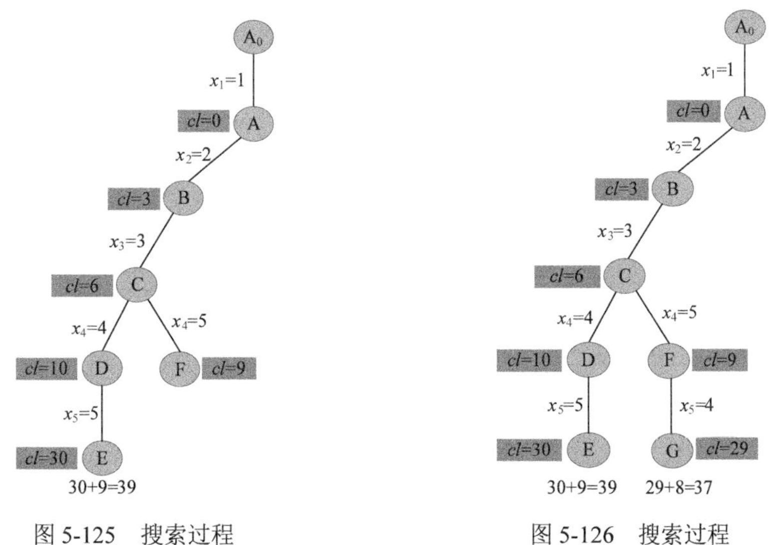

图 5-125　搜索过程　　图 5-126　搜索过程

（12）扩展 G 结点（$t=6$）

$t>n$，判断 4 号结点和 1 号结点是否有边相连，有边相连且 $cl+\mathbf{g}[4][1]=29+8=37<bestl=39$，更新当前最优解（1，2，3，5，4，1），更新当前最优值 $bestl=37$。

（13）向上回溯到 F，F 结点孩子已生成完毕，成为死结点，继续向上回溯到 C，C 结点孩子已生成完毕，成为死结点，继续向上回溯到 B，B 结点还有 2 个孩子未生成。

（14）重新扩展 B 结点（$t=3$）

沿着 $x[3]=4$ 分支扩展，因为 2 号结点和 4 号结点有边相连，且 $cl+\mathbf{g}[2][4]=3+10=13<bestl=37$，满足限界条件，生成 H 结点，如图 5-127 所示。

（15）扩展 H 结点（$t=4$）

沿着 $x[4]=3$ 分支扩展，因为 4 号结点和 3 号结点有边相连，且 $cl+\mathbf{g}[4][3]=13+4=17<bestl=37$，满足限界条件，生成 I 结点。

（16）扩展 I 结点（$t=5$）

沿着 $x[4]=5$ 分支扩展，因为 3 号结点和 5 号结点有边相连，且 $cl+\mathbf{g}[3][5]=17+3=20<bestl=37$，满足限界条件，生成 J 结点。

（17）扩展 J 结点（$t=6$）

$t>n$，判断 5 号结点和 1 号结点是否有边相连，有边相连且 $cl+\mathbf{g}[5][1]=20+9=29<bestl=37$，更新当前最优解（1，2，4，3，5，1），更新当前最优值 $bestl=29$，如图 5-128 所示。

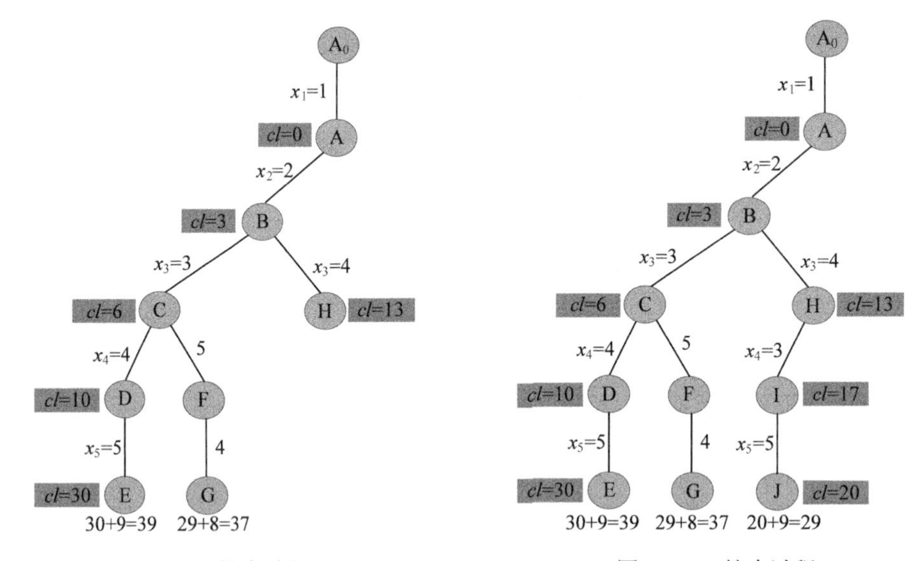

图 5-127　搜索过程　　　图 5-128　搜索过程

（18）向上回溯到 I，I 结点孩子已生成完毕，成为死结点，继续向上回溯到 H，H 结点还有 1 个孩子未生成。

（19）重新扩展 H 结点（t=4）

沿着 x[4]=5 分支扩展，因为 4 号结点和 5 号结点有边相连，且 cl+**g**[4][5]=13+20=33> $bestl$=29，不满足限界条件，剪掉该分支。H 结点孩子已生成完毕，成为死结点，继续向上回溯到 B，B 结点还有 1 个孩子未生成。

（20）重新扩展 B 结点（t=3）

沿着 x[3]=5 分支扩展，因为 2 号结点和 5 号结点有边相连，且 cl+**g**[2][5]=3+5=8< $bestl$=29，满足限界条件，生成 K 结点。

（21）扩展 K 结点（t=4）

沿着 x[4]=4 分支扩展，因为 5 号结点和 4 号结点有边相连，且 cl+**g**[5][4]=8+20=28< $bestl$=29，满足限界条件，生成 L 结点，如图 5-129 所示。

（22）扩展 L 结点（t=5）

沿着 x[5]=3 分支扩展，因为 4 号结点和 3 号结点有边相连，且 cl+**g**[4][3]=28+4=32> $bestl$=29，不满足限界条件，剪掉该分支。L 结点孩子已生成完毕，成为死结点，继续向上回溯到 K，K 结点还有 1 个孩子未生成。

（23）重新扩展 K 结点（t=4）

沿着 x[4]=3 分支扩展，因为 5 号结点和 3 号结点有边相连，且 cl+**g**[5][3]=8+3=11< $bestl$=29，满足限界条件，生成 M 结点。

（24）扩展 M 结点（t=5）

沿着 x[5]=4 分支扩展，因为 3 号结点和 4 号结点有边相连，且 cl+**g**[3][4]=11+4=15< $bestl$=29，满足限界条件，生成 N 结点，如图 5-130 所示。

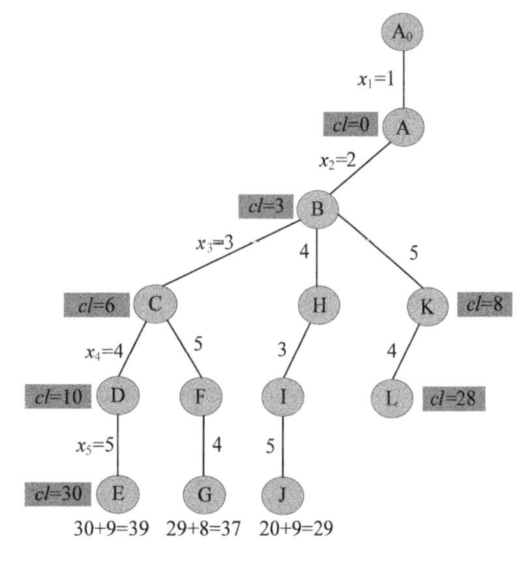

图 5-129　搜索过程

（25）扩展 N 结点（t=6）

t>n，判断 4 号结点和 1 号结点是否有边相连，有边相连且 cl+**g**[4][1]=15+8=23<$bestl$=29，更新当前最优解（1，2，5，3，4，1），更新当前最优值 $bestl$=23。向上回溯到 M，M 所有孩子生成完毕，成为死结点，继续向上回溯到 K、B，K 和 B 均为死结点，继续向上回溯到 A，A 还有 3 个孩子未生成。

（26）重新扩展 A 结点（t=2）

沿着 x[2]=3 分支扩展，因为 1 号结点和 3 号结点没有边相连，不满足约束条件，因此剪掉该分支。沿着 x[2]=4 分支扩展，因为 1 号结点和 4 号结点有边相连且 cl+**g**[1][4]=0+8=8<

bestl=23，满足限界条件，生成 O 结点。

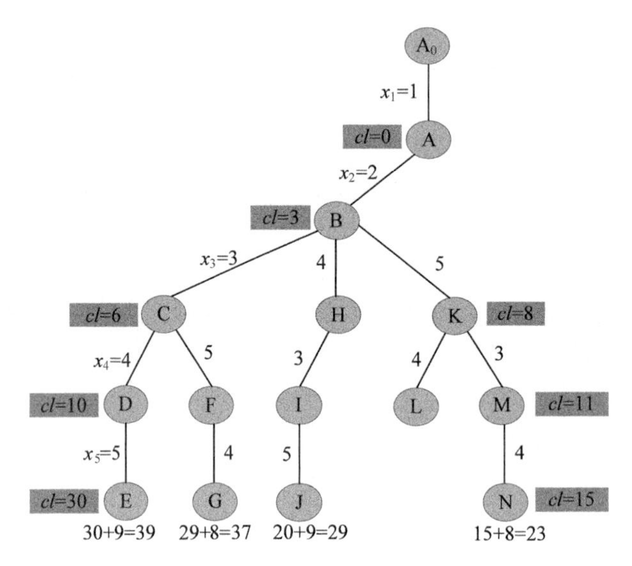

图 5-130　搜索过程

（27）扩展 O 结点（*t*=3）

沿着 *x*[3]=3 分支扩展，因为 4 号结点和 3 号结点有边相连，且 *cl*+**g**[4][3]=8+4=12<*bestl*=23，满足限界条件，生成 P 结点。

（28）扩展 P 结点（*t*=4）

沿着 *x*[4]=2 分支扩展，因为 3 号结点和 2 号结点有边相连，且 *cl*+**g**[3][2]=12+3=15<*bestl*=23，满足限界条件，生成 Q 结点。

（29）扩展 Q 结点（*t*=5）

沿着 *x*[5]=5 分支扩展，因为 2 号结点和 5 号结点有边相连，且 *cl*+**g**[2][5]=15+5=20<*bestl*=23，满足限界条件，生成 R 结点。

（30）扩展 R 结点（*t*=6）

t>*n*，判断 5 号结点和 1 号结点是否有边相连，有边相连且 *cl*+**g**[5][1]=20+9=29>*bestl*=23，不满足限界条件，不更新最优解，如图 5-131 所示。

（31）向上回溯到 Q，Q 所有孩子生成完毕，成为死结点，继续向上回溯到 P，P 还有 1 个孩子未生成。

（32）重新扩展 P 结点（*t*=4）

沿着 *x*[4]=5 分支扩展，因为 3 号结点和 5 号结点有边相连，且 *cl*+**g**[3][5]=12+3=15<*bestl*=23，满足限界条件，生成 S 结点。

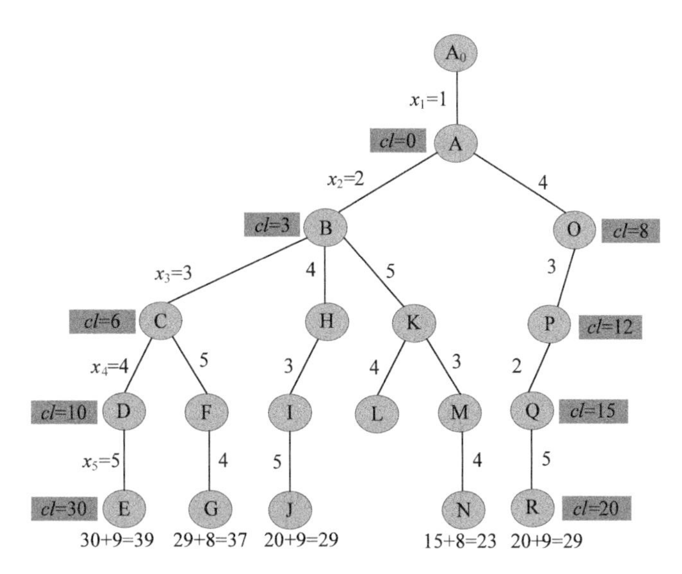

图 5-131 搜索过程

（33）扩展 S 结点（t=5）

沿着 $x[5]$=2 分支扩展，因为 5 号结点和 2 号结点有边相连，且 cl+**g**[3][5]=15+5=20<*bestl*=23，满足限界条件，生成 T 结点。

（34）扩展 T 结点（t=6）

t>n，判断 2 号结点和 1 号结点是否有边相连，有边相连且 cl+**g**[2][1]=20+3=23=*bestl*=23，不满足限界条件，不更新最优解，如图 5-132 所示。

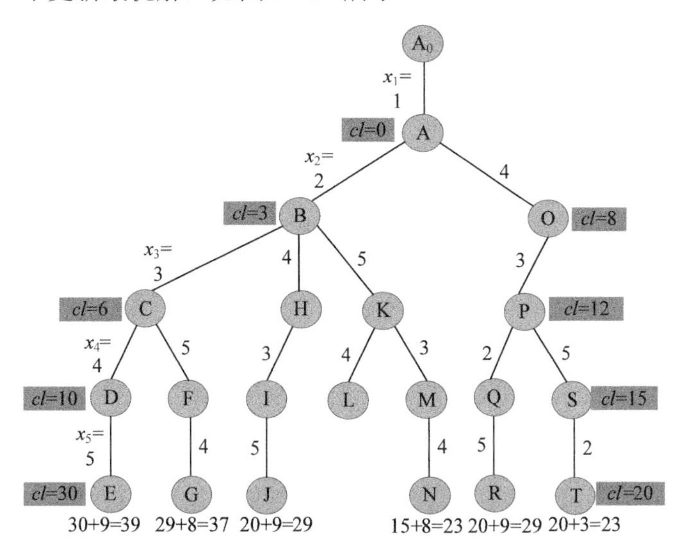

图 5-132 搜索过程

（35）向上回溯到 S、P，S、P 所有孩子生成完毕，成为死结点，继续向上回溯到 O，O 还有两个孩子未生成。

（36）重新扩展 O 结点（*t*=3）

沿着 *x*[3]=2 分支扩展，因为 4 号结点和 2 号结点有边相连，且 *cl*+**g**[4][2]=8+10=18<*bestl*=23，满足限界条件，生成 U 结点。

（37）扩展 U 结点（*t*=4）

沿着 *x*[4]=3 分支扩展，因为 2 号结点和 3 号结点有边相连，且 *cl*+**g**[2][3]=18+3=21<*bestl*=23，满足限界条件，生成 V 结点。

（38）扩展 V 结点（*t*=5）

沿着 *x*[5]=5 分支扩展，因为 3 号结点和 5 号结点有边相连，且 *cl*+**g**[3][5]=21+3=24>*bestl*=23，不满足限界条件，剪掉该分支。向上回溯到 U，U 还有 1 个孩子未生成，如图 5-133 所示。

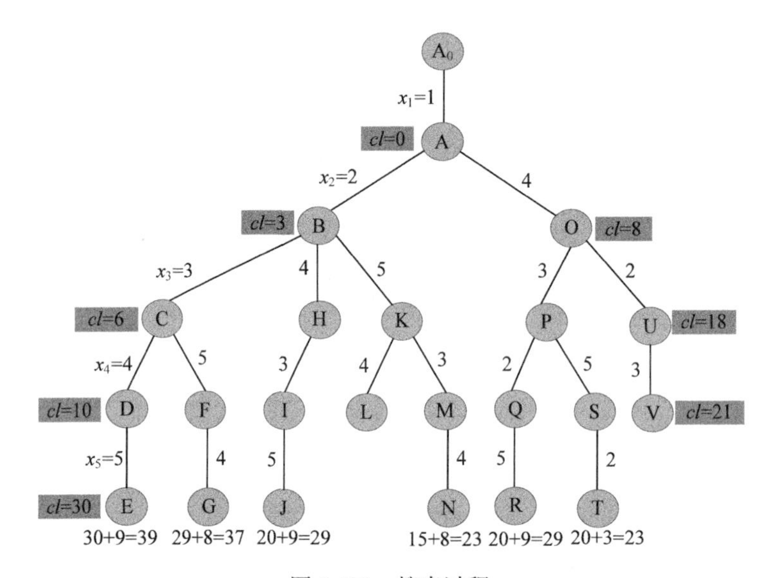

图 5-133　搜索过程

（39）重新扩展 U 结点（*t*=4）

沿着 *x*[4]=5 分支扩展，因为 2 号结点和 5 号结点有边相连，且 *cl*+**g**[2][5]=18+5=23=*bestl*=23，不满足限界条件，剪掉该分支。向上回溯到 O，O 还有 1 个孩子未生成。

（40）重新扩展 O 结点（*t*=3）

沿着 *x*[3]=5 分支扩展，因为 4 号结点和 5 号结点有边相连，且 *cl*+**g**[4][5]=8+20=28>*bestl*=23，不满足限界条件，剪掉该分支。向上回溯到 A，A 还有 1 个孩子未生成。

（41）重新扩展 A 结点（t=2）

沿着 $x[2]=5$ 分支扩展，因为 1 号结点和 5 号结点有边相连且 $cl+\mathbf{g}[1][5]=0+9=9<bestl=23$，满足限界条件，生成 W 结点。

（42）扩展 W 结点（t=3）

沿着 $x[3]=3$ 分支扩展，因为 5 号结点和 3 号结点有边相连，且 $cl+\mathbf{g}[5][3]=9+3=12<bestl=23$，满足限界条件，生成 X 结点。

（43）扩展 X 结点（t=4）

沿着 $x[4]=4$ 分支扩展，因为 3 号结点和 4 号结点有边相连，且 $cl+\mathbf{g}[3][4]=12+4=16<bestl=23$，满足限界条件，生成 Y 结点。

（44）扩展 Y 结点（t=5）

沿着 $x[5]=2$ 分支扩展，因为 4 号结点和 2 号结点有边相连，且 $cl+\mathbf{g}[4][2]=16+10=26>bestl=23$，不满足限界条件，剪掉该分支。向上回溯到 X，X 还有 1 个孩子未生成。

（45）重新扩展 X 结点（t=4）

沿着 $x[4]=2$ 分支扩展，因为 3 号结点和 2 号结点有边相连，且 $cl+\mathbf{g}[3][2]=12+3=15<bestl=23$，满足限界条件，生成 Z 结点。

（46）扩展 Z 结点（t=5）

沿着 $x[5]=4$ 分支扩展，因为 2 号结点和 4 号结点有边相连，且 $cl+\mathbf{g}[2][4]=15+10=25>bestl=23$，不满足限界条件，剪掉该分支。向上回溯到 W，W 还有两个孩子未生成。

（47）重新扩展 W 结点（t=3）

沿着 $x[3]=4$ 分支扩展，因为 5 号结点和 4 号结点有边相连，且 $cl+\mathbf{g}[5][4]=9+20=29>bestl=23$，不满足限界条件，剪掉该分支。沿着 $x[3]=2$ 分支扩展，因为 5 号结点和 2 号结点有边相连，且 $cl+\mathbf{g}[5][2]=9+5=14<bestl=23$，满足限界条件，生成 X_1 结点。

（48）扩展 X_1 结点（t=4）

沿着 $x[4]=4$ 分支扩展，因为 2 号结点和 4 号结点有边相连，且 $cl+\mathbf{g}[2][4]=14+10=24>bestl=23$，不满足限界条件，剪掉该分支。沿着 $x[4]=3$ 分支扩展，因为 2 号结点和 3 号结点有边相连，且 $cl+\mathbf{g}[2][3]=14+3=17<bestl=23$，满足限界条件，生成 X_2 结点。

（49）扩展 X_2 结点（t=5）

沿着 $x[5]=4$ 分支扩展，因为 3 号结点和 4 号结点有边相连，且 $cl+\mathbf{g}[3][4]=17+4=21<bestl=23$，满足限界条件，生成 X_3 结点。

（50）扩展 X_3 结点（t=6）

$t>n$，判断 4 号结点和 1 号结点是否有边相连，有边相连且 $cl+\mathbf{g}[4][1]=21+8=29>bestl=23$，不满足限界条件，不更新最优解。所有的结点变成死结点，算法结束，如图 5-134 所示。

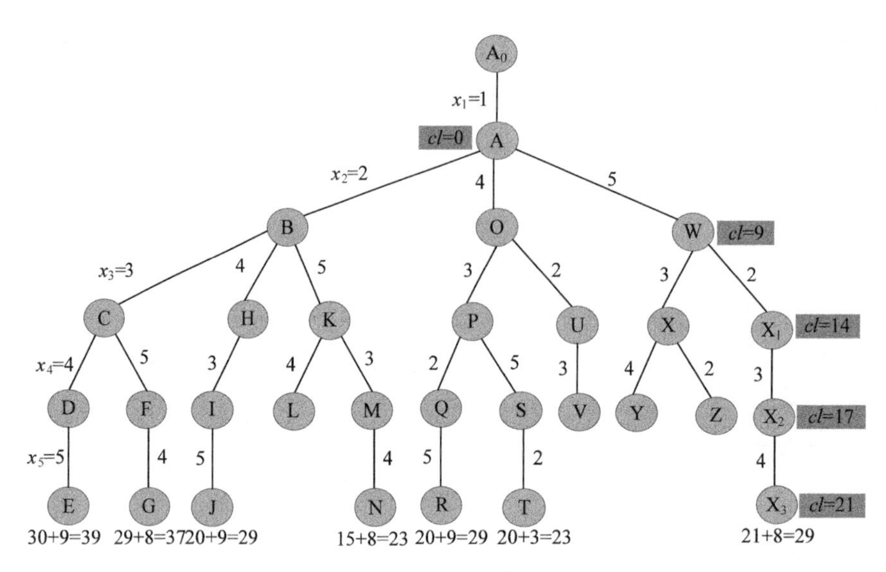

图 5-134 搜索过程

5.7.4 伪代码详解

（1）数据结构

我们用二维数组 **g**[][]表示地图的带权邻接矩阵，即如果从顶点 *i* 到顶点 *j* 有边，就让 **g**[*i*][*j*]=<*i*, *j*>的权值，否则 **g**[*i*][*j*]=∞（无穷大）。*x*[]记录当前路径，*bestx*[]记录当前最优路径。

（2）按限界条件搜索求解

t 表示当前扩展结点在第 *t* 层，*cl* 表示当前已走过的城市所用的路径长度，*bestl* 表示当前找到的最短路径的路径长度。

如果 *t*>*n*，表示已经到达叶子结点，记录最优值和最优解，返回。否则，扩展节点沿着排列树的某个分支扩展时需要判断约束条件和限界条件，如果满足，则进入深一层继续搜索；如果不满足，则剪掉该分支。搜索到叶子结点时，即找到当前最优解。搜索直到全部的活结点变成死结点为止。

```
void Traveling(int t)
{
      if(t>n)
      {     //到达叶子结点
            //推销货物的最后一个城市与住地城市有边相连并且路径长度比当前最优值小
            //说明找到了一条更好的路径，记录相关信息
            if(g[x[n]][1]!=INF && (cl+g[x[n]][1]<bestl))
            {
                  for(int j=1;j<=n;j++)
                       bestx[j]=x[j];
                  bestl=cl+g[x[n]][1];
```

```
            }
        }
        else
        {
            //没有到达叶子结点
            for(int j=t; j<=n; j++)
            {
                //搜索扩展结点的所有分支
                //如果第 t-1 个城市与第 j 个城市有边相连并且有可能得到更短的路线
                if(g[x[t-1]][x[j]]!=INF&&(cl+g[x[t-1]][x[j]]<bestl))
                {
                    //保存第 t 个要去的城市编号到 x[t]中，进入到第 t+1 层
                    swap(x[t], x[j]);//交换两个元素的值
                    cl=cl+g[x[t-1]][x[t]];
                    Traveling(t+1); //从第 t+1 层的扩展结点继续搜索
                    //第 t+1 层搜索完毕，回溯到第 t 层
                    cl=cl-g[x[t-1]][x[t]];
                    swap(x[t], x[j]);
                }
            }
        }
}
```

5.7.5 实战演练

```
//program 5-6
#include <iostream>
#include <cstring>
#include <algorithm>
using namespace std;
const int INF=1e7;  //设置无穷大的值为 10^7
const int N=100;
int g[N][N];
int x[N];               //记录当前路径
int bestx[N];           //记录当前最优路径
int cl;                 //当前路径长度
int bestl;              //当前最短路径长度
int n,m;                //城市个数 n,边数 m
void Traveling(int t)
{
    if(t>n)
    {   //到达叶子结点
        //推销货物的最后一个城市与住地城市有边相连并且路径长度比当前最优值小
        //说明找到了一条更好的路径，记录相关信息
        if(g[x[n]][1]!=INF && (cl+g[x[n]][1]<bestl))
        {
            for(int j=1;j<=n;j++)
                bestx[j]=x[j];
            bestl=cl+g[x[n]][1];
```

```
            }
        }
        else
        {
            //没有到达叶子结点
            for(int j=t; j<=n; j++)
            {
                //搜索扩展结点的所有分支
                //如果第 t-1 个城市与第 t 个城市有边相连并且有可能得到更短的路线
                if(g[x[t-1]][x[j]]!=INF&&(cl+g[x[t-1]][x[j]]<bestl))
                {
                    //保存第 t 个要去的城市编号到 x[t]中，进入到第 t+1 层
                    swap(x[t], x[j]);//交换两个元素的值
                    cl=cl+g[x[t-1]][x[t]];
                    Traveling(t+1); //从第 t+1 层的扩展结点继续搜索
                    //第 t+1 层搜索完毕，回溯到第 t 层
                    cl=cl-g[x[t-1]][x[t]];
                    swap(x[t], x[j]);
                }
            }
        }
}
void init()//初始化
{
        bestl=INF;
        cl=0;
        for(int i=1;i<=n;i++)
            for(int j=i;j<=n;j++)
                g[i][j]=g[j][i]=INF;//表示路径不可达
        for(int i=0; i<=n; i++)
        {
            x[i]=i;
            bestx[i]=0;
        }
}
void print()//打印路径
{
        cout<<"最短路径：  ";
        for(int i=1;i<=n; i++)
            cout<<bestx[i]<<"--->";
        cout<<"1"<<endl;
        cout<<"最短路径长度："<<bestl;
}
int main()
{
        int u, v, w;//u,v 代表城市，w 代表 u 和 v 城市之间路的长度
        cout << "请输入景点数 n（结点数）：";
        cin >> n;
        init();
        cout << "请输入景点之间的连线数（边数）：";
```

```
        cin >> m;
        cout << "请依次输入两个景点 u 和 v 之间的距离 w，格式：景点 u 景点 v 距离 w";
        for(int i=1;i<=m;i++)
        {
             cin>>u>>v>>w;
             g[u][v]=g[v][u]=w;
        }
        Traveling(2);
        print();
        return 0;
}
```

算法实现和测试

（1）运行环境

Code::Blocks

Visual C++ 6.0

（2）输入

```
请输入景点数 n（结点数）：5
请输入景点之间的连线数（边数）：9
请依次输入两个景点 u 和 v 之间的距离 w，格式：景点 u 景点 v 距离 w
1 2 3
1 4 8
1 5 9
2 3 3
2 4 10
2 5 5
3 4 4
3 5 3
4 5 20
```

（3）输出

```
最短路径：1--->2--->5--->3--->4--->1
最短路径长度：23
```

5.7.6 算法解析及优化拓展

1. 算法复杂度分析

（1）时间复杂度

最坏情况下，如图 5-135 所示。除了最后一层外，有 $1+(n-1)+\cdots+(n-1)(n-2)\cdots 2\leqslant n(n-1)!$ 个结点需要判断约束函数和限界函数，判断两个函数需要 $O(1)$的时间，因此耗时 $O(n!)$。在叶子结点处记录当前最优解需要耗时 $O(n)$，在最坏情况下回搜索到每一个叶子结点，叶子个数为$(n-1)!$，故耗时为 $O(n!)$。因此，时间复杂度为 $O(n!)$。

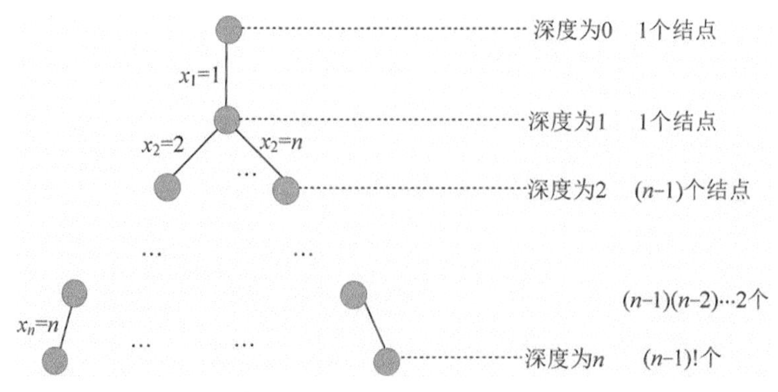

图 5-135 解空间树（排列树）

（2）空间复杂度

回溯法的另一个重要特性就是在搜索执行的同时产生解空间。在所搜过程中的任何时刻，仅保留从开始结点到当前扩展结点的路径，从开始结点起最长的路径为 n。程序中我们使用 x[]数组记录该最长路径作为可行解，所以该算法的空间复杂度为 $O(n)$。

2. 算法优化拓展

旅行商问题也可以使用动态规划算法，如 program 5-6-1 所示，仅作参考。

注意：动态规划方法并不是解决 TSP 问题的一个好方法，因其占用空间和时间复杂度均较大。

```
//program 5-6-1
#include<cstring>
#include<iostream>
#include<cstdlib>
#include<algorithm>
using namespace std;
const int M = 1<<13;
#define INF 0x3f3f3f3f
int dp[M+2][20];//dp[i][j] 表示第 i 个状态，到达第 j 个城市的最短路径
int g[15][15];
int path[M+2][15];      //最优路径
int n,m;                //n 个城市，m 条路
int bestl;              //最短路径长度
int sx,S;
void Init()             //初始化
{
     memset(dp,INF,sizeof(dp));
     memset(path,0,sizeof(path));
     memset(g,INF,sizeof(g));
     bestl = INF;
}
void Traveling()//计算 dp[i][j]
{
     dp[1][0]=0;
```

```
    S=1<<n; //S=2^n
    for(int i=0; i<S; i++)
    {
         for(int j=0; j<n; j++)
         {
              if(!(i&(1<<j))) continue;
              for(int k = 0; k<n; k++)
              {
                   if(i&(1<<k)) continue;
                   if(dp[i|(1<<k)][k] > dp[i][j] + g[j][k])
                   {
                        dp[i|(1<<k)][k] = dp[i][j] + g[j][k];
                        path[i|(1<<k)][k] = j ;
                   }
              }
         }
    }
    for(int i=0; i<n; i++)      //查找最短路径长度
    {
         if(bestl>dp[S-1][i]+g[i][0])
         {
              bestl=dp[S-1][i]+g[i][0] ;
              sx=i ;
         }
    }
}
void print(int S ,int value)       //打印路径
{
    if(!S)  return ;
    for(int i=0; i<n ; i++)
    {
         if(dp[S][i]==value)
         {
              print(S^(1<<i) ,value - g[i][path[S][i]]) ;
              cout<<i+1<<"--->";
              break ;
         }
    }
}
int main()
{
    int u, v, w;//u,v代表城市，w代表u和v城市之间路的长度
    cout << "请输入景点数n（结点数）: ";
    cin >> n;
    cout << "请输入景点之间的连线数（边数）: ";
    cin >> m;
    Init();
    cout << "请依次输入两个景点u和v之间的距离w，格式：景点u 景点v 距离w";
    for(int i=0; i<m; i++)
    {
        cin >> u >> v >> w;
        g[u-1][v-1] = g[v-1][u-1] = w;
    }
```

```
        Traveling();
        cout<<"最短路径：";
        print(S-1 ,bestl-g[sx][0]) ;
        cout << 1 << endl;
        cout<<"最短路径长度：" ;
        cout << bestl << endl;
        return 0;
}
```

算法实现和测试

（1）运行环境

Code::Blocks

（2）输入

```
请输入景点数 n（结点数）：5
请输入景点之间的连线数（边数）：9
请依次输入两个景点 u 和 v 之间的距离 w，格式：景点 u 景点 v 距离 w
1 2 3
1 4 8
1 5 9
2 3 3
2 4 10
2 5 5
3 4 4
3 5 3
4 5 20
```

（3）输出

```
最短路径：1--->4--->3--->5--->2--->1
最短路径长度：23
上述动态规划算法的时间复杂度为 O(2^n*n^2)，空间复杂度为 O(2^n)。
```

5.8 回溯法算法秘籍

用回溯法解决问题时，首先要考虑如下 3 个问题。

（1）定义合适的解空间

因为解空间的大小对搜索效率有很大的影响，因此使用回溯法首先要定义合适的解空间，确定解空间包括解的组织形式和显约束。

- 解的组织形式：解的组织形式都规范为一个 n 元组$\{x_1, x_2, \cdots, x_n\}$，只是具体问题表达的含义不同而已。
- 显约束：显约束是对解分量的取值范围的限定，显约束可以控制解空间的大小。

（2）确定解空间的组织结构

解空间的组织结构通常用解空间树形象的表达，根据解空间树的不同，解空间分为子集树、排列树、*m* 叉树等。

（3）搜索解空间

回溯法是按照深度优先搜索策略，根据隐约束（约束函数和限界函数），在解空间中搜索问题的可行解或最优解。当发现当前结点不满足求解条件时，就回溯，尝试其他的路径。“能进则进，进不了则换，换不了则退”。

如果问题只是要求可行解，则只需要设定约束函数即可；如果要求最优解，则需要设定约束函数和限界函数。

解空间的大小和剪枝函数的好坏是影响搜索效率的关键。

显约束可以控制解空间的大小，剪枝函数决定剪枝的效率。

所以**回溯法解题的关键是设计有效的显约束和隐约束**。

Chapter 6

分支限界法

“纵横间之，举兵而相角。”

——《淮南子·览冥训》

高诱注：“苏秦约纵，张仪连横。南与北合为纵，西与东合为横，故曰纵成则楚王，横成则秦帝也。”

在树搜索法中，从上到下为纵，从左向右为横，纵向搜索是深度优先，而横向搜索是广度优先。前面讲的回溯法就是一种深度优先的算法。“横看成岭侧成峰，远近高低各不同。”，杀猪杀尾巴，各有各的杀法，既然可以深度优先，当然也可以广度优先的办法，这里要讲的分支限界法就是以广（宽）度优先的树搜索方法。

6.1 横行天下——广度优先

“体恭敬而心忠信，术礼义而情爱人，横行天下，虽困四夷，人莫不贵。”

——《荀子·修身》

那么如何横行天下呢？例如有一棵树，如图 6-1 所示。

对这样一棵树，我们要想横行（广度优先），那么首先搜索第 1 层 A，然后搜索第 2 层，从左向右 B、C，再搜索第 3 层，从左向右 D、E、F、G，再搜索第 4 层，从左向右 H、I、J，很简单吧，其实就是层次遍历。

程序用队列实现层次遍历。很多同学觉得数据结构没有用处，其实数据结构类似九九乘法表，你有时根本感觉不到它的存在，但却无时无刻不在用它！

首先创建一个队列 Q：

（1）令树根入队，如图 6-2 所示。

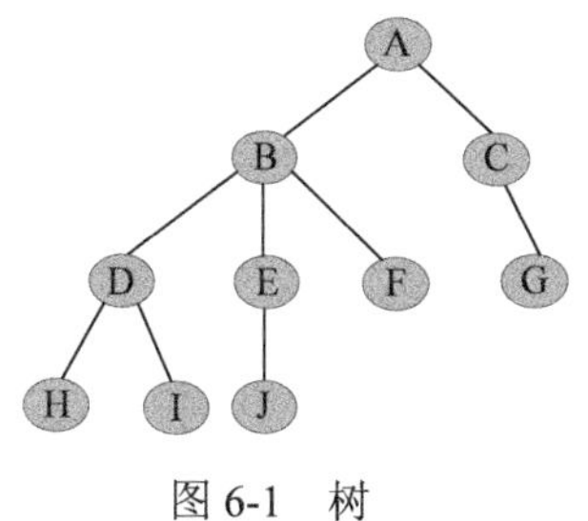

图 6-1 树

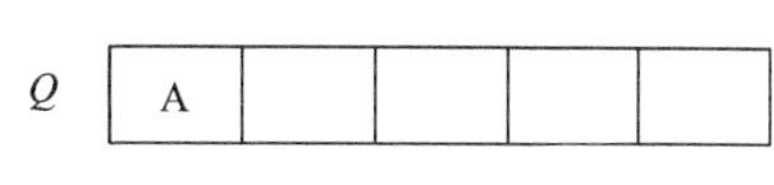

图 6-2 队列

（2）队头元素出队，输出 A，同时令 A 的所有孩子（从左向右顺序）入队，如图 6-3 所示。

（3）队头元素出队，输出 B，同时令 B 的所有孩子（从左向右顺序）入队，如图 6-4 所示。

（4）队头元素出队，输出 C，同时令 C 的所有孩子（从左向右顺序）入队，如图 6-5 所示。

（5）队头元素出队，输出 D，同时令 D 的所有孩子（从左向右顺序）入队，如图 6-6 所示。

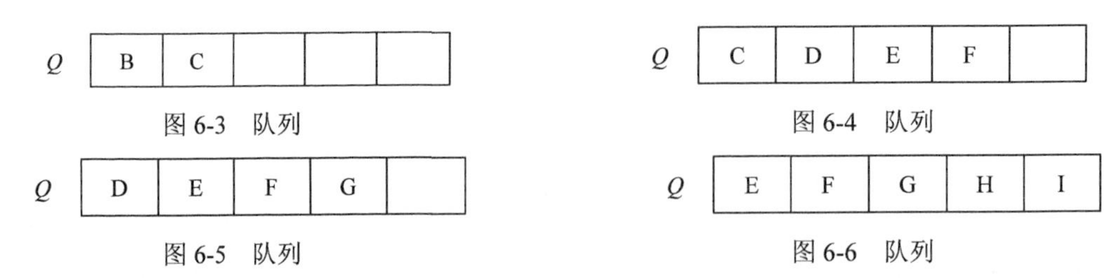

图 6-3 队列

图 6-4 队列

图 6-5 队列

图 6-6 队列

（6）队头元素出队，输出 E，同时令 E 的所有孩子（从左向右顺序）入队，如图 6-7 所示。

（7）队头元素出队，输出 F，同时令 F 的所有孩子入队。F 没有孩子，不操作。

Q	F	G	H	I	J

图 6-7 队列

（8）队头元素出队，输出 G，同时令 G 的所有孩子入队。G 没有孩子，不操作。

（9）队头元素出队，输出 H，同时令 H 的所有孩子入队。H 没有孩子，不操作。

（10）队头元素出队，输出 I，同时令 I 的所有孩子入队。I 没有孩子，不操作。

（11）队头元素出队，输出 J，同时令 J 的所有孩子入队。J 没有孩子，不操作。

（12）队列为空，结束。输出的顺序为 A，B，C，D，E，F，G，H，I，J。

6.1.1 算法思想

从根开始，常以广度优先或以最小耗费（最大效益）优先的方式搜索问题的解空间树。首先将根结点加入活结点表（用于存放活结点的数据结构），接着从活结点表中取出根结点，使其成为当前扩展结点，一次性生成其所有孩子结点，判断孩子结点是舍弃还是保留，舍弃那些导致不可行解或导致非最优解的孩子结点，其余的被保留在活结点表中。再从活结点表中取出一个活结点作为当前扩展结点，重复上述扩展过程，直到找到所需的解或活结点表为空时为止。由此可见，每一个活结点最多只有一次机会成为扩展结点。

活结点表的实现通常有两种形式：一是普通的队列，即先进先出队列；一种是优先级队列，按照某种优先级决定哪个结点为当前扩展结点，优先队列一般使用二叉堆来实现，最大堆实现最大优先队列，即优先级数值越大越优先，通常表示最大效益优先；最小堆实现最小优先队列，即优先级数值越小越优先，通常表示最小耗费优先。因此分支限界法也分为两种：

- 队列式分支限界法。
- 优先队列式分支限界法。

6.1.2 算法步骤

分支限界法的一般解题步骤为：

（1）定义问题的解空间。

（2）确定问题的解空间组织结构。

（3）搜索解空间。搜索前要定义判断标准（约束函数或限界函数），如果选用优先队列式分支限界法，则必须确定优先级。

6.1.3 解题秘籍

（1）定义解空间

因为解空间的大小对搜索效率有很大的影响，因此使用回溯法首先要定义合适的解空间，确定解空间包括解的组织形式和显约束。

- 解的组织形式：解的组织形式都规范为一个 n 元组，$\{x_1, x_2, \cdots, x_n\}$，只是具体问题表达的含义不同而已。
- 显约束：显约束是对解分量的取值范围的限定，通过显约束可以控制解空间的大小。

（2）确定解空间的组织结构

解空间的组织结构通常用解空间树来形象地表达，根据解空间树的不同，解空间分为子集树、排列树、m 叉树等。

（3）搜索解空间

分支限界法是按照广度优先搜索策略，一次性生成所有孩子结点，根据隐约束（约束函数和限界函数）判定孩子结点是舍弃还是保留，如果保留则依次放入活结点表中，活结点表是普通（先进先出）队列或者是优先级队列。然后从活结点表中取出一个结点，继续扩展，直到找到所需的解或活结点表为空时为止。每一个活结点最多只有一次机会成为扩展结点。

如果问题只是要求可行解，则只需要设定约束函数即可，如果要求最优解，则需要设定约束函数和限界函数。

解的组织形式都是通用的 n 元组形式，解的组织结构是解空间的形象表达而已。而解空间和隐约束是控制搜索效率的关键。显约束可以控制解空间的大小，约束函数决定剪枝的效率，限界函数决定是否得到最优解。

在优先队列分支限界法中，还有一个关键的问题是优先级的设定：选什么值作为优先级？如何定义优先级？优先级的设计直接决定算法的效率。因此在本章中，我们重点介绍如何设定高效的优先级问题。

后面我们通过几个实例，深刻体会分支限界法的解题策略。

6.2 大卖场购物车 3——0-1 背包问题

央视有一个大型娱乐节目——购物街，舞台上模拟超市大卖场，有很多货物，每个嘉宾分配一个购物车，可以尽情地装满购物车，购物车装的价值最高者取胜。假设现在有 n 个物品和 1 个购物车，每个物品 i 对应价值为 v_i，重量 w_i，购物车的容量为 W（你也可以将重量设定为体积）。每个物品只有一件，要么装入，要么不装入，不可拆分。如何选取物品装入购物车，使购物车所装入的物品的总价值最大？要求输出最优值（装入的最大价值）和最优解（装入了哪些物品）。

图 6-8　大卖场购物车 3

6.2.1　问题分析

n 个物品和 1 个购物车，每个物品 i 对应价值为 v_i，重量 w_i，购物车的容量为 W（你也可以将重量设定为体积）。每个物品只有一件，要么装入，要么不装入，不可拆分。如何选取物品装入购物车，使购物车所装入的物品的总价值最大？

我们可以尝试贪心的策略：

（1）每次挑选价值最大的物品装入背包，得到的结果是否最优？

（2）每次挑选所占空间最小的物品装入，能否得到最优解？

（3）每次选取单位重量价值最大的物品，能否得到价值最高？

思考一下，如果选价值最大的物品，但重量非常大，也是不行的，因为运载能力有限，所以第（1）种策略舍弃；如果选所占空间最小的物品装入，占用空间小不一定重量就轻，也有可能空间小，特别重，所以不能在总重限制的情况下保证价值最高，第（2）种策略舍弃；而第（3）种是每次选取单位重量价值最大的物品，也就是说每次选择性价比最高的物品，如果可以达到运载重量 m，那么一定能得到价值最高？不一定。因为物品不可分割，有可能存在购物车没装满，却不能再装剩下的物品，这样价值不一定达到最高。

因此采用贪心策略解决此问题不一定能得到最优解。

我们可以先用普通队列式分支界限法求解，然后在 6.3.6 节中用优先队列式分支界限法求解，大家可以对比体会有何不同。

6.2.2 算法设计

（1）定义问题的解空间

购物车问题属于典型的 0-1 背包问题，问题的解是从 n 个物品中选择一些物品使其在不超过容量的情况下价值最大。每个物品有且只有两种状态，要么装入购物车，要么不装入。那么第 i 个物品装入购物车，能够达到目标要求，还是不装入购物车能够达到目标要求呢？很显然目前还不确定。因此，可以用变量 x_i 表示第 i 种物品是否被装入购物车的行为，如果用“0”表示不被装入背包，用“1”表示装入背包，则 x_i 的取值为 0 或 1。第 i 个物品装入购物车，x_i=1，i=1，2，…，n；不装入购物车，x_i=0。该问题解的形式是一个 n 元组，且每个分量的取值为 0 或 1。

由此可得，问题的解空间为：{x_1，x_2，…，x_i，…，x_n}，其中，显约束 x_i =0 或 1，i=1，2，…，n。

（2）确定解空间的组织结构

问题的解空间描述了 2^n 种可能的解，也可以说是 n 个元素组成的集合所有子集个数。例如 3 个物品的购物车问题，解空间是：{0，0，0}，{0，0，1}，{0，1，0}，{0，1，1}，{1，0，0}，{1，0，1}，{1，1，0}，{1，1，1}。该问题有 2^3 个可行解。

如图 6-9 所示，问题的解空间树为子集树，解空间树的深度为问题的规模 n。

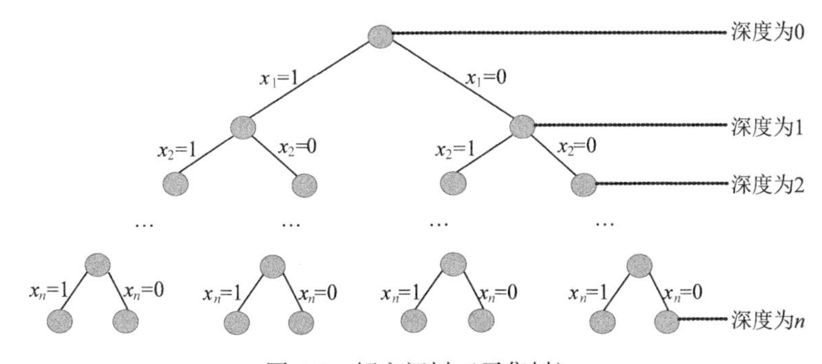

图 6-9 解空间树（子集树）

（3）搜索解空间

- 约束条件

购物车问题的解空间包含 2^n 种可能的解，存在某种或某些物品无法装入购物车的情况，因此需要设置约束条件，来判断所有可能的解装入背包的物品的总重量是否超出购物车的容量，如果超出，为不可行解；否则为可行解。搜索过程不再搜索那些导致不可行解的结点及其孩子结点。

约束条件为：

$$\sum_{i=1}^{n} w_i x_i \leqslant W$$

- 限界条件

购物车问题的可行解可能不止一个，问题的目标是找一个装入购物车的物品总价值最大的可行解，即最优解。因此，需要设置限界条件来加速找出该最优解的速度。

如图 6-10 所示，根据解空间的组织结构可知，对于任何一个中间结点 z（中间状态），从根节点到 z 结点的分支所代表的行为已经确定，从 z 到其子孙结点的分支的行为是不确定的。也就是说，如果 z 在解空间树中所处的层次是 t，说明第 1 种物品到第 t–1 种物品的状态已经确定了。我们只需要沿着 z 的分支扩展很容易确定第 t 种物品的状态。那么前 t 种物品的状态就确定了。但第 t+1 种物品到第 n 种物品的状态还不确定。这样，前 t 种物品的状态确定后，当前已装入购物车的物品的总价值，用 cp 表示。已装入物品的价值高并一定就是最优解，因为还有剩余物品未确定。

我们还不确定第 t+1 种物品到第 n 种物品的实际状态，因此只能用估计值。假设第 t+1 种物品到第 n 种物品都装入购物车，第 t+1 种物品到第 n 种物品的总价值用 rp 来表示。因此 cp+rp 是所有从根出发经过中间结点 z 的可行解的价值上界。

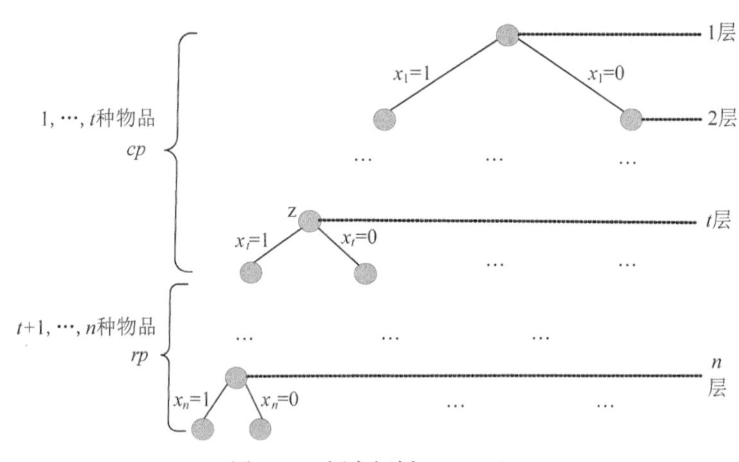

图 6-10 解空间树（cp+rp）

如果价值上界小于或等于当前搜索到的最优值（最优值用 $bestp$ 表示，初始值为 0），则说明从中间结点 z 继续向子孙结点搜索不可能得到一个比当前更优的可行解，没有继续搜索的必要，反之，则继续向 z 的子孙结点搜索。

限界条件为：

$$cp+rp>=bestp$$

注意：回溯法中的购物车问题，限界条件不带等号，因为 *bestp* 初始化为 0，首次到达叶子时才会更新 *bestp*，因此只要有解，必然存在至少到达叶子结点一次。而在分支限界法中，只要 *cp>bestp*，就立即更新 *bestp*，如果限界条件中不带等号，则会出现无法到达叶子的情况，例如解的最后一位是 0 时，如（1，1，1，0），就无法找到这个的解向量。因为最后一位是 0 时，*cp+rp=bestp*，而不是 *cp+rp>bestp*，如果限界条件不带等号，就无法到达叶子，得不到解（1，1，1，0）。算法均设置了到叶子结点判断更新最优解和最优值。

- 搜索过程

从根结点开始，以广度优先的方式进行搜索。根节点首先成为活结点，也是当前的扩展结点。一次性生成所有孩子结点，由于子集树中约定左分支上的值为“1”，因此沿着扩展结点的左分支扩展，则代表装入物品；由于子集树中约定右分支上的值为“0”，因此沿着扩展结点的右分支扩展，则代表不装入物品。此时，判断是否满足约束条件和限界条件，如果满足，则将其加入队列中；反之，舍弃。然后再从队列中取出一个元素，作为当前扩展结点，搜索过程队列为空时为止。

6.2.3 完美图解

假设现在有 4 个物品和购物车的容量，每个物品的重量 *w* 为（2，5，4，2），价值 *v* 为（6，3，5，4），购物车的容量为 10（*W*=10），如图 6-11 所示。求在不超过购物车容量的前提下，把哪些物品放入购物车，才能获得最大价值。

（1）初始化

sumw 和 *sumv* 分别用来统计所有物品的总重量和总价值。*sumw*=13，*sumv*=18，*sumw*>*W*，因此不能全部装完，需要搜索求解。初始化当前放入购物车的物品价值 *cp*=0；当前剩余物品价值 *rp*=*sumv*；当前剩余容量 *rw*=*W*；当前处理物品序号为 1；当前最优值 *bestp*=0。解向量为 *x*[]=（0，0，0，0），创建一个根结点 *Node*（*cp*，*rp*，*rw*，*id*），标记为 A，加入先进先出队列 *q* 中。*cp* 为装入购物车的物品价值，*rp* 剩余物品的总价值，*rw* 为剩余容量，*id* 为物品号，*x*[]为当前解向量，如图 6-12 所示。

goods[]		1	2	3	4
	weight	2	5	4	2
	value	6	3	5	4

图 6-11 物品的重量和价值

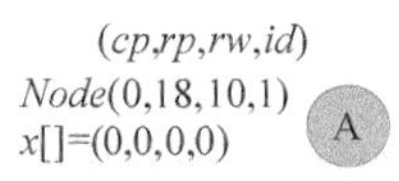

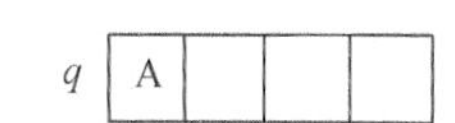

图 6-12 搜索过程及队列状态

（2）扩展 A 结点

队头元素 A 出队，该结点的 *cp*+*rp*≥*bestp*，满足限界条件，可以扩展。*rw*=10>*goods*[1].*weight*=2，剩余容量大于 1 号物品重量，满足约束条件，可以放入购物车，*cp*=0+6=6，*rp*=18−6=12，*rw*=10−2=8，*t*=2，*x*[1]=1，解向量更新为 *x*[]=（1，0，0，0），生成左孩子 B，加入 *q* 队列，更新 *bestp*=6，如图 6-13 所示。

再扩展右分支，*cp*=0，*rp*=18−6=12，*cp*+*rp*≥*bestp*=6，满足限界条件，不放入 1 号物品，*cp*=0，*rp*=12，*rw*=10，*t*=2，*x*[1]=0，解向量为 *x*[]=（0，0，0，0），创建新结点 C，加入 *q* 队列，如图 6-14 所示。

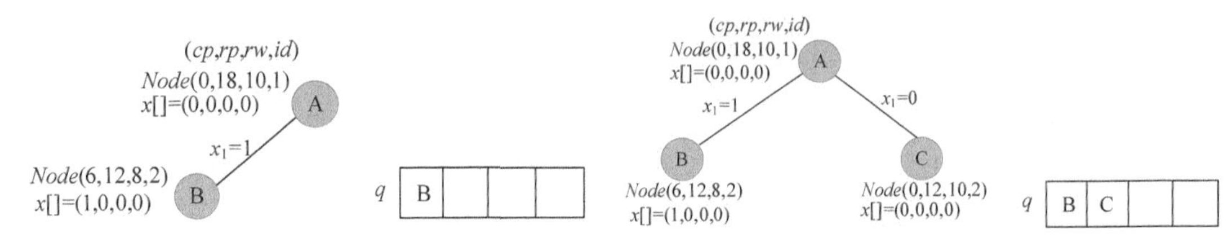

图 6-13　搜索过程及队列状态　　　　图 6-14　搜索过程及队列状态

（3）扩展 B 结点

队头元素 B 出队，该结点的 *cp*+*rp*≥*bestp*，满足限界条件，可以扩展。*rw*=8>*goods*[2].*weight*=5，剩余容量大于 2 号物品重量，满足约束条件，*cp*=6+3=9，*rp*=12−3=9，*rw*=8−5=3，*t*=3，*x*[2]=1，解向量更新为 *x*[]=（1，1，0，0），生成左孩子 D，加入 *q* 队列，更新 *bestp*=9。

再扩展右分支，*cp*=6，*rp*=12−3=9，*cp*+*rp*≥*bestp*=9，满足限界条件，*t*=3，*x*[2]=0，解向量为 *x*[]=（1，0，0，0），生成右孩子 E，加入 *q* 队列，如图 6-15 所示。

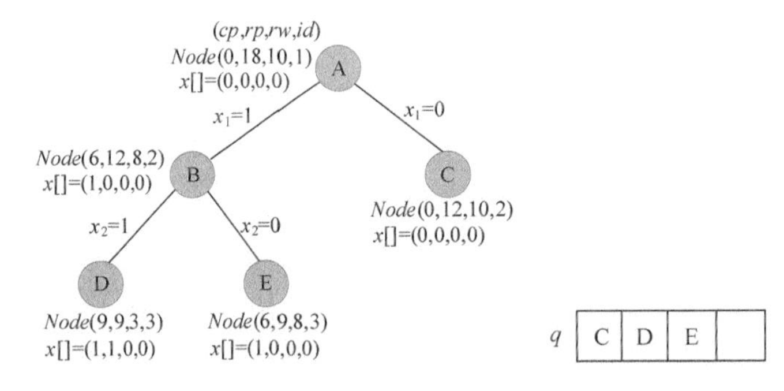

图 6-15　搜索过程及队列状态

（4）扩展 C 结点

队头元素 C 出队，该结点的 *cp*+*rp*≥*bestp*，满足限界条件，可以扩展。*rw*=10>*goods*[2].*weight*=5，剩余容量大于 2 号物品重量，满足约束条件，*cp*=0+3=3，*rp*=12−3=9，*rw*=10−5=5，

t=3，x[2]=1，解向量更新为 x[]=（0，1，0，0），生成左孩子 F，加入 q 队列。

再扩展右分支，cp=0，rp=12−3=9，$cp+rp \geq bestp$=9，满足限界条件，rw=10，t=3，x[2]=0，解向量为 x[]=（0，0，0，0），生成右孩子 G，加入 q 队列，如图 6-16 所示。

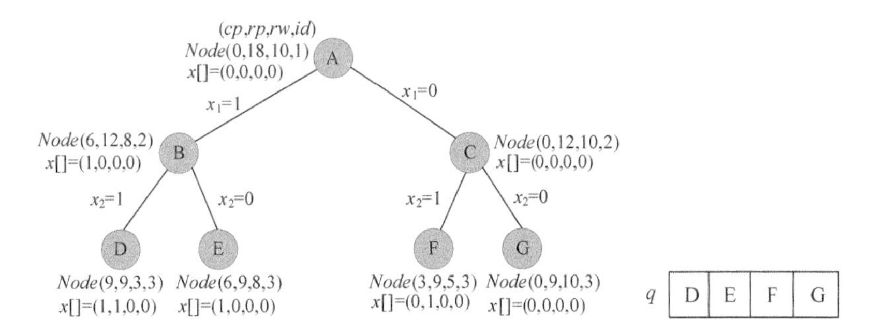

图 6-16　搜索过程及队列状态

（5）扩展 D 结点

队头元素 D 出队，该结点的 $cp+rp \geq bestp$，满足限界条件，可以扩展。rw=3>$goods$[3].$weight$=4，剩余容量小于 3 号物品重量，不满足约束条件，舍弃左分支。

再扩展右分支，cp=9，rp=9−5=4，$cp+rp \geq bestp$=9，满足限界条件，t=4，x[3]=0，解向量为 x[]=（1，1，0，0），生成右孩子 H，加入 q 队列，如图 6-17 所示。

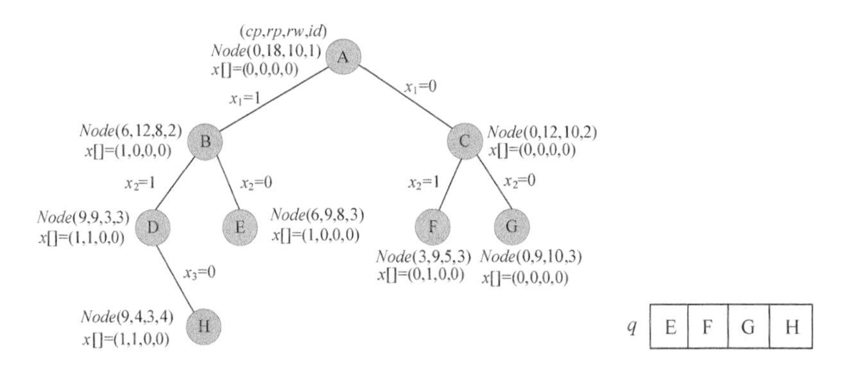

图 6-17　搜索过程及队列状态

（6）扩展 E 结点

队头元素 E 出队，该结点的 $cp+rp \geq bestp$，满足限界条件，可以扩展。rw=8>$goods$[3].$weight$=4，剩余容量大于 3 号物品重量，满足约束条件，cp=6+5=11，rp=9−5=4，rw=8−4=4，t=4，x[3]=1，解向量更新为 x[]=（1，0，1，0），生成左孩子 I，加入 q 队列，更新 $bestp$=11。

再扩展右分支，cp=6，rp=9−5=4，$cp+rp<bestp$=11，不满足限界条件，舍弃，如图 6-18 所示。

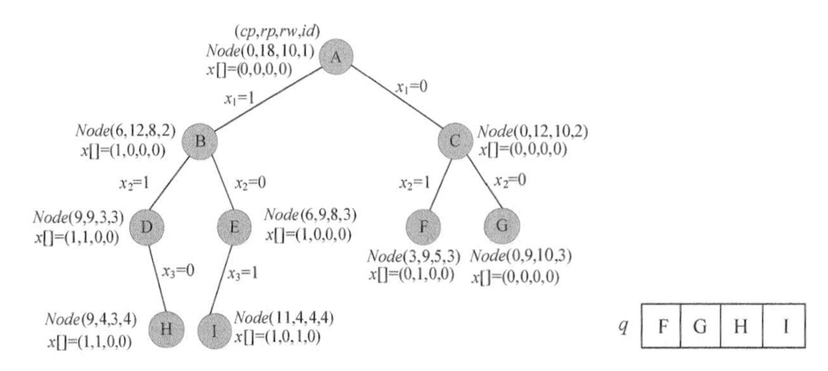

图 6-18 搜索过程及队列状态

（7）扩展 F 结点

队头元素 F 出队，该结点的 $cp+rp \geqslant bestp$，满足限界条件，可以扩展。$rw=5>goods[3].weight=4$，剩余容量大于 3 号物品重量，满足约束条件，$cp=3+5=8$，$rp=9-5=4$，$rw=5-4=1$，$t=4$，$x[3]=1$，解向量更新为 $x[]=$（0，1，1，0），生成左孩子 J，加入 q 队列。

再扩展右分支，$cp=3$，$rp=9-5=4$，$cp+rp<bestp=11$，不满足限界条件，舍弃，如图 6-19 所示。

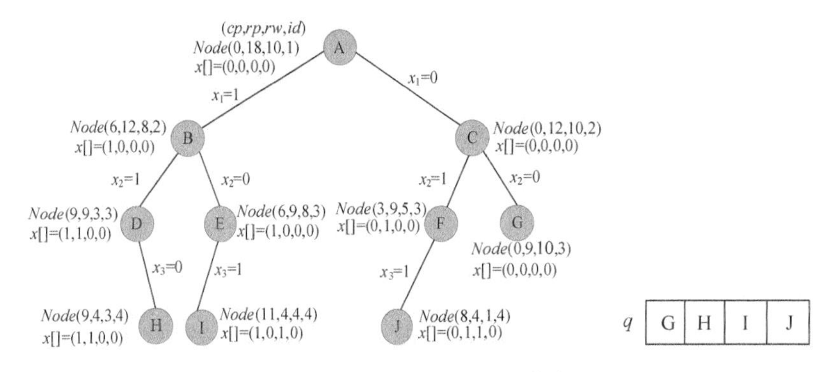

图 6-19 搜索过程及队列状态

（8）扩展 G 结点

队头元素 G 出队，该结点的 $cp+rp<bestp=11$，不满足限界条件，不再扩展。

（9）扩展 H 结点

队头元素 H 出队，该结点的 $cp+rp \geqslant bestp$，满足限界条件，可以扩展。$rw=3>goods[4].weight=2$，剩余容量大于 4 号物品重量，满足约束条件，令 $cp=9+4=13$，$rp=4-4=0$，$rw=3-2=1$，$t=5$，$x[4]=1$，解向量更新为 $x[]=$（1，1，0，1），生成左孩子 K，加入 q 队列，更新 $bestp=13$。

再扩展右分支，$cp=9$，$rp=4-4=0$，$cp+rp<bestp$，不满足限界条件，舍弃，如图 6-20 所示。

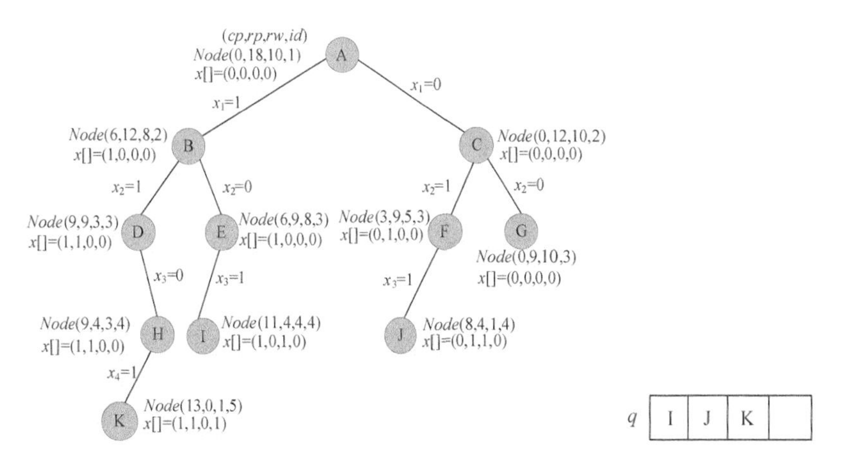

图 6-20　搜索过程及队列状态

（10）扩展 I 结点

队头元素 I 出队，该结点的 $cp+rp \geq bestp$，满足限界条件，可以扩展。rw=4>$goods$[4].$weight$=2，剩余容量大于 4 号物品重量，满足约束条件，cp=11+4=15，rp=4-4=0，rw=4−2=2，t=5，x[4]=1，解向量更新为 x[]=（1，0，1，1），生成左孩子 L，加入 q 队列，更新 $bestp$=15。

再扩展右分支，cp=11，rp=4−4=0，$cp+rp<bestp$，不满足限界条件，舍弃，如图 6-21 所示。

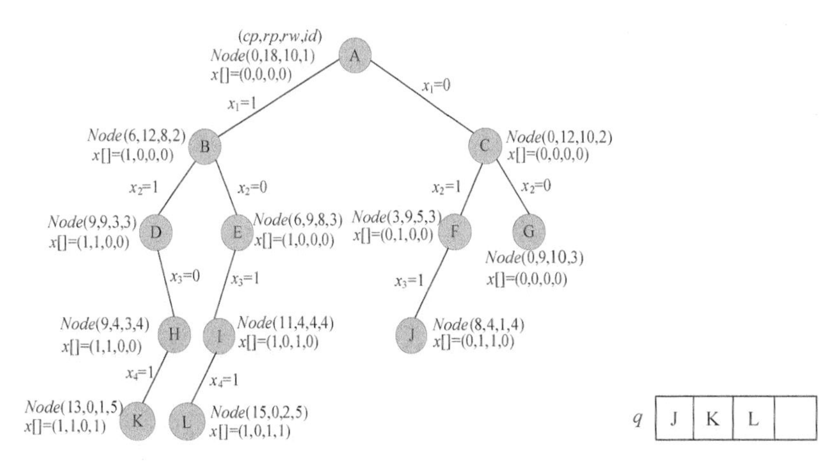

图 6-21　搜索过程及队列状态

（11）队头元素 J 出队，该结点的 $cp+rp<bestp$=15，不满足限界条件，不再扩展。

（12）队头元素 K 出队，扩展 K 结点：t=5，已经处理完毕，$cp<bestp$，不是最优解。

（13）队头元素 L 出队，扩展 L 结点：t=5，已经处理完毕，cp=$bestp$，是最优解，输出该解向量（1，0，1，1）。

（14）队列为空，算法结束。

6.2.4 伪代码详解

（1）根据算法设计中的数据结构，我们首先定义一个结点结构体 *Node*。

```
struct Node      //定义结点。每个节点来记录当前的解信息。
{
     int cp, rp; //cp背包的物品总价值，rp剩余物品的总价值
     int rw;     //剩余容量
     int id;     //物品号
     bool x[N];  //解向量
     Node() { memset(x, 0, sizeof(x)); }//解向量初始化为0
     Node(int _cp, int _rp, int _rw, int _id){
          cp = _cp;
          rp = _rp;
          rw = _rw;
          id = _id;
     }
};
```

在结构体中构造函数 *Node*（int *_cp*，int *_rp*，int *_rw*，int *_id*）是为了传递参数方便，可以参考 2.6.6 节明确为什么要使用构造函数。

（2）再定义一个物品结构体 *Goods*

我们在前面处理购物车问题时，使用了两个一维数组 *w*[]、*v*[]分别存储物品的重量和价值，在此我们使用一个结构体数组来存储。

```
struct Goods
{
     int weight;
     int value;
} goods[N];
```

（3）构建函数 *bfs* 进行子集树的搜索

首先创建一个普通队列（先进先出），然后将根结点加入队列中，如果队列不空，取出队头元素 *livenode*，得到当前处理的物品序号，如果当前处理的物品序号大于 *n*，说明搜到最后一个物品了，不需要往下搜索。如果当前的购物车没有剩余容量（已经装满）了，也不再扩展。如果当前放入购物车的物品价值大于等于最优值（*livenode.cp*≥*bestp*），则更新最优解和最优值。

判断是否约束条件，满足则生成左孩子，判断是否更新最优值，左孩子入队，不满足约束条件则舍弃左孩子；判断是否满足限界条件，满足则生成右孩子，右孩子入队，不满足限界条件则舍弃右孩子。

```
int bfs()
{
    int t,tcp,trp,trw;          //当前处理的物品序号 t，当前装入购物车物品价值 tcp，
                                //当前剩余物品价值 trp，当前剩余容量 trw
    queue<Node> q;              //创建一个普通队列（先进先出）
    q.push(Node(0, sumv, W, 1)); //压入一个初始结点
    while(!q.empty())           //如果队列不空
    {
        Node livenode, lchild, rchild;//定义 3 个结点型变量
        livenode=q.front();     //取出队头元素作为当前扩展结点 livenode
        q.pop();                //队头元素出队
        t=livenode.id;          //当前处理的物品序号
        // 搜到最后一个物品的时候不需要往下搜索。
        // 如果当前的购物车没有剩余容量（已经装满）了，不再扩展。
        if(t>n||livenode.rw==0)
        {
            if(livenode.cp>=bestp)//更新最优解和最优值
            {
               for(int i=1; i<=n; i++)
               {
                 bestx[i]=livenode.x[i];
               }
               bestp=livenode.cp;
            }
            continue;
        }
        //判断当前结点是否满足限界条件，如果不满足不再扩展
        if(livenode.cp+livenode.rp<bestp)
           continue;
        //扩展左孩子
        tcp=livenode.cp;        //当前购物车中的价值
        trp=livenode.rp-goods[t].value; //不管当前物品装入与否，剩余价值都会减少。
        trw=livenode.rw;        //购物车剩余容量
        if(trw>=goods[t].weight) //满足约束条件，可以放入购物车
        {
            lchild.rw=trw-goods[t].weight;
            lchild.cp=tcp+goods[t].value;
            lchild=Node(lchild.cp,trp,lchild.rw,t+1);//创建左孩子结点，传递参数
            for(int i=1;i<t;i++)
            {
              lchild.x[i]=livenode.x[i];//复制父亲结点的解向量
            }
            lchild.x[t]=true;
            if(lchild.cp>bestp)//比最优值大才更新
                bestp=lchild.cp;
            q.push(lchild);//左孩子入队
        }
        //扩展右孩子
        if(tcp+trp>=bestp)//满足限界条件，不放入购物车
        {
```

```
                    rchild=Node(tcp,trp,trw,t+1);//创建右孩子结点，传递参数
                    for(int i=1;i<t;i++)
                    {
                      rchild.x[i]=livenode.x[i];//复制父亲结点的解向量
                    }
                    rchild.x[t]=false;
                    q.push(rchild);//右孩子入队
               }
          }
          return bestp;  //返回最优值
     }
```

6.2.5 实战演练

```
//program 6-1
#include <iostream>
#include <algorithm>
#include <cstring>
#include <cmath>
#include <queue>
using namespace std;
const int N = 10;
bool bestx[N];
struct Node          //定义结点
{
     int cp, rp;     //cp 背包的物品总价值，rp 剩余物品的总价值
     int rw;         //剩余容量
     int id;         //物品号
     bool x[N];      //解向量
     Node() { memset(x, 0, sizeof(x)); }//解向量初始化为 0
     Node(int _cp, int _rp, int _rw, int _id){
          cp = _cp;
          rp = _rp;
          rw = _rw;
          id = _id;
     }
};
struct Goods
{
     int value;
     int weight;
} goods[N];
int bestp,W,n,sumw,sumv;
/*
  bestp 用来记录最优值
  W 为购物车最大容量
  n 为物品的个数
  sumw 为所有物品的总重量
  sumv 为所有物品的总价值
*/
```

```
//bfs 来进行子集树的搜索
int bfs()
{
    int t,tcp,trp,trw;
    queue<Node> q;                  //创建一个普通队列（先进先出）
    q.push(Node(0, sumv, W, 1)); //压入一个初始结点
    while(!q.empty())              //如果队列不空
    {
        Node livenode, lchild, rchild;//定义 3 个结点型变量
        livenode=q.front();        //取出队头元素作为当前扩展结点 livenode
        q.pop();                   //队头元素出队
        t=livenode.id;             //当前处理的物品序号
        // 搜到最后一个物品的时候不需要往下搜索
        // 如果当前的购物车没有剩余容量（已经装满）了，不再扩展
        if(t>n||livenode.rw==0)
        {
            if(livenode.cp>=bestp)//更新最优解和最优值
            {
              for(int i=1; i<=n; i++)
              {
                bestx[i]=livenode.x[i];
              }
              bestp=livenode.cp;
            }
            continue;
        }
        //判断当前结点是否满足限界条件，如果不满足不再扩展
        if(livenode.cp+livenode.rp<bestp)
          continue;
        //扩展左孩子
        tcp=livenode.cp;           //当前购物车中的价值
        trp=livenode.rp-goods[t].value; //不管当前物品装入与否，剩余价值都会减少。
        trw=livenode.rw;           //购物车剩余容量
        if(trw>=goods[t].weight)//满足约束条件，可以放入购物车
        {
            lchild.rw=trw-goods[t].weight;
            lchild.cp=tcp+goods[t].value;
            lchild=Node(lchild.cp,trp,lchild.rw,t+1);//传递参数
            for(int i=1;i<t;i++)
            {
              lchild.x[i]=livenode.x[i];//复制以前的解向量
            }
            lchild.x[t]=true;
            if(lchild.cp>bestp)//比最优值大才更新
               bestp=lchild.cp;
            q.push(lchild);     //左孩子入队
        }
        //扩展右孩子
        if(tcp+trp>=bestp)         //满足限界条件，不放入购物车
        {
            rchild=Node(tcp,trp,trw,t+1);//传递参数
```

```
                for(int i=1;i<t;i++)
                {
                  rchild.x[i]=livenode.x[i];//复制以前的解向量
                }
                rchild.x[t]=false;
                q.push(rchild);//右孩子入队
            }
        }
        return bestp;            //返回最优值
}
int main()
{
        //输入物品的个数和背包的容量
        cout << "请输入物品的个数 n: ";
        cin >> n;
        cout << "请输入购物车的容量 W: ";
        cin >> W;
        cout << "请依次输入每个物品的重量 w 和价值 v，用空格分开: ";
        bestp=0;                 //bestv 用来记录最优解
        sumw=0;                  //sumw 为所有物品的总重量
        sumv=0;                  //sum 为所有物品的总价值
        for(int i=1; i<=n; i++)
        {
             cin >> goods[i].weight >> goods[i].value;//输入第 i 件物品的体积和价值
             sumw+= goods[i].weight;
             sumv+= goods[i].value;
        }
        if(sumw<=W)
        {
             bestp=sumv;
             cout<<"放入购物车的物品最大价值为: "<<bestp<<endl;
             cout<<"所有的物品均放入购物车。";
             return 0;
        }
        bfs();
        cout<<"放入购物车的物品最大价值为: "<<bestp<<endl;
        cout<<"放入购物车的物品序号为: ";
        // 输出最优解
        for(int i=1; i<=n; i++)
        {
             if(bestx[i])
                 cout<<i<<"  ";
        }
        return 0;
}
```

算法实现和测试

（1）运行环境

Code::Blocks

（2）输入

```
请输入物品的个数 n：4
请输入购物车的容量 W：10
请依次输入每个物品的重量 w 和价值 v，用空格分开：
2 6 5 3 4 5 2 4
```

（3）输出

```
放入购物车的物品最大价值为：15
放入购物车的物品序号为：1  3  4
```

6.2.6 算法解析

（1）时间复杂度

算法的运行时间取决于它在搜索过程中生成的结点数，而限界函数可以大大减少所生成的结点个数，避免无效搜索，加快搜索速度。

左孩子需要判断约束函数，右孩子需要判断限界函数，那么最坏有多少个左孩子和右孩子呢？我们看规模为 n 的子集树，最坏情况下的状态如图 6-22 所示。

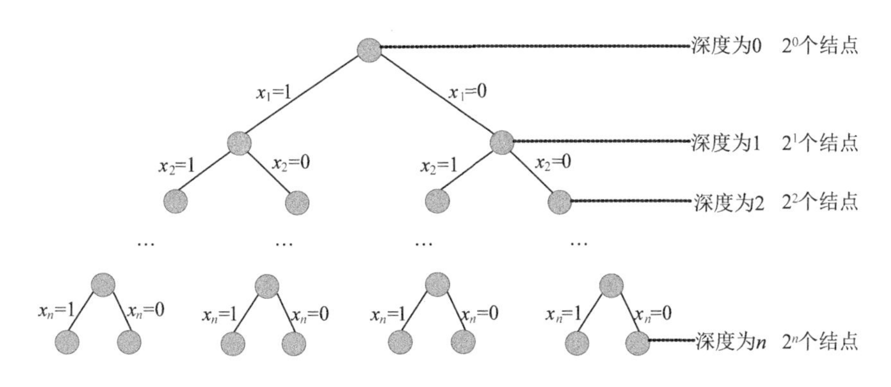

图 6-22　解空间树（子集树）

总的结点个数有 $2^0+2^1+\cdots+2^n=2^{n+1}-1$，减去树根结点再除 2 就得到了左右孩子结点的个数，左右孩子结点的个数=（$2^{n+1}-1-1$）/2=2^n-1。

约束函数时间复杂度为 $O(1)$，限界函数时间复杂度为 $O(1)$。最坏情况下有 $O(2^n)$个左孩子结点调用约束函数，有 $O(2^n)$个右孩子结点需要调用限界函数，故计算购物车问题的分支限界法的时间复杂度为 $O(2^{n+1})$。

（2）空间复杂度

空间主要耗费在 *Node* 结点里面存储的变量和解向量，因为最多有 $O(2^{n+1})$个结点，而每个结点的解向量需要 $O(n)$个空间，则空间复杂度为 $O(n*2^{n+1})$。其实每个结点都记录解向量的办法是很笨的噢，我们可以用指针记录当前结点的左右孩子和父亲，到达叶子时逆向找其父亲结点，直到根结点，就得到了解向量，这样空间复杂度降为 $O(n)$，大家不妨动手写写看。

6.2.7 算法优化拓展——优先队列式分支限界法

优先队列优化，简单来说就是以当前结点的上界为优先值，把普通队列改成优先队列，这样就得到了优先队列式分支限界法。

1．算法设计

优先级定义为活结点代表的部分解所描述的装入的物品价值上界，该价值上界越大，优先级越高。活结点的价值上界 *up* =活结点的 *cp*+剩余物品装满购物车剩余容量的最大价值 *rp′*。

约束条件：

$$\sum_{i=1}^{n} w_i x_i \leqslant W$$

限界条件：

$$up = cp + rp' \geqslant bestp$$

2．完美图解

假设我们现在有 4 个物品和购物车的容量，每个物品的重量 *w* 为（2，5，4，2），价值 *v* 为（6，3，5，4），购物车的容量为 10（*W*=10），如图 6-23 所示。求在不超过购物车容量的前提下，把哪些物品放入购物车，才能获得最大价值。

（1）初始化

sumw 和 *sumv* 分别用来统计所有物品的总重量和总价值。*sumw*=13，*sumv*=18，*sumw*>*W*，因此不能全部装完，需要搜索求解。

（2）按价值重量比非递增排序

把序号和价值重量比存储在辅助数组中，按价值重量比非递增排序，排序后的结果如图 6-24 所示。

goods[]	1	2	3	4
weight	2	5	4	2
value	6	3	5	4

图 6-23　物品的重量和价值

goods[]	1	4	3	2
weight	2	2	4	5
value	6	4	5	3

图 6-24　物品的重量和价值（排序后）

为了程序处理方便，把排序后的数据存储在 *w*[]和 *v*[]数组中。后面的程序在该数组上操作即可，如图 6-25 所示。

（3）创建根结点 A

初始化当前放入购物车的物品重量 *cp*=0；当前价值上界 *up*=*sumv*；当前剩余容量 *rw*=*W*；当前处理物品序号为 1；当前最优值 *bestp*=0。最优解初始化为 *x*[]=（0，0，0，0），创建一个根结点 *Node*（*cp*，*up*，*rw*，*id*），标记为 A，加入优先队列 *q* 中，如图 6-26 所示。

	1	2	3	4
w[]	2	2	4	5
v[]	6	4	5	3

图 6-25　物品的重量和价值

(cp,up,rw,id)
Node(0,18,10,1) A
x[]=(0,0,0,0)
q | A | | | |

图 6-26　搜索过程及优先队列状态

（4）扩展 A 结点

队头元素 A 出队，该结点的 *up*≥*bestp*，满足限界条件，可以扩展。*rw*=10>*w*[1]=2，剩余容量大于 1 号物品重量，满足约束条件，可以放入购物车，生成左孩子，令 *cp*=0+6=6，*rw*=10-2=8。

那么上界怎么算呢？*up*=*cp*+*rp'*=*cp*+剩余物品装满购物车剩余容量的最大价值 *rp'*。剩余容量还有 8，可以装入 2、3 号物品，装入后还有剩余容量 2，只能装入 4 号物品的一部分，装入的价值为剩余容量*单位重量价值，即 2×3/5=1.2，*rp'*=4+5+1.2=10.2，*up*= *cp*+*rp'*=16.2，在此需要注意，购物车问题属于 0-1 背包问题，物品要么装入，要么不装入，是不可以分割，这里为什么还会有部分装入的问题呢？很多同学看到这里都有这样的疑问，我们在此不是真的部分装入了，只是算上界而已。

令 *t*=2，*x*[1]=1，解向量更新为 *x*[]=（1，0，0，0），创建新结点 B，加入 *q* 队列，更新 *bestp*=6，如图 6-27 所示。

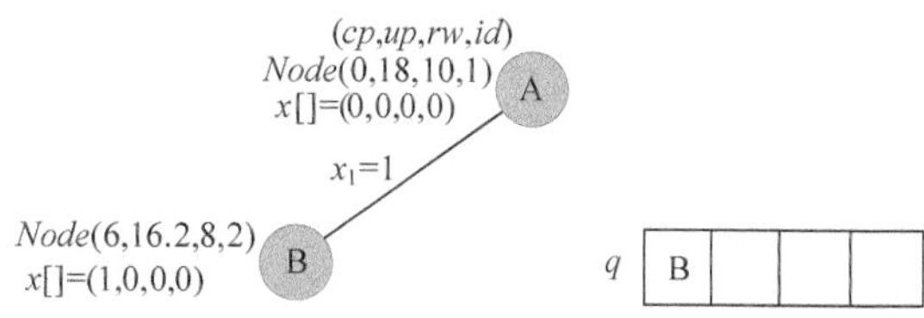

图 6-27　搜索过程及优先队列状态

再扩展右分支，*cp*=0，*rw*=10，剩余容量可以装入 2、3 号物品，装入后还有剩余容量 4，只能装入 4 号物品的一部分，装入的价值为剩余容量*单位重量价值，即 4×3/5=2.4，*rp'*=4+5+2.4=11.4，*up*=*cp*+*rp'*=11.4，*up*>*bestp*，满足限界条件，令 *t*=2，*x*[1]=0，解向量更新为 *x*[]=（0，0，0，0），生成右孩子 C，加入 *q* 队列，如图 6-28 所示。

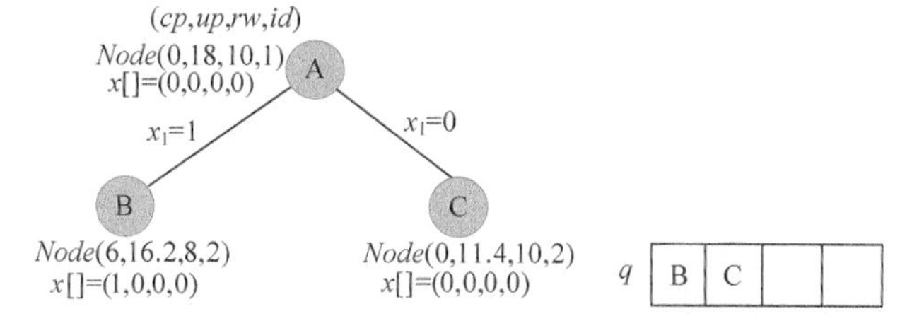

图 6-28　搜索过程及优先队列状态

（5）扩展 B 结点

队头元素 B 出队，该结点的 $up \geq bestp$，满足限界条件，可以扩展。剩余容量 $rw=8>w[2]=2$，大于 2 号物品重量，满足约束条件，令 $cp=6+4=10$，$rw=8-2=6$，$up=cp+rp'=10+5+2\times3/5=16.2$，$t=3$，$x[2]=1$，解向量更新为 $x[]=$（1，1，0，0），生成左孩子 D，加入 q 队列，更新 $bestp=10$。

再扩展右分支，$cp=6$，$rw=8$，剩余容量可以装入 3 号物品，4 号物品部分装入，$up=cp+rp'=6+5+3\times4/5=13.4$，$up>bestp$，满足限界条件，令 $t=3$，$x[2]=0$，解向量为 $x[]=$（1，0，0，0），生成右孩子 E，加入 q 队列。注意：q 为优先队列，其实是堆实现的，如果不想搞清楚，只需要知道每次 up 值最大的结点出队即可，如图 6-29 所示。

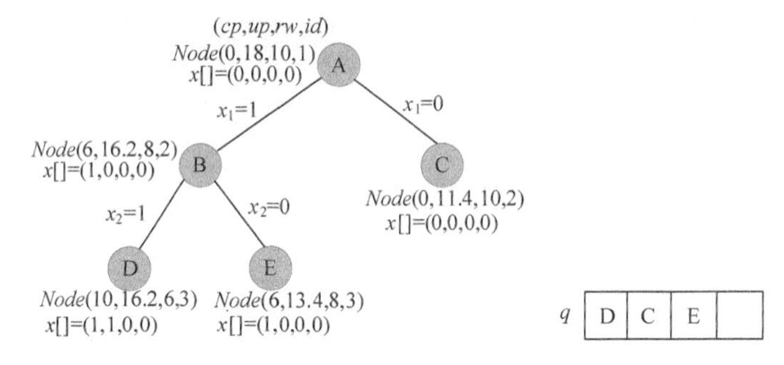

图 6-29 搜索过程及优先队列状态

（6）扩展 D 结点

队头元素 D 出队，该结点的 $up \geq bestp$，满足限界条件，可以扩展。剩余容量 $rw=6>w[3]=4$，大于 3 号物品重量，满足约束条件，令 $cp=10+5=15$，$rw=6-4=2$，$up=cp+rp'=10+5+2\times3/5=16.2$，$t=4$，$x[3]=1$，解向量更新为 $x[]=$（1，1，1，0），生成左孩子 F，加入 q 队列，更新 $bestp=15$。

再扩展右分支，$cp=10$，$rw=8$，剩余容量可以装入 4 号物品，$up=cp+rp'=10+3=13$，$up<bestp$，不满足限界条件，舍弃右孩子，如图 6-30 所示。

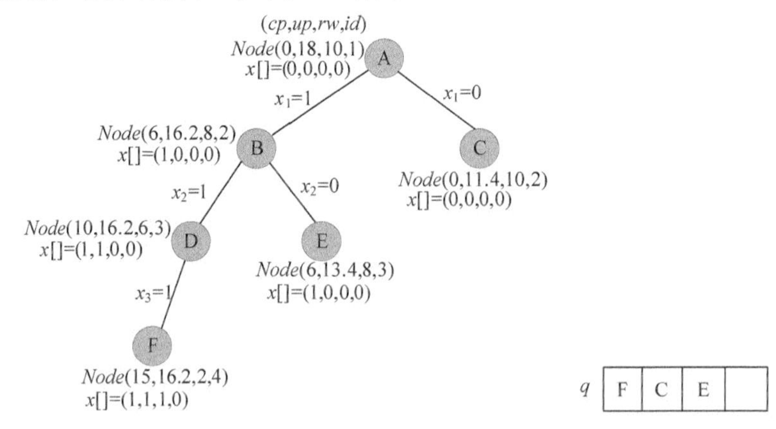

图 6-30 搜索过程及优先队列状态

（7）扩展 F 结点

队头元素 F 出队，该结点的 $up \geqslant bestp$，满足限界条件，可以扩展。剩余容量 $rw=2<w[4]=5$，不满足约束条件，舍弃左孩子。

再扩展右分支，$cp=15$，$rw=2$，虽然有剩余容量，但物品已经处理完毕，已没有物品可以装入，$up=cp+rp'=15+0=15$，$up \geqslant bestp$，满足限界条件，令 $t=5$，$x[4]=0$，解向量为 $x[]=$（1，1，1，0），生成右孩子 G，加入 q 队列，如图 6-31 所示。

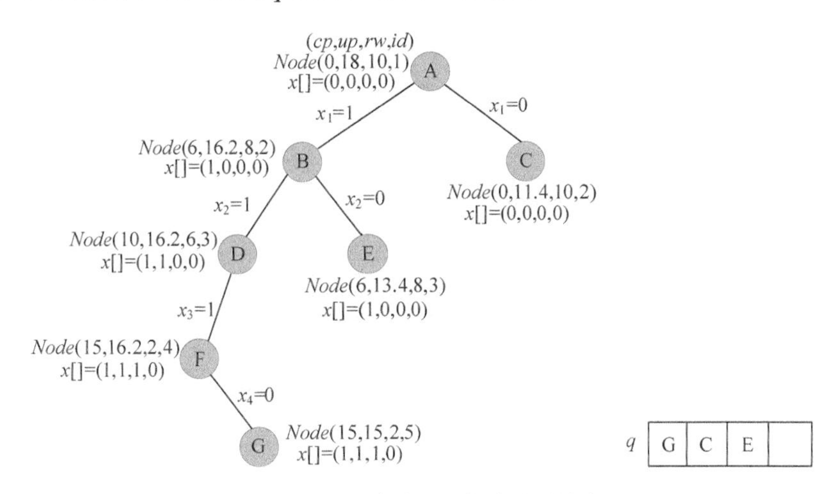

图 6-31　搜索过程及优先队列状态

（8）扩展 G 结点

队头元素 G 出队，该结点的 $up \geqslant bestp$，满足限界条件，可以扩展。$t=5$，已经处理完毕，$bestp=cp=15$，是最优解，解向量（1，1，1，0）。注意：虽然解是（1，1，1，0），但对应的物品原来的序号是 1、4、3。G 出队后队列，如图 6-32 所示。

q	E	C		

图 6-32　优先队列状态

（9）队头元素 E 出队，该结点的 $up<bestp$，不满足限界条件，不再扩展。

（10）队头元素 C 出队，该结点的 $up<bestp$，不满足限界条件，不再扩展。

（11）队列为空，算法结束。

3．伪码详解

（1）定义结点和物品结构体

```
struct Node      //定义结点,记录当前结点的解信息
{
    int cp;      //cp 装入购物车的物品价值
    double up;   //价值上界
    int rw;      //背包剩余容量
    int id;      //物品号
```

```
    bool x[N];
    Node() { memset(bestx, 0, sizeof(bestx)); }
    Node(int _cp, double _up, int _rw, int _id)
    {
        cp = _cp;
        up = _up;
        rw = _rw;
        id = _id;
    }
};
struct Goods   //定义物品结构体，包含物品重量、价值
{
    int weight;
    int value;
}goods[N];
```

（2）定义辅助结构体和排序优先级（从大到小排序）

```
struct Object  //包含物品序号和单位重量价值，用于按单位重量价值（价值/重量比）排序
{
    int id;   //物品序号
    double d; //单位重量价值
}S[N];
//定义排序优先级按照物品单位重量价值由大到小排序
bool cmp(Object a1,Object a2)
{
    return a1.d>a2.d;
}
```

（3）定义队列的优先级

以 *up* 为优先级，*up* 值越大，越优先。

```
bool operator <(const Node &a, const Node &b)
{
    return a.up<b.up;
}
```

（4）计算结点的上界

```
double Bound(Node tnode)
{
    double maxvalue=tnode.cp;//已装入购物车物品价值
    int t=tnode.id;//排序后序号
    double left=tnode.rw;//剩余容量
    while(t<=n&&w[t]<=left)
    {
        maxvalue+=v[t];
        left-=w[t];
        t++;
    }
    if(t<=n)
        maxvalue+=1.0*v[t]/w[t]*left;
    return maxvalue;
}
```

（5）优先队列分支限界法搜索函数

```
int priorbfs()
{
     int t,tcp,tup,trw;     //当前处理的物品序号 t，当前装入购物车物品价值 tcp，
    //当前装入购物车物品价值上界 tup，当前剩余容量 trw
    priority_queue<Node> q; //创建一个优先队列，优先级为装入购物车的物品价值上界 up
    q.push(Node(0, sumv, W, 1));//初始化，根结点加入优先队列
    while(!q.empty())
    {
        Node livenode, lchild, rchild;//定义 3 个结点型变量
        livenode=q.top();   //取出队头元素作为当前扩展结点 livenode
        q.pop();            //队头元素出队
        t=livenode.id;      //当前处理的物品序号
        // 搜到最后一个物品的时候不需要往下搜索。
        // 如果当前的购物车没有剩余容量（已经装满）了，不再扩展。
        if(t>n||livenode.rw==0)
        {
            if(livenode.cp>=bestp)//更新最优解和最优值
            {
               for(int i=1; i<=n; i++)
               {
                 bestx[i]=livenode.x[i];
               }
               bestp=livenode.cp;
            }
            continue;
        }
        //判断当前结点是否满足限界条件，如果不满足不再扩展
        if(livenode.up <bestp)
           continue;
        //扩展左孩子
        tcp=livenode.cp;    //当前购物车中的价值
        trw=livenode.rw;    //购物车剩余容量
        if(trw>=w[t])       //满足约束条件，可以放入购物车
        {
            lchild.cp=tcp+v[t];
            lchild.rw=trw-w[t];
            lchild.id=t+1;
            tup=Bound(lchild); //计算左孩子上界
            lchild=Node(lchild.cp,tup,lchild.rw,t+1);//传递参数
            for(int i=1;i<t;i++)
            {
              lchild.x[i]=livenode.x[i];//复制以前的解向量
            }
            lchild.x[t]=true;
            if(lchild.cp>bestp)//比最优值大才更新
                bestp=lchild.cp;
            q.push(lchild);//左孩子入队
        }
        //扩展右孩子
```

```
            rchild.cp=tcp;
            rchild.rw=trw;
            rchild.id=t+1;
            tup=Bound(rchild);   //右孩子计算上界
            if(tup>=bestp)       //满足限界条件，不放入购物车
            {
                 rchild=Node(tcp,tup,trw,t+1);//传递参数
                 for(int i=1;i<t;i++)
                 {
                   rchild.x[i]=livenode.x[i];//复制以前的解向量
                 }
                 rchild.x[t]=false;
                 q.push(rchild);//右孩子入队
              }
      }
      return bestp;                //返回最优值
}
```

4．实战演练

```
//program 6-1-1
#include <iostream>
#include <algorithm>
#include <cstring>
#include <cmath>
#include <queue>
using namespace std;
const int N = 10;
bool bestx[N];                       //记录最优解
int w[N],v[N];                       //辅助数组，用于存储排序后的重量和价值
struct Node                          //定义结点，记录当前结点的解信息
{
     int cp;                         //cp 装入购物车的物品价值
     double up;                      //价值上界
     int rw;                         //背包剩余容量
     int id;                         //物品号
     bool x[N];
     Node() { memset(x, 0, sizeof(x)); }
     Node(int _cp, double _up, int _rw, int _id)
     {
          cp = _cp;
          up = _up;
          rw = _rw;
          id = _id;
     }
};

struct Goods                         //定义物品结构体，包含物品重量、价值
{
     int weight;
     int value;
}goods[N];
```

```
struct Object//定义辅助物品结构体，包含物品序号和单位重量价值，用于按单位重量价值(价值/重量比)排序
{
     int id; //物品序号
     double d;//单位重量价值
}S[N];

//定义排序优先级按照物品单位重量价值由大到小排序
bool cmp(Object a1,Object a2)
{
     return a1.d>a2.d;
}

//定义队列的优先级。以 up 为优先级，up 值越大，也就越优先
bool operator <(const Node &a, const Node &b)
{
     return a.up<b.up;
}

int bestp,W,n,sumw,sumv;
/*
  bestv 用来记录最优解
  W 为背包的最大容量
  n 为物品的个数
  sumw 为所有物品的总重量
  sumv 为所有物品的总价值
*/

double Bound(Node tnode)
{
     double maxvalue=tnode.cp;//已装入购物车物品价值
     int t=tnode.id;//排序后序号
     double left=tnode.rw;//剩余容量
     while(t<=n&&w[t]<=left)
     {
          maxvalue+=v[t];
          left-=w[t];
          t++;
     }
     if(t<=n)
          maxvalue+=1.0*v[t]/w[t]*left;
     return maxvalue;
}
//priorbfs 为优先队列式分支限界法搜索
int priorbfs()
{
       int t,tcp,tup,trw; //当前处理的物品序号 t，当前装入购物车物品价值 tcp，
     //当前装入购物车物品价值上界 tup，当前剩余容量 trw
     priority_queue<Node> q; //创建一个优先队列,优先级为装入购物车的物品价值上界 up
     q.push(Node(0, sumv, W, 1));//初始化,根结点加入优先队列
     while(!q.empty())
     {
```

```
Node livenode, lchild, rchild;//定义 3 个结点型变量
livenode=q.top();              //取出队头元素作为当前扩展结点 livenode
q.pop();                       //队头元素出队
t=livenode.id;                 //当前处理的物品序号
// 搜到最后一个物品的时候不需要往下搜索。
// 如果当前的购物车没有剩余容量（已经装满）了，不再扩展
if(t>n||livenode.rw==0)
{
     if(livenode.cp>=bestp)    //更新最优解和最优值
     {
        for(int i=1; i<=n; i++)
        {
          bestx[i]=livenode.x[i];
        }
        bestp=livenode.cp;
     }
     continue;
}
//判断当前结点是否满足限界条件，如果不满足不再扩展
if(livenode.up <bestp)
   continue;
//扩展左孩子
tcp=livenode.cp;               //当前购物车中的价值
trw=livenode.rw;               //购物车剩余容量
if(trw>=w[t])                  //满足约束条件，可以放入购物车
{
     lchild.cp=tcp+v[t];
     lchild.rw=trw-w[t];
     lchild.id=t+1;
     tup=Bound(lchild);        //计算左孩子上界
     lchild=Node(lchild.cp,tup,lchild.rw,t+1);//传递参数
     for(int i=1;i<t;i++)
     {
       lchild.x[i]=livenode.x[i];//复制以前的解向量
     }
     lchild.x[t]=true;
     if(lchild.cp>bestp)       //比最优值大才更新
         bestp=lchild.cp;
     q.push(lchild);           //左孩子入队
}
//扩展右孩子
  rchild.cp=tcp;
  rchild.rw=trw;
  rchild.id=t+1;
  tup=Bound(rchild);           //右孩子计算上界
  if(tup>=bestp)               //满足限界条件，不放入购物车
  {
     rchild=Node(tcp,tup,trw,t+1);//传递参数
     for(int i=1;i<t;i++)
     {
       rchild.x[i]=livenode.x[i];//复制以前的解向量
     }
```

```
                rchild.x[t]=false;
                q.push(rchild);       //右孩子入队
              }
        }
        return bestp;                 //返回最优值。
}

int main()
{
        bestp=0;                      //bestv 用来记录最优解
        sumw=0;                       //sumw 为所有物品的总重量
        sumv=0;                       //sum 为所有物品的总价值
        cout << "请输入物品的个数 n：";
        cin >> n;
        cout << "请输入购物车的容量 W：";
        cin >> W;
        cout << "请依次输入每个物品的重量 w 和价值 v，用空格分开：";
        for(int i=1; i<=n; i++)
        {
             cin >> goods[i].weight >> goods[i].value;//输入第 i 件物品的体积和价值。
             sumw+= goods[i].weight;
             sumv+= goods[i].value;
             S[i-1].id=i;
             S[i-1].d=1.0*goods[i].value/goods[i].weight;
        }
        if(sumw<=W)
        {
             bestp=sumv;
             cout<<"放入购物车的物品最大价值为："<<bestp<<endl;
             cout<<"所有的物品均放入购物车。";
             return 0;
        }
        sort(S, S+n, cmp);            //按价值重量比非递增排序
        cout<<"排序后的物品重量和价值："<<endl;
        for(int i=1;i<=n;i++)
        {
             w[i]=goods[S[i-1].id].weight;//把排序后的数据传递给辅助数组
             v[i]=goods[S[i-1].id].value;
             cout<<w[i]<<"  "<<v[i]<<endl;
        }
        priorbfs();                   //优先队列分支限界法搜索
        // 输出最优解
        cout<<"放入购物车的物品最大价值为："<<bestp<<endl;
        cout<<"放入购物车的物品序号为：";
        //输出最优解
        for(int i=1;i<=n;i++)
        {
             if(bestx[i])
                 cout<<S[i-1].id<<" ";//输出原物品序号（排序前的）
        }
        return 0;
}
```

算法实现和测试

（1）运行环境

Code::Blocks

（2）输入

```
请输入物品的个数 n：4
请输入购物车的容量 W：10
请依次输入每个物品的重量 w 和价值 v，用空格分开：
2 6 5 3 4 5 2 4
```

（3）输出

排序后的物品重量和价值：

```
2  6
2  4
4  5
5  3
放入购物车的物品最大价值为：15
放入购物车的物品序号为：1 4 3
```

5．算法复杂度分析

虽然在算法复杂度数量级上，优先队列的分支限界法算法和普通队列的算法相同，但从图解可以看出，优先队列式的分支限界法算法生成的结点数更少，找到最优解的速度更快。

6.3 奇妙之旅 2——旅行商问题

终于有一个盼望已久的假期！立马拿出地图，标出最想去的 n 个景点，以及两个景点之间的距离 d_{ij}，为了节省时间，我们希望在最短的时间内看遍所有的景点，而且同一个景点只经过一次。怎么计划行程，才能在最短的时间内不重复地旅游完所有景点回到家呢？

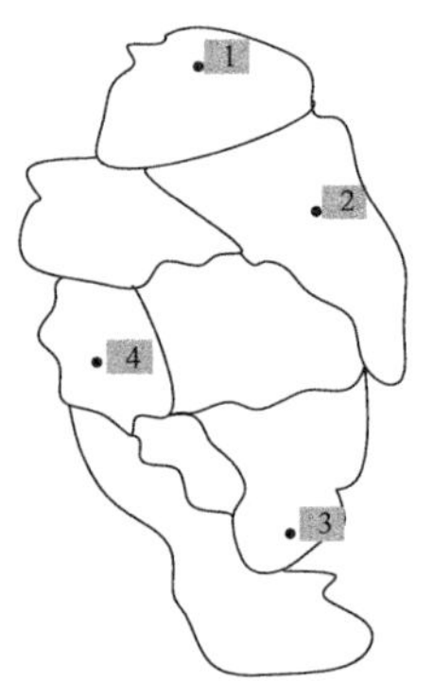

图 6-33 旅游景点地图

6.3.1 问题分析

现在我们从 1 号景点出发，游览其他 3 个景点，先给景点编号 1～4，每个景点用一个结点表示，可以直接到达的景点有连线，连线上的数字代表两个景点之间的路程（时间）。那么要去的景点地图就转化成了一个无向带权图，如图 6-34 所示。

在无向带权图 **G**=（V，E）中，结点代表景点，连线上的数字代表景点之间的路径长度。我们从 1 号结点出发，先走哪些景点，后走哪些景点呢？只要是可以直接到达的，即有边相连的，都是可以走的。问题就是要找出从出发地开始的一个景点排列，按照这个顺序旅行，不重复地走遍所有景点回到出发地，所经过的路径长度最短。

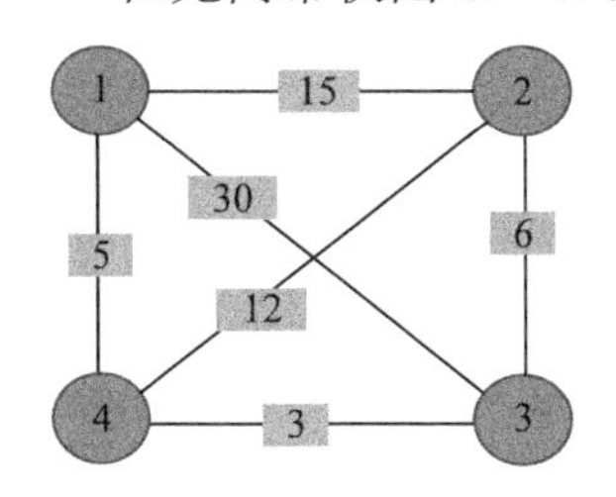

图 6-34 无向带权图

因此，问题的解空间是一棵排列树。显然，对于任意给定的一个无向带权图，存在某两个景点之间没有直接路径的情况。也就是说，并不是任何一个景点排列都是一条可行路径（问题的可行解），因此需要设置约束条件，判断排列中相邻的两个景点之间是否有边相连，有边的则可以走通；反之，不是可行路径。另外，在所有的可行路径中，要求找出一条最短路径，因此需要设置限界条件。

6.3.2 算法设计

（1）定义问题的解空间

奇妙之旅问题解的形式为 n 元组：$\{x_1, x_2, \cdots, x_i, \cdots, x_n\}$，分量 x_i 表示第 i 个要去的旅游景点编号，景点的集合为 $S=\{1, 2, \cdots, n\}$。因为景点不可重复走，因此在确定 x_i 时，前面走过的景点 $\{x_1, x_2, \cdots, x_{i-1}\}$ 不可以再走，x_i 的取值为 $S-\{x_1, x_2, \cdots, x_{i-1}\}$，$i=1, 2, \cdots, n$。

（2）解空间的组织结构

问题解空间是一棵排列树，树的深度为 n=4，如图 6-35 所示。

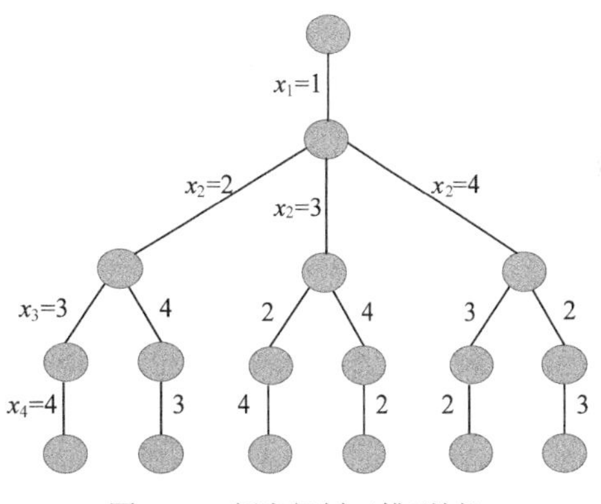

图 6-35 解空间树（排列树）

（3）搜索解空间

- 约束条件

用二维数组 **g**[][]存储无向带权图的邻接矩阵，如果 **g**[i][j]$\neq\infty$表示城市 i 和城市 j 有边相连，能走通。

- 限界条件

$cl<bestl$，cl 的初始值为 0，$bestl$ 始值为$+\infty$。

cl：当前已走过的城市所用的路径长度。

$bestl$：表示当前找到的最短路径的路径长度。

- 搜索过程

如果采用普通队列（先进先出）式的分支限界法，那么除了最后一层外，所有的结点都会生成，这显然不是我们想要的，因此解决该问题，普通队列式的分支限界法是不可行的。那么可以使用优先队列式分支限界法，加速算法的搜索速度。

设置优先级：当前已走过的城市所用的路径长度 *cl*。*cl* 越小，优先级越高。

从根结点开始，以广度优先的方式进行搜索。根节点首先成为活结点，也是当前的扩展结点。一次性生成所有孩子结点，判断孩子结点是否满足约束条件和限界条件，如果满足，则将其加入队列中；反之，舍弃。然后再从队列中取出一个元素，作为当前扩展结点，搜索过程队列为空时为止。

6.3.3 完美图解

例如，一个景点地图就转化成无向带权图后，如图 6-36 所示。

（1）数据结构

设置地图的带权邻接矩阵为 **g[][]**，即如果从顶点 *i* 到顶点 *j* 有边，就让 **g[*i*][*j*]**等于<*i*，*j*>的权值，否则 **g[*i*][*j*]**=∞（无穷大），如图 6-37 所示。

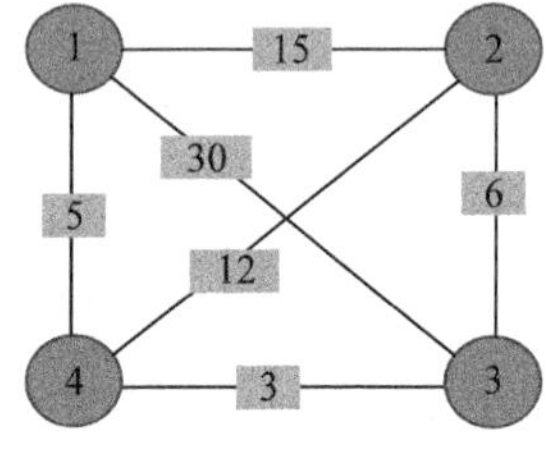

图 6-36 无向带权图

$$\begin{bmatrix} \infty & 15 & 30 & 5 \\ 15 & \infty & 6 & 12 \\ 30 & 6 & \infty & 3 \\ 5 & 12 & 3 & \infty \end{bmatrix}$$

图 6-37 邻接矩阵

（2）初始化

当前已走过的路径长度 *cl*=0，当前最优值 *bestl*=∞。初始化解向量 *x*[*i*]和最优解 *bestx*[*i*]，如图 6-38 和图 6-39 所示。

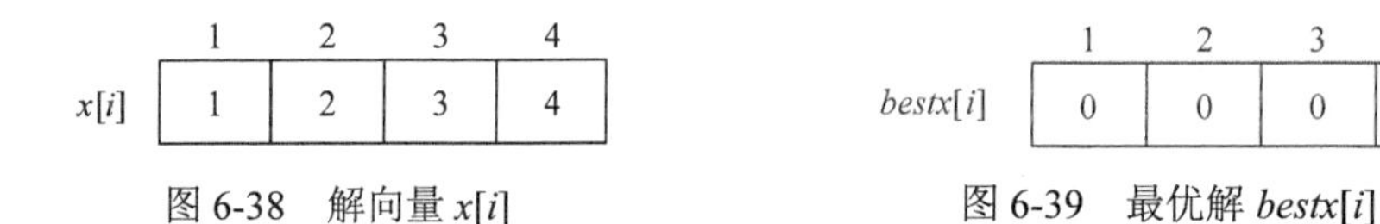

图 6-38 解向量 *x*[*i*]　　图 6-39 最优解 *bestx*[*i*]

（3）创建 A 节点

A_0 作为初始结点，因为我们是从 1 号结点出发，因此 *x*[1]=1，生成 A 结点。创建 A 结点 *Node*（*cl*，*id*），*cl*=0，*id*=2；*cl* 表示当前已走过的城市所用的路径长度，*id* 表示层号；解向量 *x*[]=（1，2，3，4），A 加入优先队列 *q* 中，如图 6-40 所示。

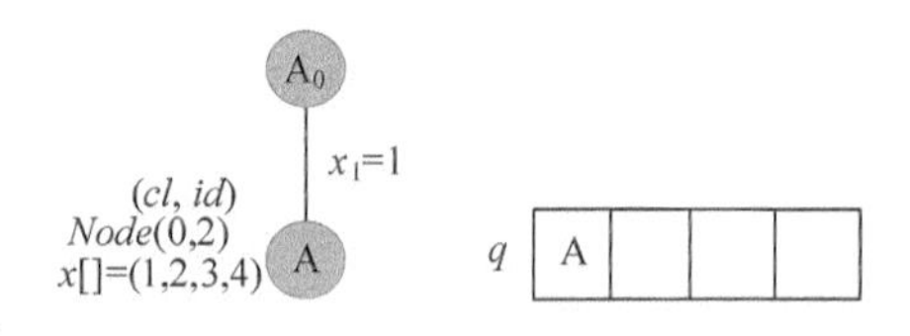

图 6-40 搜索过程及优先队列状态

（4）扩展 A 结点

队头元素 A 出队，一次性生成 A 结点的所有孩子，用 *t* 记录 A 结点的 *id*，*t*=2。

搜索A结点的所有分支，for(*j*=*t*; *j*<=*n*; *j*++)。对每一个 *j*，判断 *x*[*t*−1]结点和 *x*[*j*]结点是否有边相连，且 *cl*+**g**[*x*[*t*−1]][[*x*[*j*]]<*bestl*，即判定是否满足约束条件和限界条件。如果满足则生成新结点 *Node*（*cl*，*id*），新结点的 *cl*=*cl*+**g**[*x*[*t*−1]][[*x*[*j*]]，新结点的 *id*=*t*+1，复制父结点A的解向量，并执行交换操作 *swap*（*x*[*t*]，*x*[*j*]），刚生成的新结点加入优先队列；如果不满足，则舍弃。

- *j*=2：因为 *x*[1]结点和 *x*[2]结点有边相连，且 *cl*+**g**[1][2]=0+15=15<*bestl*=∞，满足约束条件和限界条件，生成B结点 *Node*（15，3）。复制父结点A的解向量 *x*[]=（1，2，3，4），并执行交换操作 *swap*（*x*[*t*]，*x*[*j*]），即 *x*[2]和 *x*[2]交换，解向量 *x*[]=（1，2，3，4）。B加入优先队列。
- *j*=3：因为 *x*[1]结点和 *x*[3]结点有边相连，且 *cl*+**g**[1][3]=0+30=30<*bestl*=∞，满足约束条件和限界条件，生成C结点 *Node*（30，3）。复制父结点A的解向量 *x*[]=（1，2，3，4），并执行交换操作 *swap*（*x*[*t*]，*x*[*j*]），即 *x*[2]和 *x*[3]交换，解向量 *x*[]=（1，3，2，4）。C加入优先队列。
- *j*=4：因为 *x*[1]结点和 *x*[4]结点有边相连，且 *cl*+**g**[1][4]=0+5=5<*bestl*=∞，满足约束条件和限界条件，生成D结点 *Node*（8，3）。复制父结点A的解向量 *x*[]=（1，2，3，4），并执行交换操作 *swap*（*x*[*t*]，*x*[*j*]），即 *x*[2]和 *x*[4]交换，解向量 *x*[]=（1，4，3，2）。D加入优先队列。

结果如图6-41所示。

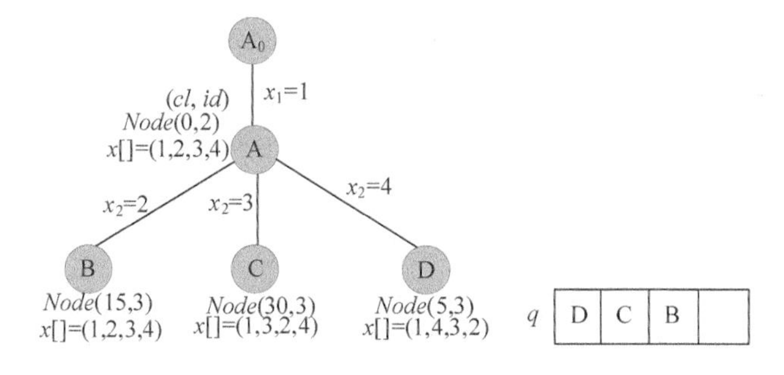

图6-41 搜索过程及优先队列状态

（5）队头元素D出队

一次性生成D结点的所有孩子，*x*[]=（1，4，3，2），用 *t* 记录D结点的 *id*，*t*=3。搜索D结点的所有分支，for(*j*=*t*; *j*<=*n*; *j*++)。

- *j*=3：因为 *x*[2]结点和 *x*[3]结点有边相连，且 *cl*+**g**[4][3]=5+3=8<*bestl*=∞，满足约束条件和限界条件，生成E结点 *Node*（8，4）。复制父结点D的解向量 *x*[]=（1，4，3，2），并执行交换操作 *swap*（*x*[*t*]，*x*[*j*]），即 *x*[3]和 *x*[3]交换，解向量 *x*[]=（1，4，3，2）。E加入优先队列。

- *j*=4：因为 *x*[2]结点和 *x*[4]结点有边相连，且 *cl*+**g**[4][2]=5+12=17<*bestl*=∞，满足约束条件和限界条件，生成 F 结点 *Node*（17，4）。复制父结点 D 的解向量 *x*[]=（1，4，3，2），并执行交换操作 *swap*（*x*[*t*]，*x*[*j*]），即 *x*[3]和 *x*[4]交换，解向量 *x*[]=(1，4，3，2)。F 加入优先队列。

结果如图 6-42 所示。

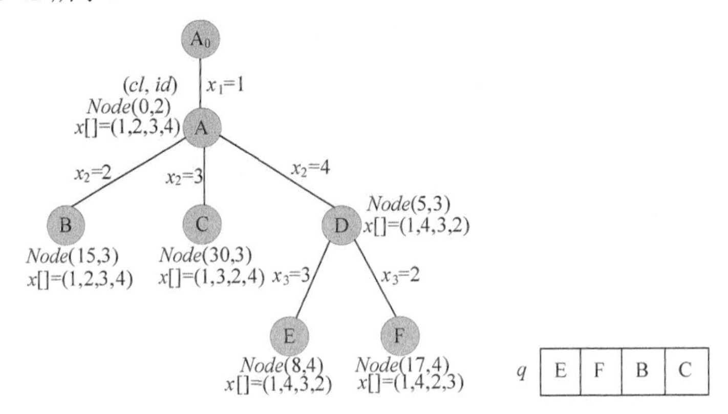

图 6-42　搜索过程及优先队列状态

（6）队头元素 E 出队

x[]=（1，4，3，2），用 *t* 记录 E 结点的 *id*，*t*=4。

- *j*=*n*，立即判断因为 *x*[3]=3 结点和 *x*[4]=2 结点有边相连，以及 *x*[4]=2 结点和 *x*[1]=1 结点有边相连，如果满足，则判断 *cl*+**g**[3][2]+**g**[2][1]=8+6+15=29<*bestl*=∞，立即更新最优值 *bestl*=29，更新最优解向量 *x*[]=（1，4，3，2）。

当前优先队列元素，如图 6-43 所示。

q	B	F	C	

图 6-43　优先队列状态

（7）队头元素 B 出队

一次性生成 B 结点的所有孩子，*x*[]=（1，2，3，4），用 *t* 记录 B 结点的 *id*，*t*=3。搜索 B 结点的所有分支，for(*j*=*t*; *j*<=*n*; *j*++)。

- *j*=3：因为 *x*[2]结点和 *x*[3]结点有边相连，且 *cl*+**g**[2][3]=15+6=21<*bestl*=29，满足约束条件和限界条件，生成 G 结点 *Node*（21，4）。复制父结点 B 的解向量 *x*[]=（1，2，3，4），并执行交换操作 *swap*（*x*[*t*]，*x*[*j*]），即 *x*[3]和 *x*[3]交换，解向量 *x*[]=（1，2，3，4）。G 加入优先队列。
- *j*=4：因为 *x*[2]结点和 *x*[4]结点有边相连，且 *cl*+**g**[2][4]=15+12=27<*bestl*=29，满足约束条件和限界条件，生成 H 结点 *Node*（17, 4）。复制父结点 B 的解向量 *x*[]=（1，2，3，4），并执行交换操作 *swap*（*x*[*t*]，*x*[*j*]），即 *x*[3]和 *x*[4]交换，解向量 *x*[]=（1，2，4，3）。H 加入优先队列。

结果如图 6-44 所示。

（8）队头元素 F 出队

x[]=（1，4，2，3），用 *t* 记录 E 结点的 *id*，*t*=4。

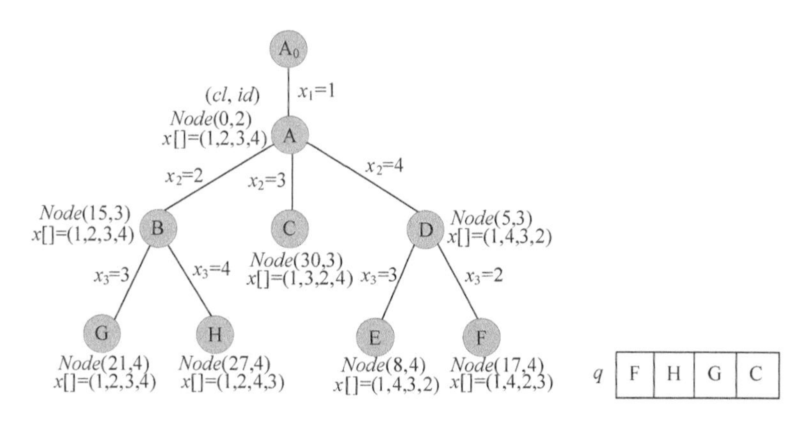

图 6-44　搜索过程及优先队列状态

- *j*=*n*，立即判断因为 *x*[3]=2 结点和 *x*[4]=3 结点有边相连，以及 *x*[4]=3 结点和 *x*[1]=1 结点有边相连，如果满足，则判断 *cl*+**g**[2][3]+**g**[3][1]=17+6+30>*bestl*=29，不更新。

当前优先队列元素，如图 6-45 所示。

q	G	H	C	

图 6-45　优先队列状态

（9）队头元素 G 出队

x[]=（1，2，3，4），用 *t* 记录 G 结点的 *id*，*t*=4。

- *j*=*n*，立即判断因为 *x*[3]=3 结点和 *x*[4]=4 结点有边相连，以及 *x*[4]=4 结点和 *x*[1]=1 结点有边相连，如果满足，则判断 *cl*+**g**[3][4]+**g**[4][1]=21+3+5=*bestl*=29，不更新。

（10）队头元素 H 出队

x[]=（1，2，4，3），用 *t* 记录 H 结点的 *id*，*t*=4。

- *j*=*n*，立即判断因为 *x*[3]=4 结点和 *x*[4]=3 结点有边相连，以及 *x*[4]=3 结点和 *x*[1]=1 结点有边相连，如果满足，则判断 *cl*+**g**[4][3]+**g**[3][1]=27+3+30>*bestl*=29，不更新。

（11）队头元素 C 出队

C 结点的 *cl*=30>*bestl*=29，不再扩展。队列为空，算法结束。

6.3.4 伪代码详解

（1）定义结点结构体

```
struct Node        //定义结点，记录当前结点的解信息
{
    double cl;  //当前已走过的路径长度
    int id;     //景点序号
    int x[N];   //记录当前路径
```

```
        Node() {}
        Node(double _cl,int _id)
        {
             cl = _cl;
             id = _id;
        }
};
```

（2）定义优先队列的优先级

以 *cl* 为优先级，*cl* 值越小，越优先。

```
bool operator <(const Node &a, const Node &b)
{
     return a.cl>b.cl;
}
```

（3）优先队列式分支限界法搜索函数

```
//Travelingbfs 为优先队列式分支限界法搜索
double Travelingbfs()
{
     int t;                      //当前处理的景点序号 t
     Node livenode,newnode;   //定义当前扩展结点 livenode,生成新结点 newnode
     priority_queue<Node> q; //创建优先队列，优先级为已经走过的路径长度cl，cl 值越小，越优先
     newnode=Node(0,2);        //创建根节点
     for(int i=1;i<=n;i++)
     {
         newnode.x[i]=i;       //初时化根结点的解向量
     }
     q.push(newnode);          //根结点加入优先队列
     while(!q.empty())
     {
          livenode=q.top();   //取出队头元素作为当前扩展结点 livenode
          q.pop();            //队头元素出队
          t=livenode.id;      //当前处理的景点序号
          // 搜到倒数第 2 个结点时个景点的时候不需要往下搜索
          if(t==n)            //立即判断是否更新最优解，
          //例如当前找到一个路径（1243），到达 4 号结点时，立即判断 g[4][3]和 g[3][1]是
否有边相连，如果有边则判断当前路径长度 cl+g[4][3]+g[3][1]<bestl，满足则更新最优值和最优解
          {
               //说明找到了一条更好的路径，记录相关信息
               if(g[livenode.x[n-1]][livenode.x[n]]!=INF&&g[livenode.x[n]][1]!=INF)
                 if(livenode.cl+g[livenode.x[n-1]][livenode.x[n]]+g[livenode
.x[n]][1]<bestl)
                 {
                     bestl=livenode.cl+g[livenode.x[n-1]][livenode.x[n]]+g[l
ivenode.x[n]][1];
                     for(int i=1;i<=n;i++)
                     {
                       bestx[i]=livenode.x[i];//记录最优解
                     }
                  }
```

```
                    continue;
            }
            //判断当前结点是否满足限界条件，如果不满足不再扩展
           if(livenode.cl>=bestl)
                continue;
            //扩展
            //没有到达叶子结点
            for(int j=t; j<=n; j++)//搜索扩展结点的所有分支
            {
              if(g[livenode.x[t-1]][livenode.x[j]]!=INF)//如果x[t-1]景点与x[j]
景点有边相连
                {
                      double cl=livenode.cl+g[livenode.x[t-1]][livenode.x[j]];
                      if(cl<bestl)//有可能得到更短的路线
                      {
                            newnode=Node(cl,t+1);
                            for(int i=1;i<=n;i++)
                            {
                              newnode.x[i]=livenode.x[i];//复制以前的解向量
                            }
                            swap(newnode.x[t], newnode.x[j]);//交换x[t]、x[j]两个
元素的值
                            q.push(newnode);//新结点入队
                      }
                }
            }
        }
        return bestl;                                   //返回最优值
    }
```

6.3.5 实战演练

```
    //program 6-2
    #include <iostream>
    #include <algorithm>
    #include <cstring>
    #include <cmath>
    #include <queue>
    using namespace std;
    const int INF=1e7;                              //设置无穷大的值为10^7
    const int N=100;
    double g[N][N];                                 //景点地图邻接矩阵
    int bestx[N];                                   //记录当前最优路径
    double bestl;                                   //当前最优路径长度
    int n,m;                                        //景点个数n,边数m
    struct Node                                     //定义结点，记录当前结点的解信息
    {
         double cl;                                 //当前已走过的路径长度
         int id;                                    //景点序号
         int x[N];                                  //记录当前路径
         Node() {}
```

```
        Node(double _cl,int _id)
        {
             cl = _cl;
             id = _id;
        }
    };
    //定义队列的优先级。以 cl 为优先级，cl 值越小，越优先
    bool operator <(const Node &a, const Node &b)
    {
        return a.cl>b.cl;
    }
    //Travelingbfs 为优先队列式分支限界法搜索
    double Travelingbfs()
    {
        int t;                          //当前处理的景点序号 t
        Node livenode,newnode;          //定义当前扩展结点 livenode,生成新结点 newnode
        priority_queue<Node> q; //创建一个优先队列，优先级为已经走过的路径长度 cl，cl 值
越小，越优先
        newnode=Node(0,2);              //创建根节点
        for(int i=1;i<=n;i++)
        {
            newnode.x[i]=i;             //初时化根结点的解向量
        }
        q.push(newnode);                //根结点加入优先队列
        while(!q.empty())
        {
             livenode=q.top();          //取出队头元素作为当前扩展结点 livenode
             q.pop();                   //队头元素出队
             t=livenode.id;             //当前处理的景点序号
             // 搜到倒数第 2 个结点时个景点的时候不需要往下搜索
             if(t==n)                   //立即判断是否更新最优解
             //例如当前找到一个路径（1243），到达 4 号结点时，立即判断 g[4][3]和 g[3][1]是
否有边相连，如果有边则判断当前路径长度 cl+g[4][3]+g[3][1]<bestl，满足则更新最优值和最优解
             {
                 //说明找到了一条更好的路径，记录相关信息
                 if(g[livenode.x[n-1]][livenode.x[n]]!=INF&&g[livenode.x[n]][1]!=INF)
                    if(livenode.cl+g[livenode.x[n-1]][livenode.x[n]]+g[livenod
e.x[n]][1]<bestl)
                    {
                       bestl=livenode.cl+g[livenode.x[n-1]][livenode.x[n]]+g[l
ivenode.x[n]][1];
                       cout<<endl;
                       //记录当前最优的解向量
                       for(int i=1;i<=n;i++)
                       {
                         bestx[i]=livenode.x[i];
                        }
                    }
                  continue;
             }
             //判断当前结点是否满足限界条件，如果不满足不再扩展
            if(livenode.cl>=bestl)
```

```
                continue;
            //扩展
            //没有到达叶子结点
            for(int j=t; j<=n; j++)//搜索扩展结点的所有分支
            {
              if(g[livenode.x[t-1]][livenode.x[j]]!=INF)//如果x[t-1]景点与x[j]
景点有边相连
                {
                    double cl=livenode.cl+g[livenode.x[t-1]][livenode.x[j]];
                    if(cl<bestl)//有可能得到更短的路线
                    {
                        newnode=Node(cl,t+1);
                        for(int i=1;i<=n;i++)
                        {
                          newnode.x[i]=livenode.x[i];//复制以前的解向量
                        }
                        swap(newnode.x[t], newnode.x[j]);//交换x[t]、x[j]两个
元素的值
                        q.push(newnode);//新结点入队
                    }
                }
            }
        }
        return bestl;//返回最优值
    }

    void init()//初始化
    {
        bestl=INF;
        for(int i=0; i<=n; i++)
        {
            bestx[i]=0;
        }
        for(int i=1;i<=n;i++)
            for(int j=i;j<=n;j++)
                g[i][j]=g[j][i]=INF;//表示路径不可达
    }
    void print()//打印路径
    {
        cout<<endl;
        cout<<"最短路径：";
        for(int i=1;i<=n;i++)
            cout<<bestx[i]<<"--->";
        cout<<"1"<<endl;
        cout<<"最短路径长度："<<bestl;
    }

    int main()
    {
        int u, v, w;//u,v代表城市，w代表u和v城市之间路的长度
```

```
        cout << "请输入景点数 n（结点数）: ";
        cin >> n;
        init();
        cout << "请输入景点之间的连线数（边数）: ";
        cin >> m;
        cout << "请依次输入两个景点 u 和 v 之间的距离 w，格式：景点 u 景点 v 距离 w："<<endl;
        for(int i=1;i<=m;i++)
        {
            cin>>u>>v>>w;
            g[u][v]=g[v][u]=w;
        }
        Travelingbfs();
        print();
        return 0;
}
```

算法实现和测试

（1）运行环境

Code::Blocks

（2）输入

```
请输入景点数 n（结点数）: 4
请输入景点之间的连线数（边数）: 6
请依次输入两个景点 u 和 v 之间的距离 w，格式：景点 u 景点 v 距离 w
1 2 15
1 3 30
1 4 5
2 3 6
2 4 12
3 4 3
```

（3）输出

```
最短路径：1--->4--->3--->2--->1
最短路径长度：29
```

6.3.6 算法解析

（1）时间复杂度

最坏情况下，如图 6-46 所示。除了最后一层外，有 $1+n+n(n-1)+\cdots+(n-1)(n-2)\cdots2\leqslant n(n-1)!$个结点需要判断约束函数和限界函数，判断两个函数需要 $O(1)$的时间，因此耗时 $O(n!)$，时间复杂度为 $O(n!)$。

（2）空间复杂度

程序中我们设置了每个结点都要记录当前的解向量 x[]数组，占用空间为 $O(n)$，结点的个数最坏为 $O(n!)$，所以该算法的空间复杂度为 $O(n*n!)$。

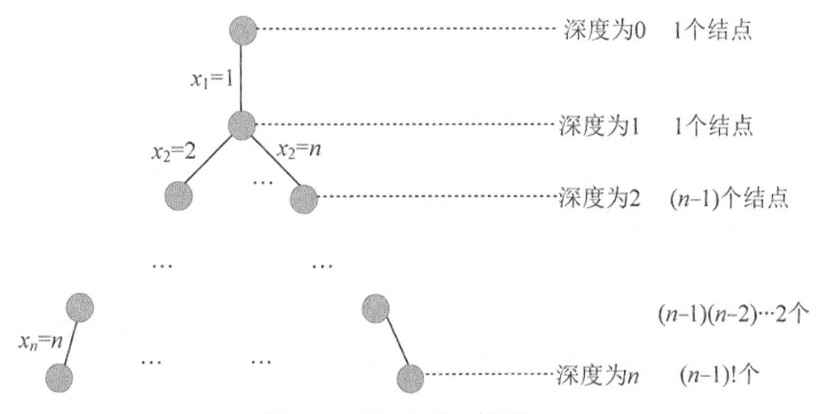

图 6-46 解空间树（排列树）

6.3.7 算法优化拓展

1．算法设计

算法开始时创建一个用于表示活结点优先队列。每个结点的费用下界 *zl*=*cl*+*rl* 值作为优先级。*cl* 表示已经走过的路径长度，*rl* 表示剩余路径长度的下界，*rl* 用剩余每个结点的最小出边之和来计算。初始时先计算图中每个顶点 *i* 的最小出边并用 *minout*[*i*]数组记录，*minsum* 记录所有结点的最小出边之和。如果所给的有向图中某个顶点没有出边，则该图不可能有回路，算法立即结束。

（1）约束条件

用二维数组 **g**[][]存储无向带权图的邻接矩阵，如果 **g**[*i*][*j*]≠∞表示城市 *i* 和城市 *j* 有边相连，能走通。

（2）限界条件

zl<*bestl*。

zl=*cl*+*rl*。

cl：当前已走过的城市所用的路径长度。

rl：当前剩余路径长度的下界。

bestl：当前找到的最短路径的路径长度。

（3）优先级

设置优先级：*zl* 指已经走过的路径长度+剩余路径长度的下界。*zl* 越小，优先级越高。

2．完美图解

例如，一个景点地图就转化成无向带权图后，如图 6-47 所示。

（1）数据结构

设置地图的带权邻接矩阵为 **g**[][]，即如果从顶点 *i* 到顶点 *j* 有边，就让 **g**[*i*][*j*]=<*i*，*j*>的权值，否则 **g**[*i*][*j*]=∞（无穷大）。如图 6-48 所示。

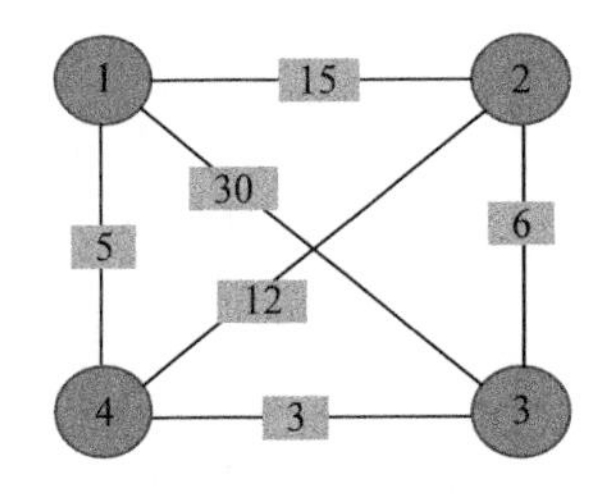

图 6-47　无向带权图

$$\begin{bmatrix} \infty & 15 & 30 & 5 \\ 15 & \infty & 6 & 12 \\ 30 & 6 & \infty & 3 \\ 5 & 12 & 3 & \infty \end{bmatrix}$$

图 6-48　邻接矩阵

（2）初始化

当前已走过的路径长度 *cl*=0，*rl*=*minsum*=17=*cl*+*rl*=*minsum*，当前最优值 *bestl*=∞。初始化解向量 *x*[*i*]、最优解 *bestx*[*i*]和最小出边 *minout*[*i*]，如图 6-49～图 6-51 所示。

	1	2	3	4
x[*i*]	1	2	3	4

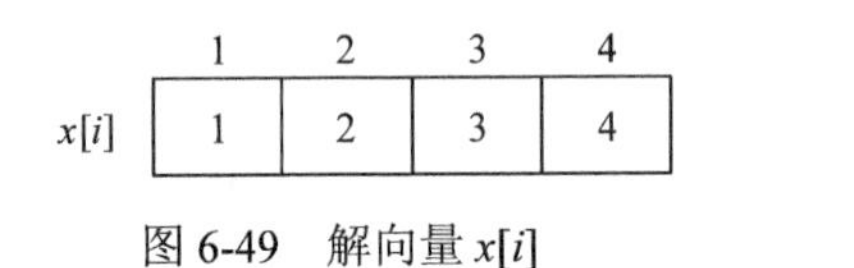

图 6-49　解向量 *x*[*i*]

	1	2	3	4
bestx[*i*]	0	0	0	0

图 6-50　最优解 bestx[*i*]

（3）创建 A 节点

A_0 作为初始结点，因为我们是从 1 号结点出发，因此 *x*[1]=1，生成 A 结点。创建 A 结点 *Node*（*zl*，*cl*，*rl*，*id*），*cl*=0，*rl*=*minsum*=17，*zl*=*cl*+*rl*=17，*id*=2；*cl* 表示当前已走过的城市的路径长度，*rl* 表示剩余路径长度的下界，*zl*=*cl*+*rl* 作为优先级，*id* 表示层号；解向量 *x*[]=（1，2，3，4），A 加入优先队列 *q* 中，如图 6-52 所示。

	1	2	3	4
minout[*i*]	5	6	3	3

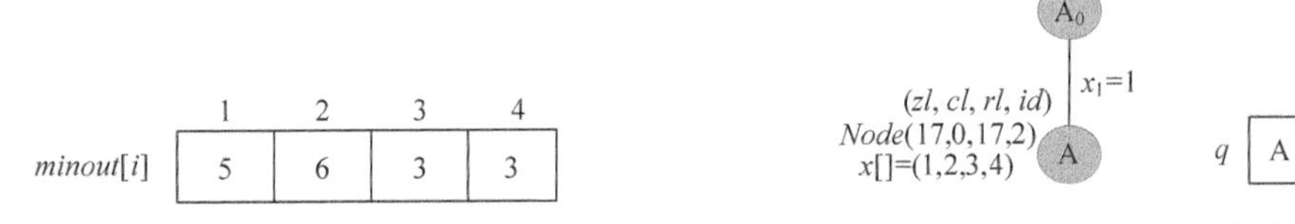

图 6-51　最小出边 *minout*[*i*]

图 6-52　搜索过程及优先队列状态

（4）扩展 A 结点

队头元素 A 出队，一次性生成 A 结点的所有孩子，A 的解向量 *x*[]=（1，2，3，4），用 *t* 记录 A 结点的 *id*，*t*=2。

搜索 A 结点的所有分支，for(*j*=*t*; *j*<=*n*; *j*++)。对每一个 *j*，判断 *x*[*t*−1]结点和 *x*[*j*]结点是否有边相连，且 *cl*=*cl*+**g**[*x*[*t*−1]][[*x*[*j*]]，*rl*=*rl*−*minout*[*x*[*j*]]，*zl*=*cl*+*rl*，*zl*<*bestl*，即判定是否满足约束条件和限界条件，如果满足则生成新结点 *NodeNode*（*zl*，*cl*，*rl*，*id*），新结点的 *id*=*t*+1，复制父结点 A 的解向量，并执行交换操作 *swap*（*x*[*t*]，*x*[*j*]），刚生成的新结点加入优先队列；

如果不满足，则舍弃。

- *j*=2：因为 *x*[1]结点和 *x*[2]结点有边相连，且 *cl*+**g**[1][2]=0+15=15，*rl*=*rl*−*minout*[2]=11，*zl*=*cl*+*rl*=26，*zl*<*bestl*=∞，满足约束条件和限界条件，生成 B 结点 *Node*（26，15，11，3）。复制父结点 A 的解向量 *x*[]=（1，2，3，4），并执行交换操作 *swap*（*x*[*t*]，*x*[*j*]），即 *x*[2]和 *x*[2]交换，解向量 *x*[]=（1，2，3，4）。B 加入优先队列。
- *j*=3：因为 *x*[1]结点和 *x*[3]结点有边相连，且 *cl*+**g**[1][3]=0+30=30，*rl*=*rl*−*minout*[3]=14，*zl*=*cl*+*rl*=44，*zl*<*bestl*=∞，满足约束条件和限界条件，生成 C 结点 *Node*（44，30，14，3）。复制父结点 A 的解向量 *x*[]=（1，2，3，4），并执行交换操作 *swap*（*x*[*t*]，*x*[*j*]），即 *x*[2]和 *x*[3]交换，解向量 *x*[]=（1，3，2，4）。C 加入优先队列。
- *j*=4：因为 *x*[1]结点和 *x*[4]结点有边相连，且 *cl*+**g**[1][4]=0+5=5，*rl*=*rl*−*minout*[4]=14，*zl*=*cl*+*rl*=19，*zl*<*bestl*=∞，满足约束条件和限界条件，生成 D 结点 *Node*（19，5，14，3）。复制父结点 A 的解向量 *x*[]=（1，2，3，4），并执行交换操作 *swap*（*x*[*t*]，*x*[*j*]），即 *x*[2]和 *x*[4]交换，解向量 *x*[]=（1，4，3，2）。D 加入优先队列。

结果如图 6-53 所示。

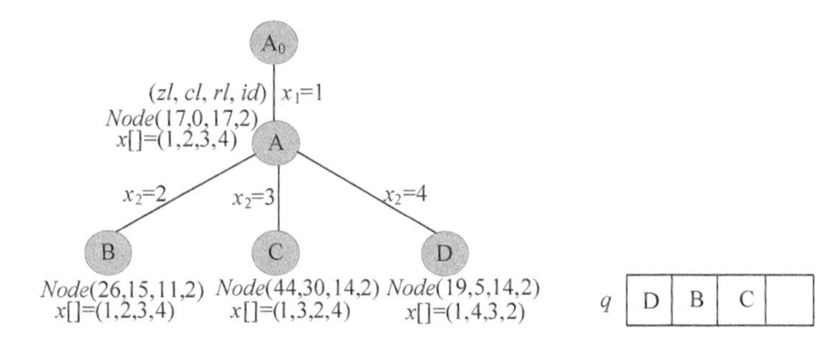

图 6-53　搜索过程及优先队列状态

（5）队头元素 D 出队

一次性生成 D 结点的所有孩子，D 的解向量 *x*[]=（1，4，3，2），用 *t* 记录 D 结点的 *id*，*t*=3。搜索 D 结点的所有分支，for(*j*=*t*; *j*<=*n*; *j*++)。

- *j*=3：因为 *x*[2]=4 结点和 *x*[3]=3 结点有边相连，且 *cl*+**g**[4][3]=5+3=8，*rl*=*rl*−*minout*[3]=11，*zl*=*cl*+*rl*=19，*zl*<*bestl*=∞，满足约束条件和限界条件，生成 E 结点 *Node*（19，8，11，4）。复制父结点 D 的解向量 *x*[]=（1，4，3，2），并执行交换操作 *swap*（*x*[*t*]，*x*[*j*]），即 *x*[3]和 *x*[3]交换，解向量 *x*[]=（1，4，3，2）。E 加入优先队列。
- *j*=4：因为 *x*[2]=4 结点和 *x*[4]=2 结点有边相连，且 *cl*+**g**[4][2]=5+12=17，*rl*=*rl*−*minout*[2]=8，*zl*=*cl*+*rl*=25，*zl*<*bestl*=∞，满足约束条件和限界条件，生成 F 结点 *Node*（25，17，8，4）。复制父结点 D 的解向量 *x*[]=（1，4，3，2），并执行交换操作 *swap*（*x*[*t*]，*x*[*j*]），即 *x*[3]和 *x*[4]交换，解向量 *x*[]=（1，4，2，3）。F 加入优先队列。

结果如图 6-54 所示。

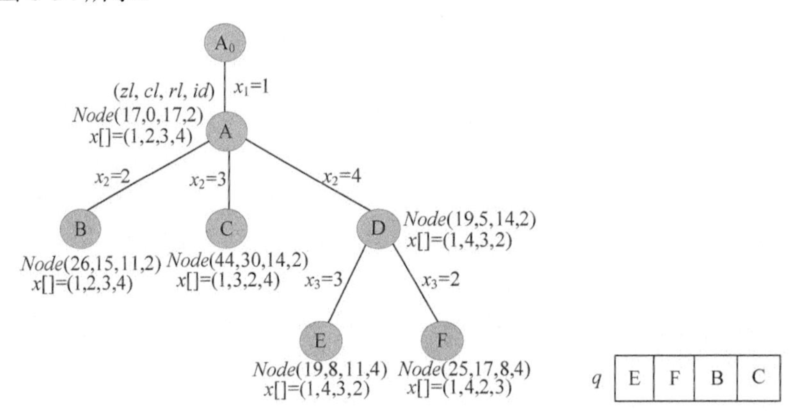

图 6-54　搜索过程及优先队列状态

（6）队头元素 E 出队

E 的解向量 *x*[]=（1，4，3，2），用 *t* 记录 E 结点的 *id*，*t*=4。

- *j*=*n*，立即判断 *x*[3]=3 结点和 *x*[4]=2 结点有边相连，以及 *x*[4]=2 结点和 *x*[1]=1 结点有边相连，如果满足，则判断 *cl*+**g**[3][2]+**g**[2][1]=8+6+15=29<*bestl*=∞，立即更新最优值 *bestl*=29，更新最优解向量 *x*[]=（1，4，3，2）。

当前优先队列元素，如图 6-55 所示。

（7）队头元素 F 出队

F 的解向量 *x*[]=（1，4，2，3），用 *t* 记录 E 结点的 *id*，*t*=4。

- *j*=*n*，立即判断 *x*[3]=2 结点和 *x*[4]=3 结点有边相连，以及 *x*[4]=3 结点和 *x*[1]=1 结点有边相连，如果满足，则判断 *cl*+**g**[2][3]+**g**[3][1]=17+6+30=53>*bestl*=29，不更新最优解。

当前优先队列元素，如图 6-56 所示。

图 6-55　优先队列状态　　图 6-56　优先队列状态

（8）队头元素 B 出队

一次性生成 B 结点的所有孩子，B 的解向量 *x*[]=（1，2，3，4），用 *t* 记录 B 结点的 *id*，*t*=3。搜索 B 结点的所有分支，for(*j*=*t*; *j*<=*n*; *j*++)。

- *j*=3：因为 *x*[2]结点和 *x*[3]结点有边相连，且 *cl*+**g**[2][3]=15+6=21，*rl*=*rl*−*minout*[3]=8，*zl*=*cl*+*rl*=29，*zl*=*bestl*=29，不满足限界条件，舍弃。
- *j*=4：因为 *x*[2]结点和 *x*[4]结点有边相连，且 *cl*+**g**[2][4]=15+12=27，*rl*=*rl*−*minout*[4]=8，*zl*=*cl*+*rl*=35，*zl*>*bestl*=29，不满足限界条件，舍弃。

（9）队头元素 C 出队

C 结点的 *cl*=30>*bestl*=29，不再扩展。队列为空，算法结束。

3．伪码详解

（1）定义结点结构体

```
struct Node                     //定义结点,记录当前结点的解信息
{
     double cl;                 //当前已走过的路径长度
     double rl;                 //剩余路径长度的下界
     double zl;                 //当前路径长度的下界 zl=rl+cl
     int id;                    //景点序号
     int x[N];                  //记录当前解向量
};
```

（2）定义队列优先级

```
//定义队列的优先级。 以 zl 为优先级，zl 值越小，越优先
bool operator <(const Node &a, const Node &b)
{
     return a.zl>b.zl;
}
```

（3）计算下界

```
bool Bound()                    //计算下界（即每个景点最小出边权值之和）
{
     for(int i=1;i<=n;i++)
     {
         double minl=INF;       //初时化景点点出边最小值
         for(int j=1;j<=n;j++)//找每个景点的最小出边
           if(g[i][j]!=INF&&g[i][j]<minl)
                minl=g[i][j];
         if(minl==INF)
             return false;      //表示无回路
         minout[i]=minl;        //记录每个景点的最少出边
         cout<<"第"<<i<<"个景点的最少出边:"<<minout[i]<<" "<<endl;
         minsum+=minl;          //记录所有景点的最少出边之和
     }
     cout<<"每个景点的最少出边之和:""minsum= "<<minsum<<endl;
     return true;
}
```

4．实战演练

```
//program 6-2-1
#include <iostream>
#include <algorithm>
#include <cstring>
#include <cmath>
#include <queue>
```

```
using namespace std;
const int INF=1e7;              //设置无穷大的值为107
const int N=100;
double g[N][N];                 //景点地图邻接矩阵
double minout[N];               //记录每个景点的最少出边
double minsum;                  //记录所有景点的最少出边之和
int bestx[N];                   //记录当前最优路径
double bestl;                   //当前最优路径长度
int n,m;                        //景点个数n,边数m
struct Node                     //定义结点,记录当前结点的解信息
{
    double cl;                  //当前已走过的路径长度
    double rl;                  //剩余路径长度的下界
    double zl;                  //当前路径长度的下界 zl=rl+cl
    int id;                     //景点序号
    int x[N];                   //记录当前解向量
    Node() {}
    Node(double _cl,double _rl,double _zl,int _id)
    {
        cl = _cl;
        rl = _rl;
        zl = _zl;
        id = _id;
    }
};

//定义队列的优先级。 以zl为优先级，zl值越小，越优先
bool operator <(const Node &a, const Node &b)
{
    return a.zl>b.zl;
}

bool Bound()                    //计算下界（即每个景点最小出边权值之和）
{
    for(int i=1;i<=n;i++)
    {
        double minl=INF;        //初时化景点的出边最小值
        for(int j=1;j<=n;j++)//找每个景点的最小出边
          if(g[i][j]!=INF&&g[i][j]<minl)
              minl=g[i][j];
        if(minl==INF)
            return false;       //表示无回路
        minout[i]=minl;         //记录每个景点的最少出边
        minsum+=minl;           //记录所有景点的最少出边之和
    }
    return true;
}

//Travelingbfsopt 为优化的优先队列式分支限界法
double Travelingbfsopt()
{
```

```
        if(!Bound())
             return -1;           //表示无回路
        Node livenode,newnode;    //定义当前扩展结点 livenode,生成新结点 newnode
        priority_queue<Node> q;            //创建一个优先队列,优先级为当前路径长度的下界
zl=rl+cl,zl 值越小，越优先
        newnode=Node(0,minsum,minsum,2);//创建根节点
        for(int i=1;i<=n;i++)
        {
            newnode.x[i]=i;                //初时化根结点的解向量
        }
        q.push(newnode);                   //根结点加入优先队列
        while(!q.empty())
        {
             livenode=q.top();            //取出队头元素作为当前扩展结点 livenode
             q.pop();                     //队头元素出队
             int t=livenode.id;          //当前处理的景点序号
             // 搜到倒数第 2 个结点时个景点的时候不需要往下搜索
             if(t==n)                     //立即判断是否更新最优解,
           //例如当前找到一个路径(1243)，到达 4 号结点时，立即判断 g[4][3]和 g[3][1]是否
有边相连，如果有边则判断当前路径长度 cl+g[4][3]+g[3][1]<bestl，满足则更新最优值和最优解
             {
                 //说明找到了一条更好的路径，记录相关信息
                 if(g[livenode.x[n-1]][livenode.x[n]]!=INF&&g[livenode.x[n]][1]!=INF)
                   if(livenode.cl+g[livenode.x[n-1]][livenode.x[n]]+g[livenode
.x[n]][1]<bestl)
                    {
                         bestl=livenode.cl+g[livenode.x[n-1]][livenode.x[n]]+g[l
ivenode.x[n]][1];
                         //记录当前最优的解向量:";
                         for(int i=1;i<=n;i++)
                         {
                           bestx[i]=livenode.x[i];
                          }
                      }
                  continue;
             }
             //判断当前结点是否满足限界条件，如果不满足不再扩展
           if(livenode.cl>=bestl)
               continue;
             //扩展
             //没有到达叶子结点
             for(int j=t; j<=n; j++)//搜索扩展结点的所有分支
             {
                  if(g[livenode.x[t-1]][livenode.x[j]]!=INF)//如果 x[t-1]景点与
x[j]景点有边相连
                  {
                         double cl=livenode.cl+g[livenode.x[t-1]][livenode.x[j]];
                         double rl=livenode.rl-minout[livenode.x[j]];
                         double zl=cl+rl;
                         if(zl<bestl)//有可能得到更短的路线
                         {
```

```
                            newnode=Node(cl,rl,zl,t+1);
                            for(int i=1;i<=n;i++)
                            {
                              newnode.x[i]=livenode.x[i];//复制以前的解向量
                            }
                            swap(newnode.x[t], newnode.x[j]);//交换两个元素的值
                            q.push(newnode);//新结点入队
                        }
                    }
                }
            }
        return bestl;//返回最优值
    }

    void init()//初始化
    {
        bestl=INF;
        minsum=0;
        for(int i=0; i<=n; i++)
        {
             bestx[i]=0;
        }
        for(int i=1;i<=n;i++)
            for(int j=i;j<=n;j++)
               g[i][j]=g[j][i]=INF;//表示路径不可达
    }
    void print()//打印路径
    {
        cout<<endl;
        cout<<"最短路径：";
        for(int i=1;i<=n; i++)
             cout<<bestx[i]<<"--->";
        cout<<"1"<<endl;
        cout<<"最短路径长度："<<bestl;
    }

    int main()
    {
        int u, v, w;//u,v代表城市，w代表u和v城市之间路的长度
        cout << "请输入景点数n（结点数）：";
        cin >> n;
        init();
        cout << "请输入景点之间的连线数（边数）：";
        cin >> m;
        cout << "请依次输入两个景点u和v之间的距离w，格式：景点u 景点v 距离w："<<endl;
        for(int i=1;i<=m;i++)
        {
             cin>>u>>v>>w;
             g[u][v]=g[v][u]=w;
        }
        Travelingbfsopt();
```

```
        print();
        return 0;
    }
```

算法实现和测试

（1）运行环境

Code::Blocks

（2）输入

```
请输入景点数 n（结点数）：4
请输入景点之间的连线数（边数）：6
请依次输入两个景点 u 和 v 之间的距离 w，格式：景点 u 景点 v 距离 w：
1 2 15
1 3 30
1 4 5
2 3 6
2 4 12
3 4 3
```

（3）输出

```
最短路径：1--->4--->3--->2--->1
最短路径长度：29
```

5．算法复杂度分析

（1）时间复杂度：此算法的时间复杂度最坏为 $O(nn!)$。

（2）空间复杂度：程序中我们设置了每个结点都要记录当前的解向量 *x*[]数组，占用空间为 $O(n)$，结点的个数最坏为 $O(nn!)$，所以该算法的空间复杂度为 $O(n^2*(n+1)!)$。

虽然在算法复杂度数量级上，*cl* 优先队列的分支限界法算法和 *zl* 优先队列的算法相同，但从图解我们可以看出，*zl* 优先队列式的分支限界法算法生成的结点数更少，找到最优解的速度更快。

6.4 铺设电缆——最优工程布线

在实际工程中，铺设电缆等设施时，既考虑障碍物的问题，又要考虑造价最低。随着电子设备的普及，工程中需要大量的电路板。每个电路板上有很多线路，我们在设计电路时，尽可能地节约成本，如果一个电路板省下一分钱，也将是一笔很大的财富。布线问题就是在 $m×n$ 的方格阵列中，指定一个方格的中点 a，另一个方格的中点 b，问题要求找出 a 到 b 的最短布线方案。布线时只能沿直线或直角，不能走斜线。为了避免线路相交，已布过线的方格做了封锁标记（灰色），其他线路不允许穿过被封锁的方格。

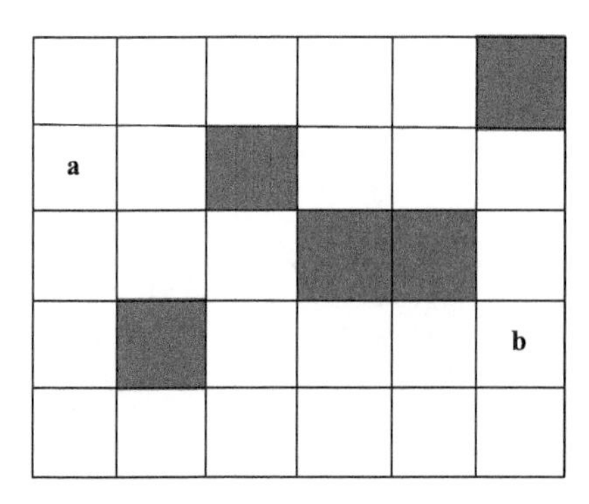

图 6-57　最优工程布线

6.4.1　问题分析

如图 6-58 所示，3×3 的方格阵列，其中灰色方格表示封锁，不能通过。将每个方格抽象为一个结点，方格和相邻 4 个方向（上、下、左、右）中能通过的方格用一条边连起来，不能通过的方格不连线。这样，可以把**问题的解空间定义为一个图**，如图 6-59 所示。

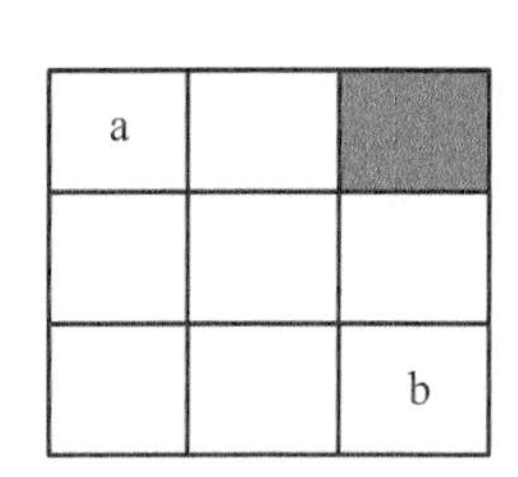

图 6-58　3×3 的方格阵列

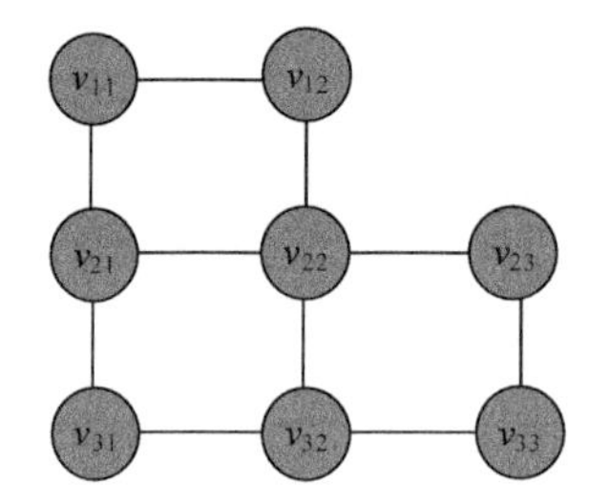

图 6-59　解空间图

该问题是特殊的最短路径问题，特殊之处在于用布线走过的方格数代表布线的长度，布线时每布一个方格，布线长度累加 1。我们可以从图中看出，从 a 到 b 有多种布线方案，最短的布线长度即从 a 到 b 的最短路径长度为 4。

既然只能朝上、下、左、右 4 个方向进行布线，也就是说如果从树型搜索的角度来看，我们把它看作 m 叉树，又如何？那么问题的解空间就变成了一棵 m 叉树，m=4。

6.4.2　算法设计

（1）定义问题的解空间

可以把最优工程布线问题解的形式为 n 元组：$\{x_1, x_2, \cdots, x_i, \cdots, x_n\}$，分量 x_i 表示最

优布线方案经过的第 i 个方格，而方格也可以用（x，y）表示第 x 行第 y 列。因为方格不可重复布线，因此在确定 x_i 时，前面走过的方格 $\{x_1, x_2, \cdots, x_{i-1}\}$ 不可以再走，x_i 的取值为 $S-\{x_1, x_2, \cdots, x_{i-1}\}$，$S$ 为可布线的方格集合。

特别注意：和前面的问题不同，因为不知道最优布线的长度，因此 n 是未知的。

（2）解空间的组织结构

问题的解空间是一棵 m 叉树，m=4。树的深度 n 是未知的。如图 6-60 所示。

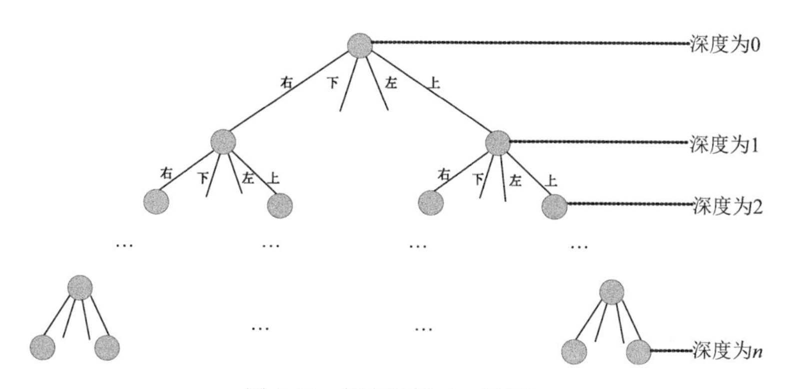

图 6-60 解空间树（m 叉树）

（3）搜索解空间

搜索从起始结点 a 开始，到目标结点 b 结束。

- 约束条件：非障碍物或边界且未曾布线。
- 限界条件：最先碰到的一定是距离最短的，因此无限界条件。
- 搜索过程：从 a 开始将其作为第一个扩展结点，沿 a 的右、下、左、上 4 个方向的相邻结点扩展。判断约束条件是否成立，如果成立，则放入活结点表中，并将这个方格标记为 1。接着从活结点队列中取出队首结点作为下一个扩展结点，并沿当前扩展结点的右、下、左、上 4 个方向的相邻结点扩展，将满足约束条件的方格记为 2。依此类推，一直继续搜索到目标方格或活结点表为空为止，目标方格里的数据就是最优的布线长度。

构造最优解过程从目标结点开始，沿着右、下、左、上 4 个方向。判断如果某个方向方格里的数据比扩展结点方格里的数据小 1，则进入该方向方格，使其成为当前的扩展结点。依此类推，搜索过程一直持续到起始结点结束。

6.4.3 完美图解

在实现该问题时，需要存储方格阵列、封锁标记、起点、终点位置 4 个方向的相对位置、边界。用二维数组 ***grid*** 表示给定的方格，−1 表示未布线，−2 表示封锁围墙（或者障碍物），大于 0 表示已布线。

如图 6-61 所示，以此图为例。

（1）数据结构及初始化

设置方格阵列为二维数组 ***grid***[][]，我们对其四周封锁，并将封锁和障碍物标记为−2，未布线标记为−1。对应的数值如图 6-62 所示。

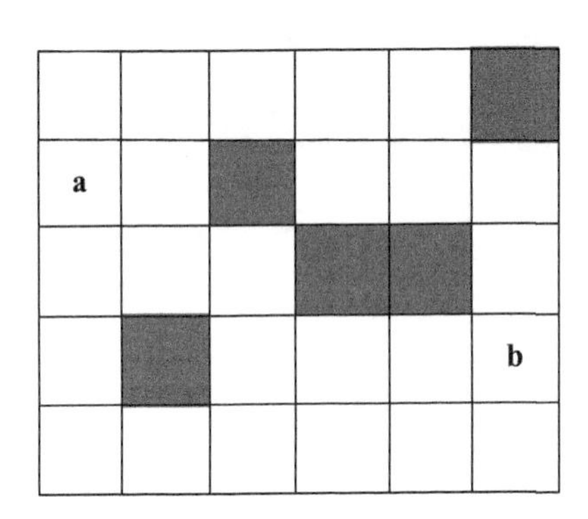

图 6-61　最优工程布线

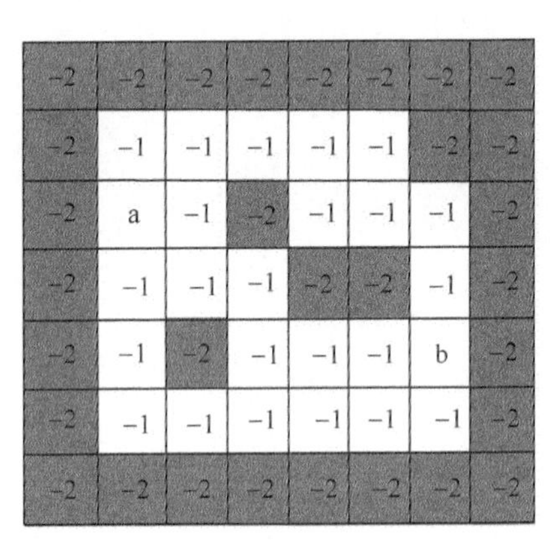

图 6-62　最优工程布线封锁围墙

（2）创建并扩展 A 结点

初始结点 a 所在的位置，即当前位置 *here*=（2，1），标记初始结点的 ***grid***（2，1）=0。我们从当前结点出发，按照顺序进行扩展，左侧是封锁状态不可行，右、下、上 3 个方向可行，因此生成 B、C、D 这 3 个结点，并加入先进先出队列 *q*，如图 6-63 所示，对应的数值如图 6-64 所示。

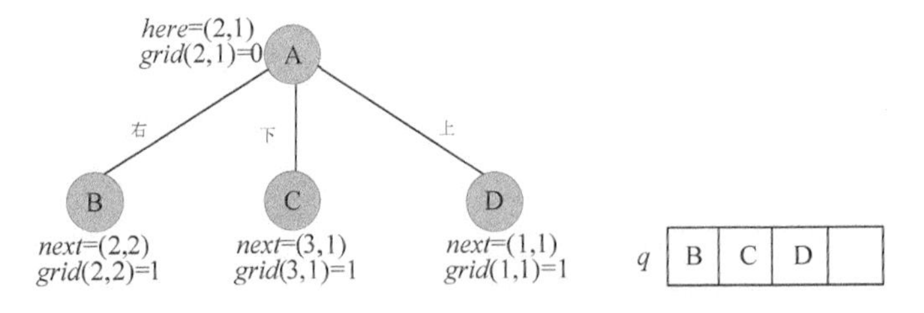

图 6-63　搜索过程及队列状态

（3）扩展 B 结点

B 结点出队，B 所在的位置，即当前位置 *here*=（2，2），***grid***（2，2）=1。我们从当前结点出发，按照右、下、左、上的顺序进行扩展，右侧是障碍物不可行，左侧是初始状态不可行，下面和上面可行，因此生成 E、F 两个结点，并加入先进先出队列 *q*，如图 6-65 所示，对应的数值如图 6-66 所示。

-2	-2	-2	-2	-2	-2	-2	-2
-2	1	-1	-1	-1	-1	-2	-2
-2	a	1	-2	-1	-1	-1	-2
-2	1	-1	-1	-2	-2	-1	-2
-2	-1	-2	-1	-1	-1	b	-2
-2	-1	-1	-1	-1	-1	-1	-2
-2	-2	-2	-2	-2	-2	-2	-2

图 6-64　最优工程布线方案

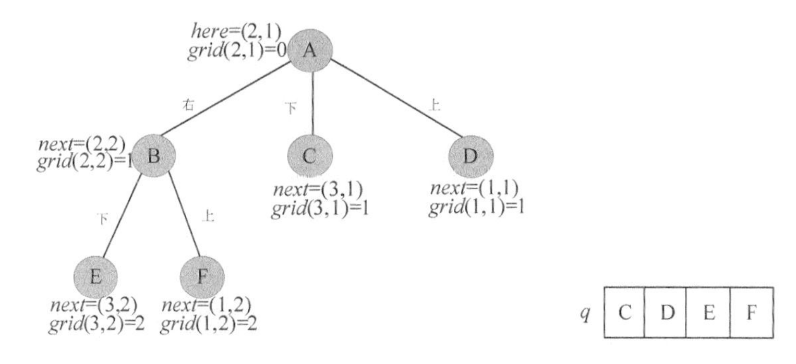

图 6-65　搜索过程及队列状态

-2	-2	-2	-2	-2	-2	-2	-2
-2	1	2	-1	-1	-1	-2	-2
-2	a	1	-2	-1	-1	-1	-2
-2	1	2	-1	-2	-2	-1	-2
-2	-1	-2	-1	-1	-1	b	-2
-2	-1	-1	-1	-1	-1	-1	-2
-2	-2	-2	-2	-2	-2	-2	-2

图 6-66　最优工程布线方案

（4）扩展 C 结点

C 结点出队，C 所在的位置，即当前位置 *here*=（3，1），***grid***（3，1）=1。我们从当前结点出发，按照右、下、左、上的顺序进行扩展，右侧已布线，左侧是封锁，上面是初始状态不可行，只有下面可行，因此生成 G 结点，并加入先进先出队列 *q*，如图 6-67 所示。对应的数值如图 6-68 所示。

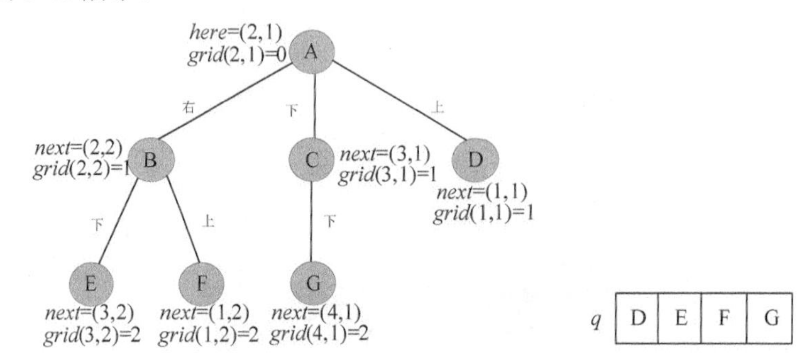

图 6-67　搜索过程及队列状态

-2	-2	-2	-2	-2	-2	-2	-2
-2	1	2	-1	-1	-1	-2	-2
-2	a	1	-2	-1	-1	-1	-2
-2	1	2	-1	-2	-2	-1	-2
-2	2	-2	-1	-1	-1	b	-2
-2	-1	-1	-1	-1	-1	-1	-2
-2	-2	-2	-2	-2	-2	-2	-2

图 6-68　最优工程布线方案

（5）扩展 D 结点

D 结点出队，D 所在的位置，即当前位置 *here*=（1，1），***grid***（1，1）=1。我们从当前结点出发，按照右、下、左、上的顺序进行扩展，右侧已布线，上面是初始状态，左侧上面是封锁，4 个方向都不可行，因此不生成结点。

（6）扩展 E 结点

E 结点出队，E 所在的位置，即当前位置 *here*=（3，2），***grid***（3，2）=2。我们从当前结点出发，按照右、下、左、上的顺序进行扩展，左侧上面已布线，下面是封锁，不可行，只有右侧可行，因此生成 H 结点，并加入先进先出队列 *q*，如图 6-69 所示，对应的数值如图 6-70 所示。

（7）扩展 F 结点

F 结点出队，F 所在的位置，即当前位置 *here*=（1，2），***grid***（1，2）=2。我们从当前结点出发，按照右、下、左、上的顺序进行扩展，左侧下面已布线，上面是封锁，不可行，只有右侧可行，因此生成I结点，并加入先进先出队列 q，如图6-71所示，对应的数值如图6-72所示。

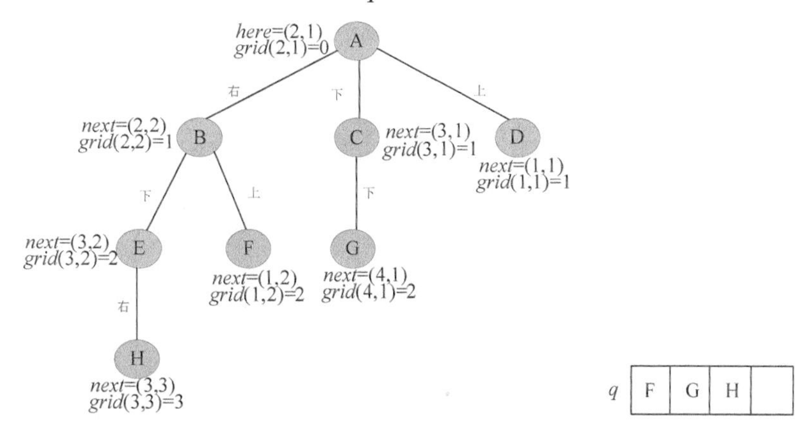

图6-69　搜索过程及队列状态

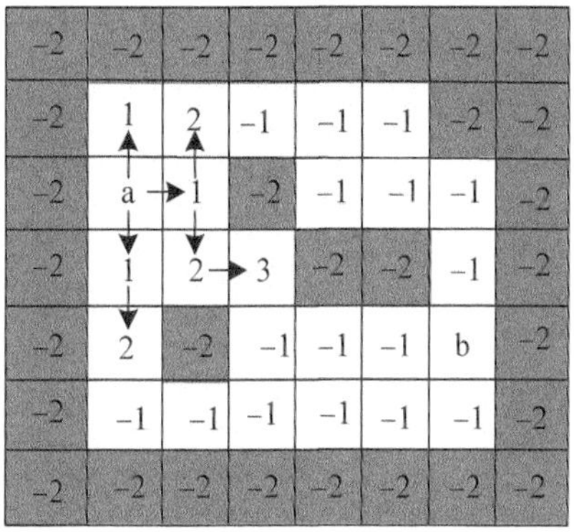

−2	−2	−2	−2	−2	−2	−2	−2
−2	1	2	−1	−1	−1	−2	−2
−2	a	1	−2	−1	−1	−1	−2
−2	1	2	3	−2	−2	−1	−2
−2	2	−2	−1	−1	−1	b	−2
−2	−1	−1	−1	−1	−1	−1	−2
−2	−2	−2	−2	−2	−2	−2	−2

图6-70　最优工程布线方案

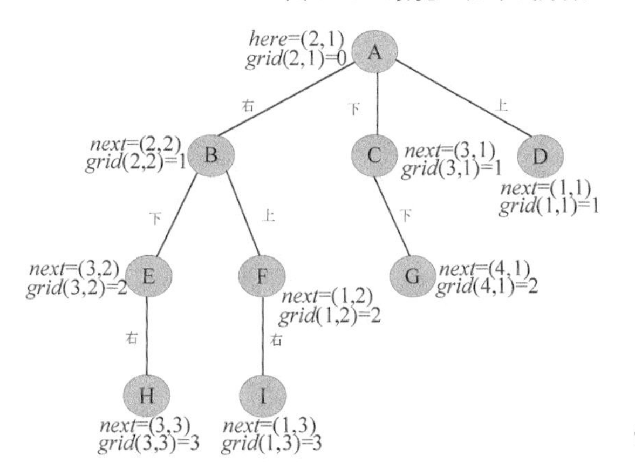

图6-71　搜索过程及队列状态

-2	-2	-2	-2	-2	-2	-2	-2
-2	1	2	3	-1	-1	-2	-2
-2	a	1	-2	-1	-1	-1	-2
-2	1	2	3	-2	-2	-1	-2
-2	2	-2	-1	-1	-1	b	-2
-2	-1	-1	-1	-1	-1	-1	-2
-2	-2	-2	-2	-2	-2	-2	-2

图 6-72　最优工程布线方案

（8）扩展 G 结点

G 结点出队，G 所在的位置，即当前位置 *here*=（4，1），***grid***（4，1）=2。我们从当前结点出发，按照右、下、左、上的顺序进行扩展，右侧是障碍物，左侧是封锁，上面已布线，不可行，只有下面可行，因此生成 J 结点，并加入先进先出队列 *q*，如图 6-73 所示，对应的数值如图 6-74 所示。

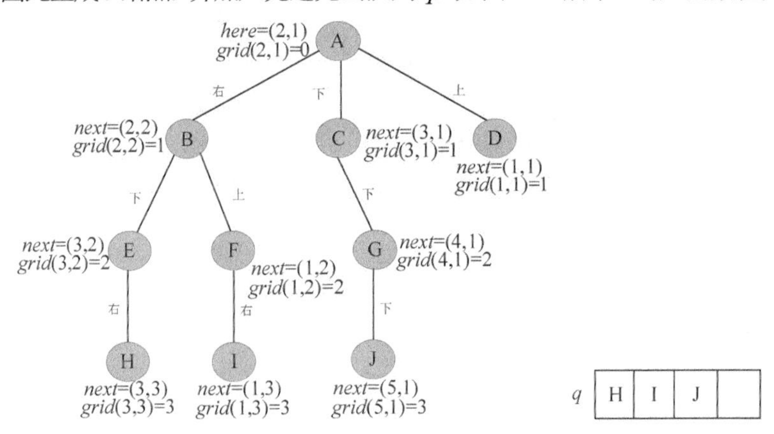

图 6-73　搜索过程及队列状态

（9）扩展 H 结点

H 结点出队，H 所在的位置，即当前位置 *here*=（3，3），***grid***（3，3）=3。我们从当前结点出发，按照右、下、左、上的顺序进行扩展，右侧上面是障碍物，左侧已布线，不可行，只有下面可行，因此生成 K 结点，并加入先进先出队列 *q*，如图 6-75 所示，对应的数值如图 6-76 所示。

（10）扩展 I 结点

I 结点出队，I 所在的位置，即当前位置 *here*=（1，3），***grid***（1，3）=3。我们从当前结点出发，按照右、下、左、上的顺序进行扩展，上面封锁，下面是障碍物，左侧已布线，不可行，只有右侧可行，因此生成 L 结点，并加入先进先出队列 *q*，如图 6-77 所示，对应的数值如图 6-78 所示。

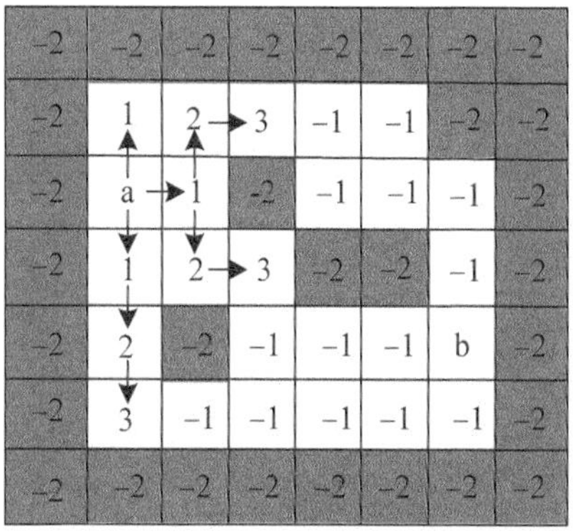

−2	−2	−2	−2	−2	−2	−2	−2
−2	1	2	3	−1	−1	−2	−2
−2	a	1	−2	−1	−1	−1	−2
−2	1	2	3	−2	−2	−1	−2
−2	2	−2	−1	−1	−1	b	−2
−2	3	−1	−1	−1	−1	−1	−2
−2	−2	−2	−2	−2	−2	−2	−2

图 6-74 最优工程布线方案

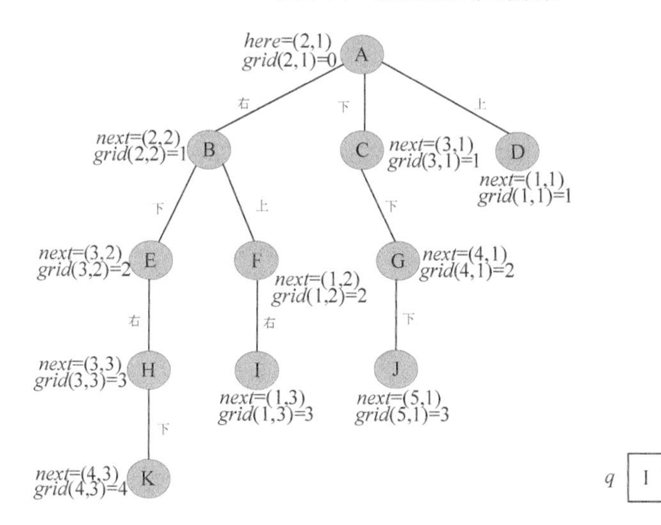

图 6-75 搜索过程及队列状态

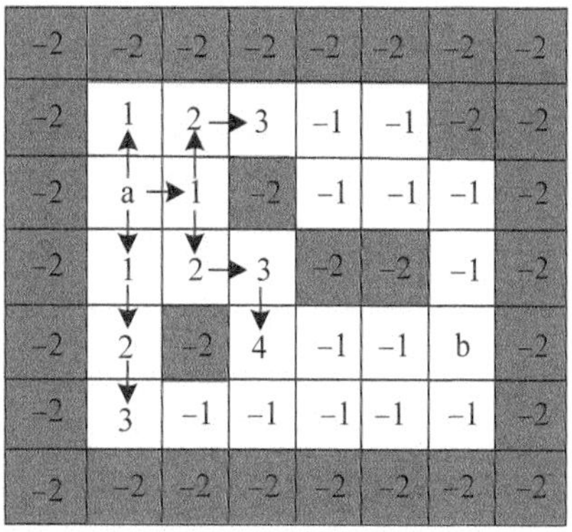

−2	−2	−2	−2	−2	−2	−2	−2
−2	1	2	3	−1	−1	−2	−2
−2	a	1	−2	−1	−1	−1	−2
−2	1	2	3	−2	−2	−1	−2
−2	2	−2	4	−1	−1	b	−2
−2	3	−1	−1	−1	−1	−1	−2
−2	−2	−2	−2	−2	−2	−2	−2

图 6-76 最优工程布线方案

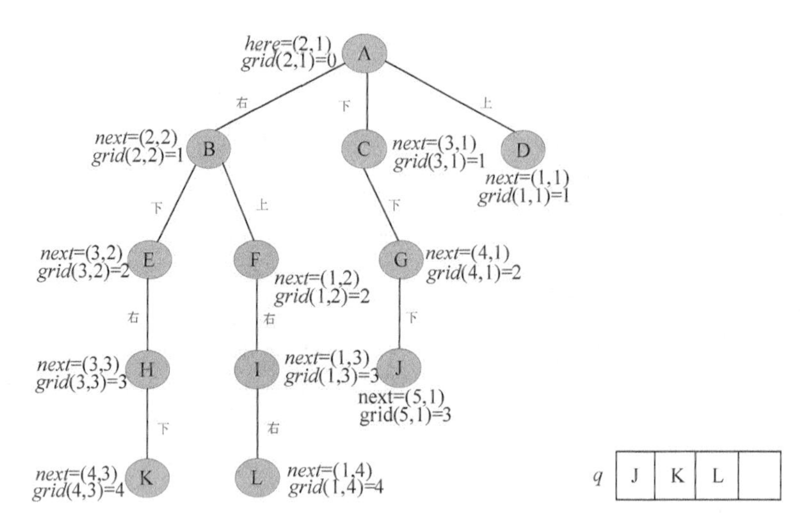

图 6-77 搜索过程及队列状态

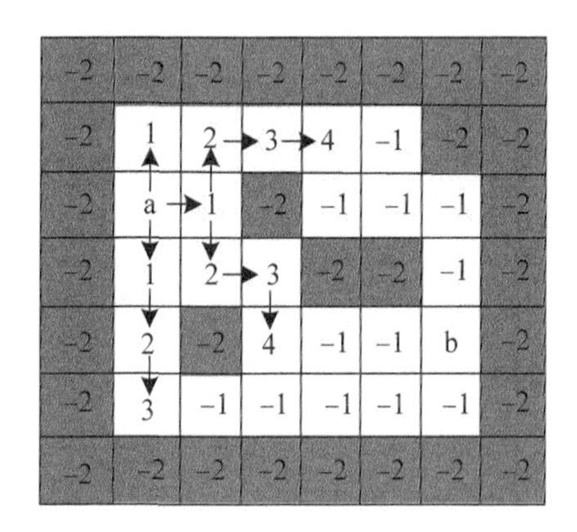

图 6-78 最优工程布线方案

（11）扩展 J 结点

J 结点出队，J 所在的位置，即当前位置 *here*=（5，1），***grid***（5，1）=3。我们从当前结点出发，按照右、下、左、上的顺序进行扩展，上面已布线，左侧下面封锁，不可行，只有右侧可行，因此生成 M 结点，并加入先进先出队列 *q*，如图 6-79 所示，对应的数值如图 6-80 所示。

（12）扩展 K 结点

K 结点出队，K 所在的位置，即当前位置 *here*=（4，3），***grid***（4，3）=4。我们从当前结点出发，按照右、下、左、上的顺序进行扩展，上面已布线，左侧是障碍物，不可行，只有右侧和下面可行，因此生成 N、O 两个结点，并加入先进先出队列 *q*，如图 6-81 所示，对应的数值如图 6-82 所示。

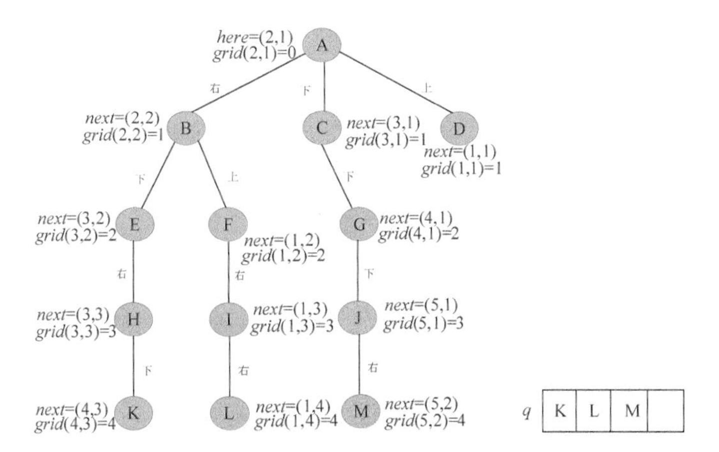

图 6-79 搜索过程及队列状态

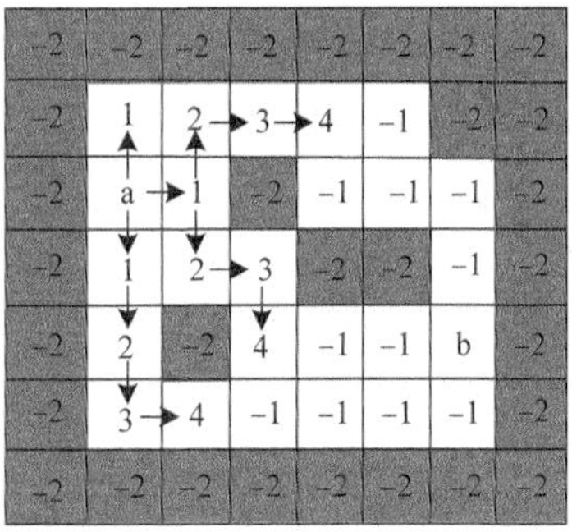

−2	−2	−2	−2	−2	−2	−2	−2
−2	1	2	3	4	−1	−2	−2
−2	a	1	−2	−1	−1	−1	−2
−2	1	2	3	−2	−2	−1	−2
−2	2	−2	4	−1	−1	b	−2
−2	3	4	−1	−1	−1	−1	−2
−2	−2	−2	−2	−2	−2	−2	−2

图 6-80 最优工程布线方案

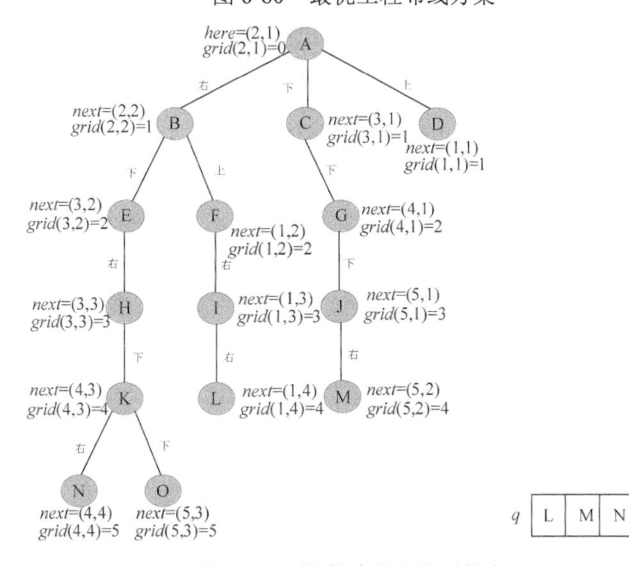

图 6-81 搜索过程及队列状态

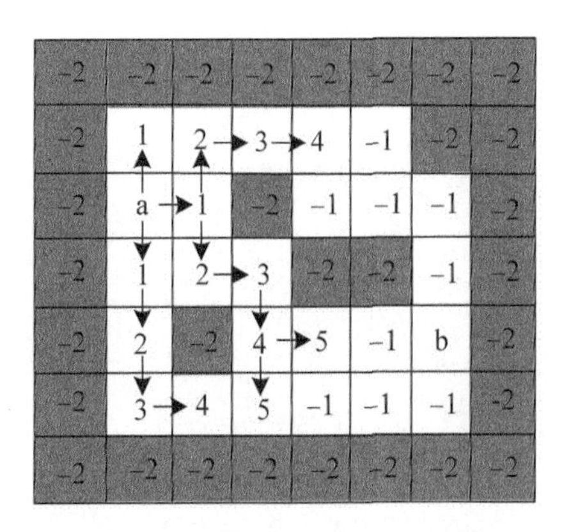

图 6-82 最优工程布线方案

（13）扩展 L 结点

L 结点出队，L 所在的位置，即当前位置 *here*=（1，4），***grid***（1，4）=4。我们从当前结点出发，按照右、下、左、上的顺序进行扩展，左侧已布线，上面是封锁，不可行，只有右侧和下面可行，因此生成 P、Q 两个结点，并加入先进先出队列 *q*，如图 6-83 所示，对应的数值如图 6-84 所示。

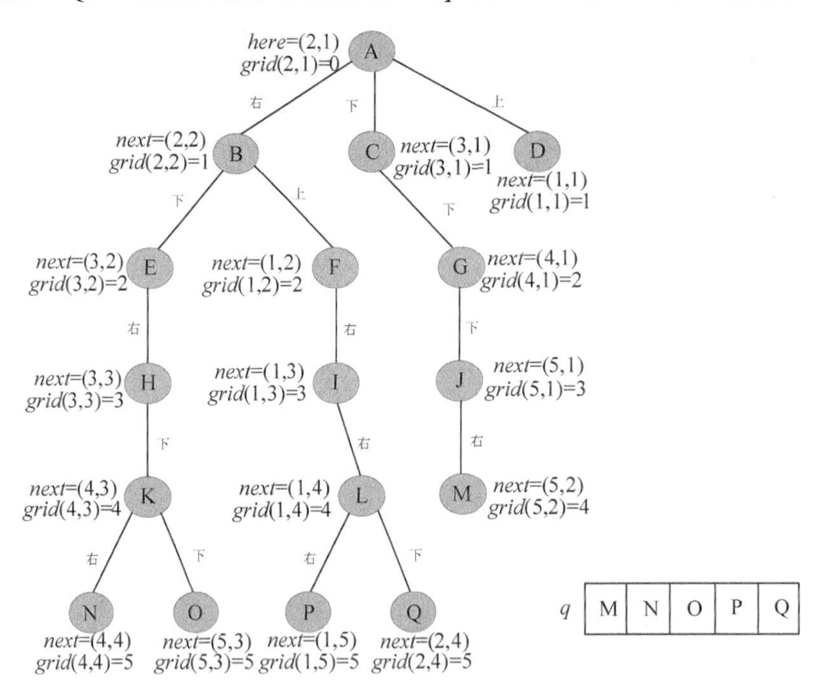

图 6-83 搜索过程及队列状态

（14）扩展 M 结点

M 结点出队，M 所在的位置，即当前位置 *here*=（5，2），***grid***（5，2）=4。我们从当前结点出发，按照右、下、左、上的顺序进行扩展，左右侧已布线，上面障碍物，下面是封锁，4 个方向都不可行，因此不生成结点。

-2	-2	-2	-2	-2	-2	-2	-2
-2	1	2	3	4	5	-2	-2
-2	a	1	-2	5	-1	-1	-2
-2	1	2	3	-2	-2	-1	-2
-2	2	-2	4	5	-1	b	-2
-2	3	4	5	-1	-1	-1	-2
-2	-2	-2	-2	-2	-2	-2	-2

图 6-84 最优工程布线方案

（15）扩展 N 结点

N 结点出队，N 所在的位置，即当前位置 ***here***=（4，4），***grid***（4，4）=5。我们从当前结点出发，按照右、下、左、上的顺序进行扩展，左侧已布线，上面是障碍物，不可行，只有右侧和下面可行，因此生成 R、S 两个结点，并加入先进先出队列 *q*，如图 6-85 所示，对应的数值如图 6-86 所示。

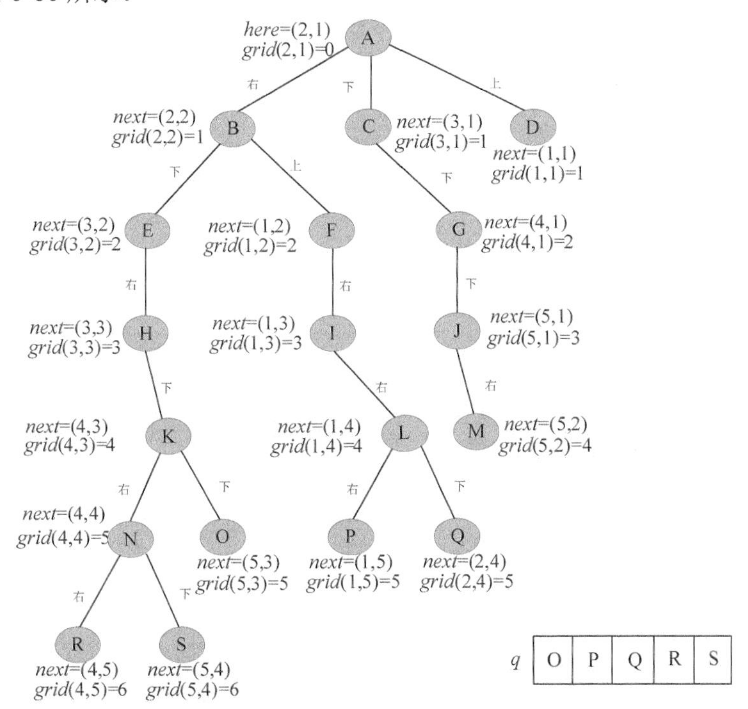

图 6-85 搜索过程及队列状态

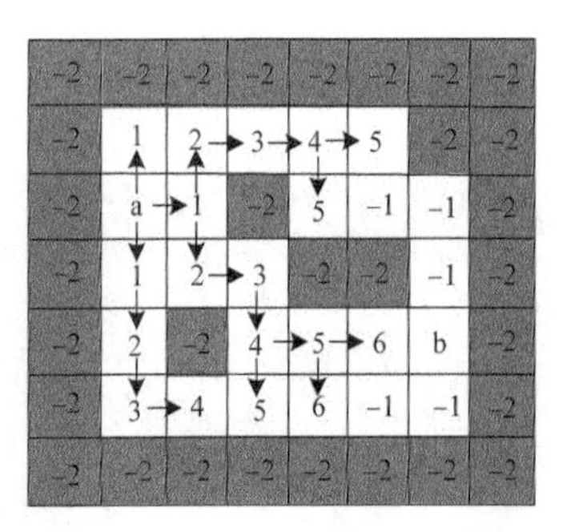

图 6-86 最优工程布线方案

（16）扩展 O 结点

O 结点出队，O 所在的位置，即当前位置 *here*=（5，3），***grid***（5，3）=5。我们从当前结点出发，按照右、下、左、上的顺序进行扩展，左右侧及上面已布线，下面是封锁，4 个方向都不可行，因此不生成结点。

（17）扩展 P 结点

P 结点出队，P 所在的位置，即当前位置 *here*=（1，5），***grid***（1，5）=5。我们从当前结点出发，按照右、下、左、上的顺序进行扩展，右侧障碍物，左侧已布线，上面是封锁，不可行，只有下面可行，因此生成 T 结点，并加入先进先出队列 *q*，如图 6-87 所示，对应的数值如图 6-88 所示。

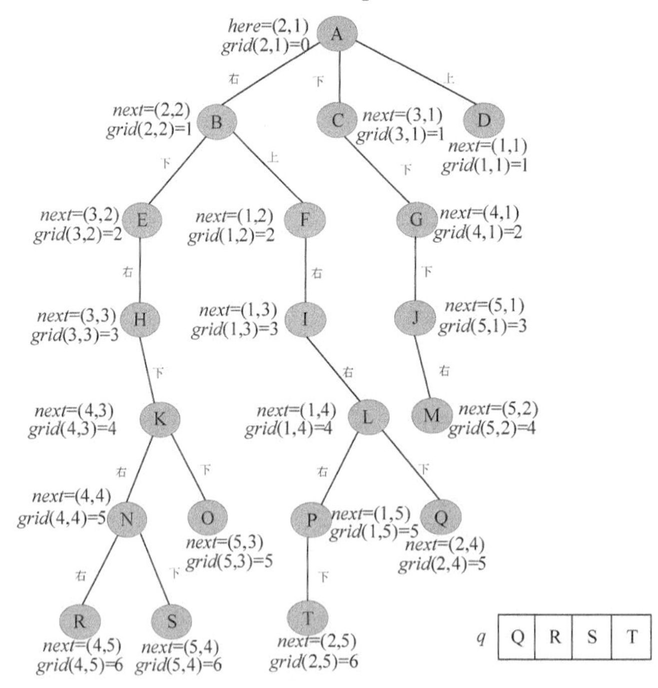

图 6-87 搜索过程及队列状态

（18）扩展 Q 结点

Q 结点出队，Q 所在的位置，即当前位置 *here*=（2，4），***grid***（2，4）=5。我们从当前结点出发，按照右、下、左、上的顺序进行扩展，右侧上面已布线，左侧下面障碍物，4 个方向都不可行，因此不生成结点。

（19）扩展 R 结点

R 结点出队，R 所在的位置，即当前位置 *here*=（4，5），***grid***（4，5）=6。我们从当前结点出发，按照右、下、左、上的顺序进行扩展，右侧位置 *next*=（4，6），***grid***（4，6）=7，此位置正好是终点 b 的位置，算法结束，最优布线长度为 7。如图 6-89 所示，逆向求路径即可。

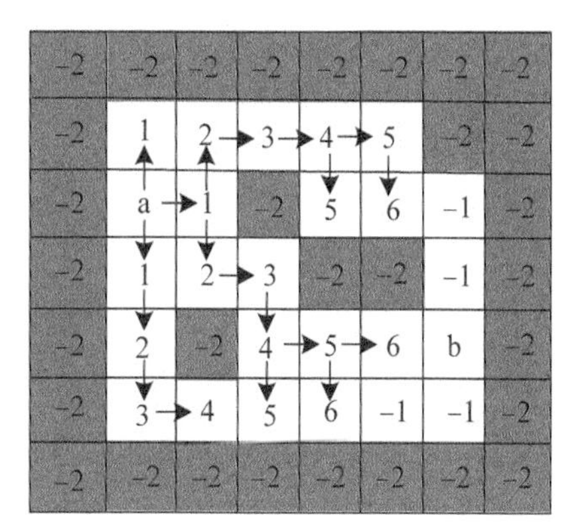

图 6-88　最优工程布线方案

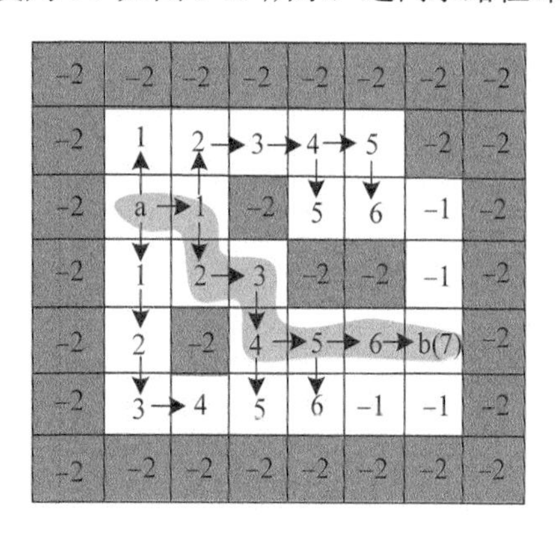

图 6-89　最优工程布线方案

6.4.4　伪代码详解

（1）根据算法设计中的数据结构，首先定义一个结构体 Position

```
typedef struct
{
     int x;
     int y;
} Position;//位置
```

（2）再定义一个方向数组

```
Position DIR[4],here,next;// 定义方向数组 DIR[4]，当前格 here,下一格 next;
DIR[0].x=0;
DIR[0].y=1;
DIR[1].x=1;
DIR[1].y=0;
DIR[2].x=0;
DIR[2].y=-1;
DIR[3].x=-1;
DIR[3].y=0;
```

（3）按 4 个方向进行搜索

```
for(;;)
    {
        for(int i=0; i<4; i++)//四个方向的前进,右下左上
        {
            next.x=here.x+DIR[i].x;
            next.y=here.y+DIR[i].y;
            if(grid[next.x][next.y]==-1)//尚未布线
            {
                grid[next.x][next.y]=grid[here.x][here.y]+1;
                Q.push(next);
            }
            if((next.x==e.x)&&(next.y==e.y))break;//找到目标
        }
        if((next.x==e.x)&&(next.y==e.y))break;//找到目标
        if(Q.empty()) return false;
        else
        {
            here=Q.front();
            Q.pop();
        }
    }
```

（4）逆向找回最短布线方案

```
PathLen=grid[e.x][e.y];//逆向找回最短布线方案
    path=new Position[PathLen];
    here=e;
    for(int j=PathLen-1; j>=0; j--)
    {
        path[j]=here;
        for(int i=0; i<4; i++)//沿四个方向寻找,右下左上
        {
            next.x=here.x+DIR[i].x;
            next.y=here.y+DIR[i].y;
            if(grid[next.x][next.y]==j)break;//找到相同数字
        }
        here=next;
    }
```

6.4.5 实战演练

```
//program 6-3
#include <iostream>
#include<queue>
#include <iomanip>//I/O 流控制头文件,就像 C 里面的格式化输出一样
using namespace std;

typedef struct
{
    int x;
    int y;
```

```
} Position;//位置
int grid[100][100];//地图
bool findpath(Position s,Position e,Position *&path,int &PathLen)
{
    if((s.x==e.x)&&(s.y==e.y))   //判定开始位置是否就是目标位置
    {
        PathLen=0;
        return true;
    }
    Position DIR[4],here,next;  //定义方向数组 DIR[4]，当前格 here，下一格 next;
    DIR[0].x=0;
    DIR[0].y=1;
    DIR[1].x=1;
    DIR[1].y=0;
    DIR[2].x=0;
    DIR[2].y=-1;
    DIR[3].x=-1;
    DIR[3].y=0;
    here=s;
    grid[s.x][s.y]=0;              //标记初始为 0，未布线-1，墙壁-2
    queue<Position>Q;
    for(;;)
    {
        for(int i=0; i<4; i++) //4 个方向的前进，右下左上
        {
            next.x=here.x+DIR[i].x;
            next.y=here.y+DIR[i].y;
            if(grid[next.x][next.y]==-1)//尚未布线
            {
                grid[next.x][next.y]=grid[here.x][here.y]+1;
                Q.push(next);
            }
            if((next.x==e.x)&&(next.y==e.y))break;//找到目标
        }
        if((next.x==e.x)&&(next.y==e.y))break;//找到目标
        if(Q.empty()) return false;
        else
        {
            here=Q.front();
            Q.pop();
        }
    }
    PathLen=grid[e.x][e.y];//逆向找回最短布线方案
    path=new Position[PathLen];
    here=e;
    for(int j=PathLen-1; j>=0; j--)
    {
        path[j]=here;
        for(int i=0; i<4; i++)//沿 4 个方向寻找，右下左上
        {
            next.x=here.x+DIR[i].x;
            next.y=here.y+DIR[i].y;
            if(grid[next.x][next.y]==j)break;//找到相同数字
        }
```

```
            here=next;
        }
        return true;
    }

    void init(int m,int n)//初始化地图，标记大于 0 表示已布线，未布线-1，墙壁-2
    {
        for(int i=1; i<=m; i++)   //方格阵列初始化为-1
            for(int j=1; j<=n; j++)
                grid[i][j]=-1;
        for(int i=0; i<=n+1; i++) //方格阵列上下围墙
            grid[0][i]=grid[m+1][i]=-2;
        for(int i=0; i<=m+1; i++) //方格阵列左右围墙
            grid[i][0]=grid[i][n+1]=-2;
    }
    int main()
    {
        Position a,b, *way;
        int Len,m,n;
        cout<<"请输入方阵大小 M, N"<<endl;
        cin>>m>>n;
        init(m,n);
        while(!(m==0&&n==0))
        {
            cout<<"请输入障碍物坐标 x, y（输入 0  0 结束）"<<endl;
            cin>>m>>n;
            grid[m][n]=-2;
        }
        cout<<"请输入起点坐标: "<<endl;
        cin>>a.x>>a.y;
        cout<<"请输入终点坐标: "<<endl;
        cin>>b.x>>b.y;
        if(findpath(a,b,way,Len))
        {
            cout<<"该条最短路径的长度的为: "<<Len<<endl;
            cout<<"最佳路径坐标为: "<<endl;
            for(int i=0;i<Len;i++)
                cout<<setw(2)<<way[i].x<<setw(2)<<way[i].y<<endl;//setw(n) 设
域宽为 n 个字符
        }
        else cout<<"任务无法达成"<<endl;

    }
```

算法实现和测试

（1）运行环境

Code::Blocks

（2）输入

```
请输入方阵大小 M, N
5 6
```

```
请输入障碍物坐标 x，y（输入 0 0 结束）
1 6
请输入障碍物坐标 x，y（输入 0 0 结束）
2 3
请输入障碍物坐标 x，y（输入 0 0 结束）
3 4
请输入障碍物坐标 x，y（输入 0 0 结束）
3 5
请输入障碍物坐标 x，y（输入 0 0 结束）
5 1
请输入障碍物坐标 x，y（输入 0 0 结束）
0 0
请输入起点坐标：
2 1
请输入终点坐标：
4 6
```

（3）输出

```
该条最短路径的长度的为：7
最佳路径坐标为：
 3 1
 4 1
 4 2
 4 3
 4 4
 4 5
 4 6
```

6.4.6 算法解析及优化拓展

1．算法复杂度分析

（1）时间复杂度

分支限界法求布线问题，按照 m 叉树（m=4）的分析，空间树最坏情况下的结点为 4^n 个，而空间树的深度 n 却是未知的，因此通过这种方法很难确定该算法的时间复杂度。那怎么办呢？我们要看看到底生成了多少个结点。

实际上，每个方格进入活结点队列最多 1 次，不会重复进入，因此对于 $m×n$ 的方格阵列，活结点队列最多处理 $O(mn)$个活结点，生成每个活结点需要 $O(1)$的时间，因此算法时间复杂度为 $O(mn)$。构造最短布线路径需要 $O(L)$时间，其中 L 为最短布线路径长度。

（2）空间复杂度

空间复杂度为 $O(n)$。

2．算法优化拓展

大家可以动手写写，如果不用分支限界法，而是按照求特殊的最短路径问题，算法的复杂度如何呢？是不是比单源最短路径 Dijkstra 算法简单多了？

6.5 回溯法与分支限界法的异同

回溯法与分支限界法的比较如下。

1．相同点

（1）均需要先定义问题的解空间，确定的解空间组织结构一般都是树或图。

（2）在问题的解空间树上搜索问题解。

（3）搜索前均需确定判断条件，该判断条件用于判断扩展生成的结点是否为可行结点。

（4）搜索过程中必须判断扩展生成的结点是否满足判断条件，如果满足，则保留该扩展生成的结点，否则舍弃。

2．不同点

（1）搜索目标：回溯法的求解目标是找出解空间树中满足约束条件的所有解，而分支限界法的求解目标则是找出满足约束条件的一个解，或是在满足约束条件的解中找出在某种意义下的最优解。

（2）搜索方式不同：回溯法以深度优先的方式搜索解空间树，而分支限界法则以广度优先或以最小耗费优先的方式搜索解空间树。

（3）扩展方式不同：在回溯法搜索中，扩展结点一次生成一个孩子结点，而在分支限界法搜索中，扩展结点一次生成它所有的孩子结点。

Chapter 7

线性规划网络流

在科学研究、工程设计、经济管理等方面，我们都会碰到最优化决策的实际问题，而解决这类问题的理论基础是线性规划。利用线性规划研究的问题，大致可归纳为两种类型：第一种类型是给定一定数量的人力、物力资源，求怎样安排运用这些资源，能使完成的任务量最大或效益最大；第二种类型是给定一项任务，求怎样统筹安排，能使完成这项任务的人力、物力资源量最小。

7.1 线性规划问题

线性规划（Linear programming，LP）是运筹学中研究较早、发展较快、应用广泛、方法较成熟的一个重要分支，它是辅助人们进行科学管理的一种数学方法，是研究线性约束条件下线性目标函数的极值问题的数学理论和方法。线性规划广泛应用于军事作战、经济分析、经营管理和工程技术等方面。为合理地利用有限的人力、物力、财力等资源做出最优决策，提供了科学的依据。在企业的各项管理活动中，例如计划、生产、运输、技术等问题，线性规划是指从各种限制条件的组合中，选择出最为合理的计算方法，建立线性规划模型，从而求得最佳结果。

遇到一个线性规划问题，该如何解决呢？

（1）**确定决策变量**。即哪些变量对决策目标有影响。

（2）**确定目标函数**。把目标表示为含有决策变量的线性函数，通常目标函数是求最大值或最小值。

（3）**找出约束条件**。将对决策变量的约束表示为线性方程或不等式（≤，=，≥）。

（4）**求最优解**。求解的方法有很多，例如图解法、单纯形法。

例如，某木器厂生产圆桌和衣柜两种产品，现有两种木料，第一种有 $72m^3$，第二种有 $56m^3$。假设生产每种产品都需要用两种木料，生产一张圆桌和一个衣柜分别所需木料如表 7-1 所示。每生产一张圆桌可获利 6 元，生产一个衣柜可获利 10 元。木器厂在现有木料条件下，圆桌和衣柜各生产多少，才使获得利润最多?

表 7-1 产品需要的木料

产品	木料（单位：m^3）	
	第一种	第二种
圆桌	0.18	0.08
衣柜	0.09	0.28

解：设生产圆桌 x 张，生产衣柜 y 个，利润总额为 z 元。

（1）确定决策变量：x、y 分别为生产圆桌、衣柜的数量。

（2）明确目标函数：获利最大，即求 $6x+10y$ 最大值。

（3）找出约束条件：

$$\begin{cases} 0.18x+0.09y \leqslant 72 \\ 0.08x+0.28y \leqslant 56 \\ x \geqslant 0 \\ y \geqslant 0 \end{cases}$$

如果采用画图求解法：首先画出 x、y 坐标，再画出两条直线 $0.18x+0.09y \leqslant 72$ 和 $0.08x+0.28y \leqslant 56$，这两条直线和 $x \geqslant 0$ 、 $y \geqslant 0$ 构成了可行解区间，如图 7-1 阴影部分所示。然后画出目标函数 $6x+10y=0$，使其从原点开始平移，直到**直线与阴影区域恰好不再有交点为止**，此时目标函数达到最大值，如图 7-1 所示。

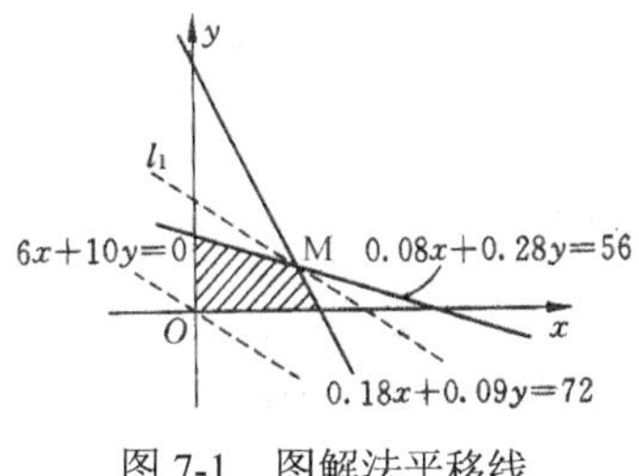

图 7-1　图解法平移线

这个交点正好是两条直线 $0.18x+0.09y \leqslant 72$ 和 $0.08x+0.28y \leqslant 56$ 的交叉点 M，解方程组：

$$\begin{cases} 0.18x+0.09y=72 \\ 0.08x+0.28y=56 \end{cases}$$

得 M 点坐标（350，100）。因此应生产圆桌 350 张，生产衣柜 100 个，能使利润总额达到最大。

一般线性规划问题可表示为如下形式。

$$\text{目标函数:} \max(\min) z = c_0 + c_1x_1 + c_2x_2 + \cdots + c_nx_n = \max\sum_{i=1}^{n} c_ix_i$$

$$\text{约束条件:} \begin{cases} a_{11}x_1 + a_{12}x_2 + \cdots + a_{1n}x_n \leqslant (=, \geqslant)\ b_1 \\ a_{21}x_1 + a_{22}x_2 + \cdots + a_{2n}x_n \leqslant (=, \geqslant)\ b_2 \\ \vdots \\ a_{m1}x_1 + a_{m2}x_2 + \cdots + a_{mn}x_n \leqslant (=, \geqslant)\ b_m \\ x_i \geqslant 0 (x_i \leqslant 0,\ x_i \text{无约束}),\ i=1, 2, \cdots, n \end{cases}$$

- 变量满足约束条件的一组值（x_1，x，…，x_n）称为线性规划问题的一个**可行解**。
- 所有可行解构成的集合称为线性规划问题的**可行区域**。
- 使目标函数取得极值的可行解称为**最优解**。
- 在最优解处目标函数的值称为**最优值**。

线性规划问题解的情况：

- 有唯一最优解。
- 有无数多个最优解。

- 没有最优解（问题根本无解或者目标函数没有极值，即无界解）。

7.1.1 线性规划标准型

图解法只能解决简单的线性规划问题，因为二维图形很容易画出来，三维就需要一定空间想象能力了，四维以上就很难用图形表达，因此图解法只能解决一些简单的低维问题，复杂的线性规划问题还需要更好的办法来解决。

首先我们要把一般的线性规划问题转化为如下**线性规划标准型**。

目标函数：$\max z = c_0 + c_1x_1 + c_2x_2 + \cdots + c_nx_n$

$$约束条件：\begin{cases} a_{11}x_1 + a_{12}x_2 + \cdots + a_{1n}x_n = b_1 \\ a_{21}x_1 + a_{22}x_2 + \cdots + a_{2n}x_n = b_2 \\ \quad\vdots \\ a_{m1}x_1 + a_{m2}x_2 + \cdots + a_{mn}x_n = b_m \\ x_i \geqslant 0（i=1, 2, \cdots, n） \end{cases}$$

标准型 4 要求：

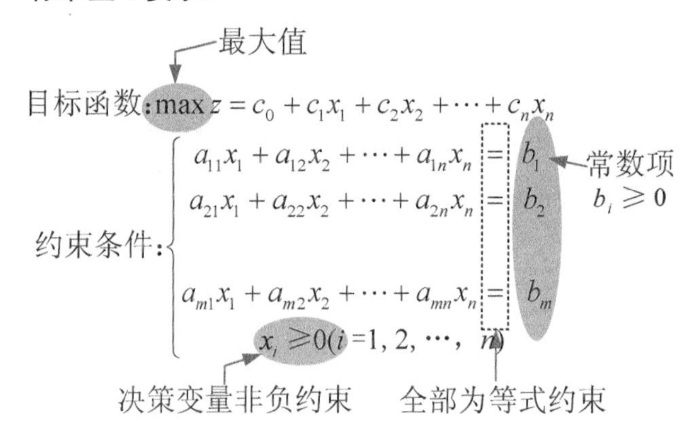

线性规划标准型转化方法：

（1）一般线性规划形式中目标函数如果求最小值，即 $\min z = \sum_{i=1}^{n} c_ix_i$ 那么，令 $z' = -z$，则 $z = -z'$， $\min z = \min(-z') = -\max z'$ 。求解 $\max z' = -\sum_{j=1}^{n} c_jx_j$ ，得到最优解后，加负号 $\min z = -\max z'$ 即可。

（2）右端常数项小于零时，则不等式两边同乘以−1，将其变成大于零；同时改变不等号的方向，保证恒等变形。例如 $2x_1+x_2 \geqslant -5$，$-2x_1-x_2 \leqslant 5$。

（3）约束条件为大于等于约束时，则在不等式左边减去一个新的非负变量将不等式约束改为等式约束。例如 $2x_1-3x_2 \geqslant 10$，$2x_1-3x_2-x_3 = 10$，$x_3 \geqslant 0$；

（4）约束条件为小于等于约束时，则在左边加上一个新的非负变量将不等式约束改为等式约束。例如 $3x_1-5x_2\leqslant 9$，$3x_1-5x_2+x_3=9$，$x_3\geqslant 0$；

（5）无约束的决策变量 x，即可正可负的变量，则引入两个新的非负变量 x'和 x''，令 $x=x'-x''$，其中 $x'\geqslant 0$，$x''\geqslant 0$，将 x 代入线性规划模型。例如 $2x_1-3x_2+x_3\geqslant 10$，$x_3$ 无约束，令 $x_3=x_4-x_5$，$x_4\geqslant 0$，$x_5\geqslant 0$，代入方程，$2x_1-3x_2+x_4-x_5\geqslant 10$，$x_4\geqslant 0$，$x_5\geqslant 0$。

（6）决策变量 x 小于等于 0 时，令 $x'=-x$，显然 $x'\geqslant 0$，将 x'代入线性规划模型。例如 $2x_1-3x_2\geqslant 5$，$x_2\leqslant 0$，令 $x_3=-x_2$，将 $x_2=-x_3$ 代入线性方程，$2x_1+3x_3\geqslant 5$，$x_3\geqslant 0$。

注意：引入的新的非负变量称为**松弛变量**。

以一般的线性规划问题为例：

$$\min z = x_2 - 3x_3 + 2x_4$$

$$\begin{cases} x_1 + 3x_2 - x_3 + 2x_4 = 7 \\ -2x_2 + 4x_3 \leqslant 12 \\ -4x_2 + 3x_3 + 8x_4 \leqslant 10 \\ x_i \geqslant 0\,(i=1,\ 2,\ 3,\ 4) \end{cases}$$

将其转化为线性规划标准型：$z' = -z$。

$$\max z' = -x_2 + 3x_3 - 2x_4$$

$$\begin{cases} x_1 + 3x_2 - x_3 + 2x_4 = 7 \\ -2x_2 + 4x_3 + x_5 = 12 \\ -4x_2 + 3x_3 + 8x_4 + x_6 = 10 \\ x_i \geqslant 0\,(i=1,\ 2,\ 3,\ 4,\ 5,\ 6) \end{cases}$$

7.1.2 单纯形算法图解

单纯形法是 1947 年数学家乔治·丹捷格（George Dantzing）发明的一种求解线性规划模型的一般性方法。

为了便于讨论，先考查一类特殊的标准形式的线性规划问题。在这类问题中，每个等式约束条件中均至少含有一个正系数的变量，且这个变量只出现在一个约束条件中。将每个约束条件中这样的变量作为非 0 变量来求解该约束方程，这类特殊的标准形式线性规划问题称为约束标准型线性规划问题。

首先介绍一些基本概念。

- **基本变量**：每个约束条件中的系数为正且只出现在一个约束条件中的变量。
- **非基本变量**：除基本变量外的变量全部为非基本变量。
- **基本可行解**：满足标准形式约束条件的可行解称为基本可行解。由此可知，如果令

$n-m$ 个非基本变量等于 0，那么根据约束条件求出 m 个基本变量的值，它们组成的一组可行解为一个基本可行解。

- **检验数**：目标函数中非基本变量的系数。

线性规划基本定理如下。

- **定理 1**：最优解判别定理

若目标函数中关于非基本变量的所有系数（检验数 c_j）小于等于 0，则当前基本可行解就是最优解。

- **定理 2**：无穷多最优解判别定理

若目标函数中关于非基本变量的所有检验数小于等于 0，同时存在某个非基本变量的检验数等于 0，则线性规划问题有无穷多个最优解。

- **定理 3**：无界解定理

如果某个检验数 c_j 大于 0，而 c_j 所对应的列向量的各分量 a_{1j}，a_{2j}，…，a_{mj} 都小于等于 0，则该线性规划问题有无界解。

约束标准型线性规划问题单纯形算法步骤如下。

（1）建立初始单纯形表

找出基本变量和非基本变量，**将目标函数由非基本变量表示**，建立初始单纯形表。

注意：如果目标函数含有基本变量，要通过约束条件方程转换为非基本变量。

例如：

$$\max z' = -x_2 + 3x_3 - 2x_4$$

$$\begin{cases} x_1 + 3x_2 - x_3 + 2x_4 = 7 \\ -2x_2 + 4x_3 + x_5 = 12 \\ -4x_2 + 3x_3 + 8x_4 + x_6 = 10 \\ x_i \geqslant 0 \text{（} i = 1, 2, 3, 4, 5, 6 \text{）} \end{cases}$$

基本变量（系数为正且只出现在一个约束条件中的变量）为 x_1、x_5、x_6。

注意：基本变量的系数要转化为 1，否则不能按下面计算方法，其余的 x_2、x_3、x_4 都是非基本变量。基本变量做行，非基本变量做列，检验数放第一行，常数项放第一列，约束条件中非基本变量的系数作为值，构造初始单纯形表，如图 7-2 所示。

（2）判断是否得到最优解

判别并检查目标函数的所有系数，即检验数 c_j（j=1，2，…，n）。

- 如果所有的 $c_j \leqslant 0$，则已获得最优解，算法结束。
- 若在检验数 c_j 中，有些为正数，但其中某一正的检验数所对应的列向量的各分量均小于等于 0，则线性规划问题无界，算法结束。
- 若在检验数 c_j 中，有些为正数且它们对应的列向量中有正的分量，则转到第（3）步。

（3）选入基变量

选取所有正检验数中最大的一个，记为 c_e，其对应的非基本变量为 x_e 称为入基变量，x_e 对应的列向量$[a_{1e}, a_{2e}, \cdots, a_{me}]^{\mathrm{T}}$为入基列。

在图 7-2 中，正检验数中最大的一个为 3，其对应的非基本变量为 x_3 称为入基变量。x_3 对应的列向量为入基列，如图 7-3 所示。

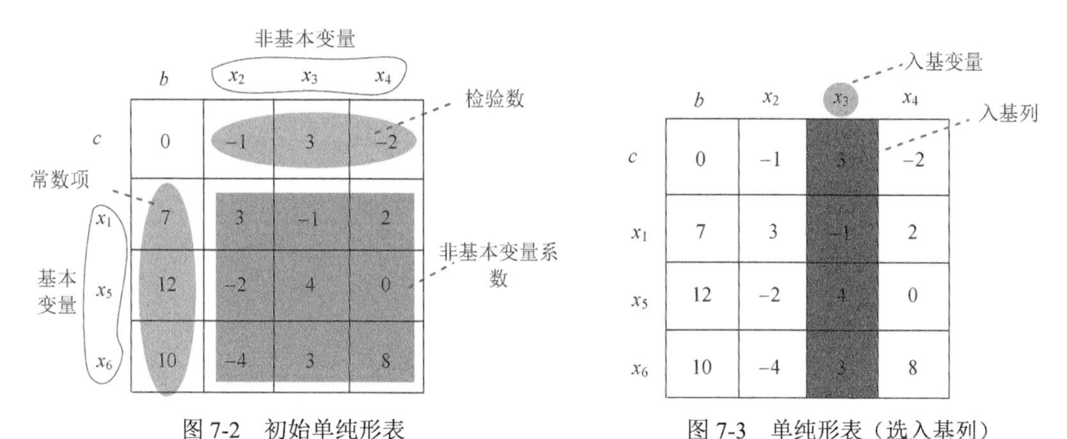

图 7-2　初始单纯形表　　　　图 7-3　单纯形表（选入基列）

（4）选离基变量

选取“常数列元素/入基列元素”正比值的最小者，所对应的基本变量 x_k 为离基变量。x_k 对应的行向量$[a_{k1}, a_{k2}, \cdots, a_{kn}]$为离基行。

在图 7-3 中，“常数列元素/入基列元素”正比值的最小者，所对应的基本变量 x_5 为离基变量。x_5 对应的行向量为离基行，如图 7-4 所示。

（5）换基变换

在单纯形表上将入基变量和离基变量互换位置，即 x_3 和 x_5 交换位置，换基变换之后如图 7-5 所示。

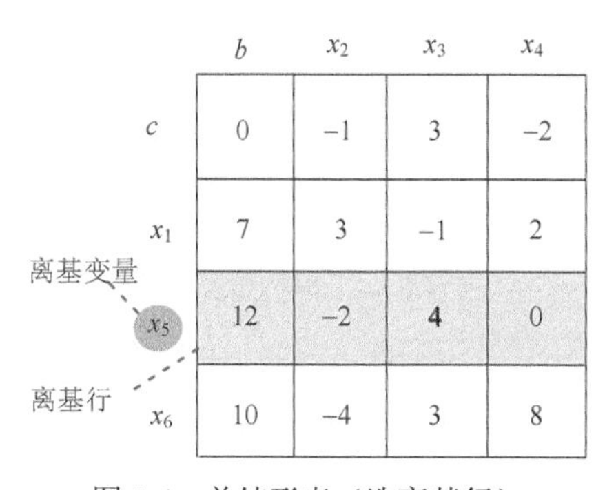

图 7-4　单纯形表（选离基行）

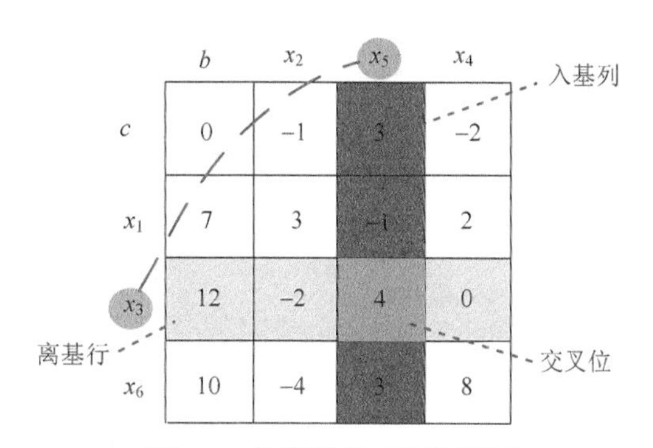

图 7-5　单纯形表（换基变换）

（6）计算新的单纯形表

按以下方法计算新的单纯形表，转第（2）步。

4 个特殊位置如下：

- **入基列**=–原值/交叉位值（不包括交叉位）。
- **离基行**=原值/交叉位值（不包括交叉位）。
- **交叉位**=原值取倒数。
- c_0 **位**=原值+同行入基列元素*同列离基行元素/交叉位值。

如图 7-6 所示。

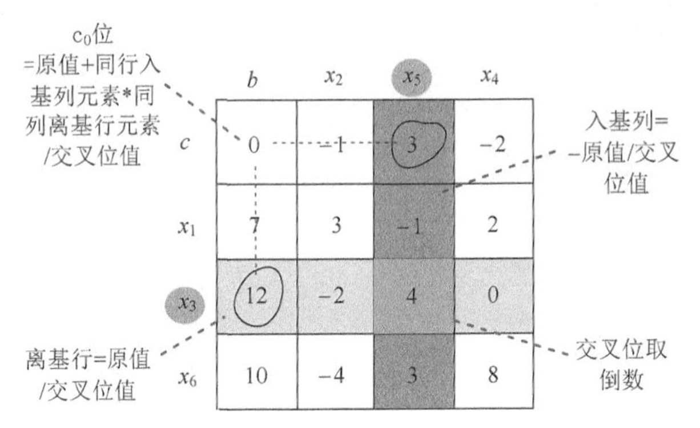

图 7-6　单纯形表（4 个特殊位置）

一般位置元素=原值–同行入基列元素*同列离基行元素/交叉位值，如图 7-7 所示。计算后得到新的单纯形表，如图 7-8 所示。

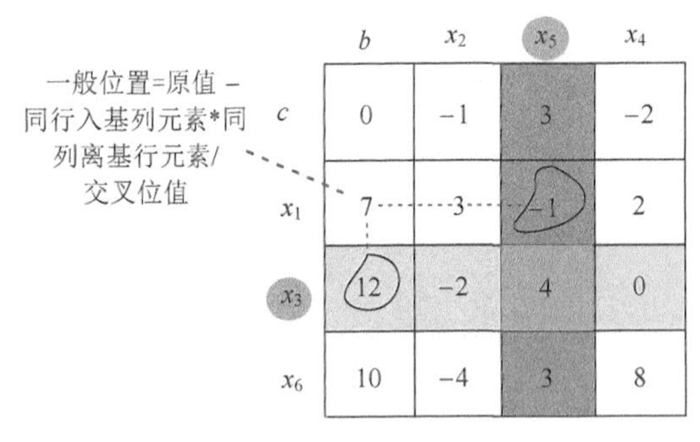

图 7-7　单纯形表（一般位置）

	b	x_2	x_5	x_4
c	9	0.5	−0.75	−2
x_1	10	2.5	0.25	2
x_3	3	−0.5	0.25	0
x_6	1	−2.5	−0.75	8

图 7-8　新的单纯形表

（7）判断是否得到最优解，如果没有，继续第（3）～（6）步，直到找到最优解或判定无界解停止。

再次选定基列变量 x_2 和离基变量 x_1，将入基变量和离基变量互换位置，重新计算新的单纯形表，如图 7-9 所示。

判断是否得到最优解，因为检验数全部小于 0，因此得到最优解。c_0 位就是我们要的最优值 11，而最优解是由基本变量对应的常数项组成的，即 x_2=4、x_3=5、x_6=11，非基本变量全部置零，得到唯一的最优解向量（0，4，5，0，0，11）。

以上算法获得最优值是 $\max z'$，而本题要求的是 $\min z$，$z=-z'$，因此本题的最优值为−11。

	b	x_1	x_5	x_4
c	11	−0.2	−0.8	−2.4
x_2	4	0.4	0.1	0.8
x_3	5	0.2	0.3	0.4
x_6	11	1	−0.5	10

图 7-9 新的单纯形表

7.1.3 解题秘籍

一般线性规划问题的解题秘诀：

（1）首先把原问题表示为一般线性规划表达式。

（2）转化为线性规划标准型。

（3）利用单纯形算法求解。

在单纯形算法中，建立初始单纯形表时，要注意找出基本变量和非基本变量，**将目标函数由非基本变量表示**。计算单纯形表时，要注意 4 个特殊位置的计算方法，以及最优解、无界解的判定方法。

7.1.4 练习

利用单纯形算法，练习下面这道题：

$$\max z = 2x_1 - x_2 + x_3$$

$$\begin{cases} 3x_1 + x_2 + x_3 \leqslant 60 \\ x_1 - x_2 + 2x_3 \leqslant 10 \\ x_1 + x_2 - x_3 \leqslant 20 \\ x_i \geqslant 0（i=1，2，3） \end{cases}$$

参考答案：

```
----------单纯形表如下：----------
       b      x1      x2      x3
c      0       2      -1       1
x4    60       3       1       1
x5    10       1      -1       2
x6    20       1       1      -1
基列变量：x1 离基变量：x5
----------单纯形表如下：----------
       b      x5      x2      x3
c     20      -2       1      -3
x4    30      -3       4      -5
```

```
x1     10      1     -1      2
x6     10     -1      2     -3
基列变量：x2 离基变量：x6
----------单纯形表如下：----------
       b      x5     x6      x3
c      25    -1.5   -0.5   -1.5
x4     10    -1     -2      1
x1     15     0.5    0.5    0.5
x2      5    -0.5    0.5   -1.5
获得最优解：25
```

7.2 工厂最大效益——单纯形算法

某食品加工厂一共有三个车间，第一车间用1个单位的原料N可以加工5个单位的产品A或2个单位的产品B。产品A如果直接售出，售价为10元，如果在第二车间继续加工，则需要额外加工费5元，加工后售价为19元。产品B如果直接售出，售价16元，如果在第三车间继续加工，则需要额外加工费4元，加工后售价为24元。原材料N的单位购入价为5元，每工时的工资是15元，第一车间加工一个单位的N，需要0.05个工时，第二车间加工一个单位需要0.1工时，第三车间加工一个单位需要0.08工时。每个月最多能得到12000单位的原材料N，工时最多为1000工时。如何安排生产，才能使工厂的效益最大呢？

图7-10 工厂最大效益问题

7.2.1 问题分析

很明显，这是一个资源有限求最大效益问题，是典型的线性规划问题，我们先假设几个变量。

x_1：产品A的售出量。

x_2：产品A在第二车间加工后的售出量。

x_3：产品B的售出量。

x_4：产品B在第三车间加工后的售出量。

x_5：第一车间所用原材料数量。

那么收益怎么计算呢？

就是产品的售价减去成本，成本除了原材料，还有人工工资费用。

- 第一车间所有原材料费和人工费为：$5x_5+0.05\times15x_5=5.75x_5$，下面计算盈利时，均已除去第一车间的材料和人工费。
- A 直接售出，盈利：$10x_1$。
- A 加工后售出，因为有额外加工费、人工费：5+0.1×15=6.5，售价-额外成本=19−6.5，盈利：$12.5x_2$。
- B 直接售出，盈利：$16x_3$。
- B 加工后售出，因为有额外加工费、人工费：4+0.08×15=5.2，售价-额外成本=24−5.2，盈利：$18.8x_4$。

总盈利：$z=10x_1+12.5x_2+16x_3+18.8x_4-5.75x_5$。

目标函数和约束条件如下：

$$\max z=10x_1+12.5x_2+16x_3+18.8x_4-5.75x_5$$

$$\begin{cases} x_1+x_2-5x_5=0 \\ x_3+x_4-2x_5=0 \\ x_5\leqslant 12000 \\ 0.1x_2+0.08x_4+0.05x_5\leqslant 1000 \\ x_i\geqslant 0\ (i=1,2,3,4,5) \end{cases}$$

7.2.2 完美图解

首先将线性规划形式**转化为标准型**：把两个不等式增加两个非负变量，转化为等式。

$$\max z=10x_1+12.5x_2+16x_3+18.8x_4-5.75x_5$$

$$\begin{cases} x_1+x_2-5x_5=0 \\ x_3+x_4-2x_5=0 \\ x_5+x_6=12000 \\ 0.1x_2+0.08x_4+0.05x_5+x_7=1000 \\ x_i\geqslant 0\ (i=1,2,3,4,5,6,7) \end{cases}$$

然后使用单纯形算法求解。

（1）建立初始单纯形表

找出基本变量和非基本变量，**将目标函数由非基本变量表示**，建立初始单纯形表。

基本变量：x_1，x_3，x_6，x_7。

非基本变量：x_2，x_4，x_5。

将目标函数由非基本变量表示，目标函数里面含有基本变量 x_1、x_3，因此利用约束条件的 1、2 式替换，将下面两个公式代入目标函数：

$$x_1 = 5x_5 - x_2\text{，}\quad x_3 = 2x_5 - x_4$$

目标函数：

$$\begin{aligned} z &= 10(5x_5 - x_2) + 12.5x_2 + 16(2x_5 - x_4) + 18.8x_4 - 5.75x_5 \\ &= 2.5x_2 + 2.8x_4 + 76.25x_5 \end{aligned}$$

基本变量做行，非基本变量做列，检验数放第一行，常数项放第一列，非基本变量的系数作为值，构造初始单纯形表，如图 7-11 所示。

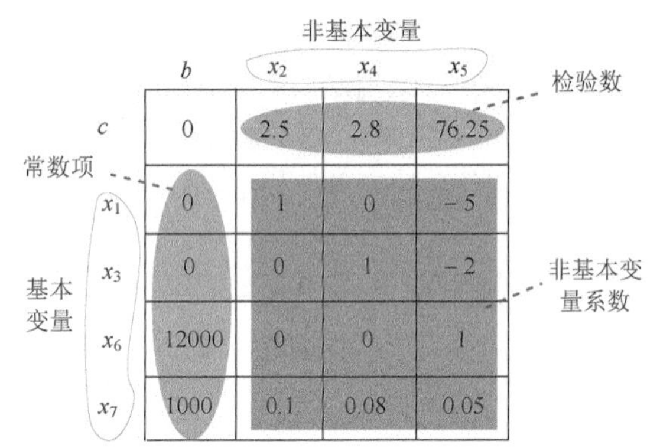

图 7-11 初始单纯形表

（2）判断是否得到最优解

判别并检查目标函数的所有系数，即检验数 c_j（j=1，2，…，n）。

- 如果所有的 $c_j \leqslant 0$，则已获得最优解，算法结束。
- 若在检验数 c_j 中，有些为正数，但其中某一正的检验数所对应的列向量的各分量均小于等于 0，则线性规划问题无界，算法结束。
- 若在检验数 c_j 中，有些为正数且它们对应的列向量中有正的分量，则继续计算。

（3）选入基变量

正检验数中最大的一个 76.25 对应的非基本变量为 x_5 为入基变量，x_5 对应的列为入基列。

（4）选离基变量

选取“常数列元素/入基列元素”正比值的最小者，所对应的非基本变量 x_6 为离基变量，x_6 对应的行为离基行。

（5）换基变换

在单纯形表上将入基变量 x_5 和离基变量 x_6 互换位置，换基变换后如图 7-12 所示。

（6）新的单纯形表

按以下方法计算新的单纯形表，转第（2）步。

4 个特殊位置如下：

- **入基列**=−原值/交叉位值（不包括交叉位）。
- **离基行**=原值/交叉位值（不包括交叉位）。
- **交叉位**=原值取倒数。
- c_0 **位**=原值+同行入基列元素*同列离基行元素/交叉位值。

如图 7-13 所示。

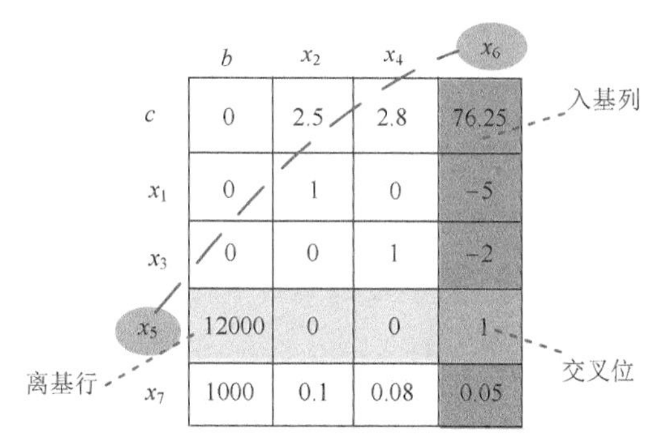

	b	x_2	x_4	x_6
c	0	2.5	2.8	76.25
x_1	0	1	0	−5
x_3	0	0	1	−2
x_5	12000	0	0	1
x_7	1000	0.1	0.08	0.05

图 7-12　单纯形表（换基变换后）

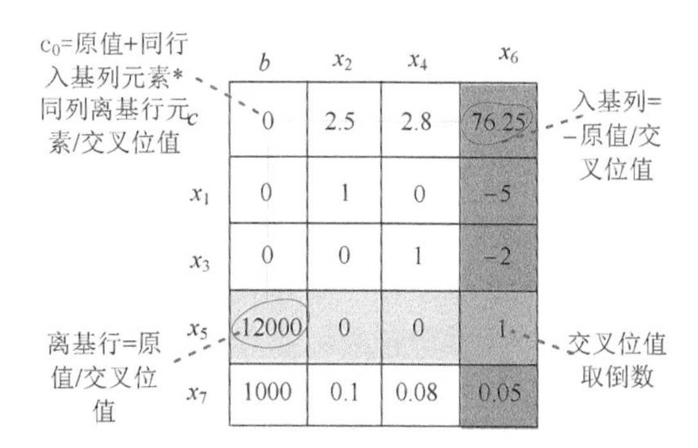

	b	x_2	x_4	x_6
c	0	2.5	2.8	76.25
x_1	0	1	0	−5
x_3	0	0	1	−2
x_5	12000	0	0	1
x_7	1000	0.1	0.08	0.05

图 7-13　单纯形表（4 个特殊位置）

一般位置元素=原值−同行入基列元素*同列离基行元素/交叉位值，如图 7-14 所示。计算后得到新的单纯形表，如图 7-15 所示。

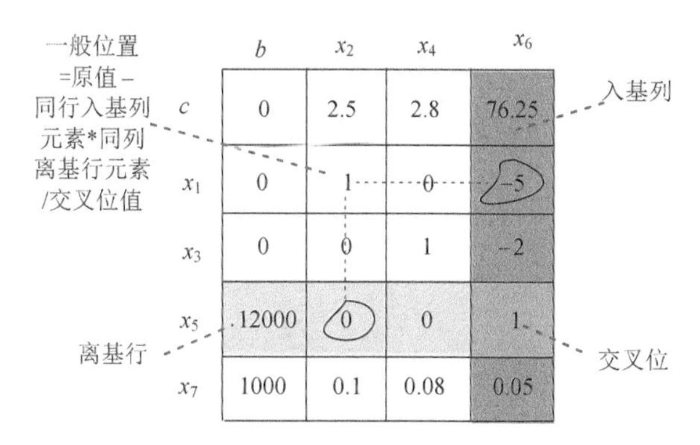

	b	x_2	x_4	x_6
c	0	2.5	2.8	76.25
x_1	0	1	0	−5
x_3	0	0	1	−2
x_5	12000	0	0	1
x_7	1000	0.1	0.08	0.05

图 7-14　单纯形表（一般位置）

	b	x_2	x_4	x_6
c	915000	2.5	2.8	−76.25
x_1	60000	1	0	5
x_3	24000	0	1	2
x_5	12000	0	0	1
x_7	400	0.1	0.08	−0.05

图 7-15　新的单纯形表

（7）判断是否得到最优解，若没有，则继续第（3）～（6）步

再次选定基列变量 x_4 和离基变量 x_7，将入基变量和离基变量互换位置，重新计算新的单纯形表，如图 7-16 所示。

	b	x_2	x_7	x_6
c	929000	−1	−35	−74.5
x_1	60000	1	0	5
x_3	19000	−1.25	−12.5	2.625
x_5	12000	0	0	1
x_4	5000	1.25	12.5	−0.625

图 7-16　新的单纯形表

判断是否得到最优解，因为检验数全部小于 0，因此得到最优解，c_0 位就是最优值 929000，而最优解是由基本变量对应的常数项组成的，即 x_1=60000、x_3=19000、x_4=5000、x_5=12000，非基本变量全部置零，得到唯一的最优解向量（60000，0，19000，5000，12000，0，0）。

产品 A 的售出量：x_1=60000。

产品 A 在第二车间加工后的售出量：x_2=0。

产品 B 的售出量：x_3=19000。

产品 B 在第三车间加工后的售出量：x_4=5000。

第一车间所用原材料数量：x_5=12000。

从最优解可以看到 x_2=0，也就是说产品 A 在第二车间加工后的售出量为 0，显然产品 A 在第二车间加工后再售出赚取的效益不大，也是不划算的，可以取消第二车间加工对产品 A 的再加工，其他的按最优解数量生产，工厂即可获得最大效益。

7.2.3 伪代码详解

（1）找入基列

检验数是在第 0 行，第 1～m 列的元素，先令 max1=0，然后用 for 循环查找所有的检验数，找到最大的正检验数，并用 e 记录该列，即入基列。

```
for(j=1;j<=m;j++)          //找入基列(最大正检验数对应的列)
{
       if(max1<kernel[0][j])
       {
           max1=kernel[0][j];
           e=j;
       }
}
```

（2）找离基行

找常数列/入基列正比值最小对应的行，即离基行。在找离基行循环里，检查入基列中除检验数外所有元素是否都小于 0，如果是，则线性规划问题有无界解。

```
for(i=1;i<=n;i++)          //找离基行(常数列/入基列正比值最小对应的行)
{
    float temp=kernel[i][0]/kernel[i][e];
    if(temp>0&&temp<min) //找离基变量
    {
        min=temp;
        k=i;
    }
}
```

（3）换基变换

换基变换（转轴变换），即将入基变量和离基变量交换位置。

```
char temp=FJL[e];
FJL[e]=JL[k];
L[k]=temp;
```

（4）计算单纯形表

计算 4 个特殊位（入基列、离基行、c_0 位、交叉位），其余的一般位采用十字交叉计算新值。

```
for(i=0;i<=n;i++)                    //计算除入基列和离基行的所有位置的元素
{
    if(i!=k)
    {
        for(j=0;j<=m;j++)
        {
            if(j!=e)
            {
              if(i==0&&j==0)   //计算特殊位 c0 位,即目标函数的值
                  kernel[i][j]=kernel[i][j]+kernel[i][e]*kernel[k][j]/kernel
[k][e];
              else             //一般位置
                  kernel[i][j]=kernel[i][j]-kernel[i][e]*kernel[k][j]/kernel
[k][e];
              }
            }
        }
}
for(i=0;i<=n;i++)                    //计算特殊位,离基行的元素
{
     if(i!=k)
          kernel[i][e]=-kernel[i][e]/kernel[k][e];
}
for(j=0;j<=m;j++)                    //计算特殊位,入基列的元素
{
    if(j!=e)
       kernel[k][j]=kernel[k][j]/kernel[k][e];
  }
//计算特殊位,交叉位置
kernel[k][e]=1/kernel[k][e];
```

7.2.4 实战演练

根据以上的算法设计步骤，可以编写程序。在该程序中，用 ***kernel*[][]**记录存储的单纯形表值，用 *FJL*[]记录非基本变量下标，用 *FL*[]记录基本变量下标。

```
//program 7-1
#include <iostream>
#include<math.h>
#include<iomanip>
#include<stdio.h>
using namespace std;
float kernel[100][100];      //存储非单纯形表
char  FJL[100]={};           //非基本变量
char  JL[100]={};            //基本变量
int n,m,i,j;

void print()                 //输出单纯型表
{
     cout<<endl;
     cout<<"----------单纯形表如下：----------"<<endl;
     cout<<"  ";
     cout<<setw(7)<<"b ";
     for(i=1;i<=n;i++)
          cout<<setw(7)<<"x"<<FJL[i];
     cout<<endl;
     cout<<"c ";
     for(i=0;i<=n;i++)
     {
          if(i>=1)
               cout<<"x"<<JL[i];
          for(j=0;j<=m;j++)
               cout<<setw(7)<<kernel[i][j]<<" ";
          cout<<endl;
     }
}
```

```
void DCXA()
{
     float max1;             //max1 用于存放最大的检验数
     float max2;             //max2 用于存放最大正检验数对应的基本变量的最大系数
     int e=-1;               //记录入基列
     int k=-1;               //记录离基行
     float min;
     //循环迭代，直到找到问题的解或无解为止
     while(true)
     {
          max1=0;
          max2=0;
          min=100000000;
```

```
for(j=1;j<=m;j++)   //找入基列（最大正检验数对应的列）
{
      if(max1<kernel[0][j])
      {
            max1=kernel[0][j];
            e=j;
      }
}
if(max1<=0)           //最大值<=0，即所有检验数<=0，满足获得最优解的条件
{
     cout<<endl;
     cout<<"获得最优解："<<kernel[0][0]<< endl;
     print();
     break;
}
for(j=1;j<=m;j++) //判断正检验数对应的列如果都小于等于 0，则无界解
{
          max2=0;
          if(kernel[0][j]>0)
          {
               for(i=1;i<=n;i++) //搜索正检验数对应的列
                 if(max2<kernel[i][j])
                     max2=kernel[i][j];
               if(max2==0)
               {
                   cout<<"解无界"<<endl;
                   return; //退出函数，不能用 break，因为它只是退出当前循环
               }
          }
}
for(i=1;i<=n;i++)   //找离基行(常数列/入基列正比值最小对应的行)
{
       float temp=kernel[i][0]/kernel[i][e];
       if(temp>0&&temp<min)                    //找离基变量
       {
             min=temp;
             k=i;
       }
}
cout<<"入基变量："<<"x"<<FJL[e]<<" ";
cout<<"离基变量："<<"x"<<JL[k]<<endl;
//变基变换（转轴变换）
 char temp=FJL[e];
 FJL[e]=JL[k];
 JL[k]=temp;
 for(i=0;i<=n;i++) //计算除入基列和离基行的所有位置的元素
 {
       if(i!=k)
       {
             for(j=0;j<=m;j++)
             {
                   if(j!=e)
                   {
```

```
                                        if(i==0&&j==0) //计算特殊位 c0，即目标函数的值
                                        kernel[i][j]=kernel[i][j]+kernel[i][e]*kernel
[k][j]/kernel[k][e];
                                      else              //一般位置
                                         kernel[i][j]=kernel[i][j]-kernel[i][e]*kernel
[k][j]/kernel[k][e];
                                  }
                              }
                         }
                 }
                 for(i=0;i<=n;i++)              //计算特殊位，入基列的元素
                 {
                      if(i!=k)
                           kernel[i][e]=-kernel[i][e]/kernel[k][e];
                 }
                 for(j=0;j<=m;j++)              //计算特殊位，离基行的元素
                 {
                      if(j!=e)
                         kernel[k][j]=kernel[k][j]/kernel[k][e];
                 }
                 kernel[k][e]=1/kernel[k][e]; //计算特殊位，交叉位置
                 print();
        }
    }
    int main()
    {
        int i,j;
        cout<<"输入非基本变量个数和非基本变量下标："<< endl;
        cin>>m;
        for(i=1;i<=m;i++)
           cin>>FJL[i] ;
        cout<<"输入基本变量个数和基本变量下标："<<endl;;
        cin>>n ;
        for(i=1;i<=n;i++)
           cin>>JL[i];
        cout<<"输入约束标准型初始单纯形表参数："<<endl;;
        for(i=0;i<=n;i++)
        {
             for(j=0;j<=m;j++)
             cin>>kernel[i][j];
        }
        print();
        DCXA();
        return 0;
    }
```

算法实现和测试

（1）运行环境

Code::Blocks

（2）输入

```
输入非基本变量个数和非基本变量下标：
```

```
3
245
输入基本变量个数和基本变量下标：
4
1367
输入约束标准型初始单纯形表参数：
0 2.5 2.8 76.25
0 1 0 -5
0 0 1 -2
12000 0 0 1
1000 0.1 0.08 0.05
```

（3）输出

```
----------单纯形表如下：----------
      b       x2      x4      x5
c       0     2.5       2.8   76.25
x1      0       1       0      -5
x3      0       0       1      -2
x6  12000       0       0       1
x7   1000      0.1      0.08    0.05
入基变量：x5 离基变量：x6

----------单纯形表如下：----------
      b       x2      x4      x6
c  915000      2.5      2.8     -76.25
x1  60000       1       0       5
x3  24000       0       1       2
x5  12000       0       0       1
x7    400      0.1     0.08    -0.05
入基变量：x4 离基变量：x7

----------单纯形表如下：----------
      b       x2      x7      x6
c  929000      -1     -35   -74.5
x1  60000       1      -0       5
x3  19000   -1.25   -12.5   2.625
x5  12000       0      -0       1
x4   5000    1.25    12.5  -0.625
获得最优解：929000
```

7.2.5　算法解析及优化拓展

1．算法复杂度分析

（1）时间复杂度：在输入基本变量和非基本变量中用了 $n+m$ 的循环次数，在输入单纯形表时有 $n*m$ 次循环，在打印最优解时有 $n+n*m$ 次的时间打印结果，在寻找入基列和离基行中，最坏的情况下有 $O(n*m)$次循环，在循环迭代中最坏情况下需要 2^n 迭代，则时间复杂度为 $O(2^n)$。

（2）空间复杂度：计算空间复杂度时只计算辅助空间，在该程序中 ***kernel*[][]**用来记录输入的单纯形表，用 *FJL*[]来记录输入的非基本变量的值，用 *JL*[]来记录输入的 *JL*[]基本变量的值，辅助空间为一些变量和换基变换时的辅助变量，所以空间复杂度为 $O(1)$。

2．算法优化拓展

想一想，还有没有更好的算法呢？

7.3 最大网络流——最短增广路算法

在日常生活中有大量的网络，如电网、水管网、交通运输网、通信网及生产管理网等，网络流正是从这些实际问题中提炼出来的，目的是求网络最大流。

图 7-17　管道网络

7.3.1 问题分析

无论是电网、水管网、交通运输网，还是其他的一些网络，都有一个共同点：在网络中传输都是有方向和容量的。所以设有向带权图 $\boldsymbol{G}$=（V，E），V={s，v_1，v_2，v_3，…，t}。在图 $\boldsymbol{G}$ 中有两个特殊的结点 s 和 t，s 称为源点，t 称为汇点。图中各边的方向表示允许的流向，边上的权值表示该边允许通过的最大可能流量 cap，且 $cap \geqslant 0$，称它为边的容量。而且如果边集合 E 含有一条边（u，v），必然不存在反方向的边（v，u），我们称这样的有向带权图为**网络**。

网络是一个有向带权图，包含一个源点和一个汇点，没有反平行边。

反平行边如图 7-18 所示。就是说如果 v_1 和 v_3 之间有边，要么是 v_1—v_3，要么是 v_3—v_1，但两个不会同时存在。

例如：一家郑州电子产品制造公司要把一批货物从工厂（s）运往北京仓库（t），找到一家货运代理公司，代理公司安排了若干货车和运输线路，中间要经过若干个城市，边上的数值代表两个城市之间每天最多运送的产品数量。电子公司不管货运代理是怎么运输的，只需要知道每天从工厂最多发出去多少货。而且从工厂发出多少货物，在北京仓库就要收到多少货物，否则由货运代理照价赔偿，因此中间的城市是没有存货的，该运输网络如图 7-19 所示。

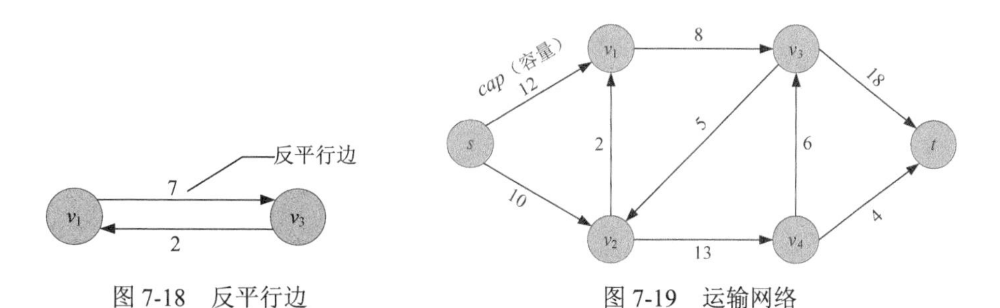

图 7-18 反平行边　　图 7-19 运输网络

这就像一个地下水管网络，我们看不到水在地下管道内是怎么流动的，但是知道从进水口流进去多少水，就从出水口流出来多少水，如图 7-20 所示。

网络流：网络流即网络上的流，是定义在网络边集 E 上的一个非负函数 *flow*={*flow*（*u*，*v*）}，*flow*（*u*，*v*）是边上的流量。

可行流：满足以下两个性质的网络流 *flow* 称为可行流。

（1）容量约束

每个管道的实际流量 *flow* 不能超过该管道的最大容量 *cap*。每个管道粗细不同，因此管道的最大容量也是不同的。例如：从结点 *u* 到结点 *v* 的管道容量是 10，那么从结点 *u* 到结点 *v* 的实际流量不能大于 10，如图 7-21 所示。

对所有的结点 *u* 和 *v*，满足容量约束：$0 \leqslant flow(x,y) \leqslant cap(x,y)$。

（2）流量守恒

除了源点 *s* 和汇点 *t* 之外，所有内部结点流入量等于流出量。即：

$$\sum_{(x,u)\in E} flow(x,u) = \sum_{(u,y)\in E} flow(u,y)$$

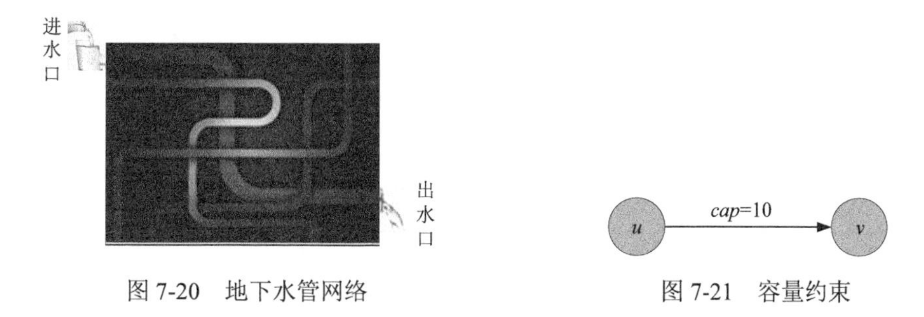

图 7-20 地下水管网络　　图 7-21 容量约束

例如：流入 *u* 结点的流量之和是 10，那么从 *u* 结点流出的流量之和也是 10，如图 7-22

所示。

- 源点 s

源点主要是流出，但也有可能流入，例如货物运出后检测出一些不合格产品需要返厂，对源点来说就是流入量。因此，源点的净输出值 f=流出量之和−流入量之和。即：

$$f = \sum_{(s,x)\in E} flow(s,x) - \sum_{(y,s)\in E} flow(y,s)$$

例如：源点 s 的流出量之和是 10，流入量之和是 2，那么净输出是 8，如图 7-23 所示。

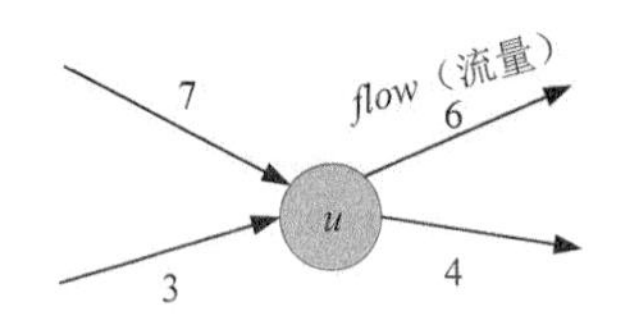

图 7-22 流量守恒（中间结点）

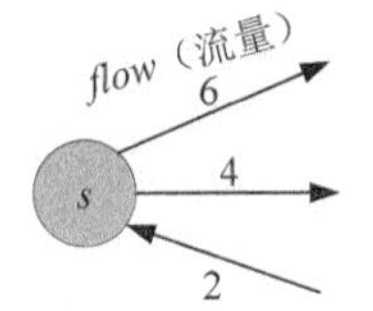

图 7-23 流量守恒（源点）

- 汇点 t

汇点主要是流入，但也有可能流出，例如货物到达仓库后检测出一些不合格产品需要返厂，对汇点来说是流出量。因此，汇点的净输入值 f=流入量之和−流出量之和。即：

$$f = \sum_{(x,t)\in E} flow(x,t) - \sum_{(t,y)\in E} flow(t,y)$$

例如：源点 t 的流入量之和是 9，流出量之和是 1，那么净输入是 8，如图 7-24 所示。

注意：对于一个网络可行流 *flow*，净输出等于净输入，这仍然是流量守恒，如图 7-25 所示。

网络最大流：在满足容量约束和流量守恒的前提下，在流网络中找到一个净输出最大的网络流。

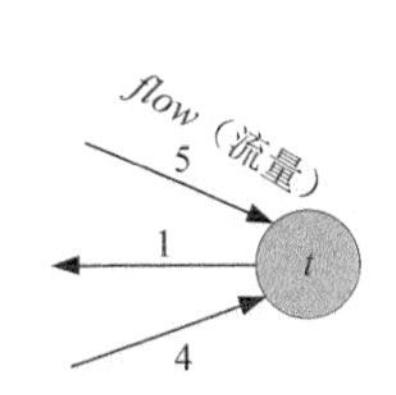

图 7-24 流量守恒（汇点）

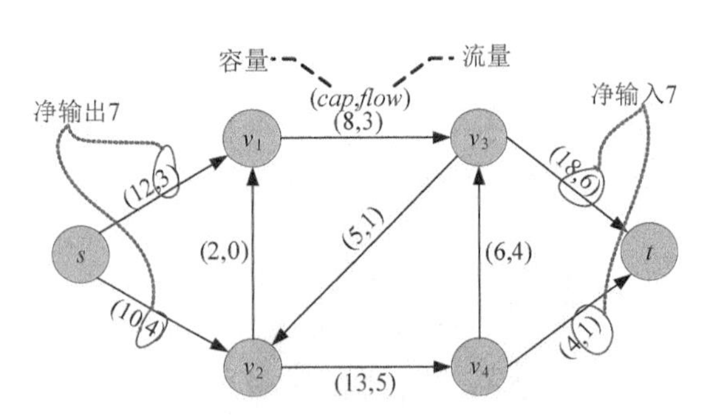

图 7-25 网络 **G** 及其上的一个流 *flow*

那么如何找到最大流呢？接下来看 Ford-Fulkerson 方法。

7.3.2 增广路算法

1957 年，Ford 和 Fullkerson 提出了求解网络最大流的方法。该方法的基本思想是在残余网络中找可增广路，然后在实流网络中沿可增广路增流，直到不存在可增广路为止。

1. 基本概念

（1）实流网络

为了更清楚地表达，我们引入实流网络的概念，即只显示实际流量的网络。

例如：网络 **G** 及其上的一个流 *flow*，如图 7-26 所示。

我们只显示每条边实际流量，不显示容量，图 7-26 对应的实流网络如图 7-27 所示。

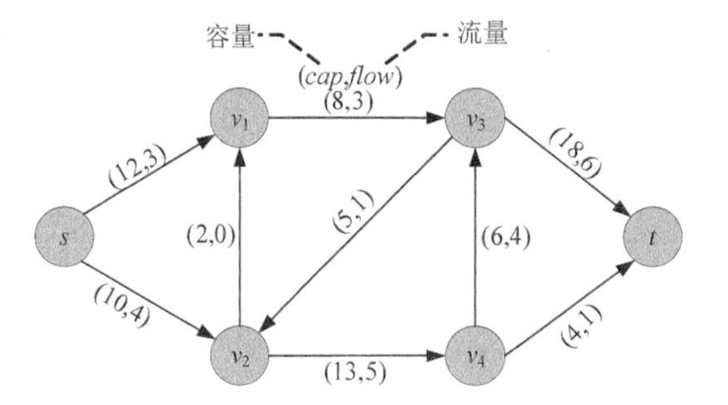

图 7-26 网络 **G** 及其上的一个流 *flow*

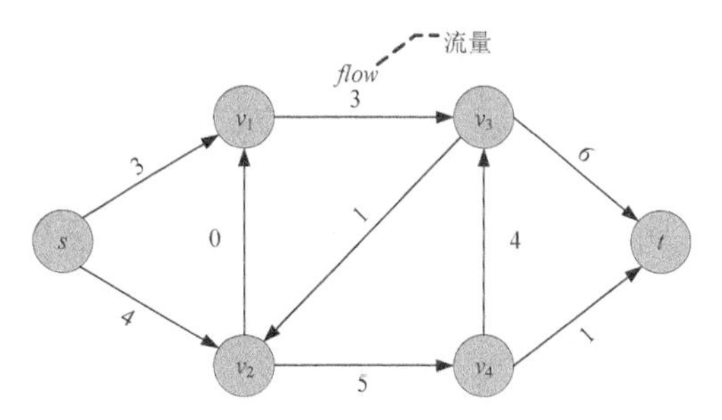

图 7-27 实流网络 **G'**

（2）残余网络

每个网络 **G** 及其上的一个流 *flow*，都对应一个残余网络 G^*。G^*和 *G* 结点集相同，而网络 **G** 中的每条边对应 G^*中的一条边或两条边，如图 7-28 和图 7-29 所示。

在残余网络中，与网络边对应的同向边是可增量（即还可以增加多少流量），反向边是实际流量。

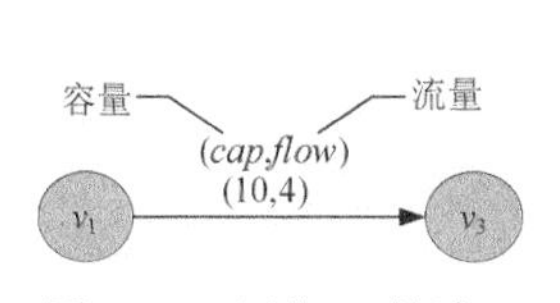

图 7-28 网络 **G** 的边

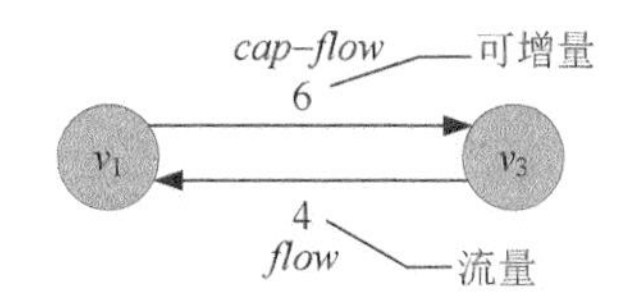

图 7-29 残余网络 G^*对应的边

残余网络中没有 0 流边，因此如果网络中的边实际流量是 0，则在残余网络中只对应一条同向边，没有反向边，如图 7-30 和图 7-31 所示。

网络 **G** 及可行流如图 7-32 所示，对应的残余网络 G^*如图 7-33 所示。

可增广路是残余网络 G^*中一条从源点 *s* 到汇点 *t* 的简单路径。例如：$s—v_1—v_3—t$ 就是一条可增广路，如图 7-34 所示。

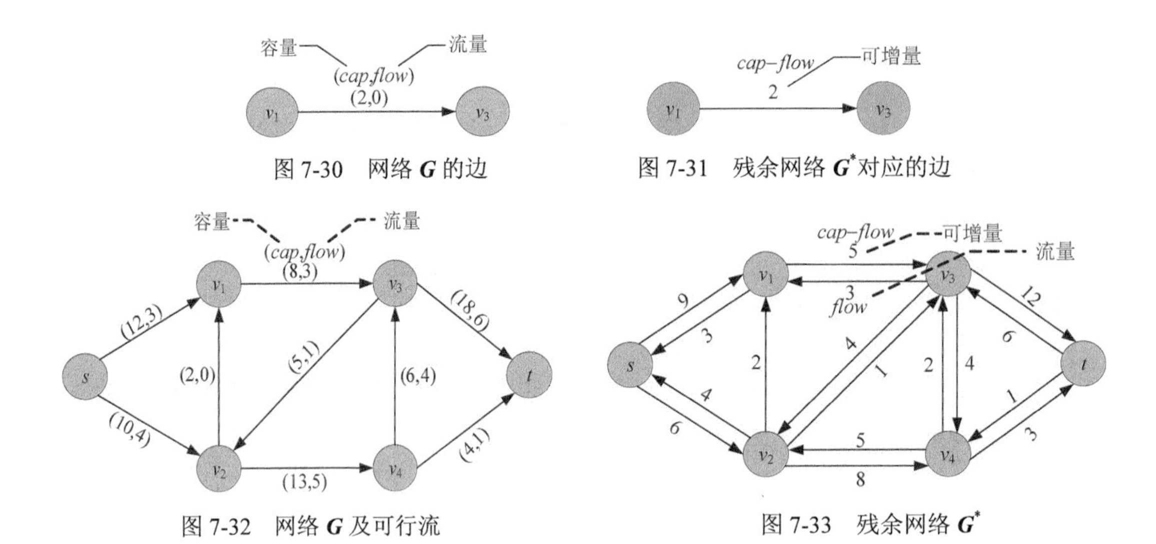

图 7-30 网络 G 的边

图 7-31 残余网络 G^*对应的边

图 7-32 网络 G 及可行流

图 7-33 残余网络 G^*

可增广量是指在可增广路 p 上每条边可以增加的流量最小值。那么对于一条可增广路 $s—v_1—v_3—t$，可以增加的最大流量是多少呢？$s—v_1$ 最多可以增加的流量为 9，$v_1—v_3$ 最多可以增加的流量为 5，$v_3—t$ 最多可以增加的流量为 12，如果超出这个值就不满足流量约束了，因此这条可增广路最多可以增加的流量是 5。

可增广量 d 等于可增广路 p 上每条边值的最小值，如图 7-35 所示。

求网络 G 的最大流，首先在残余网络中找可增广路，然后在实流网络 G'中沿可增广路增流，直到不存在可增广路为止。这时实流网络 G'就是最大流网络。

2. 可增广路增流

增流操作分为两个过程：一是在实流网络中增流，二是在残余网络中减流。因为残余网络中可增广路上的边值表示可增量，在实流网络中流量增加了，那么可增量就少了。

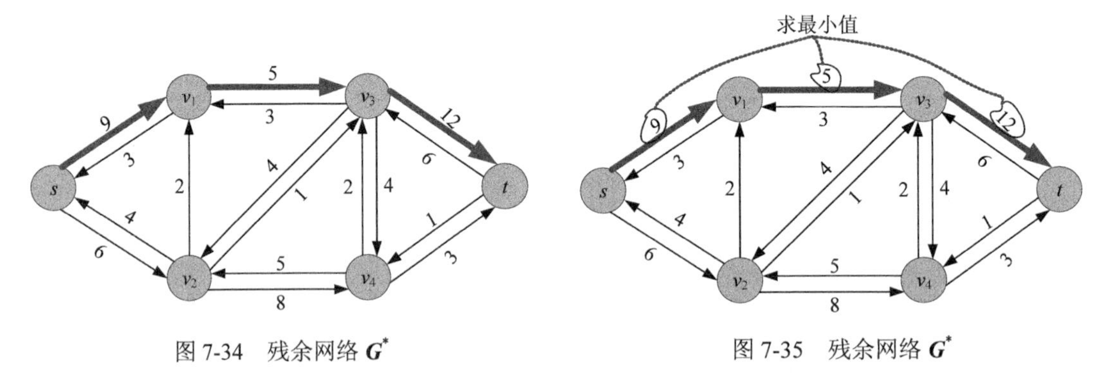

图 7-34 残余网络 G^*

图 7-35 残余网络 G^*

（1）实流网络增流

仍以图 7-35 为例，我们已经找到一条可增广路 $s—v_1—v_3—t$，并且知道可增广量 d=5。

那么首先在实流网络中沿着可增广路增流：可增广路上同向边增加流量 d，反向边减少流量 d。本例中都是和可增广路同向的边，因此每条边上增加流量 5，增流前后的实流网络如图 7-36 和图 7-37 所示。

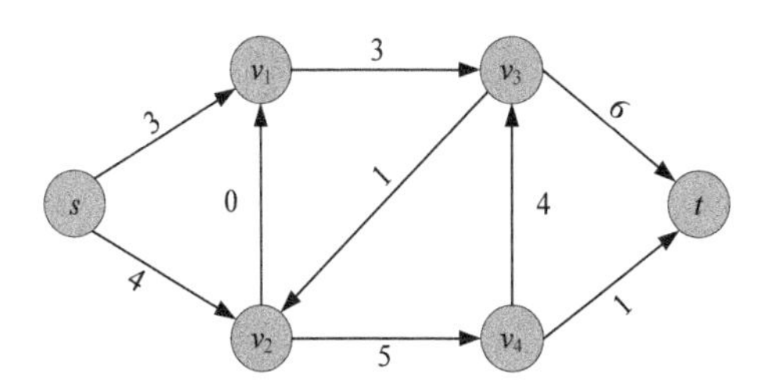

图 7-36 实流网络 G'（增流前）

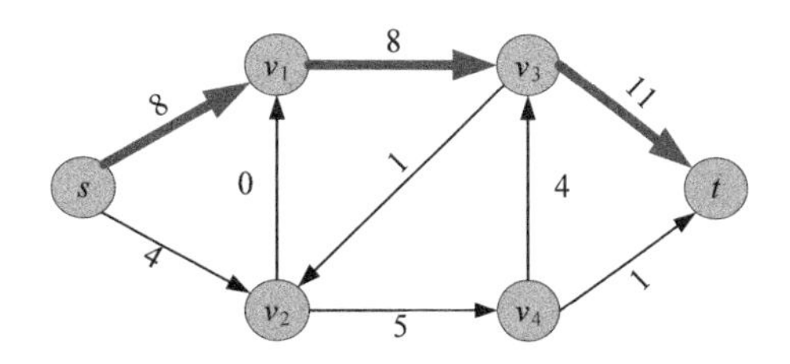

图 7-37 实流网络 G'（增流后）

（2）残余网络减流

在残余网络中沿着可增广路减流：可增广路上的同向边减少流量 d，反向边增加流量 d。沿着可增广路 s—v_1—v_3—t，同向边（可增量）减少流量 5，反向边增加流量 5。如果一条边流量为 0，则删除这条边。减流后 v_1—v_3 流量为 0，删除这条边，减流前后的残余网络如图 7-38 和图 7-39 所示。

3．增广路算法

增广路定理：设 *flow* 是网络 $\boldsymbol{G}$ 的一个可行流，如果不存在从源点 s 到汇点 t 关于 *flow* 的可增广路 p，则 *flow* 是 $\boldsymbol{G}$ 的一个最大流。

增广路算法的基本思想是在残余网络中找到可增广路，然后在实流网络中沿可增广路增流，在残余网络中沿可增广路减流；继续在残余网络中找可增广路，直到不存在可增广路为止。此时，实流网络中的可行流就是所求的最大流。

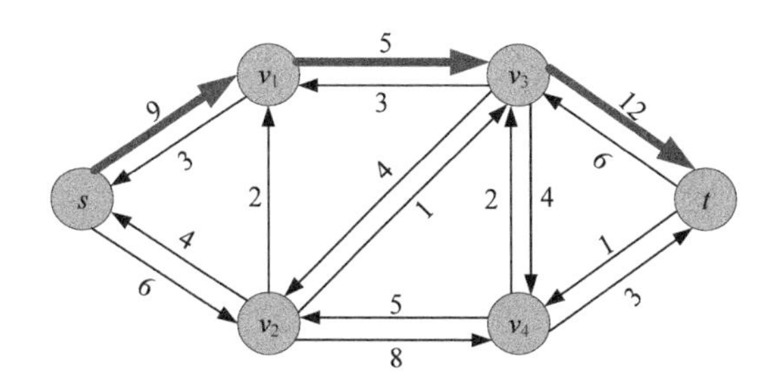

图 7-38 残余网络 G^*（减流前）

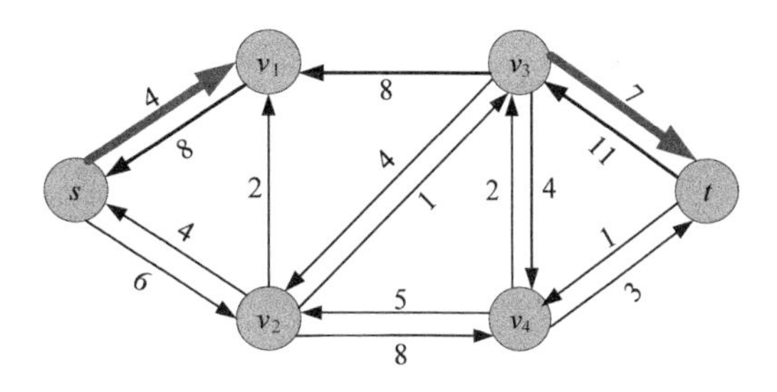

图 7-39 残余网络 G^*（减流后）

增广路算法其实不是一种算法，而是一种方法，因为 Ford-Fullkerson 并没有说明如何找可增广路，而找增广路的算法不同，算法的时间复杂度相差很大。

如果采用随意找可增广路的方式，我们看一个例子：网络 $\boldsymbol{G}$ 及可行流如图 7-40 所示。

图 7-40 对应的实流网络和残余网络如图 7-41 和图 7-42 所示。

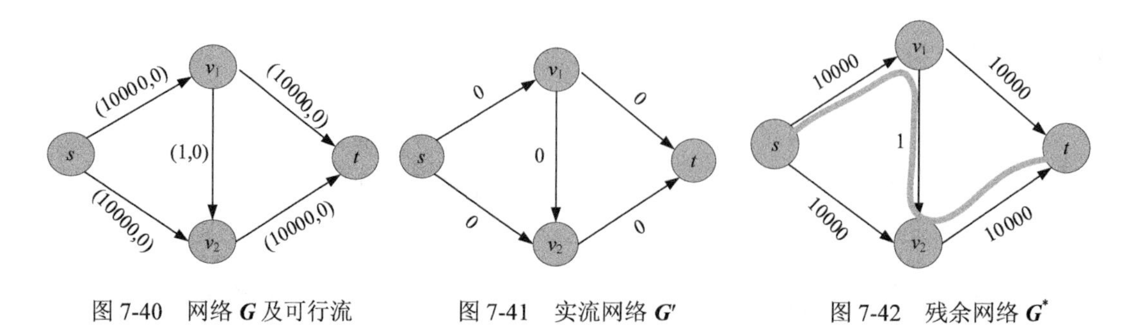

图 7-40　网络 $\boldsymbol{G}$ 及可行流　　图 7-41　实流网络 $\boldsymbol{G'}$　　图 7-42　残余网络 $\boldsymbol{G^*}$

如果我们在残余网络 $\boldsymbol{G^*}$中随意找一条可增广路 p：s—v_1—v_2—t，如图 7-42 所示。沿可增广路 p 增流后的实流网络 $\boldsymbol{G'}$如图 7-43 所示，减流后的残余网络 $\boldsymbol{G^*}$如图 7-44 所示。

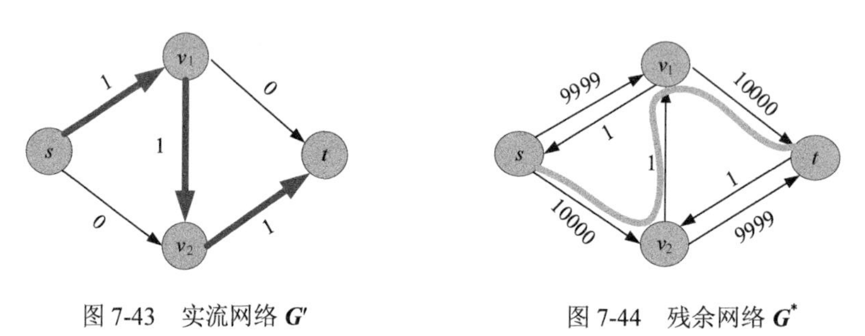

图 7-43　实流网络 $\boldsymbol{G'}$　　图 7-44　残余网络 $\boldsymbol{G^*}$

如果我们继续在残余网络 $\boldsymbol{G^*}$中随意找一条可增广路 p：s—v_2—v_1—t，如图 7-44 所示。沿可增广路 p 增流后的实流网络 $\boldsymbol{G'}$如图 7-45 所示，减流后的残余网络 $\boldsymbol{G^*}$如图 7-46 所示。

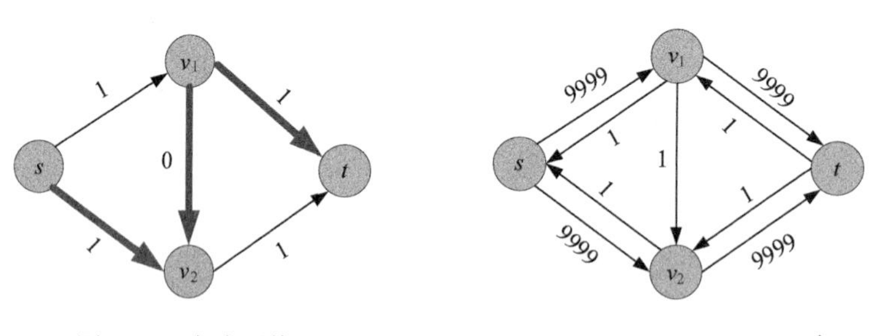

图 7-45　实流网络 $\boldsymbol{G'}$　　图 7-46　残余网络 $\boldsymbol{G^*}$

注意：在实流网络中，沿可增广路 p 上的边是 v_1—v_2 的反向边，因此，减流 1，其他的正向边增流 1。

如果继续在残余网络 $\boldsymbol{G^*}$中随意找一条可增广路 p：s—v_1—v_2—t，沿可增广路 p 增流，如此下去，每次增加的流量为 1，而本题网络最大流值 f=20000，那么需要执行 20000 次增流操作，每次找可增广路的算法时间复杂度为 $O(E)$，如果每次只增加一个单位流量，那么需要找可增广路 f 次，总的时间复杂度为 $O(Ef)$。

4．最短增广路算法

如何找到一条可增广路呢？仁者见仁，智者见智。可以设置最大容量优先，也可以是最短路径（广度优先）优先。Edmonds-Karp 算法就是以广度优先的增广路算法，又称为最短增广路算法（Shortest Augument Path，SAP）。

最短增广路算法步骤：

采用队列 q 来存放已访问未检查的结点。布尔数组 *vis*[]标识结点是否被访问过，*pre*[]数组记录可增广路上结点的前驱。*pre*[*v*]=*u* 表示可增广路上 v 结点的前驱是 u，最大流值 *maxflow*=0。

（1）初始化可行流 *flow* 为零流，即实流网络中全是零流边，残余网络中全是最大容量边（可增量）。初始化 *vis*[]数组为 false，*pre*[]数组为−1。

（2）令 *vis*[*s*]=true，s 加入队列 q。

（3）如果队列不空，继续下一步，否则算法结束，找不到可增广路。当前的实流网络就是最大流网络，返回最大流值 *maxflow*。

（4）队头元素 *new* 出队，在残余网络中检查 *new* 的所有邻接结点 i。如果未被访问，则访问之，令 *vis*[*i*]=true，*pre*[*i*]=new；如果 $i=t$，说明已到达汇点，找到一条可增广路，转向第（5）步；否则结点 i 加入队列 q，转向第（3）步。

（5）从汇点开始，通过前驱数组 *pre*[]，逆向找可增广路上每条边值的最小值，即可增量 d。

（6）在实流网络中增流，在残余网络中减流，*Maxflow*+=*d*，转向第（2）步。

7.3.3 完美图解

一般来说，实际问题通常会给出每个结点之间的最大容量 *cap* 是多少，然后求解最大流。那么我们在求解时需要先初始化一个可行流，然后在可行流上不断找可增广路增流即可。初始化为任何一个可行流都可以，但需要满足容量约束和平衡约束。为了简单起见，我们通常初始化可行流为 0 流，这样肯定满足容量约束和平衡约束。如图 7-47 所示的网络 ***G***，1 号结点为源点，6 号结点为汇点。

（1）数据结构

网络 ***G*** 邻接矩阵为 **g**[][]，即如果从结点 i 到结点 j 有边，就让 **g**[*i*][*j*]=<*i*，*j*>的权值，否则 **g**[*i*][*j*]=∞（无穷大），如图 7-48 所示。

（2）初始化

初始化可行流 *flow* 为零流，即实流网络中全是零流边，残余网络中全是最大容量边（可增量）。初始化访问标记数组 *vis*[]为 0（false），前驱数组 *pre*[]为−1，如图 7-49 和图 7-50 所示。

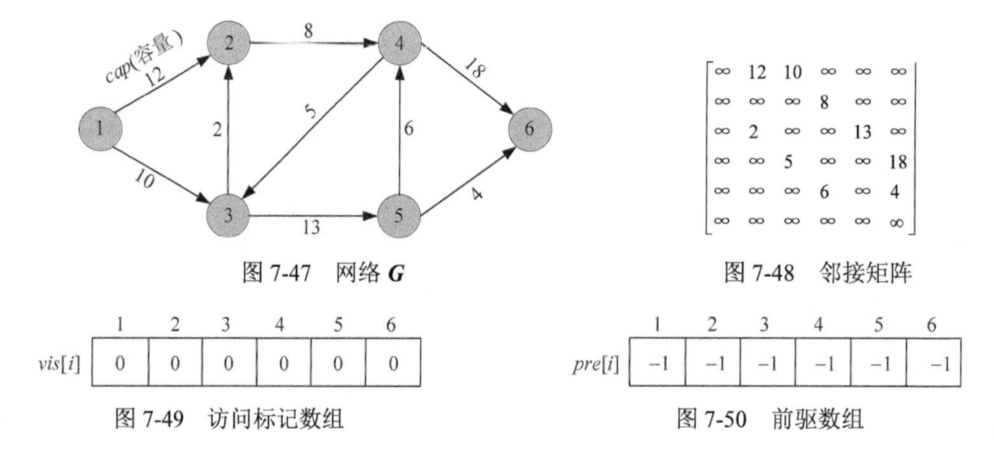

图 7-47　网络 ***G***

图 7-48　邻接矩阵

图 7-49　访问标记数组

图 7-50　前驱数组

初始化实流网络为 0 流，如图 7-51 所示。

实流网络 ***G'***对应的残余网络，如图 7-52 所示。

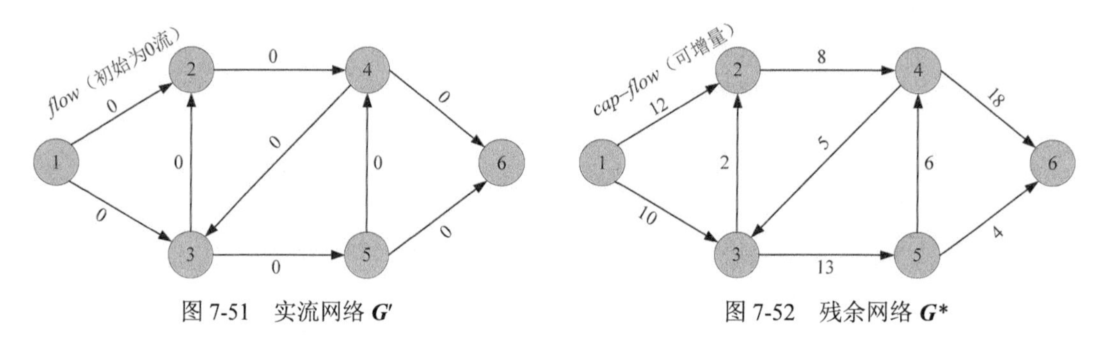

图 7-51　实流网络 ***G'***

图 7-52　残余网络 ***G****

（3）令 *vis*[1]=true，1 加入队列 *q*，如图 7-53 所示。

（4）队头元素 1 出队

在残余网络 G^*中依次检查 1 的所有邻接结点 2 和 3，两个结点都未被访问，令 *vis*[2] =true，*pre*[2]=1，结点 2 加入队列 *q*；*vis*[3]=true，*pre*[3]=1，结点 3 加入队列 *q*，搜索路径如图 7-54 所示。

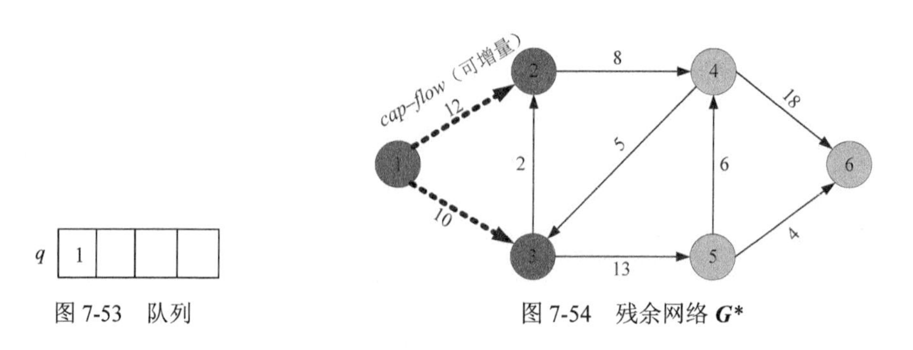

图 7-53　队列

图 7-54　残余网络 ***G****

访问标记数组、前驱数组及队列状态如图 7-55～图 7-57 所示。

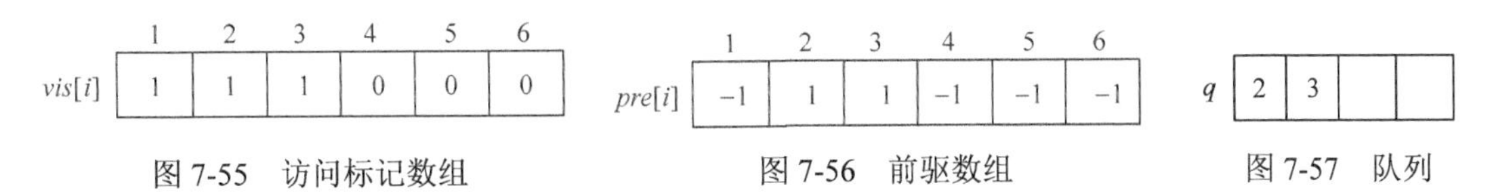

图 7-55　访问标记数组　　图 7-56　前驱数组　　图 7-57　队列

（5）队头元素 2 出队

在残余网络中依次检查 2 的所有邻接结点 4，4 未被访问，令 *vis*[4]= true，*pre*[4]=2，结点 4 加入队列 *q*，搜索路径如图 7-58 所示。

访问标记数组、前驱数组及队列状态如图 7-59～图 7-61 所示。

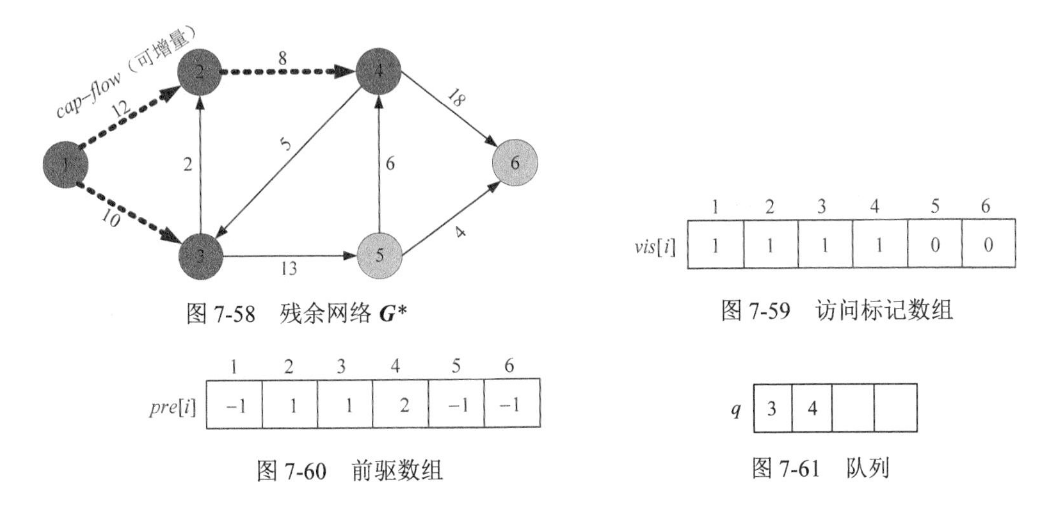

图 7-58　残余网络 ***G****　　图 7-59　访问标记数组

图 7-60　前驱数组　　图 7-61　队列

（6）队头元素 3 出队

在残余网络中依次检查 3 的所有邻接结点 2 和 5，2 被访问过，什么也不做；5 未被访问，令 *vis*[5] =true，*pre*[5]=3，结点 5 加入队列 *q*，搜索路径如图 7-62 所示。

访问标记数组、前驱数组及队列状态如图 7-63～图 7-65 所示。

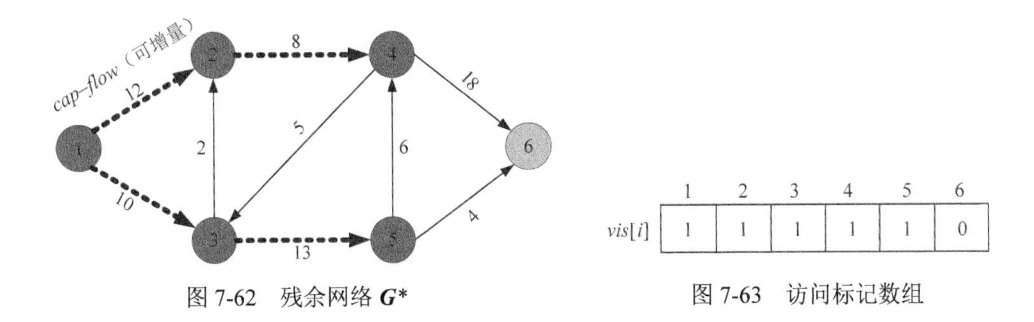

图 7-62　残余网络 ***G****　　图 7-63　访问标记数组

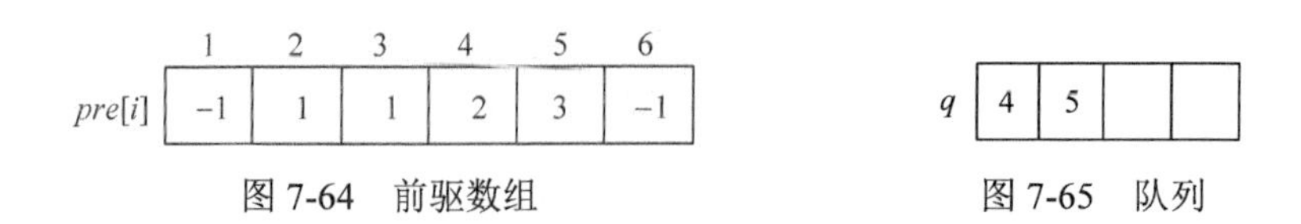

	1	2	3	4	5	6
pre[*i*]	−1	1	1	2	3	−1

图 7-64　前驱数组

q	4	5		

图 7-65　队列

（7）队头元素 4 出队

在残余网络中依次检查 4 的所有邻接结点 3 和 6，3 被访问过，什么也不做；6 未被访问，令 *vis*[6] =true，*pre*[6]=4，结点 6 就是汇点，找到一条增广路。搜索路径如图 7-66 所示。

访问标记数组、前驱数组及队列状态如图 7-67～图 7-69 所示。

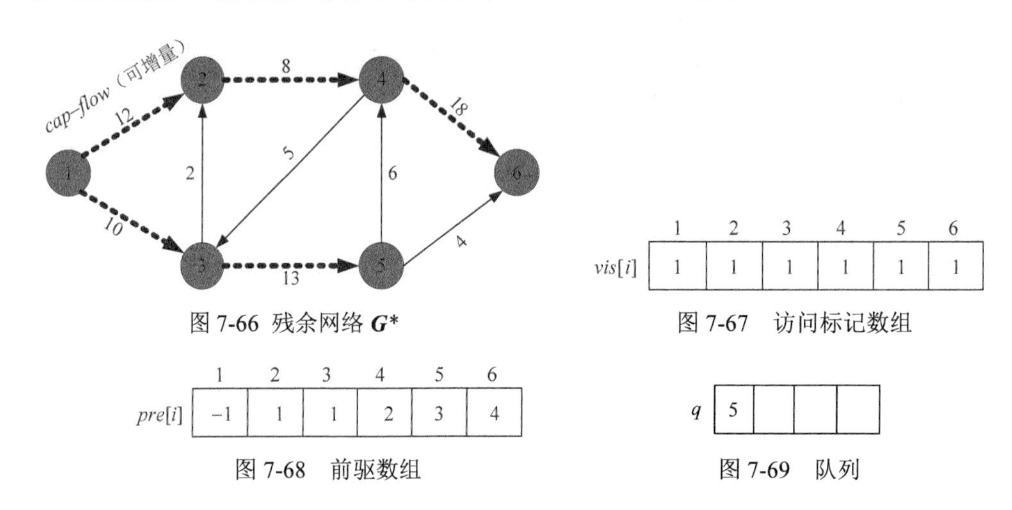

图 7-66 残余网络 ***G****

	1	2	3	4	5	6
vis[*i*]	1	1	1	1	1	1

图 7-67　访问标记数组

	1	2	3	4	5	6
pre[*i*]	−1	1	1	2	3	4

图 7-68　前驱数组

q	5			

图 7-69　队列

（8）读取图 7-68 中的前驱数组 *pre*[6]=4，*pre*[4]=2，*pre*[2]=1，即：1—2—4—6。找到该路径上最小的边值为 8，即可增量 *d*=8，如图 7-70 所示。

（9）实流网络增流

与可增广路同向的边增流 *d*，反向的边减流 *d*，如图 7-71 所示。

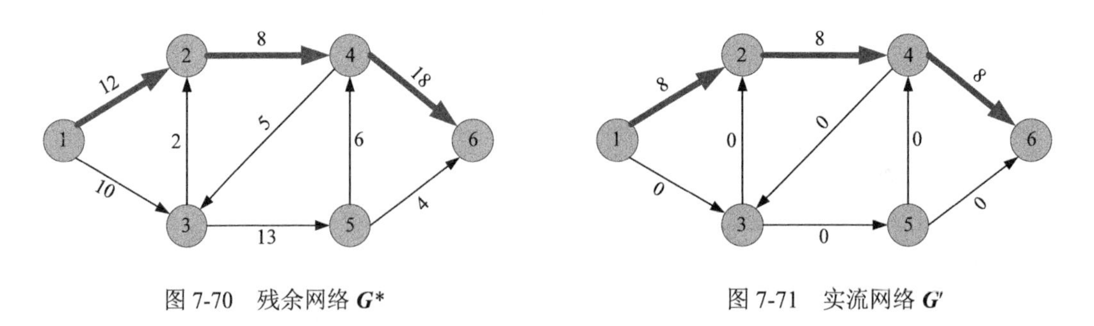

图 7-70　残余网络 ***G****　　　　图 7-71　实流网络 ***G'***

（10）残余网络减流

与可增广路同向的边减流 *d*，反向的边增流 *d*，如图 7-72 所示。

（11）重复第（2）～（10）步，找到第 2 条可增广路（1—3—5—6），找到该路径上最小的边值为 4，即可增量 d=4。增流后的实流网络和残余网络，如图 7-73 和图 7-74 所示。

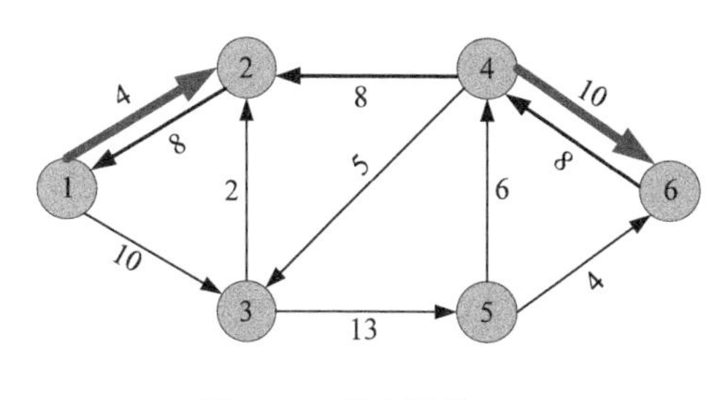

图 7-72　残余网络 ***G****

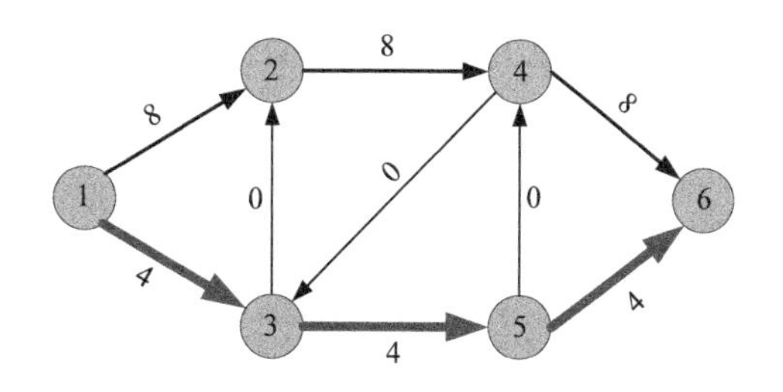

图 7-73　实流网络 ***G'***

（12）重复第（2）～（10）步，找到第 3 条可增广路（1—3—5—4—6），找到该路径上最小的边值为 6，即可增量 d=6。增流后的实流网络和残余网络，如图 7-75 和图 7-76 所示。

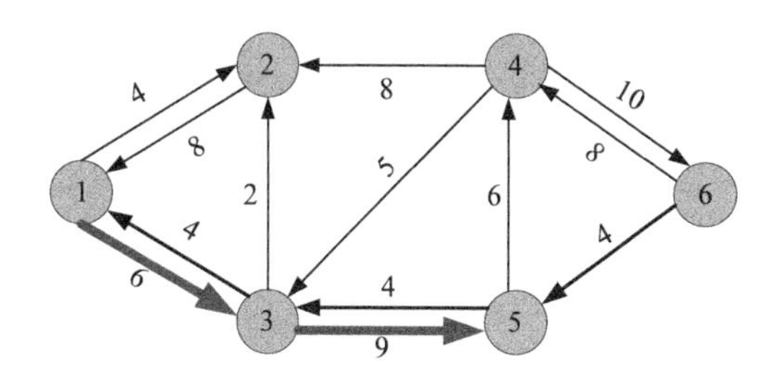

图 7-74　残余网络 ***G****

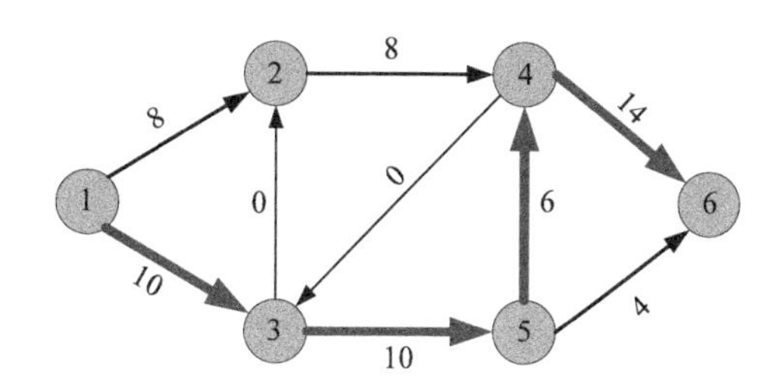

图 7-75　实流网络 ***G'***

（13）重复第（2）～（10）步，找不到可增广路，算法结束，最大流值为所有的增量 d 之和 18，各边的实际流量如图 7-75 所示。

思考：为什么要采用残余网络+实流网络？

- 为什么要用残余网络？为什么要在残余网络上找可增广路，直接在网络及可行流上面找可增广路可以吗？请看下面的实例，如图 7-77 所示。

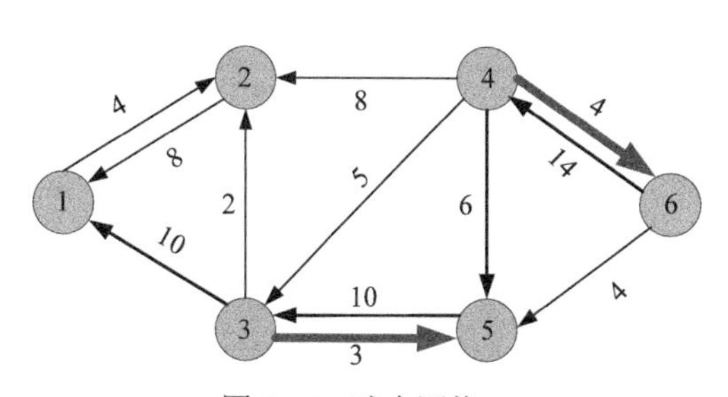

图 7-76　残余网络 ***G****

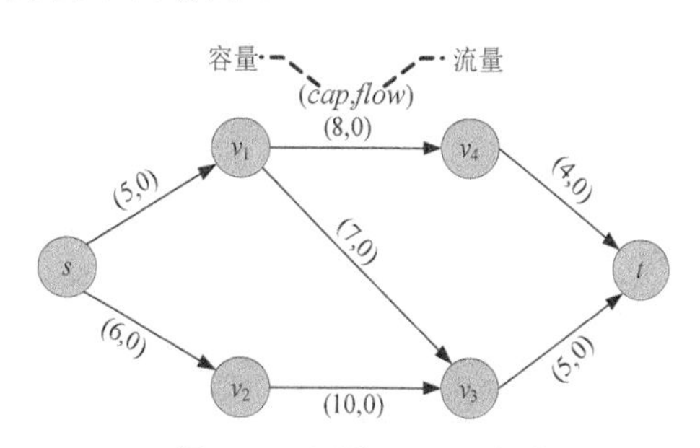

图 7-77　网络 ***G*** 及可行流

首先按照广度优先搜索策略，从源点开始，沿着有可增量（*cap*>*flow*）的边搜索。源点 s 访问邻接点 v_1、v_2，v_1 访问邻接点 v_3、v_4，v_2 没有未被访问的邻接点，v_3 访问邻接点 t，到达源点，找到一条可增广路：s—v_1—v_3—t。沿着可增广路增流，增加的流量为可增广路上每条边的可增量（*cap-flow*）最小值，可增量 d=5，增流后如图 7-78 所示。

继续按照广度优先搜索策略，从源点开始，沿着有可增量（*cap*>*flow*）的边搜索。源点 s 访问邻接点 v_2，无法再访问 v_1，因为 s—v_1 的边已经没有可增量。v_2 访问邻接点 v_3，v_3 无法再访问 t，因为 v_3—t 的边已经没有可增量。v_3 没有未被访问的邻接点，无法到达汇点，找不到从源点到汇点的可增广路。

但是得到的解并不是最大流！

因此，**在网络 *G* 及可行流直接找可增广路，有可能得不到最大流。**

- 为什么要用实流网络？

仍以图 7-77 为例，其对应的残余网络如图 7-79 所示。

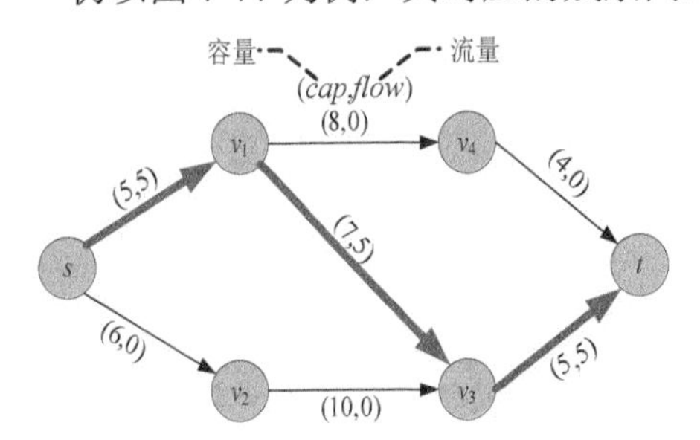

图 7-78　网络 ***G*** 及可行流（增流后）

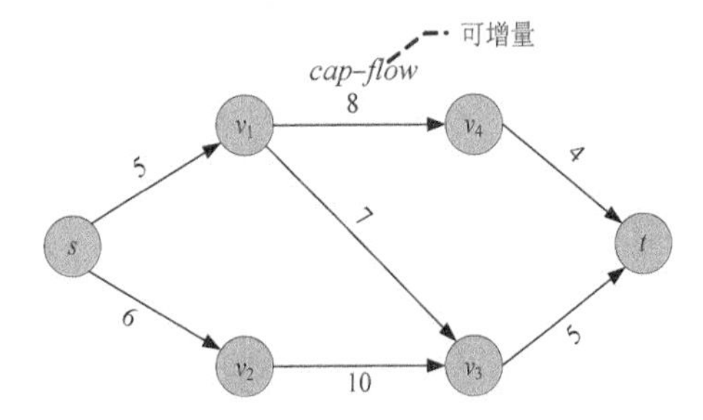

图 7-79　残余网络 ***G****

首先按照广度优先搜索策略，从源点开始，沿着有向边搜索。源点 s 访问邻接点 v_1、v_2，v_1 访问邻接点 v_3、v_4，v_2 没有未被访问的邻接点，v_3 访问邻接点 t，到达源点，找到一条可增广路：s—v_1—v_3—t。增加的流量为可增广路上每条边的最小值，可增量 d=5，如图 7-80 所示。

在残余网络中，可增广路上的同向边减少流量 d，反向边增加流量 d，如图 7-81 所示。

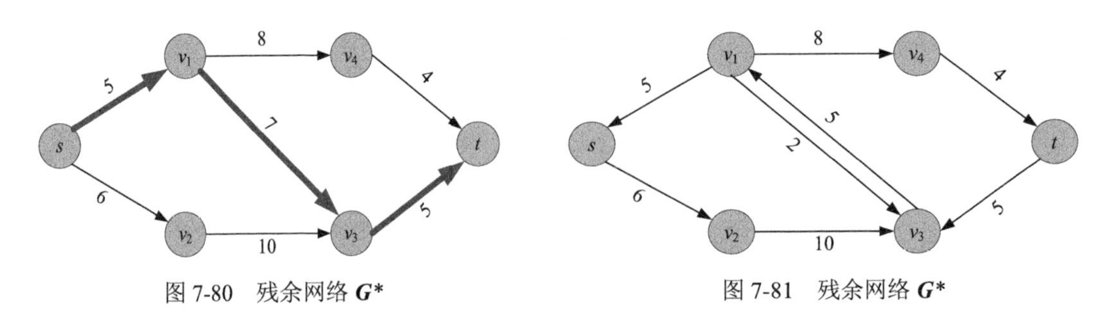

图 7-80　残余网络 ***G****

图 7-81　残余网络 ***G****

继续按照广度优先搜索策略，从源点开始，沿着有向边搜索。源点 s 访问邻接点 v_2，

无法再访问 v_1，因为 s—v_1 没有邻接边。v_2 访问邻接点 v_3，v_3 无法再访问 t，因为 v_3—t 没有邻接边。v_3 访问邻接点 v_1，v_1 访问邻接点 v_4，v_4 再访问 t，到达源点，找到一条可增广路：s—v_2—v_3—v_1—v_4—t。增加的流量为可增广路上每条边的最小值，可增量 d=4，如图 7-82 所示。

在残余网络中，可增广路上的同向边减少流量 d，反向边增加流量 d，如图 7-83 所示。

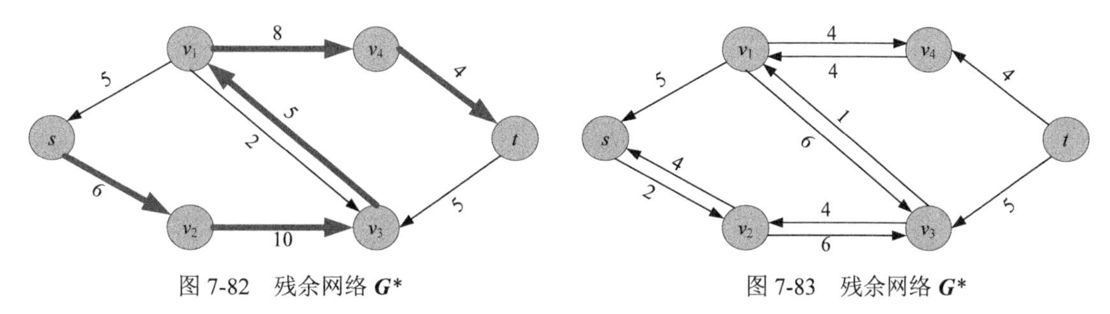

图 7-82　残余网络 ***G****　　　　图 7-83　残余网络 ***G****

继续搜索，找不到从源点到汇点的可增广路。已经得到最大流，最大流值为所有的增量之和，即 5+4=9。

但是，从残余网络图 7-83 中无法判断哪些是实流边，哪些是可增量边。如果想知道实际的网络流量，就需要借助于实流网络。

因此，采用在残余网络中找可增广路，在实流网络中增流相结合的方式，求解最大流。

7.3.4 伪代码详解

（1）找可增广路

采用普通队列实现对残余网络的广度搜索。从源点 u（u=s）开始，搜索 u 的邻接点 v。如果 v 未被访问，则标记已访问，且记录 v 结点的前驱为 u；如果 u 结点不是汇点则入队；如果 u 结点恰好是汇点，则返回，找到汇点时则找到一条可增广路。如果队列为空，则说明已经找不到可增广路。

```
bool bfs(int s,int t)
{
     memset(pre,-1,sizeof(pre));
     memset(vis,false,sizeof(vis));
     queue<int>q;
     vis[s]=true;
     q.push(s);
     while(!q.empty())
     {
          int now=q.front();
          q.pop();
          for(int i=1;i<=n; i++)              //寻找可增广路
```

```
            {
                if(!vis[i]&&g[now][i]>0)       //未被访问且有边相连
                {
                    vis[i] = true;
                    pre[i] = now;
                    if(i==t)  return true;//找到一条可增广路
                    q.push(i);
                }
            }
        }
        return false;                          //找不到可增广路
    }
```

（2）沿可增广路增流

根据前驱数组，从汇点向前，一直到源点，找可增广路上所有边的最小值，即为可增量 *d*。然后从汇点向前，一直到源点，残余网络中同向（与可增广路同向）边减流，反向边增流；实流网络中如果是反向边，则减流，否则正向边增流。

```
    int EK(int s, int t)
    {
        int v,w,d,maxflow;
        maxflow = 0;
        while(bfs(s,t))                        //可以增广
        {
            v=t;
            d=INF;
            while(v!=s)                        //找可增量 d
            {
                w=pre[v];                      //w 记录 v 的前驱
                if(d>g[w][v])
                    d=g[w][v];
                v=w;
            }
            maxflow+=d;
            v=t;
            while(v!=s)                        //沿可增广路增流
            {
                w=pre[v];
                g[w][v]-=d;     //残余网络中正向边减流
                g[v][w]+=d;     //残余网络中反向边增流
                if(f[v][w]>0) //实流网络中如果是反向边,则减流,否则正向边增流
                    f[v][w]-=d;
                else
                    f[w][v]+=d;
                v=w;
             }
        }
        return maxflow;
    }
```

7.3.5 实战演练

```
//program 7-2
#include<iostream>
#include<queue>
#include<iomanip>
#include<cstring>
using namespace std;
const int maxn = 100;     //最大结点数
const int INF = (1<<30)-1;
int g[maxn][maxn];        //残余网络（初始时各边为容量）
int f[maxn][maxn];        //实流网络（初始时各边为 0 流）
int pre[maxn];            //前驱数组
bool vis[maxn];           //访问数组
int n,m; //结点个数 n 和边的数量 m
bool bfs(int s,int t)
{
     memset(pre,-1,sizeof(pre));
     memset(vis,false,sizeof(vis));
     queue<int>q;
     vis[s]=true;
     q.push(s);
     while(!q.empty())
     {
          int now=q.front();
          q.pop();
          for(int i=1;i<=n; i++)              //寻找可增广路
          {
               if(!vis[i]&&g[now][i]>0)      //未被访问且有边相连
               {
                      vis[i] = true;
                      pre[i] = now;
                      if(i==t)  return true;//找到一条可增广路
                      q.push(i);
               }
          }
     }
     return false;                          //找不到可增广路
}
int EK(int s, int t)
{
     int v,w,d,maxflow;
     maxflow = 0;
     while(bfs(s,t))             //可以增广
     {
          v=t;
```

```
            d=INF;
            while(v!=s)             //找可增量 d
            {
                w=pre[v];           //w 记录 v 的前驱
                if(d>g[w][v])
                    d=g[w][v];
                v=w;
            }
            maxflow+=d;
            v=t;
            while(v!=s)             //沿可增广路增流
            {
                w=pre[v];
                g[w][v]-=d;         //残余网络中正向边减流
                g[v][w]+=d;         //残余网络中反向边增流
                  if(f[v][w]>0)  //实流网络中如果是反向边,则减流,否则正向边增流
                        f[v][w]-=d;
                  else
                        f[w][v]+=d;
                  v=w;
              }
        }
        return maxflow;
}
void print()                        //输出实流网络
{
        cout<<endl;
        cout<<"----------实流网络如下: ----------"<<endl;
        cout<<"  ";
        for(int i=1;i<=n;i++)
            cout<<setw(7)<<"v"<<i;
        cout<<endl;
        for(int i=1;i<=n;i++)
        {
            cout<<"v"<<i;
            for(int j=1;j<=n;j++)
                cout<<setw(7)<<f[i][j]<<" ";
            cout<<endl;
        }
}
int main()
{
        int u,v,w;
        memset(g,0,sizeof(g));    //残余网络初始化为 0
        memset(f,0,sizeof(f));//实流网络初始化为 0
        cout<<"请输入结点个数 n 和边数 m: "<<endl;
```

```
    cin>>n>>m;
    cout<<"请输入两个结点 u，v 及边（u--v）的容量 w："<<endl;
    for(int i=1;i<=m;i++)
    {
        cin>>u>>v>>w;
        g[u][v]+=w;
    }
    cout<<"网络的最大流值："<<EK(1,n)<<endl;
    print();                //输出实流网络
    return 0;
}
```

算法实现和测试

（1）运行环境

Code::Blocks

（2）输入

```
请输入结点个数 n 和边数 m:
6 9
请输入两个结点 u，v 及边（u--v）的容量 w:
1 2 12
1 3 10
2 4 8
3 2 2
3 5 13
4 3 5
4 6 18
5 4 6
5 6 4
```

（3）输出

```
网络的最大流值：18
----------实流网络如下：----------
        v1      v2      v3      v4      v5      v6
v1      0       8       10      0       0       0
v2      0       0       0       8       0       0
v3      0       0       0       0       10      0
v4      0       0       0       0       0       14
v5      0       0       0       6       0       4
v6      0       0       0       0       0       0
```

7.3.6 算法解析

（1）时间复杂度：从算法描述中可以看出，找到一条可增广路的时间是 $O(E)$，最多会执行 $O(VE)$次，因为关键边的总数为 $O(VE)$（见附录 I）。因此总的时间复杂度为 $O(VE^2)$，其中，V 为结点个数，E 为边的数量。

（2）空间复杂度：使用了一个二维数组表示实流网络，因此空间复杂度为 $O(V^2)$。

7.3.7 算法优化拓展——重贴标签算法 ISAP

最短增广路算法（SAP），采用广度优先的方法在残余网络中找去权值的最短增广路。从源点到汇点，像声音传播一样，总是找到最短的路径，如图 7-84 所示。

但是，我们在寻找路径时却多搜索了很多结点，例如在图 7-84 中，第一次找到的可增广路是 1—2—4—6，但在广度搜索时，3、5 两个结点也被搜索到了。如何实现一直沿着最短路的方向走呢？

有人想到了一条妙计——**贴标签**。首先对所有的结点标记到汇点的最短距离，我们称之为高度。标高从汇点开始，用广度优先的方式，汇点的邻接点高度 1，继续访问的结点高度是 2，一直到源点结束，如图 7-85 所示。

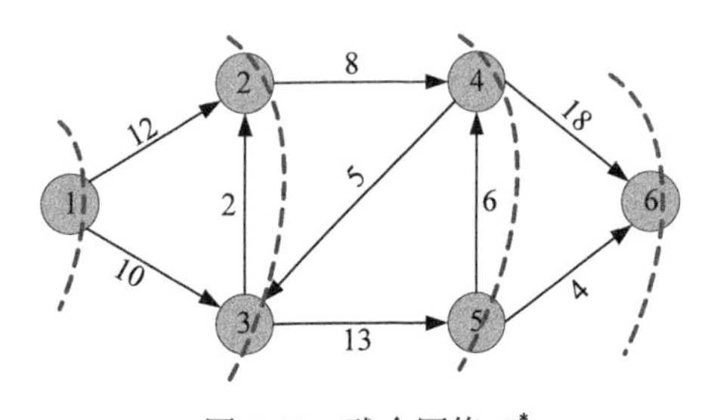

图 7-84 残余网络 G^*

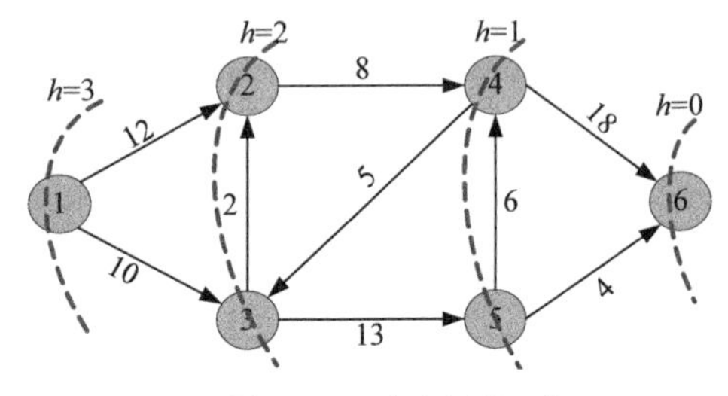

图 7-85 残余网络 G^*

贴好标签之后，就可以从源点开始，沿着高度 *h*（*u*）=*h*（*v*）+1 且有可行邻接边（*cap*>*flow*）的方向前进，例如：*h*（1）=3，*h*（2）=2，*h*（4）=1，*h*（6）=0。这样就很快找到了汇点，然后沿着可增广路 1—2—4—6 增减流之后的残余网络，如图 7-86 所示。

我们再次从源点开始搜索，沿着高度 *h*（*u*）=*h*（*v*）+1 且有可行邻接边（*cap*>*flow*）的方向前进，*h*（1）=3，*h*（2）=2，走到这里无法走到 4 号结点，因为没有邻接边，3 号结点不仅没有邻接边而且高度也不满足条件。也不能走到 1 号结点，因为 *h*（1）=3。怎么办呢？

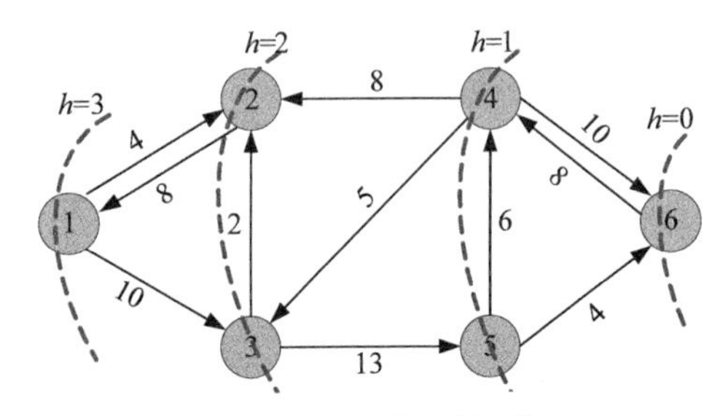

图 7-86 残余网络 G^*

可以用**重贴标签**的办法：当前结点无法前进时，令当前结点的高度=所有邻接点高度的最小值+1；如果没有邻接边，则令当前结点的高度=结点数；退回一步；重新搜索。

重贴标签后，*h*（2）= *h*（1）+1=4，如图 7-87 所示。

退回一步到 1 号结点，重新搜索。1 号结点已经无法到达 2 号（高度不满足条件 *h*（*u*）=

h（*v*）+1），那么考查结点 1 的下一个邻接点 *h*（3）=2，*h*（5）=1，*h*（6）=0，又找到了一条可增广路 1—3—5—6。增减流之后的残余网络，如图 7-88 所示。

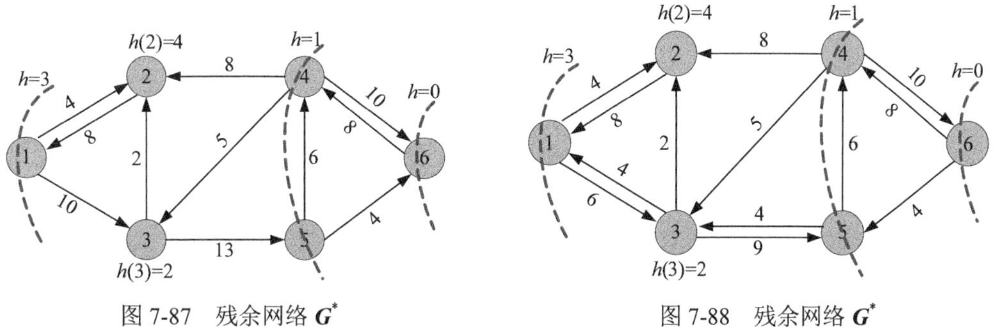

图 7-87　残余网络 G^*　　　　图 7-88　残余网络 G^*

我们再次从源点开始搜索，沿着高度 *h*（*u*）=*h*（*v*）+1 且有可行邻接边（*cap*>*flow*）的方向前进，*h*（1）=3，*h*（3）=2，*h*（5）=1，走到这里无法走到 6 号结点，因为没有邻接边，也不能走到 3、4 号结点，因为它们高度不满足条件。但是 5—4 明明有可增加流量，怎么办？

继续使用**重贴标签**的办法，令 *h*（5）= *h*（4）+1=2，退回一步，重新搜索；退回到 3 号结点，因为 *h*（3）=2，仍然无法前进，**重贴标签**，令 *h*（3）=*h*（5）+1=3；退回到 1 号结点，因为 *h*（1）=3，仍然无法前进，**重贴标签**，令 *h*（1）= *h*（3）+1=4，本身是源点不用退回。

重贴标签后，如图 7-89 所示。

再次从源点开始搜索，沿着高度 *h*（*u*）=*h*（*v*）+1 且有可行邻接边的方向前进，*h*（1）=4，*h*（3）=3，*h*（5）=2，*h*（4）=1，*h*（6）=0，又找到了一条可增广路 1—3—5—4—6。增减流之后的残余网络，如图 7-90 所示。

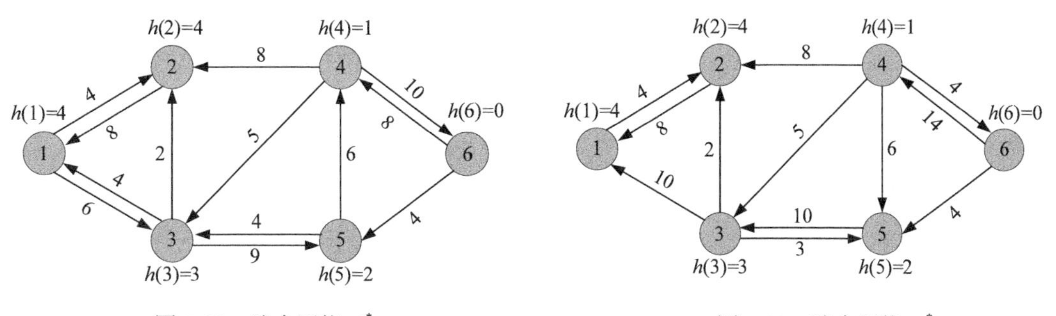

图 7-89　残余网络 G^*　　　　图 7-90　残余网络 G^*

再次从源点开始搜索，沿着高度 *h*（*u*）=*h*（*v*）+1 且有可行邻接边的方向前进，发现已经无法行进，到 2 号结点不满足高度要求，到 3 号结点没有可行邻接边。**重贴标签**，则 *h*（1）= *h*（2）+1=5，本身是源点不用退回。再次从源点开始搜索，沿着高度 *h*（*u*）=*h*（*v*）+1 且有可行邻接边的方向前进，h（1）=5，h（2）=4，无法行进，**重贴标签**，发现高度为 4 的结点只有一个，已经不存在可增广路，算法结束，已经得到了最大流。

1. 算法设计

（1）确定合适数据结构。采用邻接表存储网络。

（2）对网络结点贴标签，即标高操作。

（3）如果源点的高度≥结点数，则转向第（6）步；否则从源点开始，沿着高度 h（u）= h（v）+1 且有可行邻接边（*cap*>*flow*）的方向前进，如果到达汇点，则转向第（4）步；如果无法行进，则转向第（5）步。

（4）增流操作：沿着找到的可增广路同向边增流，反向边减流。注意：在原网络上操作。

（5）重贴标签：如果拥有当前结点高度的结点只有一个，则转向第（6）步；令当前结点的高度=所有邻接点高度的最小值+1；如果没有可行邻接边，则令当前结点的高度=结点数；退回一步；转向第（3）步。

（6）算法结束，已经找到最大流。

注意：ISAP 算法有一个很重要的优化，可以提前结束程序，很多时候提速非常明显（高达 100 倍以上）。但前结点 u 无法行进时，说明 u、t 之间的连通性消失，但如果 u 是最后一个和 t 距离 $d[u]$的点，说明此时 s、t 也不连通了。这是因为，虽然 u、t 已经不连通，但毕竟我们走的是最短路，其他点此时到 t 的距离一定大于 $d[u]$，因此其他点要到 t，必然要经过一个和 t 距离为 $d[u]$的点。因此在重贴标签之前判断当前高度是 $d[u]$的结点个数如果是 1，立即结束算法。

例如，u 的高度是 $d[u]$=3，当前无法行进，说明 u 当前无法到达 t，因为我们走的是最短路，其他结点如果到 t 有路径，这些点到 t 的距离一定大于 3，那么这条路径上一定走过一个距离为 3 的结点。因此，如果不存在其他距离为 3 的结点，必然没有路径，算法结束。

2. 完美图解

网络 ***G*** 如图 7-91 所示。

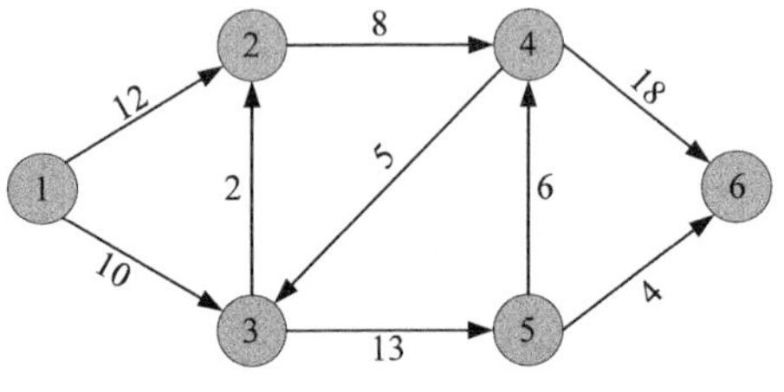

图 7-91 网络 ***G***

7.3.3 节中的最短增广路算法采用了残余网络+实流网络分别操作的方法。因为残余网络中边的流量都是正数，分不清哪些是实流边，哪些是可增量边，还需要实流网络才能知道网络的实际流量。这里我们引入一种特殊的网络——**混合网络**，把残余网络+实流网络结合为一体，从每条边的流量可以看出来哪些边是实流边（*flow*>0），哪些边是实流边的反向边（*flow*<0）。

混合网络特殊之处在于它的正向边不是显示的可增量 *cap*−*flow*，而是作为两个变量 *cap*、*flow*，增流时 *cap* 不变，*flow*+=*d*；它的反向边不是显示的实际流 *flow*，也用两个变量 *cap*， *flow*，不过 *cap*=0，*flow*=−*flow*；增流时 *cap* 不变，*flow*−=*d*。

如图 7-92～图 7-94 所示。

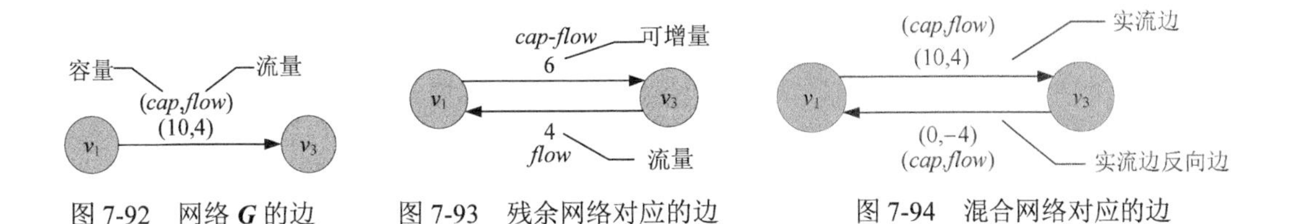

图 7-92　网络 ***G*** 的边　　图 7-93　残余网络对应的边　　图 7-94　混合网络对应的边

图 7-91 中的网络 ***G*** 对应的混合网络如图 7-95 所示。

（1）创建混合网络的邻接表

首先创建邻接表表头，初始化每个结点的第一个邻接边 *first* 为−1，如图 7-96 所示。

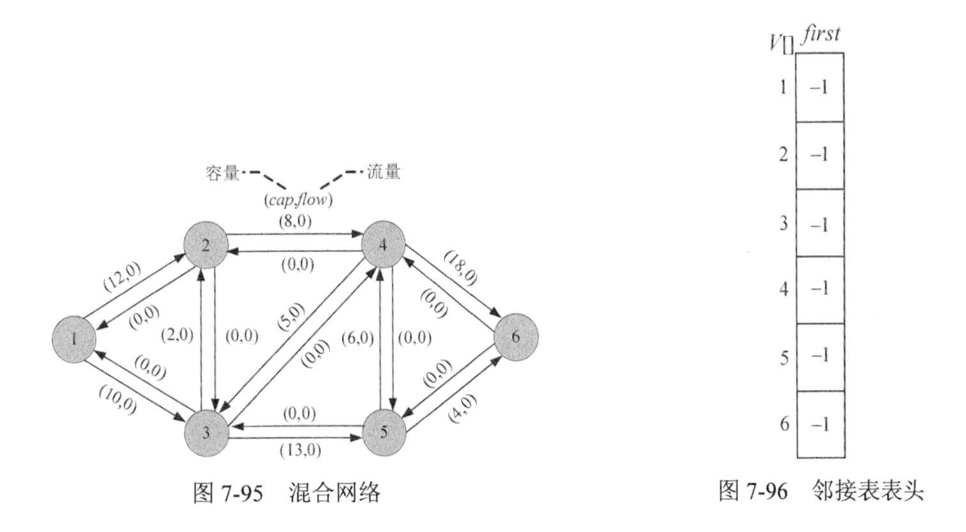

图 7-95　混合网络　　图 7-96　邻接表表头

然后创建各边邻接表。

- 输入第一条边的结点和容量（*u*、*v*、*cap*）：1 3 10。

创建两条边（一对边），如图 7-97 和图 7-98 所示。

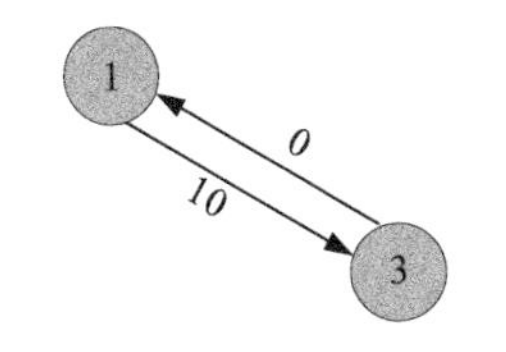

图 7-97　混合网络中的边

E[0]

v	cap	flow	next
3	10	0	−1

E[1]

v	cap	flow	next
1	0	0	−1

图 7-98　邻接表中的边

1 号结点的邻接边是 $E[0]$，修改 1 号结点的第一个邻接边 *first* 为 0。

3 号结点的邻接边是 $E[1]$，修改 3 号结点的第一个邻接边 *first* 为 1。

为了图示清楚，这里用箭头来指向表示，实际上并不是指针，只是记录了边的标号而已。如图 7-99 所示。

- 输入第 2 条边的结点和容量（*u*、*v*、*cap*）：1 2 12。

创建两条边（一对边），如图 7-100 和图 7-101 所示。

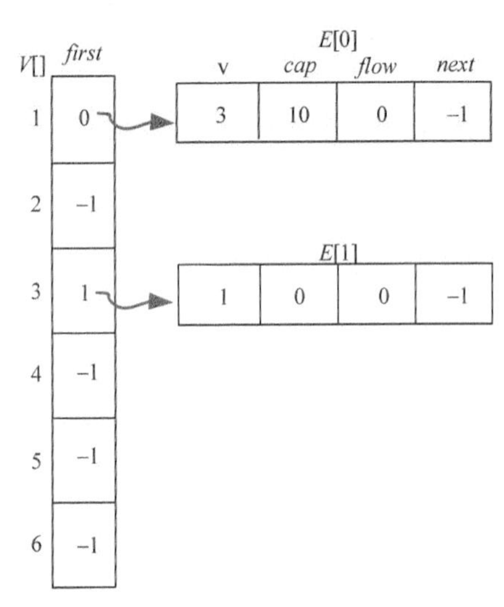

图 7-99 邻接表创建过程

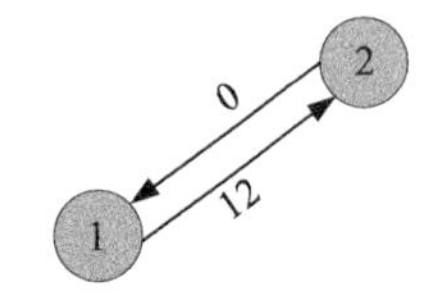

图 7-100 混合网络中的边

E[2]

v	cap	flow	next
2	12	0	–1

E[3]

v	cap	flow	next
1	0	0	–1

图 7-101 邻接表中的边

1 号结点的邻接边除了 $E[0]$，又增加了一个邻接边 $E[2]$，把它放在 $E[0]$的前面，先修改 $E[2]$的下一条邻接边 *next* 为 0，同时修改 1 号结点的第一个邻接边 *first* 为 2。

2 号结点的邻接边是 $E[3]$，修改 2 号结点的第一个邻接边 *first* 为 3。如图 7-102 所示。

- 输入第 3 条边的结点和容量（*u*、*v*、*cap*）：2 4 8。

创建两条边（一对边），如图 7-103 和图 7-104 所示。

2 号结点的邻接边除了 $E[3]$，又增加了一个邻接边 $E[4]$，把它放在 $E[3]$的前面，修改 $E[4]$的下一条邻接边 *next* 为 3，同时修改 2 号结点的第一个邻接边 *first* 为 4。

4 号结点的邻接边是 $E[5]$，修改 4 号结点的第一个邻接边 *first* 为 5，如图 7-105 所示。

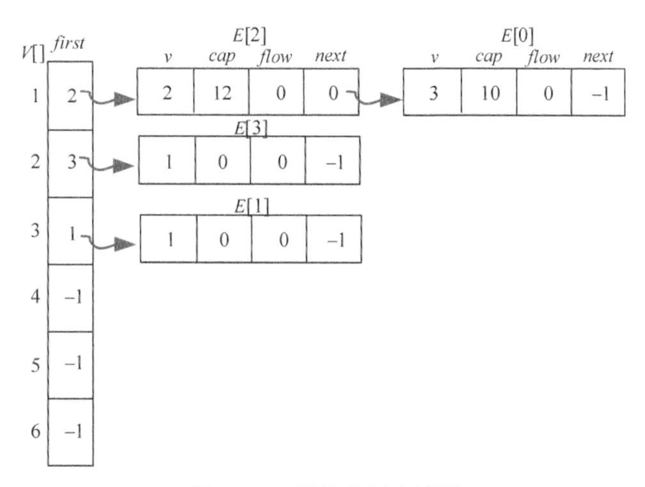

图 7-102 邻接表创建过程

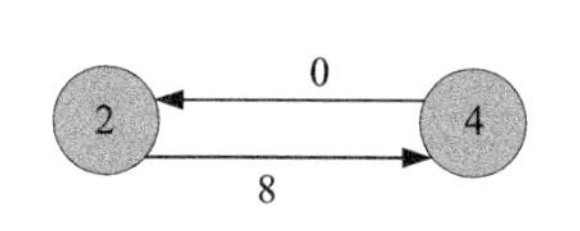

图 7-103 混合网络中的边

E[4]

v	cap	flow	next
4	8	0	–1

E[5]

v	cap	flow	next
2	0	0	–1

图 7-104 邻接表中的边

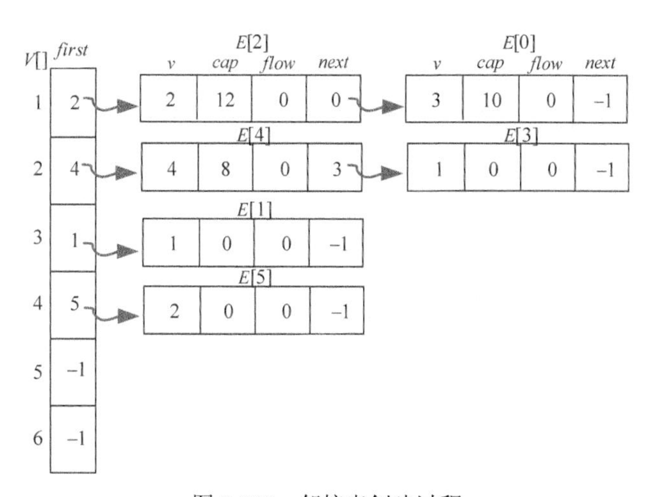

图 7-105 邻接表创建过程

- 继续输入其他的边：

3 5 13

3 2 2

4 6 18

4 3 5

5 6 4

5 4 6

最终的完整邻接表，如图 7-106 所示。

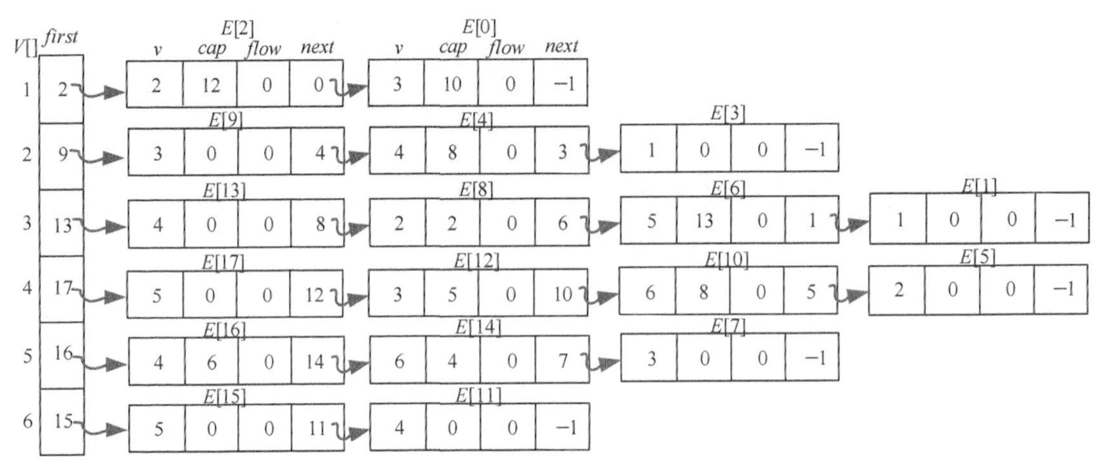

图 7-106　完整的邻接表

（2）初始化每个结点的高度

从汇点开始广度搜索，第一次搜索到的结点高度为 1，继续下一次搜索到的结点高度为 2，直到标记完所有结点为止。用 *h*[]数组记录每个结点的高度，即到汇点的最短距离。同时用 *g*[]数组记录距离为 *h*[]的结点的个数，例如 *g*[3]=1，表示距离为 3 的结点个数为 1 个，如图 7-107～图 7-109 所示。

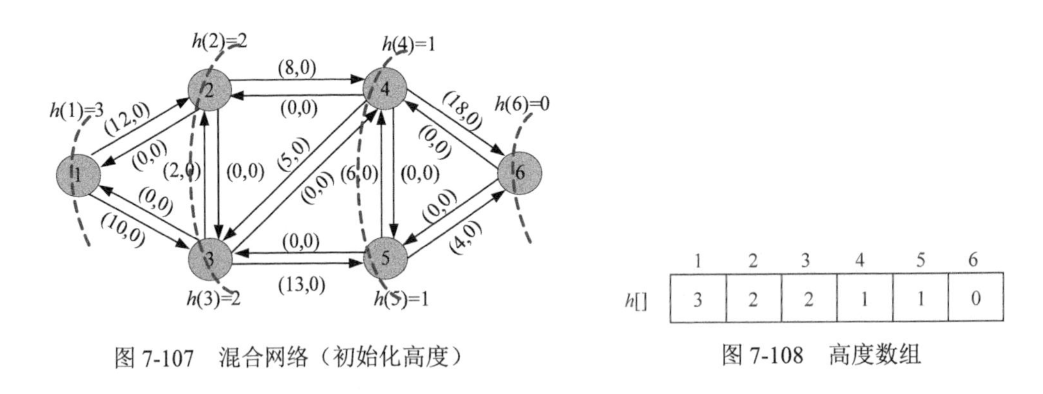

图 7-107　混合网络（初始化高度）　　图 7-108　高度数组

如图 7-107 所示，高度为 1 的结点有 2 个，高度为 2 的结点有 2 个，高度为 3 的结点有 1 个。

（3）找可增广路

从源点开始，读取邻接表，沿着高度减 1（即 *u*—*v*：*h*（*u*）=*h*（*v*）+1）且有可行邻接边（*cap*>*flow*）的方向前进，找到一条可增广路径：1—2—4—6，增流值 *d* 为 8。

（4）增流操作

沿着可增广路同向边增流 *flow*=*flow*+*d*，反向边减流 *flow*=*flow*−*d*，如图 7-110 所示。

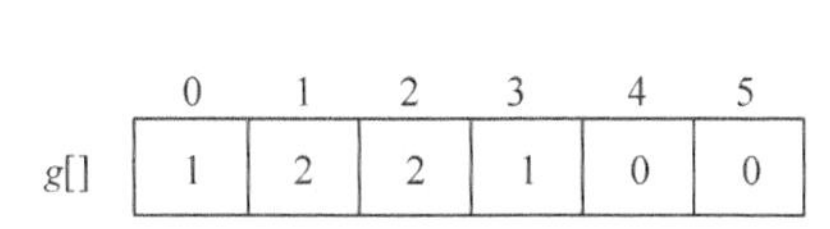

	0	1	2	3	4	5
g[]	1	2	2	1	0	0

图 7-109　距离为 *h* 的结点的个数数组

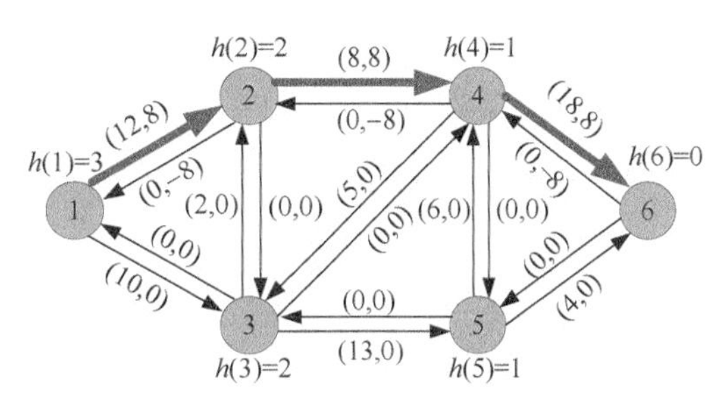

图 7-110　混合网络

（5）找可增广路

从源点开始，读取邻接表，沿着高度 *h*（*u*）=*h*（*v*）+1 且有可行邻接边（*cap*>*flow*）的方向前进，到达 2 号结点时，无法行进。

进行**重贴标签**操作，当前结点无法前进时，令当前结点的高度=所有邻接点高度的最小值+1；如果没有邻接边，则令当前结点的高度=结点数；退回一步；重新搜索。

重贴标签后，*h*（2）=*h*（1）+1=4，退回一步，又回到源点，继续搜索，又找到一条可增广路径：1—3—5—6，增流值 *d* 为 4。

（6）增流操作

沿着可增广路同向边增流 *flow*=*flow*+*d*，反向边减流 *flow*=*flow*−*d*，如图 7-111 所示。

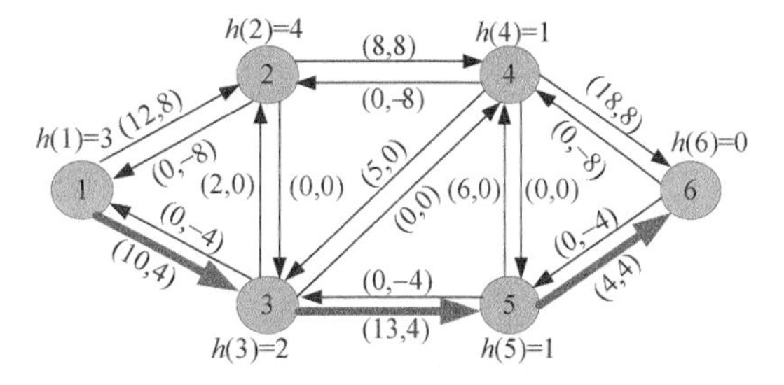

图 7-111　混合网络

（7）找可增广路

从源点开始，读取邻接表，沿着高度 *h*（*u*）=*h*（*v*）+1 且有可行邻接边的方向前进，*h*（1）=3，*h*（3）=2，*h*（5）=1，走到这里无法行进，**重贴标签**。令 *h*（5）= *h*（4）+1=2，退回一步，重新搜索。

退回到 3 号结点，因为 *h*（3）=2，仍然无法前进，**重贴标签**，令 *h*（3）=*h*（5）+1=3；退回到 1 号结点，因为 *h*（1）=3，仍然无法前进，**重贴标签**，令 *h*（1）= *h*（3）+1=4，本身是源点不用退回。

重贴标签后，如图 7-112 所示。

继续搜索，又找到一条可增广路径：1—3—5—4—6，增流值 d 为 6。

（8）增流操作

沿着可增广路同向边增流 $flow=flow+d$，反向边减流 $flow=flow-d$，如图 7-113 所示。

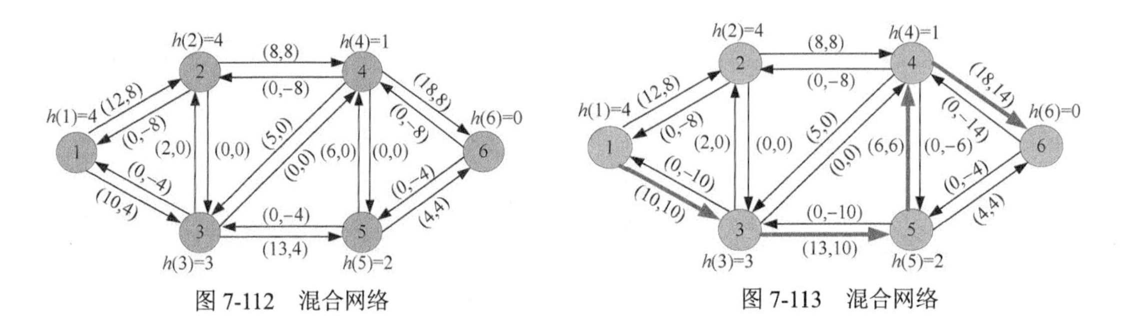

图 7-112　混合网络　　　　图 7-113　混合网络

（9）找可增广路

从源点开始，沿着高度 $h(u)=h(v)+1$ 且有可行邻接边的方向前进，$h(1)=4$，$h(2)=4$，虽然 $h(3)=3$，但已经没有可增流量，不可行。**重贴标签**，令 $h(1)=h(2)+1=5$，本身是源点不用退回。继续搜索，$h(1)=5$，$h(2)=4$，到达 2 号结点无法行进，**重贴标签**，发现高度为 4 的结点只有 1 个，说明应经无法到达汇点，算法结束，如图 7-114 所示。

（10）输出实流边。

在残余网络中，凡是流量大于 0 的都是实流边，如图 7-115 所示。

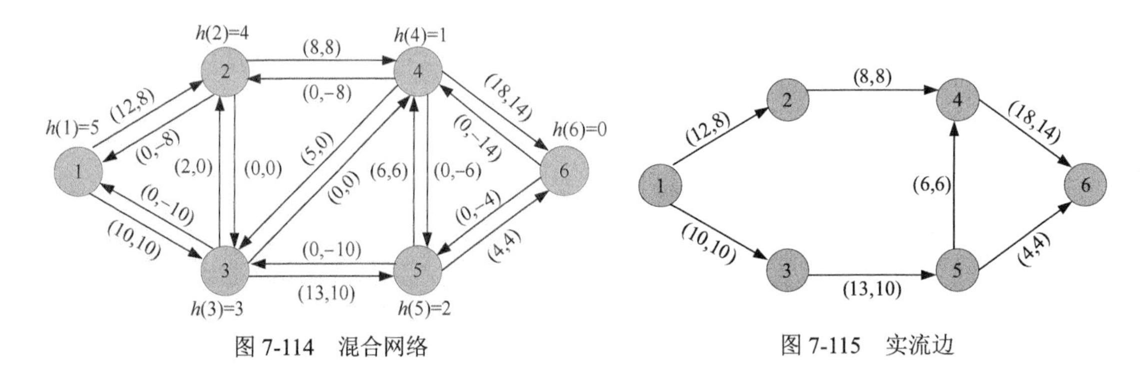

图 7-114　混合网络　　　　图 7-115　实流边

3. 实战演练

```
//program 7-2-1 ISAP 算法优化
#include <iostream>
#include <cstring>
#include <queue>
#include <algorithm>
```

```
using namespace std;
const int inf = 0x3fffffff;
const int N=100;
const int M=10000;
int top;
int h[N], pre[N], g[N];//h[]数组记录每个结点的高度，即到汇点的最短距离。
//g[]数组记录距离为h[]的结点的个数，例如g[3]=1，表示距离为3的结点个数为1个。
// pre[]记录当前结点的前驱边，pre[v]=i，表示结点v的前驱边为i，即搜索路径入边
struct Vertex                         //邻接表头结点
{
   int first;
}V[N];
struct Edge//边结构体
{
   int v, next;
   int cap, flow;
}E[M];
void init()
{
     memset(V, -1, sizeof(V));        //初始化邻接表头结点第一个邻接边为-1
     top = 0;                         //初始化边的下标为0
}
void add_edge(int u, int v, int c) //创建边
{ //输入数据格式：u v及边（u--v）的容量c
     E[top].v = v;
     E[top].cap = c;
     E[top].flow = 0;
     E[top].next = V[u].first;        //链接到邻接表中
     V[u].first = top++;
}
void add(int u,int v, int c)          //添加两条边
{
     add_edge(u,v,c);
     add_edge(v,u,0);
}
void set_h(int t,int n)//标高函数
{
     queue<int> Q;                    //创建一个队列，用于广度优先搜索
     memset(h, -1, sizeof(h));        //初始化高度函数为-1
     memset(g, 0, sizeof(g));
     h[t] = 0;                        //初始化汇点的高度为0
     Q.push(t);                       //入队
     while(!Q.empty())
     {
        int v = Q.front(); Q.pop();//队头元素出队
        ++g[h[v]];
        for(int i = V[v].first; ~i; i = E[i].next)//读结点v的邻接边标号
        {
             int u = E[i].v;
             if(h[u] == -1)
             {
```

```
                    h[u] = h[v] + 1;
                    Q.push(u); //入队
                }
            }
        }
        cout<<"初始化高度"<<endl;
        cout<<"h[ ]=";
        for(int i=1;i<=n;i++)
            cout<<"  "<<h[i];
        cout<<endl;
}
int Isap(int s, int t,int n)
{
        set_h(t,n);                     //标高函数
        int ans=0, u=s;
        int d;
        while(h[s]<n)
        {
            int i=V[u].first;
            if(u==s)
                d=inf;
            for(; ~i; i=E[i].next) //搜索当前结点的邻接边
            {
                int v=E[i].v;
                if(E[i].cap>E[i].flow && h[u]==h[v]+1)//沿有可增量和高度减1的方向搜索
                {
                        u=v;
                        pre[v]=i;
                        d=min(d, E[i].cap-E[i].flow);//最小增量
                        if(u==t)      //到达汇点，找到一条增广路径
                        {
                            cout<<endl;
                            cout<<"增广路径: "<<t;
                            while(u!=s)//从汇点向前，沿增广路径一直搜索到源点
                            {
                                int j=pre[u]; //j为u的前驱边，即增广路上j为u的入边
                                E[j].flow+=d; //j边的流量+d
                                E[j^1].flow-=d; // j的反向边的流量-d,
                            /* j^1表示j和1的“异或运算”，因为创建边时是成对创建的，
                                0号边的反向边是1号，二进制0和1的与运算正好是1号，
                                即2号边的反向边是3，二进制10和1的与运算正好是11，
                                即3号，因此当前边号和1的与运算可以得到当前边的反向边。
                                */
                                 u=E[j^1].v; //向前搜索
                                 cout<<"--"<<u;
                            }
                            cout<<"增流: "<<d<<endl;
                            ans+=d;
                            d=inf;
                        }
```

```
                    break;//找到一条可行邻接边，退出 for 语句，继续向前走
                }
            }
            if(i==-1)          //当前结点的所有邻接边均搜索完毕，无法行进
            {
                if(--g[h[u]]==0) //如果该高度的结点只有 1 个，算法结束
                     break;
                int hmin=n-1;
                for(int j=V[u].first; ~j; j=E[j].next) //搜索 u 的所有邻接边
                    if(E[j].cap>E[j].flow) //有可增量
                        hmin=min(hmin, h[E[j].v]);      //取所有邻接点高度的最小值
                h[u]=hmin+1;                   //重新标高：所有邻接点高度的最小值+1
                cout<<"重贴标签后高度"<<endl;
                cout<<"h[ ]=";
                for(int i=1;i<=n;i++)
                   cout<<"  "<<h[i];
                cout<<endl;
                ++g[h[u]];                     //重新标高后该高度的结点数+1
                if(u!=s)                       //如果当前结点不是源点
                    u=E[pre[u]^1].v;           //向前退回一步，重新搜索增广路
            }
        }
        return ans;
}
void printg(int n)                             //输出网络邻接表
{
    cout<<"----------网络邻接表如下：----------"<<endl;
    for(int i=1;i<=n;i++)
    {
         cout<<"v"<<i<<"  ["<<V[i].first;
         for(int j=V[i].first;~j;j=E[j].next)
              cout<<"]--["<<E[j].v<<"  "<<E[j].cap<<"  "<<E[j].flow<<"
"<<E[j].next;
         cout<<"]"<<endl;
    }
}
void printflow(int n)                          //输出实流边
{
    cout<<"----------实流边如下：----------"<<endl;
    for(int i=1;i<=n;i++)
       for(int j=V[i].first;~j;j=E[j].next)
            if(E[j].flow>0)
            {
                cout<<"v"<<i<<"--"<<"v"<<E[j].v<<"  "<<E[j].flow;
                cout<<endl;
            }
}

int main()
{
```

```
    int n, m;
    int u, v, w;
    cout<<"请输入结点个数 n 和边数 m: "<<endl;
    cin>>n>>m;
    init();
    cout<<"请输入两个结点 u, v 及边 (u--v) 的容量 w: "<<endl;
    for(int i=1;i<=m;i++)
    {
        cin>>u>>v>>w;
        add(u, v, w);    //添加两条边
    }
    cout<<endl;
    printg(n);           //输出初始网络邻接表
    cout<<"网络的最大流值: "<<Isap(1,n,n)<<endl;
    cout<<endl;
    printg(n);           //输出最终网络
    printflow(n);        //输出实流边
    return 0;
}
```

算法实现和测试

（1）运行环境

Code::Blocks

（2）输入

```
请输入结点个数 n 和边数 m:
6 9
请输入两个结点 u, v 及边 (u--v) 的容量 w:
1 3 10
1 2 12
2 4 8
3 5 13
3 2 2
4 6 18
4 3 5
5 6 4
5 4 6
```

（3）输出

```
----------网络邻接表如下: ----------
v1  [2]--[2   12   0   0]--[3   10   0   -1]
v2  [9]--[3   0   0   4]--[4   8   0   3]--[1   0   0   -1]
v3  [13]--[4  0  0  8]--[2  2  0  6]--[5   13   0   1]--[1   0   0   -1]
v4  [17]--[5  0  0  12]--[3  5  0  10]--[6   18   0   5]--[2   0   0   -1]
v5  [16]--[4   6   0   14]--[6   4   0   7]--[3   0   0   -1]
v6  [15]--[5   0   0   11]--[4   0   0   -1]
初始化高度
```

```
h[ ]=  3  2  2  1  1  0
增广路径：6--4--2--1 增流：8
重贴标签后高度
h[ ]=  3  4  2  1  1  0
增广路径：6--5--3--1 增流：4
重贴标签后高度
h[ ]=  3  4  2  1  2  0
重贴标签后高度
h[ ]=  3  4  3  1  2  0
重贴标签后高度
h[ ]=  4  4  3  1  2  0
增广路径：6--4--5--3--1 增流：6
重贴标签后高度
h[ ]=  5  4  3  1  2  0
网络的最大流值:18
----------网络邻接表如下：----------
v1  [2]--[2   12   8   0]--[3   10   10   -1]
v2  [9]--[3   0   0   4]--[4   8   8   3]--[1   0   -8   -1]
v3  [13]--[4  0  0  8]--[2  2  0  6]--[5   13   10   1]--[1   0   -10   -1]
v4  [17]--[5  0  -6  12]--[3  5  0  10]--[6   18   14   5]--[2   0   -8   -1]
v5  [16]--[4  6  6  14]--[6  4  4   7]--[3   0   -10   -1]
v6  [15]--[5   0   -4   11]--[4   0   -14   -1]
----------实流边如下：----------
v1--v2   8
v1--v3   10
v2--v4   8
v3--v5   10
v4--v6   14
v5--v4   6
v5--v6   4
```

4. 算法复杂度分析

（1）时间复杂度：从算法描述中可以看出，找到一条可增广路的时间是 $O(V)$，最多会执行 $O(VE)$次，因为关键边的总数为 $O(VE)$，因此总的时间复杂度为 $O(V^2E)$，其中 V 为结点个数，E 为边的数量。

（2）空间复杂度：空间复杂度为 $O(V)$。

7.4 最小费用最大流——最小费用路算法

在实际应用中，不仅要考虑流量，还要考虑费用。例如在网络布线工程中有很多中电缆，电缆的粗细不同，流量和费用也不同。如果全部使用较粗的电缆，则造价太高；如果全部使用较细的电缆，则流量满足不了要求。我们希望建立一个费用最小、流量最大的网络，即最小费用最大流。

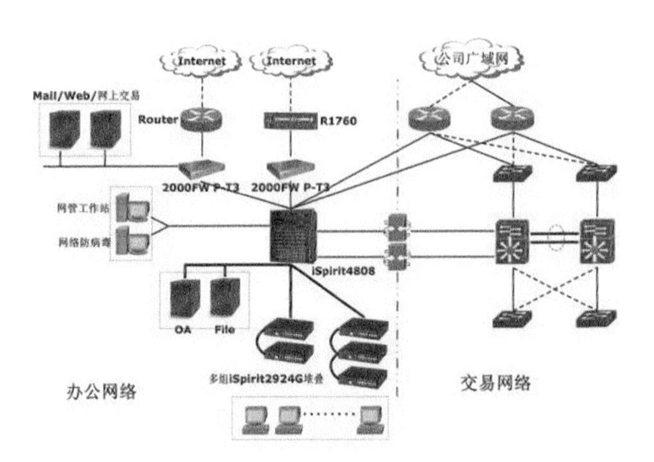

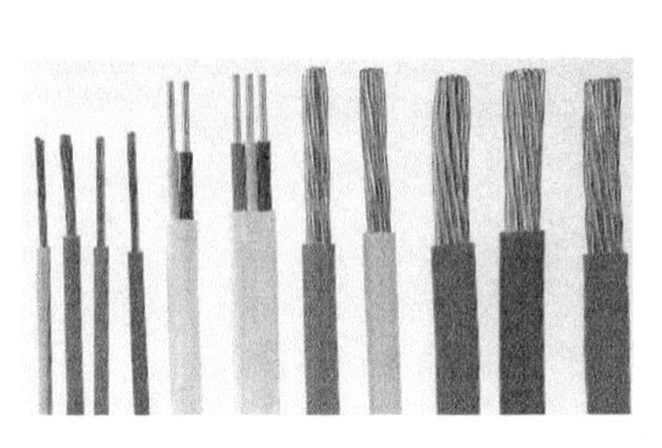

图 7-116 网络布线及电缆

7.4.1 问题分析

在实际应用中，要同时考虑流量和费用，每条边除了给定容量之外，还定义了一个单位流量的费用，如图 7-117 所示。

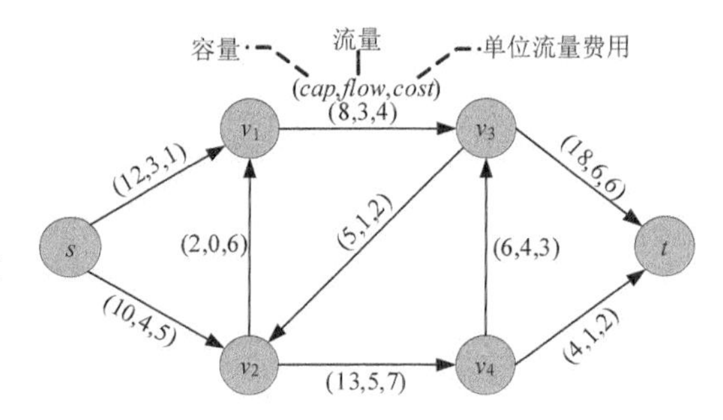

图 7-117 网络、可行流及费用

对于网络上的一个流 *flow*，其费用为：

$$\text{cost}(flow)=\sum_{<x,y>\in E}\text{cost}(x,y)*\text{flow}(x,y)$$

网络流的费用=每条边的流量*单位流量费用。

在图 7-117 中，流的费用=3×1+4×5+3×4+0× 6+1×2+5×7+4×3+6×6+1×2=122。

我们希望费用最小，流量最大，因此需要求解最小费用最大流。

7.4.2 算法设计

求解最小费用最大流有两种思路：

（1）先找最小费用路，在该路径上增流，增加到最大流，称为**最小费用路算法。**

（2）先找最大流，然后找负费用圈，消减费用，减少到最小费用，称为**消圈算法**。

最小费用路算法，是在残余网络上寻找从源点到汇点的最小费用路，即从源点到汇点的以单位费用为权的最短路，然后沿着最小费用路增流，直到找不到最小费用路为止。是不是有点像最短增广路算法？

最短增广路算法中求最短增广路是去权值的最短路，而最小费用路是以单位费用为权值的最短路。

7.4.3 完美图解

现给定一个网络及其边上的容量和单位流量费用，如图 7-118 所示。求该网络的最小费用最大流。

因为使用残余网络，还需要用实流网络，为了简单起见，后面的算法统一使用混合网络。混合网络的详细描述见本书 7.3.6 节的完美图解。

（1）创建混合网络

先初始化为零流，零流对应的混合网络中，正向边的容量为 *cap*，流量为 0，费用为 *cost*，反向边容量为 0，流量为 0，费用为−*cost*，图 7-118 对应的混合网络如图 7-119 所示。

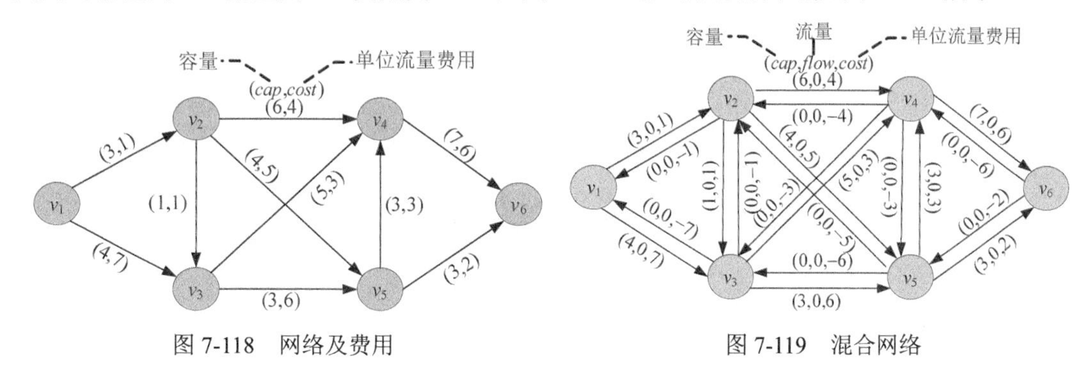

图 7-118 网络及费用　　　　图 7-119 混合网络

（2）找最小费用路

先初始化每个结点的距离为无穷大，然后令源点的距离 $dist[v_1]$=0。在混合网络中，从源点出发，沿可行边（*E*[*i*].*cap*>E[*i*].*flow*）广度搜索每个邻接点，如果当前距离 *dist*[*v*]>*dist*[*u*]+*E*[*i*].*cost*，则更新为最短距离：*dist*[*v*]=*dist*[*u*]+*E*[*i*].*cost*，并记录前驱。

根据前驱数组，找到一条最短费用路，增广路径：1—2—5—6，混合网络如图 7-120 所示。

（3）沿着增广路径正向增流 *d*，反向减流 *d*

从汇点逆向找最小可增流量 *d*=min(*d*, *E*[*i*].*cap*−*E*[*i*].*flow*)，增流量 *d*=3，产生的费用为 *mincost*+=$dist[v_6]$**d*=8×3=24，如图 7-121 所示。

（4）找最小费用路

先初始化每个结点的距离为无穷大，然后令源点的距离 $dist[v_1]$=0。在混合网络中，从源点出发，沿可行边（*E*[*i*].*cap*>*E*[*i*].*flow*）广度搜索每个邻接点，如果当前距离 *dist*[*v*]>*dist*[*u*]+*E*[*i*].*cost*，则更新为最短距离：*dist*[*v*]=*dist*[*u*]+*E*[*i*].*cost*，并记录前驱。

根据前驱数组，找到一条最短费用路，增广路径：1—3—4—6，混合网络如图 7-122 所示。

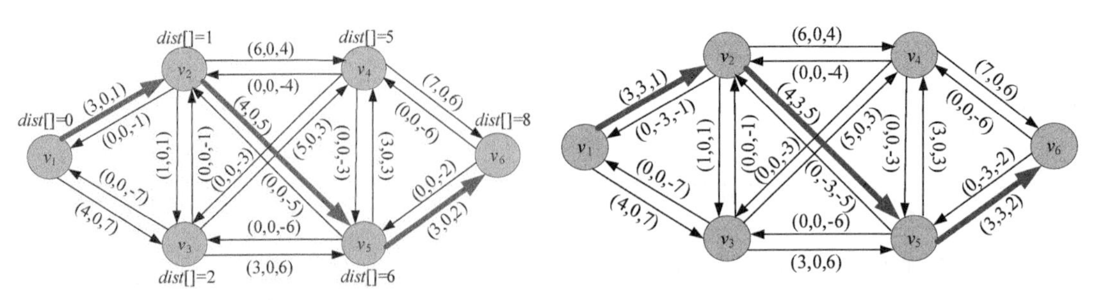

图 7-120　混合网络

图 7-121　混合网络（增流后）

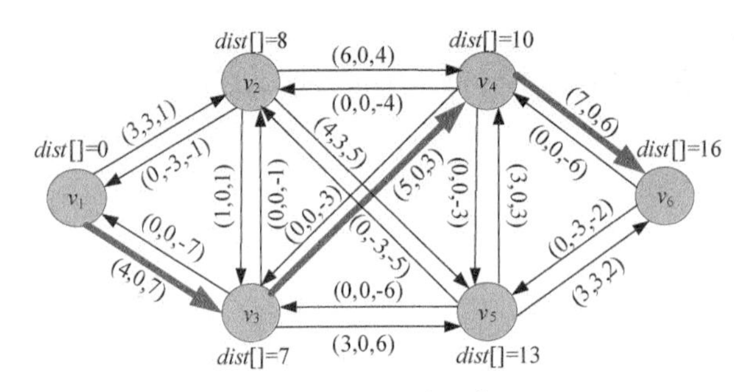

图 7-122　混合网络

（5）沿着增广路径正向增流 d，反向减流 d

从汇点逆向找最小可增流量 d=min(d, $E[i].cap-E[i].flow$)，增流量 d=4，产生的费用为 $mincost$=24+$dist[v_6]$*d=24+16×4=88，如图 7-123 所示。

（6）找最小费用路

先初始化每个结点的距离为无穷大，然后令源点的距离 $dist[v_1]$=0。在混合网络中，从源点出发，沿可行边（$E[i].cap>E[i].flow$）广度搜索每个邻接点，发现从源点出发已没有可行边，结束，得到的网络流就是最小费用最大流。把混合网络中 $flow$>0 的边输出，就是我们要的实流网络，如图 7-124 所示。

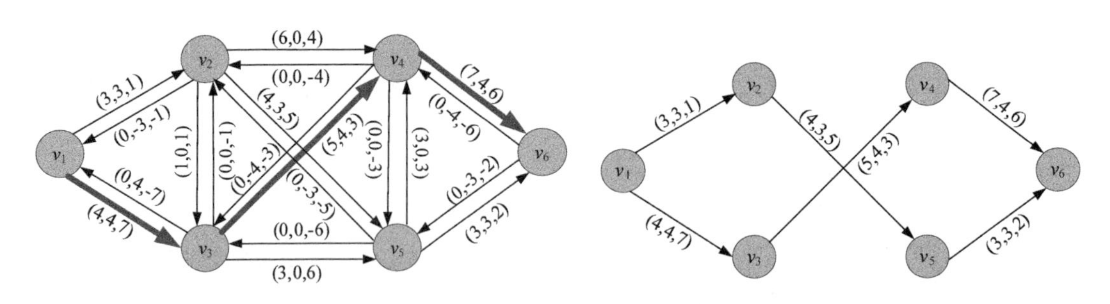

图 7-123　混合网络（增流后）

图 7-124　实流网络（最小费用最大流）

7.4.4 伪代码详解

（1）定义结构体

结构体的定义和 7.3.6 节中改进算法 ISAP 中的结构体相同，边仅多了一个 *cost* 域。*first* 指向第一个邻接边，*next* 是下一条邻接边。该结构体用于创建邻接表。

```
struct Vertex     //邻接表头结点
{
    int first;
}V[N];
struct Edge       //边结点
{
    int v, next; //v 为弧头，next 指向下一条邻接边
    int cap, flow,cost;
}E[M];
```

（2）创建残余网络边

正向边的容量为 *cap*，流量为 0，费用为 *cost*，反向边容量为 0，流量为 0，费用为−*cost*。

```
void add_edge(int u, int v, int c,int cost) //创建边
{
     E[top].v = v;
     E[top].cap = c;
     E[top].flow = 0;
     E[top].cost = cost;
     E[top].next = V[u].first;
     V[u].first = top++;
}
void add(int u,int v, int c,int cost)        //添加两条边，正向边和反向边
{
     add_edge(u,v,c,cost);
     add_edge(v,u,0,-cost);
}
```

（3）求最小费用路

先初始化每个结点的距离为无穷大，然后令源点的距离 $dist[v_1]=0$。在混合网络中，从源点出发，沿可行边（$E[i].cap>E[i].flow$）广度搜索每个邻接点，如果当前距离 $dist[v]>dist[u]+E[i].cost$，则更新为最短距离 $dist[v]=dist[u]+E[i].cost$，并记录前驱。

```
bool SPFA(int s, int t, int n)         //求最小费用路的 SPFA
{
     int i, u, v;
     queue <int> qu;                   //队列
     memset(vis,false,sizeof(vis)); //访问标记初始化
     memset(c,0,sizeof(c));         //入队次数初始化
     memset(pre,-1,sizeof(pre));    //前驱初始化
     for(i=1;i<=n;i++)
```

```
        {
            dist[i]=INF;                //距离初始化
        }
        vis[s]=true;                    //结点入队 vis 要做标记
        c[s]++;                         //要统计结点的入队次数
        dist[s]=0;
        qu.push(s);
        while(!qu.empty())
        {
            u=qu.front();
            qu.pop();
            vis[u]=false;
            //队头元素出队，并且消除标记
            for(i=V[u].first; i!=-1; i=E[i].next)//遍历结点 u 的邻接表
            {
                v=E[i].v;
                if(E[i].cap>E[i].flow && dist[v]>dist[u]+E[i].cost)//松弛操作
                {
                    dist[v]=dist[u]+E[i].cost;
                    pre[v]=i;       //记录前驱
                    if(!vis[v])     //结点 v 不在队内
                    {
                        c[v]++;
                        qu.push(v);         //入队
                        vis[v]=true;        //标记
                        if(c[v]>n)          //超过入队上限，说明有负环
                            return false;
                    }
                }
            }
        }
        cout<<"最短路数组"<<endl;
        cout<<"dist[ ]=";
        for(int i=1;i<=n;i++)
            cout<<"  "<<dist[i];
        cout<<endl;
        if(dist[t]==INF)
            return false;       //如果距离为 INF，说明无法到达，返回 false
        return true;
    }
```

（4）沿着最小费用路增流

从汇点逆向到源点，找最小可增流量 d=min(d, $E[i].cap-E[i].flow$)。沿着增广路径正向边增流 d，反向边减流 d，产生的费用为 $mincost$+=$dist[t]$*d。

```
int MCMF(int s,int t,int n) //minCostMaxFlow
{
    int d;                      //可增流量
    int i,mincost;              //maxflow 当前最大流量，mincost 当前最小费用
    mincost=0;
```

```
    while(SPFA(s,t,n))      //表示找到了从 s 到 t 的最小费用路
    {
        d=INF;
        cout<<endl;
        cout<<"增广路径："<<t;
        for(i=pre[t]; i!=-1; i=pre[E[i^1].v]) //从汇点逆向沿增广路找最小可增量
        {
            d=min(d, E[i].cap-E[i].flow);     //找最小可增流量
            cout<<"--"<<E[i^1].v;
        }
        cout<<"增流："<<d<<endl;
        cout<<endl;
        maxflow+=d;         //更新最大流
        for(i=pre[t]; i!=-1; i=pre[E[i^1].v])   //增广路上正向边流量+d，反向边流量-d
        {
            E[i].flow+=d;
            E[i^1].flow-=d;
        }
        mincost+=dist[t]*d; //dist[t]为该路径上单位流量费用之和，最小费用更新
    }
    return mincost;
}
```

7.4.5 实战演练

```
//program 7-3
#include <iostream>
#include <cstring>
#include <queue>
#include <algorithm>
using namespace std;

const int INF=1000000;
const int N=100;
const int M=10000;
int top;                        //当前边下标
int dist[N], pre[N];//dist[i]表示源点到点 i 最短距离，pre[i]记录前驱
bool vis[N];            //标记数组
int c[N];               //入队次数
int maxflow;            //最大流

struct Vertex
{
    int first;
}V[N];
struct Edge
{
    int v, next;
    int cap, flow,cost;
}E[M];
```

```
void init()
{
     memset(V, -1, sizeof(V));
     top=0;
     maxflow=0;
}
void add_edge(int u, int v, int c,int cost)
{
     E[top].v = v;
     E[top].cap = c;
     E[top].flow = 0;
     E[top].cost = cost;
     E[top].next = V[u].first;
     V[u].first = top++;
}
void add(int u,int v, int c,int cost)
{
     add_edge(u,v,c,cost);
     add_edge(v,u,0,-cost);
}

bool SPFA(int s, int t, int n)      //求最小费用路的SPFA
{
     int i, u, v;
     queue <int> qu;                //队列
     memset(vis,false,sizeof(vis));//访问标记初始化
     memset(c,0,sizeof(c));         //入队次数初始化
     memset(pre,-1,sizeof(pre));    //前驱初始化
     for(i=1;i<=n;i++)
     {
          dist[i]=INF;              //距离初始化
     }
     vis[s]=true;                   //结点入队vis要做标记
     c[s]++;                        //要统计结点的入队次数
     dist[s]=0;
     qu.push(s);
     while(!qu.empty())
     {
          u=qu.front();
          qu.pop();
          vis[u]=false;
          //队头元素出队，并且消除标记
          for(i=V[u].first; i!=-1; i=E[i].next)//遍历结点u的邻接表
          {
               v=E[i].v;
               if(E[i].cap>E[i].flow && dist[v]>dist[u]+E[i].cost)//松弛操作
               {
                     dist[v]=dist[u]+E[i].cost;
                     pre[v]=i;                  //记录前驱
                     if(!vis[v])                //结点v不在队内
```

```
                        {
                            c[v]++;
                            qu.push(v);            //入队
                            vis[v]=true;           //标记
                            if(c[v]>n)             //超过入队上限，说明有负环
                                return false;
                        }
                    }
                }
            }
            cout<<"最短路数组"<<endl;
            cout<<"dist[ ]=";
            for(int i=1;i<=n;i++)
                cout<<"  "<<dist[i];
            cout<<endl;
            if(dist[t]==INF)
                return false; //如果距离为 INF，说明无法到达，返回 false
            return true;
}
int MCMF(int s,int t,int n)                          //minCostMaxFlow
{
            int d;                                   //可增流量
            int i,mincost;//maxflow 当前最大流量，mincost 当前最小费用
            mincost=0;
            while(SPFA(s,t,n))                       //表示找到了从 s 到 t 的最小费用路
            {
                d=INF;
                cout<<endl;
                cout<<"增广路径："<<t;
                for(i=pre[t]; i!=-1; i=pre[E[i^1].v])
                {
                    d=min(d, E[i].cap-E[i].flow);    //找最小可增流量
                    cout<<"--"<<E[i^1].v;
                }
                cout<<"增流："<<d<<endl;
                cout<<endl;
                maxflow+=d; //更新最大流
                for(i=pre[t]; i!=-1; i=pre[E[i^1].v]) //增广路上正向边流量+d，反向边流量-d
                {
                    E[i].flow+=d;
                    E[i^1].flow-=d;
                }
                mincost+=dist[t]*d; //dist[t]为该路径上单位流量费用之和，最小费用更新
            }
            return mincost;
}

void printg(int n)//输出网络邻接表
{
        cout<<"----------网络邻接表如下：----------"<<endl;
```

```
        for(int i=1;i<=n;i++)
        {
             cout<<"v"<<i<<"  ["<<V[i].first;
             for(int j=V[i].first;~j;j=E[j].next)
                  cout<<"]--["<<E[j].v<<"   "<<E[j].cap<<"   "<<E[j].flow<<"
"<<E[j].cost<<"  "<<E[j].next;
             cout<<"]"<<endl;

        }
        cout<<endl;
    }
    void printflow(int n)//输出实流边
    {
        cout<<"----------实流边如下: ----------"<<endl;
          for(int i=1;i<=n;i++)
          for(int j=V[i].first;~j;j=E[j].next)
              if(E[j].flow>0)
              {
                  cout<<"v"<<i<<"--"<<"v"<<E[j].v<<"  "<<E[j].flow<<"  "<<E[j].cost;
                  cout<<endl;
              }
    }

    int main()
    {
         int n, m;
         int u, v, w,c;
         cout<<"请输入结点个数 n 和边数 m: "<<endl;
         cin>>n>>m;
         init();//初始化
         cout<<"请输入两个结点 u, v, 边 (u--v) 的容量 w, 单位容量费用 c: "<<endl;
         for(int i=1;i<=m;i++)
         {
              cin>>u>>v>>w>>c;
              add(u,v,w,c);
         }
         cout<<endl;
         printg(n);//输出初始网络邻接表
         cout<<"网络的最小费用: "<<MCMF(1,n,n)<<endl;
         cout<<"网络的最大流值: "<<maxflow<<endl;
         cout<<endl;
         printg(n);   //输出最终网络
         printflow(n);//输出实流边
         return 0;
    }
```

算法实现和测试

（1）运行环境

Code::Blocks

（2）输入

```
请输入结点个数 n 和边数 m：
6 10
请输入两个结点 u，v，边（u--v）的容量 w，单位容量费用 c：
1 3 4 7
1 2 3 1
2 5 4 5
2 4 6 4
2 3 1 1
3 5 3 6
3 4 5 3
4 6 7 6
5 6 3 2
5 4 3 3
```

（3）输出

```
----------网络邻接表如下：----------
v1 [2]--[2  3  0  1  0]--[3  4  0  7  -1]
v2 [8]--[3  1  0  1  6]--[4  6  0  4  4]--[5  4  0  5  3]--[1  0  0  -1  -1]
v3[12]--[4  5  0  3  10]--[5  3  0  6  9]--[2  0  0  -1  1]--[1  0  0  -7  -1]
v4[19]--[5  0  0  -3  14]--[6  7  0  6  13]--[3  0  0  -3  7]--[2  0  0  -4  -1]
v5[18]--[4  3  0  3  16]--[6  3  0  2  11]--[3  0  0  -6  5]--[2  0  0  -5  -1]
v6[17]--[5  0  0  -2  15]--[4  0  0  -6  -1]
最短路数组
dist[ ]=  0  1  2  5  6  8
增广路径：6--5--2--1 增流：3
最短路数组
dist[ ]=  0  8  7  10  13  16
增广路径：6--4--3--1 增流：4
最短路数组
dist[ ]=  0  1000000  1000000  1000000  1000000  1000000
网络的最小费用：88
网络的最大流值：7
----------实流边如下：----------
v1--v2   3   1
v1--v3   4   7
v2--v5   3   5
v3--v4   4   3
v4--v6   4   6
v5--v6   3   2
```

7.4.6 算法解析

（1）时间复杂度：从算法描述中可以看出，找到一条可增广路的时间是 $O(E)$，最多会执行 $O(VE)$次，因为关键边的总数为 $O(VE)$，因此总的时间复杂度为 $O(VE^2)$，其中 V 为结点个数，E 为边的数量。

（2）空间复杂度：使用了一些辅助数组，因此空间复杂度为 $O(V)$。

7.4.7 算法优化拓展——消圈算法

1. 算法设计

消圈算法的思想：首先找网络中的最大流，然后消除最大流对应的混合网络中所有的负费用圈。

消圈算法找最小费用最大流包括 3 个过程：

（1）找给定网络的最大流。

（2）在最大流对应的混合网络中找负费用圈。

（3）消负费用圈：负费用圈同方向的边流量加 d，反方向的边流量减 d。d 为负费用圈的所有边的最小可增量 $cap-flow$。

算法的核心是在残余网络中找负费用圈。

2. 完美图解

如图 7-125 所示的混合网络：

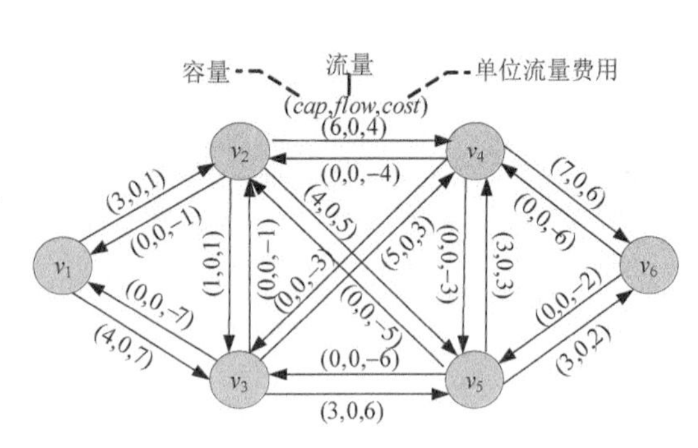

图 7-125 混合网络

（1）求最大流

可以使用以前讲过的最大流求解算法找到图 7-125 中的最大流。例如运行 7.3.6 节的 program 7-2-1，输入如下。

```
请输入结点个数 n 和边数 m:
6 10
请输入两个结点 u, v 及边 (u--v) 的容量 w:
1 3 4
1 2 3
2 5 4
2 4 6
2 3 1
3 5 3
3 4 5
4 6 7
5 6 3
5 4 3
```

运行后得到最大流对应的混合网络，如图 7-126 所示。

（2）在最大流对应的混合网络中找负费用圈

在最大流的混合网络中，沿着 $cap>flow$ 的边找负费用圈，就是各边费用之和为负的圈。首先找到一个负费用圈 2—5—6—4—2，它们的边费用之和为 5+2+（−6）+（−4）=−3，如图 7-127 所示。

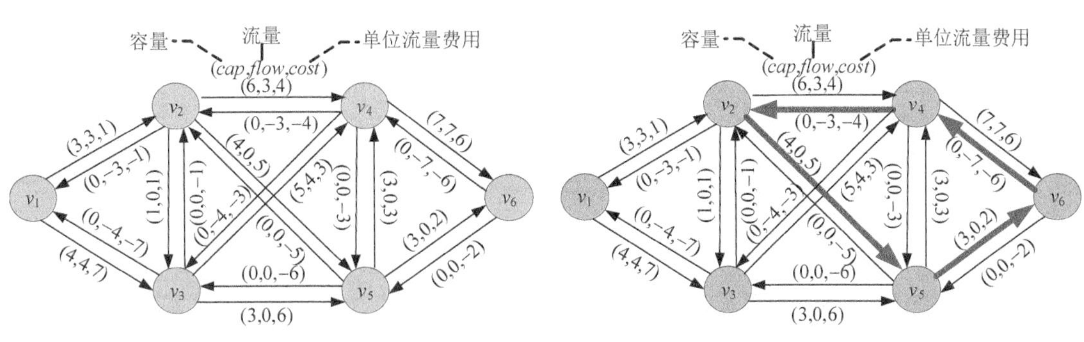

图 7-126　混合网络（最大流）　　图 7-127　混合网络（负费用圈）

（3）负费用圈同方向的边流量加 d，反方向的边流量减 d

沿找到的负费用圈增流，其增量为组成负费用圈的所有边的最小可增量 *cap−flow*。

负费用圈说明费用较高，可以对费用为负的边减流，因为该残余网络为特殊的残余网络，负费用的边流量也是负值，减流实际上需要加上增流量 d。为了维持平衡性，负费用圈同方向的边流量加 d，反方向的边流量减 d。d 为负费用圈上各边的 *cap−flow* 最小值。负费用圈 2—5—6—4—2 上的增流量 d=3，增流减流后如图 7-128 所示。

（4）在混合网络中继续找负费用圈

在混合网络中，沿着 *cap*>*flow* 的边找负费用圈，已经找不到负费用圈，算法结束。把混合网络中 *flow*>0 的边输出，就是我们要的实流网络，找到的最小费用最大流如图 7-129 所示。

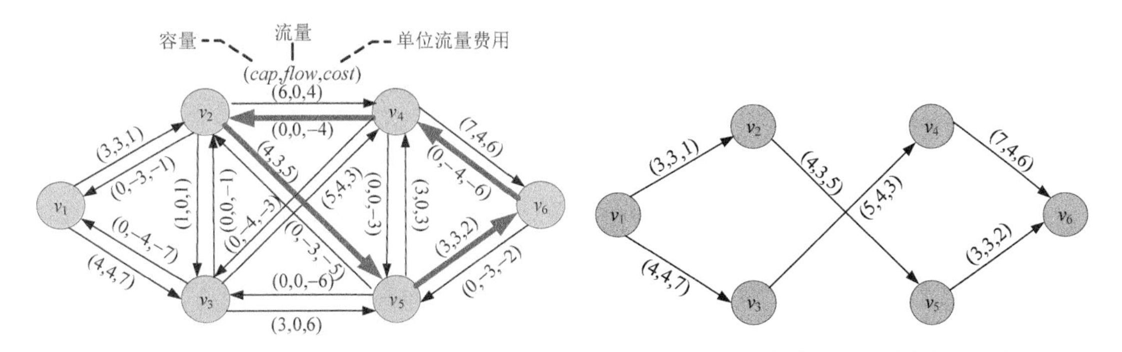

图 7-128　混合网络（增流减流后）　　图 7-129　实流网络（最小费用最大流）

3．算法复杂度分析

（1）时间复杂度：因此求最大流算法的时间复杂度为 $O(V^2E)$，其中 V 为结点个数，E 为边的数量。如果每次消去负费用圈至少使费用下降 1 个单位，最多执行 ECM 次找负费用圈和增减流操作，其中 C 为每条边费用上界，M 为每条边容量上界。该算法的时间复杂度为 $O(V^2E^2CM)$。

（2）空间复杂度：空间复杂度为 $O(V)$。

7.5 精明的老板——配对方案问题

我们经常会听到一句话："男女搭配，干活不累。"精明的老板经过观察发现，两个男女推销员搭配工作，业务量明显高于其他人。然而并不是任何两个男女推销员都可以合作默契的，如果有的男女推销员本身有矛盾，就无法一起工作。老板了解每个员工的配合情况后，可以设计一个算法找出最佳的推销员配对方案，使每天派出的推销员最多，从而获得最大的效益。

图 7-130 配对方案

7.5.1 问题分析

在解决这个问题之前，我们先了解几个概念。

二分图：又称作二部图，是图论中的一种特殊模型。设 G=（V，E）是一个无向图，如果结点集 V 可分割为两个互不相交的子集（V_1，V_2），并且图中的每条边（i，j）所关联的两个结点 i 和 j 分别属于这两个不同的结点集（$i \in V_1$，$j \in V_2$），则称图 G 为一个二分图。

匹配：在图论中，一个**匹配**（matching）是一个边的集合，其中任意两条边都没有公共结点。例如，图 7-131 中加粗的边就是一个匹配：{（1，6），（2，5），（3，7）}。

最大匹配：一个图所有匹配中，边数最多的匹配，称为这个图的**最大匹配**。

最佳的推销员配对方案问题要求两个推销员男女搭配工作，相当于女推销员和男推销员分成了两个不相交的集合，可以配合工作的男女推销员有连线，求最大配对数，实际上就是简单的**二分图最大匹配**问题。怎样得到二分图的最大匹配呢？可以借助最大流算法，通过下面的变换，把二分图转化成网络，求最大流即可。

将二分图左边添加一个**源点**，右边添加一个**汇点**，将左边的点全部与源点相连，右边的点和汇点相连，所有边的容量均为 1。前面为女推销员编号，后面为男推销员编号，有连线的表示两个人可以配合。女推销员和女推销员之间不可以连线，同样，男推销员和男推销员之间不可以连线。构建的网络，如图 7-131 所示。

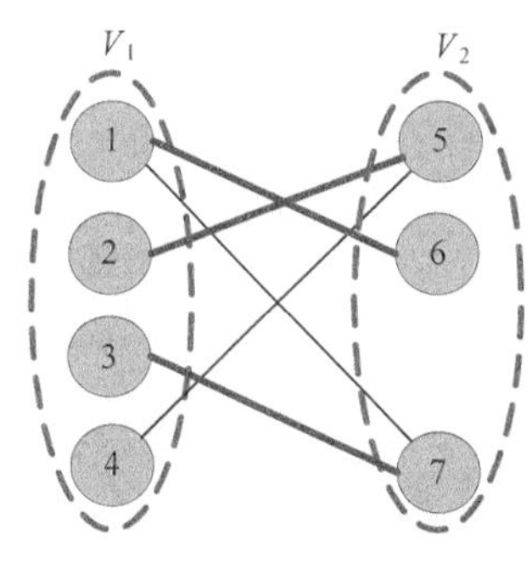

图 7-131 二分图匹配

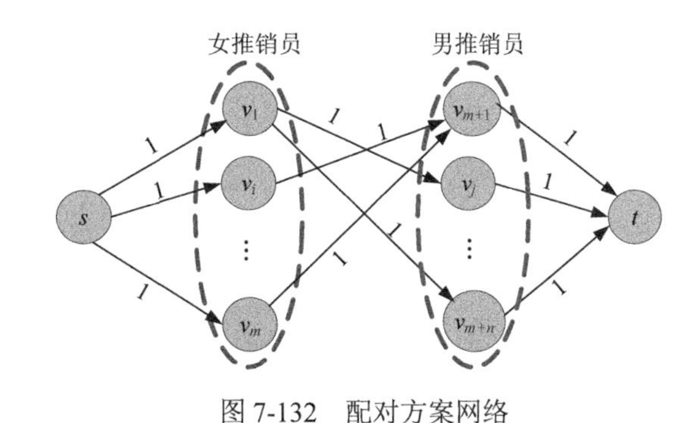

图 7-132 配对方案网络

然后只需求解网络最大流即可。

7.5.2 算法设计

（1）构建网络：根据输入的数据，增加源点和汇点，每条边的容量设为 1，创建混合网络。

（2）求网络最大流。

（3）输出最大流值就是最大的配对数。

（4）搜索女推销员结点的邻接表，流量为 1 的边对应的邻接点就是该女推销员的配对方案。

7.5.3 完美图解

例如，女推销员数为 5，编号 1～5；男推销员数为 7，编号 6～12。以下两个编号的推销员可以配合：1—6，1—8，2—7，2—8，2—11，3—7，3—9，3—10，4—12，4—9，5—10。

（1）构建网络

根据输入数据，添加源点和汇点，建立二分图。每条边的容量设为 1，构建的网络如图 7-133 所示（注：程序中构建的是混合网络）。

（2）求网络最大流

在图 7-133 的混合网络上，使用优化的 ISAP 算法求网络最大流，找到 5 条可增广路径。

- 增广路径：13—10—5—0。增流：1。
- 增广路径：13—9—4—0。增流：1。
- 增广路径：13—7—3—0。增流：1。
- 增广路径：13—11—2—0。增流：1。
- 增广路径：13—8—1—0。增流：1。

增流后的实流网络如图 7-134 所示。

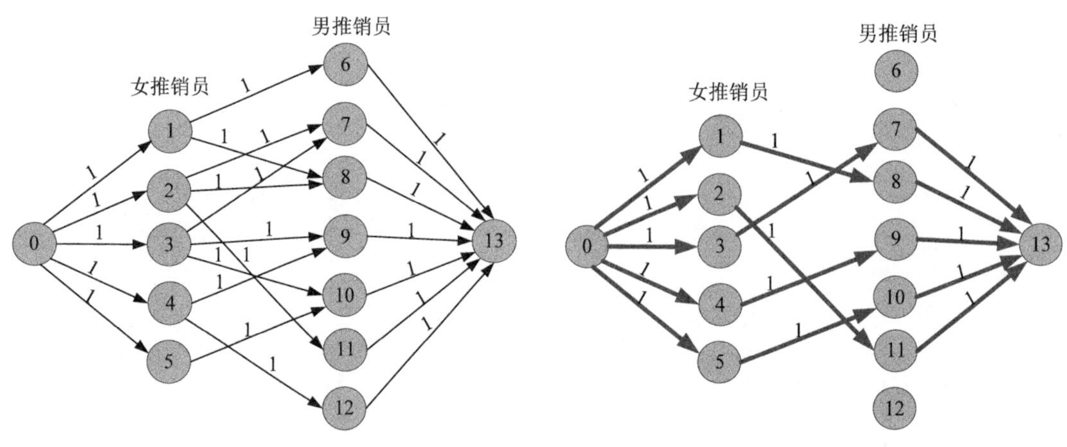

图 7-133 构建网络　　图 7-134 实流网络

（3）输出最大流值就是最多的配对数

读取女推销员结点的邻接表，流量为 1 的边对应的邻接点就是该女推销员的配对方案。

最大配对数：5。

配对方案：1—8，2—11，3—7，4—9，5—10。

7.5.4 伪代码详解

（1）创建混合网络邻接表

```
for(int i=1;i<=m;i++)
    add(0, i, 1);        //源点到女推销员的边
for(int j=m+1;j<=total;j++)
    add(j, total+1, 1); //男推销员到汇点的边
cout<<"请输入可以配合的女推销员编号 u 和男推销员编号 v(两个都为-1 结束):"<<endl;
while(cin>>u>>v,u+v!=-2)
    add(u,v,1);          //添加混合网络的两条边
```

（2）求网络最大流

```
int Isap(int s, int t,int n)//改进的最短增广路最大流算法。
```

详见 7.3.7 节中的算法 program 7-2-1，这里不再赘述。

（3）输出最佳配对数和配对方案

输出最大流值就是最多的配对数。搜索女推销员结点的邻接表，流量为 1 的边对应的邻接点就是该女推销员的配对方案。

```
cout<<"最大配对数:"<<Isap(0,total+1,total+2)<<endl;
printflow(m);         //输出配对方案
```

```
void printflow(int n)//输出配对方案
{
    cout<<"----------配对方案如下：----------"<<endl;
    for(int i=1;i<=n;i++)
       for(int j=V[i].first;~j;j=E[j].next)
            if(E[j].flow>0)
            {
                cout<<i<<"--"<<E[j].v<<endl;
                break;
            }
}
```

7.5.5 实战演练

```
//program 7-4
#include <iostream>
#include <cstring>
#include <queue>
#include <algorithm>
using namespace std;
const int inf = 0x3fffffff;
const int N=100;
const int M=10000;
int top;
int h[N], pre[N], g[N];
struct Vertex
{
    int first;
}V[N];
struct Edge
{
    int v, next;
    int cap, flow;
}E[M];
void init()
{
     memset(V, -1, sizeof(V));
     top = 0;
}
void add_edge(int u, int v, int c)
{
     E[top].v = v;
     E[top].cap = c;
     E[top].flow = 0;
     E[top].next = V[u].first;
     V[u].first = top++;
}
void add(int u,int v, int c)
{
     add_edge(u,v,c);
     add_edge(v,u,0);
}
void set_h(int t,int n)
```

```
{
    queue<int> Q;
    memset(h, -1, sizeof(h));
    memset(g, 0, sizeof(g));
    h[t] = 0;
    Q.push(t);
    while(!Q.empty())
    {
        int v = Q.front(); Q.pop();
        ++g[h[v]];
        for(int i = V[v].first; ~i; i = E[i].next)
        {
            int u = E[i].v;
            if(h[u] == -1)
            {
              h[u] = h[v] + 1;
              Q.push(u);
            }
        }
    }
    cout<<"初始化高度"<<endl;
    cout<<"h[ ]=";
    for(int i=1;i<=n;i++)
        cout<<"  "<<h[i];
    cout<<endl;
}
int Isap(int s, int t,int n)
{
      set_h(t,n);
      int ans=0, u=s;
      int d;
      while(h[s]<n)
      {
          int i=V[u].first;
          if(u==s)
              d=inf;
          for(; ~i; i=E[i].next)
          {
              int v=E[i].v;
              if(E[i].cap>E[i].flow && h[u]==h[v]+1)
              {
                    u=v;
                    pre[v]=i;
                    d=min(d, E[i].cap-E[i].flow);
                    if(u==t)
                    {
                        cout<<endl;
                        cout<<"增广路径: "<<t;
                        while(u!=s)
                        {
                             int j=pre[u];
                             E[j].flow+=d;
                             E[j^1].flow-=d;
                             u=E[j^1].v;
                             cout<<"--"<<u;
```

```
                        }
                        cout<<"增流: "<<d<<endl;
                        ans+=d;
                        d=inf;
                    }
                    break;
                }
            }
            if(i==-1)
            {
                if(--g[h[u]]==0)
                     break;
                int hmin=n-1;
                for(int j=V[u].first; ~j; j=E[j].next)
                    if(E[j].cap>E[j].flow)
                        hmin=min(hmin, h[E[j].v]);
                h[u]=hmin+1;
                cout<<"重贴标签后高度"<<endl;
                cout<<"h[ ]=";
                for(int i=1;i<=n;i++)
                    cout<<"  "<<h[i];
                cout<<endl;
                ++g[h[u]];
                if(u!=s)
                    u=E[pre[u]^1].v;
            }
        }
        return ans;
    }
    void printg(int n)    //输出网络邻接表
    {
        cout<<"----------网络邻接表如下: ----------"<<endl;
        for(int i=0;i<=n;i++)
        {
            cout<<"v"<<i<<"  ["<<V[i].first;
            for(int j=V[i].first;~j;j=E[j].next)
                cout<<"]--["<<E[j].v<<"   "<<E[j].cap<<"   "<<E[j].flow<<"
"<<E[j].next;
            cout<<"]"<<endl;
        }
    }
    void printflow(int n)//输出配对方案
    {
        cout<<"----------配对方案如下: ----------"<<endl;
        for(int i=1;i<=n;i++)
           for(int j=V[i].first;~j;j=E[j].next)
               if(E[j].flow>0)
               {
                    cout<<i<<"--"<<E[j].v<<endl;
                    break;
               }
    }

    int main()
    {
```

```
        int n, m,total;
        int u, v;
        cout<<"请输入女推销员人数 m 和男推销员人数 n: "<<endl;
        cin>>m>>n;
        init();
        total=m+n;
        for(int i=1;i<=m;i++)
            add(0, i, 1);        //源点到女推销员的边
        for(int j=m+1;j<=total;j++)
            add(j, total+1, 1);//男推销员到汇点的边
        cout<<"请输入可以配合的女推销员编号 u 和男推销员编号 v（两个都为-1 结束）: "<<endl;
        while(cin>>u>>v,u+v!=-2)
            add(u,v,1);
        cout<<endl;
        printg(total+2);          //输出初始网络邻接表
        cout<<"最大配对数: "<<Isap(0,total+1,total+2)<<endl;
        cout<<endl;
        printg(total+2);          //输出最终网络邻接表
        printflow(m);             //输出配对方案
        return 0;
}
```

算法实现和测试

（1）运行环境

Code::Blocks

（2）输入

```
请输入女推销员人数 m 和男推销员人数 n:
5 7
请输入可以配合的女推销员编号 u 和男推销员编号 v（两个都为-1 结束）:
1 6
1 8
2 7
2 8
2 11
3 7
3 9
3 10
4 12
4 9
5 10
-1 -1
```

（3）输出

```
最大配对数: 5
----------配对方案如下: ----------
1--8
2--11
3--7
4--9
5--10
```

7.5.6 算法解析

（1）时间复杂度：求解最大流采用 7.3.7 节中改进的最短增广路算法 ISAP，因此总的时间复杂度为 $O(V^2E)$，其中 V 为结点个数，E 为边的数量。

（2）空间复杂度：空间复杂度为 $O(V)$。

7.5.7 算法优化拓展——匈牙利算法

若 P 是图 G 中一条连通两个未匹配结点的路径，待匹配的边（边值为 0）和已匹配边（边值为 1）在 P 上交替出现，则称 P 为一条增广路径。

如图 7-135 所示，有一条增广路径 4—1—5—2—6—3：

对于图 7-135 中的增广路径，我们可以将第一条边改为已匹配（边值为 1），第二条边改为未匹配（边值为 0），以此类推。也就是将所有的边进行“反色”，容易发现这样修改以后，匹配仍然是合法的，但是匹配数增加了一对，如图 7-136 所示。

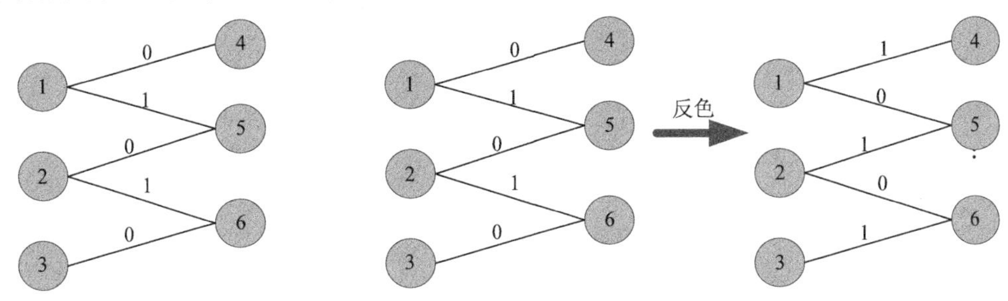

图 7-135　增广路径　　　　图 7-136　增广路径（反色）

原来的匹配数是 2，现在匹配数是 3，匹配数增多了，而且仍然满足匹配要求（任意两条边都没有公共结点）。

在这里，增广路径顾名思义是指一条可以使匹配数变多的路径。

注意：和最大流的增广路径含义不同，最大流中的增广路径是指可以增加流量的路径。

在匹配问题中，增广路径的表现形式是一条“交错路径”，也就是说，这条由边组成的路径，它的第一条边还没有参与匹配，第二条边已参与匹配，第三条边没有参与匹配，最后一条边没有参与匹配，并且始点和终点还没有匹配。另外，单独的一条连接两个未匹配点的边显然也是交错路径。算法的思路是不停地找增广路径，并增加匹配的个数，可以证明，当不能再找到增广路径时，就得到了一个最大匹配，这就是**匈牙利算法**的思路。

1．算法设计

（1）根据输入的数据，创建邻接表。

（2）初始化所有结点为未访问，检查第一个集合中的每一个结点 u。

（3）依次检查 *u* 的邻接点 *v*，如果 *v* 未被访问，则标记已访问，然后判断如果 *v* 未匹配，则令 *u*、*v* 匹配，即 *match*[*u*]=*v*，*match*[*v*]=*u*，返回 true; 如果 *v* 已匹配，则从 *v* 的邻接点出发，查找是否有增广路径，如果有则沿增广路径反色，然后令 *u*、*v* 匹配，即 *match*[*u*]=*v*，*match*[*v*]=*u*，返回 true。否则，返回 false，转向第（2）步。

（4）当找不到增广路径时，即得到一个最大匹配。

2. 完美图解

仍以最佳的推销员配对方案问题为例，输入数据见 7.5.3 节。

（1）根据输入数据，构建邻接表

注意：邻接表中边是双向的，1 的邻接点是 6，6 的邻接点是 1。如图 7-137 所示，为了方便，用双箭头表示，实际上是两条线。

（2）初始化访问数组 *vis*[*i*]=0，*i*=1，…，12；检查 1 的第一个邻接点 6，6 未被访问，标记 *vis*[6]=1。6 未匹配，则令 1 和 6 匹配，即 *match*[1]=6，*match*[6]=1，返回 true。

（3）初始化访问数组 *vis*[*i*]=0；检查 2 的第一个邻接点 7，7 未被访问，标记 *vis*[7]=1。7 未匹配，则令 2 和 7 匹配，即 *match*[2]=7，*match*[7]=2，返回 true，如图 7-138 所示。

（4）初始化访问数组 *vis*[*i*]=0；检查 3 的第一个邻接点 7，7 未被访问，标记 *vis*[7]=1。7 已匹配，*match*[7]=2，即 7 的匹配点为 2，从 2 出发寻找增广路径，实际上就是为 2 号结点再找一个其他匹配点，如果找到了，就“舍己为人”把原来的匹配点 7 让给 3 号，如果 2 号结点没找到匹配点，那只好对 3 号说：“抱歉，我也帮不了你，你再找下一个邻居吧。”

从 2 出发，检查 2 的第一个邻接点 7，7 已访问，检查第二个邻接点 8，8 未被访问，标记 vis[8]=1。8 未匹配，则令 *match*[2]=8，*match*[8]=2，返回 true，如图 7-139 所示。

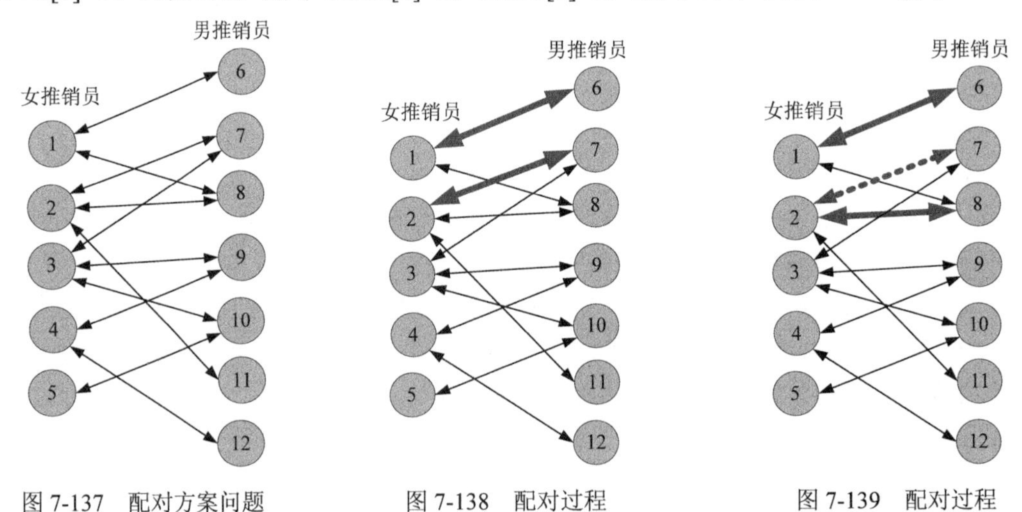

图 7-137　配对方案问题　　图 7-138　配对过程　　图 7-139　配对过程

2 号找到了一个匹配点 8，把原来的匹配点 7 让给 3 号，令 *match*[3]=7，*match*[7]=3。返回 true，如图 7-140 所示。

这条增广路径太简单，只是从 2—8，如果 8 也有匹配点那就继续找下去。如果没找到增广路径会返回 false，接着检查 3 号的下一个邻接点。

（5）初始化访问数组 *vis*[*i*]=0；检查 4 的第一个邻接点 9，9 未被访问，标记 *vis*[9]=1。9 未匹配，则令 *match*[4]=9，*match*[9]=4，返回 true。

（6）初始化访问数组 *vis*[*i*]=0；检查 5 的第一个邻接点 10，10 未被访问，标记 *vis*[10]=1，10 未匹配，则令 *match*[5]=10，*match*[10]=5，返回 true，如图 7-141 所示。

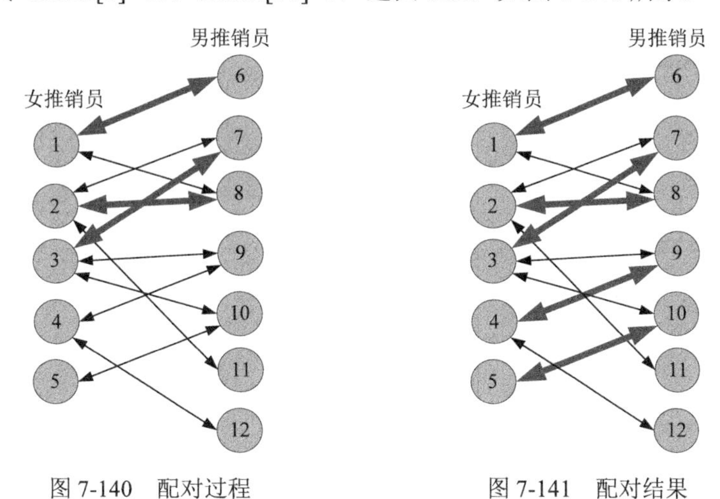

图 7-140　配对过程　　　　图 7-141　配对结果

本题中的增广路径非常简单，但在实际的案例中，增广路径有可能较长，如图 7-142 所示。

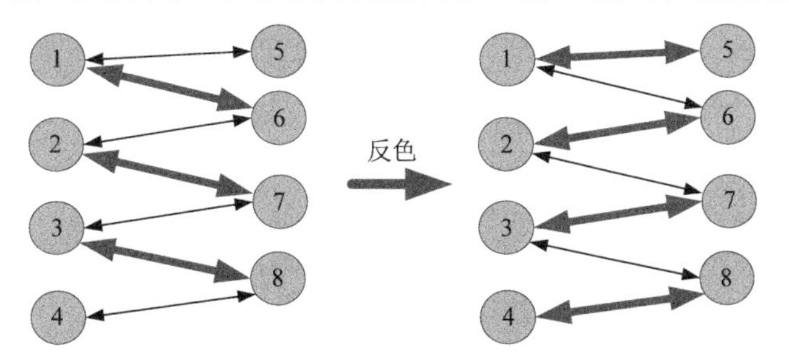

图 7-142　反色过程

反色过程：检查 4 号的邻接点 8，发现 8 已经有匹配，*match*[8]=3，从 3 出发，检查 3 号的邻接点 7，发现 7 已经有匹配，*match*[7]=2，检查 2 号的邻接点 6，发现 6 已经有匹配，*match*[6]=1，检查 1 号的邻接点 5，发现 5 未匹配，找到一条增广路径：3—7—2—6—1—5，立即**反色**！令 *match*[1]=5。1 号找到了匹配点就把原来的匹配点 6 让给 2 号，*match*[2]=6；2 号找到了匹配点就把原来的匹配点 7 让给 3 号，*match*[3]=7；3 号找到了匹配点就把原来的匹配点 8 让给 4 号，*match*[4]=8。

3．实战演练

```
//program 7-4-1
#include <iostream>
#include <cstring>
#include <queue>
#include <algorithm>
using namespace std;
const int inf = 0x3fffffff;
const int N=100;
const int M=10000;
int match[N];
bool vis[N];
int top;
struct Vertex
{
    int first;
}V[N];
struct Edge
{
    int v, next;
}E[M];
void init()
{
     memset(V, -1, sizeof(V));
     top = 0;
     memset(match, 0, sizeof(match));
}
void add(int u, int v)
{
     E[top].v = v;
     E[top].next = V[u].first;
     V[u].first = top++;
}
void printg(int n)                //输出网络邻接表
{
    cout<<"----------邻接表如下：----------"<<endl;
    for(int i=1;i<=n;i++)
    {
         cout<<"v"<<i<<"  ["<<V[i].first;
         for(int j=V[i].first;~j;j=E[j].next)
             cout<<"]--["<<E[j].v<<"   "<<E[j].next;
         cout<<"]"<<endl;
    }
}
void print(int n)                 //输出配对方案
{
```

```
    cout<<"----------配对方案如下：----------"<<endl;
    for(int i=1;i<=n;i++)
        if(match[i])
            cout<<i<<"--"<<match[i]<<endl;
}
bool maxmatch(int u)                //为u找匹配点，找到返回true，否则返回false
{
    int v;
    for(int j=V[u].first;~j;j=E[j].next) //检查u的所有邻接边
    {
        v=E[j].v;                   //u的邻接点v
        if(!vis[v])
        {
            vis[v]=1;
            if(!match[v]||maxmatch(match[v]))
            {                       //v未匹配或者为v的匹配点找到了其他匹配
                match[u]=v; //u和v匹配
                match[v]=u;
                return true;
            }
        }
    }
    return false;     //所有邻接边都检查完毕，还没找到匹配点
}
int main()
{
    int n, m,total,num=0;
    int u, v;
    cout<<"请输入女推销员人数m和男推销员人数n："<<endl;
    cin>>m>>n;
    init();
    total=m+n;
    cout<<"请输入可以配合的女推销员编号u和男推销员编号v（两个都为-1结束）："<<endl;
    while(cin>>u>>v,u+v!=-2)
    {
        add(u,v);
        add(v,u);
    }
    cout<<endl;
    printg(total);    //输出网络邻接表
    for(int i=1;i<=m;i++)
    {
        memset(vis,0,sizeof(vis));
        if(maxmatch(i))
            num++;
    }
    cout<<"最大配对数："<<num<<endl;
    cout<<endl;
```

```
    print(m);          //输出配对方案
    return 0;
}
```

算法实现和测试

（1）运行环境

Code::Blocks

（2）输入

```
请输入女推销员人数 m 和男推销员人数 n:
5 7
请输入可以配合的女推销员编号 u 和男推销员编号 v（两个都为-1 结束）:
1 6
1 8
2 7
2 8
2 11
3 7
3 9
3 10
4 12
4 9
5 10
-1 -1
```

（3）输出

```
最大配对数: 5
----------配对方案如下: ----------
1--8
2--11
3--9
4--12
5--10
```

注意：和图解中答案不同，是因为在创建邻接表时，后输入的边在邻接表的前面。所有匹配点可能会不同，但最大匹配数是一定相同的。

4．算法复杂度分析

找一条增广路的复杂度最坏情况为 $O(E)$，最多找 V 条增广路，故时间复杂度为 $O(VE)$。而最大网络流求解算法时间复杂度为 $O(V^2E)$，相比之下，匈牙利算法的时间复杂度下降不少。

7.6 国际会议交流——圆桌问题

有一个国际交流会议，很多国家代表团参加，每个国家代表团人数为 r_i（i=1，2，…，m），每个会议桌可以坐 c_j（j=1，2，…，n）人。为了让代表们充分交流，希望来自同一个国家的代表不要在同一个会议桌上，设计算法实现最佳的座位安排方案。

图 7-143 圆桌会议

7.6.1 问题分析

把代表团看作 X 集合，会议桌看作 Y 集合，就构成了一个二分图。X 集合中的点到 Y 集合中的每一个点都有连线，所有连线容量全部是 1，保证两个点只能匹配一次（一个餐桌上只能有一个单位的一个人）。

如图 7-144 所示，代表团 1 如果有 3 个人，就要匹配 Y 集合中的 3 个桌子号，而如果 7 号桌子能够坐 5 个人，那么 7 号结点最多可以匹配 X 集合中的 5 个结点。

对于一个二分图，每个结点可以有多个匹配结点，称这类问题为**二分图多重匹配问题**。求解时需要添加源点和汇点，源和汇的边容量分别限制 X、Y 集合中每个点匹配的个数。

该题属于二分图多重匹配问题。如图 7-145 所示，建立一个二分图，每个代表团为 X 集合中的结点，每个会议桌为 Y 集合中的结点，增设源点 s 和汇点 t。从源点 s 向每个 x_i 结点连接一条容量为该代表团人数 r_i 的有向边。从每个 y_j 结点向汇点 t 连接一条容量为该会议桌容量 c_j 的有向边。X 集合中每个结点向 Y 集合中每个结点连接一条容量为 1 的有向边。

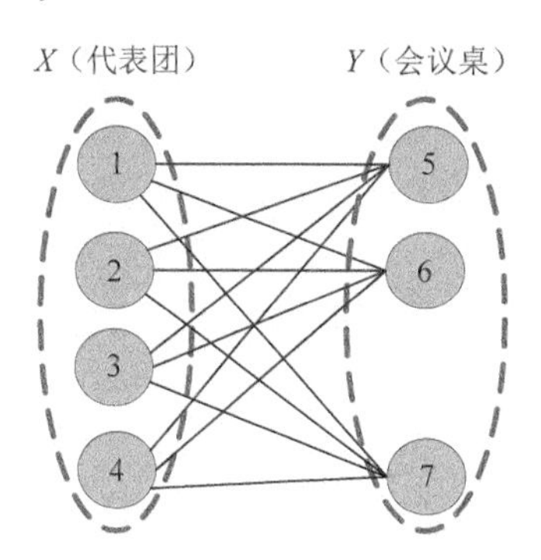

图 7-144 圆桌会议二分图

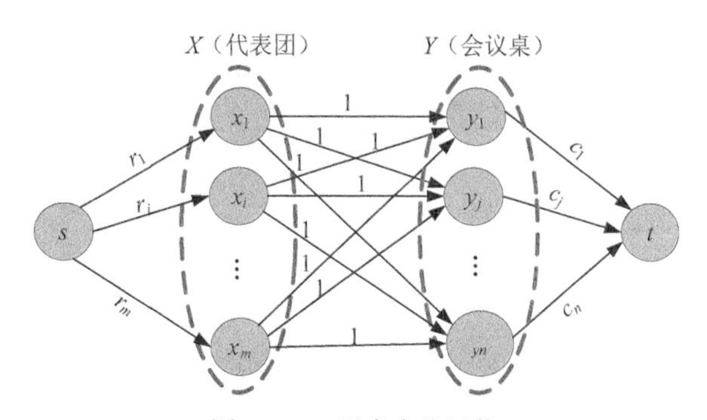

图 7-145 圆桌会议网络

7.6.2 算法设计

这是一个二分图多重匹配问题，可以用最大流解决。

（1）构建网络

根据输入的数据，建立二分图，每个代表团为 X 集合中的结点，每个会议桌为 Y 集合中的结点，增设源点 s 和汇点 t。从源点 s 向每个 x_i 结点连接一条容量为该代表团人数 r_i 的有向边。从每个 y_j 结点向汇点 t 连接一条容量为该会议桌容量 c_j 的有向边。X 集合中每个结点向 Y 集合中每个结点连接一条容量为 1 的有向边。创建混合网络。

（2）求网络最大流

（3）输出安排方案

如果最大流值等于源点 s 与 X 集合所有结点边容量之和，则说明 X 集合每个结点都有完备的多重匹配，否则无解。对于每个代表团，从 X 集合对应点出发的所有流量为 1 的边指向的 Y 集合的结点就是该代表团人员的安排情况（一个可行解）。即 x_i 结点在 Y 集合的所有流量为 1 的邻接结点就是代表团 x_i 的人员会议桌安排。

7.6.3 完美图解

假设代表团数 m=4，每个代表团的人数依次为 2、4、3、5；会议桌数 n=5，每个会议桌可安排人数依次为 3、4、2、5、4。

（1）构建网络

根据输入数据，增设源点 s 和汇点 t，建立二分图。从源点 s 向每个 x_i 结点连接一条容量为该代表团人数 r_i 的有向边。从每个 y_j 结点向汇点 t 连接一条容量为该会议桌容量 c_j 的有向边。X 集合中每个结点向 Y 集合中每个结点连接一条容量为 1 的有向边，构建的网络如图 7-146 所示（注：程序中构建的是混合网络）。

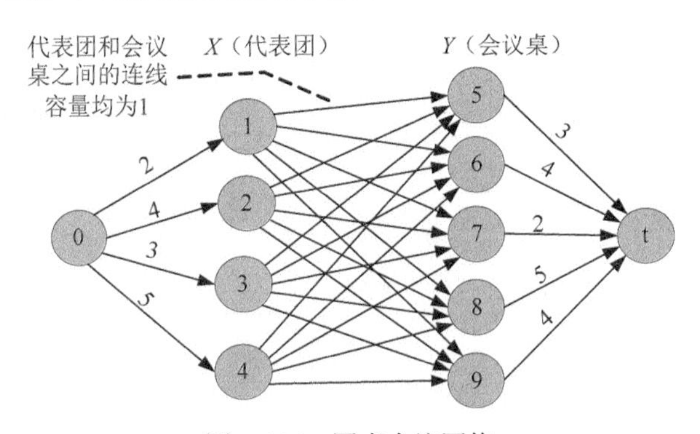

图 7-146 圆桌会议网络

（2）求网络最大流

在图 7-146 的混合网络上，使用 7.3.6 节中优化的 ISAP 算法求网络最大流，找到 14 条增广路径。

- 增广路径：10—9—4—0。增流：1。
- 增广路径：10—8—4—0。增流：1。
- 增广路径：10—7—4—0。增流：1。
- 增广路径：10—6—4—0。增流：1。
- 增广路径：10—5—4—0。增流：1。
- 增广路径：10—9—3—0。增流：1。
- 增广路径：10—8—3—0。增流：1。
- 增广路径：10—7—3—0。增流：1。
- 增广路径：10—9—2—0。增流：1。
- 增广路径：10—8—2—0。增流：1。
- 增广路径：10—6—2—0。增流：1。
- 增广路径：10—5—2—0。增流：1。
- 增广路径：10—9—1—0。增流：1。
- 增广路径：10—8—1—0。增流：1。

相当于给代表团中的每一个人找一个增广路径，增广路径上有代表团编号对应会议桌号。增流后的实流网络如图 7-147 所示。

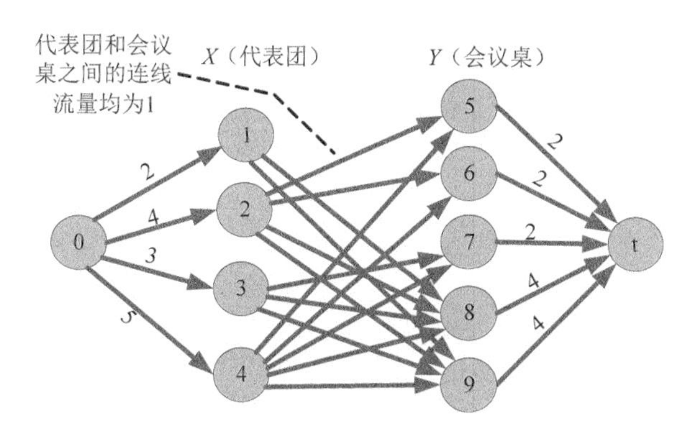

图 7-147　圆桌会议实流网络

（3）输出安排方案

最大流值等于源点 s 与 X 集合所有结点边容量之和 14，说明每个代表团都有完备的多重匹配。对于每个代表团，从代表团结点出发的所有流量为 1 的边指向的结点就是该代表团人员的会议桌号。在程序中，会议桌存储编号=实际编号+代表团数 m，输出时需要输出会议桌实际编号，即会议桌存储编号−m。

安排方案如下。

第 1 个代表团安排的会议桌号：4　5（即网络图中的存储编号 8　9）

第 2 个代表团安排的会议桌号：1　2　4　5

第 3 个代表团安排的会议桌号：3　4　5

第 4 个代表团安排的会议桌号：1　2　3　4　5

7.6.4 伪代码详解

（1）构建混合网络

从源点 s 向每个 x_i 结点连接一条容量为该代表团人数 r_i 的有向边。从每个 y_j 结点向汇点 t 连接一条容量为该会议桌容量 c_j 的有向边。X 集合中每个结点向 Y 集合中每个结点连接一条容量为 1 的有向边。创建混合网络，混合网络边的结构体见 7.3.7 节中改进的最短增广路算法 ISAP。

```
cout<<"请输入代表团数 m 和会议桌数 n："<<endl;
cin>>m>>n;
init();
total=m+n;
cout<<"请依次输入每个代表团人数："<<endl;
for(int i=1;i<=m;i++)
{
     cin>>cost;
     sum+=cost;
     add(0, i, cost);       //源点到代表团的边，容量为该代表团人数
}
cout<<"请依次输入每个会议桌可安排人数："<<endl;
for(int j=m+1;j<=total;j++)
{
     cin>>cost;
     add(j, total+1, cost);//会议桌到汇点的边，容量为会议桌可安排人数
}
for(int i=1;i<=m;i++)
     for(int j=m+1;j<=total;j++)
         add(i, j, 1);      //代表团到会议桌的边，容量为 1
```

（2）求网络最大流

```
int Isap(int s, int t,int n)//改进的最短增广路算法
```

详见 7.3.7 节的算法 program 7-2-1，这里不再赘述。

（3）输出安排方案

如果流量等于源点 s 与 X 集合所有结点边容量之和，那么说明 X 集合每个点都有完备的多重匹配，否则无解。对于每个单位，从 X 集合对应点出发的所有流量为 1 的边指向的 Y

集合的结点就是该单位人员的安排情况（一个可行解）。即 x_i 结点的在 Y 集合的所有邻接结点就是代表团 x_i 的人员会议桌安排。

```
if(sum==Isap(0,total+1,total+2))
     {
        cout<<"会议桌安排成功！";
        cout<<endl;
        print(m,n);     //输出安排方案
        cout<<endl;
        printg(total+2);//输出最终网络邻接表
     }
     else
        cout<<"无法安排所有代表团！";
void print(int m,int n) //输出最佳方案
{
    cout<<"----------安排方案如下：----------"<<endl;
    cout<<"每个代表团的安排情况："<<endl;
    for(int i=1;i<=m;i++)                    //读每个代表团的邻接表
    {
         cout<<"第"<<i<<"个代表团安排的会议桌号：";
         for(int j=V[i].first;~j;j=E[j].next)//读第 i 个代表团的邻接表
              if(E[j].flow==1)
                   cout<<E[j].v-m<<"  ";
         cout<<endl;
    }
}
```

7.6.5 实战演练

```
//program 7-5
#include <iostream>
#include <cstring>
#include <queue>
#include <algorithm>
using namespace std;

const int INF=0x3fffffff;
const int N=100;
const int M=10000;
int top;
int h[N], pre[N], g[N];

struct Vertex
{
    int first;
}V[N];
struct Edge
{
    int v, next;
    int cap, flow;
}E[M];
```

```
void init()
{
     memset(V, -1, sizeof(V));
     top = 0;
}
void add_edge(int u, int v, int c)
{
     E[top].v = v;
     E[top].cap = c;
     E[top].flow = 0;
     E[top].next = V[u].first;
     V[u].first = top++;
}
void add(int u,int v, int c)
{
     add_edge(u,v,c);
     add_edge(v,u,0);
}
void set_h(int t,int n)
{
     queue<int> Q;
     memset(h, -1, sizeof(h));
     memset(g, 0, sizeof(g));
     h[t] = 0;
     Q.push(t);
     while(!Q.empty())
     {
        int v = Q.front(); Q.pop();
        ++g[h[v]];
        for(int i = V[v].first; ~i; i = E[i].next)
        {
            int u = E[i].v;
            if(h[u] == -1)
            {
                h[u] = h[v] + 1;
                Q.push(u);
            }
        }
     }
     cout<<"初始化高度"<<endl;
     cout<<"h[ ]=";
     for(int i=1;i<=n;i++)
         cout<<"  "<<h[i];
     cout<<endl;
}
int Isap(int s, int t,int n)
{
     set_h(t,n);
     int ans=0, u=s;
     int d;
     while(h[s]<n)
     {
        int i=V[u].first;
        if(u==s)
             d=INF;
```

```
        for(; ~i; i=E[i].next)
        {
             int v=E[i].v;
             if(E[i].cap>E[i].flow && h[u]==h[v]+1)
             {
                    u=v;
                    pre[v]=i;
                    d=min(d, E[i].cap-E[i].flow);
                    if(u==t)
                    {
                        cout<<endl;
                        cout<<"增广路径: "<<t;
                        while(u!=s)
                        {
                             int j=pre[u];
                            E[j].flow+=d;
                            E[j^1].flow-=d;
                            u=E[j^1].v;
                            cout<<"--"<<u;
                        }
                        cout<<"增流: "<<d<<endl;
                        ans+=d;
                        d=INF;
                    }
                    break;
             }
        }
        if(i==-1)
        {
            if(--g[h[u]]==0)
                 break;
            int hmin=n-1;
            for(int j=V[u].first; ~j; j=E[j].next)
                 if(E[j].cap>E[j].flow)
                     hmin=min(hmin, h[E[j].v]);
            h[u]=hmin+1;
            cout<<"重贴标签后高度"<<endl;
            cout<<"h[ ]=";
            for(int i=1;i<=n;i++)
                 cout<<"  "<<h[i];
            cout<<endl;
            ++g[h[u]];
            if(u!=s)
                u=E[pre[u]^1].v;
          }
     }
     return ans;
}
void printg(int n)//输出网络邻接表
{
    cout<<"----------网络邻接表如下: ----------"<<endl;
    for(int i=0;i<=n;i++)
    {
         cout<<"v"<<i<<"  ["<<V[i].first;
         for(int j=V[i].first;~j;j=E[j].next)
```

```
                cout<<"]--["<<E[j].v<<"   "<<E[j].cap<<"   "<<E[j].flow<<"
"<<E[j].next;
            cout<<"]"<<endl;
        }
    }
    void print(int m,int n)  //输出安排方案
    {
        cout<<"----------安排方案如下：----------"<<endl;
        cout<<"每个代表团的安排情况："<<endl;
        for(int i=1;i<=m;i++)//读每个代表团的邻接表
        {
            cout<<"第"<<i<<"个代表团安排的会议桌号：";
            for(int j=V[i].first;~j;j=E[j].next)//读第 i 个代表团的邻接表
                if(E[j].flow==1)
                    cout<<E[j].v-m<<"  ";
            cout<<endl;
        }
    }

    int main()
    {
         int n, m,sum=0,total;
         int cost;
         cout<<"请输入代表团数 m 和会议桌数 n："<<endl;
         cin>>m>>n;
         init();
         total=m+n;
         cout<<"请依次输入每个代表团人数："<<endl;
         for(int i=1;i<=m;i++)
         {
              cin>>cost;
              sum+=cost;
              add(0, i, cost);       //源点到代表团的边，容量为该代表团人数
         }
         cout<<"请依次输入每个会议桌可安排人数："<<endl;
         for(int j=m+1;j<=total;j++)
         {
              cin>>cost;
              add(j, total+1, cost);//会议桌到汇点的边，容量为会议桌可安排人数
         }
         for(int i=1;i<=m;i++)
              for(int j=m+1;j<=total;j++)
                  add(i, j, 1);      //代表团到会议桌的边，容量为 1
         cout<<endl;
         printg(total+2);            //输出初始网络邻接表
         if(sum==Isap(0,total+1,total+2))
         {
              cout<<"会议桌安排成功！";
              cout<<endl;
              print(m,n);            //输出最佳方案
              cout<<endl;
              printg(total+2);       //输出最终网络邻接表
         }
```

```
    else
        cout<<"无法安排所有代表团！";
    return 0;
}
```

算法实现和测试

（1）运行环境

Code::Blocks

2）输入

```
请输入代表团数 m 和会议桌数 n:
4 5
请依次输入每个代表团人数:
2 4 3 5
请依次输入每个会议桌可安排人数:
3 4 2 5 4
```

（3）输出

```
会议桌安排成功!
----------安排方案如下：----------
每个代表团的安排情况:
第 1 个代表团安排的会议桌号: 5  4
第 2 个代表团安排的会议桌号: 5  4  2  1
第 3 个代表团安排的会议桌号: 5  4  3
第 4 个代表团安排的会议桌号: 5  4  3  2  1
```

7.6.6 算法解析及优化拓展

1．算法复杂度分析

（1）时间复杂度：求解最大流采用 7.3.6 节中改进的最短增广路算法 ISAP，因此总的时间复杂度为 $O(V^2E)$，其中 V 为结点个数，E 为边的数量。

（2）空间复杂度：空间复杂度为 $O(V)$。

2．算法优化拓展

想一想，还有什么更好的办法？

7.7 要考试啦——试题库问题

我们考试时，试卷通常有填空、选择、简答、计算等不同的题型，而每种题型又由若干道题组成。现在试题题库中有 n 道试题，每个试题都标注了所属题型，同一道题可能属于多种题型，比如有的题既是填空题又属于计算题。设计算法从试题库中抽取 m 道题，要求包含指定的题型及数量。

图 7-148　要考试啦

7.7.1　问题分析

把题型看作 X 集合，试题库看作 Y 集合，就构成了一个二分图。Y 集合中的题 y_j 属于哪些题型，则这些题型 x_i 与 y_j 之间有连线，连线的容量全部是 1，保证该题型只能选择题 y_j 一次，如图 7-149 所示。

例如题库中试题 y_1 属于 x_1、x_3 两种题型，比如一道题既属于填空题又属于计算题。

该题属于二分图多重匹配问题。建立一个二分图，每个题型为 X 集合中的结点，每个试题为 Y 集合中的结点，增设源点 s 和汇点 t。从源点 s 向每个题型 x_i 结点连接一条有向边，容量为该题型选出的数量 c_i。从每个 y_j 结点向汇点 t 连接一条有向边，容量为 1，以保证每道题只能被选中一次。Y 集合中的题 y_j 属于哪些题型，则这些题型 x_i 与 y_j 之间有一条有向边，容量为 1，如图 7-150 所示。

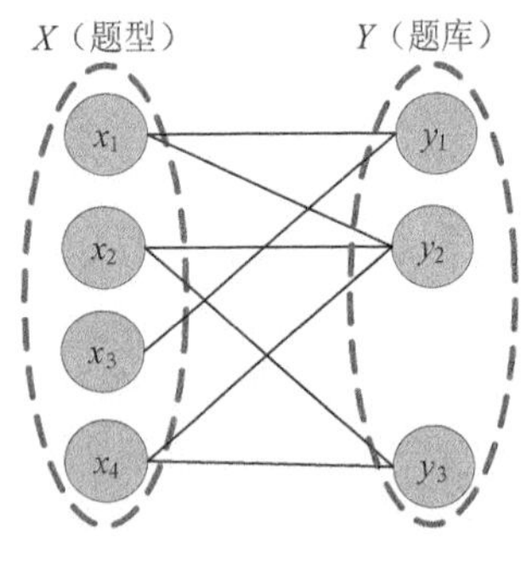

图 7-149　试题库问题

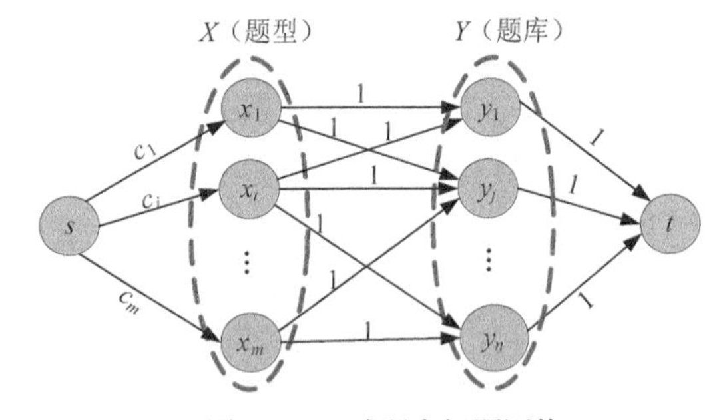

图 7-150　试题库问题网络

7.7.2　算法设计

这是一个二分图多重匹配问题，用最大流解决。

（1）构建网络

根据输入的数据，建立二分图，每个题型为 X 集合中的结点，每个试题为 Y 集合中的结点，增设源点 s 和汇点 t。从源点 s 向每个题型 x_i 结点连接一条有向边，容量为该题型选出的数量 c_i。从每个 y_j 结点向汇点 t 连接一条有向边，容量为 1，以保证每道题只能选中一次。Y 集合中的题 y_j 属于哪些题型，则这些题型 x_i 与 y_j 之间有一条有向边，容量为 1，创建混合网络。

（2）求网络最大流

（3）输出抽取方案

如果最大流值等于源点 s 与 X 集合所有结点边容量之和，则说明试题抽取成功，否则无解。对于每个题型，从 X 集合对应题型结点出发，所有流量为 1 的边指向的 Y 集合的结点就是该题型选中的试题号。即 x_i 结点的在 Y 集合的所有流量为 1 的邻接结点就是该题型选中的试题号。

7.7.3 完美图解

假设题型数 m=4，试题总数 n=15。我们要在每种题型依次选择 2、0、3、2 个试题。上述的 15 个试题中，每个试题所属的题型依次为：1、2；2、3；1、4；2、3；2、4；1、2、3；3；4；4；2、3、4；3；2；1；1、4；4。

（1）构建网络

根据输入数据，增设源点 s 和汇点 t，建立二分图。从源点 s 向每个题型 x_i 结点连接一条有向边，容量为该题型选出的数量 c_i。从每个 y_j 结点向汇点 t 连接一条有向边，容量为 1，以保证每道题只能被选中一次。Y 集合中的题 y_j 属于哪些题型，则这些题型 x_i 与 y_j 之间有一条有向边，容量为 1，构建的网络如图 7-151 所示（注：程序中构建的是混合网络）。

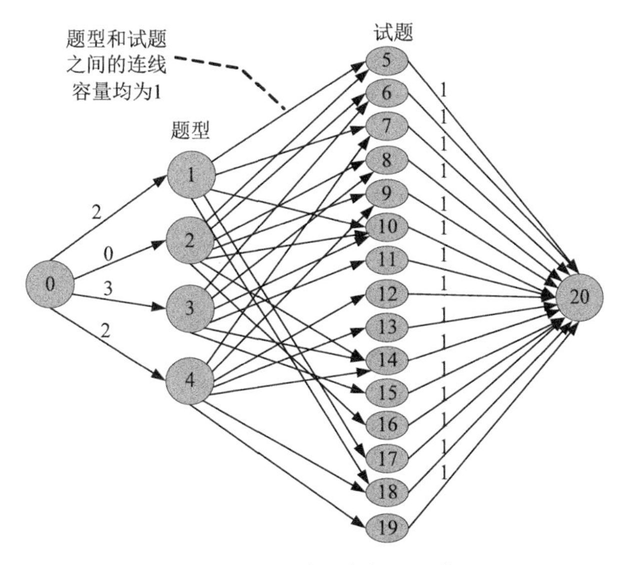

图 7-151 试题库问题网络

（2）在图 7-151 所示的混合网络上使用优化的 ISAP 算法求网络最大流，找到 7 条增广路径。

- 增广路径：20—19—4—0。增流：1。
- 增广路径：20—18—4—0。增流：1。
- 增广路径：20—15—3—0。增流：1。
- 增广路径：20—14—3—0。增流：1。
- 增广路径：20—11—3—0。增流：1。
- 增广路径：20—17—1—0。增流：1。
- 增广路径：20—10—1—0。增流：1。

相当于给题型中的每一个试题找一个增广路径，增广路径上有题型和对应试题号，增流后的实流网络如图 7-152 所示。

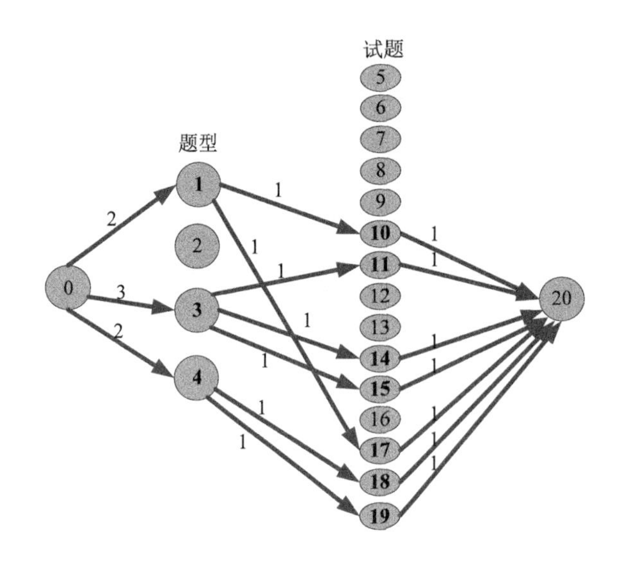

图 7-152　试题库问题实流网络

（3）输出抽取方案

最大流值等于抽取的试题数之和，则说明试题抽取成功。对于每个题型，搜索题型结点的所有流量为 1 的邻接结点就是该题型选中的试题号。在程序中，试题存储编号=试题实际编号+题型数 *m*，输出时需要输出试题实际编号，即试题存储编号−*m*。

试题抽取方案如下。

第 1 个题型抽取的试题号：13　6（即上图中的存储编号 17　10）

第 2 个题型抽取的试题号：

第 3 个题型抽取的试题号：11　10　7

第 4 个题型抽取的试题号：15　14

7.7.4 伪代码详解

（1）构建混合网络

根据输入的数据，建立二分图，每个题型为 X 集合中的结点，每个试题为 Y 集合中的结点，增设源点 s 和汇点 t。从源点 s 向每个题型 x_i 结点连接一条有向边，容量为该题型选出的数量 c_i。从每个 y_j 结点向汇点 t 连接一条有向边，容量为 1，以保证每道题只能选中一次。Y 集合中的题 y_j 属于哪些题型，则这些题型 x_i 与 y_j 之间有一条有向边，容量为 1。创建混合网络。混合网络边的结构体见 7.3.7 节中改进的最短增广路算法 ISAP。

```
cout<<"请输入题型数 m 和试题总数 n："<<endl;
cin>>m>>n;
init();
total=m+n;
cout<<"请依次输入每种题型选择的数量："<<endl;
for(int i=1;i<=m;i++)
{
     cin>>cost;
     sum+=cost;
     add(0, i, cost);      //源点到题型的边，容量为该题型选择数量
}
cout<<"请依次输入每个试题所属的题型（0 结束）："<<endl;
for(int j=m+1;j<=total;j++)
{
     while(cin>>num,num)  //num 为试题 j 属于的题型号，为 0 时结束
          add(num, j, 1); //题型号 num 到试题 j 的边，容量为 1
     add(j, total+1,1);   //试题 j 到汇点的边，容量为 1
}
```

（2）求网络最大流

```
int Isap(int s, int t,int n)//改进的最短增广路最大流算法
```

详见 7.3.7 节中的算法 program 7-2-1，这里不再赘述。

（3）输出抽取方案

如果最大流值等于源点 s 与 X（题型）集合所有结点边容量之和，则说明试题抽取成功，否则无解。对于每个题型，从 X 集合对应题型结点出发，所有流量为 1 的边指向的 Y 集合的结点就是该题型选中的试题号。即 x_i 结点在 Y 集合的所有流量为 1 的邻接结点就是该题型选中的试题号。在程序中，试题存储编号=试题实际编号+题型数 m，输出时需要输出试题实际编号，即试题存储编号$-m$。

```
if(sum==Isap(0,total+1,total+2))
    {
       cout<<"试题抽取成功！";
```

```
            cout<<endl;
            print(m,n);                                //输出抽取方案
            cout<<endl;
            printg(total+2);                           //输出最终网络邻接表
        }
        else
            cout<<"抽取试题不成功！";
void print(int m,int n)                                //输出抽取方案
{
    cout<<"----------试题抽取方案：----------"<<endl;
    for(int i=1;i<=m;i++)                              //读每个题型的邻接表
    {
         cout<<"第"<<i<<"个题型抽取的试题号：";
         for(int j=V[i].first;~j;j=E[j].next)//读第 i 个题型的邻接表
             if(E[j].flow==1)
                  cout<<E[j].v-m<<"  ";
         cout<<endl;
    }
}
```

7.7.5 实战演练

```
//program 7-6
#include <iostream>
#include <cstring>
#include <queue>
#include <algorithm>
using namespace std;

const int INF=0x3fffffff;
const int N=100;
const int M=10000;
int top;
int h[N], pre[N], g[N];

struct Vertex
{
    int first;
}V[N];
struct Edge
{
    int v, next;
    int cap, flow;
}E[M];
void init()
{
     memset(V, -1, sizeof(V));
     top = 0;
}
void add_edge(int u, int v, int c)
```

```
{
    E[top].v = v;
    E[top].cap = c;
    E[top].flow = 0;
    E[top].next = V[u].first;
    V[u].first = top++;
}
void add(int u,int v, int c)
{
    add_edge(u,v,c);
    add_edge(v,u,0);
}
void set_h(int t,int n)
{
    queue<int> Q;
    memset(h, -1, sizeof(h));
    memset(g, 0, sizeof(g));
    h[t] = 0;
    Q.push(t);
    while(!Q.empty())
    {
       int v = Q.front(); Q.pop();
       ++g[h[v]];
       for(int i = V[v].first; ~i; i = E[i].next)
       {
            int u = E[i].v;
            if(h[u] == -1)
            {
                h[u] = h[v] + 1;
                Q.push(u);
            }
       }
    }
    cout<<"初始化高度"<<endl;
    cout<<"h[ ]=";
    for(int i=1;i<=n;i++)
        cout<<"  "<<h[i];
    cout<<endl;
}
int Isap(int s, int t,int n)
{
    set_h(t,n);
    int ans=0, u=s;
    int d;
    while(h[s]<n)
    {
        int i=V[u].first;
        if(u==s)
            d=INF;
        for(; ~i; i=E[i].next)
        {
```

```
                int v=E[i].v;
                if(E[i].cap>E[i].flow && h[u]==h[v]+1)
                {
                        u=v;
                        pre[v]=i;
                        d=min(d, E[i].cap-E[i].flow);
                        if(u==t)
                        {
                            cout<<endl;
                            cout<<"增广路径: "<<t;
                            while(u!=s)
                            {
                                 int j=pre[u];
                                 E[j].flow+=d;
                                 E[j^1].flow-=d;
                                 u=E[j^1].v;
                                 cout<<"--"<<u;
                            }
                            cout<<"增流: "<<d<<endl;
                            ans+=d;
                            d=INF;
                        }
                        break;
                }
            }
            if(i==-1)
            {
                if(--g[h[u]]==0)
                     break;
                int hmin=n-1;
                for(int j=V[u].first; ~j; j=E[j].next)
                     if(E[j].cap>E[j].flow)
                          hmin=min(hmin, h[E[j].v]);
                 h[u]=hmin+1;
                 cout<<"重贴标签后高度"<<endl;
                 cout<<"h[ ]=";
                 for(int i=1;i<=n;i++)
                     cout<<"  "<<h[i];
                 cout<<endl;
                 ++g[h[u]];
                 if(u!=s)
                     u=E[pre[u]^1].v;
              }
        }
        return ans;
}
void printg(int n)//输出网络邻接表
{
     cout<<"----------网络邻接表如下: ----------"<<endl;
     for(int i=0;i<=n;i++)
     {
```

```
            cout<<"v"<<i<<"  ["<<V[i].first;
            for(int j=V[i].first;~j;j=E[j].next)
                cout<<"]--["<<E[j].v<<"   "<<E[j].cap<<"   "<<E[j].flow<<"
"<<E[j].next;
            cout<<"]"<<endl;
        }
    }
    void print(int m,int n)                          //输出抽取方案
    {
        cout<<"----------试题抽取方案：----------"<<endl;
        for(int i=1;i<=m;i++)                        //读每个题型的邻接表
        {
            cout<<"第"<<i<<"个题型抽取的试题号：";
            for(int j=V[i].first;~j;j=E[j].next)//读第 i 个题型的邻接表
                if(E[j].flow==1)
                    cout<<E[j].v-m<<"  ";
            cout<<endl;
        }
    }

    int main()
    {
         int n, m,sum=0,total;
         int cost,num;
         cout<<"请输入题型数 m 和试题总数 n："<<endl;
         cin>>m>>n;
         init();
         total=m+n;
         cout<<"请依次输入每种题型选择的数量："<<endl;
         for(int i=1;i<=m;i++)
         {
              cin>>cost;
              sum+=cost;
              add(0, i, cost);     //源点到题型的边，容量为该题型选择数量
         }
         cout<<"请依次输入每个试题所属的题型（0 结束）："<<endl;
         for(int j=m+1;j<=total;j++)
         {
              while(cin>>num,num) //num 为试题 j 属于的题型号，为 0 时结束
                   add(num, j, 1);//题型号 num 到试题 j 的边，容量为 1
              add(j, total+1,1);  //试题 j 到汇点的边，容量为 1
         }
         cout<<endl;
         printg(total+2);          //输出初始网络邻接表
         if(sum==Isap(0,total+1,total+2))
         {
              cout<<"试题抽取成功！";
              cout<<endl;
              print(m,n);         //输出抽取方案
              cout<<endl;
```

```
            printg(total+2);    //输出最终网络邻接表
        }
        else
            cout<<"抽取试题不成功！";
        return 0;
}
```

算法实现和测试

（1）运行环境

Code::Blocks

（2）输入

```
请输入题型数m和试题总数n:
4 15
请依次输入每种题型选择的数量:
2 0 3 2
请依次输入每个试题所属的题型（0结束）:
1 2 0
2 3 0
1 4 0
2 3 0
2 4 0
1 2 3 0
3 0
4 0
4 0
2 3 4 0
3 0
2 0
1 0
1 4 0
4 0
```

（3）输出

```
试题抽取成功!
----------试题抽取方案:----------
第1个题型抽取的试题号: 13  6
第2个题型抽取的试题号:
第3个题型抽取的试题号: 11  10  7
第4个题型抽取的试题号: 15  14
```

7.7.6 算法解析及优化拓展

1．算法复杂度分析

（1）时间复杂度：求解最大流采用7.3.7节中改进的最短增广路算法ISAP，因此总的时间复杂度为$O(V^2E)$，其中V为结点个数，E为边的数量。

（2）空间复杂度：空间复杂度为$O(V)$。

2．算法优化拓展

想一想，还有什么更好的办法？

7.8 太空实验计划——最大收益问题

某理工学院的实验室计划了一系列的实验项目$E=\{E_1, E_2, \cdots, E_m\}$,这些实验需要使用的全部仪器集合$I=\{I_1, I_2, \cdots, I_n\}$。每个实验需要的仪器是全部仪器集合的子集。配置仪器I_j需要的费用为c_j，实验E_i产生的经济效益为p_i美元。需要设计一个有效的算法，确定要进行哪些实验，使最终得到的经济效益减去需要配置的仪器费用后得到的净收益最大。

图 7-153　太空实验计划

7.8.1　问题分析

给出一些实验项目$E=\{E_1, E_2, \cdots, E_m\}$和一些仪器$I=\{I_1, I_2, \cdots, I_n\}$，做一个实验需要一些仪器，一个实验会有对应的经济效益，同时使用仪器也需要花费费用，配置仪器I_j需要的费用为c_j，实验E_i产生的经济效益为p_i美元。最后的问题是进行哪些实验可以获得最大的净利润。

首先构建一个网络，添加源点和汇点，从源点s到每个实验项目E_i有一条有向边，容量是p_i，从每个实验仪器I_j到汇点t有一条有向边容量是c_j，每个实验项目到该实验项目用到的仪器有一条有向边容量是∞，如图 7-154 所示。

假设我们选中的实验和仪器组成S集合，如图 7-155 中的阴影部分结点。该方案包含了选中的实验及其用到的仪器集S，剩下没选中的实验和仪器构成了T集合，那么原图分成了两部分（S，T）：

实验方案的净收益=选中实验项目收益−选中的仪器费用，即：

$$实验净收益=\sum_{E_i \in S} p_i - \sum_{I_k \in S} c_k$$

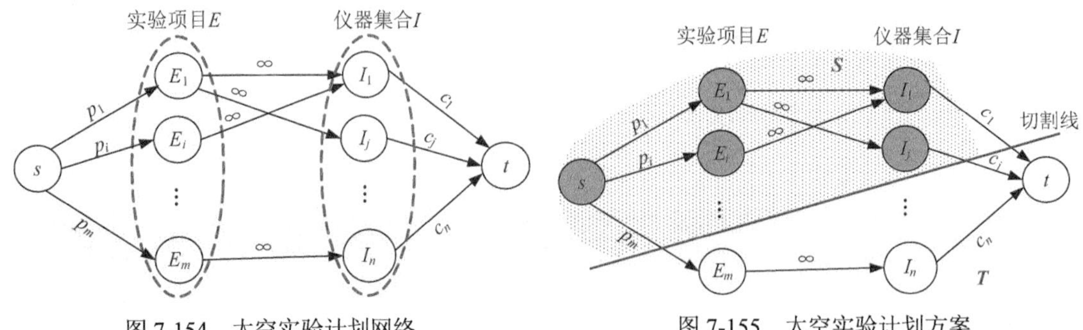

图 7-154 太空实验计划网络

图 7-155 太空实验计划方案

选中的实验项目收益=所有实验项目收益−未选中的实验项目收益，所以上式可转化为：

$$
\begin{aligned}
\text{实验净收益} &= \sum_{E_i \in S} p_i - \sum_{I_k \in S} c_k \\
&= \left(\sum_{i=1}^{m} p_i - \sum_{E_i \in T} p_i\right) - \sum_{I_k \in S} c_k \\
&= \sum_{i=1}^{m} p_i - \left(\sum_{E_i \in T} p_i + \sum_{I_k \in S} c_k\right)
\end{aligned}
$$

要想使净收益最大，那么后两项之和就要最小。而后两项正好是图 7-155 中切割线切中的边容量之和，它们的最小值就是最小割容量。即：实验方案的净收益=所有实验项目收益-最小割容量。

而根据最大流最小割定理（见附录 J），最大流的流值等于最小割容量。即：**实验方案的净收益=所有实验项目收益−最大流值**。那么我们只需要求出最大流值即可！该题是最大权闭合图问题，可以转化成最小割问题，然后用最大流解决。

7.8.2 算法设计

（1）构建网络

根据输入的数据，添加源点和汇点，从源点 s 到每个实验项目 E_i 有一条有向边，容量是项目产生的效益 p_i，从每个实验仪器 I_j 到汇点 t 有一条有向边，容量是仪器费用 c_j，每个实验项目到该实验项目用到的仪器有一条有向边容量是∞，创建混合网络。

（2）求网络最大流

（3）输出最大收益及实验方案

最大收益=所有实验项目收益−最大流值。**最大收益实验方案就是最小割中的 S 集合去掉源点**，如图 7-156 所示。

那么如何找到 S 集合呢？很多人认为在源点的邻接边中，凡是**容量>流量**的边对应的实验项目肯定是盈利的，就是选中的实验，该实验邻接的仪器结点就是选中的仪器。这样做是否正确呢？

下面来看一个实例，假设有 3 个实验项目和 4 个仪器，实验项目 E_1 需要 I_1、I_3 两个实验仪器，实验项目 E_2 需要 I_2、I_3 两个实验仪器，、实验项目 E_3 需要 I_4 实验仪器。实验项目 E_1 获益为 10，E_2 获益为 8，E_3 获益为 6；实验仪器 I_1、I_2、I_3、I_4 分别需要费用为 2、3、5、7，构建网络如图 7-157 所示。

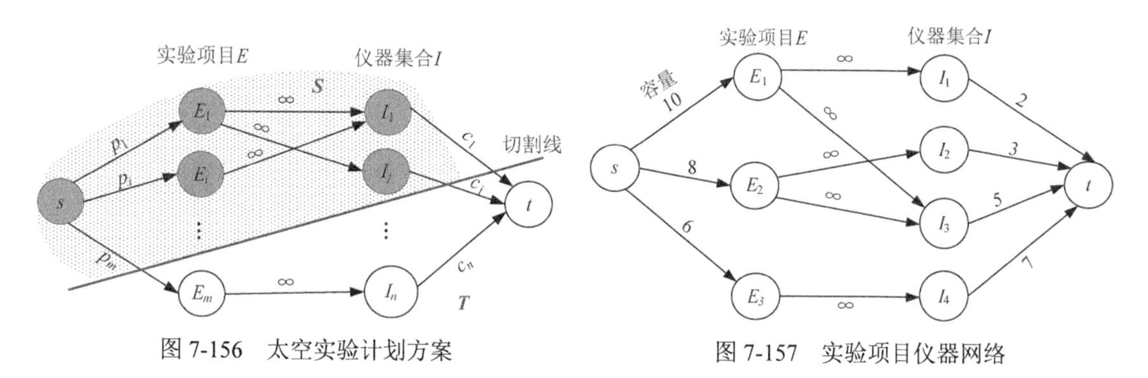

图 7-156　太空实验计划方案　　图 7-157　实验项目仪器网络

求最大流后的混合网络如图 7-158 所示。

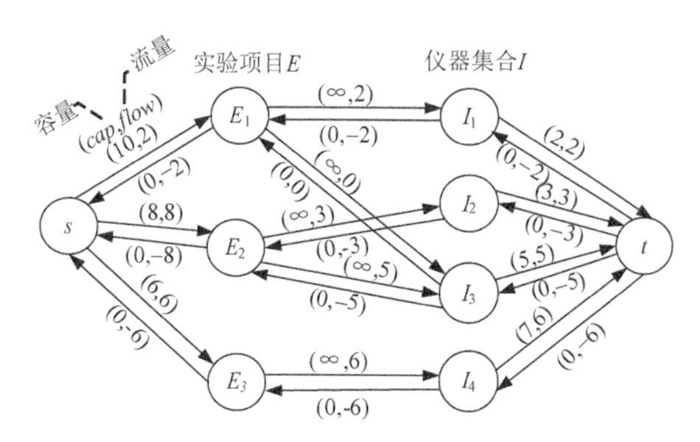

图 7-158　最大流对应的混合网络

可以得知，最大获益=所有实验项目收益−最大流值=（10+8+6）−（2+8+6）=8。

那么究竟做了哪些实验，用了哪些仪器呢？

很多人认为在源点的邻接边中，凡是容量>流量的边对应的邻接点肯定是盈利的，就是选中的实验，该实验邻接的仪器结点就是选中的仪器，但这样做是否正确呢？

图 7-158 中，如果我们只选 *cap*>*flow* 的边对应的邻接点，也就是选中实验 E_1，该实验需要仪器 I_2、I_3，那么实验项目 E_1 获益为 10，实验仪器 I_1、I_3 需要费用为 2、5，不可能得到最大获益 8。显然，这种想法是错误的。因为实验 E_2 虽然 *cap*=*flow*，不算是盈利的，但它为实验项目 E_1 需要的仪器 I_3 提供了经费，使实验 E_1 不用再购买仪器 I_3，相当于为实验 E_1

的盈利奠定了基础，没有 E_2 的支持，实验 E_1 就不可能得到最大盈利 8。

那么如何得到选中的实验方案呢？

在最大流对应的混合网络中，从源点开始，沿着 *cap>flow* 的边深度优先遍历，遍历到的结点就是 S 集合，即对应的实验项目和仪器就是选中的实验方案，如图 7-159 所示。

图 7-158 中粗线表示深度优先遍历的路径，遍历到的结点 E_1、E_2、I_1、I_2、I_3 就是最大获益的实验方案。最大流对应的最小割（S，T），如图 7-160 所示。S={s，E_1，E_2，I_1，I_2，I_3}，T={ E_3，I_4，t}。

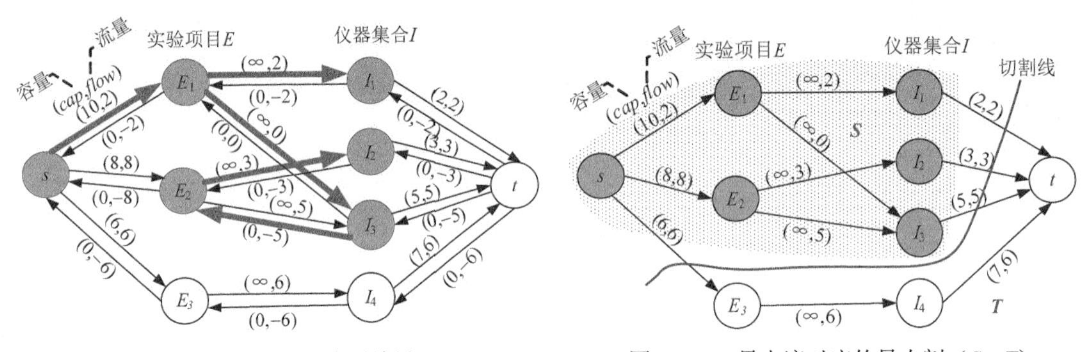

图 7-159 深度优先遍历结果　　图 7-160 最大流对应的最小割（S，T）

从图 7-160 可以看出，切割线切割的边容量之和正好是最大流值 16，这也验证了最大流最小割定理：最大流的流值等于最小割容量。

最小割（S，T）：从源点出发，沿着 *cap>flow* 的边深度优先遍历，遍历到的结点就是 S 集合，没遍历到的结点就是 T 集合。

7.8.3 完美图解

假设实验数为 5（编号 1～5），仪器数为 15（编号 6～20）。实验 1 产生的效益为 20，需要的仪器编号为 4、2、8、11；实验 2 产生的效益为 38，需要的仪器编号为 1、5、14；实验 3 产生的效益为 25，需要的仪器编号为 2、5、7、15；实验 4 产生的效益为 17，需要的仪器编号为 1、3、6、9、13；实验 5 产生的效益为 22，需要的仪器编号为 10、12、15。配置每个仪器需要的费用依次为 2、7、4、8、10、1、3、7、5、9、15、6、12、17、8。

（1）构建网络

根据输入数据，添加源点和汇点，从源点 s 到每个实验项目 E_i 有一条有向边，容量是项目产生的效益 p_i，从每个实验仪器 I_j 到汇点 t 有一条有向边，容量是仪器费用 c_j，每个实验项目到该实验项目用到的仪器有一条有向边容量是∞，构建的网络如图 7-161 所示。

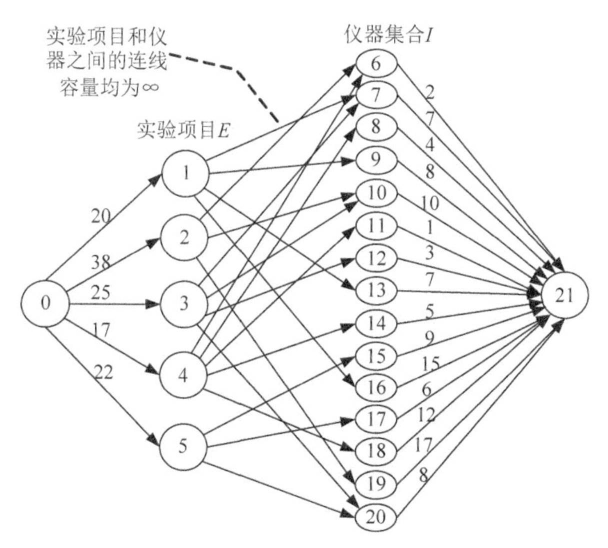

图 7-161 太空实验计划网络

（2）求网络最大流

在上图的混合网络上（程序中构建的是混合网络，为了方便，图示用实流网络表示），使用优化的 ISAP 算法求网络最大流，找到如下 13 条增广路径。

- 增广路径：21—20—5—0。增流：8。
- 增广路径：21—17—5—0。增流：6。
- 增广路径：21—15—5—0。增流：8。
- 增广路径：21—18—4—0。增流：12。
- 增广路径：21—14—4—0。增流：5。
- 增广路径：21—12—3—0。增流：3。
- 增广路径：21—10—3—0。增流：10。
- 增广路径：21—7—3—0。增流：7。
- 增广路径：21—19—2—0。增流：17。
- 增广路径：21—6—2—0。增流：2。
- 增广路径：21—16—1—0。增流：15。
- 增广路径：21—13—1—0。增流：5。
- 增广路径：21—15—5—20—3—0。增流：1。

增流后的网络如图 7-162 所示。

（3）输出最大的净收益及实验方案

最大净收益为 23（所有实验项目收益-最大流值）。

在最大流对应的混合网络上，从源点出发，沿着容量>流量的边深度优先遍历。遍历到

的结点就是 S 集合，没遍历到的结点就是 T 集合，如图 7-163 所示。

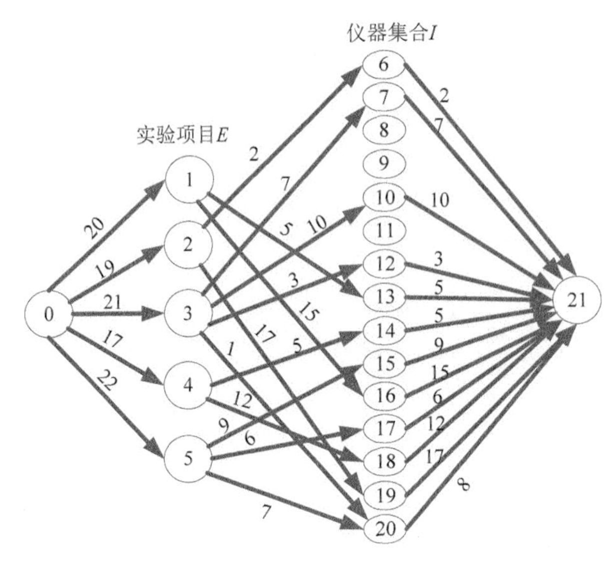

图 7-162　增流后的实流网络

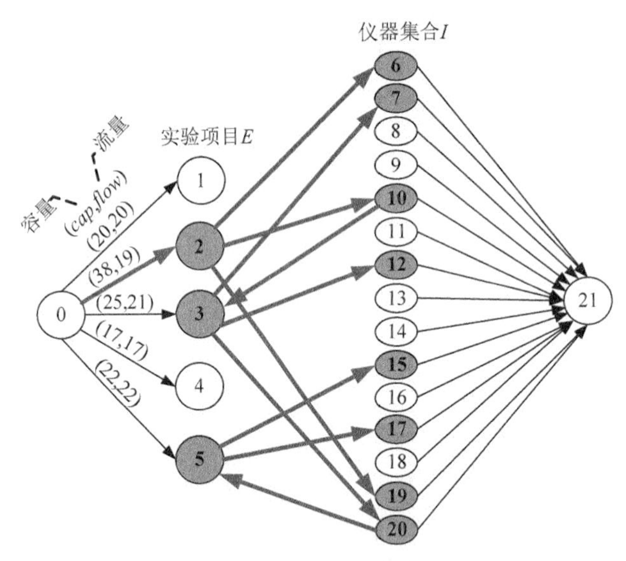

图 7-163　深度优先遍历结果

S 集合就是选中的实验项目和实验仪器。实验仪器存储编号=实际编号+实验项目数 m，输出时需要输出实验仪器实际编号，即实验仪器存储编号$-m$。

选择方案如下。

选中的实验编号：2　3　5

选中的仪器编号：1 2 5 7 10 12 14 15

7.8.4 伪代码详解

（1）构建混合网络

根据输入的数据，添加源点和汇点，从源点 s 到每个实验项目 E_i 有一条有向边，容量是项目产生的效益 p_i，从每个实验仪器 I_j 到汇点 t 有一条有向边，容量是仪器费用 c_j，每个实验项目到该实验项目用到的仪器有一条有向边容量是∞，创建混合网络。混合网络边的结构体见 7.3.7 节中改进的最短增广路算法 ISAP。

```
cout<<"请输入实验数 m 和仪器数 n: "<<endl;
cin>>m>>n;
init();
total=m+n;
cout<<"请依次输入实验产生的效益和该实验需要的仪器编号（为 0 结束）: "<<endl;
for(int i=1;i<=m;i++)
{
     cin>>cost;
     sum+=cost;
     add(0, i, cost);//源点到实验项目的边，容量为该项目效益
     while(cin>>num,num) //num 为该项目需要的仪器编号
          add(i, m+num, INF);//实验项目到需要仪器的边，容量为无穷大
}
cout<<"请依次输入所有仪器的费用: "<<endl;
for(int j=m+1;j<=total;j++)
{
     cin>>cost;
     add(j, total+1, cost);//实验仪器到汇点的边，容量为实验仪器费用
}
```

（2）求网络最大流

```
int Isap(int s, int t,int n)//改进的最短增广路最大流算法
```

详见 7.3.7 节的算法 program 7-2-1，这里不再赘述。

（3）输出实验方案的净收益

```
cout<<"最大净收益: "<<sum-Isap(0,total+1,total+2)<<endl; //所有实验项目收益-最大流值
```

（4）输出选中的实验项目和仪器编号

在最大流对应的混合网络中，从源点 s 开始，沿着 $cap>flow$ 的边深度优先遍历，遍历到的结点对应的实验项目和仪器就是选中的实验方案。

```
void DFS(int s)                          //深度搜索最大获益方案
{
    for(int i=V[s].first;~i;i=E[i].next)//读当前结点的邻接表
         if(E[i].cap>E[i].flow)
```

```
            {
                int u=E[i].v;
                if(!flag[u])
                {
                    flag[u]=true;
                    DFS(u);
                }
            }
}
void print(int m,int n)//输出最佳方案
{
    cout<<"----------最大获益方案如下：----------"<<endl;
    DFS(0);
    cout<<"选中的实验编号："<<endl;
    for(int i=1;i<=m;i++)
        if(flag[i])
            cout<<i<<"  ";
    cout<<endl;
    cout<<"选中的仪器编号："<<endl;
    for(int i=m+1;i<=m+n;i++)
        if(flag[i])
            cout<<i-m<<"  ";
}
```

7.8.5 实战演练

```
//program 7-7
#include <iostream>
#include <cstring>
#include <queue>
#include <algorithm>
using namespace std;

const int INF=0x3fffffff;
const int N=100;
const int M=10000;
int top;
int h[N], pre[N], g[N];
bool flag[N];//标记选中的结点

struct Vertex
{
    int first;
}V[N];
struct Edge
{
    int v, next;
    int cap, flow;
}E[M];
void init()
{
```

```
        memset(V, -1, sizeof(V));
        top = 0;
}
void add_edge(int u, int v, int c)
{
        E[top].v = v;
        E[top].cap = c;
        E[top].flow = 0;
        E[top].next = V[u].first;
        V[u].first = top++;
}
void add(int u,int v, int c)
{
        add_edge(u,v,c);
        add_edge(v,u,0);
}
void set_h(int t,int n)
{
        queue<int> Q;
        memset(h, -1, sizeof(h));
        memset(g, 0, sizeof(g));
        h[t] = 0;
        Q.push(t);
        while(!Q.empty())
        {
           int v = Q.front(); Q.pop();
           ++g[h[v]];
           for(int i = V[v].first; ~i; i = E[i].next)
           {
                int u = E[i].v;
                if(h[u] == -1)
                {
                    h[u] = h[v] + 1;
                    Q.push(u);
                }
           }
        }
        cout<<"初始化高度"<<endl;
        cout<<"h[ ]=";
        for(int i=1;i<=n;i++)
            cout<<"  "<<h[i];
        cout<<endl;
}
int Isap(int s, int t,int n)
{
         set_h(t,n);
         int ans=0, u=s;
         int d;
         while(h[s]<n)
         {
              int i=V[u].first;
              if(u==s)
```

```
            d=INF;
        for(; ~i; i=E[i].next)
        {
            int v=E[i].v;
            if(E[i].cap>E[i].flow && h[u]==h[v]+1)
            {
                    u=v;
                    pre[v]=i;
                    d=min(d, E[i].cap-E[i].flow);
                    if(u==t)
                    {
                        cout<<endl;
                        cout<<"增广路径: "<<t;
                       while(u!=s)
                        {
                            int j=pre[u];
                            E[j].flow+=d;
                            E[j^1].flow-=d;
                            u=E[j^1].v;
                            cout<<"--"<<u;
                        }
                        cout<<"增流: "<<d<<endl;
                        ans+=d;
                        d=INF;
                    }
                    break;
             }
        }
        if(i==-1)
        {
            if(--g[h[u]]==0)
                 break;
            int hmin=n-1;
            for(int j=V[u].first; ~j; j=E[j].next)
                if(E[j].cap>E[j].flow)
                    hmin=min(hmin, h[E[j].v]);
            h[u]=hmin+1;
            cout<<"重贴标签后高度"<<endl;
            cout<<"h[ ]=";
            for(int i=1;i<=n;i++)
                cout<<"  "<<h[i];
            cout<<endl;
            ++g[h[u]];
            if(u!=s)
                u=E[pre[u]^1].v;
        }
    }
    return ans;
}
void printg(int n)//输出网络邻接表
{
    cout<<"----------网络邻接表如下: ----------"<<endl;
```

```
        for(int i=0;i<=n;i++)
        {
             cout<<"v"<<i<<"  ["<<V[i].first;
             for(int j=V[i].first;~j;j=E[j].next)
                  cout<<"]--["<<E[j].v<<"   "<<E[j].cap<<"   "<<E[j].flow<<"
"<<E[j].next;
             cout<<"]"<<endl;
        }
    }
    void DFS(int s)                              //深度搜索最大获益方案
    {
        for(int i=V[s].first;~i;i=E[i].next)//读当前结点的邻接表
             if(E[i].cap>E[i].flow)
             {
                  int u=E[i].v;
                  if(!flag[u])
                  {
                        flag[u]=true;
                        DFS(u);
                  }
             }
    }
    void print(int m,int n)                      //输出最佳方案
    {
        cout<<"----------最大获益方案如下：----------"<<endl;
        DFS(0);
        cout<<"选中的实验编号："<<endl;
        for(int i=1;i<=m;i++)
             if(flag[i])
                  cout<<i<<"  ";
        cout<<endl;
        cout<<"选中的仪器编号："<<endl;
        for(int i=m+1;i<=m+n;i++)
            if(flag[i])
                  cout<<i-m<<"  ";
    }
    int main()
    {
         int n, m,sum=0,total;
         int cost,num;
         memset(flag, 0, sizeof(flag));
         cout<<"请输入实验数 m 和仪器数 n："<<endl;
         cin>>m>>n;
         init();
         total=m+n;
         cout<<"请依次输入实验产生的效益和该实验需要的仪器编号（为 0 结束）："<<endl;
         for(int i=1;i<=m;i++)
         {
              cin>>cost;
              sum+=cost;
              add(0, i, cost);                   //源点到实验项目的边，容量为该项目效益
              while(cin>>num,num)                //num 为该项目需要的仪器编号
```

```
            add(i, m+num, INF);      //实验项目到需要仪器的边，容量为无穷大
        }
        cout<<"请依次输入所有仪器的费用："<<endl;
        for(int j=m+1;j<=total;j++)
        {
            cin>>cost;
            add(j, total+1, cost);       //实验仪器到汇点的边，容量为实验仪器费用
        }
        cout<<endl;
        printg(total+2);//输出初始网络邻接表
        cout<<"最大净收益："<<sum-Isap(0,total+1,total+2)<<endl;
        cout<<endl;
        printg(total+2);//输出最终网络邻接表
        print(m,n);      //输出最佳方案
        return 0;
}
```

算法实现和测试

（1）运行环境

Code::Blocks

（2）输入

```
请输入实验数 m 和仪器数 n:
5 15
请依次输入实验产生的效益和该实验需要的仪器编号（为 0 结束）:
20 2 4 8 11 0
38 1 5 14 0
25 2 5 7 15 0
17 1 3 6 9 13 0
22 10 12 15 0
请依次输入所有仪器的费用:
2 7 4 8 10 1 3 7 5 9 15 6 12 17 8
```

（3）输出

```
最大净收益：23
----------最大获益方案如下：----------
选中的实验编号：
2  3  5
选中的仪器编号：
1  2  5  7  10  12  14  15
```

7.8.6 算法解析及优化拓展

1. 算法复杂度分析

（1）时间复杂度：求解最大流采用 7.3.7 节中改进的最短增广路算法 ISAP，因此总的时间复杂度为 $O(V^2E)$，其中 V 为结点个数，E 为边的数量。

（2）空间复杂度：空间复杂度为 $O(V)$。

2．算法优化拓展

想一想，还有什么更好的办法？

7.9 央视娱乐节目购物街——方格取数问题

在央视娱乐节目购物街中，有这样一个环节，货架上有 $m*n$ 个方格，在每个方格中各放置 1 个商品，每个商品都标有价格，嘉宾可以挑选商品，但是选了某一商品，就不能再选它上下左右相邻的商品。最后，挑选出的商品总价最高的人获得胜利。

图 7-164　购物货架

7.9.1　问题分析

问题可抽象为：从一个矩阵中选取一些数，要求满足任意两个数不相邻，使这些数的和最大。实际是将矩阵中的数分为两部分，对矩阵中的点进行黑白着色（相邻的点颜色不同）。

例如，货架上有 4 行 4 列的方格，每一个商品放在一个方格内，方格的权值对应商品的价值。首先对其黑白着色，如图 7-165 所示。

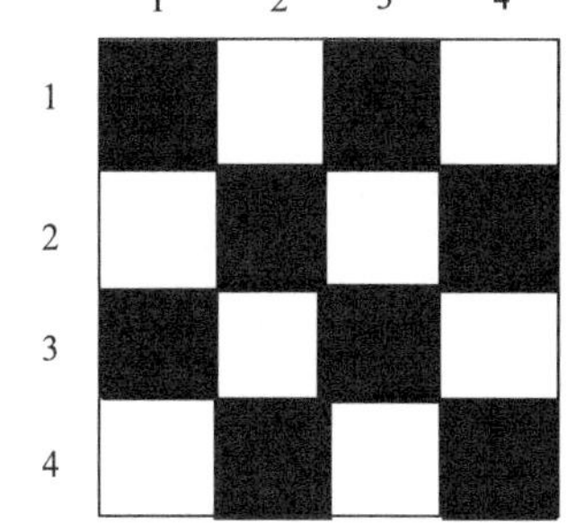

图 7-165　黑白着色

这样黑色的方格作为一个集合 X，白色的方格作为一个集合 Y，可以将一个图分为两部分，构成一个二分图。添加源点和汇点，从源点向黑色方格连一条边，容量为该黑色方格的权值，从白色方格向汇点连一条边，容量为该白色方格的权值，对于每一对相邻的黑白方格，从黑方格向白方格连一条边，容量为无穷大，如图 7-166 所示。

假设有一个割集（S，T），如图 7-167 所示。

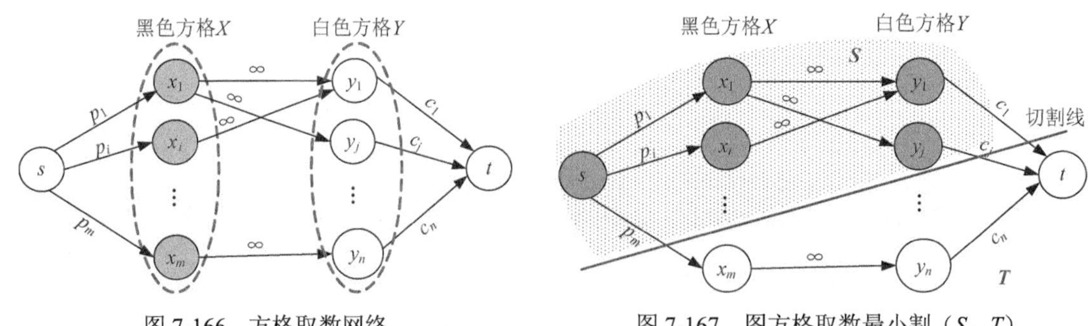

图 7-166 方格取数网络

图 7-167 图方格取数最小割（S，T）

切割线切到的边容量表示没选中的方格权值，如果没选中的方格权值之和最小，那么选中的方格权值之和必然最大。因此，我们只有求出最小割，**选中方格的最大权值=所有方格权值之和−最小割容量**。因为最大流值等于最小割容量，所以求出最大流即可。

7.9.2 算法设计

（1）构建网络

根据输入的数据，按行编号，根据编号黑白染色。添加源点和汇点，从源点 s 向黑色方格连一条边，容量为该黑色方格的权值，从白色方格向汇点 t 连一条边，容量为该白色方格的权值，对于每一对相邻的黑白方格，从黑方格向白方格连一条边，容量为∞，创建混合网络。

（2）求网络最大流

（3）输出选中物品的最大价值，物品选择方案

选中物品的最大价值=所有物品价值之和−最大流值。

注意：切割线切到的边容量是没选中的方格权值。

物品选择方案就是最小割中的 S 集合中的黑色方格和 T 集合中的白色方格。那么如何找到呢？找到最小割之后，从源点出发，沿着 *cap>flow* 的边深度优先遍历，遍历到的结点就是 S 集合，没遍历到的结点就是 T 集合。输出 S 集合中的黑色方格，输出 T 集合的白色方格，如图 7-168 所示。

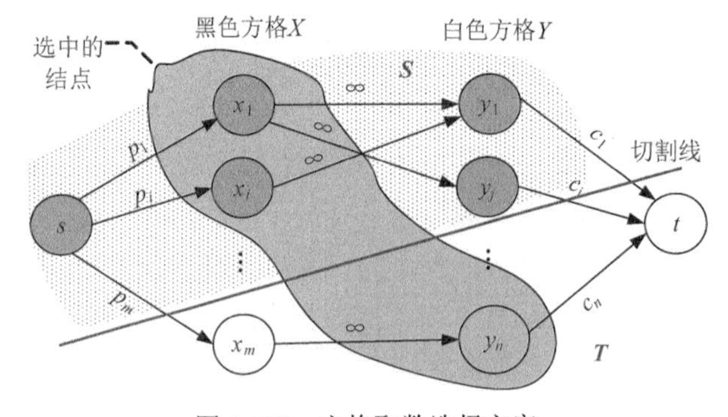

图 7-168 方格取数选择方案

7.9.3 完美图解

假设货架上有 3 行 3 列的方格。第 1 行方格中每种商品的价值依次为 75、250、21；第 2 行方格中每种商品的价值依次为 34、70、5；第 3 行方格中每种商品的价值依次为 75、15、58。

图 7-169 黑白着色

（1）构建网络

根据输入的数据，按行编号，第 1 行编号 1、2、3；第 2 行编号 4、5、6；第 3 行编号 7、8、9。根据编号黑白染色，如图 7-169 所示。

添加源点和汇点，从源点 *s* 向黑色方格连一条边，容量为该黑色方格的权值，从白色方格向汇点 *t* 连一条边，容量为该白色方格的权值，对于每一对相邻的黑白方格，从黑方格向白方格连一条边，容量为∞。创建网络，如图 7-170 所示。

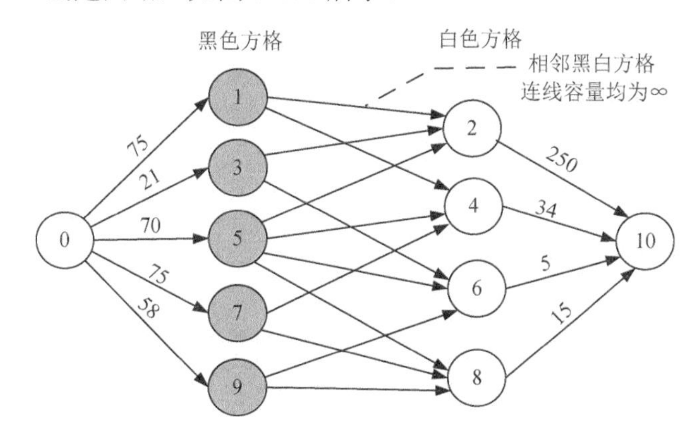

图 7-170 方格取数网络

（2）在上图的混合网络上（程序中构建的是混合网络，为了方便，图示用实流网络表示），使用优化的 ISAP 算法求网络最大流，找到如下 6 条增广路径。

- 增广路径：10—6—9—0。增流：5。
- 增广路径：10—8—9—0。增流：15。
- 增广路径：10—4—7—0。增流：34。
- 增广路径：10—2—5—0。增流：70。
- 增广路径：10—2—3—0。增流：21。
- 增广路径：10—2—1—0。增流：75。

增流后的网络如图 7-171 所示。

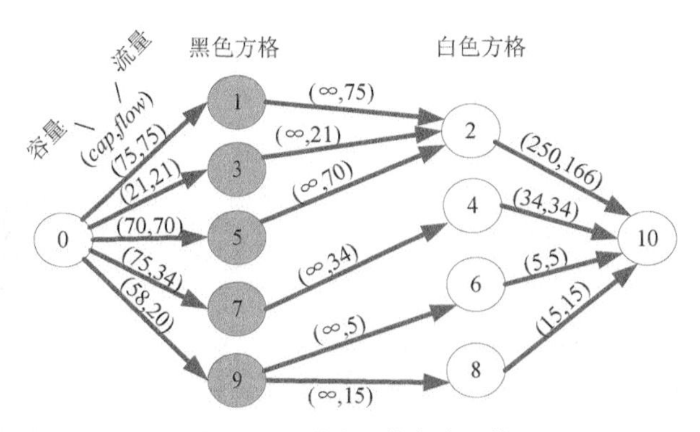

图 7-171 增流后的实流网络

（3）输出选中物品的最大价值，物品选择方案

选中物品的最大价值=所有物品价值之和−最大流值。挑选物品的最大价值为 383。

物品选择方案就是最小割中的 S 集合中的黑色方格和 T 集合中的白色方格，那么如何找到呢？

在最大流对应的混合网络上，从源点出发，沿着容量>流量的边深度优先遍历。遍历到的结点就是 S 集合，没遍历到的结点就是 T 集合，深度遍历结果如图 7-172 所示。

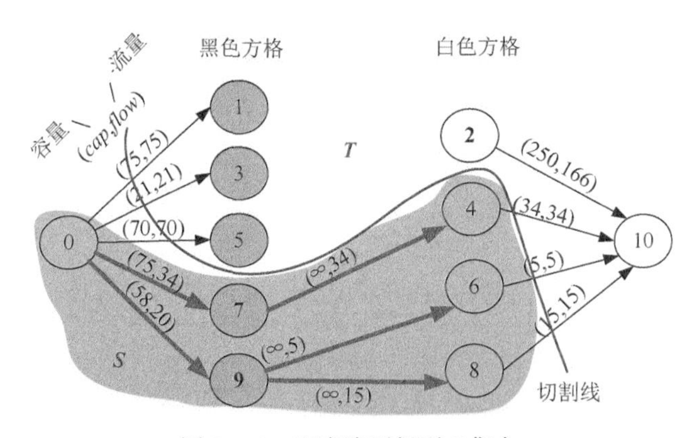

图 7-172 深度遍历得到 S 集合

输出 S 集合中的黑色方格 7、9，输出 T 集合的白色方格 2，即物品最大价值选择方案。

7.9.4 伪代码详解

（1）构建网络

根据输入的数据，按行编号，根据编号黑白染色。添加源点和汇点，从源点 s 向黑色方格连一条边，容量为该黑色方格的权值，从白色方格向汇点 t 连一条边，容量为该白色方格的权值，对于每一对相邻的黑白方格，从黑方格向白方格连一条边，容量为∞，创建混合网络。

```
//创建混合网络
for(int i=1;i<=m;i++)
    for(int j=1;j<=n;j++)
    {
        if((i+j)%2==0)                      //染黑色,当前物品位置(i,j)
        {
            add(0,(i-1)*n+j,map[i][j]);//从源点到当前物品结点有一条有向边，容量为
该物品价值
            flag[(i-1)*n+j]=1;           //标记染黑色物品
            //当前物品结点到四个相邻物品结点发出一条有向边，容量为无穷大
            for(int k=0;k<4;k++)
            {
                int x=i+dir[k][0];
                int y=j+dir[k][1];
                if(x<=m&&x>0 && y<=n&&x>0)//边界限制
                    add((i-1)*n+j,(x-1)*n+y,INF);
            }
        }
        else                                //染白色,当前物品位置(i,j)
           add((i-1)*n+j,total+1,map[i][j]);//从当前物品结点到汇点有一条有向边，容
量为该物品价值
    }
```

（2）求网络最大流

```
int Isap(int s, int t,int n)//改进的最短增广路最大流算法
```

详见 7.3.7 节中的算法 program 7-2-1，这里不再赘述。

（3）输出挑选物品的最大价值

```
cout<<"挑选物品的最大价值："<<sum-Isap(0,total+1,total+2)<<endl;
```

即所有物品价值减去最大流值。

（4）输出选中的物品编号

选中物品的最大价值=所有物品价值之和−最大流值。

物品选择方案就是最小割中的 S 集合中的黑色方格和 T 集合中的白色方格。从源点出发，在最大流对应的混合网络上，沿着 *cap>flow* 的边深度优先遍历，遍历到的结点就是 S 集合，没遍历到的结点就是 T 集合。输出 S 集合中的黑色方格，输出 T 集合的白色方格。

```
void DFS(int s)//深度搜索
{
    for(int i=V[s].first;~i;i=E[i].next)//读当前结点的邻接表
        if(E[i].cap>E[i].flow)
        {
            int u=E[i].v;
```

```
                if(!dfsflag[u])
                {
                      dfsflag[u]=true;
                      DFS(u);
                }
            }
}
void print(int m,int n)//输出最佳方案
{
    cout<<"----------最佳方案如下：----------"<<endl;
    cout<<"选中的物品编号："<<endl;
    DFS(0);
    for(int i=1;i<=m*n;i++)
         if((flag[i]&&dfsflag[i])||(!flag[i]&&!dfsflag[i]))
                cout<<i<<"  ";
}
```

7.9.5 实战演练

```
//program 7-8
#include <iostream>
#include <cstring>
#include <queue>
#include <algorithm>
using namespace std;

const int INF=0x3fffffff;
const int N=100;
const int M=10000;
int top;
int h[N], pre[N], g[N];
bool flag[N*N];   //标记染黑色的结点
bool dfsflag[N*N];//深度搜索到的结点

struct Vertex
{
    int first;
}V[N];
struct Edge
{
    int v, next;
    int cap, flow;
}E[M];
void init()
{
     memset(V, -1, sizeof(V));
     top = 0;
}
void add_edge(int u, int v, int c)
{
     E[top].v = v;
```

```
    E[top].cap = c;
    E[top].flow = 0;
    E[top].next = V[u].first;
    V[u].first = top++;
}
void add(int u,int v, int c)
{
    add_edge(u,v,c);
    add_edge(v,u,0);
}
void set_h(int t,int n)
{
    queue<int> Q;
    memset(h, -1, sizeof(h));
    memset(g, 0, sizeof(g));
    h[t] = 0;
    Q.push(t);
    while(!Q.empty())
    {
       int v = Q.front(); Q.pop();
       ++g[h[v]];
       for(int i = V[v].first; ~i; i = E[i].next)
       {
            int u = E[i].v;
            if(h[u] == -1)
            {
                h[u] = h[v] + 1;
                Q.push(u);
            }
        }
    }
    cout<<"初始化高度"<<endl;
    cout<<"h[ ]=";
    for(int i=1;i<=n;i++)
        cout<<"  "<<h[i];
    cout<<endl;
}
int Isap(int s, int t,int n)
{
    set_h(t,n);
    int ans=0, u=s;
    int d;
    while(h[s]<n)
    {
        int i=V[u].first;
        if(u==s)
            d=INF;
         for(; ~i; i=E[i].next)
         {
            int v=E[i].v;
            if(E[i].cap>E[i].flow && h[u]==h[v]+1)
            {
```

```
                        u=v;
                        pre[v]=i;
                        d=min(d, E[i].cap-E[i].flow);
                        if(u==t)
                        {
                            cout<<endl;
                            cout<<"增广路径: "<<t;
                            while(u!=s)
                            {
                                int j=pre[u];
                                E[j].flow+=d;
                                E[j^1].flow-=d;
                                u=E[j^1].v;
                                cout<<"--"<<u;
                            }
                            cout<<"增流: "<<d<<endl;
                            ans+=d;
                            d=INF;
                        }
                        break;
                    }
                }
                if(i==-1)
                {
                    if(--g[h[u]]==0)
                        break;
                    int hmin=n-1;
                    for(int j=V[u].first; ~j; j=E[j].next)
                        if(E[j].cap>E[j].flow)
                            hmin=min(hmin, h[E[j].v]);
                    h[u]=hmin+1;
                    cout<<"重贴标签后高度"<<endl;
                    cout<<"h[ ]=";
                    for(int i=1;i<=n;i++)
                        cout<<"  "<<h[i];
                    cout<<endl;
                    ++g[h[u]];
                    if(u!=s)
                        u=E[pre[u]^1].v;
                }
            }
            return ans;
    }
    void printg(int n)//输出网络邻接表
    {
        cout<<"----------网络邻接表如下: ----------"<<endl;
        for(int i=0;i<=n;i++)
        {
            cout<<"v"<<i<<"  ["<<V[i].first;
            for(int j=V[i].first;~j;j=E[j].next)
                cout<<"]--["<<E[j].v<<"   "<<E[j].cap<<"   "<<E[j].flow<<"
"<<E[j].next;
```

```
            cout<<"]"<<endl;
        }
}
void DFS(int s)    //深度搜索
{
    for(int i=V[s].first;~i;i=E[i].next)          //读当前结点的邻接表
        if(E[i].cap>E[i].flow)
        {
            int u=E[i].v;
            if(!dfsflag[u])
            {
                dfsflag[u]=true;
                DFS(u);
            }
        }
}
void print(int m,int n)                                 //输出最佳方案
{
    cout<<"----------最佳方案如下：----------"<<endl;
    cout<<"选中的物品编号："<<endl;
    DFS(0);
    for(int i=1;i<=m*n;i++)
        if((flag[i]&&dfsflag[i])||(!flag[i]&&!dfsflag[i]))
            cout<<i<<"  ";
}

int main()
{
     int n, m, total,sum=0;;
     int map[N][N];
     memset(flag, 0, sizeof(flag));
     memset(dfsflag, 0, sizeof(dfsflag));
     int dir[4][2]={{0,1},{1,0},{0,-1},{-1,0}};  //右下左上四个方向
     cout<<"请输入货架的行数m和列数n："<<endl;
     cin>>m>>n;
     init();
     total=m*n;
     cout<<"请依次输入每行每个商品的价值："<<endl;
     for(int i=1;i<=m;i++)
         for(int j=1;j<=n;j++)
         {
             cin>>map[i][j];
             sum+=map[i][j];
         }
     //创建混合网络
     for(int i=1;i<=m;i++)
         for(int j=1;j<=n;j++)
         {
             if((i+j)%2==0)                        //染黑色,当前物品位置(i,j)
             {
                  add(0,(i-1)*n+j,map[i][j]);//从源点到当前物品结点有一条有向
边，容量为该物品价值
```

```
                        flag[(i-1)*n+j]=1;           //标记染黑色物品
                        //当前物品结点到四个相邻物品结点发出一条有向边，容量为无穷大
                        for(int k=0;k<4;k++)
                        {
                             int x=i+dir[k][0];
                             int y=j+dir[k][1];
                             if(x<=m&&x>0 && y<=n&&x>0)  //边界限制
                                 add((i-1)*n+j,(x-1)*n+y,INF);
                        }
                    }
                    else //染白色,当前物品位置(i,j)
                        add((i-1)*n+j,total+1,map[i][j]);//从当前物品结点到汇点有
一条有向边，容量为该物品价值
            }
        cout<<endl;
        printg(total+2);                                   //输出初始网络邻接表
        cout<<"挑选物品的最大价值："<<sum-Isap(0,total+1,total+2)<<endl;
        cout<<endl;
        printg(total+2);                                   //输出最终网络邻接表
        print(m,n);                                        //输出最佳方案
        return 0;
    }
```

算法实现和测试

（1）运行环境

Code::Blocks

（2）输入

```
请输入货架的行数 m 和列数 n：
4 4
请依次输入每行每个商品的价值：
10  8   5   2
1   3   9   15
5   10  13  7
24  12  20  14
```

（3）输出

```
挑选物品的最大价值：84
----------最佳方案如下：----------
选中的物品编号：
1  3  8  10  13  15
```

7.9.6 算法解析及优化拓展

1. 算法复杂度分析

（1）时间复杂度：求解最大流采用 7.3.7 节中改进的最短增广路算法 ISAP，因此总的时间复杂度为 $O(V^2E)$，其中 V 为结点个数，E 为边的数量。

（2）空间复杂度：空间复杂度为 $O(V)$。

2．算法优化拓展

想一想，还有什么更好的办法？

7.10 走着走着，就走到了西藏——旅游路线问题

演员陈坤有本书叫《突然就走到了西藏》，我没看过，但这名字很不错。西藏一直给人一种神秘的感觉，好像没到过西藏的人，就不是一个真正的行者。于是我们开始筹划西藏之行，拿出旅游地图，标记出沿途想要去的景点，我们希望从家出发，一路向西，坐火车沿途经过若干景点，到达西藏游玩后，再一路向东，坐火车途经过若干景点，最后回到家中。但是有的景点之间没有火车直达，为了节约开支，不希望产生转换汽车费用，也不要走重复的景点，怎样设计一个算法，使途经的景点最多。

图 7-173　旅游路线

7.10.1 问题分析

给定一张地图，图中结点代表景点，边代表两景点间可以直达。现要求找出一条满足下述限制条件且途经景点最多的旅行路线。

（1）从最东端起点（家）出发，从东向西途经若干景点到达最西端景点，然后再从西向东回到家（可途经若干景点）。

（2）除起点外，任何景点只能访问 1 次。

如图 7-174 所示，可以从起点出发经过 2、5、7，到达 8 号，再从 8 出发，经过 6、4、3，回到起点。

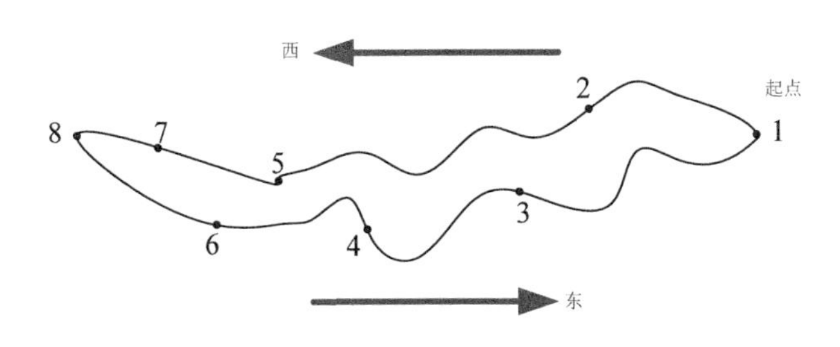

图 7-174　旅游路线

因为每个景点只能经过一次，如果转化为网络流就要拆点，即景点 i 对应结点 i，拆为两个结点 i 和 i'，且从 i 到 i'连接一条边，边的容量为 1（只能经过一次），单位流量费用为 0（相当于自己到自己的费用），如图 7-175 所示。

如果景点 i 到景点 j 可以直达，则从结点 i'到结点 j 连接一条边，边的容量为 1（只能经过一次），单位流量费用为−1，如图 7-176 所示。

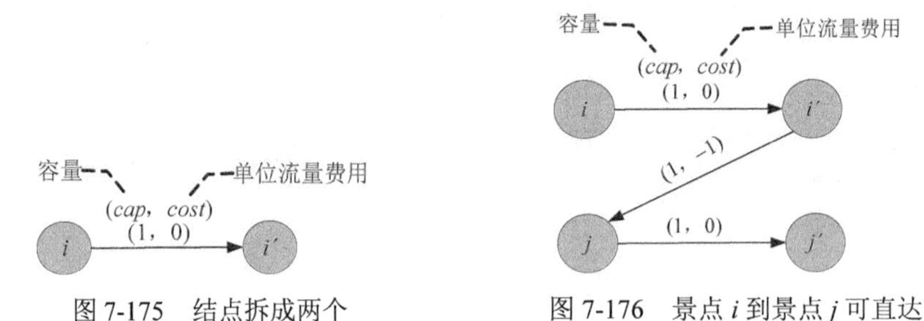

图 7-175　结点拆成两个　　图 7-176　景点 i 到景点 j 可直达

为什么单位流量费用设为−1 呢？因为本题要求经过的景点最多，如果费用为负值，则经过的景点越多，费用越小，就转化为最小费用最大流问题了。

虽然找到的路线是一个简单环形，如图 7-174 中的路线（1—2—5—7—8—6—4—3—1），其实只需要找起点到终点的两条不同线路（1—2—5—7—8 和 1—3—4—6—8）就可以了。

这样起点和终点相当于都要访问两次，即起点和终点拆点时容量设为 2，单位流量费用为 0。如图 7-177 所示。

n 个景点转化成的网络如图 7-178 所示。

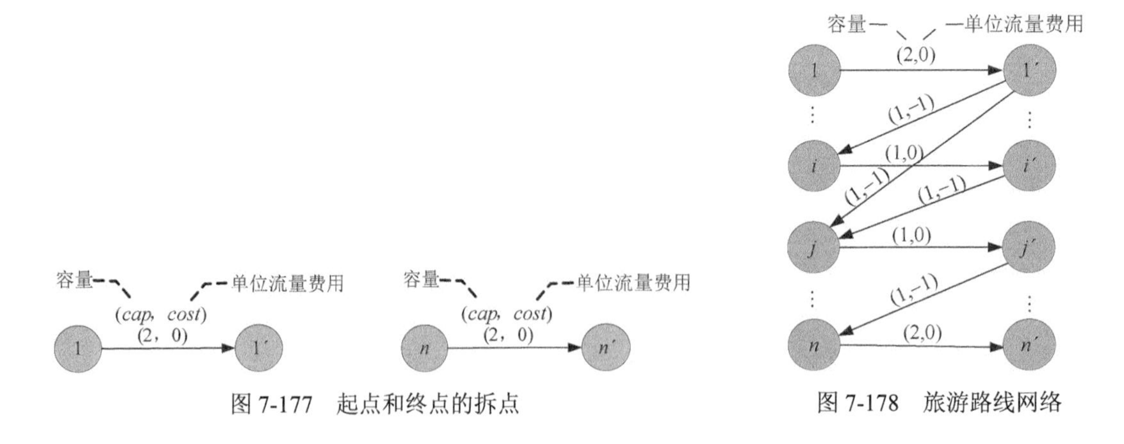

图 7-177　起点和终点的拆点　　图 7-178　旅游路线网络

这样，问题就转化为从源点 1 出发，到汇点 n'的最小费用最大流问题。

7.10.2 算法设计

（1）构建网络

根据输入的数据，按顺序对景点编号，即景点 i 对应结点 i，对每个结点拆点，拆为两个结点 i 和 i'，且从 i 到 i'连接一条边，边的容量为 1，单位流量费用为 0；源点和终点拆点时，边的容量为 2，单位流量费用为 0；如果景点 i 到景点 j 可以直达，则从结点 i'到结点 j 连接一条边，边的容量为 1，单位流量费用为−1，创建混合网络。

（2）求网络最小费用最大流

（3）输出最优的旅游路线

从源点出发，沿着 $flow>0$ 且 $cost\leqslant 0$ 的方向深度优先遍历，到达终点后，再沿着 $flow<0$ 且 $cost\geqslant 0$ 的方向深度优先遍历，返回到源点。

输出：首先是出发景点名，然后按遍历顺序输出其他景点名，最后回到出发景点。如果问题无解，则输出“No Solution!”。

7.10.3 完美图解

假设景点个数 n=8，直达线路数 m=10。景点名分别为：Zhengzhou、Luoyang、Xian、Chengdu、Kangding、Xianggelila、Motuo、Lasa。可以直达的两个景点名分别为：Zhengzhou—Luoyang、Zhengzhou—Xian、Luoyang—Xian、Luoyang—Chengdu、Xian—Chengdu、Xian—Xianggelila、Chengdu—Lasa、Kangding—Motuo、Xianggelila—Lasa、Motuo—Lasa。

（1）构建网络

根据输入的数据，按顺序对景点编号，即景点 i 对应结点 i，对每个结点拆点，拆为 2 个结点 i 和 i'，且从 i 到 i'连接一条边，边的容量为 1，单位流量费用为 0；源点和终点拆点时，边的容量为 2，单位流量费用为 0；如果景点 i 到景点 j 可以直达，则从结点 i'到结点 j 连接一条边，边的容量为 1，单位流量费用为−1，如图 7-179 所示。

（2）求网络最小费用最大流

在图 7-179 的混合网络上，为了方便，图示用实流网络表示，上图中带′的数字，程序中存储数 i'为 $i+n$，例如 3′在程序中存储数为 11，使用 7.5.5 节中最小费用路算法求解网络的最小费用最大流，找到如下两条最小费用路。

- 最小费用路 1：16—8—14—6—11—3—10—2—9—1。增流：1。
- 最小费用路 2：16—8—12—4—10—3—9—1。增流：1。

最小费用路 1 如图 7-180 所示，最小费用路 2 如图 7-181 所示。

增流后最小费用最大流对应的实流网络如图 7-182 所示。

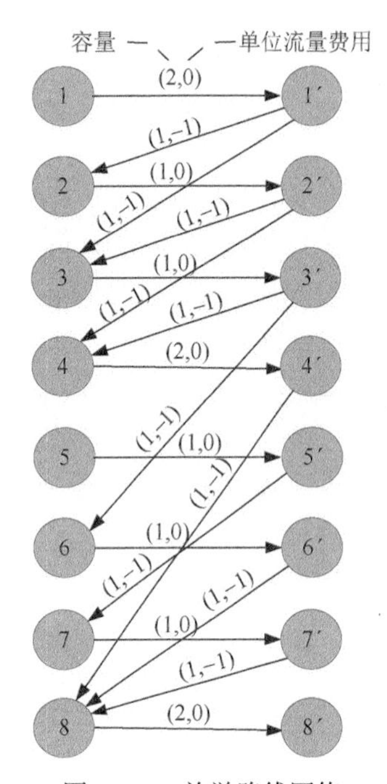

图 7-179 旅游路线网络

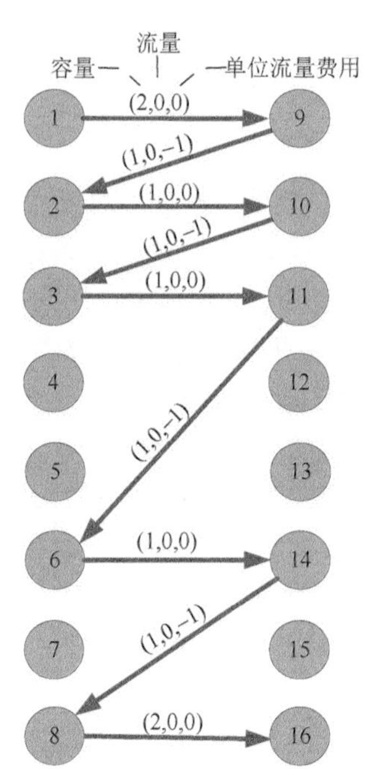

图 7-180 最小费用路 1

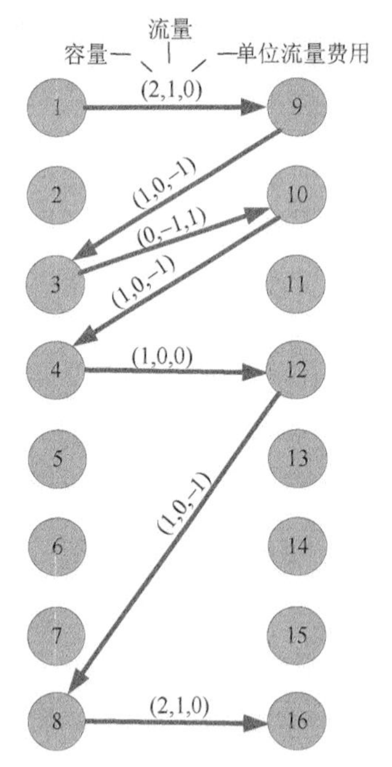

图 7-181 最小费用路 2

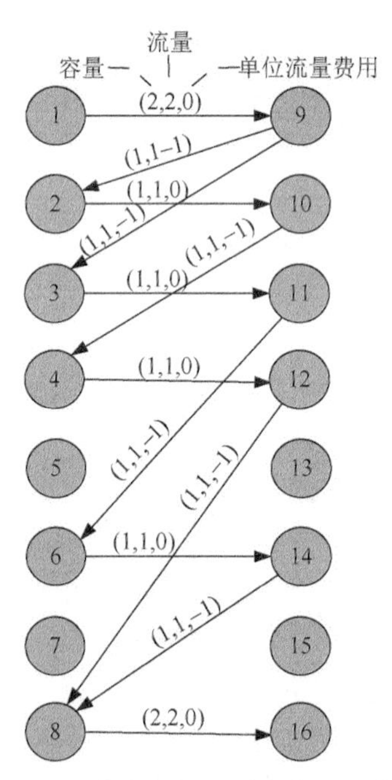

图 7-182 实流网络（最小费用最大流）

（3）输出最优的旅游路线

在最小费用最大流对应的混合网络上，从源点出发，沿着 *flow*>0 且 *cost*≤0 的方向深度优先遍历，到达终点后，再沿着 *flow*<0 且 *cost*≥0 的方向深度优先遍历，返回到源点。注意：图 7-183 中只显示了有流量的边，且没有画出实流边的反向边，图 7-184 中的路径是沿着图 7-183 中的反向边（混合网络中实流边对应的有反向边）搜索的。

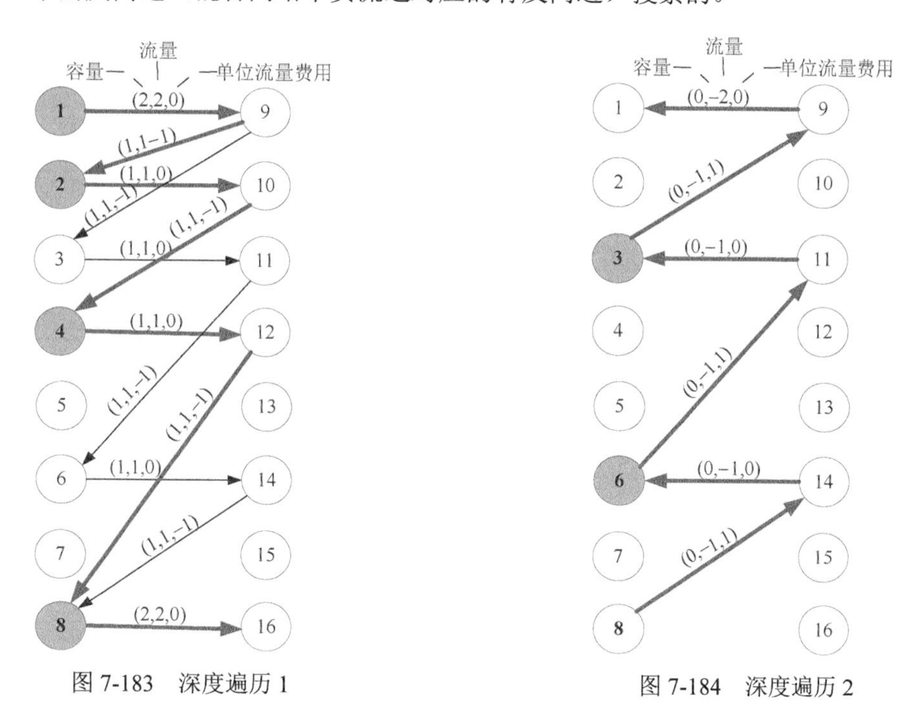

图 7-183　深度遍历 1　　　　图 7-184　深度遍历 2

在遍历的过程中，把经过结点号小于等于 *n* 的输出（结点号大于 *n* 的是拆点），就是最优的旅行线路。即 1—2—4—8—6—3—1，最多经过的景点个数为 6。

依次经过的景点：Zhengzhou、Luoyang、Chengdu、Lasa、Xianggelila、Xian、Zhengzhou。

7.10.4　伪代码详解

（1）构建网络

根据输入的数据，按顺序对景点编号，即景点 *i* 对应结点 *i*，对每个结点拆点，拆为两个结点 *i* 和 *i*′，且从 *i* 到 *i*′连接一条边，边的容量为 1，费用为 0；源点和终点拆点时，边的容量为 1，费用为 0；如果景点 *i* 到景点 *j* 可以直达，则从结点 *i*′到结点 *j* 连接一条边，边的容量为 1，单位流量费用为−1。

```
cout<<"请输入景点个数 n 和直达线路数 m: "<<endl;
     cin>>n>>m;
```

```
    init();//初始化
    maze.clear();
    cout<<"请输入景点名 str"<<endl;
    for(i=1;i<=n;i++)
    {
        cin>>str[i];
        maze[str[i]]=i;
        if(i==1||i==n)
            add(i,i+n,2,0);
        else
           add(i,i+n,1,0);
    }
    cout<<"请输入可以直达的两个景点名 str1, str2"<<endl;
    for(i=1;i<=m;i++)
    {
         cin>>str1>>str2;
         int a=maze[str1],b=maze[str2];
         if(a<b)
         {
            if(a==1&&b==n)
                add(a+n,b,2,-1);
            else
                add(a+n,b,1,-1);
         }
         else
         {
             if(b==1&&a==n)
                 add(b+n,a,2,-1);
             else
                 add(b+n,a,1,-1);
          }
    }
```

（2）求网络最小费用最大流

使用最小费用路最大流算法，详见 7.5.5 节中的算法 program 7-4，这里不再赘述。

```
bool SPFA(int s, int t, int n)    //求最小费用路的 SPFA
{
     int i, u, v;
     queue <int> qu;              //队列，STL 实现
     memset(vis,0,sizeof(vis));   //访问标记初始化
     memset(c,0,sizeof(c));       //入队次数初始化
     memset(pre,-1,sizeof(pre)); //前驱初始化
     for(i=1;i<=n;i++)
     {
          dist[i]=INF;            //距离初始化
     }
     vis[s]=true;                 //结点入队 vis 要做标记
     c[s]++;                      //要统计结点的入队次数
     dist[s]=0;
     qu.push(s);
     while(!qu.empty())
     {
          u=qu.front();
```

```
            qu.pop();
            vis[u]=false;
            //队头元素出队，并且消除标记
            for(i=V[u].first; i!=-1; i=E[i].next)//遍历结点u的邻接表
            {
                v=E[i].v;
                if(E[i].cap>E[i].flow && dist[v]>dist[u]+E[i].cost)//松弛操作
                {
                    dist[v]=dist[u]+E[i].cost;
                    pre[v]=i;                    //记录前驱
                    if(!vis[v])                  //结点v不在队内
                    {
                        c[v]++;
                        qu.push(v);              //入队
                        vis[v]=true;             //标记
                        if(c[v]>n)               //超过入队上限，说明有负环
                            return false;
                    }
                }
            }
        }
        cout<<"最短路数组"<<endl;
        cout<<"dist[ ]=";
        for(int i=1;i<=n;i++)
            cout<<"  "<<dist[i];
        cout<<endl;
        if(dist[t]==INF)
            return false; //如果距离为INF，说明无法到达，返回false
        return true;
    }
    int MCMF(int s,int t,int n)                  //minCostMaxFlow
    {
        int d;                                   //可增流量
        maxflow=mincost=0;//maxflow 当前最大流量，mincost 当前最小费用
        while(SPFA(s,t,n))//表示找到了从s到t的最短路
        {
            d=INF;
            cout<<endl;
            cout<<"增广路径："<<t;
            for(int i=pre[t]; i!=-1; i=pre[E[i^1].v])
            {
                d=min(d, E[i].cap-E[i].flow);  //找最小可增流量
                cout<<"--"<<E[i^1].v;
            }
            cout<<"增流："<<d<<endl;
            cout<<endl;
            for(int i=pre[t]; i!=-1; i=pre[E[i^1].v])//修改混合网络，增加增广路上相
应弧的容量，并减少其反向边容量
            {
                E[i].flow+=d;
                E[i^1].flow-=d;
            }
```

```
            maxflow+=d;           //更新最大流
            mincost+=dist[t]*d;   //dist[t]为该路径上单位流量费用之和，最小费用更新
        }
        return maxflow;
    }
```

（3）输出最优的旅游路线

从源点出发，沿着 *flow*>0 且 *cost*≤0 的方向深度优先遍历，到达终点后，再沿着 *flow*<0 且 *cost*≥0 的方向深度优先遍历，返回到源点。

输出：首先是出发景点名，然后按遍历顺序列出其他景点名，最后回到出发景点。如果问题无解，则输出“No Solution!”。

```
void print(int s,int t)
{
     int v;
     vis[s]=1;
     for(int i=V[s].first;~i;i=E[i].next)
       if(!vis[v=E[i].v]&&((E[i].flow>0&&E[i].cost<=0)||(E[i].flow<0&&E[i].
cost>=0)))
       {
           print(v,t);
           if(v<=t)
              cout<<str[v]<<endl;
       }
}
```

7.10.5 实战演练

```
//program 7-9
#include<iostream>
#include<cstring>
#include<map>
#include <queue>
using namespace std;

#define INF 1000000000
#define M 150
#define N 10000
int top;               //当前边下标
int dist[N], pre[N];//dist[i]表示源点到点 i 最短距离，pre[i]记录前驱
bool vis[N];           //标记数组
int c[N];              //入队次数
int maxflow,mincost;//maxflow 当前最大流量，mincost 当前最小费用
string str[M];
map<string,int> maze;

struct Vertex
{
    int first;
}V[N];
struct Edge
{
```

```
    int v, next;
    int cap, flow,cost;
}E[M];
void init()
{
     memset(V, -1, sizeof(V));
     top=0;
}
void add_edge(int u, int v, int c,int cost)
{
     E[top].v = v;
     E[top].cap = c;
     E[top].flow = 0;
     E[top].cost = cost;
     E[top].next = V[u].first;
     V[u].first = top++;
}
void add(int u,int v, int c,int cost)
{
     add_edge(u,v,c,cost);
     add_edge(v,u,0,-cost);
}

bool SPFA(int s, int t, int n)    //求最小费用路的SPFA
{
     int i, u, v;
     queue <int> qu;              //队列，STL实现
     memset(vis,0,sizeof(vis));   //访问标记初始化
     memset(c,0,sizeof(c));       //入队次数初始化
     memset(pre,-1,sizeof(pre)); //前驱初始化
     for(i=1;i<=n;i++)
     {
          dist[i]=INF;            //距离初始化
     }
     vis[s]=true;                 //结点入队vis要做标记
     c[s]++;                      //要统计结点的入队次数
     dist[s]=0;
     qu.push(s);
     while(!qu.empty())
     {
          u=qu.front();
          qu.pop();
          vis[u]=false;
          //队头元素出队，并且消除标记
          for(i=V[u].first; i!=-1; i=E[i].next)//遍历结点u的邻接表
          {
               v=E[i].v;
               if(E[i].cap>E[i].flow && dist[v]>dist[u]+E[i].cost)//松弛操作
               {
                    dist[v]=dist[u]+E[i].cost;
                    pre[v]=i;                    //记录前驱
                   if(!vis[v])                   //结点v不在队内
                    {
```

```
                            c[v]++;
                            qu.push(v);          //入队
                            vis[v]=true;         //标记
                            if(c[v]>n)           //超过入队上限，说明有负环
                                return false;
                        }
                    }
                }
            }
            cout<<"最短路数组"<<endl;
            cout<<"dist[ ]=";
            for(int i=1;i<=n;i++)
                cout<<"  "<<dist[i];
            cout<<endl;
            if(dist[t]==INF)
                 return false;    //如果距离为 INF，说明无法到达，返回 false
            return true;
        }
        int MCMF(int s,int t,int n) //minCostMaxFlow
        {
            int d;                    //可增流量
            maxflow=mincost=0;        //maxflow 当前最大流量，mincost 当前最小费用
            while(SPFA(s,t,n))        //表示找到了从 s 到 t 的最短路
            {
                d=INF;
                cout<<endl;
                cout<<"增广路径："<<t;
                for(int i=pre[t]; i!=-1; i=pre[E[i^1].v])
                {
                    d=min(d, E[i].cap-E[i].flow);        //找最小可增流量
                    cout<<"--"<<E[i^1].v;
                }
                cout<<"增流："<<d<<endl;
                cout<<endl;
                for(int i=pre[t]; i!=-1; i=pre[E[i^1].v])//修改混合网络，增加增广路上相
应弧的容量，并减少其反向边容量
                {
                      E[i].flow+=d;
                      E[i^1].flow-=d;
                }
                maxflow+=d;           //更新最大流
                mincost+=dist[t]*d; //dist[t]为该路径上单位流量费用之和 ，最小费用更新
            }
            return maxflow;
        }

        void print(int s,int t)
        {
            int v;
            vis[s]=1;
            for(int i=V[s].first;~i;i=E[i].next)
                if(!vis[v=E[i].v]&&((E[i].flow>0&&E[i].cost<=0)||(E[i].flow<0&&E[i].
cost>=0)))
```

```
        {
            print(v,t);
            if(v<=t)
               cout<<str[v]<<endl;
        }
}
int main()
{
     int n,m,i;
     string str1,str2;
     cout<<"请输入景点个数 n 和直达线路数 m: "<<endl;
     cin>>n>>m;
     init();                         //初始化
     maze.clear();
     cout<<"请输入景点名 str"<<endl;
     for(i=1;i<=n;i++)
     {
         cin>>str[i];
         maze[str[i]]=i;
         if(i==1||i==n)
             add(i,i+n,2,0);
         else
             add(i,i+n,1,0);
     }
     cout<<"请输入可以直达的两个景点名 str1，str2"<<endl;
     for(i=1;i<=m;i++)
     {
          cin>>str1>>str2;
          int a=maze[str1],b=maze[str2];
          if(a<b)
          {
             if(a==1&&b==n)
                 add(a+n,b,2,-1);
             else
                 add(a+n,b,1,-1);
          }
          else
          {
                if(b==1&&a==n)
                   add(b+n,a,2,-1);
                else
                   add(b+n,a,1,-1);
           }
     }
     if(MCMF(1,2*n,2*n)==2)
     {
        cout<<"最多经过的景点个数: "<<-mincost<<endl;
        cout<<"依次经过的景点: "<<endl;
        cout<<str[1]<<endl;
        memset(vis,0,sizeof(vis));//访问标记初始化
        print(1,n);
        cout<<str[1]<<endl;
     }
     else
```

```
            cout<<"No Solution!"<<endl;
        return 0;
    }
```

算法实现和测试

（1）运行环境

Code::Blocks

（2）输入

```
请输入景点个数 n 和直达线路数 m:
8 10
请输入景点名 str
Zhengzhou
Luoyang
Xian
Chengdu
Kangding
Xianggelila
Motuo
Lasa
请输入可以直达的两个景点名 str1; str2
Zhengzhou Luoyang
Zhengzhou Xian
Luoyang Xian
Luoyang Chengdu
Xian Chengdu
Xian Xianggelila
Chengdu Lasa
Kangding Motuo
Xianggelila Lasa
Motuo Lasa
```

（3）输出

```
最多经过的景点个数: 6
依次经过的景点:
Zhengzhou
Luoyang
Chengdu
Lasa
Xianggelila
Xian
Zhengzhou
```

7.10.6 算法解析及优化拓展

1. 算法复杂度分析

（1）时间复杂度：主要采用 7.4.5 节的最小费用最大流算法 MCMF，因此总的时间复杂度为 $O(VE^2)$，其中 V 为结点个数，E 为边的数量。

（2）空间复杂度：使用了一些辅助数组，因此空间复杂度为 $O(V)$。

2. 算法优化拓展

对于一个连通图，如果任意两点至少存在两条“点不重复”的路径，则说这个图是点连通图的（一般称为双连通，biconnected）。这个要求等价于任意两条边都在同一个简单环上。题的要求提取出来后，可得本质思路就是求在一个图中的最大环，这正是双连通的定义。因此可以用 Tarjan 算法来求解，时间复杂度降了很多，有兴趣的读者可以看看。

7.11 网络流问题解题秘籍

遇到一个实际问题，首先要分析：

（1）是否可以用网络流解决？

如果可以使用网络，则构建网络图，如果需要添加源点和汇点则添加之，并确定每条边的容量。

（2）是否可以直接用最大流解决？

如果可以，求解最大流就可以了，例如 7.5～7.7 节中的问题。

（3）问题的解是否是与最小割容量相关的表达式？

问题的解不能直接用最大流解决，需要分析问题的解，是不是最小割容量，还是与最小割容量相关的表达式。例如 7.8 节和 7.9 节中的问题，都是所有盈利减去最小割容量。最小割容量等于最大流值，所以可以通过求解最大流间接得到。

（4）是否可以用最小费用最大流解决？

有的问题可以转化为最小费用最大流问题，例如 7.10 节中的旅游路线问题。

（5）问题的解是什么？

在 7.5～7.7 节中，得到最大流后，x_i 结点的邻接点 y_i 就是我们要的答案。

在 7.8 节中，问题的解就是最小割的 S 集合。S 集合求解方式：在最大流对应的混合网络上，从源点出发，沿着容量>流量的边深度优先遍历。遍历到的结点就是 S 集合，没遍历到的结点就是 T 集合。

在 7.9 节中，问题的解是最小割中的 S 集合中的黑色方格和 T 集合中的白色方格。所以深度优先遍历得到 S 集合和 T 集合后，要输出 S 集合中的黑色方格和 T 集合中的白色方格。

在 7.10 节中，旅游路线问题的解是深度优先遍历结果，但是边的容量和流量有约束的深度遍历。

附录 A

特征方程和通项公式

$$F(n)=\begin{cases}1 & ,\quad n=1,\ T(n)=1\\ 1 & ,\quad n=2,\ T(n)=1\\ F(n-1)+F(n-2), & n>2,\ T(n)=T(n-1)+T(n-2)+1\end{cases}$$

当 $n>2$ 时：$F(n)$即 $a_n=a_{n-1}+a_{n-2}$，它的**特征方程**为：

$$x^2-x-1=0$$

求解得：

$$x_1=\frac{1-\sqrt{5}}{2},\quad x_2=\frac{1+\sqrt{5}}{2}$$

那么 $F(n)$的**通项公式**为：

$$a_n=Ax_2^{\ n}+Bx_1^{\ n}$$

斐波那契数列中，F（1）=1，F（2）=1，所以：

$$\begin{cases}Ax_2+Bx_1=1\\ Ax_2^{\ 2}+Bx_1^{\ 2}=1\end{cases}$$

又因为 $x_1=\dfrac{1-\sqrt{5}}{2}$，$x_2=\dfrac{1+\sqrt{5}}{2}$ 解方程得：

$$A=\frac{1}{\sqrt{5}},\quad B=-\frac{1}{\sqrt{5}}$$

因此斐波那契数列通项为：

$$F(n)=\frac{1}{\sqrt{5}}\left(\left(\frac{1+\sqrt{5}}{2}\right)^n-\left(\frac{1-\sqrt{5}}{2}\right)^n\right)$$

当 n 趋近于无穷时，$F(n)\approx\dfrac{1}{\sqrt{5}}\left(\dfrac{1+\sqrt{5}}{2}\right)^n$。

由于 $T(n)\geqslant F(n)$，这是一个指数阶的算法！如果我们今年计算出了 $F(100)$，那么明年才能算出 $F(101)$，多算一个斐波那契数需要一年的时间，**爆炸增量函数**是算法设计的噩梦！

那么上面的**特征方程**和**通项公式**是怎么回事呢？

这个问题我们首先看看线性数列的**特征方程**：

如果一个数列形式为：

$$a_n=c_1a_{n-1}+c_2a_{n-2} \quad ①$$

设有 x、y，使得：

$$a_n-xa_{n-1}=y(a_{n-1}-xa_{n-2}) \quad ②$$

移项运算得：

$$a_n=(x+y)a_{n-1}-xya_{n-2}$$

与原方程①一一对应得：

$$\begin{aligned} c_1 &= x + y \\ c_2 &= -xy \end{aligned} \quad ③$$

消去 y 就导出特征方程：

$$x^2 = c_1 x + c_2 \quad 即\ x^2 - c_1 x - c_2 = 0$$

那么对于公式 $a_n = a_{n-1} + a_{n-2}$，对照上面式①得，$c_1 = c_2 = 1$，因此公式 $a_n = a_{n-1} + a_{n-2}$ 的**特征方程**为：

$$x^2 - x - 1 = 0$$

特征方程求解得：

$$x_1 = \frac{1-\sqrt{5}}{2},\quad x_2 = \frac{1+\sqrt{5}}{2}$$

再根据式③求出对应 y：

$$y_1 = \frac{1+\sqrt{5}}{2} \text{ 或者 } y_2 = \frac{1-\sqrt{5}}{2}$$

再看式② $a_n - xa_{n-1} = y(a_{n-1} - xa_{n-2})$，即 $\frac{a_n - xa_{n-1}}{a_{n-1} - xa_{n-2}} = y$，此式是一个公比为 y 的等比数列 { $a_n - xa_{n-1}$ }，此题的第 1 项为 $a_1 - xa_0$，第 2 项为 $a_2 - xa_1$，以此类推，第 n 项为 $a_n - xa_{n-1}$，根据等比数列公式 $a_n = a_1 q^{n-1}$：

$$a_n - xa_{n-1} = (a_1 - xa_0) y^{n-1}$$

将两组不同解 x，y 代入得到两个方程：

$$\begin{cases} a_n - x_1 a_{n-1} = (a_1 - x_1 a_0) y_1^{\ n-1} \\ a_n - x_2 a_{n-1} = (a_1 - x_2 a_0) y_2^{\ n-1} \end{cases}$$

将第一个式子乘以 x_2，第二个式子乘以 x_1，两式相减得：

$$a_n = \frac{(a_1 - x_1 a_0) y_1^{\ n-1} x_2 - (a_1 - x_2 a_0) y_2^{\ n-1} x_1}{x_2 - x_1}$$

在 $a_n = a_{n-1} + a_{n-2}$ 的特征方程解中，$y_1 = x_2$，$y_2 = x_1$，因此：

$$a_n = \frac{(a_1 - x_1 a_0)}{x_2 - x_1} x_2^{\ n} - \frac{(a_1 - x_2 a_0)}{x_2 - x_1} x_1^{\ n}$$

因为 a_0，a_1，x_1，x_2 均已知，可记为常项，得到 $a_n = a_{n-1} + a_{n-2}$ 的**通项公式**：

$$a_n = Ax_2^{\ n} + Bx_1^{\ n}$$

附录 B

sort 函数

我们可以利用 C++中的排序函数 *sort*，对古董的重量进行从小到大排序。要使用此函数，只需引入头文件：

```
#include <algorithm>
```

语法描述为：

```
sort(begin, end)// 参数 begin, end 表示一个范围，分别为待排序数组的首地址和尾地址。
```

例如：

```
//mysort1
#include<cstdio>
#include<iostream>
#include<algorithm>
using namespace std;
int main()
{
 int a[10]={7,4,5,23,2,73,41,52,28,60},i;
 for(i=0;i<10;i++)
   cout<<a[i]<<" ";
 cout<<endl;
 sort(a,a+10);
 for(i=0;i<10;i++)
  cout<<a[i]<<" ";
 return 0;
}
```

输出结果为：

```
7 4 5 23 2 73 41 52 28 60
2 4 5 7 23 28 41 52 60 73
```

sort（*a*，*a*+10）将把数组 *a* 按升序排序，因为 sort 函数默认为升序。可能有人会问：怎么样用它降序排列呢？这就是下一个讨论的内容。

（1）自己编写 *compare* 函数

一种是自己编写一个比较函数来实现，接着调用含 3 个参数的 *sort*：

```
sort(begin,end,compare) //两个分别为待排序数组的首地址和尾地址。
//最后一个参数 compare 表示比较的类型
```

例如：

```
//mysort2
#include<cstdio>
#include<iostream>
#include<algorithm>
using namespace std;
bool compare(int a,int b)
{
       return a<b;   //升序排列，如果改为 return a>b，则为降序
```

```
}
int main()
{
     int a[10]={7,4,5,23,2,73,41,52,28,60},i;
     for(i=0;i<10;i++)
       cout<<a[i]<<" ";
     cout<<endl;
     sort(a,a+10,compare);
     for(i=0;i<10;i++)
       cout<<a[i]<<" ";
     return 0;
}
```

输出结果为：

```
7 4 5 23 2 73 41 52 28 60
2 4 5 7 23 28 41 52 60 73
```

（2）利用 functional 标准库

其实对于这么简单的任务（类型支持“<”“>”等比较运算符），完全没必要自己写一个类出来。标准库里已经有现成可用的，就在 functional 里，在头文件引用 include 进来即可。

```
#include<functional>
```

functional 提供了如下的基于模板的比较函数对象。

- equal_to<Type>：等于。
- not_equal_to<Type>：不等于。
- greater<Type>：大于。
- greater_equal<Type>：大于等于。
- less<Type>：小于。
- less_equal<Type>：小于等于。

对于这个问题来说，greater 和 less 就足够了，可以直接拿来用。

- 升序：sort(begin,end,less<data-type>())。
- 降序：sort(begin,end,greater<data-type>())。

```
//mysort3
#include<cstdio>
#include<iostream>
#include<functional>
#include<algorithm>
using namespace std;
int main()
{
     int a[10]={7,4,5,23,2,73,41,52,28,60},i;
     for(i=0;i<10;i++)
       cout<<a[i]<<" ";
     cout<<endl;
```

```
        sort(a,a+10,greater<int>());//从大到小排序
        for(i=0;i<10;i++)
          cout<<a[i]<<" ";
        return 0;
    }
```

输出结果为：

```
7 4 5 23 2 73 41 52 28 60
73 60 52 41 28 23 7 5 4 2
```

附录 C

优先队列

普通的队列是一种先进先出的数据结构，元素在队列尾追加，而从队列头删除。在优先队列中，元素被赋予优先级。当访问元素时，具有最高优先级的元素最先删除。

优先队列（priority queue）具有最高级先出的行为特征。优先队列是 0 个或多个元素的集合，每个元素都有一个优先权或值,对优先队列执行的操作有：

- 查找。
- 插入一个新元素。
- 删除。

在最小优先队列（min priority queue）中，查找操作用来搜索优先权最小的元素，删除操作用来删除该元素；对于最大优先队列（max priority queue），查找操作用来搜索优先权最大的元素，删除操作用来删除该元素。优先权队列中的元素可以有相同的优先权，查找与删除操作可根据任意优先权进行。

C++优先队列类似队列，但是在这个数据结构中的元素按照一定的断言排列有序。

- empty() 如果优先队列为空，则返回真。
- pop() 删除第一个元素。
- push() 加入一个元素。
- size() 返回优先队列中拥有的元素的个数。
- top() 返回优先队列中有最高优先级的元素。

优先队列，其构造及具体实现可以先不用深究，我们现在只需要了解其特性：

```
priority_queue<int, vector<int>, cmp >que;
```

其中，第 1 个参数为数据类型，第 2 个参数为容器类型，第 3 个参数为比较函数。后两个参数根据需要也可以省略。

优先队列最常用的用法：

```
priority_queue<int> que; //参数为数据类型，默认优先级（最大值优先）构造队列
```

如果我们要把元素从小到大输出怎么办呢？有 4 种方法可以实现优先级控制：

- 使用 C++自带的库函数<functional>。
- 自定义优先级①。
- 自定义优先级②。
- 自定义优先级③。

如何控制优先队列的优先级？

如果不是最大值优先，下面三种方法可以控制优先队列的优先级，根据需要添加程序即可。

方法 1：使用 C++自带的库函数<functional>，在本书 2.3.4 节已经用过。

首先在头文件中引用 include 库函数：

```
#include<functional>
```

functional 提供了如下的基于模板的比较函数对象。

- equal_to<Type>：等于。
- not_equal_to<Type>：不等于。
- greater<Type>：大于。
- greater_equal<Type>：大于等于。
- less<Type>：小于。
- less_equal<Type>：小于等于。

创建优先队列：

```
priority_queue<int,vector<int>, less <int> >que1; //最大值优先
                                                  //注意">>"会被认为错误,">>"是右移运算符
                                                  //所以这里用空格号隔开，表示的含义不同
priority_queue<int,vector<int>, greater <int> >que2;//最小值优先
```

方法 2：自定义优先级①，队列元素为数值型。

```
struct cmp1{
     bool operator ()(int &a,int &b){
     return a<b;//最大值优先
  }
};
struct cmp2{
        bool operator ()(int &a,int &b){
        return a>b;//最小值优先
  }
};
创建优先队列：
priority_queue<int,vector<int>,cmp1>que3;//最大值优先
priority_queue<int,vector<int>,cmp2>que4;//最小值优先
```

方法 3：自定义优先级 ②，队列元素为结构体型 。

```
struct node1{
   int x,y;  //结构体中的成员
   bool operator < (const node1 &a) const {
     return x<a.x;//最大值优先
   }
};
struct node2{
   int x,y;
   bool operator < (const node2 &a) const {
     return x>a.x;//最小值优先
   }
创建优先队列：
priority_queue<node1>que5; //使用时要把数据定义为 node1 类型
priority_queue<node2>que6; //使用时要把数据定义为 node2 类型
```

方法 4：自定义优先级③，队列元素为结构体型 。

```
struct node3{
   int x,y;  //结构体中的成员
};
bool operator <(const node3 &a, const node3 &b)//在结构体外面定义
{
     return a.x<b.x; //按成员 x 最大值优先
   }
struct node4{
   int x,y;  //结构体中的成员
};
bool operator <(const node4 &a, const node4 &b)
{
     return a.y>b.y; //按成员 y 最小值优先
}
创建优先队列:
priority_queue<node3>que7; //使用时要把数据定义为 node3 类型
priority_queue<node4>que8; //使用时要把数据定义为 node4 类型
```

下面我们写一段代码来测试上面的几种优先队列，看看结果如何？特别注意它们的定义和使用方法的不同。

```
/*优先队列的基本使用  */
#include <iostream>
#include<functional>
#include<queue>
#include<vector>
using namespace std;
//自定义优先级 1，数值类型
struct cmp1{
     bool operator ()(int &a,int &b){
          return a<b;//最大值优先
     }
};
struct cmp2{
     bool operator ()(int &a,int &b){
          return a>b;//最小值优先
     }
};
//自定义优先级 2,结构体类型
struct node1{
     int x,y;//结构体中的成员
     node1() {}
     node1(int _x,int _y) //为方便赋值，采用构造函数
     {
          x = _x;
          y = _y;
     };
     bool operator < (const node1 &a) const {
          return x<a.x;//按成员 x 最大值优先
```

```
    }
};
struct node2{
    int x,y;//结构体中的成员
    node2() {}
    node2(int _x,int _y)
    {
        x = _x;
        y = _y;
    };
    bool operator < (const node2 &a) const {
         return x>a.x;//按成员 x 最小值优先
    }
};

//自定义优先级 3,结构体类型
struct node3{
    int x,y;  //结构体中的成员
    node3() {}
    node3(int _x,int _y)
    {
        x = _x;
        y = _y;
    };
};
bool operator <(const node3 &a, const node3 &b)//优先级定义在结构体外面
{
  return a.x<b.x; //按成员 x 最大值优先
}

struct node4{
    int x,y;  //结构体中的成员
    node4() {}
    node4(int _x,int _y)
    {
        x = _x;
        y = _y;
    };
};
bool operator <(const node4 &a, const node4 &b)
{
   return a.y>b.y; //按成员 y 最小值优先
}

int a[]={15,7,32,26,97,48,36,89,6,49,67,0};
int b[]={1,2,5,6,9,8,6,9,7,19,27,0};

int main()
{    priority_queue<int>que;//采用默认优先级构造队列

    //使用 C++自带的库函数<functional>,
```

```
        priority_queue<int,vector<int>,less<int> >que1;//最大值优先,注意“>>”会被
认为错误，这是右移运算符，所以这里用空格号隔开
        priority_queue<int,vector<int>,greater<int> >que2;  //最小值优先

        //自定义优先级 1
        priority_queue<int,vector<int>,cmp1>que3;
        priority_queue<int,vector<int>,cmp2>que4;

    //自定义优先级 2
        priority_queue<node1>que5;
        priority_queue<node2>que6;

        //自定义优先级 3
        priority_queue<node3>que7;
        priority_queue<node4>que8;

        int i;
        for(i=0;a[i];i++)
        {//a[i]为 0 时停止，数组最后一个数为 0
              que.push(a[i]);
              que1.push(a[i]);
              que2.push(a[i]);
              que3.push(a[i]);
              que4.push(a[i]);
        }
          for(i=0;a[i]&&b[i];i++)
        {//a[i]或 b[i]为 0 时停止，数组最后一个数为 0
              que5.push(node1(a[i],b[i]));
              que6.push(node2(a[i],b[i]));
              que7.push(node3(a[i],b[i]));
              que8.push(node4(a[i],b[i]));
        }

        cout<<"采用默认优先级:"<<endl;
        cout<<"Queue 0:"<<endl;
        while(!que.empty()){
             cout<<que.top()<<"  ";
             que.pop();
        }
        cout<<endl;
        cout<<endl;

        cout<<"采用头文件\"functional\"内定义优先级:"<<endl;
        cout<<"Queue 1:"<<endl;
        while(!que1.empty()){
             cout<<que1.top()<<"  ";
             que1.pop();
        }
        cout<<endl;
        cout<<"Queue 2:"<<endl;
        while(!que2.empty()){
             cout<<que2.top()<<"  ";
```

```
        que2.pop();
    }
    cout<<endl;
    cout<<endl;

    cout<<"采用自定义优先级方式1:"<<endl;
    cout<<"Queue 3:"<<endl;
    while(!que3.empty()){
        cout<<que3.top()<<"  ";
        que3.pop();
    }
    cout<<endl;
    cout<<"Queue 4:"<<endl;
    while(!que4.empty()){
        cout<<que4.top()<<"  ";
        que4.pop();
    }
    cout<<endl;
    cout<<endl;

    cout<<"采用自定义优先级方式2:"<<endl;
    cout<<"Queue 5:"<<endl;
    while(!que5.empty()){
        cout<<que5.top().x<<"  ";
        que5.pop();
    }
    cout<<endl;
    cout<<"Queue 6:"<<endl;
    while(!que6.empty()){
        cout<<que6.top().x<<"  ";
        que6.pop();
    }
    cout<<endl;
    cout<<endl;

    cout<<"采用自定义优先级方式3:"<<endl;
    cout<<"Queue 7:"<<endl;
    while(!que7.empty()){
        cout<<que7.top().x<<"  ";
        que7.pop();
    }
    cout<<endl;
    cout<<"Queue 8:"<<endl;
    while(!que8.empty()){
        cout<<que8.top().y<<"  ";
        que8.pop();
    }
    cout<<endl;
    return 0;
}
```

运行结果如图 C-1 所示。

```
采用默认优先级:
Queue 0:
97  89  67  49  48  36  32  26  15  7  6

采用头文件"functional"内定义优先级:
Queue 1:
97  89  67  49  48  36  32  26  15  7  6
Queue 2:
6  7  15  26  32  36  48  49  67  89  97

采用自定义优先级方式1:
Queue 3:
97  89  67  49  48  36  32  26  15  7  6
Queue 4:
6  7  15  26  32  36  48  49  67  89  97

采用自定义优先级方式2:
Queue 5:
97  89  67  49  48  36  32  26  15  7  6
Queue 6:
6  7  15  26  32  36  48  49  67  89  97

采用自定义优先级方式3:
Queue 7:
97  89  67  49  48  36  32  26  15  7  6
Queue 8:
1  2  5  6  6  7  8  9  9  19  27

Process returned 0 (0x0)   execution time : 3.144 s
Press any key to continue.
```

图 C-1　优先队列运行结果

附录 D

邻接表

邻接表是图的一种最主要存储结构，用来描述图上的每一个点。对图的每个顶点建立一个容器（n 个顶点建立 n 个容器），第 i 个容器中的结点包含顶点 v_i 的所有邻接顶点。

例如，有向图如图 D-1 所示，其邻接表如图 D-2 所示。

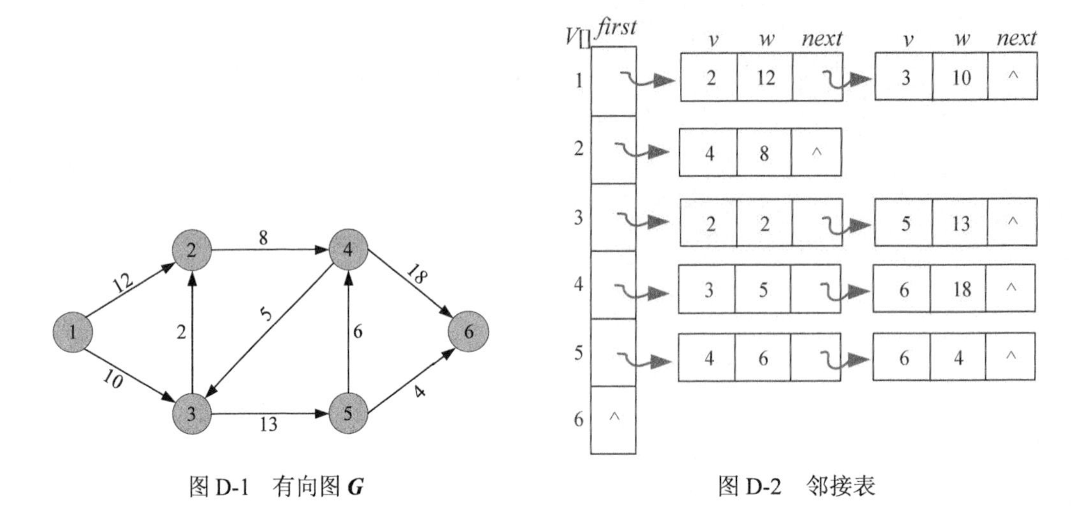

图 D-1　有向图 ***G***　　图 D-2　邻接表

1．数据结构

邻接表用到两个数据结构：

（1）一个是头结点表，用一维数组存储。包括顶点和指向第一个邻接点的指针。

（2）一个是每个顶点 v_i 的所有邻接点构成一个线性表，用单链表存储。无向图称为顶点 v_i 的边表，有向图称为顶点 v_i 作为弧尾的出边表，存储的是顶点的序号，和指向下一个边的指针。

头结点：

```
struct Hnode{ //定义顶点类型
   Node *first; //指向第一个邻接点
};
```

首先创建邻接表表头，初始化每个结点的第一个邻接点 *first* 为 NULL，如图 D-3 所示。

表结点：

```
struct Node { //定义表结点
  int v; //以 v 为弧头的顶点编号
  int w; //边的权值
  Node *next; //指向下一个邻接结点
};
```

表结点如图 D-4 所示。

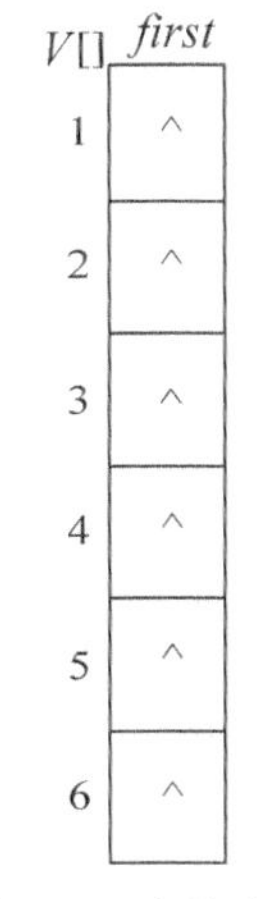

图 D-3　头结点表

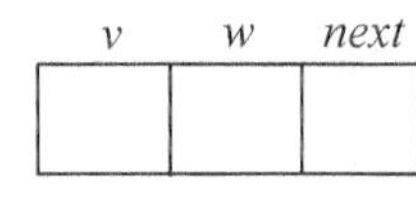

图 D-4　表结点

2．创建邻接表

刚开始的时候把顶点表初始化，指针指向 null。然后邻接点的表结点插入进来，插入到 *first* 指向的结点之前。

（1）输入第一条边的结点和权值 *u*、*v*、*w* 分别为 1、3、10。

创建一条边，如图 D-5 所示。

对应的表结点，如图 D-6 所示。

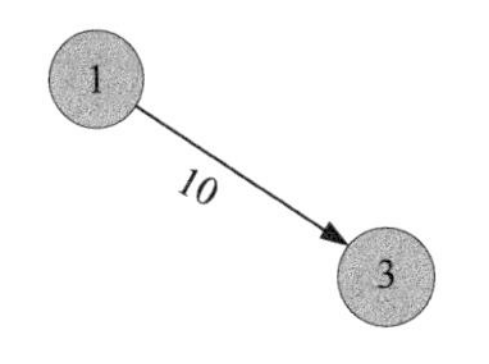

图 D-5　有向图中的边

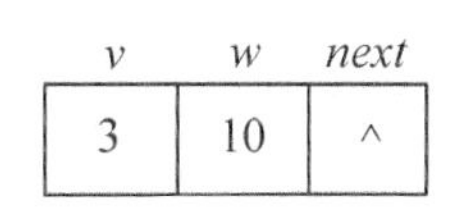

图 D-6　表结点

将表结点链接到头结点表中，如图 D-7 所示。

（2）输入第二条边的结点和权值 *u*、*v*、*w* 分别为 1、2、12。

创建一条边，如图 D-8 所示。

对应的表结点，如图 D-9 所示。

将表结点链接到头结点表中，实际上是插入到 1 号顶点的邻接单链表的表头，即 *first* 指向的邻接点之前，如图 D-10 所示。

注意：由于后输入的插入到了单链表的前面，因此输入顺序不同，建立的单链表也不同。

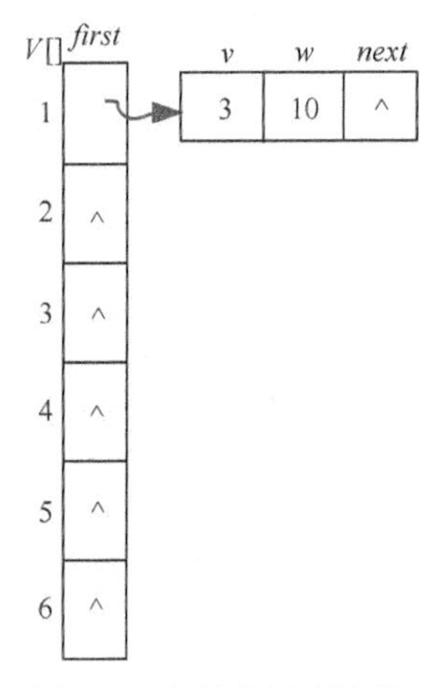

图 D-7 邻接表创建过程

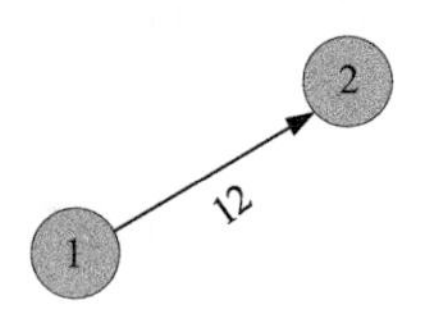

图 D-8 有向图中的边

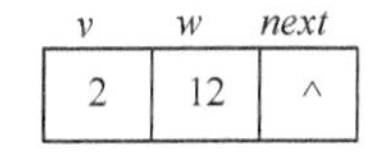

图 D-9 表结点

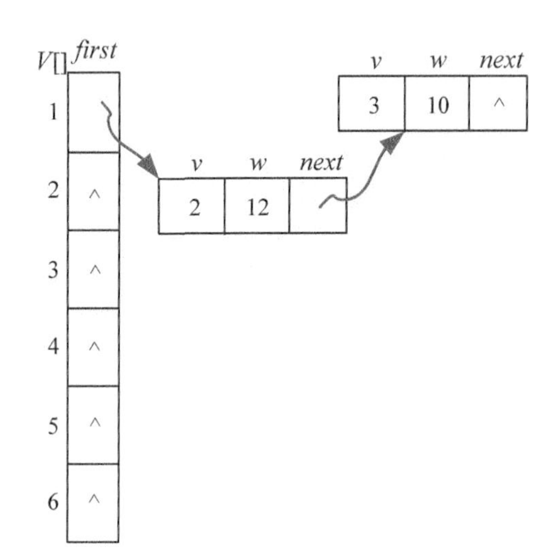

图 D-10 邻接表创建过程

3. 输出邻接表

```
void printg(int n)//输出邻接表
{
   cout<<"----------邻接表如下：----------"<<endl;
   for(int i=1;i<=n;i++)
   {
         Node *t=g[i].first;
         cout<<"v"<<i<<":  ";
         while(t!=NULL)
         {
              cout<<"["<<t->v<<"  "<<t->w<<"]   ";
              t=t->next;
```

```
        }
        cout<<endl;
    }
}
```

4. 实战演练

```
//adjlist
#include <iostream>
using namespace std;
const   int N=10000;
struct Node { //定义表结点
   int v; //以 v 为弧头的顶点编号
   int w; //边的权值
   Node *next; //指向下一个邻接结点
};
struct Hnode{ //定义顶点类型
    Node *first; //指向第一个邻接点
};
Hnode g[N];
int n,m,i,u,v,w;
void insertedge(Hnode &p,int x,int y) //插入一条边
{
     Node *q;
     q=new(Node);
     q->v=x;
     q->w=y;
     q->next=p.first;
     p.first=q;
}

void printg(int n)//输出邻接表
{
    cout<<"----------邻接表如下：----------"<<endl;
    for(int i=1;i<=n;i++)
    {
          Node *t=g[i].first;
          cout<<"v"<<i<<":   ";
          while(t!=NULL)
          {
               cout<<"["<<t->v<<"  "<<t->w<<"]   ";
               t=t->next;
          }
          cout<<endl;
   }
}
int main()
{
     cout<<"请输入顶点数 n 和边数 m："<<endl;
     cin >>n>>m;
     for(i=1; i<=n; i++)
          g[i].first=NULL;
```

```
        cout<<"请依次输入每条边的两个顶点 u,v 和边的权值 w: "<<endl;
        for(i=0;i<m;i++)
        {
            cin>>u>>v>>w;
            insertedge(g[u],v,w);
            //无向图时还要插入一条反向边
        }
        printg(n);//输出邻接表
        return 0;
}
```

算法实现和测试

（1）运行环境

Code::Blocks

（2）输入

```
请输入顶点数 n 和边数 m:
6 9
请依次输入每条边的两个顶点 u, v 和边的权值 w:
1 3 10
1 2 12
2 4 8
3 5 13
3 2 2
4 6 18
4 3 5
5 6 4
5 4 6
```

（3）输出

```
----------邻接表如下: ----------
v1:   [2  12]   [3  10]
v2:   [4  8]
v3:   [2  2]   [5  13]
v4:   [3  5]   [6  18]
v5:   [4  6]   [6  4]
v6:
```

附录 E

并查集

若某个家族人员过于庞大，要判断两个人是否是亲戚，确实很不容易。给出某个亲戚关系图，现在任意给出两个人，判断其是否具有亲戚关系。规定：x 和 y 是亲戚，y 和 z 是亲戚，那么 x 和 z 也是亲戚。如果 x 和 y 是亲戚，那么 x 的亲戚都是 y 的亲戚，y 的亲戚也都是 x 的亲戚。

那么如何很快判断两个人是否是亲戚呢？

1．并查集

并查集是一种树型的数据结构，用于处理一些不相交集合（Disjoint Sets）的合并及查询问题。主要有以下 3 种操作：

（1）初始化

把每个点所在集合初始化为其自身。

（2）查找

查找两个元素所在的集合，即找祖宗。**注意**：查找时，采用递归的方法找其祖宗，祖宗集合号等于自己时即停止。在回归时，把当前结点到祖宗路径上的所有结点统一为祖宗的集合号。

（3）合并

如果两个元素的集合号不同，将两个元素合并为一个集合。**注意**：合并时只需要把一个元素的祖宗集合号，改为另一个元素的祖宗集合号。擒贼先擒王，只改祖宗即可！

2．完美图解

假设现在有 7 个人，通过输入亲戚关系图，判断两个人是否有亲戚关系。

（1）初始化

把每个人的集合号初始化为其自身编号，如图 E-1 和图 E-2 所示。

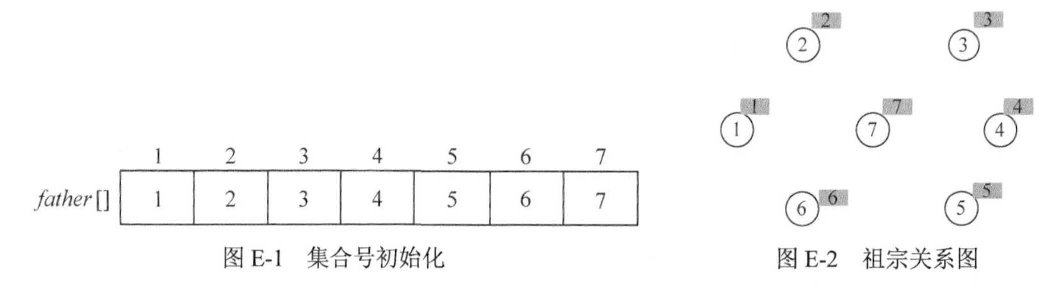

图 E-1　集合号初始化　　图 E-2　祖宗关系图

（2）输入亲戚关系 2 和 7。

（3）查找

查找 2 所在的集合号为 2，7 所在的集合号为 7。

（4）合并

两个元素集合号不同，将两个元素合并为一个集合。在此约定把小的集合号赋值给大的集合号，因此修改 *father*[7]=2，如图 E-3 和图 E-4 所示。

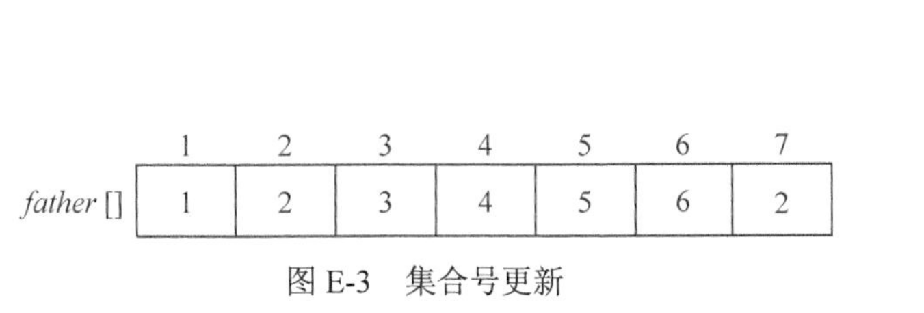

	1	2	3	4	5	6	7
father []	1	2	3	4	5	6	2

图 E-3　集合号更新

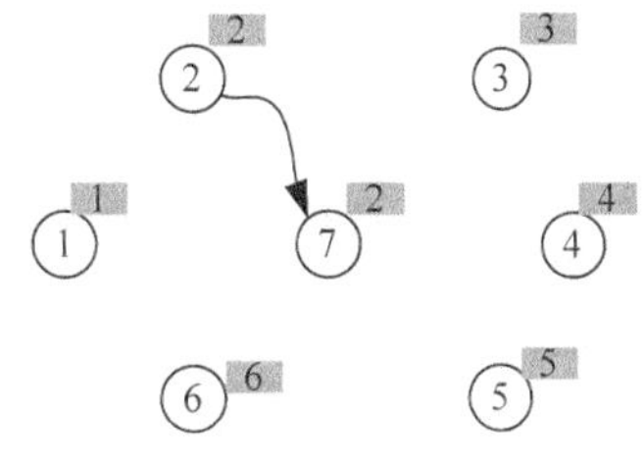

图 E-4　祖宗关系图

（5）输入亲戚关系 4 和 5。

（6）查找

查找 4 所在的集合号为 4，5 所在的集合号为 5。

（7）合并

两个元素集合号不同，将两个元素合并为一个集合。在此约定把小的集合号赋值给大的集合号，因此修改 *father*[5]=4，如图 E-5 和图 E-6 所示。

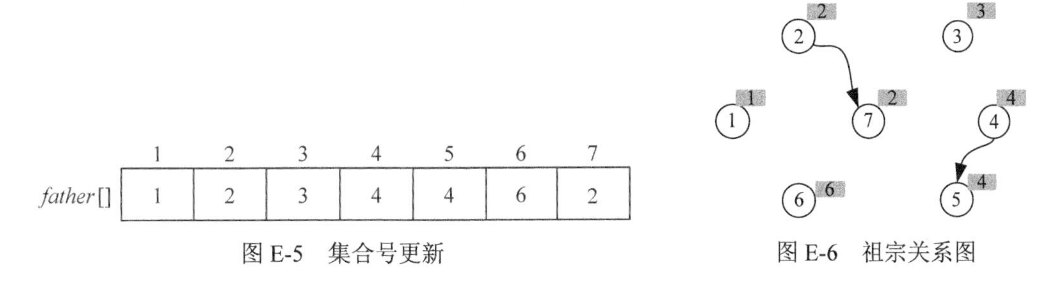

	1	2	3	4	5	6	7
father []	1	2	3	4	4	6	2

图 E-5　集合号更新

图 E-6　祖宗关系图

（8）输入亲戚关系 3 和 7。

（9）查找

查找 3 所在的集合号为 3，7 所在的集合号为 2。

（10）合并

两个元素集合号不同，将两个元素合并为一个集合。在此约定把小的集合号赋值给大的集合号，因此修改 *father*[3]=2，如图 E-7 和图 E-8 所示。

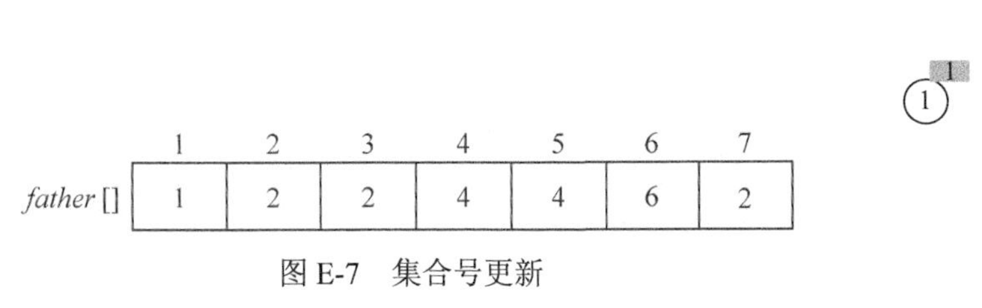

	1	2	3	4	5	6	7
father []	1	2	2	4	4	6	2

图 E-7　集合号更新

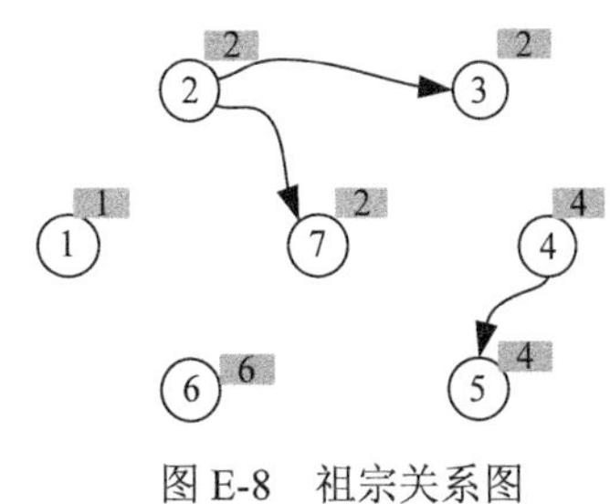

图 E-8　祖宗关系图

（11）输入亲戚关系 4 和 7。

（12）查找

查找 4 所在的集合号为 4，7 所在的集合号为 2。

（13）合并

两个元素集合号不同，将两个元素合并为一个集合。在此约定把小的集合号赋值给大的集合号。因此修改 *father*[4]=2。擒贼先擒王，只改祖宗即可！集合号为 4 的有两个结点，在此只需要修改这两个结点中的祖宗即可，并不需要把集合号为 4 的所有结点都检索一遍，这正是并查集的巧妙之处，如图 E-9 和图 E-10 所示。

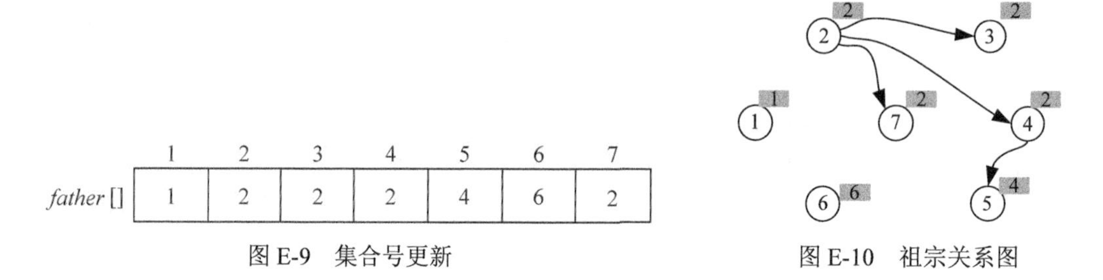

图 E-9 集合号更新　　图 E-10 祖宗关系图

（14）输入亲戚关系 3 和 4。

（15）查找

查找 3 所在的集合号为 2，4 所在的集合号为 2。

（16）合并

两个元素集合号相同，什么也不做。

（17）输入亲戚关系 5 和 7。

（18）查找

查找 5 所在的集合号时，**注意**：因为 5 的集合号不等于 5，因此，找其父亲的集合号为 4，4 的父亲集合号是 2，2 的父亲的集合号等于 2，停止。在查找返回时，把当前结点到祖宗路径上的所有结点集合号统一为祖宗的集合号。

这时，5 所在的集合号更新为祖宗的集合号 2，如图 E-11 和图 E-12 所示。

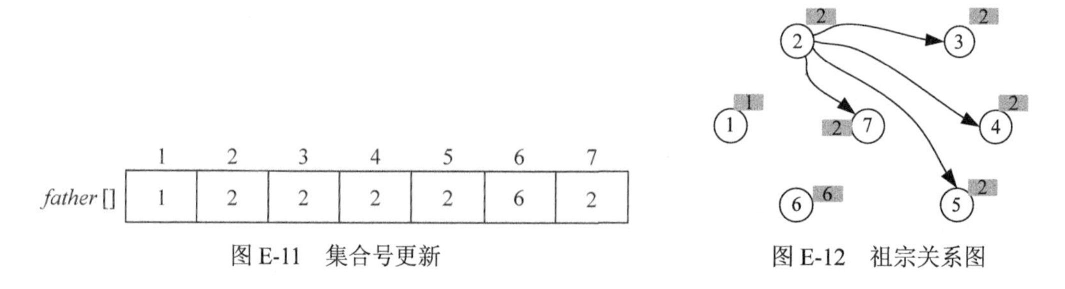

图 E-11 集合号更新　　图 E-12 祖宗关系图

7 所在的集合号为 2。

（19）合并

两个元素集合号相同，什么也不做。

（20）输入亲戚关系 5 和 6。

（21）查找

查找 5 所在的集合号为 2，6 所在的集合号为 6。

（22）合并

两个元素集合号不同，将两个元素合并为一个集合。在此约定把小的集合号赋值给大的集合号，因此修改 *father*[6]=2，如图 E-13 和图 E-14 所示。

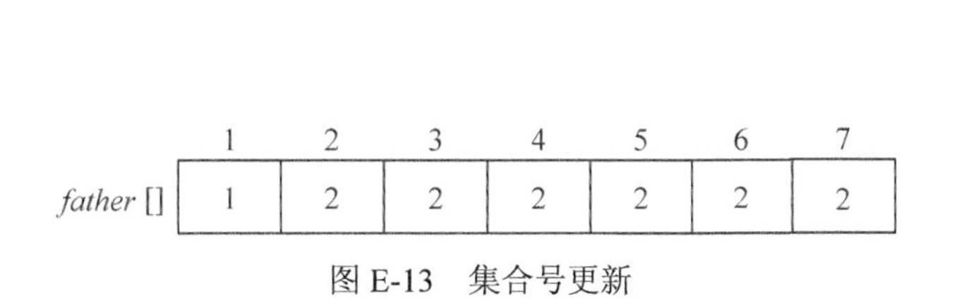

	1	2	3	4	5	6	7
father []	1	2	2	2	2	2	2

图 E-13　集合号更新

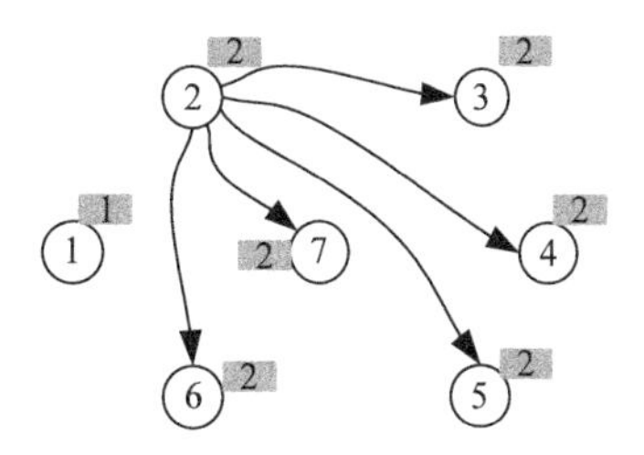

图 E-14　祖宗关系图

（23）输入亲戚关系 2 和 3。

（24）查找

查找 2 所在的集合号为 2，3 所在的集合号为 2。

（25）合并

两个元素集合号相同，什么也不做。

（26）输入亲戚关系 1 和 2。

（27）查找

查找 1 所在的集合号为 1，2 所在的集合号为 2。

两个元素集合号不同，将两个元素合并为一个集合。在此约定把小的集合号赋值给大的集合号，因此修改 *father*[2]=1，如图 E-15 和图 E-16 所示。

	1	2	3	4	5	6	7
father []	1	1	2	2	2	2	2

图 E-15　集合号更新

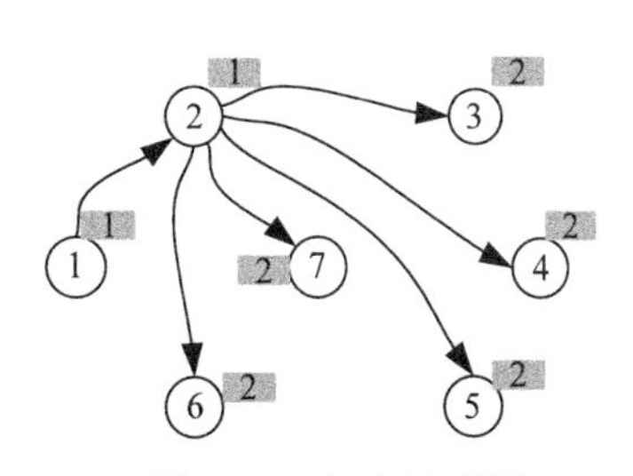

图 E-16　祖宗关系图

假设到此为止，亲戚关系图已经输入完毕。

我们可以看到 3、4、5、6、7 这些结点集合号并没有改为 1，这样真的可以吗？

现在要判断 5 和 2 是不是亲戚关系：需要查找 5 的父亲 2，2 的父亲 1，1 的父亲是 1，搜索停止，那么 5 到其祖宗 1 这条路径上所有的结点集合号更新为 1。2 的祖宗是 1，1 的祖宗是 1，搜索停止，那么 2 到其祖宗 1 这条路径上所有的结点集合号更新为 1。5 和 2 的集合号都为 1，所以 5 和 2 是亲戚关系。

附录 F

四边不等式

石子合并问题最小得分递归式：

$$\boldsymbol{m}[i][j]=\begin{cases}0 & , \quad i=j \\ \min\limits_{i\leqslant k\leqslant j}(\boldsymbol{m}[i][k]+\boldsymbol{m}[k+1][j]+w(i,j)), & i<j\end{cases}$$

$\boldsymbol{s}[i][j]$表示取得最优解 $\boldsymbol{Min}[i][j]$的最优策略位置。

四边不等式：当函数 $w[i,j]$满足 $w[i,j]+w[i',j']\leqslant w[i',j]+w[i,j']$,$i\leqslant i'\leqslant j\leqslant j'$时，称 w 满足四边形不等式。如图 F-1 和图 F-2 所示。

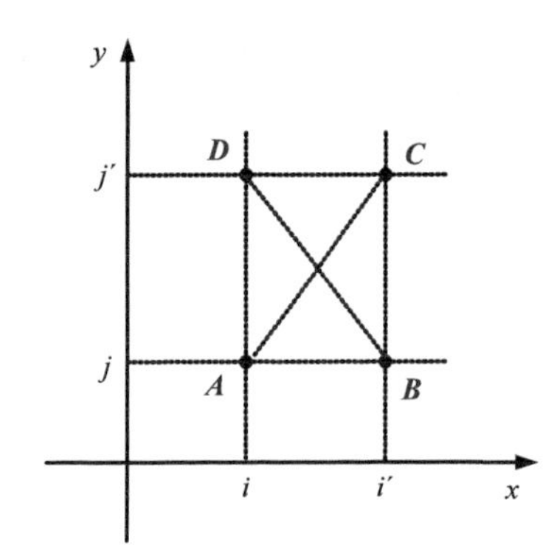

图 F-1　四边不等式坐标表示

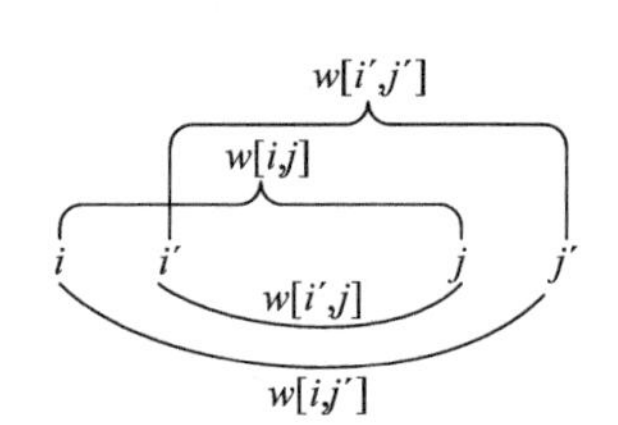

图 F-2　四边不等式区间表示

四边不等式的坐标表示中， $A+C\leqslant B+D$ 。

四边不等式的区间表示中， $w[i,j]+w[i',j']\leqslant w[i',j]+w[i,j']$ 。

区间包含关系单调：当函数 $w[i,j]$满足 $w[i',j]\leqslant w[i,j']$,$i\leqslant i'\leqslant j\leqslant j'$时称 w 关于区间包含关系单调。

下面只需要证明 3 个问题：

（1）$w[i,j]$满足四边不等式。

（2）$m[i,j]$也满足四边不等式。

（3）$s[i,j]$具有单调性。

证明 1：$w[i,j]$满足四边不等式。

在石子归并问题中，因为 $w[i,j]=\sum\limits_{l=i}^{j}a[l]$，所以 $w[i,j]+w[i',j']=w[i',j]+w[i,j']$，则 $w[i,j]$满足四边形不等式，同时由 $a[i]\geqslant 0$，可知 $w[i,j]$满足单调性。

证明 2：$m[i,j]$满足四边不等式。

对于满足四边形不等式的单调函数 $w[i,j]$，可推知由递归式定义的函数 $m[i,j]$也满足四边形不等式，即 $m[i,j]+m[i',j']\leqslant m[i',j]+m[i,j']$,$i\leqslant i'\leqslant j\leqslant j'$。

数学归纳法证明：

对四边形不等式中“长度”$l=j'-i$ 进行归纳：

当 $i=i'$ 或 $j=j'$ 时，不等式显然成立。由此可知，当 $l\leqslant 1$ 时，函数 $m[i，j]$满足四边不等式。

下面分两种情形。

情形 1：$i<i'=j<j'$

在这种情形下，四边形不等式简化为反三角不等式：$m[i，j]+m[j，j']\leqslant m[i，j']$。

设 $k=\min\{p|m[i，j']=m[i，p]+m[p+1，j']+w[i，j']\}$，再分两种情形 $k\leqslant j$ 或 $k>j$。下面只讨论 $k\leqslant j$ 的情况，$k>j$ 同理。

$k\leqslant j$：

$$\begin{aligned}m[i,j]+m[j,j'] &\leqslant w[i,j]+m[i,k]+m[k+1,j]+m[j,j'] \\ &\leqslant w[i,j']+m[i,k]+m[k+1,j]+m[j,j'] \\ &\leqslant w[i,j']+m[i,k]+m[k+1,j'] \\ &=m[i,j']\end{aligned}$$

情形 2：$i<i'<j<j'$

设 $y=\min\{p\mid m[i'，j]=m[i'，p]+m[p+1，j]+w[i'，j]\}$

$z=\min\{p\mid m[i，j']=m[i，p]+m[p+1，j']+w[i，j']\}$

仍需再分两种情形讨论，即 $z\leqslant y$ 或 $z>y$。下面只讨论 $z\leqslant y$ 的情况，$z>y$ 同理。

由 $i<z\leqslant y\leqslant j$，有：

$$\begin{aligned}m[i,j]+m[i',j'] &\leqslant w[i,j]+m[i,z]+m[z+1,j]+w[i',j']+m[i',y]+m[y+1,j'] \\ &\leqslant w[i,j']+w[i',j]+m[i',y]+m[i,z]+m[z+1,j]+m[y+1,j'] \\ &\leqslant w[i,j']+w[i',j]+m[i',y]+m[i,z]+m[z+1,j']+m[y+1,j] \\ &=m[i,j']+m[i',j]\end{aligned}$$

综上所述，$m[i，j]$满足四边形不等式。

证明 3：$s[i，j]$具有单调性。

令 $s[i，j]=\min\{k\mid m[i，j]=m[i，k]+m[k+1，j]+w[i，j]\}$

由函数 $m[i，j]$满足四边形不等式可以推出函数 $s[i，j]$的单调性，即，

$$s[i，j]\leqslant s[i，j+1]\leqslant s[i+1，j+1]\quad，i\leqslant j$$

当 $i=j$ 时，单调性显然成立。因此下面只讨论 $i<j$ 的情形。由于对称性，只要证明 $s[i，j]\leqslant s[i，j+1]$。

令 $m_k[i，j]=m[i，k]+m[k+1，j]+w[i，j]$。要证明 $s[i，j]\leqslant s[i，j+1]$，只要证明对于所有 $i<k\leqslant k'\leqslant j$ 且 $m_{k'}[i，j]\leqslant m_k[i，j]$，有 $m_{k'}[i，j+1]\leqslant m_k[i，j+1]$成立。

事实上，我们可以证明一个更强的不等式

$$m_k[i，j]-m_{k'}[i，j]\leqslant m_k[i，j+1]-m_{k'}[i，j+1]$$

也就是：

$$m_k[i,\ j]+m_{k'}[i,\ j+1]\leqslant m_k[i,\ j+1]+m_{k'}[i,\ j]$$

利用递归式将其展开整理可得：$m[k,\ j]+m[k',\ j+1]\leqslant m[k',\ j]+m[k,\ j+1]$，这正是 $k\leqslant k'\leqslant j<j+1$ 时的四边形不等式。

综上所述，当 w 满足四边形不等式时，函数 $s[i,\ j]$具有单调性。

于是，我们利用 $s[i,\ j]$的单调性，得到优化的状态转移方程为：

$$m[i][j]=\begin{cases}0 & ,\quad i=j\\ \min\limits_{s[i][j-1]\leqslant k\leqslant s[i+1][j]}(m[i][k]+m[k+1][j]+w(i,j)), & i<j\end{cases}$$

用类似的方法可以证明，对于最大得分问题，也可采用同样的优化方法。

改进后的状态转移方程所需的计算时间为：

$$\begin{aligned}&O\left(\sum_{i=1}^{n-1}\sum_{j=i+1}^{n}(1+s[i+1,j]-s[i,j-1])\right)\\&=O\left(\sum_{i=1}^{n-1}(n-i+s[i+1,n]-s[1,n-i])\right)\\&=O\left(n^2\right)\end{aligned}$$

上述方法利用四边形不等式推出最优决策的单调性，从而减少每个状态转移的状态数，降低算法的时间复杂度。

上述方法是具有普遍性的。状态转移方程与上述递归式类似，且 $w[i,\ j]$满足四边形不等式的动态规划问题，都可以采用相同的优化方法，如最优二叉排序树等。

附录 G

排列树

例如 3 个机器零件的解空间树，如图 G-1 所示。

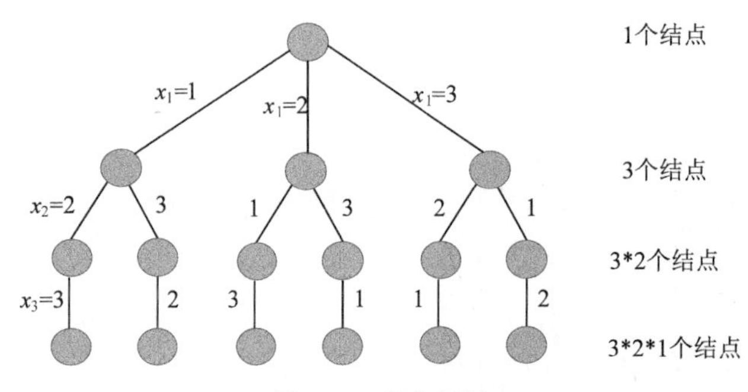

图 G-1　解空间树

从根到叶子的路径就是机器零件的一个加工顺序，例如最右侧路径（3，1，2），表示先加工 3 号零件，再加工 1 号零件，最后加工 2 号零件。

那么我们如何得到这 *n* 个机器零件号的排列呢？

（1）1 与 1 交换，求（2，3，…，*n*）的排列。

（2）2 与 1 交换，求（1，3，…，*n*）的排列。

（3）3 与 1 交换，求（2，1，…，*n*）的排列。

……

（*n*）*n* 与 1 交换，求（2，3，…，1）的排列。

这样每个数开头一次，递归求解剩下序列的排列，即可得到 *n* 个数的全排列。

我们可以很容易得到 3 个数的排列：

（1）1 与 1 交换，求（2，3）的排列。

（2，3）的排列是（2，3）和（3，2），得到 1 开头的排列：1 2 3，1 3 2。

（2）2 与 1 交换，求（1，3）的排列。

（1，3）的排列是（1，3）和（3，1），得到 2 开头的排列：2 1 3，2 3 1。

（3）3 与 1 交换，求（2，1）的排列。

（2，1）的排列是（2，1）和（1，2），得到 3 开头的排列:：3 2 1，3 1 2。

可以看出每个数与第一个数的交换都是在序列 1 2 3 的基础上操作的，因此执行完交换后要复位成 1 2 3，以便下次在序列 1 2 3 的基础上继续操作。

那么程序具体怎么实现呢？

首先初始化，*x*[*i*]=*i*，即 *x*[1]=1，*x*[2]=2，*x*[3]=3，如图 G-2 所示。

（1）扩展 A（*t*=1）：for(int i=t;i<=n;i++)，如图 G-3 所示。

因为 for 语句，我们首先执行 *i*=*t*=1，其他分支先悬空等待。然后交换元素 swap(*x*[*t*],*x*[*i*])，因为 *t*=1、*i*=1，相当于 *x*[1]与 *x*[1]交换，交换完毕，*x*[1]=1，生成一个新结点 B，如图 G-4

和图 G-5 所示。

图 G-2 初始化　　图 G-3 扩展 A

（2）扩展 B（t=2）：for(int i=t;i<=n;i++)，如图 G-6 所示。

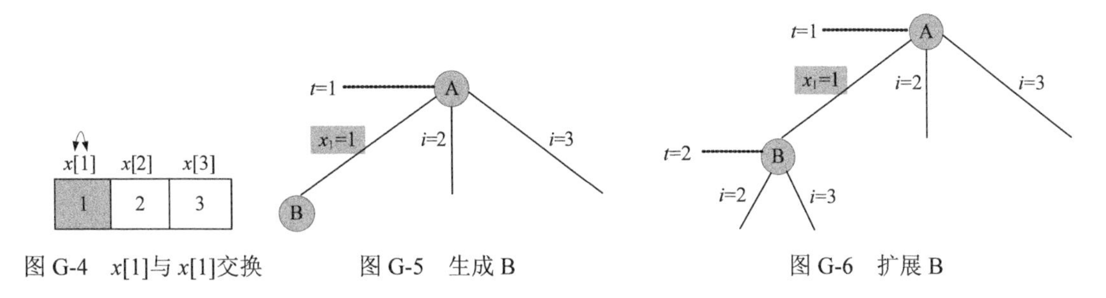

图 G-4 x[1]与 x[1]交换　　图 G-5 生成 B　　图 G-6 扩展 B

首先执行 i=t=2，其他分支先悬空等待。然后交换元素 swap(x[t]，x[i])，因为 t=2、i=2，相当于 x[2]与 x[2]交换，交换完毕，x[2]=2，生成一个新结点 C，如图 G-7 和图 G-8 所示。

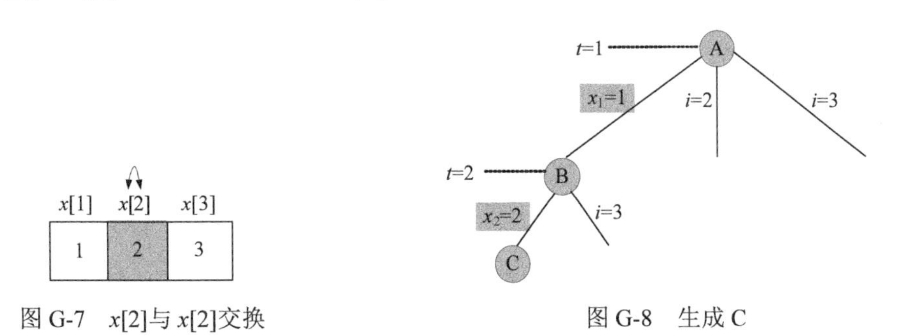

图 G-7 x[2]与 x[2]交换　　图 G-8 生成 C

（3）扩展 C（t=3）：for(int i=t;i<=n;i++)。

首先执行 i=t=3，因为 n=3，for 语句无其他的分支。然后交换元素 swap(x[t]，x[i])，因为 t=3、i=3，相当于 x[3]与 x[3]交换，交换完毕，x[3]=3，生成一个新结点 D，如图 G-9 和图 G-10 所示。

（4）扩展 D（t=4）：t>n，输出当前排列 x[1]=1，x[2]=2，x[3]=3。即（1，2，3）。

回溯到最近的结点 C，回溯时怎么来的怎么换回去。

因为从 C→D，执行了 x[3]与 x[3]交换，现在需要换回去，再次执行交换 swap(x[3]，x[3])，如图 G-11 所示。

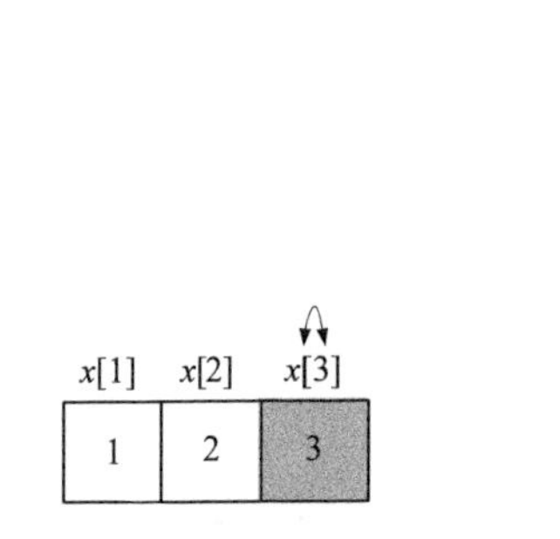

图 G-9 $x[3]$与$x[3]$交换

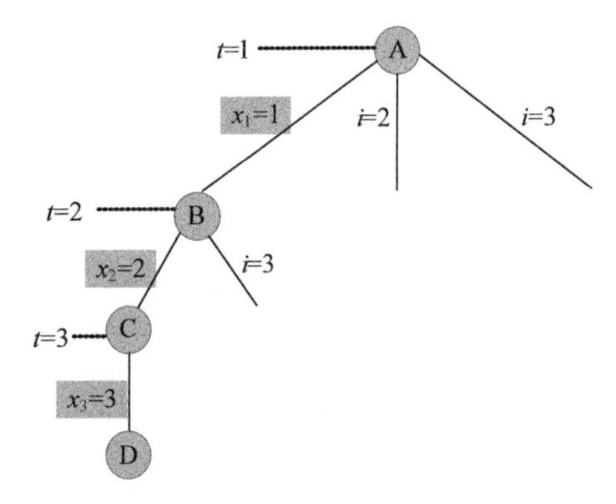

图 G-10 生成 D

C 没有悬空的分支，孩子已全部生成，成为死结点。继续向上回溯到 B。

因为从 B→C，执行了 $x[2]$与 $x[2]$交换，现在需要换回去，再次执行交换 swap($x[2]$，$x[2]$)，如图 G-12 所示。

回溯到 B 的排列树，如图 G-13 所示。

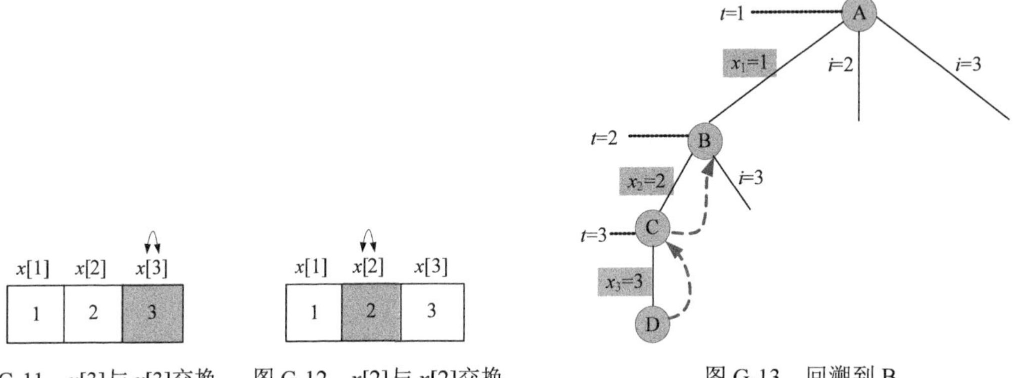

图 G-11 $x[3]$与 $x[3]$交换　图 G-12 $x[2]$与 $x[2]$交换　图 G-13 回溯到 B

为什么可以回溯呢？因为我们刚才执行时，for 语句的其他分支在悬空等待状态，当深度搜索到叶子时，将回溯回来执行这些悬空等待的分支。B 结点还有一个悬空的分支（i=3）待生成，重新扩展 B。**注意：**回溯重新扩展时，不再重新执行 for 语句，只执行待生成的悬空分支。

（5）重新扩展 B 结点（t=2）。

i=3，然后交换元素 swap($x[t]$，$x[i]$)，因为 t=2、i=3，相当于 $x[2]$与 $x[3]$交换，交换完毕，$x[2]$=3，$x[3]$=2，生成一个新结点 E，如图 G-14 和图 G-15 所示。

（6）扩展 E（t=3）：for(int i=t;i<=n;i++)。

首先执行 i=t=3，因为 n=3，for 语句无其他的分支。然后交换元素 swap($x[t]$，$x[i]$)，因为 t=3、i=3，相当于 $x[3]$与 $x[3]$交换，因为在第（6）步的交换中 $x[3]$=2，因此交换后，$x[3]$=2，

生成一个新结点 F。如图 G-16 和图 G-17 所示。

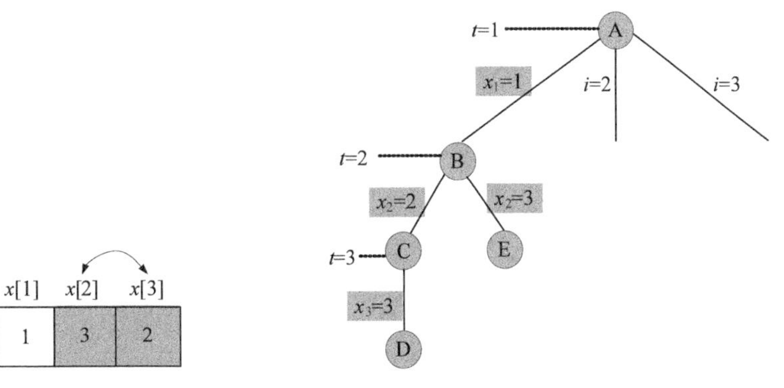

图 G-14　$x[2]$与 $x[3]$交换

图 G-15　生成 E

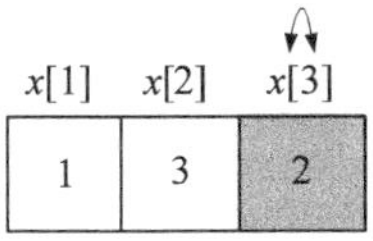

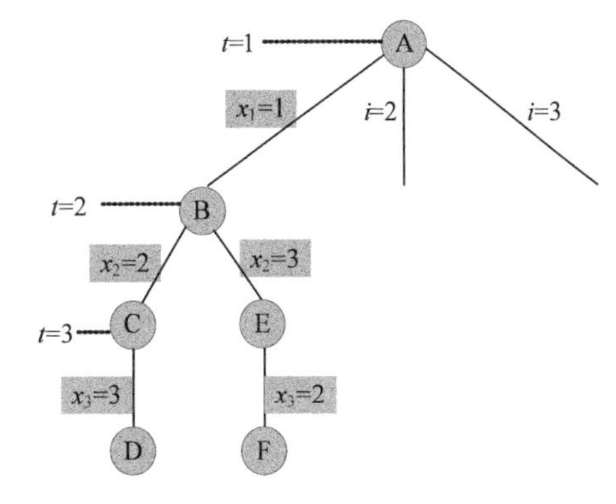

图 G-16　$x[3]$与 $x[3]$交换

图 G-17　生成 F

（7）扩展 F（t=4）。

t>n，输出当前排列 $x[1]$=1，$x[2]$=3，$x[3]$=2，即（1，3，2）。

（8）回溯到最近的结点 E，回溯时怎么来的怎么换回去。

因为从 E→F，执行了 $x[3]$与 $x[3]$交换，现在需要换回去，再次执行交换 swap($x[3]$, $x[3]$)，如图 G-18 所示。

此时 $x[3]$=2。E 没有悬空的分支，孩子已全部生成，成为死结点。继续向上回溯到 B。

因为从 B→E，执行了 $x[2]$与 $x[3]$交换，现在需要换回去，再次执行交换 swap($x[2]$, $x[3]$)，如图 G-19 所示。

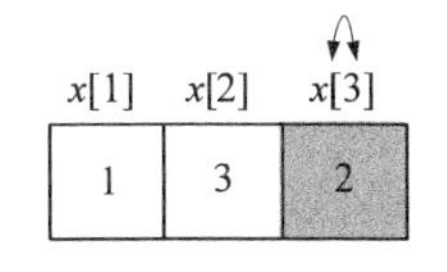

图 G-18　$x[3]$与 $x[3]$交换

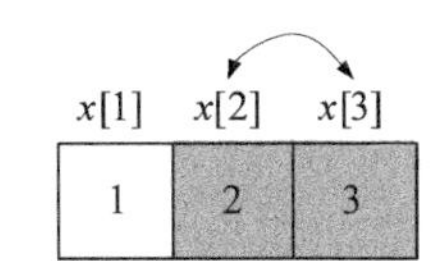

图 G-19　$x[2]$与 $x[3]$交换

此时 *x*[2]=2，*x*[3]=3。B 没有悬空的分支，孩子已全部生成，成为死结点，继续向上回溯到 A。

因为从 A→B，执行了 *x*[1]与 *x*[1]交换，现在需要换回去，再次执行交换 swap(*x*[1]，*x*[1])，如图 G-20 所示。

此时 *x*[1]=1，*x*[2]=2，*x*[3]=3。恢复到初始状态，如图 G-21 所示。

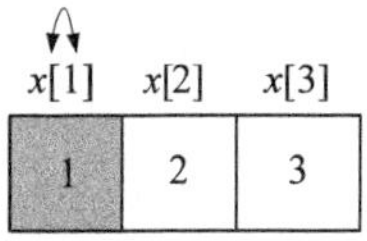

图 G-20　*x*[1]与 *x*[1]交换

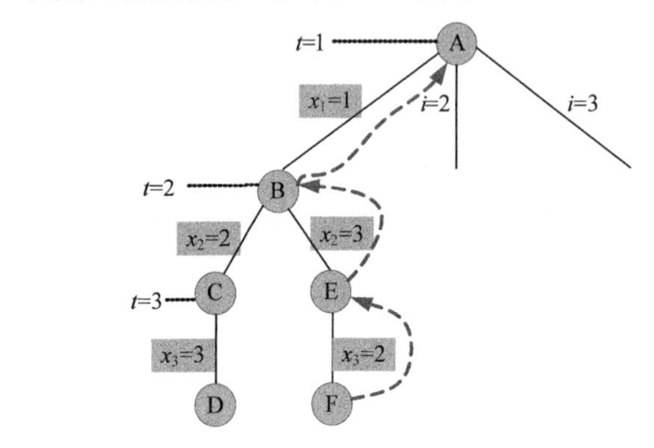

图 G-21　回溯到 A

A 结点还有下一个悬空的分支（*i*=2）待生成。

（9）重新扩展 A 结点（*t*=1）。

i=2，然后交换元素 swap(*x*[*t*]，*x*[*i*])，因为 *t*=1、*i*=2，相当于 *x*[1]与 *x*[2]交换，交换完毕，*x*[1]=2，*x*[2]=1，生成一个新结点 G，如图 G-22 和图 G-23 所示。

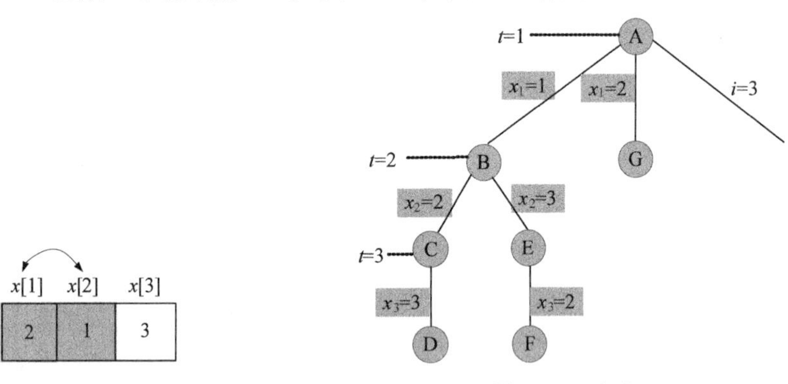

图 G-22　*x*[1]与 *x*[2]交换　　　　图 G-23　生成 G

（10）扩展 G（*t*=2）：for(int i=t;i<=n;i++)，如图 G-24 所示。

首先执行 *i*=*t*=2，其他分支先悬空等待。然后交换元素 swap(*x*[*t*]，*x*[*i*])，因为 *t*=2、*i*=2，相当于 *x*[2]与 *x*[2]交换，因为在第（9）步的交换中 *x*[2]=1，因此交换后，*x*[2]=1，生成一个新结点 H，如图 G-25 和图 G-26 所示。

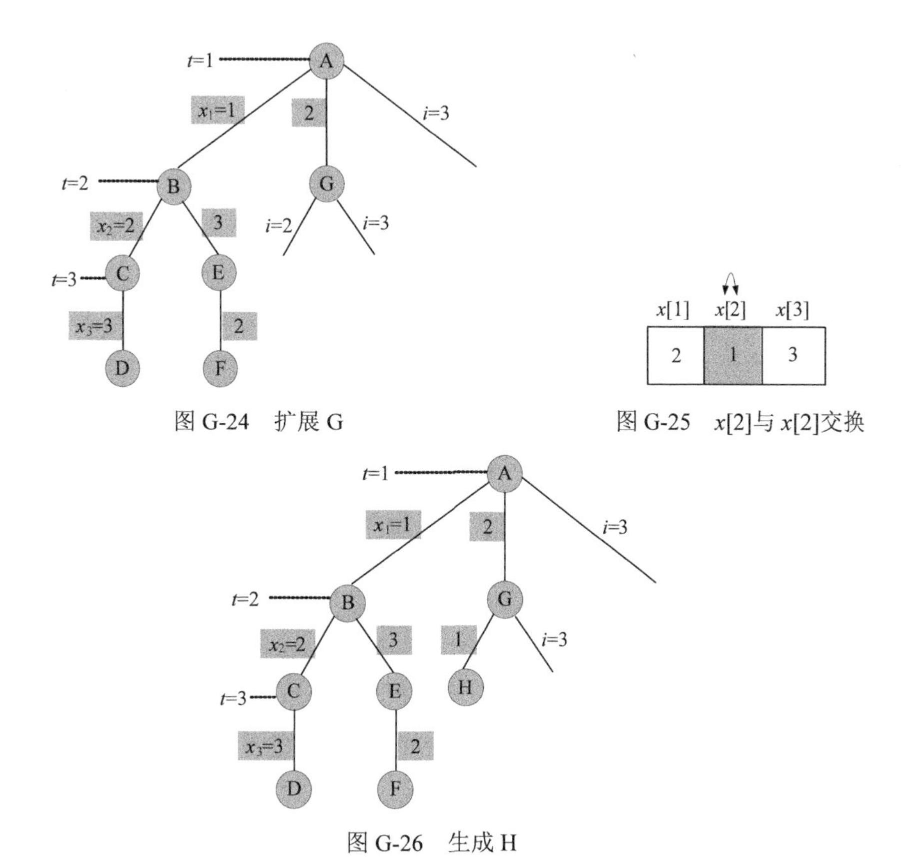

图 G-24　扩展 G

图 G-25　$x[2]$与$x[2]$交换

图 G-26　生成 H

（11）扩展 H（t=3）：for(int i=t;i<=n;i++)。

首先执行 i=t=3，因为 n=3，for 语句无其他的分支。然后交换元素 swap($x[t]$，$x[i]$)，因为 t=3、i=3，相当于 $x[3]$与 $x[3]$交换，交换后，$x[3]$=3，生成新结点 I，如图 G-27 和图 G-28 所示。

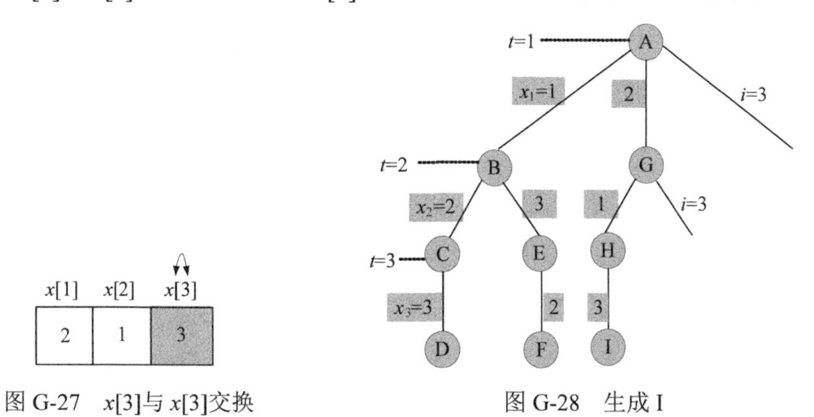

图 G-27　$x[3]$与$x[3]$交换

图 G-28　生成 I

（12）扩展 I（t=4）。

t>n，输出当前排列 x[1]=2，x[2]=1，x[3]=3，即（2，1，3）。

（13）回溯到最近的结点 H，回溯时怎么来的怎么换回去。

因为从 H→I，执行了 x[3]与 x[3]交换，现在需要换回去，再次执行交换 swap(x[3]，x[3])，如图 G-29 所示。

H 没有悬空的分支，孩子已全部生成，成为死结点。继续向上回溯到 G。

因为从 G→H，执行了 x[2]与 x[2]交换，现在需要换回去，再次执行交换 swap(x[2]，x[2])，如图 G-30 和图 G-31 所示。

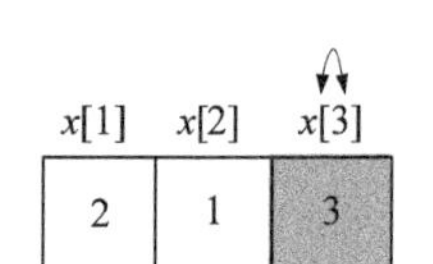

图 G-29 x[3]与 x[3]交换

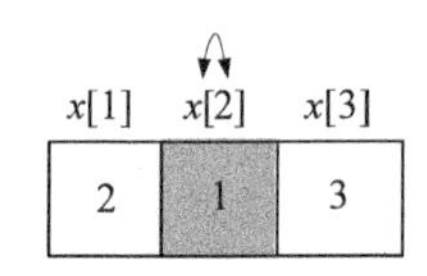

图 G-30 x[2]与 x[2]交换

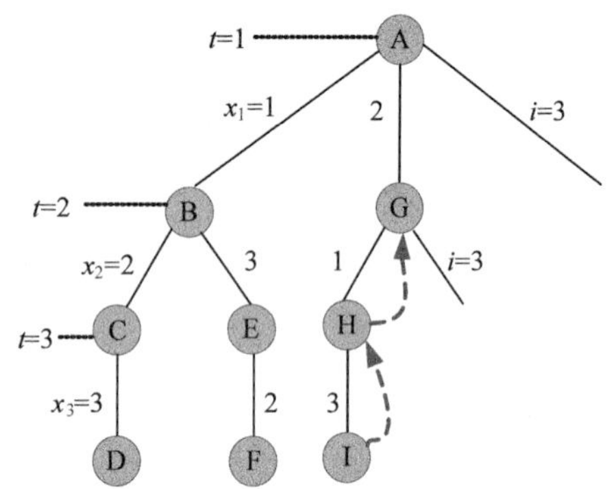

图 G-31 回溯到 G

G 结点还有一个悬空的分支（i=3）待生成，重新扩展 G。

（14）重新扩展 G（t=2）。

i=3，然后交换元素 swap(x[t]，x[i])，因为 t=2、i=3，相当于 x[2]与 x[3]交换，交换完毕，x[2]=3，x[3]=1，生成一个新结点 J，如图 G-32 和图 G-33 所示。

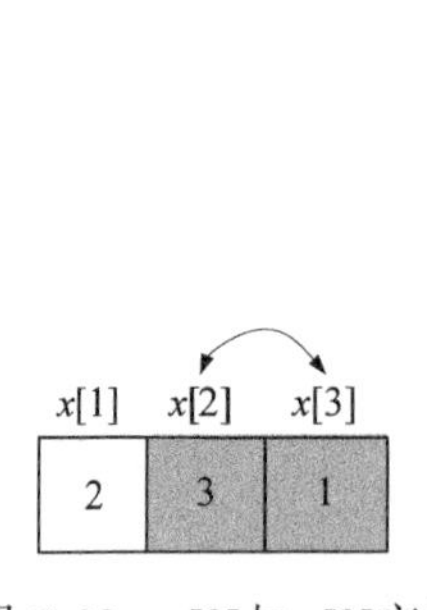

图 G-32 x[2]与 x[3]交换

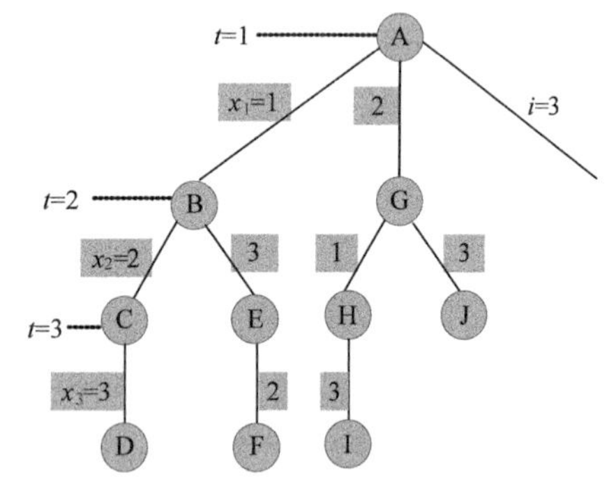

图 G-33 生成 J

（15）扩展 J（t=3）：for(int i=t;i<=n;i++)。

我们首先执行 i=t=3，因为 n=3，for 语句无其他的分支。然后交换元素 swap(x[t]，x[i])，因为 t=3、i=3，相当于 x[3]与 x[3]交换，因为在第（14）步的交换中 x[3]=1，因此交换后，

$x[3]$=1，生成新结点 K，如图 G-32 和图 G-33 所示。

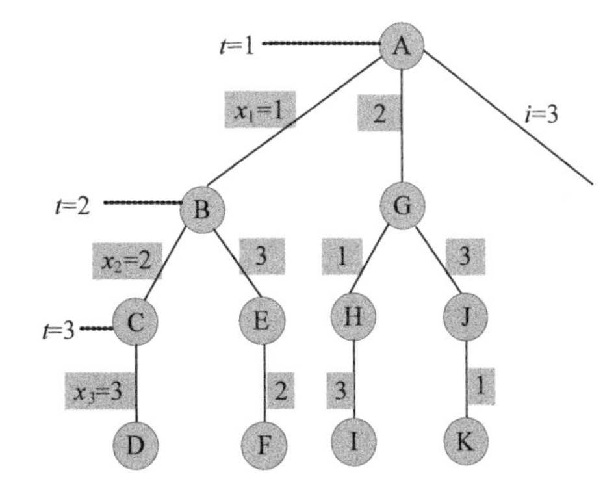

x[1]　x[2]　x[3]

2	3	1

图 G-34　$x[3]$与 $x[3]$交换

图 G-35　生成 K

（16）扩展 K（t=4）。

t>n，输出当前排列 $x[1]$=2，$x[2]$=3，$x[3]$=1，即（2，3，1）。

（17）回溯到最近的结点 J，回溯时怎么来的怎么换回去。

因为从 J→K，执行了 $x[3]$与 $x[3]$交换，现在需要换回去，再次执行交换 swap($x[3]$, $x[3]$)，如图 G-36 所示。

J 没有悬空的分支，孩子已全部生成，成为死结点。继续向上回溯到 G。

因为从 G→J，执行了 $x[2]$与 $x[3]$交换，现在需要换回去，再次执行交换 swap($x[2]$, $x[3]$)，如图 G-37 所示。

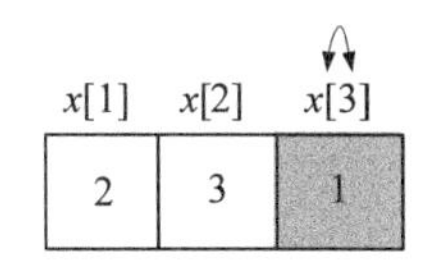

图 G-36　$x[3]$与 $x[3]$交换

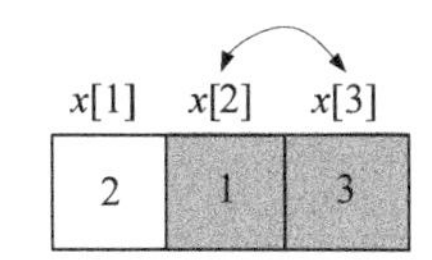

图 G-37　$x[2]$与 $x[3]$交换

G 没有悬空的分支，孩子已全部生成，成为死结点。继续向上回溯到 A。

因为 A→G，执行了 $x[1]$与 $x[2]$交换，现在需要换回去，再次执行交换 swap($x[1]$，$x[2]$)，如图 G-38 所示。

此时 $x[1]$=1，$x[2]$=2，$x[3]$=3。恢复到初始状态。A 结点还有下个悬空的分支（i=3）待生成，如图 G-39 所示。

（18）重新扩展 A 结点（t=1）。

i=3，然后交换元素 swap($x[t]$，$x[i]$)，因为 t=1、i=3，相当于 $x[1]$与 $x[3]$交换，交换完毕，$x[1]$=3，$x[3]$=1，生成一个新结点 L，如图 G-40 和图 G-41 所示。

（19）扩展 L（t=2）：for(int i=t;i<=n;i++)，如图 G-42 所示。

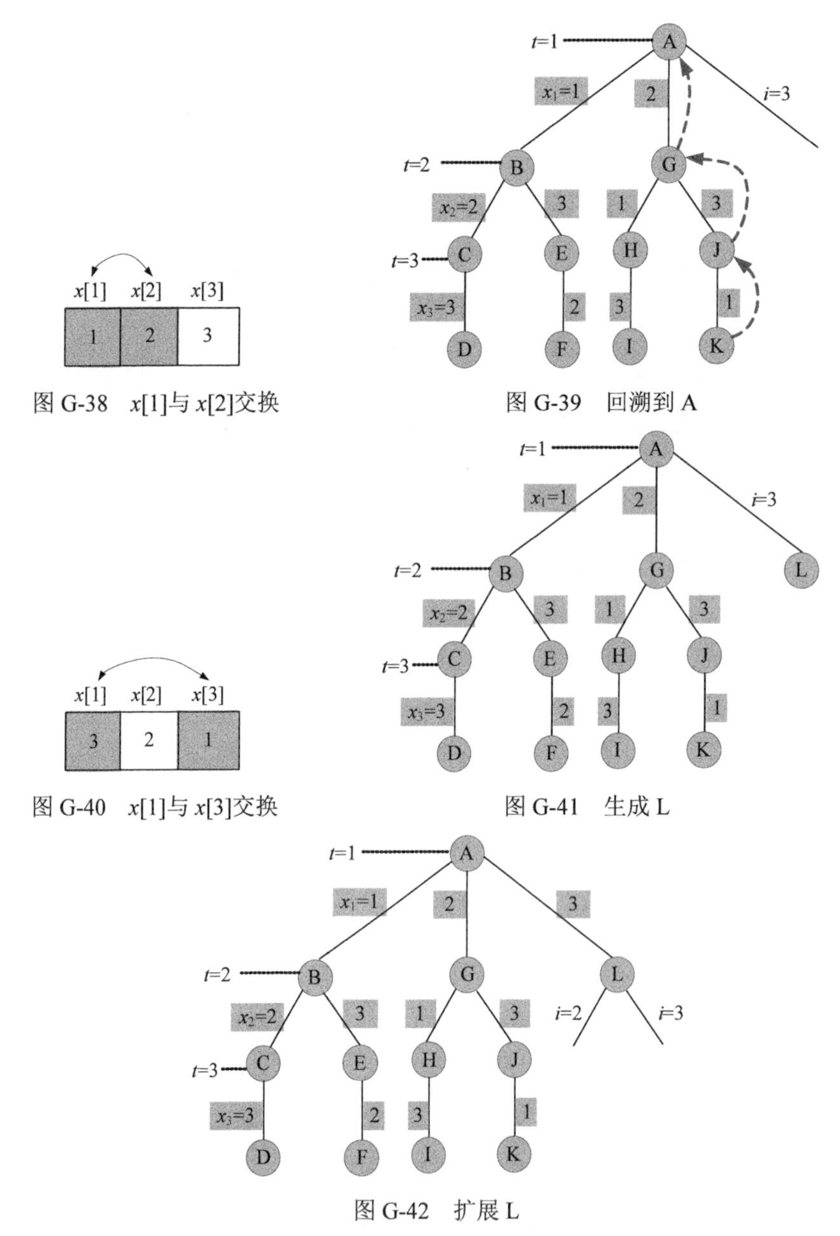

图 G-38　x[1]与 x[2]交换

图 G-39　回溯到 A

图 G-40　x[1]与 x[3]交换

图 G-41　生成 L

图 G-42　扩展 L

首先执行 i=t=2，其他分支先悬空等待。然后交换元素 swap(x[t]，x[i])，因为 t=2、i=2，相当于 x[2]与 x[2]交换，交换后，x[2]=2，生成一个新结点 M，如图 G-43 和图 G-44 所示。

（20）扩展 M（t=3）：for(int i=t;i<=n;i++)。

首先执行 i=t=3，因为 n=3，for 语句无其他的分支。然后交换元素 swap(x[t]，x[i])，因为 t=3、i=3，相当于 x[3]与 x[3]交换，因为在第（19）步的交换中 x[3]=1，因此交换后，x[3]=1，

生成一个新结点 N，如图 G-45 和图 G-46 所示。

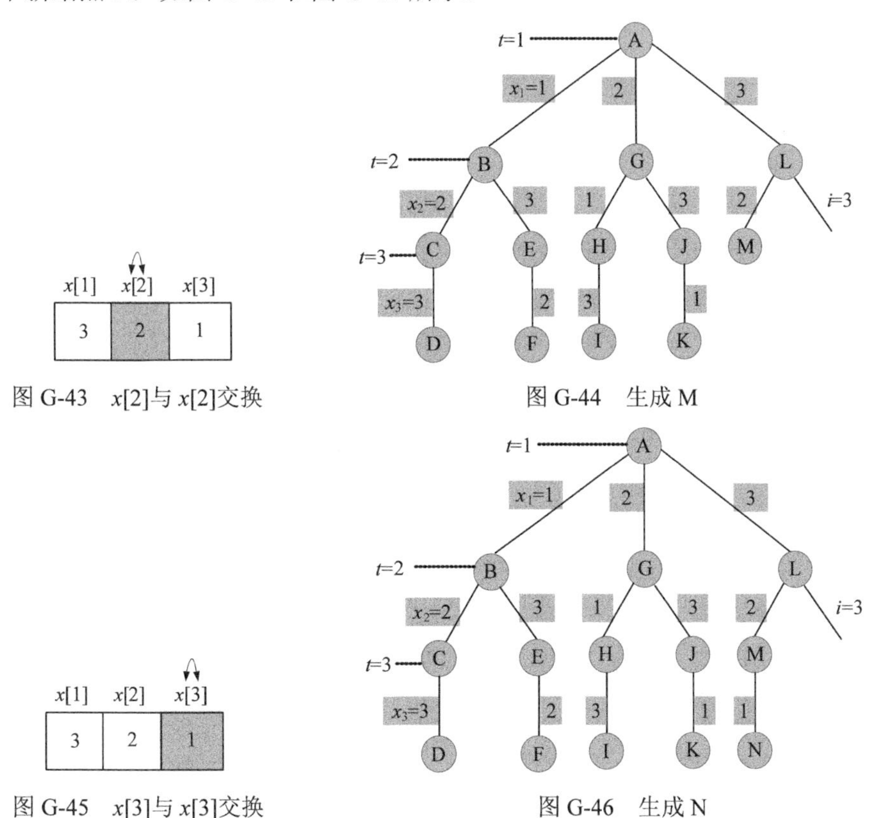

图 G-43　x[2]与 x[2]交换

图 G-44　生成 M

图 G-45　x[3]与 x[3]交换

图 G-46　生成 N

（21）扩展 N（t=4）。

t>n，输出当前排列 x[1]=3，x[2]=2，x[3]=1，即（3，2，1）。

（22）回溯到最近的结点 M。

回溯时怎么来的怎么换回去，因为从 M→N，执行了 x[3]与 x[3]交换，现在需要换回去，再次执行交换 swap(x[3]，x[3])，如图 G-47 所示。

M 没有悬空的分支，孩子已全部生成，成为死结点。继续向上回溯到 L。

因为从 L→M，执行了 x[2]与 x[2]交换，现在需要换回去，再次执行交换 swap(x[2], x[2])，如图 G-48 所示。

继续向上回溯到 L，L 结点还有一个悬空的分支（i=3）待生成，重新扩展 L，如图 G-49 所示。

（23）重新扩展 L（t=2）：i=3，然后交换元素 swap(x[t]，x[i])。

因为 t=2，i=3，相当于 x[2]与 x[3]交换，因为在第（22）步的交换中 x[1]=3，因此交换后，x[3]=1，交换完毕，x[2]=1，x[3]=2，生成一个新结点 O，如图 G-50 和图 G-51 所示。

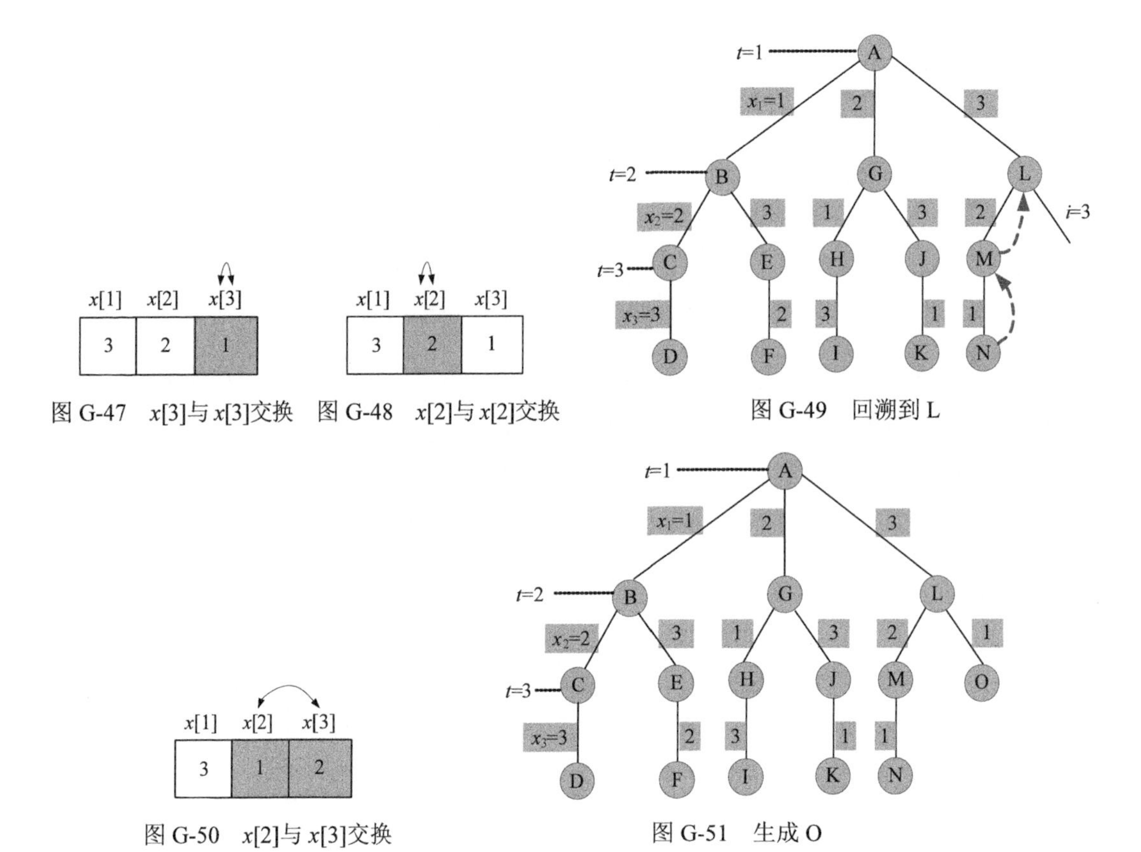

图 G-47 x[3]与x[3]交换　图 G-48 x[2]与x[2]交换　图 G-49 回溯到 L

图 G-50 x[2]与x[3]交换　图 G-51 生成 O

（24）扩展 O（t=3）：for(int i=t;i<=n;i++)。

首先执行 i=t=3，因为 n=3，for 语句无其他的分支。然后交换元素 swap(x[t]，x[i])，因为 t=3、i=3，相当于 x[3]与 x[3]交换，因为在第（23）步的交换中 x[3]=2，因此交换后，x[3]=2，生成一个新结点 P，如图 G-52 和图 G-53 所示。

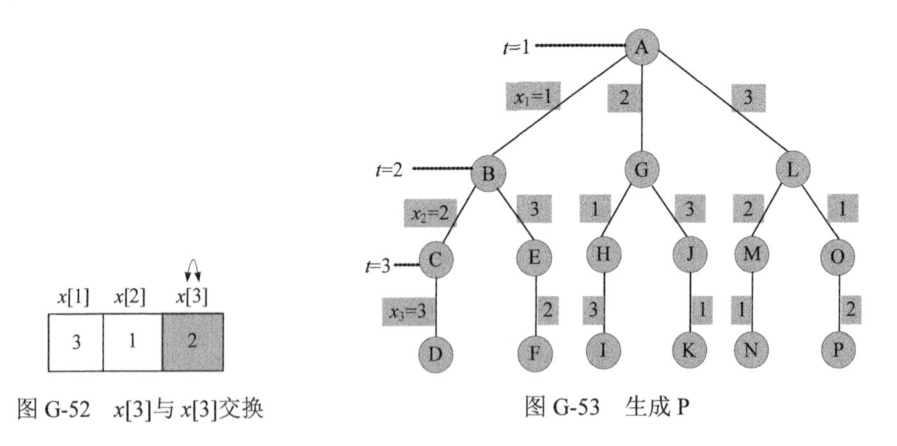

图 G-52 x[3]与x[3]交换　图 G-53 生成 P

（25）扩展 P（t=4）。

t>n，输出当前排列 x[1]=3，x[2]=1，x[3]=2，即（3，1，2）。

（26）回溯到最近的结点 O。

回溯时怎么来的怎么换回去，因为从 O→P，执行了 x[3]与 x[3]交换，现在需要换回去，再次执行交换 swap(x[3]，x[3])，如图 G-54 所示。

O 没有悬空的分支，孩子已全部生成，成为死结点。继续向上回溯到 L，因为从 L→O，执行了 x[2]与 x[3]交换，现在需要换回去，再次执行交换 swap(x[2]，x[3])。如图 G-55 所示。

此时 x[1]=3，x[2]=2，x[3]=1。L 没有悬空的分支，孩子已全部生成，成为死结点。继续向上回溯到 A，我们从 A→L，x[1]与 x[3]交换，现在需要换回去，再次执行交换操作 swap(x[1]，x[3])，如图 G-56 所示。

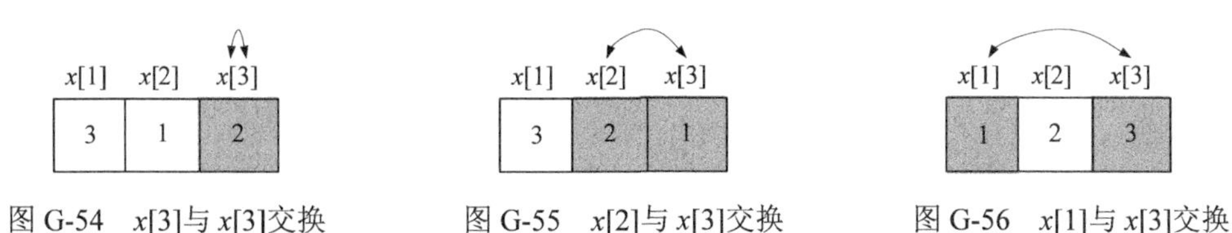

图 G-54 x[3]与 x[3]交换　　图 G-55 x[2]与 x[3]交换　　图 G-56 x[1]与 x[3]交换

此时 x[1]=1，x[2]=2，x[3]=3。恢复到初始状态。A 结点没有悬空的分支，孩子已全部生成，成为死结点，所有的结点已成为死结点，算法结束。

程序代码如下：

```
//program G-1
#include <iostream>
#define MX 50
using namespace std;
int x[MX];          //解分量
int n;

void myarray(int t)
{
      if(t>n)
      {
            for(int i=1;i<=n;i++) // 输出排列
                  cout<<x[i]<<" ";
            cout<<endl;
            return ;
      }
      for(int i=t;i<=n;i++)  // 枚举
      {
          swap(x[t],x[i]);  // 交换
          myarray(t+1);  // 继续深搜
          swap(x[t],x[i]); // 回溯时反操作
      }
}
```

```
int main()
{
    cout << "输入排列的元素个数 n（求 1..n 的排列）：" << endl;
    cin>>n;
    for(int i=1;i<=n;i++) //初始化
        x[i]=i;
    myarray(1);
    return 0;
}
```

算法实现和测试

（1）运行环境

Code::Blocks

（2）输入

```
输入排列的元素个数 n（求 1..n 的排列）：
3
```

（3）输出

```
1 2 3
1 3 2
2 1 3
2 3 1
3 2 1
3 1 2
```

附录 H

贝尔曼规则

有 n 个机器零件的集合记为 $S=\{J_1, J_2, \cdots, J_n\}$，设最优加工方案第一个加工的零件为 i，当第一台机器加工零件 i 时，第二台机器需要 t 时间空闲下来。该加工方案第一个零件开始在第一台机器上加工到最后一个零件在第二台机器上结束所需要的总时间为 $T(S, t)$，如图 H-1 所示。t 有两种情况，可能比 t_{1i} 小，也可能比 t_{1i} 大。

接下来，当第一台机器加工余下集合 $S-\{i\}$ 的零件时，第二台机器需要 t' 时间空闲下来，如图 H-2 所示。

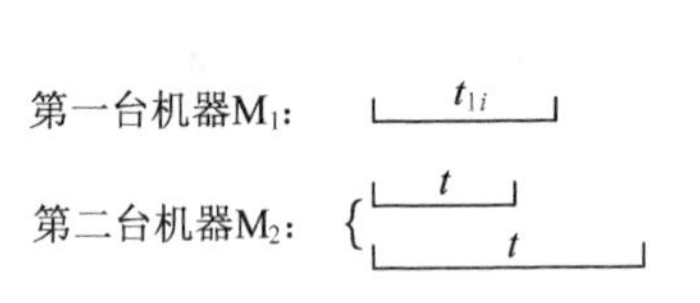

图 H-1　加工零件 i 时 M_2 需要 t 时间空闲

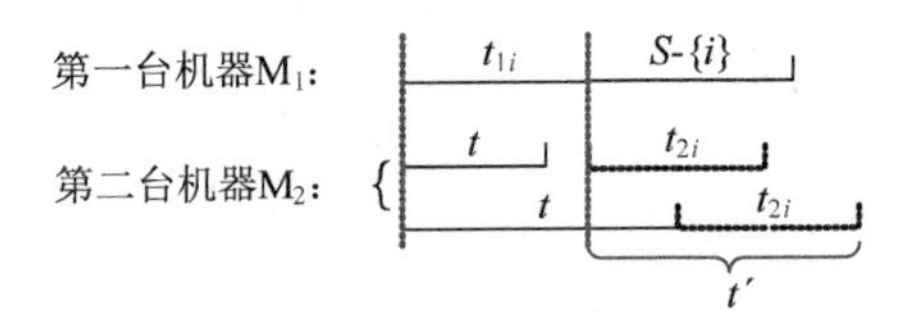

图 H-2　加工余下零件时 M_2 需要 t' 时间空闲

这个空闲时间 t' 等于 t_{2i}（第一种情况），或者等于 $t-t_{1i}+t_{2i}$（第二种情况）。

$$t'=\begin{cases} t_{2i}, & t\leqslant t_{1i} \\ t_{2i}+t-t_{1i}, & t>t_{1i} \end{cases}$$

即：

$$t'=t_{2i}+\max\{t-t_{1i},0\}$$

那么总的加工时间为：

$$\begin{aligned} T(S,t) &= t_{1i}+T(S-\{i\},t') \\ &= t_{1i}+T(S-\{i\},t_{2i}+\max\{t-t_{1i},0\}) \end{aligned}$$

因为不知道第一个加工的零件 i 是多少，因此 i 可以是 S 中的任何一个零件编号，那么最优解（最少的加工时间）递归式为：

$$T(S,t)=\min_{i\in S}\{t_{1i}+T(S-\{i\},t_{2i}+\max\{t-t_{1i},0\})\}$$

集合 S 有 $n!$ 种加工顺序，但对于其中的两个零件编号 i、j 来说，只有两种方案：

（1）先加工 i，再加工 j。

（2）先加工 j，再加工 i。

这两种方案哪种是最优的呢？

通过下面推导可以比较分析出来。

方案 1（先 i 后 j）：

$$\begin{aligned} T(S,t) &= t_{1i}+T(S-\{i\},t_{2i}+\max\{t-t_{1i},0\}) \\ &= t_{1i}+t_{1j}+T(S-\{i,j\},t_{2j}+\max\{t'-t_{1j},0\}) \\ & \quad t'=t_{2i}+\max\{t-t_{1i},0\} \end{aligned}$$

$$T(S,t)=t_{1i}+T(S-\{i\},t_{2i}+\max\{t-t_{1i},0\})$$
$$=t_{1i}+t_{1j}+T(S-\{i,j\},t_{2j}+\max\{t_{2i}+\max\{t-t_{1i},0\}-t_{1j},0\})$$

整理后面一项，令其为t_{ij}：

$$t_{ij}=t_{2j}+\max\{t_{2i}+\max\{t-t_{1i},0\}-t_{1j},0\}$$
$$=t_{2j}+t_{2i}-t_{1j}+\max\{\max\{t-t_{1i},0\},t_{1j}-t_{2i}\}$$
$$=t_{2j}+t_{2i}-t_{1j}+\max\{t-t_{1i},0,t_{1j}-t_{2i}\}$$
$$=t_{2j}+t_{2i}+\max\{t-t_{1i}-t_{1j},-t_{1j},-t_{2i}\}$$

注意：第 1 步到第 2 步，max 里面的两项都加$t_{1j}-t_{2i}$，max 外面的减$t_{1j}-t_{2i}$（相当于加$t_{2i}-t_{1j}$）。第 2 步到第 3 步，两者求最大值后，再与第三个数求最大值，相当于三者求最大值。第 3 步到第 4 步，max 里面的三项都减t_{1j}，max 外面的加t_{1j}。

方案 1 的加工时间为：

$$T(S,t)=t_{1i}+t_{1j}+T(S-\{i,j\},t_{ij})$$
$$t_{ij}=t_{2j}+t_{2i}+\max\{t-t_{1i}-t_{1j},-t_{1j},-t_{2i}\}$$

方案 2（先j后i）：

把方案 1 的加工时间公式i、j交换即可得到。

方案 2 的加工时间为：

$$T(S,t)=t_{1i}+t_{1j}+T(S-\{i,j\},t_{ji})$$
$$t_{ji}=t_{2j}+t_{2i}+\max\{t-t_{1i}-t_{1j},-t_{1i},-t_{2j}\}$$

可以看出，方案 1 和方案 2 的区别仅仅在于t_{ij}和t_{ji}中的 max 最后两项。

如果方案 1 和方案 2 优，则：

$$\max\{-t_{1j},-t_{2i}\}\leqslant\max\{-t_{1i},-t_{2j}\}$$

两边同时乘以−1：

$$\min\{t_{1j},t_{2i}\}\geqslant\min\{t_{1i},t_{2j}\}$$

因此，方案 1 和方案 2 优的充分必要条件是：

$$\min\{t_{1j},t_{2i}\}\geqslant\min\{t_{1i},t_{2j}\}$$

附录 I

增广路中称为关键边的次数

在残余网络中，如果一条增广路径上的可增广量是该路径上边（u，v）的残余容量，则称边（u，v）为增广路径上的关键边。

如图 I-1 所示，一条可增广路径 P: 1—2—4—6，这条增广路径的可增广量为 8（增广路径上所有边的残余容量最小值），2—4 这条边的残余容量正好是可增广量，那么 2—4 就是关键边。

沿着增广路径 P 增加流量 8 后，残余网络如图 I-2 所示。

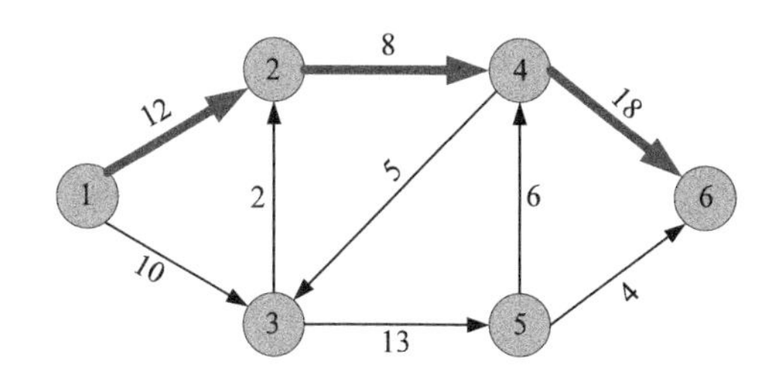

图 I-1　残余网络 $\boldsymbol{G}^*$

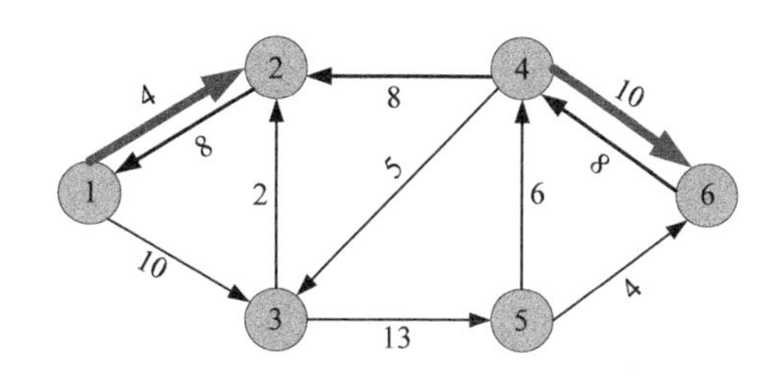

图 I-2 残余网络 $\boldsymbol{G}^*$（增流后）

增流后，关键边从残余网络中消失！其反向边（4，2）出现。

而且任何一条增广路径都至少存在一条关键边。其实增广路径上残余容量最小的边就是关键边，如果有多个边都是最小的，那关键边就有多个，如图 I-1 所示，如果边 4—6 的残余容量也是 8，那么就有两条关键边。

证明：残余网络中，每条边称为关键边的次数最多为$|V|/2$ 次。

残余网络中，任意一条边（u，v），当第一次成为关键边时，s 到 v 的最短路径等于 s 到 u 的最短路径加 1，因为增广路径都是最短路径。即：

$$\delta(s,v)=\delta(s,u)+1$$

如图 I-3 所示。

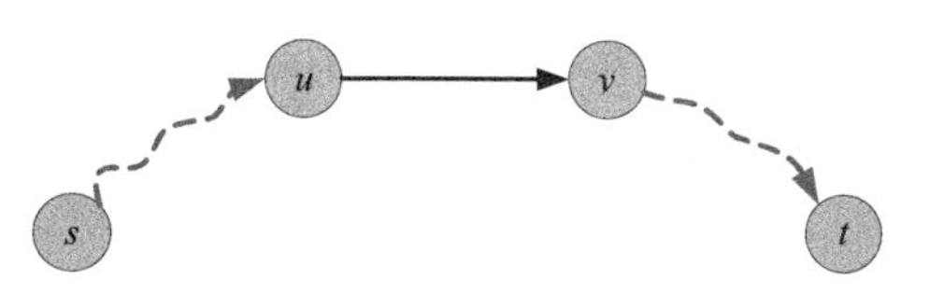

图 I-3 增广路径 P_1

沿着该增广路径增流后，关键边（u，v）从残余网络中消失。其反向边（v，u）出现。

那么，边（u，v）消失后还会不会再出现呢？什么时候会"重出江湖"？

残余网络中的边有 3 种情况：

（1）**有的边永远不能成为关键边**。例如图 I-1 中的 1—2，3—2 等边。因为找到 3 条增广路径后达到最大流，1—2—4—6，1—3—5—6，1—3—5—4—6。

（2）**有的边只能成为一次关键边**。增流后就消失了，而且永不再出现，例如图 I-1 中的 2—4 边。

（3）**有的边可以多次成为关键边**。第一次成为关键边，增流后消失，但过一段又出现了，再次成为关键边，如图 I-4 和图 I-5 所示。

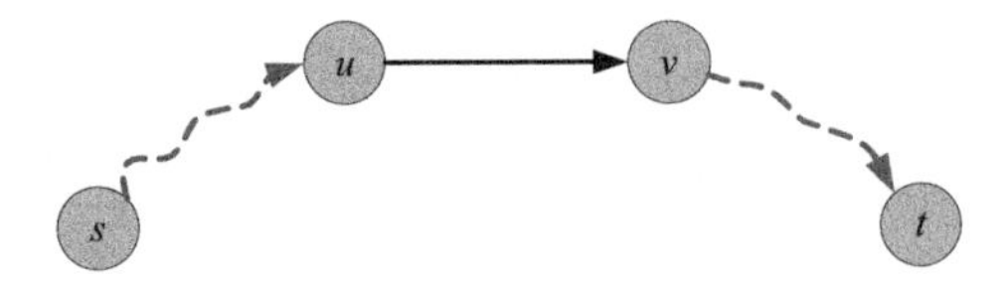

图 I-4 （u，v）第一次成为关键边

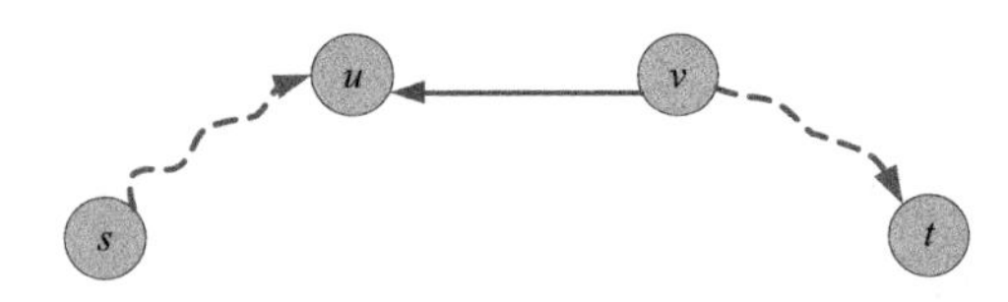

图 I-5 增流后（u，v）消失

什么时候边（u，v）会再次出现呢？

如果又找到了一条增广路径 P_2，如图 I-6 所示。

此时，s 到 u 的最短路径等于 s 到 v 的最短路径加 1，即：

$$\delta'(s,u)=\delta'(s,v)+1$$

那么沿增广路径 P_2 增流后，（u，v）会再次出现，如图 I-7 所示。

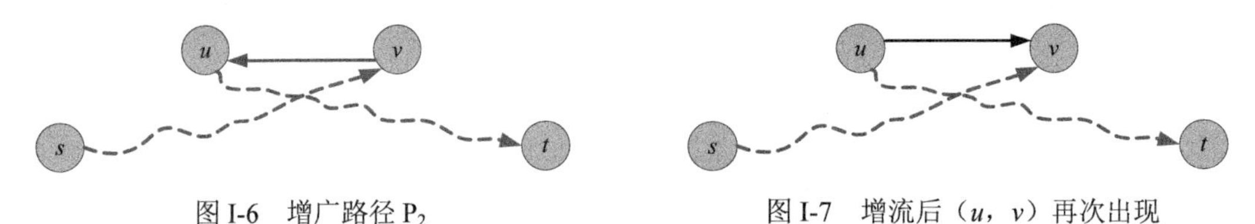

图 I-6 增广路径 P_2　　　　图 I-7 增流后（u，v）再次出现

因为下一次找到的最短路径大于等于前一次找到的最短路径，即：

$$\delta'(s,v)\geqslant\delta(s,v)$$

因此，

$$\delta'(s,u)=\delta'(s,v)+1\geqslant\delta(s,v)+1$$

又因为 $\delta(s,v)=\delta(s,u)+1$，所以，

$$\delta'(s,u)\geqslant\delta(s,u)+2$$

也就是说，（u，v）下一次成为关键边时，从源点到 u 的距离至少增加了两个单位，而从源点 s 到 u 的最初距离至少为 0，从 s 到 u 的最短路径上的中间结点中不可能包括结点 s、u、t。因此，一直到 u 成为不可到达的结点前，其距离最多为$|V|-2$，因为每次成为关键边，距离至少增加两个单位，那么（u，v）第一次成为关键边后，还可以至多成为关键边$(|V|-2)/2=|V|/2-1$ 次。（u，v）成为关键边的总次数最多为$|V|/2$。

因为每条边都有可能成为关键边，达到最多次数$|V|/2$，所以关键边总数为 $O(VE)$。每条增广路至少有一条关键边，也就是说最多会有 $O(VE)$条增广路，而找到一条增广路的时间为 $O(E)$，因此 Edmonds-Karp 算法的总运行时间为 $O(VE^2)$。

而重贴标签算法，找到一条增广路的时间是 $O(V)$，最多会执行 $O(VE)$次，因为关键边的总数为 $O(VE)$。因此总的时间复杂度为 $O(V^2E)$，其中 V 为结点个数，E 为边的数量。

附录 J

最大流最小割定理

最大流最小割定理（max-flow min-cut the-orem）是网络流理论中的重要定理。它是图论中的一个核心定理。

关于判定流的最大性的定理，任何网络中最大流的流量等于最小割的容量，简称为最大流最小割定理。它描述了最大流的特征，图论中的很多结果在适当选择网络后，都可以由这个定理推出。

割：是网络中顶点的划分，它把网络中的所有顶点划分成 S 和 T 两个集合，源点 $s \in S$，汇点 $t \in T$，记为 CUT（S，T）。

如图 J-1 所示，源点为 s，汇点为 t。有一条切割线把图中的结点切割成了两部分 $S=\{s$，v_1，$v_2\}$，$T=\{v_3$，v_4，$t\}$。

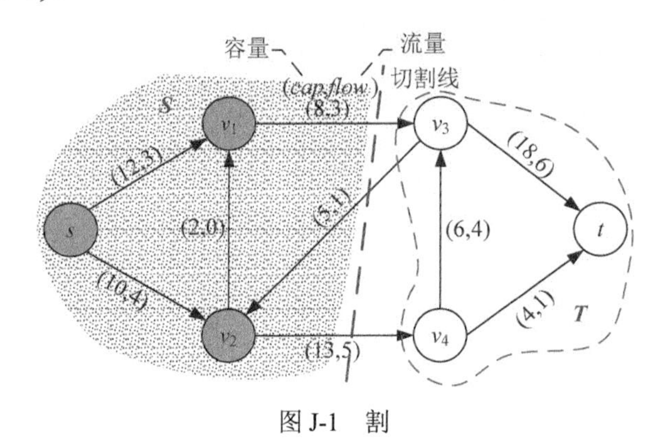

图 J-1　割

割的净流量 f（S，T）：切割线切中的边中，从 S 到 T 的边的流量减去从 T 到 S 的边的流量。

如图 J-1 所示，割的净流量 f（S，T）=3+5−1=7。从 S 到 T 的边 v_1—v_3，v_2—v_4，流量为 3 和 5，从 T 到 S 的边 v_3—v_2，流量为 1。

割的容量 c（S，T）：切割线切中的边中，从 S 到 T 的边的容量之和。

如图 J-1 所示，割的容量 c（S，T）=8+13=21。从 S 到 T 的边 v_1—v_3，v_2—v_4，流量为 8 和 13。

注意：割的容量不计算反向边（T 到 S 的边）的容量。

一个网络有很多切割，**最小割是容量最小的切割**。

引理：如果 f 是网络 $\boldsymbol{G}$ 的一个流，CUT（S，T）为 $\boldsymbol{G}$ 的任意一个割，那么流量 f 的值等于割的净流量 f（S，T）。

$$f(S,T)=|f|$$

如图 J-2（a）所示，割的净流量 f（S，T）=3+4=7。如图 J-2（b）所示，割的净流量 f（S，T）=4+1+6−4−0=7。

大家可以画出任意一个割，会发现所有割的净流量 f（S，T）都等于流量 f 的值。

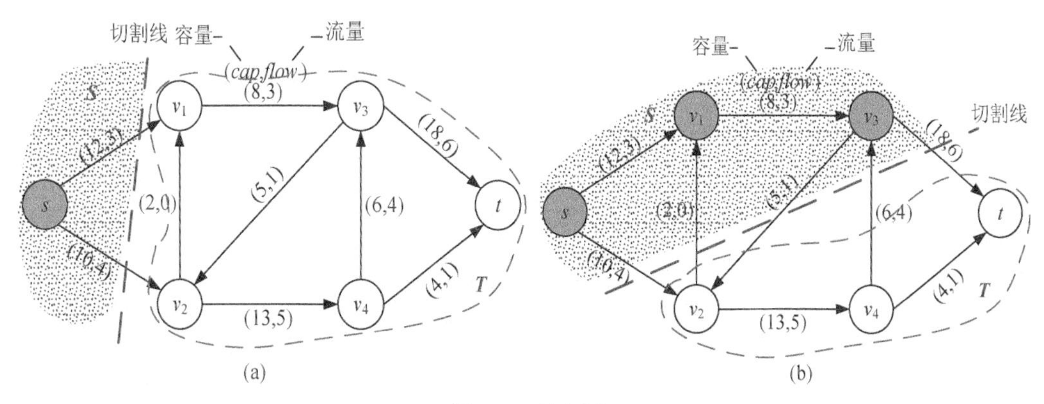

图 J-2　两种割

推论：如果 f 是网络 $\boldsymbol{G}$ 的一个流，CUT（S，T）为 $\boldsymbol{G}$ 的任意一个割，那么 f 的值不超过割的容量 c（S，T）。

$$|f| \leqslant c(S,T)$$

由于所有的流值小于等于割的容量，那么我们把流值和割的容量用图表示出来，如图 J-3 所示。

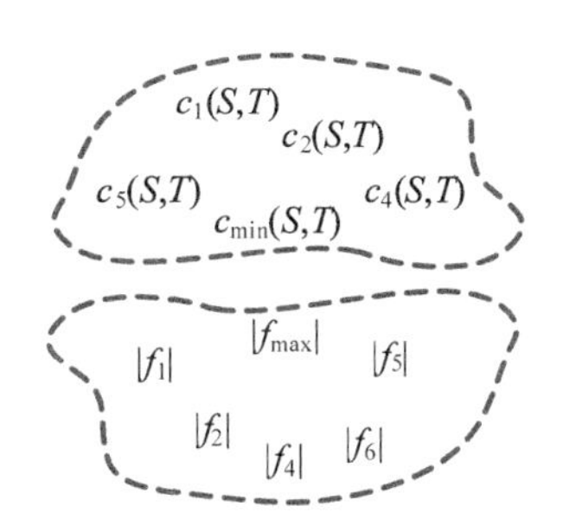

图 J-3　割的容量和净流量的关系图

从图 J-3 可以看出，所有的净流量小于等于割的容量，网络中的最大流不超过任何割的容量，流值最大只能达到最小割容量，即流值不超过上确界（最小上界）。

最大流最小割定理：如果 f 是网络 $\boldsymbol{G}$ 的最大流，CUT（S，T）为 $\boldsymbol{G}$ 的最小割，那么最大流 f 的值等于最小割的容量 c（S，T）。

$$|f_{\max}| = c_{\min}(S,T)$$

因此，在很多问题中，如果需要得到最小割，只需要求出最大流即可。

欢迎来到异步社区！

异步社区的来历

异步社区（www.epubit.com.cn）是人民邮电出版社旗下 IT 专业图书旗舰社区，于 2015 年 8 月上线运营。

异步社区依托于人民邮电出版社 20 余年的 IT 专业优质出版资源和编辑策划团队，打造传统出版与电子出版和自出版结合、纸质书与电子书结合、传统印刷与 POD 按需印刷结合的出版平台，提供最新技术资讯，为作者和读者打造交流互动的平台。

社区里都有什么？

购买图书

我们出版的图书涵盖主流 IT 技术，在编程语言、Web 技术、数据科学等领域有众多经典畅销图书。社区现已上线图书 1000 余种，电子书 400 多种，部分新书实现纸书、电子书同步出版。我们还会定期发布新书书讯。

下载资源

社区内提供随书附赠的资源，如书中的案例或程序源代码。

另外，社区还提供了大量的免费电子书，只要注册成为社区用户就可以免费下载。

与作译者互动

很多图书的作译者已经入驻社区，您可以关注他们，咨询技术问题；可以阅读不断更新的技术文章，听作译者和编辑畅聊好书背后有趣的故事；还可以参与社区的作者访谈栏目，向您关注的作者提出采访题目。

灵活优惠的购书

您可以方便地下单购买纸质图书或电子图书，纸质图书直接从人民邮电出版社书库发货，电子书提供多种阅读格式。

对于重磅新书，社区提供预售和新书首发服务，用户可以第一时间买到心仪的新书。

用户帐户中的积分可以用于购书优惠。100 积分 =1 元，购买图书时，在 0 使用积分 里填入可使用的积分数值，即可扣减相应金额。